AUTO

AUTO

Encyclopädie der schönsten Automobile der Welt

Martin Buckley & Chris Rees

ISBN 3-89815-072-0

Herausgeberin: Joanna Lorenz
Redaktionsleiterin: Helen Sudell
Projektredakteurin: Joanne Rippin
Redaktionsassistentin: Emma Gray
Designer: Alan Marshall
Textunterstützung: Paul Hardiman
Cover: Mathias Becker
Art Direction Eurobooks: M. Becker

Lifestyle 2000

INHALT

NUB 120
ERB 290

Die Geschichte des

Klassischen Automobils

DIE ENTWICKLUNG DES AUTOMOBILS

Martin Buckley

L O T U S
432 RH

TEIL EINS

EINLEITUNG

Während moderne Autos nicht zuletzt aufgrund gesetzlicher Vorschriften immer mehr an Charakter verlieren, der Verkehr in unseren Städten vor dem Zusammenbruch steht und die Luft zum Atmen zunehmend verschmutzt wird, blicken wir zurück auf die 50er und 60er Jahre als das goldene Zeitalter des Automobils. In Europa wurden am Fließband produzierte Fahrzeuge zunehmend auch für Familien erschwinglich, die bis dahin auf öffentliche Verkehrsmittel angewiesen waren. In Nordamerika spiegelten immer imposantere Fahrzeuge Macht und Selbstvertrauen der mächtigsten Nation der Welt wieder. Der Begriff „Verkehrsstau“ war ein Fremdwort, Benzin spottbillig und Geschwindigkeitsbegrenzungen eine Seltenheit.

Vor den Werkszusammenlegungen und Schließungen der 70er Jahre konnte der Kunde aus einer weitaus größeren Vielfalt an Marken wählen, die deutlich nationale Charaktere widerspiegelten. Die später so dominante japanische Autoindustrie war im Europa der 50er und frühen 60er nicht vertreten. Bei Technik und Styling gab es weitaus mehr Individualität; man konnte einen Austin von einem Morris, einen Vauxhall von einem Volvo unterscheiden, ohne auf das Firmenemblem schauen zu müssen. Sicherheit war Nebensache, Autos verkauften sich über Geschwindigkeit, Glamour und Stil. Damals wurde noch nicht daran gedacht Abgaswerte zu regulieren, das Automobil war unser Diener, der Fahrer sein Meister. Im ersten Teil unseres Buches wollen wir an diese glorreichen Tage der uneingeschränkten, klassischen Traumwagen erinnern.

BUICK CLUB
PLR195R
of AMERICA

Die klassische Ära

Der moderne Mensch verfällt gern der Nostalgie, und manch hoffnungsloser Romantiker füllt seine Träume mit alten Autos – klassischen Autos. Nach dem Zweiten Weltkrieg wurde das Automobil erwachsen; mehr und mehr Menschen befuhren die Straßen, und Hersteller weiteten ihre Grenzen aus. Die Konkurrenz wurde größer, Wagen schneller, Styling und Technik immer gewagter. Viele Features, die heute zum Standard zählen, wie Scheibenbremsen, Allradantrieb und Automatikgetriebe, wurden damals populär. Die 50er, 60er und frühen 70er waren eine fruchtbare Zeit für die Entwicklung des Automobils und bildeten eine perfekte Kinderstube für die klassischen Fahrzeuge, die wir heute schätzen, ganz egal ob Kleinwagen, Limousinen oder Sportwagen.

ENTWICKLUNG DER BEWEGUNG

Mit Beginn des 21sten Jahrhunderts blicken wir ebenso gern zurück wie vorwärts, voller Sehnsucht nach scheinbar besseren Zeiten. Zurückdrehen läßt sich die Uhr nicht, aber immerhin können wir Dinge sammeln, die aus der guten, alten Zeit, der „goldenen Ära“ stammen: Kleider, Schallplatten, Filme und natürlich Autos. Ob glamourös, kitschig, einfach oder anspruchsvoll: sie beschwören in uns den Glanz einer vergangenen Epoche herauf.

New Vintage

In den frühen 70ern begann man Autos zu sammeln, die nach dem Zweiten Weltkrieg gebaut worden waren. Historische Modelle – Veteran (vor 1905), Edwardian (vor 1919) und Vintage (vor 1931), wie sie von Englands Vintage Sports Car Club genannt wurden – waren leicht einzuordnen, aber zum Ende der 60er kamen auch die Fahrzeuge der Nachkriegszeit in die Jahre. Sie einfach „alte Autos“ zu nennen, wäre ihnen nicht gerecht geworden. Denn die nach 45 gebauten Wagen vereinigten in sich alle Stärken der Vorkriegsmodelle. Langsam und unauffällig entstand der „New Vintage“, der für eine junge Generation von Enthusiasten die Lücke füllte zwischen „Vintage“ und modern. Individuelle Clubs für legendäre Automarken wie Aston und Bentley gab es schon seit geraumer Zeit. Aber nun, da Autosammler sich auch für weniger edle Marken begeisterten, entstanden neue Vereine. Traditionalisten hatten sich schon lange darüber beklagt, dass die neuen Wagen alle „gleich aussehen“ würden, aber in den 70ern wurde endgültig klar, dass das Automobil seine beste Zeit hinter sich hatte. Immer neue Regulierungen bezüglich Sicherheit und Abgaswerten engten die Kreativität der Designer zunehmend ein.

■ OBEN *Klassische Vertreter ihrer Periode – der AC Ace, der Ferrari 166 und der Jaguar C-Type waren immer gefragt und werden nach wie vor zu Höchstpreisen gehandelt.*

■ UNTEN *Rennwagen mit Geschichte werden ständig von begeisterten Sammlern gesucht, erzielen bei Auktionen Höchstgebote.*

Kein Wunder also, dass die älteren Autos immer mehr Interesse fanden. Es gab sie reichlich für wenig Geld, sie waren leicht zu reparieren und eigneten sich auch für den dichter werdenden Straßenverkehr. Nach dem Motto „Wer ein altes Auto fährt, ist ein Individualist“ stellte man sicher, nicht als Besitzer einer charakterlosen Kiste in der Blechlawine oder als Otto-Normal-Verbraucher im langweiligen Neuwagen angesehen zu werden.

■ OBEN ***Höchstpreise, die bei Auktionen für Klassiker erzielt wurden, trieben die Preise auch für den Rest der Industrie in die Höhe.***

■ UNTEN ***Das Geschäft mit klassischen Autos blühte in den späten 80ern, Preise gerieten außer Kontrolle.***

Die Bezeichnung „klassisch" blieb haften, und in nur 20 Jahren wurde ein exzentrischer Zeitvertreib zum Millionengeschäft. Während der ersten 10 Jahre passierte nicht viel, bis etwa 1982, als sich die Natur des Hobbies drastisch zu verändern begann. Langsam und direkt vor der Nase der Enthusiasten übernahmen Investoren den Markt, die erkannt hatten, dass erstklassige Automobile eine inflationssichere Anlagemöglichkeit boten. Der Markt wurde noch härter, als Amerikaner nach Europa kamen, um nach Sammlerstücken Ausschau zu halten.

Zunächst waren Vorkriegsmodelle wie Bentley oder Bugatti am meisten gefragt, gegen Mitte der 80er dann erzielten auch Wagen der 50er, 60er und 70er Höchstpreise. Einstmals erschwingliche Ferraris, Astons und Jaguar wurden zu „Investoren-Autos", mehr wert, als die Häuser ihrer Besitzer, zu teuer, um gefahren zu werden. Auktionshäuser forderten immer höhere Beträge, Banken und Finanzierungsgesellschaften gaben Kredite für die Anschaffung eines Klassikers. Die steigende Zahl von Sammlermagazinen drohte vor Anzeigen aus den Nähten zu platzen, aus einem liebevoll gepflegtem Hobby wurde das hässliche Geschäft mit der Gier. Doch glücklicherweise konnte der Boom nicht anhalten; 1989 setzte der Konjunkturrückgang ein, die Nachfrage endete schnell.

Zurück zum Hobby

Heute sind die Investoren längst verschwunden, der Markt ist stabil und die Wagen dort, wo sie hingehören: bei den Liebhabern. Obwohl wir wohl eine ähnlich verrückte Zeit nicht wieder erleben werden, sind seltene, hochkarätige Wagen, besonders die mit Renngeschichte oder interessanter Herkunft, immer noch äußerst gefragt. Diejenigen, die einen Citroen oder Jaguar besitzen, wissen, was es bedeutet einen solchen Klassiker zu erhalten, und die meisten kommen ihr Leben lang nicht wieder davon los.

Technische Entwicklung

Die ersten Automobile waren im Prinzip motorisierte Kutschen, gebremst lediglich durch eine Hinterradbremse, langsam und schwerfällig gelenkt über einen Griff. Da ihr Schwerpunkt auf Schulterhöhe lag, bestand ständig die Gefahr mit dem Fahrzeug umzukippen. Bei den anfangs zum Beispiel in England erlaubten 6,4 km/h machte diese Tatsache noch keine Probleme, und auch die 1896 in England genehmigten 14 km/h waren nicht beängstigend. Doch mit zunehmender Geschwindigkeit wurde klar, dass sich etwas ändern mußte.

Die Technologie wird verfeinert

Erstklassige Qualität fand man zunächst bei Marken wie Rolls Royce oder Bentley, bald wurde auch die Technologie von einfacheren Fahrzeugen wie etwa Austin Seven verbessert.

■ LINKS *Cords 810 hatte eine V-Acht Lycoming Maschine mit revolutionärem Vorderradantrieb.*

■ UNTEN *Der Chrysler Airflow: einer der ersten Wagen, der mit Sinn für aerodynamisches Design gebaut war.*

■ LINKS UND UNTEN *Der Lancia Aprillia war eine innovative Limousine der 30er.*

1939 waren die meisten Karosserien aus Stahl, sie saßen auf separaten Fahrgestellen, und Bremsen gab es an allen Rädern. 1953 stellte Jaguar der Welt die Scheibenbremse vor – erst auf der Rennstrecke, fünf Jahre später in Serienmodellen. Andere Hersteller zogen nach.

Die Verfeinerung folgt

Allradantrieb, mit ABS-System, wurde von Ferguson Formula entwickelt. Im Personenwagen tauchte diese Technik zum ersten mal 1966 beim Jensen FF auf, zusammen mit einem ABS-System von Dunlop Maxaret. Der Wagen war teuer und kompliziert, nur 320 wurden gebaut. Obenliegende Nockenwellen

erlaubten eine direktere Steuerung der Ventile und einen besseren Verbrennungsraum. Sie wurden seit den 20ern in professionellen Rennautos wie Alfa Romeo oder Bugatti verwendet und der breiten Masse 1948 in der 6-Zylinder-Reihen-Maschine des XK 120 vorgestellt. Bald erkannten die Hersteller, dass doppelte Nockenwellen und mehrventilige Ausführungen benutzt werden konnten.

Selbstständige Niveauregulierung gab es serienmäßig im futuristischen DS, der 1955 von Citroen auf den Markt gebracht wurde. Selbst der günstigere 2CV bot ein Minimum an Federung, da vordere und hintere Aufhängung eine Verbundfederung hatten. Die 1100er und 1800er der British Motor Corporation (BMC) – die Minis der 60er – waren hydraulisch verbunden.

Vorderradantrieb, seit den 30ern von BSA, Cord und Citroën verwendet, setzte sich bis zum Erscheinen des Minis 1959 nicht durch. Von Puristen verlacht, bot dieser Antrieb sicheres, vorhersehbares Fahrverhalten und mehr Innenraum als vergleichbare Modelle mit Heckantrieb. Währenddessen gab es auch Verbesserungen am Fahrgestell und in der Reifentechnologie: Citroëns *Traction-avant* war der erste Wagen, der Gürtelreifen verwendete, den Michelin X, schmal mit tiefem Profil.

■ OBEN ***Ein Chevy von 1957: bequem und gut ausgestattet.***

■ RECHTS ***Der Citroën 2CV: schrullig, unbequem und schlecht ausgestattet. Wen kümmert das schon?***

America thinks big

In Amerika waren geräumige Wagen mit 6- oder 8-Zylindermotoren auch vor dem Krieg schon weit verbreitet. Sie waren ausgestattet mit allem, was das Fahren erleichterte: Automatikgetriebe, Servolenkung und Servobremsen, Klimaanlage und „Schlafaugen". Die Maschinen, aufgrund ihrer Größe in der Regel unterfordert, besaßen wartungsfreie Features wie Hydrostößel, die ursprünglich zur Minimierung des Motorgeräusches genutzt worden waren.

■ UNTEN RECHTS ***Der revolutionäre Mini, ein Meisterwerk der Verpackung.***

■ UNTEN ***Kastenförmiges Design: der Flavia von Lancia, ein teuerer Wagen mit exzellentem Fahrverhalten.***

MEILENSTEINE

■ LINKS *Der Citroën Traction Avant: ein mutiger Schritt, aber Startschwierigkeiten brachen der Firma fast das Genick.*

■ UNTEN *Man stelle sich den Eindruck von Citroëns DS Raumschiff-Look auf den Kunden im Jahre 1955 vor.*

Nachfolgende Modelle waren technisch gesehen wichtige Wagen, die Geschichte machten und die Autoindustrie nachhaltig beeinflussten.

Citroën *Traction Avant*

Vorderradantrieb und Schalenbauweise – im Jahre 1934! All dies sowie unvergleichlicher Fahrkomfort und Handhabung durch einen tiefliegenden Schwerpunkt und unabhängige Torsionsstabfederung entsprangen dem schöpferischem Geist André Citroëns.

Fiat 500

Dante Giacosas Meisterwerk, das italienische Auto für die breite Masse, war der Topolino. Die verkleinerte Version einer Limousine, mit winziger Vierzylindermaschine und unabhängiger Aufhängung.

■ UNTEN *Einst das Auto des armen Mannes, nun Liebling der Trendsetter.*

Citroën DS/SM

Als der DS im Jahre 1955 vorgestellt wurde, wirkte er auf die sprachlose Öffentlichkeit wie ein Raumschiff. Sein außerirdisch anmutendes Design stammte von Flaminio Bertoni. Der DS hatte leicht entfernbare Karosserieteile, ein Dach aus GFK und Rückstrahler in Raketenform. Die Komplexität neuer Technologie – wie bei der Federung – schreckte allerdings manch potentiellen Käufer ab.

Mini

Alec Issigonis revolutionärer Mini setzte 1959 neue Maßstäbe für jeden nachfolgenden Kleinwagen, und er ist heute ein guter Kandidat für die Wahl zum wichtigsten Auto des 20. Jahrhunderts. Der Motor war quer eingebaut und trieb die Vorderräder an (hier war der Mini nicht der erste: auch Alvis, einige amerikanische Firmen und Fiat hatten das schon versucht), und so entstand auf nur 3m Länge Raum für vier Erwachsene.

Um weiteren Platz zu sparen, war das Getriebe unter dem Motor angebracht, und 10 Zoll Reifen wurden verwendet, um eine Beeinträch-

■ LINKS *Lotus Seven, ein Sportwagen für Kenner. 1956 designt und immer noch in Produktion.*

Jaguar E-Typ

Seine faszinierende Form stammt ab von Malcolm Sayers Le Mans-Gewinner, dem D-Type. Kombiniert mit einer 3.8-Liter Version der klassischen XK Maschine, bildet dieser Wagen den Höhepunkt der „Swinging 60s". 1961 konnte man ihn für den Preis von nur vier Minis erstehen – und frühe Versionen erreichten eine Höchstgeschwindigkeit von 241 km/h. Trotz des mahlenden Getriebes und unvorhersehbarer Bremsreaktionen ist er wohl eines der begehrenswertesten Autos der Welt.

Datsun 240Z

Die Japaner machten sich im Jahre 1969 mit diesem „Big Healey"-Konkurrenten stark. Die klassische Form des Datsuns war perfekt, und die starke 2.4-Liter 6-Zylinder-Reihen-Maschine hatte den richtigen Sound. Der Wagen war leicht und hatte eine hervorragende Straßenlage. Spätere Modelle – der 260 und der 280Z – wurden schwerer und weicher. Wie so oft war auch hier der erste Entwurf der beste. Der Datsun ist Japans erster Klassiker und der meistverkaufte Sportwagen der Welt.

tigung des Fahrgastraumvolumens durch zu große Radkästen zu vermeiden. Bis heute wird der Mini fast unverändert gebaut. Für das neue Jahrtausend wird aber ein völlig veränderter Nachfolger erwartet.

Der Mini wurde seit seinem ersten Erscheinen auch im Motorsport eingesetzt. Eine seiner bemerkenswertesten Leistungen waren die Siege des Rennasses Paddy Hopkirk bei den alpinen Rallyes der 60er Jahre. Sein größter Augenblick war jedoch der Sieg bei der Ralley Monte Carlo im Jahre 1965. Und auch in den 90ern waren die Minis immer noch bei historischen Rallye-Veranstaltungen unterwegs.

■ OBEN *Der 246 Dino, hat wohl eine der schönsten Formen, doch den Namen Ferrari durfte er nicht tragen.*

■ RECHTS *Datsuns legendärer Sportwagen 240Z ein starker 6-Zylinder aus den 70er Jahren.*

FÜHRENDE INGENIEURE

Hier einige der innovativsten und fantasievollsten Ingenieure aus der Welt der Autoindustrie.

André Citroën
Als wahrer Erfinder ging Citroën seine eigenen Wege und führte die Autowelt in Punkto Verbesserungen und technischen Neuerungen an. Der Glanzleistung seiner Entwicklungen, dem *Traction-avant* aus dem Jahre 1934, folgte 1948 ein weiteres Meisterwerk, der 2CV.

Ferdinand Porsche
Porsche designte das meistverkaufte Auto der Welt, den VW Käfer, der die Basis bildete für den von seinem Sohn Ferry entworfenen Porsche 356, Vorläufer des unsterblichen 911.

Alec Issigonis
Issigonis Meisterwerk war der Mini, ein brilliantes Stück Verpackungskunst, dessen Layout – quer eingebauter Motor, Frontantrieb und Einzelradaufhängung – in jedem nachfolgenden Kleinwagen kopiert wurde. Oft wird vergessen, dass Issigonis auch für den Morris Minor verantwortlich ist, das modernste Auto seiner Generation.

■ OBEN *André Citroën war zuständig für das Innovative, die detaillierte Designarbeit übernahmen andere.*

■ OBEN RECHTS *Ferry Porsche, Sohn des Mannes, der verantwortlich war für das meistverkaufte Auto der Welt, leistete selbst einen großen Beitrag, den 356.*

■ LINKS *Alec Issigonis hinterließ sein Vermächtnis in Form von zwei Kleinwagen, dem Morris Minor und dem unsterblichen Mini.*

Antonio Fessia
Als Konstrukteur des klassischen Lancia Fulvia – und dessen größeren Geschwistern, Flavia und Flaminia – stieg Professor Fessia im Jahre 1925 bei Fiat ein. 1936, nur 35 Jahre alt, war er schon Direktor für technische Entwicklung. Unter seiner Leitung designte Dante Giacosa den Topolino. Bekannt als fordernder, manchmal schwieriger Boss, näherte sich Fessia dem Design auf wissenschaftliche Weise. Sein Lancia Flavia von 1960, der zurückgreift auf den 47 Cemsa Caproni, war das erste italienische Auto mit Vorderradantrieb. Fessia blieb Fiat treu bis zu seinem Tode im Jahre 1968.

William Lyons
Lyons war verantwortlich für das einzigartige Styling der klassischen Jaguars, vom SS über

■ LINKS *Dante Giacosa war verantwortlich für den kleinen Fiat Topolino, eines der großartigsten Autos der Welt, und designte auch den Fiat 500.*

den MkII bis zum XJ6. Eine weitere Glanzleistung seinerseits war es, dass es ihm gelang die Preise niedrig zu halten, ohne Qualität einzubüßen – Lyons Jaguare waren stets von hervorragendem Wert. Mitte der 20er Jahre gründete er seine Firma Swallow Sidecars. Die ersten SS Jaguare, brilliant entworfene Limousinen und der Sportwagen SS100, erschienen Mitte der 30er, zeitlose Schönheiten aus Lyons Feder. Nach Ende des Zweiten Weltkrieges wurde die Firma in Jaguar umbenannt.

■ OBEN LINKS *Bentley war ein begnadeter Ingenieur, aber er verließ die Firma, die seinen Namen trug und wechselte zu Lagonda.*

■ OBEN RECHTS *Colin Chapman, ein brillianter und innovativer Designer, entwarf einige herausragende Autos.*

■ LINKS *Sir William Lyons, ein großer Designer und einfühlsamer Stylist: seine Wagen sahen stets viel kostspieliger aus, als sie wirklich waren.*

Colin Chapman

Ein wahrhaft genialer Ingenieur, dessen radikale Entwürfe das Gesicht von Autorennen nachhaltig beeinflussten. Sein erster selbstgebauter Wagen und der legendäre Lotus Seven kamen 1953 beziehungsweise 1957 auf die Straßen. Chapmans Bemühungen, Gewicht zu reduzieren, um bessere Wendigkeit und höhere Geschwindigkeiten zu erzielen, wurden oft kritisiert, da er die Sicherheit der Fahrer riskierte. Er war am Boden zerstört durch den Tod seines besten Fahrers und Freundes Jim Clark im Jahre 1968.

Dante Giacosa

Dante Giacosa kam im Jahre 1928 zu Fiat. Ab 1933 war er involviert in die Entwicklung eines Kleinwagens. Er stellte seinen wassergekühlten Topolino gegen einen luftgekühlten Entwurf und gewann. Mehr als vier Millionen Topolinos wurden hergestellt. Sie nehmen neben dem Austin 7, dem VW Käfer und dem Mini ihren berechtigten Platz unter den großartigsten Kleinwagen der Welt ein.

Giacosa schuf auch die Fiat Nuova 500, 600, 127 und 128 sowie Meisterwerke wie den 8V.

MASSENPRODUKTION

■ UNTEN *Ein Menschenmeer: Die Arbeiter der Produktionsreihen des Ford Werkes in Manchester.*

Henry Ford unternahm im Jahre 1908 als erster den Schritt zur Massenproduktion mit der Herstellung seines Model T Ford. 1913 produzierte Fords Werk in Old Trafford, Manchester bereits 8000 Wagen pro Jahr, während Wolseley auf traditionelle Weise nur 3000 schaffte.

Während Autos in der Regel größtenteils von Hand produziert waren, Fahrgestellteile individuell gefertigt, gebohrt und zusammengefügt wurden, investierte Ford in riesige Maschinen,

■ UNTEN LINKS UND RECHTS *Henry Fords automatisierte Produktionslinien beschleunigten den Herstellungsprozeß. Er brachte diese Methode auch nach Großbritannien, wo er ein Werk in Old Trafford, Manchester eröffnete. 1913 wurden dort bereits 8000 Wagen pro Jahr produziert.*

die hunderte von Blechteilen zur gleichen Zeit ausstanzten, wofür keine erfahrenen Arbeitskräfte nötig waren.

Die Kosten dieser gigantischen Maschinen waren immens; die Antwort war der Verkauf großer Mengen an Autos zu niedrigen Preisen. Während von Hand gefertigte Karosserien leichte Unterschiede aufzeigten, glichen sich die Ford T Modelle bis aufs Haar. Sie hatten gepresste und geschweißte Bleche, genau wie heutige Automobile. Die Verwendung von Sprühfarbe sparte Stunden gegenüber der alten Technik, bei der zwischen dem Auftragen der Farbschichten immer wieder poliert wurde.

■ LINKS *Auf dem Dach von Fiats Werk in Lingotto, Turin, wurde eine Teststrecke gebaut.*

■ RECHTS *Das Pininfarina Werk, wo die handgemachten Karosserien für den Ferrari 330 GT entstehen.*

■ OBEN *Fiat 850 Coupés in Turiner Produktionsstraßen.*

Wagen vom Fließband

Um eine größere Produktionseffektivität zu erreichen, ließ Ford die ersten Fließbänder in Detroit, Michigan, dem größten Autowerkezentrum der Welt, sowie in Trafford Park in Manchester, England installieren. Statt dass die Arbeiter zu den Wagen laufen oder die Fahrzeuge mühsam von einem Arbeitsbereich zum nächsten schieben mussten, kamen die Karosserien automatisch dorthin, wo sie für den nächsten Arbeitsgang gebraucht wurden, und Werkzeuge sowie Teile erhielten die Arbeiter von über ihren Köpfen angebrachten Förderbändern. Jeder Angestellte lief einfach neben dem Fahrgestell her, bis sein Arbeitsgang vollendet war und wiederholte den Vorgang beim nächsten Chassis. Am Ende des Fließbandes angekommen war der Wagen komplett.

Langsam zogen alle anderen Hersteller nach, obwohl die meisten Luxuswagen nach wie vor von Hand gefertigt wurden. Morgan etwa produziert bis heute handgemachte Fahrzeuge auf dieselbe Art und Weise wie in den 20ern, während Citroën im Jahre 1927 bereits alle zehn Minuten einen Wagen fertigstellte.

Roboter gehen zur Hand

Weitaus größere Produktivität und Geschwindigkeit wurde durch die Verwendung von elektrischen Werkzeugen erzielt, die von der Decke hingen und so für die Arbeiter leichter zu handhaben waren. Der nächste Schritt war die Einsparung von menschlichen Arbeitskräften. Zunächst wurde das Auftragen der Sprühfarbe von Robotern übernommen, dann auch das Schweißen der Karosserieteile. Auch heute noch werden die Produktionsmethoden ständig weiter automatisiert. Aus der Massenproduktion entwickelten sich Wagen wie der MG. Der erste MG Midget von 1929 verwendete einfache, von Morris Limousinen übernommene Teile in einer sportlicheren Karosserie. Dank der Fließbandproduktion waren nun klassische Sportwagen auch für die breite Masse erschwinglich.

■ UNTEN *Ford Anglias werden lackiert an einem Fließband in Dagenham, Essex. Heute haben Roboter die Menschen ganz ersetzt.*

1964 KO

Das Heranwachsen einer Industrie

Die Autoindustrie ist ein wichtiger Bestandteil der Wirtschaft von Industrienationen, wobei der Markt heute von einer handvoll multinationaler Konzerne dominiert wird. Seit die ersten handgebauten Automobile nach der Jahrhundertwende auf den Markt kamen, tauchten hunderte von Marken auf und verschwanden wieder. Die Nachkriegsperiode sah Werkszusammenlegungen und den Untergang vieler einst namhafter Firmen. Im Jahre 1908 begann mit Henry Fords Model T die Entwicklung der Massenproduktion, während in Europa nur einige Jahre später Wagen in großer Anzahl produziert und so für die Mittelklasse erschwinglich wurden. Wenngleich heute fast alle Arbeitsgänge von Computern ausgeführt werden, hat der handgefertigte Luxuswagen immer noch seinen Platz.

WAS IST EIN KLASSIKER?

„Ohne ein Mindestmaß an Snobismus wären alle Bemühungen vergeblich . . . Es muß ein Automobil entworfen und gebaut werden, das sich etwas unterscheidet und etwas besser ist als die Produkte der Massenindustrie.“

Cecil Kimber, Gründer von MG, hatte recht. Er ahnte die Notwendigkeit und erfand sozusagen das Konzept des Klassikers. MGs waren zwar nie besonders außergewöhnlich oder vom technischen Standpunkt her innovativ, trotzdem sind sie so begehrenswert, so dass Besitzer und Betrachter gleichermaßen sie als Klassiker sehen. MGs sind leicht zu erkennen, auch für denjenigen, der sich nicht weiter für Autos interessiert, genau wie Jaguars, Ferraris und Bentleys – eben wahre Klassiker.

Die meisten Enthusiasten würden einen Klassiker als einen perfekt konstruierten Wagen bezeichnen: er muss gut aussehen, sich hervorragend fahren lassen, höhere Qualität bieten als andere Fahrzeuge seiner Generation – kurz: begehrenswert muss er sein.

■ OBEN *Leistung, Anmut, ein Wettbewerbsklassiker: NUB 120 ist der berühmteste aller Jaguar XK 120.*

■ UNTEN LINKS DER *BMW 328: ein zeitloser Klassiker, geschmeidig, schlank und leicht.*

■ OBEN *Die Grundform des Porsche 911 wurde für beinahe 35 Jahre nach seiner Einführung im Jahre 1964 beibehalten.*

Alter allein macht noch keinen Klassiker, obwohl eine allgemeine Definition lautet „jeder Wagen, der mehr als 20 Jahre alt ist, gehört dazu“. Wer das behauptet, würde auch sagen, dass alle alten Gebrauchautos Klassiker sind; was wahre Enthusiasten jedoch nicht so sehen.

Schönheit liegt im Auge des Betrachters, aber es gibt keine zwei Meinungen über die Schönheit eines wahren Klassikers. Wer ist nicht fasziniert von Gestalt und Form eines

■ LINKS *Bugatti Typ 35, der Rennwagen für die Straße – ein Modell mit funktionalem Charakter.*

Bugatti Type 35, Alfa Monza, Duesenberg, Jaguar XK120 oder frühen E-Type, Ferrari 250 GT, AC Ace, Citroën DS und Mercedes 300 SL Flügeltürer, von der Leistungsfähigkeit eines frühen Porsche 911 oder der Simplizität des Austin Seven und des Minis?

Dann waren da die „Ersten“, jeder mit seinem Anspruch auf Klasse: Colin Chapmans Lotus Seven, ein Rennwagen für die Straße; der Mini Cooper 'S', die erste „Taschenrakete“, der Maßstäbe setzte für alle nachfolgenden Kleinwagen; Hispano-Suiza und Pegaso, Spaniens einzige Klassiker, hervorragend gefertigte Wagen aus den 20ern bzw. 50ern; der Reliant Scimitar GTE, der als sportlicher Kombi ein neues Konzept vorstellte oder der Golf GTi, der eine neue Klasse sportlicher Kompaktwagen begründete. Jeder dieser Wagen zählt als Klassiker und hat einen berechtigten Platz im Herzen der Autoliebhaber.

■ OBEN *Duesenberg: Karosseriebau höchster Eleganz im amerikanischen Stil. Er lief mehr als 160km/h.*

■ RECHTS *Der Alfa Monza: Verkörperung des klassischen Rennwagens.*

KLASSISCHE MOTOREN

Sobald er in Bewegung ist, beeinflusst nichts den Charakter eines Klassiker mehr als sein Motor. In der Zeit von 1945 bis 75 wurde zu Beginn außer in sehr teuren und exotischen Wagen untenliegende Nockenwellen benutzt, später waren dann mehrfache Nockenwellen und Ventile, Einspritzanlagen und ungewöhnliche Materialien die Norm. Die meisten dieser Verbesserungen wurden zunächst für Rennwagen entwickelt und, nachdem sie sich als effektiv erwiesen, in Straßenfahrzeuge eingebaut.

Fortschritt bedeutete auch mehr Leistung. War sie in den 40ern noch relativ gering, lag sie in den 70ern schon bei 80 PS pro Liter Hubraum. Möglich wurde dies durch idealer geformte Brennräume, meist halbkugelförmig, für die eine komplexere Anordnung der Ventile notwendig war. Dies ließ sich am günstigsten durch obenliegende Nockenwellen erreichen – wie man es zuerst beim Clément aus dem Jahre 1902 sah und später in den 20ern bei Alfa Romeo, Bentley and Bugatti, bei MG in den 30ern und bei Jaguar seit den 50ern.

■ OBEN *Das 16-Zylinder Kraftpaket wurde benutzt in den BRM Rennwagen: einmalig stark, aber zu kompliziert, um überleben zu können.*

■ LINKS *Der gefürchtete V-Zwölf-Motor aus dem Sunbeam Tiger, ein praktischer Weg zu hoher Leistung.*

■ UNTEN LINKS *Der Leichtmetall 3.5-Liter Rover V-Acht-Motor, beliebt bei Rennwagenbauern, stammt von einem abgelehnten Buick-Motor aus den 60ern ab.*

Eine weitere Verbesserung waren Einspritzanlagen, die den durch Vergaser aufgezwungenen Kompromissen ein Ende bereiteten. Sie wurden in einfacher Form verwendet in der 54er Corvette und 1955 von Mercedes Benz im 300 SL. In den frühen 70ern erschien das Jetronic System von Bosch bei Klassikern wie dem Porsche 911. Seit der allgemeinen Einführung von Katalysatoren sind Einspritzanlagen eine Notwendigkeit, genau wie elektronische Zündung, die zuerst gegen Ende der 60er auftauchte. Aus praktischen Gründen waren 1910 von Bollée die Hydraulikstößel erfunden worden, die General Motors dann ab den 30ern verwendete. Sie benötigten weniger

Wartung und führten zu mechanischen Verbesserungen. Heute werden Hydrostößel in fast allen Wagen verwendet.

Jaguar XK

Der XK wurde während des Zweiten Weltkrieges von Walter Hassan, Harry Mundy and Bill Heynes entworfen. Er ist die Verkörperung des klassischen Reihen-Motors mit zwei Nockenwellen, war vonnöten als Alternative zu der nüchternen Standardmaschine, die Jaguar vor und unmittelbar nach dem Krieg einsetzte.

Zuerst vorgestellt im XK120 von 1948, hatte sie 3.4 Liter Hubraum und 160 PS. In der 3.0- und 3.4-Liter Trockensumpfform verhalf sie D-Types zu Le Mans Siegen und trieb Jaguarlimousinen bis ins Jahr 1987 an.

Rover V-Acht

Diese 3528 ccm Maschine war im Prinzip ein Abfallprodukt von Buick (die Amerikaner verstanden sich auf das Verarbeiten von dünnwandigem Eisen und verzichteten auf die Verwendung von Leichtmetall); sie wurde von Maurice Wilks bei einem Besuch in Amerika im Jahre 1966 entdeckt. Sobald ihm klar wurde, dass diese kompakte Einheit perfekt für den

■ OBEN *Ein klassischer Italiener – die Maserati 250F V-Zwölf Rennmaschine mit doppelter Nockenwelle und einem separaten Vergaserchoke pro Zylinder.*

■ LINKS *Alfa Romeos 2.9-Liter Maschine aus dem Jahre 1930 verwendete doppelte obenliegende Nockenwellen.*

■ LINKS *Im Mini wurde der Motor clevererweise quer eingebaut und mit dem Getriebe integriert; so erhielt man ein sehr kompaktes Kraftpaket.*

■ OBEN *Hier die gleiche Maschine aus der A-Serie, die im Jahre 1952 zunächst noch längs eingebaut verwendet wurde.*

■ OBEN *Die B-Serie – die größere Variante des Minimotors – so wie sie im Wolseley 1500 verwendet wurde. Aus ihr wurde schließlich die 1798 ccm Einheit, die den MGB antreibt.*

Antrieb von Rovers großer P5 Limousine war, erwarb er die Rechte. Ein kluger Schritt: die seriöse, schwere Limousine verwandelte sich in ein schnelles Gefährt mit einer Höchstgeschwindigkeit von 177 km/h, das in nur 10 Sekunden von 0 auf 100 beschleunigte. Die Maschine leistete dem Rover 3500 gute Dienste und erwies sich auch als ideal für den 1970er Range Rover.

Ferrari V-Zwölf

Ferrari Motoren sind komplex, kostspielig entwickelt und exquisit ausgeführt, perfekt für viel Kraft bei hohen Drehzahlen. Der V-Zwölf tauchte zuerst im Jahre 1946 als der kleine Colombo 2-Liter V-Zwölf 166 auf. Der größere Lampredi Motor erschien 1951, im 340er America. Das Vier-Nockenwellen-Layout erschien im 275GTB/4 des Jahres 1966. Dieser klassische Sportwagenmotor ist wunderschön: fast immer mit zwei Ölfiltern an der V-förmigen Vorderseite und schwarz lackierten Motordeckeln, in die der berühmte Ferrari-Schriftzug eingraviert ist.

Porsche 6-Zylinder Boxermotor

Der 6-Zylinder ist einer der langlebigsten Motoren, er ist luft- und ölgekühlt und stammt ab von der 4-Zylinder Maschine, die man schon vor dem Weltkrieg im Käfer sah. Er wuchs von einem 2-Liter im Jahre 1963 zu einem turbogeladenen 3.3-Liter-Motor, mit so viel Drehmoment, dass lediglich ein 4-Ganggetriebe benötigt wurde. Bahnbrechend durch

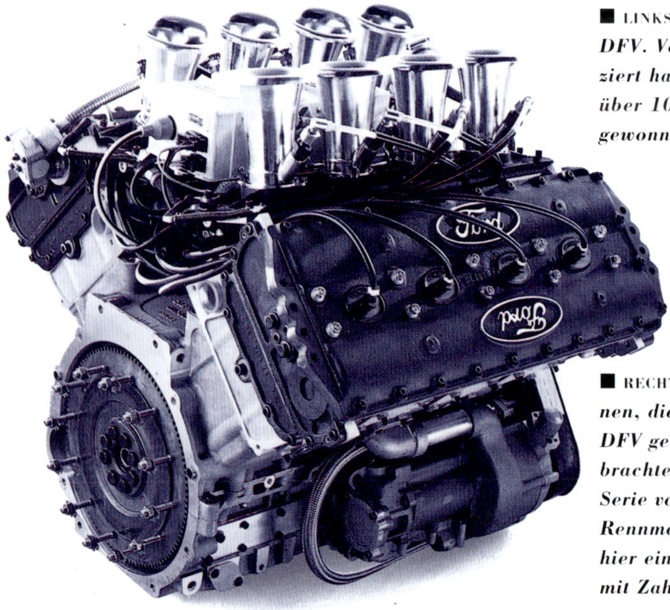

■ LINKS *Der Cosworth DFV. Von Ford finanziert hat diese Maschine über 100 Grand Prix gewonnen.*

■ RECHTS *Die Lektionen, die man aus dem DFV gelernt hatte, brachten eine ganze Serie von Cosworth Rennmotoren hervor, hier ein 4-Zylinder BDA mit Zahnriemen.*

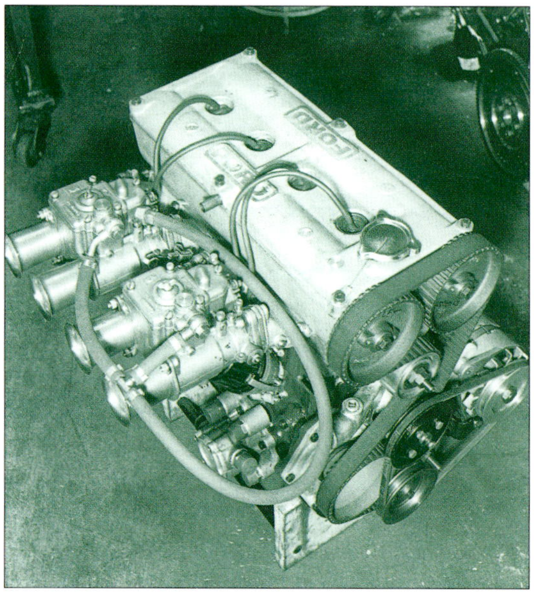

■ OBEN *Die Rotationsmaschine ist so kompakt, dass sie fast völlig unter Zubringertechnik verschwindet.*

■ RECHTS *Die kraftvollen Cobras wurden angetrieben vom Ford V-Acht mit 4.2, 4.7 oder 7 Litern und bis 400 PS.*

die Nikasil Zylinderbeschichtung, bei der auf Eisen verzichtete wurde, und stets versehen mit einer einzelnen Nockenwelle pro Zylinderreihe, hat diese exakt konstruierte Maschine den Ruf deutscher Zuverlässigkeit und Ausdauer. Im klassischsten aller 911er, dem RS Carrera aus dem Jahre 1973, leistet er 210 PS bei 7000 U/min. mit mechanischer Einspritzung – untermalt vom typischen, rauhen Ton des Auspuffs.

Lotus/Ford Doppelnockenwelle

Als Colin Chapman in den 60ern feststellte, dass eine doppelte Nockenwelle der Weg war zu höherer Leistung bei dem geringem Motorgewicht, das er für seine kleinen Sportwagen benötigte, machte es Sinn, das bis dahin unverschämt teure System mit existierender Motortechnik zu kombinieren. Fords simple, leichte und ausdauernde 1340 ccm Kent Maschine aus dem nur kurz auf dem Markt befindlichen britischen Capri war dazu der ideale Kandidat.

Der damalige technische Redakteur der Zeitschrift *Autocar*, Harry Mundy, entwarf hierfür einen Leichtmetall-Zylinderkopf mit zwei Nockenwellen, halbkugelförmigem Brennraum und nahezu perfektem Ventilwinkel. Als Ford ankündigte, den einfachen Stößelstangenmotor auf 1600 ccm zu vergrößern, hatte Chapmans neue Maschine 1558 ccm und kam auf 105 PS mit Doppelvergaser.

■ OBEN *Die 2-Liter, 4-Zylinder Standardmaschine wird nicht nur im Triumph TR3 benutzt, sondern auch in Vanguards, Morgans und, in abgewandelter Form, im Ferguson Trecker.*

■ RECHTS *Die andere Seite der B Serie, wie sie in der Form mit Doppelvergaser und 68PS im Riley 1.5 verwendet wird. Vergaser und Auspuff befinden sich auf der selben Seite des Motors.*

AUFHÄNGUNG

Die erste Radaufhängung bei motorisierten Fahrzeugen in ihrer einfachsten Form wurde von Pferdekutschen übernommen. Die Starrachse war mittels Blattfedern am Fahrgestell befestigt. Diese Form der Federung wird auch heute noch in leicht abgewandelter Form bei Lkw verwendet. Das System wurde bei einfachen Personenwagen bis in die 50er benutzt, bei billigen Marken sogar bis in die 80er.

Mit zunehmender Verbesserung der Motoren und höheren Geschwindigkeiten jedoch schränkte die Verwendung von Wagenfedern Sicherheit und Fahrkomfort ein. Um das Jahr 1924 experimentierten Hersteller wie Frazer Nash mit Techniken, die eine bessere Achsenkontrolle gewährleisten sollten, wobei diese immer noch von Blattfedern gehalten wurde. Der nächste große Schritt war die unabhängige Federung, bei der die Bewegung eines Rades die anderen nicht beeinflusste. Fast alle berühmten Klassiker verwenden diese Technik auf die eine oder andere Art, wobei es national unterschiedliche Vorlieben zu geben scheint.

Amerikaner bevorzugten seit den 30ern unabhängige Vorderradaufhängung mittels Querlenker. Ein Amerikaner erfand auch das nun

■ LINKS *Die vordere Aufhängung des MG Magnette verwendet Schraubenfedern, Doppelquerlenke, und eine Zahnstangen-Lenkung.*

■ LINKS *Rover benutzt ein ähnliches System bei seinem P4, hier mit separaten Teleskopstoßdämpfern.*

■ LINKS *Mercedes verwendete Luftfederung, um eine sanfte Fahrt in den großen 600ern und den 300SEL 6.3 Limousinen zu gewährleisten. Ein Kompressor pumpt hierfür Gummielemente auf, die sich zwischen den Federungsteilen befinden.*

■ LINKS *Keine Federn! Tatsächlich verwendete der Riley 1.5 Drehstangen – ähnlich einer geradegezogene Schraubenfeder – für die Aufhängung.*

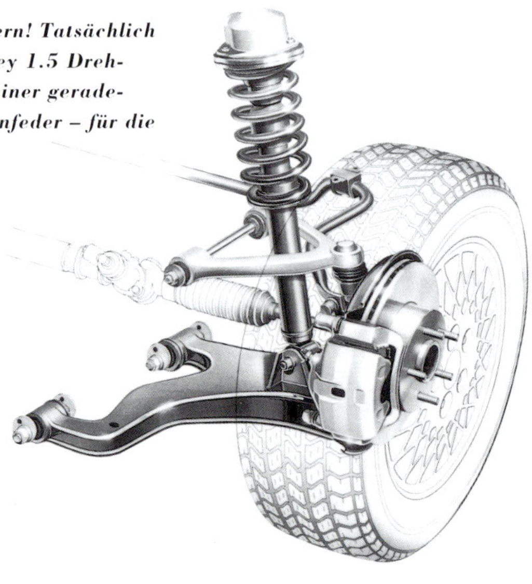

■ LINKS *Die Schraubenfeder und den Stoßdämpfer konzentrisch zu montieren löst Platzprobleme, macht aber den Ausbau extrem schwierig.*

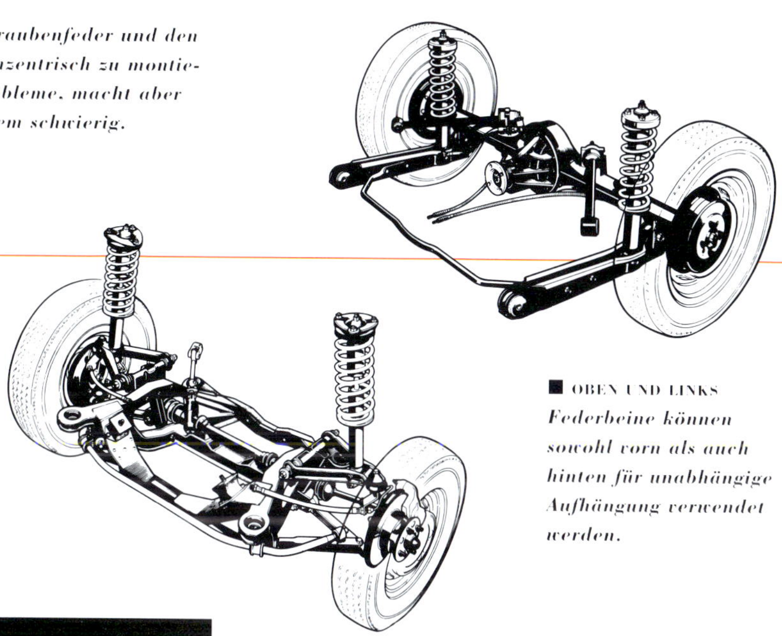

■ OBEN UND LINKS *Federbeine können sowohl vorn als auch hinten für unabhängige Aufhängung verwendet werden.*

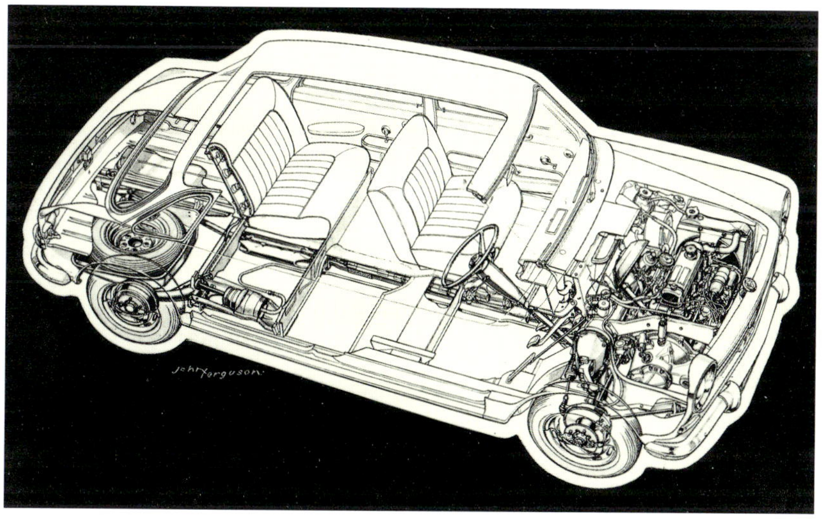

■ OBEN *Der Austin/Morris 1800 benutzte hydrolastic (Flüssigkeit/Luft) Federung. Eine hydrolastische Einheit ist im Querschnitt unter dem Rücksitz zu erkennen.*

■ LINKS *Die moderne Lösung ist die Aufhängung an Federbeinen die Federn und Dämpfer beinhalten. Das MacPherson Federbein fixiert und lenkt auch das Rad.*

überall gebräuchliche MacPherson Federbein, das jedoch zuerst in einem britischen Wagen, dem Ford Consul aus dem Jahre 1950, verwendet wurde.

Die Deutschen entwickelten unabhängige Aufhängung mittels Eingelenkpendelachsen, die im Mercedes bis in die 60er benutzt wurden. VW verwendete ein Paar Längslenker parallel auf beiden Seiten für die unabhängige Vorderaufhängung im Käfer, der eine Schräglenkerhinterachse hatte. Typisch für die Limousinen der 60er und 70er war die Verwendung von MacPherson Federbeinen vorne und Starrachsen hinten. Das typische Ausbrechen des Hecks – das Übersteuern – gehört für viele Enthusiasten zum „klassischen" Fahrverhalten.

Der italienische Fiat Topolino war durch einen unteren Querlenker gefedert – quer eingebaute Blattfedern – die die obere Verbindung bildeten. Lancia verwendete in den 60ern das gleiche System vorn in den Fulvia und Flavia Modellen.

Das reinste aller Systeme jedoch ist der Doppelquerlenker, der seit den 50ern praktisch in allen einsitzigen Rennwagen verwendet wird. Teuer in der Herstellung und kompliziert einzubauen, bietet er dank perfekter Geometrie und akzeptablem ungefedertem Gewicht hervorragende, unabhängige Radkontrolle.

MacPherson Federbeine

Fords Consul aus dem Jahre 1950 betrat Neuland mit einem Aufhängungssystem, das den Fahrzeugbau revolutionierte. Der amerikanische Ford Ingenieur, Earle S. MacPherson, entwickelte ein völlig neues System für unabhängige Aufhängung, dessen Schönheit in seiner Einfachheit lag. MacPherson Federbeine sind heute das am weitesten verbreitete System der Aufhängung.

Luftfederung

Luftfederung wurde von Cadillac beim 1958er Brougham und von Mercedes bei den 300er und 600er Limousinen in den 60ern verwendet. Luftfederung garantierte eine sanfte Fahrt. Die Technik endete jedoch in einer Sackgasse: Die Luftbälge waren kurzlebig, moderne durch Computer gesteuerte Aufhängung ist besser.

Bremsen und Reifen

Die ersten Bremsen bestanden aus hölzernen Blöcken, die durch ein System von Hebeln gegen das Rad gedrückt wurden. Diese Methode eignete sich aber nicht mal bei Pferdekutschen wirklich zum Anhalten.

Der Daimler aus dem Jahre 1886 verwendete ein Drahtseil, das um einen hölzernen Ring gewickelt wurde, welcher auf die Radnabe montiert war. Durch das Ziehen eines Hebels straffte sich das Seil und verlangsamte so das Drehen der Trommel. Eine Verbesserung dieses Systems war die Verwendung eines flexiblen Stahlbandes, das mit hölzernen Blöcken oder Lederstreifen versehen war. Die Effektivität der Bremse wurde durch größere Reibung verstärkt.

Im Jahre 1901 stellte Maybach die sich innerlich ausdehnende Trommelbremse vor. Ein Ring von Reibungsmaterial wurde durch Walzen gegen die Innenseite einer Bremstrommel gedrückt. Ein Jahr später entwarf Louis Renault die definitive Trommelbremse, wie sie auch heute noch gebaut wird.

Renaults Bremse verwendet zwei gebogene Bremsbacken, die an einen Bremsträger befestigt werden. Beide Backen haben einen gemeinsamen Drehpunkt. Drückt man das Bremspedal, werden sie oben auseinander gespreizt und gegen die Innenseite der Trommel gedrückt.

■ OBEN LINKS *Eine frühe Girling Scheibenbremse, wie sie beim 56er TR3 verwendet wurde. Die Belege wurden mit Bolzen befestigt.*

■ OBEN *Servobremsen waren eine Sensation in den 40ern, heute sind fast alle Fahrzeuge damit ausgestattet.*

■ OBEN *Scheibenbremsen funktionieren, indem zwei im Bremssattel sitzende Bremsklötze gegen die Scheibe gepresst werden.*

■ OBEN *Das Entfernen der Bremsbeläge wurde einfacher. Bei diesem 59er Lockheed Bremssattel werden die Beläge von Stiften gehalten.*

■ OBEN *Bei Trommelbremsen werden gebogene Bremsbacken gegen die Innenseite einer Trommel gepresst, die sich mit dem Rad dreht.*

Trommelbremsen dienten 50 Jahre lang. Zunächst nur an Hinterrädern, da man fürchtete, dass Vorderradbremsen zum Schleudern führen könnten. Mercedes war im Jahre 1903 der erste Hersteller, der Allradbremsen anbot, sie wurden jedoch erst in den 20ern wirklich populär. Zunehmende Kraft und Geschwindigkeit verlangten bessere, also größere und breitere Bremsen. Die ultimative Form war die

■ LINKS *Ein Rover SD1 zeigt seine Dunlop Denovo Reifen, die selbstversiegelnd waren und auch platt noch erstaunliche Strecken bewältigten.*

große Duplexbremse, die von der Auto-Union und bei Mercedes „Silberpfeil" Rennwagen kurz vor dem Zweiten Weltkrieg verwendet wurde. Sie hatte Aushöhlungen für maximale Durchlüftung, um die Temperatur niedrig zu halten und so genanntes Bremsfading zu vermeiden. Denn wenn Bremsbeläge überhitzen, verringert sich die Bremsleistung.

Scheiben übernehmen den Markt

Jaguar stellte die Welt auf den Kopf mit den Scheibenbremsen, die für die C-Types in Le Mans im Jahre 1953 entwickelt wurden. In Amerika hatte Crosley dies bereits 1949 versucht, die Produktion wurde jedoch schnell eingestellt. Durch Jaguar wurden die Scheiben weltweit akzeptiert. Diese Bremsen, übernommen von der Luftfahrttechnik, verwenden ein Paar Bremsklötze, die gegen eine Scheibe gepresst werden, welche an die Radnabe montiert ist und sich mit dem Rad dreht. Da sie Hitze weitaus besser ableiten, beugen sie Bremsversagen vor und haben einen höheren Wirkungsgrad als Trommelbremsen. Jaguar gewann das Rennen in jenem Jahr. Es gab keinen Weg zurück. 1956 waren Girling Scheibenbremsen eine Standardausrüstung in Triumphs neuem Sportwagen, dem TR3, der Jensen 541 verwendete Dunlops. Jaguar bot im selben Jahr Dunlop Scheibenbremsen als Option für den XK140 an.

Als Allradbremsen gegen Ende der 20er zum Standard gehörten, funktionierten sie mit Kabeln, Stangen oder Hebeln oder hydraulisch oder mit einer Kombination aus beidem. Austins hydromechanisches System, das bei den kleineren Wagen der 40er und 50er verwendet wurde, benutzte hydraulische Vorderbremsen, während die Hinterräder durch ein Stangensystem gebremst wurden. Der MG Magna Sportwagen aus den 30ern hatte Bremsen, die durch ein System von Kreuzverbindungen und Kabeln gesteuert wurden, das allerdings regelmäßiger Einstellung bedurfte. Die Amerikaner verwendeten seit dem Chrysler 58 aus dem Jahre 1926 hydraulische Bremsen. Citroën hatte eigene Ideen. Seit Erscheinen des revolutionären DS im Jahre 1955 hatten die Wagen vier Servo unterstützte Scheibenbremsen. Kräftiges Bremsen war mit leichtem Pedaldruck möglich.

Reifen

Seit der Erfindung des Autos ging der Trend zu breiteren Reifen mit mehr Bodenhaftung. Doch die PS-starken und teuren Autos bekamen sie zuerst – die Klassiker eben. Diagonalreifen, hoch, unstylish, unflexibel und mit geringer Haftung, gab es bis in die 60er, dann setzte sich der Gürtelreifen durch.

■ OBEN *Der Dunlop Road Speed RS5 – ein Diagonalreifen. Die Wahl, wenn man in den 50ern einen großen, schnellen Wagen fuhr.*

■ OBEN *Der Michelin XM+S – ein „Matsch- und Schnee"–Gürtelreifen für harte Winterbedingungen. Er gehörte zur Standardausrüstung früher Range Rover.*

■ OBEN *Der Pirelli P600, ein Update des legendären P6, war der Reifen der 80er. Er war nicht nur hervorragend griffig, sein Profil sah auch extrem gut aus.*

Klassischer Stil

Das äußere Styling, die Haut des Autos, ist, was die meisten von uns auf einen Wagen aufmerksam macht. Das eigentliche Fahren, das die Liebe besiegelt – oder beendet – kommt erst danach. Ein schönes, jedoch leistungsschwaches Auto wird immer mehr Liebhaber finden als eines, das sich traumhaft fährt, aber nicht so aussieht.

■ OBEN ***Der 1951er Hudson, der wegen seiner niedrigen Bauweise auch „Step-down" genannt wurde.***

■ RECHTS ***Das klassische von Pininfarina gestylte Cisitalia 202 Coupé, ein Meilenstein.***

1945–55

Viele der am Fließband hergestellten Wagen waren imer noch hoch und schmal, mit separaten Scheinwerfern und Kotflügeln sowie kleinen Fenstern.

In Italien jedoch war der Karosseriebauer Battista „Pinin" Farina (später Pininfarina) dabei, den schon aerodynamischeren Look seines Vorkriegsmodells, des Lancia Aprillia, in Form des Cisitalia 202 und Maserati 1500 Berlinetta noch weiter zu verstärken. Diese schlichten, schlanken Wagen inspirierten die nächste Generation, wie etwa den Lancia Aurelia B20 von 1950, das erste der modernen Gran Turismo Coupés, ein Meisterwerk seiner Zeit. Pininfarina stylte außerdem viele Ferraris, aber es war Tourings klassischer 166 Barchetta, ein Modell von eleganter Einfachheit, der den Ball 1948 ins Rollen brachte. Er nahm direkten Einfluss auf den AC Ace von 1954; ein weiterer beeindruckend schön ge-formter Wagen, dem eine Nachahmung aus den frühen 60ern – der ausgebuchtete Cobra – nicht gerecht wurde. In England ging man noch nicht so radikal vor, wenn auch das perfekte Gleichgewicht und die elegante Klarheit des Jaguar XK120 erwähnt werden muß, inspiriert vom BMW 328 aus der Vorkriegszeit.

■ UNTEN ***Der BMW 503 hatte saubere, ausgewogene Linien, die Einfluß auf BMW Coupés der 1960er and 1970er nahmen.***

Es war Amerika, wo über die kommenden zehn Jahre das einflussreichste wenn auch nicht beste Styling entstehen sollte. 1948 begannen die Amerikaner radikal neue Formen zu entwickeln: Fords Custom Serien brachten einen völlig neuen Look, der später bei den britischen MkI Ford Consul/Zephyr Serien kopiert wurde, während der „abgestufte"

■ UNTEN *Ein Studebaker vom Industriedesigner Raymond Loewy hebt sich vom Jahrmarktstrubel ab.*

■ UNTEN *Ein Austin A40, einer der britischen Wagen der 50er und 60er im Farina-Stil.*

■ UNTEN *Die großen amerikanischen Wagen der 50er hatten stets Eleganz, wie etwa dieser Cadillac.*

Hudson Super Six verwegen niedrig und modern war. Am 62er Cadillac tauchten erste winzige Rückflossen auf, ein Vorgeschmack auf das, was noch kommen würde.

Besonderen Geschmack entwickelten die Amerikaner an europäischen Sportwagen aus den frühen 50ern: der 1953er Healey 100/4 war unbestritten attraktiv, mit einer schlichten perfekt ausgeglichenen Form, die 15 Jahre überdauerte.

■ OBEN *Bertones Alfa Guilia, ein früher GT Wagen.*

1955-65

Der amerikanische Einfluss war immer noch stark während dieser Zeit. Die freistehendenen Kotflügel verschwanden, der Trend ging zur Pontonkarosserie. Chrom wurde immer noch reichlich verwendet, aber Glasflächen nahmen zu, die Form der Türen und Fenster änderte sich.

■ UNTEN *Pininfarina war verantwortlich für das saubere, elegante Styling des Lancia.*

In England war der Karosseriebau immer noch ein gutes Geschäft, da die großen Luxuswagen – hauptsächlich Rolls Royce und Bentley – immer noch separate Fahrwerkskonstruktionen hatten, aber dann wechselten auch sie zur einheitlichen Herstellungsweise.

Pininfarina ergriff in der zweiten Hälfte der 50er mit seiner Studie Lancia Florida die Initiative im Styling. Wie der Cisitalia neun Jahre zuvor, brachte auch dieser Wagen einen Wendepunkt im Design. Die straffe, scharf geschnittene Bauweise des Florida beeinflußte die Form großer Wagen für Jahrzehnte (die 1957er Lancia Flaminia Limousine kam dem Original am nächsten). Eine noch radikalere Limousine war der Citroën DS aus dem Jahre 1955, ein Wagen, der nicht nur im Aussehen futuristisch anmutete, sondern auch in seinen technischen Details.

Die Amerikaner befanden sich zu dieser Zeit auf dem Höhepunkt der Heckflossen-Verrückt-

wettbewerbe zu gewinnen. Trotzdem ist seine Kastenform so gut und ewig modern (und hat sich so wenig verändert), dass er mit Sicherheit eine Auszeichnung für sein Styling verdient.

Pininfarina – ein großer Fan des Mini – war gegen Ende der 50er Jahre Ferraris offizieller Stylist, er entwarf Klassiker wie den Spider California, den 250 GT und unzählige Einzelstücke. Seine beste Kreation war sicher der 250

heit, besonders General Motors. Unter dem Meister des Stylings, Harley Earl, erhielt alles vom einfachen Chevrolet Bel Air an aufwärts im Jahre 1957 raketenförmige Heckflossen.

In England brachte die zweite Hälfte der 50er den schicken A Roadster von MG, das bestaussehendste Auto, das MG je gebaut hat, während Lotus mit dem delikaten Elite kam, einem zeitlos eleganten, kleinen Coupé. Unterdessen baute Bertone 1955 in Italien das erste seiner unvergeßlichen, langlebigen Guiletta Sprint Coupés, angeboten mit einer Pininfarina Spider Version.

Beim revolutionären Mini Minor aus dem Jahre 1959 kam Form nach Funktionalität, der Wagen wurde nicht geformt, um Schönheits-

■ OBEN *Einer der begehrenswertesten Ferraris von allen, der 250 Lusso.*

■ RECHTS *Der französische Facel Vega kombinierte italienisches Aussehen mit V-Acht Power.*

■ UNTEN *Lancia Stratos, brutal, aber schön. Er stammte von einer Bertone-Studie ab. Weniger als 1,000 wurden gebaut.*

Berlinetta Lusso, ein kompakter Zweisitzer mit perfekten Proportionen.

Das gleiche gilt für Jaguars sensationellen E-Type Roadster und Coupé, vorgestellt in Genf im Jahre 1961. Malcolm Sayers schlankes, einfühlsames Design war ein Vorbild in automobiler Architektur und stammte von seinem D-Type Renner aus den 50ern ab. Amerikanisches Styling fand seinen Weg in den frühen 60ern wieder. Mit sauberen, gut proportionierten Wagen wie dem Corvair, dem Studebaker Avanti und dem Buick Riviera Coupé. Der 1961er Lincoln „Clap Door“ Continental zeigte den Höhepunkt Detroiter Stylingeleganz.

1965-75

Im Jahre 1965 war die Heckflosse verschwunden. Sogar die Amerikaner „räumten auf“ und produzierten schlichte, klarlinige, wenngleich immer noch große Wagen. Die überdekorierten

■ RECHTS *Im Lotus Europa waren eine schlanke GFK Karosserie und hervorragendes Fahrverhalten vereint. Hier ein späteres Modell mit niedriger hinterer Dachlinie.*

Limousinen der 50er Jahre wurden abgelöst von klarerem, klassischem Styling, kastig in seiner schlimmsten Form (z.B. beim Fiat 124), elegant in seiner besten.

In Europa war Bertone die treibende Kraft der mittleren 60er Jahre, die Krönung war sein großartiger Miura. Bertone schlug außerdem Wellen mit seinem Lamborghini Espada, der weniger im konventionellen Sinne schön als vielmehr clever war, ein großes, viersitziges Coupé mit verwegenem, kompromisslosem Profil.

Mit der Einführung des von Ghia designten Ghibli im Jahre 1965 hatte Maserati endlich das Superauto, um Ferrari die Stirn bieten zu können. Mindestens genauso schön wie der Miura, durchschnitt der Ghibli den Fahrtwind mit seinem scharfen Profil.

Der Ferrari Dino 206 von 1967 war das bestaussehendste Auto, das Pininfarina seit geraumer Zeit auf den Markt gebracht hatte, ein Juwel unter den Coupés, das bis in die 70er überlebte. Der 1967er NSU Ro80 war mit Sicherheit die futuristischste Limousine dieses Jahrzehnts.

Jaguar bewies, dass sie auch weiterhin gutaussehende Wagen bauen konnten, als der große, kurvige XJ6 1968 auf den Markt kam. Der Trendsetter des Jahres jedoch kam aus Staffordshire in England in Gestalt des Reliant Scimitar GTE, dem ersten sportlichen Kombiwagen.

Citroën machte einen dramatischen Schritt in die 70er mit einem Coupé namens SM, ein echtes Stück automobiler Skulptur mit Präsenz und enormer Klasse.

Wenngleich die Autowelt auch seit Mitte der 70er Jahre zahlreiche Schönheiten produziert hat, wird sich der wahre Klassiker doch erst zeigen, wenn Zeit vergangen ist.

■ OBEN LINKS *Alfa Romeo Montreal – ein Super-Sportwagen mit Vorderantrieb.*

■ OBEN RECHTS *Spen Kings Range Rover war der erste luxuriöse Offroader in den 70ern. Seine klassischen Linien blieben für 25 Jahre in Produktion.*

■ LINKS *Alfas 2000 Coupé – ein zeitloses Design von Bertone.*

KAROSSERIEBAU

Der Karosseriebau folgte bis in die 20er Jahre der Technik des Kutschenbaus – in Stil und Konstruktion. Bei den ersten Autos und bis in die 50er auch bei Luxuswagen wie Rolls-Royce und Bentley, hatte der Käufer die Wahl – er kaufte das Fahrgestell vom Hersteller, dann ließ er sich darauf von einem Karosseriebauer seiner Wahl die Karosserie anfertigen. Ein typischer Klein- oder Sportwagen aus den 20ern hatte eine Stoffverkleidung, die über einen hölzernen Rahmen gespannt wurde. Aluminium verwendete man lediglich für die Herstellung von Motorhaube und Türen. Auch später, als bereits Aluminiumbleche benutzt wurden, behielt man den traditionellen Eschenholzrahmen bei, bis es maschinell gepresste Bleche gab, die zusammengeschweißt werden konnten. Der BSA von 1912 war einer der ersten Wagen, bei dem man diese Technik verwendete. Bald wurde sie für alle kleineren Fahrzeuge übernommen, was zu einer Vereinheitlichung der Karosserietypen führte. Karosserien wurden immer noch separat hergestellt und dann auf ein Fahrgestell montiert, das die Mechanik enthielt. Vincenzo Lancia beschloß, dass es einfacher und effektiver sein würde, Karosserie und Fahrgestell in einem zu

■ LINKS *Fiats Topolino war einer der ersten Kleinwagen, der eine Stahlkarosserie besaß.*

■ OBEN *Le Mans Bentley: Eschenrahmen, Stoffbezug und eine Motorhaube aus Aluminium.*

■ OBEN *Ein Querschnitt durch den Triumph Herald zeigt sein separates Fahrgestell.*

■ LINKS *Die selbsttragende Karosserie des Citroën Traction Avant: Vordere Längsträger nehmen die Antriebseinheit auf.*

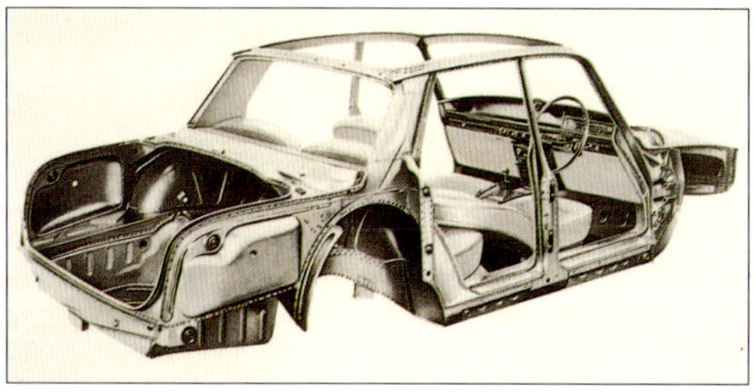

■ UNTEN LINKS *Das Skelett einer einheitlich konstruierten Stahlkarosserie. Außenbleche wurden angeschweißt oder genietet.*

■ RECHTS *Superleggera (superleichte) Karosserien werden hergestellt, indem man einen leichtgewichtigen röhrenförmigen Rahmen mit Stahl- oder Aluminiumblechen verkleidet.*

■ GANZ RECHTS *Das Grundgerüst des Lotus Elans enthält alle wichtigen mechanischen Komponenten. Die GFK Karosserie sitzt darüber.*

bauen, und sein wunderschöner Lancia Lambda aus dem Jahr 1923 wurde der erste Personenkraftwagen in Schalenbauweise. Es dauerte jedoch eine Weile, bis auch andere Hersteller nachzogen. Der VW Käfer aus dem Jahre 1938 war auf halbem Weg, aber erst Citroëns revolutionärer Vorderrad angetriebener *Traction-avant* von 1934 machte diese Bauweise wirklich populär. Total einheitliche Konstruktion, bei der Fahrgestell und Karosserie in einem Stück mit Öffnungen für Türen und Fenster gemacht wurden, kam 1950 mit dem Ford Consul auf den Markt. Seither werden fast alle Wagen so hergestellt.

Superleggera

Bei dieser Konstruktion werden dünne Stahlröhren von der Bodenwanne oder dem Fahrgestell in Form der Karosserie aufgebaut. In mühevoller Handarbeit werden Aluminiumbleche gefertigt, die dann über dem Rahmen zusammengeschweißt werden. Die meisten Ferraris und Maseratis wurden bis Ende der 50er auf diese Weise gebaut, auch die Aston Martin DB4, 5 and 6 waren Superleggera Automobile.

■ UNTEN *Der Lotus Elite war der erste in Schalenbauweise hergestellte Wagen. Stahlverstärkung wurde eingesetzt zur Befestigung der Aufhängung.*

GFK (Lotus and Corvette)

Glasfaserverstärkte Kunststoffe (GFK) sind leicht und gut zu bearbeiten, benötigen aber ein Fahrgestell, das alle schweren mechanischen Teile tragen kann. Der Lotus Elan aus dem Jahre 1962 ist ein gutes Beispiel: die einteilige GFK-Karosserie dieses kleinen Sportwagens sitzt auf einem simplen y-förmigen, aus Stahl gepressten und geschweißten Grundgerüst. Ursprünglich sollte der Elan ein wesentlich komplizierteres Fahrgestell erhalten. Der Designer Ron Hickman zeichnete eine simple Version als Übergangslösung, um am Rest des Wagens weiterarbeiten zu können. Die Übergangslösung setzte sich durch. Der erste Wagen mit GFK-Karosserie ist die klassische Chevrolet Corvette aus dem Jahre 1953.

Lotus Elite (GFK-Schalenbau)

Der Lotus benutzt außer zur örtlichen Verstärkung keinen Stahl. Die gesamte Belastung liegt auf der einteiligen Karosserie und den Bodenblechen. Probleme mit Produktion und Budget führten fast zum Untergang der Firma, Chapmans nächster Wagen war der konventionellere Elan.

Die Industrie, 1945–55

Nach dem Zweiten Weltkrieg wurden die kurzfristig zur Flugzeug- sowie Munitionsfabrikation zweckentfremdeten Fabriken wieder ihrem eigentlichen Sinn zugeführt – dem Fahrzeugbau. Die Industrie war jedoch so mit der Produktion für den Krieg beschäftigt gewesen, dass keine neuen Autodesigns vorlagen. Wenn man sich überhaupt ein neues Auto leisten konnte, musste man sich mit eine Vorkriegsmodell zufrieden geben, wie dem Ford Prefect, dessen Produktion im Jahre 1938 begonnen hatte. Doch auch diese waren knapp auf dem amerikanischen Markt, denn die Botschaft der Regierung zum Thema Rettung der Wirtschaft lautete: „Export oder Untergang".

In Deutschland war die Produktion des KdF (Kraft durch Freude) Wagens, der dann als der VW Käfer bekannt wurde, nach einem zögernden Start wieder in Gang. Hitlers Vorkriegstraum ein Auto herzustellen, das sich jede Familie leisten könnte, wurde im zerstörten Nachkriegsdeutschland mit Hilfe der britischen Armee umgesetzt: Königliche Elektroingenieure und Mechaniker unter Major Ivan Hurst brachten die von Ferry Porsches inspirierte Konstruktion zurück in die deutsche Produktion.

■ OBEN *Der typisch britische Wagen der 50er war klein und nüchtern, wie Fords Popular und Anglia.*

Später in den 50ern verwirklichte der frühere Flugzeugbauer Messerschmitt mit dem KR200 seine eigene Idee vom billigen Massentransportmittel, eine Alternative zum Motorrad, ein Tandem-Zweisitzer mit Verdeck und einer winzigen Zweitaktmaschine im Heck. Heute sind diese Wagen extrem wertvoll. BMW versuchte sich mit einem ähnlich einfachen Modell über Wasser zu halten, der Isetta.

England beschloß nach dem Krieg Geld mit einem für den Export bestimmten Automobil zu machen. Die erste britische Neukonstruktion war der Standard Vanguard aus dem Jahre

■ LINKS *Dieser 1953er Buick ist typisch für Amerika und die Wagen, die dort in den 50ern produziert wurden – groß und auffällig.*

■ RECHTS *Der Standard Vanguard war die britische Idee eines „Weltautos".*

■ LINKS *Die Brüder Wilks machten den Geländewagen in Form des Land-Rovers der breiten Masse zugänglich.*

■ OBEN *Der VW Käfer ist immer noch in Produktion – in Mexiko – im Jahre 1997.*

1947, produziert für den amerikanischen und australischen Markt. Der erfolgreichste Exportwagen war jedoch der Land-Rover von 1948, von Maurice Wilks als Geländewagen designt und basierend auf dem Fahrgestell eines Jeeps, den Wilks auf seiner eigenen Farm gefahren hatte. Der Morris Minor aus dem selben Jahr hätte ähnliche Chancen wie der VW Käfer gehabt, wäre er genauso agressiv vermarktet

■ RECHTS *Messerschmidt 500 – die heiße Version. Die meisten dieser Tandemzweisitzer hatten 175 oder 200 ccm.*

worden. Sein exzellentes Fahrverhalten machten ihn zu Großbritanniens erstem Wagen mit Millionenauflage. Ford blieb seinem preiswerten und einfachen, amerikanisch beeinflussten Stil treu, der zunächst beim Consul verwendet worden war und führte ihn bei dessen Nachfolgern bis in die 50er fort. Rolls Royce, die Bentley im Jahre 1931 aufgekauft hatten, führten ihre Linie großer Limousinen weiter mit dem modernen Silver Cloud und dem Bentley S-Typ designt von John Blatchley.

Im weniger vom Krieg beeinflussten Amerika ging die KFZ-Produktion unvermindert weiter. Jahr für Jahr erschienen aufregende neue Modelle, und auch gewöhnliche PKW boten Extras, die man anderswo nur in Luxuswagen fand. Citroën schockte die Welt im Jahre 1955 mit dem futuristischen und technisch ausgereiften DS, aber wirkliche Neuheiten waren nicht in Sicht.

■ LINKS *Eine frühe Werbeanzeige für die Morris Modelle, Minor, Cowley, Oxford und Isis.*

■ GANZ LINKS *Der deutsche DKW hatte einen Zweitaktmotor und Vorderradantrieb.*

DIE INDUSTRIE, 1956–60

Eine Welle von Nachkriegsoptimismus machte die Mitte der 50er Jahre zu einer aufregenden Ära neuer Sportwagen und Limousinen.

Der „Big Healey“ – der Austin-Healey 100, später der 3000 – war seit 1952 auf dem Markt, die Chevrolet Corvette erschien im Folgejahr. MG fügte 1955 den kurvigen A hinzu. Aston Martins schneller DB2/4 transformierte in den 3Liter DB MkIII und wurde dann vom 1958er DB4 verdrängt. In diesem Jahr erschien auch der freche Austin-Healey Sprite, der mechanisch gesehen dem Austin A35 glich, zunächst ohne Motorhaube und mit erhöhten Scheinwerfern, was ihm die Spitznamen „Frogeye“ oder „Froschauge“ einbrachte.

Der AC Ace war seit 1953 in Produktion und zehn Jahre später bildete er die Basis für den unverschämtesten Klassiker aller Zeiten, die Cobra, die 1962–63 auf den Markt kam.

Der Morgan 4/4 erschien erneut im Jahre 1956 als 4-Zylinder, mit der 1172 ccm Maschine von Ford. Andere Morgans wurden angetrieben von der 2-Liter TR3 Einheit. Einzige wesentliche Neuerung war die Verwendung einer spitzen Motorhaube anstelle des abgeflachten Kühlers von 1954.

■ LINKS *Die Heckflossen-Limousinen der 60er unterstrichen Mercedes Ruf für exzelente Langlebigkeit – der größere 220S im Hintergrund kam 1959 auf den Markt.*

■ UNTEN LINKS *Der im Design ungewöhnliche Borgward 2.3 war zu seiner Zeit ein ernstzunehmender Konkurrent für Mercedes.*

■ UNTEN LINKS *Fords schicker Zodiac MkII war einüberarbeiteter MkI; er trieb die Technologie voran mit MacPherson Federbeinen und Motoren mit höheren Drehzahenl.*

■ UNTEN RECHTS *Der Rover P4 hielt sich mit Leder und Holz an traditionelle Werte; spätere Modelle wie dieser 80er aus dem Jahre 1960 waren konservativer als der erste „Cyclops“ 75 Jahrgang 1950.*

Die große Neuigkeit von Jaguar war, dass die Firma aus Coventry ihrer großen MkVII Limousine ein aufregendes, neues und kompakteres Modell zur Seite stellte. Ursprünglich mit einer 2.4-Liter Maschine angeboten, hatte der MkII

1959 Scheibenbremsen und die 3.8-Liter Version des XK 6-Zylinder-Motors.

Fords MkII Consul und die Zephyr Limousine kamen 1956 heraus, im Prinzip die leichtere Version des MkI. Porsches 356 wurde durch einen besseren Motor weiter verfeinert. 1960 kam der 356A Carrera mit Vier-Nockenwellen-Motor auf 201 km/h.

Im Jahre 1959, als amerikanische Wagen größer und imposanter wurden, schockte Alec Issigonis die Welt mit seinem revolutionären, neuen Mini. Vier Erwachsene auf drei Meter Raum unterzubringen war nicht leicht, aber ihm gelang dies Kunstwerk aufgrund exzellenter „Verpackungstechnik" – der Motor wurde quer eingebaut, das Getriebe verschwand darunter, so dass die Maschine mit minimalem Raum auskam.

1958 erschien der von Pininfarina entworfene A40 – das erste Kompaktdesign, Vorläufer des Wagens mit Heckklappe. Italiens Stylisten waren en vogue: das Jahr 1959 sah den von Michelotti designten Triumph Herald, Stammvater des 1962 erschienenen MG Midget Konkurrenten Spitfire.

Alfa Romeo stieg mit dem kastigen, aber höchst wettbewerbsfähigen Giulietta Berlina in die Massenproduktion ein. Noch aufregender war der Giulietta Sprint, entworfen von Bertone, ein toller, kleiner GT, der viele größere Sportwagen des Feldes verwies. Hauptstütze Fiats waren nach wie vor die kleinen 500er und 600er Modelle sowie eine Auswahl an konventionellen Stufenheck-Limousinen mit Heckantrieb, angefangen beim 1100 bis hin zum 2100 mit 6-Zylindern. Lancia produzierte das wichtigste Fahrzeug des Jahres 1960 in Form des Flavias, dem ersten italienischen Auto mit Frontantrieb, moderner und geräumiger Karosserie sowie hervorragendem Fahrwerk.

■ OBEN *Der Austin Healey Sprite verlor 1961 seine „Froschaugen", und erhielt Gesellschaft vom MG Midget – hier der 1275cc MkIV Sprite aus dem Jahre 1968.*

■ OBEN RECHTS *Wie alle Lancias (vor der Übernahme durch Fiat), war der Flaminia GT schön, hervorragend konstruiert – und teuer.*

■ UNTEN LINKS *Der Armstrong Siddeley Star Sapphire griff zurück auf das goldene Zeitalter britischer Luxuslimousinen, aber er war der letzte Wagen, den die Firma herstellte. Die Produktion wurde 1960 eingestellt.*

■ UNTEN *Die Qualität der sportlichen MG Magnette Limousine wurde in übertriebenen Anzeigen gepriesen.*

37
Castrol

Entstehung einer Geschichte

Motorsport in allen Variationen ist eine gemeinsame Leidenschaft jeder Generation von Enthusiasten, seit es die ersten organisierten Wettbewerbe gab. Die Pioniere, bei denen Wagen gegen Wagen und Fahrer gegen Fahrer antraten, lernten die Grenzen ihre eigenen Fähigkeiten und die ihrer Fahrzeuge kennen. Autorennen haben einen großen Teil zur Verbesserung der Automobilqualität beigetragen, denn was sich für Rennwagen als gut und sicher erwies, wurde nach und nach auch in reguläre Fahrzeuge eingebaut. Im folgenden Kapitel wollen wir Sie durch die Welt der klassischen Formel 1 und die Spitzenklasse professioneller Autorennen führen. Wir werfen einen Blick auf die Romantik der Langstrecken-Rennen und untersuchen unbekanntere Attraktionen, wie etwa Tourenwagen-Rennen, bei denen Wagen wie die unserer Väter an den Wochenenden gegeneinander antraten.

GRAND PRIX

Sobald sich die zwei ersten Wagen trafen, war das Autorennen erfunden. Der erste organisierte Wettbewerb war das Paris–Bordeaux–Paris Straßenrennen im Jahre 1895, das von Emile Levassor in einem von ihm selbst gebauten Wagen gewonnen wurde. Die Durchschnittsgeschwindigkeit lag bei 24km/h. Im Jahr 1900, bei einem Rennen von Paris nach Lyon, lag sie bereits bei 64km/h.

Schon bald rasten die ersten Rennwagen mit 160 km/h über staubige, unbetonierte Wege. Tödliche Unfälle beim Rennen Paris–Madrid im Jahre 1903 und bei den Gordon Bennett Trophäenrennen schafften den Bedarf an speziellen Rennstrecken. Die erste der Welt eröffnete 1907 in Brooklands, wo Fahrer wie Birkin und die Bentley Brüder in den 20ern und 30ern donnernd ihre Runden fuhren. Auf diesen abgeschlossenen Strecken bestand kein Bedarf mehr an mitfahrenden Mechanikern, und so entstand der einsitzige Rennwagen.

■ OBEN *Colin Chapmans revolutionäre Grand Prix Wagen: der Fahrer saß in einer aus einem Stück gefertigten „Badewanne" und hatte den Motor hinter sich. Hier steht ein 25er vor einem Typ 23 Rennwagen.*

■ OBEN LINKS *Heldenhafte Fahrer beim Start zum 500 Meilen Rennen im Jahre 1933 in Brooklands, der ersten speziell für diesen Zweck gebauten Rennstrecke.*

■ OBEN *Stirling Moss, einer der besten Fahrer der Welt, mit seinem Cooper 500 im Jahre 1954 im verregneten Silverstone.*

Das goldenen Rennzeitalter

Denkt man an klassische Grand Prix Rennwagen, fällt einem schnell der Bugatti von 1930 ein. Die größte Zeit der einsitzigen Rennwagen jedoch waren die 50er. Nichts außer ein paar Strohballen trennte die Menge von der Rennstrecke. Der Enthusiast konnte seine Helden hautnah bei der Arbeit erleben, nicht versteckt hinter hohen Cockpits und Integralhelmen oder verkleidet als menschliche Reklamewand. Fangio, Phil Hill und Größen wie Stirling Moss, Peter Collins und Mike Hawthorn waren auf

■ LINKS *Mike Hawthorn, ein äußerst charismatischer Fahrer, war Großbritanniens erster Weltmeister im Jahre 1958. Er setzte sich 1959 zur Ruhe.*

■ LINKS *Porsche 917 (20, 21, 22) bei einem starken Auftritt 1970 in Le Mans. Diese Wagen dominierten das 24-stündige Ausdauerrennen für das kommende Jahrzehnt.*

■ OBEN DER *Mercedes W154 „Silberpfeil“ GP Rennwagen. Gründliche Entwicklung machte diesen Wagen in den 30ern nahezu unbesiegbar.*

dem Höhepunkt ihrer Karriere – und die drei letzteren blieben außerdem auch gute Freunde. Grand Prix Rennen waren in den frühen 50ern so populär, dass Massen von 100 000 zu den zwei jährlichen Rennen nach Silverstone kamen. Das ehemalige Rollfeld war das Zuhause des britischen Motorsports, hier fanden der Britische Grand Prix und die British Empire Trophy statt. In jenen Tagen musste man Buckingham oder Bicester morgens um 7.30 Uhr passiert haben, um rechtzeitig zum Start des Rennens dazusein, und das hat sich bis heute kaum geändert.

■ LINKS *Der Maserati 250F war in der Version mit sechs Zylindern wohl einer der besten Grand Prix Wagen mit Frontmotor, den die Welt je gesehen hat.*

Diese und die folgende Dekade erlebten die schnellste Entwicklung in der Rennwagentechnologie. Zu Beginn dominierte Alfa Romeo die Szene mit dem Tipo 158 und 159, dichtgefolgt von Ferrari, BRM und Mercedes sowie Maseratis 250F – einem klassischen Rennwagen, der die Herzen der Fahrer und Zuschauer gleichermaßen gewann. Mercedes benutzte den revolutionären, stromlinienförmigen W196, um beim französischen Grand Prix in Reims im Jahre 1954 alles niederzuwalzen. Und Ende der 50er stellte Cooper die Rennwelt auf den Kopf.

Die Chapman Revolution

Der Mann, der den größten Einfluß auf Grand Prix Wagen hatte und ihr Design in die 60er führte, war Colin Chapman. Der Ingenieur nahm selber mit seinen Lotus Six und Seven an Rennen teil.

■ RECHTS *Nach Fords fehlgeschlagenem Versuch Ferrari aufzukaufen bauten sie ihren eigenen Le Mans-Gewinner, den Ford GT40. Sie waren damit erfolgreich in den Jahren 1966-69.*

■ UNTEN RECHTS *Der Lotus 78 Formel 1 Wagen war einer der letzten mit Colin Chapmans innovativem Design.*

RALLYES DER 50ER, 60ER UND 70ER

In den 50ern bedeuteten Rallyes das Fahren weiter Strecken, auf denen Navigationskunst in der Regel wichtiger war als hohe Geschwindigkeit. Teams aus zwei bis drei Leuten kämpften durch erschwerte Bedingungen gegen einen erschöpfenden Zeitplan, bewaffnet mit wenig mehr als Standardautos, die nur durch extra Scheinwerfer und grobere Reifen aufgebessert waren. Die berühmtesten Ausdauertests waren die Winterrallye Monte Carlo und die alpinen Rallyes, wo so unterschiedliche Autos wie der Sunbeam Rapier, große und kleine Limousinen sowie Sportwagen, zeitgenössische und alte, gegeneinander antraten. Viele Anmeldungen kamen von Autoherstellern, die begierig darauf waren, die Zuverlässigkeit ihrer Modelle unter Beweis zu stellen. Später in den 60ern machte sich der Porsche 911 einen Namen als ausdauerndes Fahrzeug, das jede noch so lange Strecke mit all ihren Problemen spielend überstand – und auch heute noch ist der Porsche das Auto, das es bei historischen Rallyes zu schlagen gilt.

■ LINKS *Zähe Limousinen wie der Ford Escort beherrschten die Rallyes der späten 60er.*

■ LINKS *Alpine Rallyes waren eher ein Test für Zuverlässigkeit als für Geschwindigkeit.*

■ UNTEN LINKS *Der wendige, leichte Austin-Healey Sprite war ein solider Rennwagen.*

Es gab kleine Rallyes, an denen jeder teilnehmen konnte, der ein Auto besaß und Mitglied eines Clubs war. Dort gab es keine Helmpflicht, besondere Sicherheitsvorkehrungen waren nicht vorgesehen, sogar Fahrzeuge wie der eigentlich unpassende Austin A90 Atlantics hatte eine Chance.

Moderne Rallyes

In den 70ern waren Rallyes genau genommen eine Reihe von Sprints auf sehr rauhen Wegen. Zur Freude der Zuschauer rasten die Wagen bei diesen so genannten Sonderprüfungen in wildem Drift über rutschigen Untergrund oder trügerisches Eis. Die abgesteckten Prüfungs-Etappen waren bis zu 48 km lang, und das Ziel

■ LINKS *Der Austin-Healey 3000 in seinem Element. Er war eines der starken Rallyeautos der 60er.*

■ LINKS *Der Mini war einer der erfolgreichsten Rallyewagen überhaupt.*

■ OBEN *Ein stark modifizierter Ford Escort beim Service während der 1970er London-Mexico Rallye*

war, sie so schnell wie möglich zu überwinden.

Die Aufgabe des Beifahrers war es, den Fahrer so schnell wie möglich von einer Prüfung zur nächsten zu führen. Er fungierte jedoch als weit mehr als ein bloßer Richtungsweiser. Da der Fahrer sich vorher nicht mit der Strecke vertraut machen durfte, lag es in der Verantwortung des Beifahrers, anhand von Karten rechtzeitig vor plötzlichen Kurven oder anderen Gefahrenzonen zu warnen. Kluge Navigation zwischen den Prüfungen war unerläßlich, denn auch diese Strecken unterlagen einem Zeitlimit und bei zu langsamer Fahrt kam es zu Punktabzug. Das Ereignis in Großbritannien war die RAC Rallye. Gegen Ende der 60er war der Ford Escort unbestrittener König, gefahren von Stars wie Roger Clark, Timo Makinen und Ari Vatanen.

Der Austin-Healey

Die Ausdauer des kraftvollen Zweisitzers Austin-Healey, der 1954 auf den Markt kam, machte ihn zu einem Favoriten für Langstrecken-Rallyes durch die Alpen. Seine ersten Erfolge hatte er mit den Gebrüdern Morley. Auch die Rallyelegende Timo Makinen kam zu Ruhm, als er einen „Big Healey" fuhr. Der röhrende 3-Liter 6-Zylinder-Reihenmotor war jedoch extrem laut, und sein hartes Fahrwerk sorgte für einen schier knochenzerreibenden Fahr-„komfort".

Der erste der Evolution – Stratos

Mit seinem von einer Studie abstammenden Styling und einer Ferrari V-Sechs Maschine war der Stratos einzig und allein konzipiert worden, um Rallyes zu gewinnen.Denn Lancias Fulvia war in die Jahre gekommen. Der Stratos gewann die Rallye Weltmeisterschaft dreimal in den Jahren 1974-76, und war der Vorläufer der kurzlebigen, speziell für Rallyes gebauten Gruppe B Wagen. Sie wurden 1986 verboten, weil sie sich als zu gefährlich erwiesen hatten.

■ UNTEN *Lancia Stratos, das Rallye-Auto mit Ferrari-Motor, auf einer besonders schwierigen Sonderprüfung.*

TOURENWAGEN-RENNEN

Rennen mit seriennahen Autos waren stets von Herstellern benutzt worden – offiziell oder inoffiziell – um die Qualität ihrer Produkte unter Beweis zu stellen. „Am Sonntag gewinnen, am Montag verkaufen“ lautete die Devise. Wenn Otto Normalverbraucher den Wagen seiner Träume gewinnen sah, wurde die Treue zur Marke verstärkt und das konnte zu besseren Verkaufszahlen führen.

Tourenwagenrennen nahmen ihren Anfang nach dem Zweiten Weltkrieg, und bis weit in die 50er waren die teilnehmenden Wagen ihren serienmäßigen Gegenstücken erstaunlich ähnlich. Unter Umständen wurde der Reifendruck erhöht, Radkappen entfernt, der Fahrer trug einen Helm, ansonsten gab es bis in die 60er wenig Sicherheitsvorkehrungen.

Professionelle wie Graham Hill, der in Tourenwagen begann und bis in die 60er fortfuhr in Jaguar MkIIs und Lotus Cortinas Rennen zu fahren, trug vielleicht einen Overall, alle andern behielten ihre alltägliche Straßenkleidung an – wie das Grand Prix As der 50er, Mike Hawthorn, der immer mit Rennjacke und Fliege zum Rennen kam.

Die kraftvollen MkI and MkII Jaguar, die 1957 erschienen, waren ein sicherer Erfolg, wie auch in geringerem Ausmaß die 6-Zylinder Ford Zephyr und Zodiac, doch in den frühen 60ern schlich sich der Mini mit Hilfe von John Cooper aufs Spielfeld. Der Mini war ein Meilenstein; Rennfahrer wie Ken Tyrrell, James Hunt und der große John Rhodes begannen ihre Karriere in ihm. Andere, die es genossen in unpassenden, alten Wagen zu fahren waren Männer wie Stirling Moss und Jim Clark.

In den 60ern hatten sich offizielle Wettbewerbe für Tourenwagen und Limousinen etabliert, und man erlebte aufregende Rennen

■ OBEN *Modernes Fahrwerk und eine leichte, stabile Karosserie gaben dem 50er MkI Ford Zephyr eine Chance zum Erfolg.*

■ UNTEN LINKS *Der einfache Austin Westminster war überraschend erfolgreich in den Rennen der 50er.*

■ UNTEN RECHTS *Rennwagen waren überraschend serienmäßig, sprich unsicher.*

■ UNTEN *Große, schwere Jaguar MkVII Limousinen waren beweglicher als sie aussahen.*

■ UNTEN *Der BMW CSL dominierte die Gruppe 2 in den 70ern.*

zwischen Escorts mit Formel 2 Motoren. Mit den Gruppe 2 und 4 BMW „Batmobilen“ kamen stark modifizierte Wagen auf die Strecken – und furchteinflößende Maschinen wie eine Serie von Blydenstein Vauxhalls mit Fahrern wie dem 70er Ass Gerry Marshall.

Amerika hatte eigene Rennen für seriennahe Limousinen. Was zunächst im Jahre 1936 als 322 km lange Rennstrecke auf Sand und Teer in Daytona Beach, Florida begann, wurde 1959 an gleicher Stelle zu einem speziell für diese Zwecke gebauten, 3.3 km langen Rennparcours. Ähnliche Strecken sprossen im ganzen Land unter der Schirmherrschaft der NASCAR aus dem Boden, der „National Association for Stock Car Auto Racing“. Zum Ende der 60er fuhren „Serien“-Modelle bis zu 322 km/h – mit ausgefeilter Aerodynamik nach den vorgegebenen Regeln.

Bei Rennen des „Sports Car Club of America“, bei denen links wie auch rechts herum gefahren wird, wiesen in den 60ern die Kämpfe zwischen AC Cobra und Corvette den Weg zu Wettbewerben mit zahlreichen Runden, bei denen sich modifizierte Mustangs und Camaros jagten, und Männer wie Mark Donohue und Peter Revson zu Helden wurden.

Weiter südlich veranstaltete Mexiko das verrückteste Rennen aller Zeiten, die 3000 km lange Carrerra Panamericana. Dieses absolute Spektakel, das auch eine Tourenwagenklasse beinhaltete, wurde von 1950 bis 1954 jährlich durchgeführt, bis eine zunehmende Zahl von tödlichen Unfällen zum Ende führte. Seit 1991 findet es jedoch als historische Veranstaltung wieder statt.

■ UNTEN *„Big Bertha“, die V-Acht angetriebene Vauxhall Ventura Superlimousine wurde in den 70ern von Bill Blydenstein für das absolute Renn-Ass Gerry Marshall gebaut.*

KLASSIKER IM WETTBEWERB

Klassischer Motorsport war nie populärer als heute. Puristen halten es für eine Schande, die ehrwürdigen, alten Wagen für Autorennen zu benutzen, die Pragmatiker meinen, sie wurden gebaut, um zu rennen.

Historischer Motorsport muss nicht großes Geld oder Extravaganz bedeuten; es gibt auch einfache Rennen, Bergfahrten oder Rallyes mit bescheideneren Fahrzeugen. Ganz egal, was für ein Wagen – es gibt immer eine interessante Aktivität, die in Frage kommt. Hier einige der Fahrten, die Enthusiasten mit ihren Klassikern unternehmen.

■ OBEN *Historische Ausdauerrallyes folgen dem Weg der alpinen Rallyes der 50er und sind in der Regel für Wagen aus der Zeit von vor 1962. Sie können spielend gewonnen werden von einem Automobil wie diesem Jowett Jupiter: Genauigkeit ist der Schlüssel, sowohl in Navigation wie auch im Timing.*

Straßenfahrten

Kein Wettbewerb, sondern ein Treffen, das offen ist für jeden angemessenen Klassiker (in der Regel mindestens 20 Jahre alt) mit Zulassung. Meistens werden diese Straßenfahrten von Autoclubs oder größeren Organisationen veranstaltet .

Trials

Man kann bei diesen in Großbritannien so genannten Trials mit so ziemlich allem mit machen, was vier Räder hat – die stilvollsten Trials sind wohl die dort vom Vintage Sports Car Club (VSCC) für Wagen aus der Zeit von vor 1930 veranstalteten. Bei einem Trial geht es einfach darum, zur rechten Zeit am rechten Ort zu sein und etwa einen rutschigen Hügel hochzufahren, ohne anhalten zu müssen. Gewinner ist der Fahrer mit den wenigsten Fehlern.

Sprints und Bergrennen

Mit Vernunft kann man mit jedem Klassiker sprinten oder einen Berg erklimmen.
Nur die einfachsten Sicherheitsvorkehrungen sind nötig.

■ OBEN *Dieser Spezialbau für Nachkriegs-Vintagerennen kombiniert eine Napier aero Maschine mit einem Bentley Fahrgestell.*

■ OBEN *Es gibt auch schnellere Straßenrennen für die feineren Maschinen. Hier jagt ein Alfa einen HWM.*

■ OBEN *Historische Sportwagenrennen wird es immer geben. Hier führt ein Cooper Monaco in Brands Hatch.*

■ UNTEN *Die berühmten Fahrerlager in Shelsley Walsh bei Worcester, wo seit dem Jahre 1905 Bergrennen stattfinden.*

■ RECHTS *Historische Grand Prix Wagen wie dieser Lotus haben eine große Fangemeinde und kommen immer wieder auf die Rennstrecke.*

Navigationsrallyes

Sie finden meist zur Nachtzeit statt und sind ein Test im Kartenlesen, navigieren und Zeit einhalten. Wenn es sich auch nicht um Schnelligkeitswettbewerbe handelt, muss doch eine mittlere Geschwindigkeit eingehalten werden.

Sonderprüfungs-Rallyes

Auch bei diesen Veranstaltungen werden Navigationskenntnisse vorausgesetzt, jedoch nur, um von einer Sonderprüfung zur nächsten zu gelangen – und dann bricht die Hölle los. Die Strecken, oft ein schmaler Wald- oder Kiesweg, sind für den öffentlichen Verkehr gesperrt, und das Ziel ist es, schnellstmöglich von einem zum anderen Ende zu gelangen.

■ OBEN *Ein MG nimmt Shelsley in Angriff, wo Teilnehmer mit ihren Wagen den Berg in weniger als einer Minute bewältigen.*

■ UNTEN *Wie beim Lincolns Axe mussten bei vielen historischen Wagen Teile ersetzt werden, aber sie haben nie aufgehört Rennen zu fahren, und viele sind heute schneller denn je.*

Ausdauerrallyes

Von der dreitägigen Monte Carlo Herausforderung über die verschneiten Alpen bis hin zur zehnwöchigen London-Mexico-Rallye, die 1995 ihr 25jähriges Jubiläum hatte, verlangen diese mörderischen Rennen gründlichste Vorbereitung und enorme Disziplin.

Tourenwagenrennen

Zurück zu den glorreichen Tagen, pur und einfach, mit Anglias, BMW 2000s, Alfa GTAs und Minis, die sich auf Rennreifen von Dunlop abplagen in Szenen, die den Zuschauer direkt in die 60er zurückversetzen.

Einsitzer- und Sportwagenrennen

Von ERA bis Maserati 4CM und Alfa Monzas, einschließlich Blower Bentleys und Mercedes SSKs bis hin zu relativ neuem Formel 1 Material rufen diese Bilder Erinnerungen wach. Für die Teilnahme in der Sportwagenklasse muss man allerdings schon ziemlich reich sein…

24
225

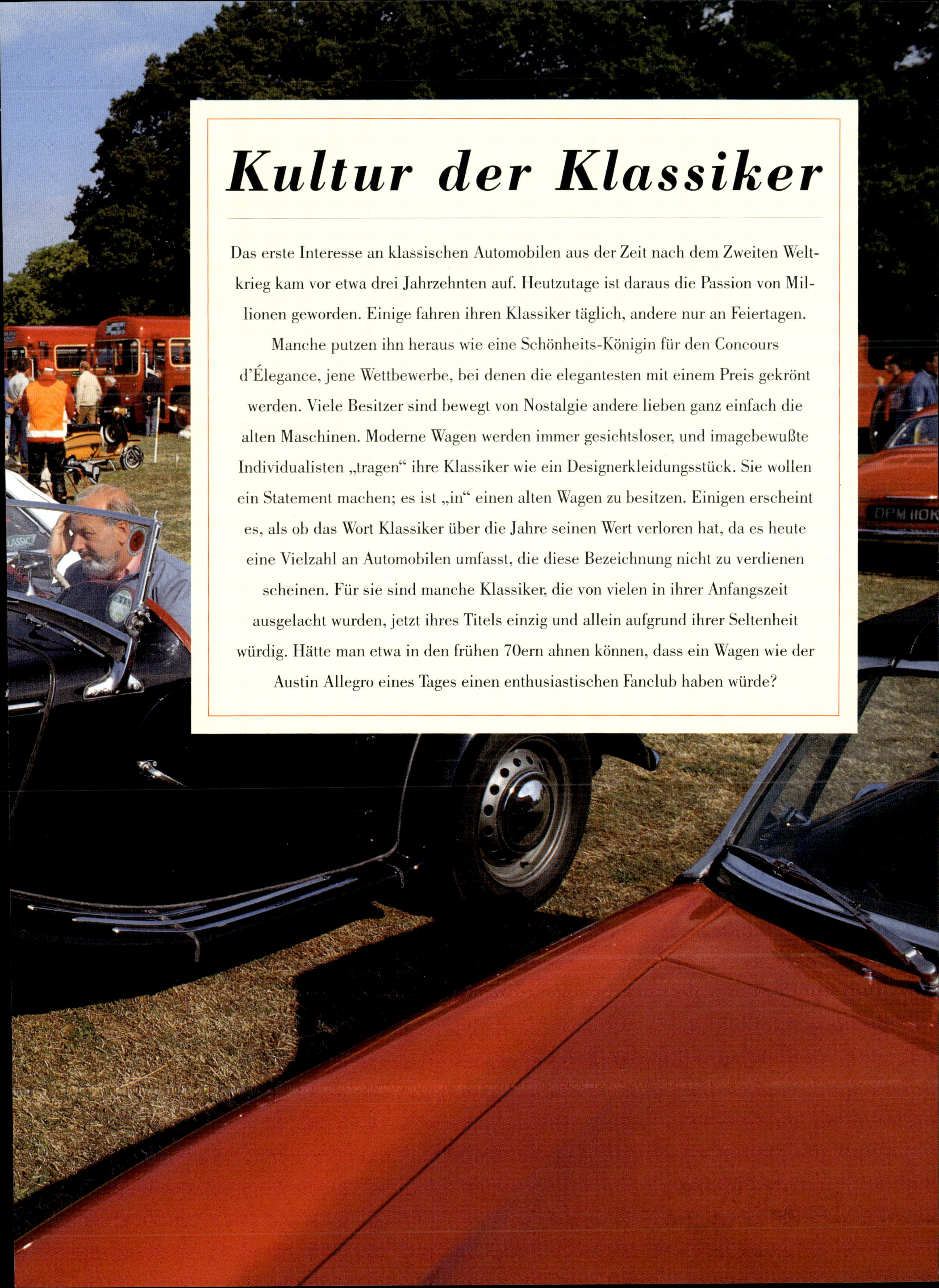

Kultur der Klassiker

Das erste Interesse an klassischen Automobilen aus der Zeit nach dem Zweiten Weltkrieg kam vor etwa drei Jahrzehnten auf. Heutzutage ist daraus die Passion von Millionen geworden. Einige fahren ihren Klassiker täglich, andere nur an Feiertagen. Manche putzen ihn heraus wie eine Schönheits-Königin für den Concours d'Élegance, jene Wettbewerbe, bei denen die elegantesten mit einem Preis gekrönt werden. Viele Besitzer sind bewegt von Nostalgie andere lieben ganz einfach die alten Maschinen. Moderne Wagen werden immer gesichtsloser, und imagebewußte Individualisten „tragen" ihre Klassiker wie ein Designerkleidungsstück. Sie wollen ein Statement machen; es ist „in" einen alten Wagen zu besitzen. Einigen erscheint es, als ob das Wort Klassiker über die Jahre seinen Wert verloren hat, da es heute eine Vielzahl an Automobilen umfasst, die diese Bezeichnung nicht zu verdienen scheinen. Für sie sind manche Klassiker, die von vielen in ihrer Anfangszeit ausgelacht wurden, jetzt ihres Titels einzig und allein aufgrund ihrer Seltenheit würdig. Hätte man etwa in den frühen 70ern ahnen können, dass ein Wagen wie der Austin Allegro eines Tages einen enthusiastischen Fanclub haben würde?

BEI DER ARBEIT

Die Qualitäten, die einen Wagen zum Klassiker machen, finden sich auch bei Fahrzeugen, die in der Welt der Arbeit verwendet werden. Dies gilt sowohl für Servicedienste, die bei jedem Wetter unterwegs sind, um liegengebliebenen Fahrzeugen zur Weiterfahrt zu verhelfen, für Polizeieinsätze, bei denen Verbrecher gejagt werden oder der Verkehr kontrolliert wird als auch für Händler, die Waren zu transportieren haben.

Jeder Dienst hat sein Lieblingsfahrzeug, das sich besonders für den jeweiligen Job eignet. Die britische Automobile Association (AA) von 1905 kaufte, als ihre Motorräder mit Beiwagen

■ RECHTS *Der „hölzerne" Kombi, eine populäre Variante der Limousine mit mehr Laderaum.*

■ RECHTS *Abschleppservicedienste fanden den Land-Rover ideal zum „Retten" von Autofahrern, die in abgelegenen Gegenden liegengeblieben waren.*

■ OBEN *Seltene Aston Martin Shooting Brakes, Kombis auf DB5-Basis.*

einfach nicht mehr effektiv genug waren, im Jahre 1948 Land Rovers, um liegengebliebenen Fahrern zu helfen. Der Royal Automobile Club (RAC), der bereits im Jahre 1897 gegründet worden war, benutzte Austin Sevens, Morris Minors und Kleintransporter sowie Bedford CA Transporter und Lkw für schwerere Einsätze, bis sie in den 70ern auf Ford Transits umstellten. In den 50ern waren in London sogar sechs Isettas im Hilfseinsatz.

■ RECHTS *Den Ford Thames gab es als Transporter und als Pickup mit offener Ladefläche. Er ist der Vorfahre des allgegenwärtigen Transits.*

Polizei und Post

Die britische Polizei nutzt seit langem schwere, kräftige Limousinen, von klassisch-schnellen, mit Sirenen ausgerüsteten Wolseleys in den 50ern zu den Rovers und Jaguars der 70er. Viele Einsatzkräfte versuchten die Verbrecher quasi mit ihren eigenen Waffen zu schlagen indem sie die gleichen Wagen fuhren – Jaguar MkIIs in den 50ern und Lotus Cortinas in den 60ern. Auch neue Modelle wurden ausprobiert. In den 60ern wurde mit Allradantrieb von

■ LINKS *Der Citroën „H" Transporter war das Rückgrat vieler kleiner französischer Firmen.*

Ferguson Formula in Form des Ford Zodiac Mk4 experimentiert, der den Weg bahnte für die universellen Range Rovers, die für Straßenkontrollen verwendet wurden.

In den 50ern war auch ein Morris Minor Transporter mit hässlichen Gummitüren ein vertrauter Anblick. Großbritanniens General Post Office (GPO) hielt ihn für sinnvoll, da die Türen praktisch unzerbrechlich und resistent gegen Stöße waren. Andererseits war es nahezu unmöglich die getrennt angebrachten Scheinwerfer auszurichten.

Das GPO wechselte dann zu einem anderen Transporter, der Bedford Version des ersten Vauxhall Viva, dem HA aus dem Jahre 1963. In Frankreich wurde der gesamte Postdienst mit Citroën 2CV und Renault 4 Transportern abgewickelt.

Arbeiter

Für „zivile" Zwecke bildete der Kleintransporter seit langem eine Alternative zu den großen Transportern, die viele Fahrer aufgrund ihrer Unübersichtlichkeit verunsicherten. Seit den 20ern standen die meisten populären Wagen auch als Kleintransporter-Variante zur Verfügung. Sie waren als Kombis gebaut, ohne Seitenfenster und Rücksitze. Vor der Einführung von Steuern auf kommerziell genutzte Fahrzeuge war der billigste Weg einen eigenen Kombi zu fahren – einen Transporter zu kaufen und Seitenfenster einzubauen!

Fords Transit aus dem Jahre 1968 war der Trendsetter, dessen Name für alle 1-Tonner stand. Dieser zähe und überraschend schnelle Transporter transportierte alles von Paketen bis zu Werkzeugen. Auch Verbrecher schätzten ihn, da er ein gutes Versteck darstellte sowohl für sie selbst als auch für ihr Diebesgut.

■ OBEN *Der Ford V-Acht Pilot: in seinen Tagen ein attraktives und kraftvolles Verfolgungsfahrzeug.*

■ UNTEN LINKS *Einige holländische Polizeikräfte benutzten den Porsche 911.*

■ UNTEN RECHTS *Viele Einsatzkommandos in Großbritannien fuhren ungewöhnliche Wagen– wie diesen MU2 Lotus Cortina.*

Klassiker im Film

Nichts wirbt besser für einen Klassiker als sein Erscheinen in Kinofilmen oder Fernsehserien. Wer kennt nicht den Volvo P1800 aus der britischen Serie *Simon Templar*, die in den 60ern lief oder den Alfa Spider in *Die Reifeprüfung* (1967) mit Dustin Hoffman? Ihre Auftritte machten diese Wagen weltberühmt und trieben die Verkaufszahlen in die Höhe. Als dynamische, attraktive Blickfänge haben sich Autos immer gut auf der Leinwand gemacht, sowohl als Dekorationsgegenstand als auch als Zentrum der Action.

Die Amerikaner, seit langem Meister darin, Autos in Szene zu setzen, bewiesen dies in Filmen wie Herbie *Ein toller Käfer* (1969) und Kultwerken wie *Fluchtpunkt San Francisco* (1971)oder *Das Duell* (1971). Für viele Kenner ist es der Film *Bullitt* mit Steve Mc Queen aus dem Jahre 1968, der die beste je gefilmte Verfolgungsjagd mit Autos zeigt: Untermalt vom Sound der V-Acht-Motoren und in atemberaubender Geschwindigkeit verfolgt McQueen mit seinem Mustang einen Dodge Charger auf den steilen Straßen San Franciscos. Die Szene dauert 12 Minuten, wobei McQueen, ein hervorragender Fahrer, die meisten Stunts selbst gespielt hat. Mit *Le Mans* aus dem Jahr 1971, in dem er mehr fährt als schauspielert, fügt er einen weiteren Film zur Liste hinzu.

■ LINKS ***MkII Jaguars wurden sowohl im Film als auch im wahren Leben als Fluchtautos verwendet.***

■ UNTEN ***Ein S-Typ Jaguar in dem Film „Robbery" von 1967.***

■ UNTEN ***Ein weißer Volvo P1800 war das Erkennungszeichen von „Simon Templar", gespielt von Roger Moore.***

■ LINKS ***Große Limousinen gab es in allen britischen Gangsterfilmen: Richard Burton neben einem Jaguar S-Type in „Kaktus Jack" (1971).***

■ RECHTS *Was das Publikum nie sah – Michael Caine fügt dem E-Typ in „The Italian Job" aus dem Jahr 1969 ein paar Extrabeulen zu.*

■ OBEN *Ein Lotus Elan war der Star neben Emma Peel und John Steed in „Mit Schirm, Charme und Melone".*

Polizisten, Räuber und Spione

In britischen Filmen war das Genre der Verbrecher seit langen ein fruchtbarer Boden für den Liebhaber klassischer Wagen. *Robbery* (1967) zeigte eine haarsträubende Verfolgungsjagd zwischen einem Polizei S-Typ Jaguar und Verbrechern in einem silbernen Jaguar MkII. In *The Italian Job* (1969), der ironischen Verfilmung eines Goldraubes mit Michael Caine und Noël Cowardin in den Hauptrollen, stellten die Fluchtwagen, drei Mini Cooper, die Schauspieler geradezu in den Schatten. Weitere Stars unter den Autos sind der Lamborghini Miura, einige E-Types und der Aston Martin DB4 Cabrio. Jaguar lieferte die Atmosphäre in Verbrecherfilmen wie *Performance* und *Get Carter* (beide 1971), während *Kaktus Jack* (1971) mit Richard Burton einen Raubüberfall zeigt, bei dem es sich lohnt nach einem Jaguar S-Type, einem Ford Zodiac und einem Vanden Plas 3-Liter Ausschau zu halten, die allesamt zu Wracks gefahren werden. Achten Sie auch auf den Lamborghini Islero und den Rover 3.5 in *The Man Who Haunted Himself* (1970).

In James Bond Filmen sind Automobile stets ein Hauptbestandteil von 007's Ausrüstung. Der mit netten Spielereien ausgestattete Aston DB5 war eine Sensation, als er im Jahre 1964 in *Goldfinger* erschien. Er hatte Schleudersitze, Maschinengewehre, ein Radar, kurz, alles, was das Agentenherz begehrt.

■ LINKS *Die britische Fernsehserie „The Sweeney" zeigte Woche für Woche Jaguars.*

■ LINKS *Goldfinger: 007's Aston Martin DB5 mit seiner unglaublichen Extraausstattung. Drei weitere Modelle wurden 1995 für „Goldeneye" gebaut*

Auswahl und Besitz

Limousine oder Kombi, 2- oder 4-Türer, offen oder geschlossen – nur Sie wissen, welcher Typ von Klassiker ihrem Geschmack und Ihrem Geldbeutel gerecht wird, Extras wie Servolenkung, 5. Gang und Klimaanlage lohnen sich immer, wenn Sie einen Klassiker für den täglichen Gebrauch suchen. Seien Sie auf alle Fälle auf höhere Unterhaltskosten und größere Unzuverlässigkeit vorbereitet als es von modernen Autos zu erwarten wäre.

■ OBEN *Ein Triumph Spitfire läßt sich auf Grund des separaten Chassis relativ leicht restaurieren.*

Probleme mit der Karosserie

Rost ist der größte Feind alter Autos. Vor den 80ern erhielten die meisten gewöhnlichen – und tatsächlich auch viele der teuren – Automobile nur sehr einfachen Rostschutz, was gerade in Gebieten mit feuchtem Klima heute ein Problem ist. Pontonbauweise setzte sich in den 60ern durch, und jeglicher Rost in Schwellern, Boden oder Türen verringert die Stabilität dieser Fahrzeuge.

Wagen mit separatem Rahmen bereiten in der Regel weniger Probleme, was nicht heißt, dass das Fahrgestell nicht rosten könnte. Und auch hier ist das Entfernen der Karosserie ein hartes Stück Arbeit. Aluminiumbleche – zu finden in hochkarätigen Klassikern wie dem Aston Martin – rosten nicht so schnell, leiden aber an einer elektrolytischen Reaktion zwischen Aluminium und Stahlrahmen. Aluminium ist sehr anfällig. GFK-Karosserien rosten natürlich nicht, und haben in den meisten Fällen – außer beim Lotus Elite – ein separates Fahrgestell. Es kann jedoch im Laufe der Zeit zu Schäden in der Beschichtung kommen, die nur von einem Spezialisten beseitigt werden können. Beim Lack sollte man auf Anzeichen von Übersprühung auf Tür- oder Fenstergummis achten, die auf ein eiliges Ausbessern von Lackschäden hinweisen. Embleme, Stoßstangen, Kühlergrills etc. sind im-

■ UNTEN *Ein Kabinenroller könnte das ideale Projekt sein für Liebhaber mit wenig Platz.*

■ LINKS *Noch immer steht eine Vielzahl populärer Klassiker zur Verfügung.*

mer kostspielig zu restaurieren, und viele Ersatzteile, besonders für seltenere Modelle sind kaum noch zu finden.

Mechanische Angelegenheiten

Vom mechanischen Standpunkt her betrachtet sind viele ältere Fahrzeuge relativ simpel, obwohl die gegen Ende der 60er eingeführten Einspritzanlagen und komplexe Luft-Federung besonders bei den teureren Wagen den professionellen Mechaniker unverzichtbar machte. Bei der Maschine sollten Sie generell auf Anzeichen wie extremes Qualmen des Auspuffs und Überhitzen bei Wasserkühlung achten. Getriebe sollten einigermaßen ruhig laufen, obwohl viele Wagen aus den 50ern und sogar noch aus den 60ern Getriebe verwendeten, die ein höchst eindrucksvolles Jaulen erzeugen. Automatische Getriebe schalten nicht so sanft wie die moderner Wagen, sie sollten allerdings auch nicht extrem ruppig sein. Auch schwammige Lenkung und weiche Bremsen charakterisieren zahlreiche Limousinen der klassischen Ära.

Der Blick nach Innen

Wenn Sie ein abgenutztes Interieur auch nicht davon abhalten sollte einen Klassiker zu fahren, ist der Zustand des Wageninneren doch wichtig. Ein Jaguar mit feuchtem Bodenbelag, abgelöstem Holzfurnier und geplatzten Ledersitzbezügen verliert einen Großteil seines Charmes, eine Restaurierung ist jedoch teuer und viele Teile sind nur schwer zu finden. Die einfacheren Interieurs von Sportwagen sind unkomplizierter zu überarbeiten, und man findet noch relativ leicht Ersatzteile. Die Motorhaube eines Sportwagens zu ersetzen ist ein teures Vergnügen – achten Sie auf Risse. Und es ist definitiv lohnenswert, in ein Hardtop zu investieren, wenn ein Cabrio ganzjährig gefahren werden soll. Kurz und gut: Wenn Sie einen Klassiker kaufen möchten, sollten Sie Ihre „Hausaufgaben" vorher gründlich erledigen.

■ OBEN LINKS *Es ist ein teures Vergnügen das Interieur dieses „hölzernen" Kombis zu restaurieren.*

■ OBEN *Schweißen gehört dazu, wenn Sie die Restaurierung selbst durchführen wollen.*

■ OBEN RECHTS *Leder und Holz müssen in gutem Zustand sein. Eine Erneuerung ist äußerst kostspielig.*

■ UNTEN *Rost ist der Fluch der Wagen aus den 1950ern und 1960ern wie diesem Jaguar.*

ZUKUNFTSKLASSIKER

Immer wieder entstehen neue „Klassiker" – Wagen, die wegen ihres Aussehens, ihrer Qualität und Exklusivität nach Erscheinen auf Automobilausstellungen sofort in Erinnerung bleiben und begehrenswerter erscheinen als andere. Es gibt Kultwagen wie den Golf GTI, der das definitive Auto seiner Ära wurde und bei Enthusiasten nie aus der Mode kam. Andere, wie der Mini, der VW Käfer oder der 2CV, die immer noch oder erst seit kurzem nicht mehr produziert werden, sind die modernen Versionen anerkannt klassischer Konstruktionen. Es muss kein Superauto sein, um sich zu qualifizieren. Obwohl einige der offensichtlichsten Mitstreiter ganz klar alle neuen Ferraris und Lamborghinis sind, die so ungeduldig erwartet werden, dass ihnen ihr Status bereits garantiert ist.

■ RECHTS *Alle Ferraris werden eines Tages zu Klassikern, besonders der atemberaubende 321km/h schnelle F40, von dem nur 1500 gebaut wurden.*

■ GANZ LINKS *Mazdas MX5 kopierte den Lotus Elan von vor 20 Jahren – ohne dass Teile abfallen würden.*

■ LINKS *BMW's M3 war eine besonders sportliche Limousine. Spätere Modelle wurden ihrer rauhen Erscheinung nicht gerecht.*

Alle Porsche 911 haben sich als zukünftige Klassiker qualifiziert – wegen ihrer einzigartigen Mischung von Robustheit und Fahrverhalten, auch wenn das Design des Armaturenbrettes so verwirrend ist wie eh und je. Der 928er wird wohl weiter an der Grenze zur wahren Klassik liegen, einigen der frühen 944er Turbos jedoch wird der Zutritt in den Club sicher erlaubt werden. Und der vom Speedster inspirierte Boxster ist ganz eindeutig auf der VIP Liste der künftigen Mitglieder.

■ RECHTS *Die Nummer Eins seiner Art: der VW Golf GTi. Puristen meinen, dass die ersten, leichtesten die besten waren. Hier eine 1,8-Liter-Version.*

■ RECHTS *Der Delta Integrale war eine für Rennen zugelassene Spezialanfertigung. Extra entwickelt, um Lancia zu Rallyesiegen zu verhelfen. Er ist auch ein hervorragender Straßen-Sportwagen.*

■ RECHTS *Klassische Coupés im deutschen Stil. BMW 635 hatten ein hervorragendes Fahrverhalten.*

■ OBEN *Brutal: Der amerikanische Dodge Viper mit seiner 8-Liter V-Zehn Maschine ist ein „Cobra für die 90er".*

Der wunderbare 8-Liter 10-Zylinder Viper von Dodge hat sich bereits einen Namen gemacht als die AC Cobra der 90er, aber sein Landsmann, die Corvette, war nie wieder dieselbe nach ihrer Verweichlichung im Jahre 1970. Fast alle TVRs gehören in die gleiche Sparte – sie sind bullig, brutal, britisch und haben den wunderbaren 8-Zylinder Sound. Auch Fords Escort RS Cosworth und Sierra Cosworth, waren erstaunlich gute Straßensportler. Ein Lancia Delta Integrale gibt dasselbe Fahrgefühl mit noch mehr Exklusivität. Der BMW M3 aus den späten 80ern – eine beinharte Fahrmaschine – fällt ebenfalls in diese Kategorie und verbesserte so noch wirkungsvoll den Ruf, der vom 2002 Turbo im Jahre 1973 geschaffen wurde. Fachleute sagen allerdings, dass es den späteren Modellen an Rauheit mangelt. Wie so oft, gilt auch hier: Die erste Version ist die beste.

■ UNTEN *Der Peugeot 205GTI wurde einmal als der Mini Cooper für die 80er beschrieben. Hohe Versicherungsraten gruben ihm jedoch das Wasser ab.*

Kleine Klassiker von Heute

Mit seinem unverschämt guten Aussehen und dem wohl besten Handling der Welt ist der Lotus Elise der Elan der Gegenwart. Aber um das zu finden, was dem Lotus Elan am nächsten kommt, muss man nicht weiter suchen als bis zum Mazda MX-5. Wie beim Original handelt es sich hier um einen 1600er mit zwei Nockenwellen, Heckantrieb und großartigem Fahrverhalten – der sogar ähnlich aussieht, aber bei dem nichts abfällt.

Alle Minis werden zu Klassikern, ganz egal, wie schwach ihr Motor sein mag. Ihr Aushängeschild ist ihre Form, die unverändert blieb, seit die kleinen Flitzer in den 60ern Berühmtheit mit ihren Siegen bei den Monte Carlo Rallyes erlangten.

Ähnlich könnte es dem nicht selten „Mini Cooper der 90er" genannten Peugeot 205 GTi gehen.Dem besten Beispiel für ein Phänomen der 80er Jahre – die „heißen" Kleinwagen. Alles in allem: Die Auswahl an kommenden Klassikern ist groß.

Das A-Z der

KLASSIKER UND TRAUMWAGEN

EIN FASZINIERENDER FÜHRER ZU KLASSISCHEN, ZEITGENÖSSISCHEN UND FANTASTISCHEN AUTOMOBILEN

Martin Buckley und Chris Rees

TEIL ZWEI

EINLEITUNG

Man erkennt einen Klassiker sofort, auch wenn man nicht genau erklären kann, was ihn eigentlich dazu macht. Die meisten Leute halten fortgeschrittenes Alter für ein Kriterium, doch dabei wird die Tatsache übersehen, dass es auch zeitgenössische und sogar Klassiker der Zukunft gibt.

Der erste A–Z Abschnitt beginnt nach dem Zweiten Weltkrieg und endet im Jahre 1975. Während dieser Zeit flackerte das erste Interesse an klassischen Automobilen auf. Wir stellen Ihnen eine Vielzahl an Modellen vor, von denen Sie teilweise vielleicht schon gehört haben, während andere Ihnen noch unbekannt sein werden.

Der zweite Teil beginnt mit den Modellen aus dem Jahr 1976 und endet mit Automobilen der Zukunft. Die 70er waren eine schwierige Zeit für die Automobilindustrie: Ölkrise, zunehmende Verkehrsbelastung, Umweltverschmutzung und Wirtschaftskrise. Dennoch begann das goldene Zeitalter der Automobile zu dieser Zeit. Es erreichte in den 80ern und 90ern seinen Höhepunkt, als die Wagen aufgrund technischen Fortschritts und immer attraktiveren Designs für mehr und mehr Fahrvergnügen sorgten.

Kaum etwas in der Welt der Technik ist so gefühlsbedingt wie ein Automobil: der dritte Abschnitt führt sie in die Welt der Traumwagen, die seit über 60 Jahren designt werden. Mit dem Auftauchen von Designern anstelle von reinen Ingenieuren öffneten sich die Türen, und es wurde möglich, die Visionen der Zukunft umzusetzen. Hier feiern wir diese Wagen, die die Phantasien vergangener und zeitgenössischer Designer beschäftigten.

Die Geschichte der klassischen Automobile und Traumwagen spiegelt auch unsere eigene Geschichte und Erfahrungen wider, und dieses Buch will versuchen die Wichtigkeit und den Wert, die das Automobil für uns darstellen, bewusst zu machen.

UXW 853

A–Z Klassischer Automobile von 1945 - 1975

Dieser Abschnitt ist ein Leitfaden zu den Herstellern, die von 1945–1975 die beliebtesten und berühmtesten klassischen Automobile der Welt produzierten. Allgemein bekannte Modelle wie der Jaguar XK 120 oder der Morris Minor werden ebenso beleuchtet wie Klassiker, von denen nur Eingeweihte gehört haben – etwa der Iso Grifo oder das Fiat 130 Coupé. Einige Wagen wurden mit dem Tag ihrer Geburt zu Klassikern. Andere mussten sich den Titel erst verdienen – durch große Erfolge oder auch das absolute Gegenteil. Fehlschläge wie der Edsel oder der Austin Atlantic zeigen, dass sich auch die großen Konzerne vollkommen verkalkulieren können. Und all diese Geschichten geben diesem Kapitel die Würze.

AC

■ AC ACE

AC Cars von Thames Ditton in England kehrte nach dem Zweiten Weltkrieg im Jahre 1947 mit der „gesetzten“ 2-Liter Baureihe auf den Markt zurück. Aber es war der Sportwagen Ace aus dem Jahre 1953, der den Ruf der Firma während der Nachkriegsjahre festigte. Auf der Suche nach einem Ersatz für die angejahrten 2-Liter Modelle kam eine Konstruktion von John Tojeiro zum Einsatz, die einen Leiter- Rohrrahmen, unabhängige Blattfederaufhängung und eine außerordentlich schöne, offene zweisitzige Leichtmetallkarosserie kombinierte – offensichtlich inspiriert vom Ferrari Barchetta aus der Zeit.

Frühere Modelle verwendeten AC's veraltete 2-Liter Maschine mit obenliegender Nockenwelle, die zuerst kurz nach dem ersten Weltkrieg erschienen war, um eine Höchstgeschwindigkeit von 164 km/h und 0–100 km/h in 13 Sekun-

■ LINKS *Die klassischen Linien des Ace wurden von John Tojeiro, einem Spezialisten der 50er Jahre entwickelt, der vom Ferrari Barchetta inspiriert war.*

■ LINKS *Alle Aces hatten handgefertigte Aluminiumkarosserien. Hier ein seltenes Modell mit Ford Zepyhr Motor.*

■ UNTEN *Die Produktion des Ace lief von 1953 bis in die frühen 60er Jahre.*

■ UNTEN *Die AC 6-Zylinder Maschine war die schwächste von den Dreien, die im Ace verwendet wurden. Die ultimative Version war mit drei Vergasern ausgerüstet.*

■ LINKS *Der Ace sah am besten aus mit heruntergeklapptem Verdeck. Ganz weggefaltet entstand so ein klares Profil.*

■ UNTEN LINKS *Aufgrund der starren Blattfederaufhängung fuhr sich der Ace hart, sein Handling war straff.*

■ UNTEN RECHTS *Der Aceca war die schnittige Coupéversion des Ace, inspiriert durch den Aston Martin DB2.*

den zu erreichen. Es handelte sich hierbei jedoch nicht um eine besonders sportliche Maschine, und man suchte eine modernere und kraftvollere, um dem modernen Chassis gerecht zu werden. 1956 gab es die Option einer superben Bristol 2-Liter 120 PS 6 Zylinder-Reihen Maschine mit 4-Ganggetriebe. Die Höchstgeschwindigkeit lag bei 186 km/h, die Beschleunigung von 0–100 geschah in neun Sekunden. Overdrive stand nach 1956 zur Verfügung. Ab 1957 gab es als Extra vordere Scheibenbremsen, erst später gehörten sie zur serienmäßigen Ausstattung.

Im Jahre 1954 gesellte sich das Aceca Hard Top Coupé dazu, eine frühe Form des Schräghecks mit Heckklappe, das die selbe holzgerahmte Aluminiumkarosserie wie der Ace verwendete. Auch der Aceca war mit AC oder Bristol Motor versehen – mit besserem Anzug. Er war etwas schneller auf gerader Strecke, obwohl Extragewicht die Beschleunigung beeinflusste.

Von 1961 bis 1963 wurden einige Aces mit Fords 2.6-Liter 6-Zylinder-Reihen Maschine gebaut, die die Bristol Einheit ersetzte. Dieser neue, von Ken Rudd modifizierte Motor lieferte bis zu 170 PS. Heute ist der AC Ace ein gesuchtes Auto, besonders in der Version mit Bristol Maschine.

AC ACE	**(1953-63)**
Motor	6-Zylinder-Reihe (AC,Bristol und Ford)
Hubraum	1991/1971/2553 ccm
Leistung	102/125/bis zu 170 PS
Getriebe	4-Gang (wahlweise Overdrive
Geschwindigkeit	187 km/h (Aceca Bristol)
Anzahl	Ace 266 Ace Bristol 466 Ace 2.6 47 Aceca 320 Total: 1099

AC

■ LINKS *Der Stil des Cobra hatte sich ganz deutlich vom Ace entwickelt Hier ein 7-Liter Modell.*

■ AC COBRA 289 & 427

Im Herbst des Jahres 1961 wendete sich der texanische Rennfahrer Carroll Shelby an AC Cars. Er hatte die Idee, eine 4.2-Liter Ford V-Acht Maschine in den leichten Aluminium-Sportwagen Ace einzubauen. Im Frühjahr 1962 hatte AC die ersten Prototypen fertiggestellt, im Herbst wurden 100 Wagen zur Vollendung nach Amerika verschifft. Das war die Geburt der legendären Cobra, dem wahrscheinlich berühmteste Muscle Car der Welt, mit Sicherheit einem der schnellsten.

■ LINKS *Die 7-Liter Modelle hatten eine steifere Karosserie und Schrauben- statt Blattfedern.*

■ UNTEN LINKS *Bei so viel Kraft – bis zu 480 PS und 290km/h – sollte man das Fahren der Cobra den Experten überlassen.*

Verwendet wurde im Prinzip der selbe Stahlrohrrahmen wie beim 6-Zylinder Ace, mit Blattfedern vorne und hinten. Dieser selten schöne Zweisitzer bot dank seines relativ geringen Gewichtes und dem hohen Drehmoment der V-Acht Maschine eine geradezu elektrisierende Kraftentfaltung. Die ersten Modelle verwendeten eine 4.2-Liter Einheit, aber schon bald wurde die größere 4727 ccm Maschine von Shelby eingebaut, die die Leistung von 164 auf 195 PS hochtrieb. Die Höchstgeschwindigkeit der 289er lag bei 222 km/h, noch beeindruckender war die Beschleunigung: 100 km/h in nur 5.5 Sekunden.

Scheibenbremsen an allen vier Rädern gehörten zur serienmäßigen

■ RECHTS *Frühe 260/289 waren schöner und immer noch atemberaubend schnell – 0-100 km/h in 5.5 Sekunden.*

■ GANZ RECHTS *Mit massigen Goodyear Reifen unter den Kotflügeln sieht die 7-Liter Cobra fast wie eine Karrikatur aus.*

■ LINKS *In Nordamerika wurde die Cobra unter der Bezeichnung Shelby Cobra oder Ford Cobra statt als AC vermarktet.*

■ UNTEN *289er und 427er Cobras in ihrer ganzen Pracht Seite an Seite.*

AC COBRA (1962–68)	
Motor	V-Acht
Hubraumt	4261/4727/6997 ccm
Leistung	164/195/345/490 PS
Getriebe	4-Gang manuell
Geschwindigkeit	218–290 km/h
Anzahl	979

Ausstattung. Und später, als die 289er Maschine die 260er ersetzt hatte, kam auch eine Zahnstangenlenkung zum Einsatz. Aber auch dann war die Cobra keineswegs ein Wagen für Anfänger…

Dies alles war noch nicht genug für Shelby. 1965 passte er die 6989 ccm Maschine an und produzierte nun die 7-Liter Cobra. Diese hatte 345 PS in der Standardausführung – getunte Fahrzeuge kamen auf 480 PS und mehr – und ihre Beschleunigung brachte die Cobra 1967 in die Bücher der Rekorde als das am schnellsten beschleunigende Auto der Welt: 0–100 km/h in sagenhaften 4.2 Sekunden. Es gab auch eine abgeschwächte Cobra 428 Version mit 390 PS aus dem 6997 ccm V-Acht des Ford Thunderbird. Tatsächlich war die 7-Liter Cobra eine optische Neuerung, nicht länger schlank und grazil, sondern mit mächtigen, breiten Kotflügeln. Geblieben waren Türen und Motorhaube der 289er. Das Chassis war komplett überarbeitet worden, war viel stabiler, und man verwendete nun Schraubenfedern anstelle der veralteten Blattfedern.

Die Produktion der Cobra wurde im Jahre 1968 eingestellt, als es immer mehr Konkurrenz im Bereich der 4.7 and 7-Liter Autos auf dem Markt gab. Seit 1965 war die „Baby" Cobra in Großbritannien als AC 289 Sports bekannt, während die Autos in Amerika unter den Namen Shelby Cobra und Ford Cobra liefen. Das Fahrgestell der Cobra überlebte als AC 428 in einem eleganten italienischen Coupé designt von Frua.

1983 wurde die Legende von Brian Angliss als MkIV Cobra wieder belebt – aber das ist eine andere Geschichte.

Alfa Romeo

■ UNTEN *Ein 1970er 2-Liter Alfa Romeo Spider in seinem Jagdgebiet – der Straße. Diese Version hatte das größere Drehmoment, doch der 1750er war schöner.*

■ ALFA ROMEO SPIDER

■ OBEN *In den 80ern erhielt der Spider riesige Stoßfänger und einen deplatziert wirkenden Heckspoiler als Versuch sein Dasein zu verlängern.*

■ LINKS *Die 80er: Frontspoiler, große Außenspiegel und keine Scheinwerfer abdeckung.*

Der Alfa Romeo Duetto Spider wurde 1966 auf dem Genfer Automobilsalon vorgestellt; er war das letzte vollendete Design von Battista Pininfarina, dem Gründer der Turiner Design-Firma. Zunächst unbefriedigende Verkaufszahlen (die Verkaufszahl des Vorgängers Giulietta Spider von 5096 im Jahre 1960 wurde erst nach dem Erscheinen des Spider 2000 im Jahre 1972 übertroffen) ließen nicht vermuten, dass sich dieses Modell 27 Jahre lang auf dem Markt halten würde. Die Form begeisterte erst nicht, aber die Linien wurden immer wieder überarbeitet – bis hin zum eckig geformten Heck der späten 80er, das sich hielt, bis die Produktion im Jahre 1993 eingestellt wurde.

Die klassische Alfa Doppelnockenwellen Maschine wuchs von 1600 bis 1750 und sogar 1300 ccm Variationen zu einer vollausgewachsenen 2-Liter Maschine im Jahre 1971. Experten schätzten die 1750er am meisten aufgrund ihrer Kultiviertheit, während die 1600er starke Beschleunigung und die 2-Liter das größte Drehmoment boten.

Die Autos waren stets teuer – der Preis des 1750er Spider lag 1969 in England nicht weit unter dem des viel schnelleren Jaguar E-Types – doch mit exakter Lenkung, präziser Schaltung und guten Scheibenbremsen wurde dem Fahrer ein schwer zu übertreffendes Fahrvergnügen geboten.

Der Name des ersten Spiders, Duetto, wurde in einem Wettbewerb aus 140501 Einsendungen ermittelt – als Symbol für zwei Sitze oder zwei Nockenwellen. Der Gewinner durfte das nach seinem Vorschlag getaufte Modell als Preis mit nach Hause nehmen. Abgelehnt wurden so fantasievolle Namen wie Pizza, Sputnik, Panther oder Al Capone.

ALFA ROMEO SPIDER 2000 (1966-93)

Motor	4-Zylinder DOHC
Hubraum	1962 ccm
Leistung	131 PS @ 5500 U/min
Getriebe	5-Gang manuell
Geschwindigkeit	199 km/h
Anzahl	82500

■ LINKS *Die abgerundeten Linien des Duetto Spider vor dem eckigeren Heck des 1750er aus dem Jahr 1970.*

ALLARD

■ ALLARD J2/J2X

Der Südlondoner Autohändler Sydney Allard nahm als Basis seiner berühmten Sportwagen eine verläßliche Ford V-Acht Maschine. Allard entwarf vor dem Krieg den Special, entschloss sich aber erst nach Kriegsende die Produktion aufzunehmen. Der K1 und J1 aus den Jahren 1946–48 waren einfach und primitiv, aber sehr schnell. Besonders, wenn sie mit der größeren 3.9 Mercury Version des bewährten Ford V-Acht Flathead Motors ausgerüstet waren.
Die Produk-tion der zivilisierteren Modelle wie dem 4-sitzigen L Typ und dem M1 blühte. Der Bestseller, die P1 Limousine, gewann sogar die Rallye Monte Carlo.

Der beste und begehrteste unter den Allards war jedoch der J2/J2X aus dem Jahr 1949. Ein Motorrad auf vier Rädern, ein Kraftpaket von Auto, das aufgrund des verwendeten, moderneren Cadillac V-Acht Motors schneller beschleunigte als der Jaguar XK120. Nichtsdestotrotz bedeutete der Jaguar das Ende für Allard, der in nur sehr geringer Auflage produzierte und deshalb preislich nicht mit Jaguar konkurrieren konnte.

Die Verkaufszahlen gingen nach 1953 stark zurück. Das letzte Modell der Firma, der Palm Beach, kam im Jahre 1958 auf den Markt.

ALLARD J2/J2X (1946-59)	
Motor	V-Acht
Hubraum	5420 ccm
Leistung	180 PS
Getriebe	4-Gang manuell
Geschwindigkeit	209 km/h
Anzahl	173

■ OBEN *Eine Auswahl klassischer Allards: Der frühe Special, K1, J1 und – im Hintergrund – der P1.*

■ GANZ LINKS *Die Ford V-Acht Maschine war das Herz aller klassischen Allards, sie leistete im J2/J2X bis zu 180PS.*

■ LINKS *Spartanisches Armaturenbrett mit riesigem Lenkrad.*

■ RECHTS *Der J war ein Zweisitzer mit kurzem Fahrgestell; er lief über 160 km/h.*

■ GANZ RECHTS *Der J2 und der J2X, ultimative Allards mit minimalem Komfort und atemberaubender Beschleunigung: Von 0-100 km/h in 5,9 Sekunden war 1949 die Sensation.*

ALVIS

■ LINKS *Die Firma Alvis schaffte sich ihren Ruf in den 20ern mit Wagen wie dem 12/50 Tourer.*

■ UNTEN LINKS *Der Speed 25 aus den 30ern: ein Superwagen mit einer Höchstgeschwindigkeit von über 160 km/h.*

■ UNTEN RECHTS *Heute ist das Alvis Emblem kaum noch zu finden: die Produktion wurde 1967 eingestellt.*

■ ALVIS TD/TE/TF

Als in den späten 50ern die von Graber gestylten Wagen herauskamen, hatte die Firma Alvis aus Coventry ihre besten Tage mit Vorkriegsklassikern wie den schnellen und schönen Speed 20 und 4.3 hinter sich. Nach dem Krieg verkümmerte die Produktion von Pkw zu einem Nebenzweig, Alvis konzentrierte sich auf die Herstellung gepanzerter Fahrzeuge. Nichtsdestotrotz: der TD, TE und TF waren tolle Autos. Abstammend von der „Greylady" TC21, waren sie erwachsene Automobile für kritische Enthusiasten: luxuriös, gut gebaut mit hervorragendem Fahrverhalten und überraschender Geschwindigkeit.

Die Form des TD war das Werk von Graber, der Willowbrooks aus Loughborough die Lizenz erteilt hatte, die Ka-

■ LINKS *Der TF war der ultimative Wagen im Graber-Stil mit 150 PS Maschine und 5-Gang ZF Getriebe.*

■ RECHTS *Traditionelle Interieurs mit geräumigen Ledersitzen und Walnußfurnier. Nur Bentley und Rolls Royce waren besser.*

■ GANZ RECHTS *Von Graber inspirierte Linien: schlank und ausgewogen mit viel Glas. Die Karosserie wurde bei Parkward gebaut.*

■ UNTEN *Frühere TD Modelle hatten Einzelscheinwerfer und etwas weniger Leistung.*

■ UNTEN *Heute sind diese Wagen heiß begehrt, und viele Besitzer haben sich dem enthusiastischen Eigner-Club angeschlossen.*

rosserie in Großbritannien zu bauen. Diese Wagen aus dem Jahre 1956 waren bekannt als TC108G. Die Qualität jedoch war nicht so wie erwartet, und deshalb beauftragte Alvis im Jahre 58 die Firma Parkward in London, die Karosserie für den TD zu bauen. Angetrieben von einer 120 PS Version der bekannten Alvis 3-Liter 6-Zylinder-Reihen Maschine, lief der TD spielend bis zu 160 km/h und sah besonders elegant in der Coupé Version aus.

Serie II TDs hatten Scheibenbremsen und ab Oktober 1962 ein ZF 5-Gang-Getriebe, wie es im Aston Martin verwendet wurde.

Der 1963er TE, ausgestattet mit Doppelscheinwerfern, hatte 130 PS und konnte mit Extras wie Automatikgetriebe oder Servolenkung bestellt werden.

Der beste und gleichzeitig letzte seiner Art war der TF aus dem Jahre 1965 mit einem 150 PS Motor und 193 km/h.

ALVIS TD/TE/TF 21 (1958–67)	
Maschine	6-Zylinder-Reihe
Hubraum	2993 ccm
Leistung	120–150 PS
Getriebe	4/5-Gang manuell 3-Gang Automatik
Geschwindigkeit	177–193 km/h
Anzahl	1528

ASTON MARTIN

■ ASTON MARTIN DB2/ DB2/4 & DB MKIII

Traktormagnat David Brown, der Aston Martin im 1947 kaufte, hatte einen schlechten Start mit dem schwachen 4-Zylinder Aston Martin DB1 aus dem Jahr 1948. Er machte es wieder gut mit dem DB2 von 1950, einem Wagen, der die Maßstäbe setzte für alle nachfolgenden Astons. Hier war ein luxuriöses Coupé der Oberklasse mit modernem Fahrverhalten und dem Charme der alten Welt, angetrieben von der sanften, kraftvollen 6-Zylinder 116 PS Maschine der Lagonda 2.6 Limousine (Brown hatte 1947 auch Lagonda aufgekauft).

ASTON MARTIN DB2, DB2/4, DB2/4 MK II & DB MKIII (1950–59)

Motor	DOHC 6-Zylinder-Reihe
Hubraum	2580–2922 ccm
Leistung	107–196 PS
Getriebe	4-Gang manuell
Geschwindigkeit	185–209 km/h
Anzahl	1728

„DB“ hatte hohe Ansprüche: es sollte keine 4-Zylinder Astons mehr geben.

Mit offener oder geschlossener Aluminium-Karosserie, geformt von Frank Freeley, liefen die Autos bis zu 185 km/h mit der serienmäßigen Maschine, und mehr als 193 km/h in der hochverdichteten Vantage-Version, die nach dem Standard der frühen 50er die Leistung von Wagen der Superklasse repräsentierte. Das klassische, x-förmige Fahrgestell ermöglichte ein Handling der Spitzenklasse. Hinten gab es eine Starrachse mit Zugstreben, Schraubenfedern und Panhard Stab. Die vordere

■ OBEN *Das offene Verdeck paßt wunderbar zu Freeleys schnittigem Design.*

■ MITTE *MkIII Modelle hatten die meiste Power und liefen bis zu 209 km/h.*

■ LINKS *Die Maschine wurde entwickelt von W. O. Bentley und war ursprünglich bestimmt für eine große Lagonda Limousine.*

■ LINKS *Der DB2/4 war eine frühe Versiom des Schräghecks mit Heckklappe und zwei extra Rücksitzen. Die Karosserie war aus Aluminium.*

■ UNTEN LINKS *Zum funktionelle Interieur gehörte der komplette Instrumentensatz, ein großes Lenkrad und Ledersitze.*

Einzelradaufhängung war unüblich, funktionierte mittels zwei Kurbellängslenkern.

Der Aston Martin rollte auf großen Speichenrädern mit Zentralverschluß und den besten Hochgeschwindigkeits-Reifen der Zeit; Dunlop Diagonalreifen.

Für den DB2/4 von 1953 wurde Freeleys sanft geformtes Fließheck zweckmäßiger gestaltet, wenngleich auch nicht so schön. Man baute Rücksitze und eine seitlich angeschlagene Heckklappe ein, wodurch der Wagen hinten 10cm länger wurde.

Als der MkIII erschien, hatte sich der hohe Kühlergrill des DB2 in die Breite entwickelt und kleine Heckflossen sowie schlanke Rücklichter tauchten auf.

Der von W. O. Bentley designte 6-Zylinder Motor, den es seit 1954 in 3-Liter Form gab, wurde durch den MkIII ersetzt, der einen stabileren Motorblock, und eine Reihe weiterer Verbesserungen bot. Dank größerer Ventile und verbesserter Nockenwellen, einer Technologie, die von den neuesten DB3-S Rennern übernommen worden war, „atmete" er auch besser. Die SU Doppelvergaser blieben erhalten, aber die „DBA" Maschine leistete 162 PS bei 5500 U/min.

Einige MkIIIs erhielten 1958 3-Liter Maschinen, zehn MkIIIs hatten Motoren mit Weber-Vergasern und Doppelauspuff, die es auf 195 PS brachten (bekannt als DBB). Weitere 47 Wagen leisteten 178 PS mit SUs und den schärferen Nockenwellen sowie dem Doppelauspuff des DBB .

David Brown lieferte das Getriebe für alle Modelle. Es hatte einen unsynchronisierten ersten Gang und auf Wunsch gab es einen Overdrive. Eine weitere Neuheit waren Girling Scheibenbremsen an der Vorderachse.

Der MkIII wurde schließlich vom DB4 ersetzt, allerdings überschnitt sich die Produktion für ein paar Monate. Der letzte MkII wurde im Juli 1959 hergestellt.

■ OBEN *Der MkIII hatte einen größeren Kühlergrill, 3-Liter Motor und Scheibenbremsen; Overdrive gab es als Extra.*

■ UNTEN *Alle Modelle hatten ein separates Fahrgestell und Vorderradaufhängung mit Kurbellängslenker.*

ASTON MARTIN

■ ASTON MARTIN DB5

Der Aston Martin DB5 war ein Aristokrat unter den Sportwagen der 60er, so exklusiv wie ein Anzug aus der Savile Row und bei seiner Einführung in Großbritannien 1963 dementsprechend teuer. Sein Auftritt in dem James Bond Kinofilm *Goldfinger* im Jahre 1964 spielte hierbei eine nicht unwesentliche Rolle und machte den Namen Aston Martin weltbekannt. Auch heute noch ist Ian Flemings Held gleichbedeutend mit der Marke.

Der DB5 war der fünfte Aston, der unter der Kontrolle von David Brown gebaut wurde. Er war keine Neuheit, aber eine Verbesserung des manchmal problematischen von Touring gestylten 3.7-Liter DB4, den es auf die eine oder andere Art seit 1958 gegeben hatte. Durch den Einsatz einer größeren 4-Liter Version der 6-Zylindermaschine mit Doppelnockenwelle – mit 240 PS – und eines ZF 5-Gang Getriebes, bekam der Aston mehr Kraft. Die Höchstgeschwindigkeit lag bei 225 km/h – sogar 241 km/h mit der auf Wunsch erhältlichen getunten Vantage Maschine – mit der dazugehörigen, kraftvollen

■ LINKS ***Die Linien des DB5 entwickelten sich vom DB4 von 1958, mit zurückversetzten Scheinwerfern und einer abgewandelten Dachlinie.***

■ OBEN ***Berühmtheit erlangte dieses Modell durch seine Rolle in dem 64er James Bond Film „Goldfinger“.***

■ UNTEN ***Der DB4 GT hatte ein kurzes Fahrgestell; er war ein Zweisitzer konzipiert für Rennen. Er hatte Scheinwerfer im Stil des DB5.***

■ RECHTS ***Der serienmäßige DB5 brachte es auf 225 km/h, die Vantage Version auf 241 km/h.***

■ LINKS *Das Fahrverhalten des DB5 war ausgereift, wenn auch nicht ganz in der selben Klasse wie der Jaguar E-Type.*

■ UNTEN *Der Chef von Aston Martin, David Brown ließ zwölf dieser DB5 Kombiwagen herstellen.*

■ GANZ LINKS *Die Alukarosserie wurde in Astons Newport Pagnell Werk von Hand gebaut.*

■ LINKS *Der Volante war die Cabrio-Version – einer der schnellsten offenen Wagen.*

■ UNTEN LINKS *Frühe DB5s hatten drei runde Rückleuchten, spätere Modelle eine einzelne, längliche Einheit.*

Beschleunigung. Es ist schon merkwürdig sich vorzustellen, dass Aston in der sorglosen Zeit der frühen 60er seine Wagen auf den neuen, unbeschränkten Autobahnen testen konnte, einen Funkenflug entfernt von den Newport Pagnell Werken.

Wie alle Astons zuvor beschritt auch der DB5 keinen neuen technischen Boden, aber er hielt Schritt mit den Entwicklungen. Vier Scheibenbremsen waren der Standard bei schnellen Wagen wie dem DB5, aber Aston misstraute noch der ihrer Meinung nach lächerlichen Neuheit unabhängiger Hinterradaufhängung und war der Ansicht, dass ihre solide Achse genauso gut funktionieren konnte. Im Prinzip hatten sie damit recht, obwohl der DB5 stets besser auf schnellen Hauptstraßen lief als auf unebenen Landstraßen. Wenn er

ASTON MARTIN DB5 (1963–65)	
Maschine	6-Zylinder
Kapazität	3955 ccm
Leistung	282 PS @ 5500 U/min
Getriebe	4/5-Gang manuell 3-Gang Automatik
Geschwindigkeit	225 km/h
Anzahl	1018

sich außen auch veränderte, innen behielt der DB5 sein Flair mit reichem Leder, elektrischen Fensterhebern (1963 noch selten) und einem Radio, auf dessen Frontteil in rot die Worte „Aston Martin" leuchteten, wenn es angeschaltet wurde. Neben der Fließhecklimousine baute Aston das flinke Volante Cabrio, und David Brown gab seine Zustimmung zum Bau von zwölf DB5 Shooting Brake, die von seinen der Oberschicht angehörenden Freunden gekauft wurden. Sicher die exklusivsten jemals gebauten Kombis.

Mit Verkaufszahlen von mehr als 1000 in wenig mehr als zwei Jahren gehört der DB5 zu den erfolgreichsten Astons. Sicher ist er eine der erinnerungswürdigsten Schönheiten, schlank und sinnlich zeigt er, was die späteren Macho-Modelle an Charme verloren.

Aston Martin

■ ASTON MARTIN V8

Der Aston Martin V8 wurde im Laufe seine 21jährigen Karriere in vielerlei Ausführungen gebaut. Die Form, entworfen von William Towns und in Leichtmetall hergestellt, erschien zuerst als DBS im Jahre 1967 – jedoch mit der alten 4-Liter 6-Zylinder Maschine, da der V8 noch nicht produktionsreif war. Mit der neuartigen DeDion Hinterradaufhängung ließ sich der breite 4-sitzige DBS hervorragend handhaben, aber er war tatsächlich etwas schwer für seine Maschine – besonders, wenn er mit Automatikgetriebe ausgestattet war. Um fair zu sein: die Modelle mit Weber Vergaser stellten seinen guten Ruf wieder her, aber die 6-Zylinder Modelle waren nie besonders gefragt.

Der Leichtmetall-V8 mit vier Nockenwellen und 375 PS wurde deshalb bei seinem Erscheinen im Jahre 1969 sehr begrüßt. Er forderte Ferrari mit einer Höchstgeschwindigkeit von 257 km/h heraus. Befürchtungen bezüglich der Zuverlässigkeit – und des Benzinverbrauchs – der Lucas Einspritzanlage führten jedoch 1973 zu einen Wechsel zu Weber Vergasern. Zu dem Zeitpunkt hatte die Form bereits ihre ersten Veränderungen erfahren: ein neuer Kühlergrill und Zusatzscheinwerfer auf jeder Seite. 5-Ganggetriebe gehörte zur serienmäßigen Ausstattung, viele Modelle liefen jedoch auch mit dem Automatikgetriebe von Chrysler.

■ RECHTS *Die Vantage Version des V-Acht mit tiefliegendem Spoiler und geschwärztem Grill. Der Wagen lief 273km/h.*

■ UNTEN *Wie bei allen Astons war die Karosserie des V8 aus Leichtmetall. Das Design war von William Towns.*

■ GANZ LINKS *Das Interieur bot feinstes Leder, elektrische Fenster und Klimaanlage.*

■ LINKS *Die serienmäßige „Limousine“ V-Acht wurde nach Oscar India Spezifikation während der späten 70er gebaut. Zu dieser Zeit hatten viele Astons ein Automatikgetriebe.*

Mit der 273 km/h schnellen Vantage-Version des V8 hatte man einen Herausforderer im Wettbewerb der Superautos, während das elegante Volante Cabrio sich als Verkaufsschlager erwies. Der dramatische 4-türige Lagonda aus dem Jahre 1976 war unter seiner Haut ein reiner Aston V8 und gefiel besonders den Ölscheichs. Der letzte V8 wurde 1990 gebaut; sein Geist jedoch überlebt im heutigen Virage.

ASTON MARTIN (1969–90)	
Motor	V-Acht
Hubraum	5340 ccm
Leistung	340–436 PS
Getriebe	5-Gang manuell 3-Gang Automatik
Geschwindigkeit	257 km/h
Anzahl	etwa 1600

AUSTIN

■ OBEN *Der dramatische Atlantic stammt aus den späten 40ern; er wurde gebaut, um die Amerikaner zu beeindrucken.*

■ AUSTIN A90 ATLANTIC

Austin nahm 1945 als erstes Unternehmen wieder die Produktion auf. Und der A90 Atlantic war Großbritanniens erster Wagen, der speziell für den amerikanischen Markt hergestellt wurde. Er hatte einen vielversprechenden Start. Vorgestellt bei der Earls Court Motor Show im Jahre 1948 war er die Sensation.

Während andere Hersteller mit wiederaufgewärmten Vorkriegsüberresten weitermachten, war hier ein britisches Cabrio mit 152 km/h Spitzengeschwindigkeit und modernem Styling: die vorderen Kotflügel waren rund und voll, schwangen sich herunter über die dicken, tiefen Türen, um dann sanft in die hinteren Kotflügel und Radabdeckungen überzugehen. Sie formten so ein ausschweifendes, kühnes Profil. Kaum vorstellbar für das Jahr 1948 stand der Atlantic auch mit automatischem Verdeck und Fensterhebern zur Verfügung, wovon man bis dahin in Großbritannien noch nichts gehört hatte: mittels Schalter ließ sich das Verdeck in 22 Sekunden öffnen und schließen. Die Luxusausstattung beinhaltete Radio, verstellbares Lenkrad und Heizung. Der robuste Motor wurde von der A70 Limousinen übernommen: die 2199 ccm 4-Zylinder Maschine wurde auf 2660 ccm vergrößert und lieferte 88 PS mit Doppel-Vergasern: Man rundete die Leistung auf 90 PS auf und gab dem Flaggschiff damit seinen Namen. Das Drehmoment von 190,5 Nm wurde bei 2500 U/min erreicht. Die nach amerikanischem Stil gebaute Lenkradschaltung hatte vier Gänge.

Es war die Geschwindigkeit des Atlantics, die die Experten besonders beeindruckte. Er war einer von ganz wenigen Wagen nach dem Zweiten Weltkrieg, die es auf 145 km/h brachten, und der Atlantic war mit Abstand der preiswerteste von allen. Von 0-100 km/h in 16,6 Sekunden war für 1948 nicht gerade eine schlechte Leistung, weiter sprach der geringe Benzinverbrauch für ihn, da Benzin immer noch rationiert wurde. In Amerika jedoch, wo der Käufer sechs oder acht Zylinder erwartete, hoben die Verkaufszahlen niemals richtig ab. Der Atlantic hatte leider nur eine kurze Lebensdauer. Daran änderte auch die Tatsache nichts, dass im Jahre 1949 ein Atlantic in Indianapolis 63 amerikanische Stock-Car Rekorde in nur sieben Tagen brach.

AUSTIN A90 ATLANTIC (1948–52)	
Motor	OHV 4-Zylinder
Hubraum	2660 ccm
Leistung	88 PS @ 4000 Upm
Getriebe	4-Gang manuell
Geschwindigkeit	145 km/h
Anzahl	7981

■ OBEN *Das Interieur bot ein helles Lenkrad und Lenkradschaltung.*

■ OBEN RECHTS *Doppeltes Austin of England Emblem auf der Motorhaube – ungewöhnlich protzig für ein britisches Automobil.*

■ RECHTS *Der A90 Atlantic war beeindruckend schnell mit einer Höchstgeschwindigkeit von 145 km/h.*

AUSTIN HEALEY

■ UNTEN *Der MkII 3000 hatte wohlgeformte Linien. Die Karosserie wurde von Jensen in West Bromwich, England gebaut.*

■ AUSTIN HEALEY 3000

Der originale „Big" Healey war der Healey 100. Zuerst gezeigt wurde er im Jahre 1952 auf der Earls Court Show und dann schnell von BMC als Austin Healey 100 übernommen – mit der 2.6-Liter 4-Zy-linder Maschine aus dem Austin Atlantic. Die Karosserien wurden von Jensen in England gebaut, die End fertigung fand in der MG Fabrik in Oxfordshire statt. Der Healey war in keinster Weise ein anspruchsvoller Wagen: er hatte ein separates Fahrgestell und eine mit halbelliptischen Blattfedern gefederte Hinterachse.

1956 wurde die 6-Zylinder BMC Serie C Maschine des Austin Westminster in die verlängerte Version des Autos verpflanzt, es entstand der 100/6 . Die Operation verlief allerdings nicht besonders erfolgreich. Im Vergleich zum Vorläufer hatte das neue Modell wesentlich weniger Power.

Wieder gutgemacht wurde dies durch den 3-Liter 3000 MkI aus dem Jahre 1959: von außen derselbe, schön geformte, niedrige Zweisitzer, aber mit einer 2912 ccm Maschine und 124 PS. Die Geschwindigkeit erreichte 183 km/h, während vordere Scheiben-

■ LINKS *Der Healey 100 hatte die 4-Zylindermaschine vom Austin Atlantic.*

AUSTIN HEALEY 3000 (1959–67)

Motor	6-Zylinder
Hubraum	2912 ccM
Leistung	124–150 PS
Getriebe	4-Gang, Overdrive optional
Geschwindigkeit	183–193 km/h
Anzahl	42926 (alle Typen)

■ UNTEN *Der letzte der Linie, MkIII, lief eine Spitzengeschwindigkeit von 193 km/h.*

■ LINKS *Der Austin Healey 100 war original ein einfacher Healey.*

■ UNTEN LINKS *Der MkIII war wahrscheinlich der unattraktivste, aber bequemste der Linie.*

■ UNTEN *Der Healey sieht auch von hinten klasse aus. Der 4-Zylinderwagen hatte das beste Handling.*

■ LINKS *Die früheren Modelle besaßen ein funktionelles Amaturenbrett: der MkIII hatte ein Holzfurnier.*

bremsen die Bremskraft verbesserten. Overdrive, Speichenräder und so genannte Zwei-plus-Zwei Sitze gehörten wie vorher zur Sonderausstattung. 1961 erhöhte BMC die Leistung beim MkII 3000 auf 132 PS mit dreifach SU Vergasern. Im darauf folgenden Jahr erschien der MkIIa mit Kurbelfenstern, einer gerundeten Windschutzscheibe und einem voll versenkbaren Verdeck. Ab diesem Zeitpunkt gab es die Fahrzeuge nur noch als Zwei-plus-Zweisitzer – leicht zu erkennen an ihrem vertikal geschlitzten Kühlergrill.

Der letzte und beste seiner Linie war der 1964er MkIII mit verbesserter „Beatmung" und 148 PS, was die Spitzengeschwindigkeit auf über 193 km/h ansteigen ließ. Die Bremsen waren Servo-unterstützt, das Interieur bot ein opulentes hölzernes Armaturenbrett, was gar nicht so recht zum Ruf des wilden Machos passte.

Nordamerika war stets der größte Markt für Austin gewesen. Aber 1967 eingeführte, strengere Sicherheitsregeln, bedeuteten schließlich das Ende dieses legendären Sportwagens.

■ OBEN *Der Healey überdauerte bis 1967, als amerikanische Sicherheitsbestimmungen ihm ein Ende bereiteten.*

■ OBEN *Die 2.6-Liter 4-Zylinder Maschine, die auch im Austin Atlantic zu finden ist, hatte ein exzellentes Drehmoment.*

AUSTIN HEALEY

■ AUSTIN HEALEY SPRITE

Es mag schnellere und kleinere Sportwagen als den 1948er Austin Healey Sprite gegeben haben, aber nur wenige waren liebenswerter. Der „lachende“ Kühlergrill und die aufgesetzten Scheinwerfer gaben ihm den Spitznamen „Frogeye“ (Froschauge). Dieser kleine Bruder des großen 3000 Healey gewann die Herzen von Autoliebhabern auf der ganzen Welt. Tatsächlich war sein Markenzeichen, die Scheinwerfer, Folge der Tatsache, dass sich die von Donald Healey ursprünglich geplante Version mit klappbaren Scheinwerfern als zu teuer erwies. Die Mechanik wurde aus der gut gefüllten BMC Ersatzteilkiste genommen (hauptsächlich Morris Minor

AUSTIN HEALEY SPRITE (1958–61)	
Motor	4-Zylinder Reihen
Hubraum	948 ccm
Leistung	43 PS
Getriebe	4-Gang manuell
Geschwindigkeit	135 km/h
Anzahl	38999

■ OBEN *Der Austin Healey Sprite erhielt den Spitznamen „Frogeye“ wegen der Form der Scheinwerfer.*

■ LINKS *Als kleiner Bruder des Healey 3000 erreichte der Sprite 135 km/h.*

■ LINKS *Die Nase wurde nach vorn gekippt, um Zugang zum Motor zu erhalten.*

■ UNTEN *Donald Healeys ursprüngliche Idee, den Sprite mit Klapp-Scheinwerfern zu versehen, erwies sich als zu teuer.*

und Austin A35). Der 3,5 m kurze Sprite bewies auch auf der Straße Charakter – mit einer respektablen Höchstgeschwindigkeit von 135 km/h und geringem Spritverbrauch. Sein aufklappbares, einteiliges Vorderteil gewährte leichten Zugriff auf den Motor, eine 948 ccm A Serien Maschine mit 43 PS.

Es folgten zahlreiche Versionen mit unterschiedlichem Ausmaß an Häßlichkeit und Luxus, wobei die Leistung des letzten Austin Sprite während der frühen 70er weit über der des Original-Froschauges lag.

■ OBEN *Auch von hinten war „Frogeye" an winzigen Scheinwerfern und Minimal-Stoßfängern leicht zu erkennen.*

ANDERE MARKEN

■ ABARTH

Italiens Carlo Abarth startete seine Firma 1950 als Tuningwerkstatt, spezialisiert auf die Marke Fiat. Sein erster Wagen war der Tipo 207/A Spider von 1955, der Teile des Fiat 1100 verwendete. Ihm folgte bald ein auf dem 600er basierendes Modell. Bis in die 60er fuhr Abarth fort auf Fiat 500/600 und später 850 basierende Wagen zu bauen. Außerdem produzierte er eine Anzahl von erstaunlichen Simca-Abarth Coupés, Sportwagen und Prototypen mit komplett selbst konstruierten Doppelnockenwellen-Motoren. Die Firma ging jedoch 1971 bankrott und Fiat übernahm die Produktion.

■ AMPHICAR

Ursprünglich das A35-angetriebene Eurocar, war dieser Schwimmwagen das gedankliche Kind des deutschen Ingenieurs Hans Trippel, dem Schöpfer zahlreicher Amphibienfahrzeuge. Eine jährliche Produktion von 20 000 wurde erwartet, eine völlig absurde Überschätzung, die im Jahre 1963 zur Einstellung der Produktion führte.

■ ARMSTRONG SIDDELEY

Die Firma entstand durch den Zusammenschluß von Armstrong-Whitworths Aktivitäten im Bereich Entwicklung mit Siddeley-Deasy aus Coventry im Jahre 1919. Die letzten Produkte dieser Firma waren absolut luxuriös, aber viel zu teuer verglichen mit ihrem Konkurrenten Jaguar. Die Produktion wurde 1960 mit dem großen Star Sapphire eingestellt, und die Firma konzentrierte sich danach auf ihren Hauptzweig, die Luftfahrttechnik.

■ AUDI

Die ersten Wagen der deutschen Firma waren 4-Zylinder Modelle, die sehr erfolgreich im Rennsport liefen. Nach dem Ersten Weltkrieg kamen die „6er" und dann die ersten der hauptsächlich vorderradangetriebenen, auf Wanderer basierenden Wagen. Die Marke ruhte unter der später von Mercedes kontrollierten Auto-Union bis 1965, als der Konzern an Volkswagen überging. Heute ist Audi vor allem für seinen Quattro genannten Allradantrieb bekannt, der zuerst im Jahr 1979 im Quattro Turbo Coupé vorgestellt wurde.

■ AUSTIN

Die in Longbridge ansässige Firma wurde 1905 von Herbert Austin, später Sir Herbert, gegründet, dessen frühe Entwürfe eher konventionell und zuverlässig als inspirierend waren. Der Seven aus dem Jahr 1922 war eine Revolution, mit ihm machte die Firma ein Vermögen. Die meisten Produkte während des Krieges waren eher langweilig, aber preiswert, und dieser Trend dauerte bis 1945 an. Die British Motor Corporation (BMC) entstand 1952 aus der Vereinigung von Austin und Morris, wobei erstere den stärkeren Anteil hatten.

Der wichtigste Nachkriegs-BMC war der Mini, der zu einer Reihe von Modellen mit Vorderradantrieb führte.

Austin existiert als Marke heute nicht mehr, aber ihre Longridge-Werke sind der Haupthersteller der Rover Gruppe.

BENTLEY

■ BENTLEY CONTINENTAL

Der Bentley Continental war eines der besten Automobile der 50er. Er war nicht nur der schnellste echte Viersitzer der Welt – er lief spielend schneller als 193 km/h – sondern auch einer der schönsten: einem Raubvogel gleich, groß und atemberaubend elegant .

Seine Form entstand im Windtunnel vom Rolls-Royce Werk unter der Anleitung des Designexperten John Blatchley. Er war das Flaggschiff, ein Supercoupé, dessen kraftvolles Profil zweifelsohne vom Cadillac 62 Serie Coupé aus dem Jahre 1948 beeinflußt war, wenngleich dies auch niemand zugeben wollte. Der Kühlergrill des Bentley stand aufrecht und stolz wie bei den R-Type Limousinen, sein Erkennungszeichen, die dezenten Heckflossen, hielten den Continental auch bei hoher Geschwindigkeit schnurgerade in der Spur. Die Aluminiumkarosserie des Continentals wurde in London von HJ Mulliner hergestellt und auf ein spezielles Hochleistungs-Fahrgestell montiert.

Die Getriebe war anders übersetzt als bei der Limousine, und die 4566 ccm Maschine atmete freier dank höherer Verdichtung und eines großvolumigeren Auspuffsystems. Zudem mußte der erste sportliche Bentley seit den 30er Jahren etwas an Gewicht verlieren: Stoßfänger wurden jetzt aus Aluminium, nicht mehr aus Stahl gefertigt, und die Armlehnensitze wichen kleineren, sportlicheren Schalensitzen mit Leichtmetallrahmen.

BENTLEY CONTINENTAL R (1952-55)

Motor	6-Zylinder-Reihe
Hubraum	4566 ccm (später 4887 ccm)
Leistung	nicht genannt
Getriebe	4-Gang manuell
Geschwindigkeit	199 km/h
Anzahl	208

■ OBEN *Der charakteristische Bentley Grill wurde auch beim Continental verwendet.*

■ OBEN *Seine geschwungenen Linien gehörten zu den schönsten der Zeit und täuschten über die Schwere des Wagens hinweg.*

■ LINKS *Trotz seines Gewichtes ließ sich der Continental gut handhaben, besonders auf schnellen Straßen mit langen Kurven.*

■ LINKS *Die Form des Continental wurde mit leichten Abwandlungen fortgeführt im Chassis des Silver Cloud/S1.*

■ UNTEN *Von hinten wirkte die geschwungene Linie des Daches besonders elegant. Die Form wurde im Windkanaltunnel entwickelt.*

■ OBEN *Das Interieur bot ein voll mit Holz ausgekleidetes Armaturenbrett. Am schönsten war der Continental als rechts gesteuertes Modell.*

Trotz all dem war der Continental immer noch kein Leichtgewicht: vier Personen konnten mit all ihrem Gepäck in hervorragendem Komfort reisen. Der Fahrer durfte sich an einem komplett ausgestatteten Armaturenbrett erfreuen, das einen Drehzahlmesser und eine Öltemperaturanzeige beinhaltete. Geräte, die normalerweise in Limousinen nicht für notwendig befunden wurden. Unterwegs beschleunigte der Continental beeindruckend , erreichte eine Höchstgeschwindigkeit von 199 km/h. Für die wirklich Reichen gab es wohl keinen stilvolleren Weg, um der Kargheit der Nachkriegszeit zu entkommen.

Später wurde das originale leichtgewichtige Konzept des R-Typ Continentals verwässert. Reiche Kunden verlangten breitere Sitze und automatische Getriebe, Stahlstoßfänger ersetzten die alten aus Aluminium, und bald war der Continental nur noch einer von vielen schweren Bentley, obwohl er immer noch gut aussah.

Der optische Stil des Continental überlebte in der „S“ Serie von 1955, aber da stand die Bezeichnung Continental bereits für alle Bentley-Limousinen.

■ LINKS *Der Continental war ein echter Viersitzer mit unschlagbaren Qualitäten auf weiten Strecken. Angetrieben von einer 6-Zylinder Maschine lief er 128 km/h.*

■ OBEN *Der Continental war nur für die Superreichen. Er wurde nach und nach schwerer und weniger sportlich. Die Karosserie wurde von HJ Mulliner in London gebaut.*

BMW

■ BMW 507

Auf der Suche nach einem glamourösen Flaggschiff um den Verkauf in Amerika anzukurbeln und das hinkende Nachkriegsimage Deutschlands zu verbessern, beauftragte BMW Mitte der 50er Jahre den deutschen Aristokraten Albrecht Goertz damit, einen neuen Sportwagen zu entwerfen.

■ OBEN *Der BMW 507 war einer der schönsten Wagen der 50er. Dieser hat Räder mit Zentral-Verschluss. Designer Albrecht Goertz stylte später auch den 240Z Datsun.*

■ OBEN LINKS *Von hinten sieht die Spur weit aus. Die Sicht bei geschlossenem Verdeck war schlecht.*

■ OBEN RECHTS *Der 507 sah auch mit geschlossenem Verdeck gut aus.*

BMW 507 (1955–59)	
Motor	V-Acht
Hubraum	3168 ccm
Leistung	150–160 PS
Getriebe	4-Gang manuell
Spitze	201–225 km/h
Stückzahl	253

Goertz hatte eine Agentur für Industrie-Design mit Basis in den USA. Für das Chassis verwendete er ein drastisch gekürztes Chassis der großen V-Acht Limousine. Darauf skizzierte Goertz – der später auch den Datsun 240Z entwarf – einen schlanken Sportzweisitzer mit Wespentaille, der eine Lektion in eleganter Klarheit war. Mit seiner langgestreckten Motorhaube, dem frechen Heck und tadelloser Detailarbeit war er sofort ein Klassiker. Er leistete 150 PS mit einer hochverdichteten Version von BMWs großartiger V-Acht Leichtmetallmaschine (mit 4-Gang Handschaltung)und lief so gut wie er aussah: er brachte es auf 225 km/h und kam in nur neun Sekunden von 0–100. Das Fahrgeräusch, ein sattes, vollblutiges Knurren aus Doppelauspuffrohren, war fast genauso bemerkenswert wie sein Profil. Vordere und hintere Drehstabfederung lieferte ein hervorragendes Fahrverhalten mit perfektem Handling. Ein gutaussehendes Hardtop verwandelte den 507 im Handumdrehen in ein kompaktes, geräumiges zweisitziges Coupé.

Der aus Aluminium geformte 507 aus dem Jahre 1955 war ganz klar auf den Markt des Mercedes 300SL gerichtet – aber er war eher ein sanfter Touren-

■ UNTEN LINKS *Der 507 war eher ein hervorragender Tourenwagen als ein Sportwagen. Er lief bis zu 225km/h mit Viergang-Schaltgetriebe.*

■ UNTEN RECHTS *Die schicken Öffnungen in den Kotflügeln sorgten für bessere Entlüftung des Motorraumes.*

wagen als der komplexe, schwer zu bedienende SL. Ernsthafte Fahrer haben ihn nie ganz ins Herz geschlossen. Die Lenkung war nie seine Stärke, wahrscheinlich der Grund, warum er nicht in die Geschichte der Wettbewerbswagen einging. Er war jedoch genau wie der SL unverschämt teuer, da er in langwieriger Kleinarbeit von Hand zusammengebaut wurde.

In seiner nur vierjährigen Karriere erfuhr er wenige Veränderungen. Die auffälligsten waren die Erhöhung auf 160 PS sowie Scheibenbremsen vorne. Die Produktion wurde 1959 eingestellt, nach nur 253 Wagen.

■ RECHTS *Das Vorderteil war die stilisierte Version der traditionellen BMW-Niere.*

■ UNTEN *Die Leichtmetall V-Acht Maschine stammte von der 502 Limousine, hatte aber höhere Verdichtung und bis zu 160 PS.*

■ UNTEN *Das typische 50er Jahre Interieur war bequem und geräumig für zwei Personen. Das Verdeck funktionierte hervorragend, ein Hardtop war optional.*

BMW

BMW 2002 TURBO

Er wurde vermarktet, um den nachlassenden Ruf der kleinen BMW Limousine zu retten, aber auch der BMW 2002 Turbo überdauerte nur zehn Monate. Als sich 1973 die Benzinpreise über Nacht fast verdoppelten, wurden sich die schockierten Autokäufer rapide der Abhängigkeit vom arabischen Monopol bewußt: plötzlich wirkte dieser Benzin schluckende Renner unzeitgemäß. Das erste Anzeichen dafür, dass BMW nervös wurde, war das Verschwinden des spiegelverkehrten Turboschriftzuges auf dem vorderen Spoiler. Aber seine Tage waren gezählt: nach der Herstellung von nur 1672 Exemplaren wurde er aus der Produktion genommen.

BMW 2002 TURBO (1972–73)	
Motor	4-Zylinder
Hubraum	1990 ccm
Leistung	170 PS @ 5800 U/min
Getriebe	5-Gang
Spitze	209 km/h
Stückzahl	1672

■ LINKS ***Der Turbo 2002 basierte auf der Karosserie des 2002 Tii, einem schnellen, dennoch praktikablen Wagen, der es auf 193 km/h brachte.***

Der Turbo wurde auch in England links gesteuert, da das Gebläse den Platz beanspruchte, der normalerweise bei rechts gelenkten Wagen für die Lenksäule vorgesehen war. Basis-Motor war die 2-Liter Einspritzmaschine mit einem KKK Turbolader. Sie leistete eindrucksvolle 170 PS ohne Ladeluftkühler oder komplexe Elektronik. Der Turbo fühlte sich bei niedrigen Drehzahlen fast wie der serienmäßige 2002 an. Aber der Turbolader setzte sehr rapide bei 4500 U/min ein und machte den Wagen schwer beherrschbar. Das spezielle ZF-5-Gang-Getriebe war auf 32 km/h pro 1000 U/min im fünften Gang ausgelegt, so dass der BMW erst bei 209 km/h außer Atem kam.

Zwar hatte der Turbo verstärkte Antriebswellen und Lager rundherum, aber er verwendete immer noch die von BMW gewohnten MacPherson Federbeine vorn und Längslenker hin-

■ OBEN ***Wuchtige Verbreiterungen verbargen die großen Reifen. „Turbo“ Logos erregten die Sicherheitsfanatiker während der 70er.***

■ LINKS *Der ungestüme BMW Turbo war ein unglückliches Modell mit nur kurzer Lebensdauer, das zur Beginn der Ölkrise auf den Markt kam.*

■ UNTEN *Die Karosserie des 2002 geht zurück auf den 1600-2 aus der Mitte der 60er; er war ein 4-Zylinder BMW, der sich bis weit in die 70er hielt.*

ten. Die Federung wurde rundherum verstärkt, und es gab Bilstein Stoßdämpfer hinten. Die Reifen – auf speziellen Mahle Leichtmetallrädern im Format 6 x13 – waren 185/70 x 13er Michelin XWXs. Die Bremsanlage bestand aus belüfteten Scheiben mit 4-Kolben Bremssätteln vorne sowie großen Trommeln hinten. Sie gab nur einen Bremskraftverstärker anstelle der zwei beim 2002. Der Innenraum des Turbo bot zwei verstellbare Schalensitze. Die einzige weitere Neuerung war die zusätzliche Ladedruck-Anzeige in der Mitte des Armaturenbretts sowie ein Sportlenkrad.

■ LINKS *Der von einem Werksrennwagen inspirierte Turbo lief 209 km/h mit 170 PS.*

■ UNTEN *Von vorne war der Turbo leicht auszumachen – ohne Stoßstange, dafür mit tiefem Spoiler und protzigen Aufklebern.*

■ OBEN *Der Innenraum des Turbo bot ein dickes Sportlenkrad, enganliegende Sitze und spezielle Instrumente.*

■ RECHTS *Die Maschine mit KKK Turbolader leistete zwar 170PS, war aber nicht ganz zuverlässig.*

BMW

■ UNTEN *Die Form des CLS stammt von den weniger sportlichen 2800/3.0 CS Coupés.*

■ BMW 3.0 CSL

Der CSL war die leichtgewichtige Variante des BMW Flaggschiffs, dem 6-Zylinder Coupé. Er wurde entsprechend der Zulassungsvorschriften für europäische Touringwagenrennen der Gruppe 2 gebaut. Die ersten CSL, vorgestellt im Mai 1971, waren 217 km/h schnelle Straßensportwagen mit dünneren Karosserieblechen, ohne vordere Stoßstange. Die hintere Stoßstange bestand aus GFK, die Motorhaube hatte Rennverschlüsse, die Fenster waren aus Plexiglas, und die Karosserie hatte Kunststoffhauben und -türen – alles mit dem Ziel, das Gewicht zu reduzieren. BMW verzichtete sogar auf Unterbodenschutz und Lärmschutz, verwendete extrem billige Innenverkleidungen und erreichte so eine Gewichtsreduzierung von 181 kg. Die Höchstgeschwindigkeit veränderte sich hierdurch kaum, aber die Beschleunigung wurde wesentlich schneller. Die Aufhängung wurde durch Bilstein Gasdruck-Stoßdämpfer verstärkt. Es wurden breite Alpina 7-Zoll Leichtmetall-Felgen verwendet. Mit Chromaufsätzen an den Radkästen, um sie legal zu halten. Schwarze Streifen unterschieden den *Leichtmetall-CSL* vom serienmäßigen CS/CSi. 169 wurden gebaut.

Obwohl der CSL original mit der 2958 ccm Vergaserversion des 6-Zylinders mit 180 PS versehen war, führte eine leichte Vergrößerung der Bohrung im August 1972 zu 3003 ccm, was einen Übergang in den 3-Liter Wettbewerbsbereich der Gruppe 2 ermöglichte. Zur selben Zeit ersetzte die elektronische Einspritzanlage von Bosch den Doppelvergaser von Zenith, und die Leistung stieg auf 200 PS, obwohl Magazine aus der Zeit auch eine Vergasermaschine mit 3003 ccm nennen. 539 wurden hergestellt.

BMW 3.0CSL (1971–75)

Motor	In-line Sechs
Hubraum	2985/3003/3153 ccm
Leistung	180–206 PS
Getriebe	3/5-Gang manuell
Spitze	213–225 km/h
Stückzahl	1 095

Im Oktober 1972 wurde das Auto als Rechtslenker (RHD) für Großbritannien vorgestellt. Er kam als eine „RHD Stadt Ausführung“ für Fahrer, die den leichtgewichtigen Renner mit mehr Komfort bevorzugten. Das meiste des überflüssigen Gewichts, das zuvor entfernt worden war, wurde wieder zugefügt. Britische Importeure nahmen 500 CSL ab, aber der Preis war extrem hoch – höher als für Astons oder Jensens. Nicht jedem lagen die Scheel Schalensitze, in die man nur schwer einsteigen konnte, und nur wenige mochten die anfälligen Leichtmetallbleche.

Der 3.2-Liter CSL – sein Spitzname lautete Batmobil – wurde im August 1973 vorgestellt. Er hatte eine größere 3.2-Liter Maschine mit 206 PS, wurde jedoch noch als 3-Liter bezeichnet. Die gleiche leichtgewichtige Karosserie (ursprünglich nur erhältlich in Polaris

■ RECHTS *Das Interieur bot einen Spezialschalensitz von Scheel, schwarze Innenverkleidung und ein Sportlenkrad.*

■ GANZ RECHTS *Mit festeren Federn und Stoßdämpfern bot der CSL sichere Handhabung, obwohl bei Nässe stets die Gefahr des Überrollens bestand.*

■ LINKS *Der serienmäßige CSL im Vergleich mit dem radikaleren „Batmobil". Beachten Sie Spoiler, Kunststoffstoßstangen und die etwas geringere Bodenfreiheit des späteren Modells.*

Silber oder Chamonix Weiß mit Rennsportstreifen als Option), wurde mit Leichtmetalltüren und -motorhaube gebaut. Aber um das Gewicht und den Abtrieb des Heckflügels zu halten, war die Kofferraumklappe aus Stahl mit einer Halterung für den Spoiler. Der Flügel (Rennausrüstung) landete bei Wagen, die nach Westdeutschland verkauft wurden, im Kofferraum – denn hier waren sie nicht legal. Wenn er auch merkwürdig aussah, so war der Flügel doch wichtig für den Erfolg des Coupés in den European Touring Car (ETC) Serien. Er drückte das Heck des Wagens mit massiver aerodynamischer Kraft nach unten. Geschaffen wurde er in einem Stuttgarter Windkanal, nachdem Jochen Neerspach und Martin Braungart von BMW Motorsport ein Schlupfloch in den FIA Regeln gefunden hatten, das „evolutionäre Verbesserungen" bei bereits existierenden Modellen erlaubte. Sie hatten Wege gesucht, das aerodynamisch bedingte Abheben des Wagens bei über 199 km/h zu vermeiden. Und es funktionierte. CSL Coupés übertrumpften alles auf dem Nürburgring, sie verkürzten die Rundenzeit auf 15 Sekunden. Der letzte CSL wurde 1974-75 gebaut. Er unterschied sich leicht vom Vorgänger, zum Beispiel durch ein 3-Flossen-Heck und Fahrersitz mit einstellbarer Rücklehne.

■ LINKS *Einige CSL hatten einen tiefliegenden Spoiler und Bleche wie die CS Stahl-Coupés. „L" stand für leichtgewichtig.*

■ RECHTS *Der CSL wurde gebaut, um als Renncoupé für Rennen der Gruppe 2 zugelassen zu werden. Er blieb wettbewerbsfähig auch lange nachdem das Coupé aus der Produktion genommen wurde.*

BRISTOL

■ LINKS *Die Bristol 403 und 406 mit dem Bristol Doppeldecker. Herstellung nach Flugzeugbaustandards war das Markenzeichen.*

■ UNTEN LINKS *Das Lenkrad glich dem in den Flugzeugen der Firma Bristol verwendeten.*

■ BRISTOL 401

Der Bristol 401 wurde im Jahre 1949 vorgestellt. Er war das zweite Modell des gerade flügge gewordenen Herstellers, dessen erster Wagen, der 400 aus dem Jahr 1946, viel Ähnlichkeit mit dem Vorkriegs-BMW hatte. Für das ehemalige Flugzeugwerk Bristol war Qualität eine Frage von Leben oder Tod – und so gab es auch jetzt keine Kompromisse bei Konstruktion und Herstellung.

Die Leichtmetallkarosserie des 401 war nur ein Beispiel intelligenter Extravaganz, die das gesamte Design durchdrang. Um Röhren mit kleinem Durchmesser wurden Leichtmetallbleche gewickelt, die in ihrer Stärke je nach Funktion variierten. Sie waren zum Beispiel dort dicker, wo sich die Mechaniker während der Wartung anlehnen mußten. Das Fahrgestell war eine Weiterentwicklung vom ersten Bristol, es wird im Prinzip bis heute noch in dieser Form verwendet.

Die 6-Zylinder-Reihe Maschine, nach dem Krieg von BMW als Wiedergutmachung erhalten, war ein absolutes Schmuckstück. Fast 160 km/h mit einer 85 PS 2-Liter Maschine (die einen voll ausgestatteten 4-Sitzer bewegte) – das *war* etwas, worüber man in den späten 40ern sprach. Die Gegenstücke von Bentley und Jaguar brauchten für denselben Job die doppelte Leistung.

Geschwindigkeit und Leistung war jedoch nicht, was diesen Wagen allein ausmachte. Hervorragendes Fahrverhalten, besonders in der Zeit vor dem Bau der ersten Autobahnen, war fast noch wichtiger. Der 401 besaß eine ausgezeichnete, leichtgängige, präzise Lenkung und hatte generell so gute Manieren, dass die Marke sich viele lebenslange Freunde machte.

BRISTOL 401 (1949–1953)	
Motor	6-Zylinder-Reihen
Hubraum	1971 ccm
Leistung	85–100 PS
Getriebe	4-Gang manuell
Spitze	155 km/h
Stückzahl	650

Die erinnerungswürdige „Luftfahrzeug"-Form der Karosserie mit elegantem, tränenförmigem Heck und sanften Konturen erhielt ihren Feinschliff auf Bristols zwei Meilen langem Rollfeld in Filton und war für die Zeit wahrhaft aerodynamisch.

Bei 20 Jahre später im Windkanal von MIRAS durchgeführten Tests wurden nur vier moderne Wagen gefunden, die aerodynamischer waren!

■ GANZ LINKS *Die Form des 401/403 wurde in Stromlinien-Experimenten entwickelt und erlaubte dem schweren Wagen eine Höchstgeschwindigkeit von 160km/h.*

■ LINKS *Der 404 war ein Sondermodell mit extrem kurzen Fahrgestell und nur zwei Sitzen. Er ist heute der begehrteste Bristol.*

■ RECHTS *Ein Bristol 407 und ein 411 Serie II. Die Größe der V-Acht Maschine, die immer von Chrysler stammte, wuchs von 5.4 auf 6.2 Liter.*

■ UNTEN *Ab Serie SIII hatte der 411 den schöneren Kühlergrill. Die Leistung hatte sich auf 225 km/h gesteigert.*

■ BRISTOL V8s 407–411

Der 407 aus dem Jahre 1961 mit einem in Kanada hergestellten Chrysler 5.2-Liter Motor war der erste V8 Bristol. Mit seinen 209 km/h katapultierte sich der große 4sitzer in die Klasse der Zwei-plus-Zwei-Sitzer Ferrari. Der zierliche 2-Liter Sechszylinder war verschwunden, und das 4-Ganggetriebe von Bristol wurde durch ein Chrysler Torqueflite

■ LINKS *Der 410 hier als Zwischenmodell mit zurückliegenden Scheinwerfern und Chromstreifen an der Flanke.*

■ UNTEN *Die Interieurs waren stets nach höchstem Standard gefertigt.*

Automatikgetriebe ersetzt. Obwohl das klassische Bristol-Chassis erhalten blieb, war die vordere Aufhängung neu, Schraubenfedern ersetzten die Drehstabfedern.

Verschwunden war auch die Zahnstangenlenkung. Sie wurde von einer Marles-Einheit ersetzt, die, zusammen mit dem reinen Gewicht der Maschine, dazu beitrug, dass der 407 nicht so flink war wie seine heißblütigen Vorgänger.

Bis in die 60er wurden die Wagen weiter verbessert. Der 408 hatte noch die gleiche Chrysler 5.2 Maschine, aber ein völlig neues Front- und Heckdesign sowie bessere Stoßdämpfer. Der 409 hatte nach 1965 einen Kühler mit abgerundete Ecken, Servolenkung und bessere Bremsen. Der 410 von 1968 hatte kleinere Räder, manuelles statt automatisches Schaltgetriebe und Zweikreis-Bremssystem.

Der 1969er 411 war niedriger mit verkürzten Heckflossen, weniger Chrom und einer 6.2-Liter Maschine. Serie 2 (1970) hatte automatische Niveauregulierung, Serie 3 (1972) ein völlig neues Front- und Heckdesign mit Doppel- Scheinwerfern. Serie 4 (1973) hatte einen 6.6-Liter 330 PS Motor. Serie 5 (1975) hatte einen schwarzen Grill, ein stärkeres Fahrgestell und ein verbessertes Kühlsystem.

Alle Modelle boten unvergleichlichen Luxus kombiniert mit kraftvoller Leistung. Spätere Versionen waren mit Servolenkung ausgerüstet, was sie für Wagen ihrer Größe bemerkenswert beweglich machte. Ihr Fahrverhalten war ausgezeichnet, die Qualität der Herstellung hervorragend.

BRISTOL 411 (1970–76)

Motor	V-Acht
Hubraum	6277 ccm
Leistung	335 PS @ 5200 U/min
Getriebe	3-Gang Automatik
Spitze	225 km/h
Stückzahl	600

Die verhältnismäßig schmale Form der Karosserie erlaubte dem Fahrer auch das Durchfahren von Lücken, die die meisten Limousinen zum Halten veranlasst hätten.

Und dabei saßen die Passagiere ganz souverän in großen, extrem bequemen Sitzen mit Armlehne!

BUICK

■ BUICK RIVIERA

Der Riviera war eine Art amerikanischer Bentley Continental. Geplant als Buicks Antwort auf Fords erfolgreichen Thunderbird, aber Chrom und Glanz seiner Zeitgenossen vermeidend, war der Riviera mit einem der besten Designs gesegnet, das während der 60er aus

■ OBEN *Der Riviera war der schönste der Buicks aus den 60ern, ein total amerikanischer Grand Tourer.*

■ LINKS *Frühe Modelle hatten 6.5-Liter Maschinen, dieses spätere ging hinauf zu 7-Litern.*

BUICK RIVIERA (1963–65)	
Motor	V-Acht
Hubraum	6572 ccm
Leistung	325 PS
Getriebe	2-Gang Automatik
Spitze	209 km/h
Stückzahl	112 244

Detroit kam. Wie ein Raubvogel, doch unter Kontrolle gehalten, hatte er Präsenz und Gewicht, wo Cadillacs und Chrysler Imperials einfach nur schwer waren. In einem Wort, er hatte Klasse.

Unter der Motorhaube befand sich die unvermeidliche V-Acht-Maschine – ursprünglich mit 6.5-Liter, später mit 7.0 Liter und bis zu 365 PS. Sogar mit dem obligatorischen 2-Gang Automatikgetriebe kam dieser riesige 5-Sitzer auf 209 km/h. Das Fahrverhalten geriet konventionell, und die Bremsen, waren nie ganz ausreichend. Ihre Leistung ließ bei hohen Geschwindigkeiten zu wünschen übrig. Das Interieur des Riviera ließ nichts vermissen: elektrische Fensterheber, Servolenkung und

■ LINKS *In den 50ern war Buick bekannt für solide Familienwagen: dies ist ein 56er Roadmaster.*

■ OBEN *Das klare Profil des Riviera war wie ein frischer Wind nach all dem Chrom und Heckflossen seiner Vorgänger.*

■ RECHTS *Spätere Modelle waren mit Clamshell Scheinwerfern ausgerüstet, aber wie so oft: das Original war besser*

ein Armaturenbrett, das nach Detroiter Maßstäben wirklich gut aussah.

Unvermeidlich in einem Land, das Probleme mit dem Älterwerden hat, wurde auch bald am klassischen Stil des Rivieras herumgebastelt. Nach 1965 verlor der Wagen seine einzigartige Persönlichkeit, teilte Fahrgestell und Struktur mit dem Cadillac Eldorado. Gegen Ende der 70er tat sich das Modell noch einmal durch die „boat-tail" Version hervor, aber nach 1973 verloren die großen Wagen aus Detroit ihre Glaubwürdigkeit.

■ OBEN *Unter seiner Haut war der Riviera konventionell mit unpassenden Trommelbremsen.*

■ LINKS *Innen war der Riviera europäisch beeinflusst, mit runden Anzeigen und einem am Boden montierten Schalthebel.*

ANDERE MARKEN

■ BERKELEY

Der Berkeley wurde zwischen 1956 und 1961 von Charles Panters Werk für Wohnwagenbau in Biggleswade, Bedfordshire gebaut. Das Design stammte von Laurie Bond, der eine besondere Vorliebe für vorderradangetriebene Kleinstwagen hatte. Obwohl technisch gesehen genial, setzten sich diese Wagen nie richtig durch. Der Bandit auf Ford-Basis wurde nie gebaut.

■ BOND

Sharps Commercials Ltd in Preston, Lancashire, produzierten Laurie Bonds exzentrisches Dreirad-Miniauto von 1948 bis 1966. Dann ging die Firma über in die Produktion von 4-Rad GT Coupés, die auf der Triumph Herald Serie basierten. 1969 wurde die Firma von Reliant gekauft, die das Werk in Preston schlossen und die Produktion in ihre Tamworth-Werke in Staffordshire verlagerten. Dort wurde als einziger Bond-Wagen der Bug produziert, ein merkwürdiger Sportwagen mit drei Rädern.

CADILLAC

■ CADILLAC ELDORADO BROUGHAM

Der 1957er Cadillac Eldorado Brougham war ein von General Motors zum Leben erweckter Traumwagen. Als angesehenster Cadillac aus Detroit seit dem V-16 von vor 17 Jahren begann er seine Laufbahn bei der 1954er Motorama als Park Avenue – eine 4-türige Stadtlimousine, deren Dach wie ein Hardtop aussah, aber keines war. Sie war eine kleine Sensation. Im Mai 1954 hielt der mächtige GM Designer Harley geheime Treffen ab, bei denen es um einen Super-Eldorado ging, eine Serienversion des Park Avenue für 1956.

Der Cadillac auf der 1955er Motorama war der Prototyp des Eldorado Brougham. Kurvig, fast geschmackvoll für diese grelle Periode, hatte er rahmenlose Türen, dezente messerscharfe Heckflossen und eine Panorama-Windschutzscheibe. Sein Dach aus rostfreiem Stahl, Parallelscheinwerfer und die schmalen Seiten waren eine Novität. Die Karosserie saß auf einem x-förmigen Fahrgestell mit Luftfederung. Eine 6.3-Liter 325 PS V-Acht Maschine war serienmäßig mit GM's Hydramatic Getriebe verbunden.

CADILLAC ELDORADO BROUGHAM (1957–58)	
Motor	V-Acht
Hubraum	6384 ccm
Leistung	325 PS
Getriebe	3-Gang Automatik
Spitze	189 km/h
Stückzahl	704

■ RECHTS ***Von hinten waren die Heckflossen einigermaßen unter Kontrolle. Bei seinem Erscheinen im Jahre 1957 war der Eldorado Brougham der teuerste und exklusivste jemals gebaute Cadillac.***

Der Brougham hatte Servolenkung, -bremsen, -sitze und -fenster und jede Menge elektrische Spielereien: automatisch abblendbare Scheinwerfer, Tempomat, ein Signalton-Radio, elektrische Antenne und Türverschlüsse, eine elektrische Uhr sowie eine automatische Kofferraumöffnung. Anderes ultraluxuriöses Zubehör beinhaltete verstellbare Sonnenblenden, magnetische Becherhalter im Handschuhfach, Zigaretten- und Papiertuchbehälter, einen speziell designten Lippenstift und Eau de Cologne, eine Puderdose mit Spiegel und Kamm sowie einen Arpege Zerstäuber mit Parfüm von Lanvin. Der Kunde konnte aus 44 verschiedenen Innenverkleidungen und zwischen Karakul und Lammfell wählen.

Der Broughton wurde weit unter Preis verkauft und überlebte leider nur zwei Jahre.

■ GANZ LINKS ***Der Luxus des Brougham reichte von verstellbaren Sonnenblenden zu elektrischer Sitzeinstellung mit Speicher.***

■ LINKS ***Parallelscheinwerfer waren Mitte der 50er eine Neuheit. Auch hier war der Brougham der Erste.***

■ LINKS *Der Brougham hatte für seine Zeit ein relativ dezentes Design mit Klapptüren und einem Säulenlosen Dach aus gebürstetem Aluminium.*

■ LINKS *Die von der Form von Raketen inspirierten Flossen des 59er Cadillacs waren die größten auf dem Markt, und sie wurden nie übertrumpft.*

■ UNTEN *Die Rückscheinwerfer hatten die Form von Nachbrennern. Der Kühlergrill erfüllte rein dekorative Zwecke.*

■ CADILLAC ELDORADO BIARRITZ

Die Heckflossen-Besessenheit der Amerikaner erreichte ihren Höhepunkt 1959. Und keiner war darin extremer oder besser als Cadillac, Hersteller von Detroits führenden Luxuswagen. Die 1959er Cadillacs hatten die größten Heckflossen der gesamten Automobilindustrie, sie waren über einen Meter hoch. Ihr Raketenimage wurde noch unterstrichen durch kugelförmige Blink- und Bremslichter. Das Heck- sowie Frontstyling war ähnlich imposant, mit Doppelscheinwerfern und Doppeldecker-Kühlergrills über die ganze Breite. 6 m lang, 3 m breit und 2 Tonnen schwer kam dieses 1959er Automobil als 2-türiges Coupé de Ville, als 4-türiges Hard Top ohne Dachsäulen oder als sogar noch größere Fleetwood 75 Limousine. Es gab außerdem eine Fleetwood Version der serienmäßigen 4-türigen Limousine. Alle basierten auf dem selben Rahmen-Chassis mit Trommelbremsen an allen Rädern. Am besten erinnert man sich an das Eldorado Biarritz Cabrio, das eine leistungsstärkere 345 PS Version von Cadillacs berühmter 6.3-Liter V-Acht Maschine verwendete.

CADILLAC ELDORADO BIARRITZ (1959)	
Motor	V-Acht
Hubraum	6384 ccm
Leistung	345 PS
Getriebe	3-Gang Automatik
Spitze	185 km/h
Stückzahl	11130

All diese 6-sitzigen Straßenkreuzer, das ultimative an vierrädrigem Glamour, kamen vollausgestattet mit automatischen Sitzen, elektrischer Motorhaubenöffnung und automatisch abblendbaren Scheinwerfern neben der obligatorischen Servolenkung, Automatikgetriebe, elektrischem Verdeck im Falle des Biarritz und elektrischen Fensterhebern. Luftfederung war eines der wenigen optionalen Extras des Biarritz, der dreimal so teuer war wie der billigste Chevrolet des Jahres. Er fuhr auf gerader Strecke 185 km/h, aber sein Gewicht und mangelhafte Federung gaben ihm das Fahrverhalten eines Bootes. Der Benzinverbrauch war hoch, aber Gedanken an Ökonomie waren zu der Zeit kein Thema in Amerika, wo das Öl sprudelte und Benzin billig war.

■ LINKS *Die Sedan Version von 1959 war nicht so ausgewogen wie der Zweitürer, die Handhabung war schrecklich.*

■ OBEN *Das wilde Styling des 1959er Cadillac wirkte auf „Veredler“ unwiderstehlich.*

CHEVROLET

■ CHEVROLET STINGRAY

Obwohl der erste Chevrolet Corvette Sportwagen bereits 1953 auf den Markt kam, war die Baureihe erst im Jahre 1962 mit der Vorstellung des Stingray wirklich ausgereift. Wie seine Vorfahren hatte auch dieses Modell eine GFK Karosserie, aber ansonsten war das gesamte Design völlig neu. Eine spannende Mischung aus Muskulösität und scharf geschnittenen Formen gibt ihm sein einzigartiges Erscheinungsbild. Bei der Coupéversion wurde nach einem Jahr auf das geteilte Heckfenster verzichtet – die Kunden hatten es kritisiert. Ironischerweise sind jene Modelle heute die begehrtesten. Das Cabrio sah sowohl mit offenem als auch mit geschlossenem Verdeck gut aus. Geöffnet verschwand das Verdeck sauber unter einer Abdeckung. Das separate Chassis blieb erhalten, aber die Corvette hatte eine für US-Verhältnisse ungewöhnliche unäbhängigen Hinterradaufhängung. Das billige, aber

■ OBEN *Die Coupés der 70er ermöglichten hohe Reisegeschwindigkeiten*

■ LINKS *1967 wurde die Form des Stingrays vorgestellt. Sie hielt sich bis 1984. Inspiriert wurde sie vom Mako-shark.*

■ RECHTS *1956-62er Corvettes kamen ausschließlich mit V-Acht Maschinen, die bis zu 360 PS lieferten. Handgeschaltete oder automatische Getriebe standen zur Auswahl, die Karosserie war aus GFK.*

effektive System verwendete Einzelradaufhängung mit Antriebswellen und unteren Querlenkern, Schubstreben sowie Querblattfedern.

Eine Auswahl an Small Block 5.4 V-Acht Maschinen wurde angeboten, von einem Grundmodell mit 250 PS zu einer 300 PS starken Einheit mit größerem

■ OBEN *Der 1963–67er Stingray, hier als Big Block Cabrio, war wohl die bestaussehendste Corvette.*

■ LINKS *Der Motor war Chevrolets berühmter Small Block mit 5359 ccm. Er war stark und ließ sich gut tunen.*

■ RECHTS *Das seltene T-Top Targa-Dach Modell ersetzte das Vollcabrio. Es war in Amerika aufgrund von staatlichen Sicherheitsvorschriften verboten worden.*

■ UNTEN *Das Interieur des Mitt-60er Stingray hatte vollständige Instrumente. Das Design des Armaturenbrettes war von Düsenjägern inspiriert.*

Vergaser sowie der 340 PS L76 Version mit verstärkten Ventilen und einer auf 11.25:1 erhöhten Verdichtung. Letztere wurde in Verbindung mit der berühmten Rochester Einspritzanlage angeboten, die weitere 20 PS freimachte. Die Leistung der leichten Corvettes war elektrisierend – sie beschleunigten in 5.6 Sekunden von 0–100. Die Getriebe hatten entweder 3-Gang-Handschaltung, 2-Gang-Automatik oder, häufiger verlangt, 4-Gang-Handschaltung.

Jedes Produktionsjahr brachte kosmetische und technische Änderungen. Die große Neuerung beim 1965er Modell war jedoch die Big Block (396 ccm) V-Acht Maschine, die 425 PS und 565.5 Nm Drehmoment bei 4000 U/min leistete. Die Corvette hatte nun vier Scheibenbremsen, um diese Leistung unter Kontrolle zu halten. Der Motor erreichte volle sieben Liter und stand ab 1966 mit Hydrostößeln und niedriger verdichteter L36 Version mit „sanften" 390 PS oder als solide hoch verdichtete L72 mit 425 PS zur Verfügung.

Die Wagen mit Small-Block Motoren, waren langsamer, aber besser ausbalanciert als die 7-Liter-Corvettes. Sie blieben in Produktion, obwohl die Version mit Einspritzanlage langsam an Interesse verlor, als die Nachfrage nach den großen Motoren zunahm.

CHEVROLET CORVETTE STINGRAY (1963–67)

Motor	V-Acht
Hubraum	5356–7000 ccm
Leistung	250–560 PS
Getriebe	3/4-Gang manuell 2-Gang Automatik
Spitze	189–233 km/h
Stückzahl	45 456 Small Block 72 418 Big Block

1967 war das letzte Jahr des Stingray. Im folgenden Jahr 1968 wurde sein Nachfolger, der neue Stingray, vorgestellt; er erhielt den Spitznamen „Coke Bottle". Dieses Modell war ein würdiger Nachfolger, erreichte aber nie den Sportsgeist der Stingrays aus den Jahren von 1963 bis 1967.

■ OBEN *Die Corvette nach 1984: viele der mechanischen Teile waren übernommen. Die neue Karosserie war immer noch aus GFK: dies war neben dem Studebaker Avanti der einzige Wagen amerikanischer Produktion, bei dem GFK verwendet wurde.*

■ UNTEN *Verstärkte Federung bei späteren Corvettes hieß geringes Schlingern, bedeutete aber harte Straßenlage.*

CHEVROLET

■ CHEVROLET CORVAIR

Der Chevrolet Corvair wurde 1959 als das 1960er Modell vorgestellt. Er war General Motors (GM) Antwort auf den Zustrom preiswerter europäischer Wagen auf den amerikanischen Markt während der späten 50er und frühen 60er. In Stil und Entwicklung war er erfrischend anders als die üblichen, technisch sehr konservativen amerikanischen Wagen. Das machte es doppelt

■ LINKS *Der saubere Stil des originalen Corvairs beeinflusste den Hillman Imp und den NSU Prinz.*

■ RECHTS *Das 64 überarbeitete Design ließ den Wagen konventioneller aussehen.*

■ GANZ RECHTS *Der Stil wurde in den späten 60ern vom Vauxhall Victor kopiert.*

enttäuschend, dass er in den Augen der Öffentlichkeit und aufgrund der Sicherheitshysterie so gnadenlos durchfiel. Die Kontroverse um das Fahrverhalten der frühen Corvairs inspirierte den Verbraucherberater und Sicherheitskontrolleur Ralph Nader ein Buch mit dem Titel *Unsafe at Any Speed* (Bei jeder Geschwindigkeit unsicher) zu veröffentlichen. Es wurde zum Bestseller und leitete eine neue Aera staatlicher Regulationen und Sicherheitsvorschriften ein, die bis heute anhält.

Mit seinem 6-Zylinder Heckmotor und Einzelradaufhängung rundum war der Corvair weit entfernt von den durchschnittlichen amerikanischen Wagen und seinen „kompakten“ Gegnern von Ford und Chrysler, die in Wirklichkeit nur verkleinerte Versionen

■ LINKS *Der Monza war ein sportliches Coupé mit einer kraftvolleren Version der 6-Zylinder Maschine.*

■ OBEN *Obwohl der Corvair in Großbritannien als Kompaktwagen vermarktet wurde, hatte er die Größe eines Ford Zephyr.*

■ UNTEN *Die ursprüngliche Corvair Limousine erhielt negative Schlagzeilen für ihr Fahrverhalten.*

■ OBEN *Die Leistung des ersten Corvairs lag bei nur 80 PS mit einer Höchstgeschwindigkeit von 139 km/h.*

■ UNTEN *Der Monza Turbo war einer der ersten turbogeladenen Serienwagen; er lief über 160 km/h.*

großer Wagen darstellten. Nach europäischem Standard war jedoch auch der Corvair nicht kompakt, hatte er doch ähnliche Dimensionen wie Fords britisches Flaggschiff, der Zephyr.

Enthusiasten liebten das europäische Flair des Wagens, aber der Durchschnittskäufer war unsicher, und so siegte die konventionellere Konkurrenz. Erst die Einführung des kleineren Monza Coupés mit seiner kraftvollen Maschine half dem Corvair, seine Marktlücke als kompakter Sportwagen zu finden. Sein Glück wendete sich zum besseren, als 1962 die Coupéversion auf den Markt kam. Es gab sogar eine turbogeladene Variante, eine der ersten bei Serien-Fahrzeugen.

Leider währte diese Glückssträhne nicht lange. Schlechte Publicity durch Naders Buch gab dem Wagen das Image unberechenbaren Fahrverhaltens, das er absolut nicht verdiente. Und als Ford 1964 den Mustang ankündigte, hatte der Corvair keine Chance mehr. Kunden vertrauten der konventionelleren, sicheren Technik und dem gleichfalls sportlichen Image des Mustangs mehr. Die Ära der „Pony Cars" – der Mittelklassewagen – begann und der Corvair blieb zurück. GM startete 1964 einen Rettungsversuch, aber das Unheil war angerichtet.

■ LINKS *Chevrolet nahm den Corvair 1969 aus der Produktion. Hauptgründe dafür waren schlechtes Image sowie das Erscheinen des Mustangs.*

CHEVROLET CORVAIR (1959–69)	
Motor	luftgekühlter 6-Zylinder
Hubraum	2377/2684 ccm
Leistung	80–180 PS
Getriebe	3/4-Gang manuell 2-Gang Automatik
Spitze	139–169 km/h
Stückzahl	1271089

CISITALIA

■ CISITALIA 202

Cisitalia wurde 1946 vom Rennfahrer und Geschäftsmann Piero Dusio gegründet. Sein erstes Projekt, für das er die Dienste der Fiat Ingenieure Giacosa und Savonuzzi in Anspruch nahm, war ein einsitziger Rennwagen mit Topolino Vorderaufhängung und der Vier-Zylinder Maschine des Balilla. Diesem folgte 1948 das 202 Coupé, das im Prinzip aus den gleichen Teilen bestand, aber eine neue Karosserie auf einem Rohr-Rahmen von Pininfarina verwendete. Dies war ein zukunftsweisender

■ LINKS *Das Cisitalia 202 Coupé: ein Vorbild an Stil, mit rundum geschlossener Karosserie und integrierten Scheinwerfern.*

■ UNTEN *Man käme nie auf die Idee, dass dieser Wagen bereits 1948 auf den Markt kam. Nur die geteilte Windschutzscheibe verrät ihn.*

■ OBEN *Das Interieur war streng, mit nur einem Mindestmaß an Instrumenten.*

■ OBEN *Ausklappbare Türgriffe waren die persönliche Note Pininfarinas.*

■ OBEN *Pininfarina hatte mit der Entwicklung seiner Idee auf dem Chassis eines Maserati AG begonnen, und auf viele Weise war der Lancia Aurelia eine Fortführung dieses Themas.*

■ RECHTS *Die klaren Linien des Cisitalia wurden bei so unterschiedlichen Wagen wie dem Simca 8 und dem Ferrari 166 Inter kopiert.*

■ RECHTS *Tourings offene Barchetta Version ähnelte dem Ferrari 166 Barchetta aus der Zeit.*

■ UNTEN *Die Vierzylindermaschine basierte auf einer Fiatkonstruktion und hatte 50 PS.*

■ UNTEN *Mit nur 1100 ccm und der getunten Version der Straßenmaschine lief der Cisitalia 168 km/h.*

■ OBEN *Nur 485 Cisitalias wurden gebaut; die Karosserien stammten von Vignale und Frua ebenso wie von Pininfarina.*

Moment für den Stil der Nachkriegszeit: die Motorhaube des Coupés lag niedriger als die vorderen Kotflügel, die Scheinwerfer gingen in die Kotflügel über statt freizustehen und die gesamte Karosserie hatte sanft gerundete, einfache Linien. Farina spielte mit dieser Idee auch bei anderen Modellen, aber nie wieder erreichte er einen vergleichbar bemerkenswerten Effekt. Das New Yorker Museum of Modern Art stellt seit 1951 eine von Farina entwickelte Karosserie des Cisitalia als Beispiel für „Skulptur in Bewegung“ aus. Vignale, Frua und Stabilmenti Farina, wie auch wiederum Pininfarina, designten Cabrio Varianten. Dank seiner guten Aerodynamik erreichte der Cisitalia 164 km/h mit nur 50 PS aus einer Fiat 1100 Maschine. Für Wettbewerbe getunte Varianten liefen bis zu 193 km/h.

1949 jedoch stand Cisitalia aufgrund von überambitionierten Plänen für einen von Porsche designten Grand Prix Wagen vor der Pleite. Die Marke hielt sich unter der Kontrolle von Geldgebern noch bis 1965, aber erreichte nie wieder die Bedeutung, die sie mit dem 202 Coupé gehabt hatte.

CISITALIA 202 COUPÉ (1948–52)

Motor	4-Zylinder Reihe
Hubraum	1089 ccm
Leistung	50 PS
Getriebe	4-Gang manuell
Spitze	168 km/h
Stückzahl	485

CITROËN

■ LINKS *Der Traction-avant in seiner langen Form. Ein paar wurden unter dem Namen Commerciale mit Heckklappe gebaut.*

■ UNTEN *Das Vorkriegscabriolet gab es mit langem oder kurzem Radstand sowie mit vier oder sechs Zylindern.*

■ CITROËN LIGHT 15

Der Citroën Light 15, für seine zahlreichen Bewunderer auch *Traction-avant*, hebt sich als Bezugspunkt in der Geschichte des Automobils ab. Er war der Pionier der Familien-Limousinen mit Frontantrieb. Sein Dreiganggetriebe befand sich vor dem Motor, sozusagen in der Nase des Wagens. Und er hatte mit mit Kreuzgelenken versehene Antriebswellen, die mit drehstabgefederten Vorderrädern verbunden waren – in jenen Tagen hochmoderne Technologie. Nach dem Standard von 1934 war die Straßenlage des *Traction-avant* geradezu unglaublich gut, wenn er sich auch schwer lenken ließ.

Traurigerweise brachten die hohen

■ UNTEN LINKS *Das Cabriolet hatte eine aufstellbare Windschutzscheibe, im langen Heck befand sich ein Klappsitz.*

■ UNTEN RECHTS *Das britische Traction Modell hatte ein hölzernes Armaturenbrett und Scheibenräder.*

CITROËN LIGHT 15/BIG 15 & 6 (1934–55)	
Motor	In-line 4/6-Zylinder
Hubraum	1911/2866 ccm
Leistung	46–80 PS
Getriebe	3-Gang manuell
Spitze	112–137 km/h
Stückzahl	759 123/47 670

■ UNTEN *Die Form der Traction Limousine ist unverwechselbar. Aufgrund ihrer Straßenlage war sie beliebt bei der französischen Polizei – und bei Verbrechern.*

■ LINKS *Frühe Tractions hatten ein synchronisiertes Dreiganggetriebe – nicht wirklich notwendig bei nur 32 PS.*

■ UNTEN *Mit der 1.9-Liter OHV Maschine lief der Traction 120 km/h. Unabhängige Drehstabfederung rundum verhalf zu exzellentem Fahrverhalten.*

■ OBEN *Der große 6-Zylinder Traction war schnell auf gerader Strecke, aber schwer zu lenken. Einige hatten die frühe Version der hydraulischen Hinterradfederung, die später beim DS verwendet wurde.*

Entwicklungskosten einen verarmten André Citroën in ein frühes Grab, und seine Firma fiel in die Hände Michelins. Aber der Light 15 und seine vielen Nachfahren wurden ein Erfolg und verkauften sich 23 Jahre lang gut. Der Frontantrieb war längst nicht alles. Die selbsttragende Konstruktion war 1934 noch eine Seltenheit, und der Wagen war sowohl geräumig wie auch bequem, mit zusätzlicher hinterer, unabhängiger Drehstabfederung. Die Spitzengeschwindigkeit der 4-Zylinder Maschine mit 1911 ccm und 45 PS lag bei 112 km/h.

Es gab zahlreiche Variationen dieses Modells. Der *Commerciale* war die frühe Form eines Wagens mit Heckklappe. Große Familien hatten die Möglichkeit eines 8-Sitzers, dem *Familiale*. Für sportliche Fahrer gab es Coupé und Cabrio Modelle. Der beste seiner Klasse war 1938 der 15 CV mit 6-Zylinder und 2866 ccm, genannt Big 6, dessen 77 PS Maschine eine Höchstgeschwindigkeit von 137 km/h ermöglichte. Citroën setzte die hydropneumatische Federung erstmals in der seltenen 6H Version ein, die auch schon die hintere selbstständige Niveauregulierung bot. Der Stil veränderte sich nur wenig über die Jahre. Der *Traction* nach 1953 hatte jedoch einen deutlich hervorstehenden Kofferraum. Von 1938 bis 1940 (und nach dem Zweiten Weltkrieg von 1948 bis 1955) wurden die Citroëns in Großbritannien in beachtlicher Zahl gebaut.

Es dauerte Jahre, bis die Konkurrenz aufholte. Und erst als Citroën schließlich mit dem 1955 vorgestellten DS ein weiteres Aufsehen erregendes Auto entwickelt hatte, ließ man den *Traction* sterben.

CITROËN

■ CITROËN DS

Niemals zuvor fand man in einem einzigen Modell soviele Neuheiten vereint wie im Citroën DS, der 1955 in Paris vorgestellt wurde. Wichtigster Teil war die Aufhängung: um konventionelle Federung zu vermeidend, verwendeten Citroën Ingenieure für hydraulische, selbst regulierende, hydropneumatische Federbeine, mit einer einzigartigen, einstellbaren Niveauregulierung. Damit konnte der DS die Karosserie anheben und so auch unwegsames Gelände durchfahren. Sobald die Zündung ausgestellt wurde, senkte er sich automatisch wieder ab. Das System trieb auch

CITROËN DS (1955–75)	
Motor	4-Zylinder
Hubraum	1911/1985/ 2175/2347 ccm
Leistung	63/84/109/115/141 PS
Getriebe	4/5-Gang Automatik und Halbautomatik
Spitze	135–188 km/h
Stückzahl	1 455 746

■ OBEN ***Der DS war Frankreichs Familienauto. Hier eine spätere Version mit zwei Parallelscheinwerfern im haifischförmigen Frontbereich. Das innere Paar drehte sich mit der Lenkung, so dass der Wagen „um die Ecke sehen" konnte.***

eine zentrale Hydaulik an, die die Servolenkung, die Bremsanlage mit vier Scheibenbremsen und die Kupplung versorgte.

Windschlüpfrig gekleidet in eine fünfsitzige, futuristische Karosserie mit abnehmbaren Blechen, die jegliche Konkurrenz verblassen ließ, war dieser Wagen seiner Zeit mindestens ein Jahrzehnt voraus, vielleicht auch zwei. Die Passanten bestaunten ihn. Ausgestattet mit Vorderradantrieb (wie alle Citroëns seit dem gleichermaßen revolutionärem Traction avant) waren Fahrverhalten und Stabilität genauso sensationell wie der Federungskomfort. Nur seine veraltete

■ OBEN ***Der DS eignete sich hervorragend für Langstreckenfahrten. Seine Federung bügelte spielend jede Unebenheit französischer Straßen aus.***

■ RECHTS ***Die aufgeschraubten Karosseriebleche ließen sich schnell entfernen, was Reparaturen einfach machte.***

■ OBEN *Das geräumige Interieur des DS hatte ein futuristisches Styling, das sich dem Äußeren anpasste. Preiswerte ID Modelle ohne Servolenkung waren beliebt bei französischen Taxifahrern.*

■ LINKS *Die Hauptkarosserieformen waren Limousinen, Kombis und Cabrios, obwohl zahlreiche französische Autohersteller wie Chapron auch Coupés bauten.*

Maschine passte nicht ins Bild – eine klappernde Konstruktion, übernommen aus dem alten *Traction-avant* von 1934. Sie konnte einem so modernen Fahrzeug einfach nicht gerecht werden. Nach Mitte der 60er wurde der Motor von einer moderneren 2-Liter 4-Zylinder Maschine ersetzt. Sie war besser; aber trotzdem erhielt der DS nie den sanften, ruhigen Motor, den er verdiente.

Frühere Probleme bezüglich der Zuverlässigkeit der Federung waren schnell vergessen, und der DS brachte während der 50er und 60er eine Generation von Nachkömmlingen hervor. Einfachere Modelle wie der ID19 und der D Super mit weniger Servo-Helfern und PS gefielen besonders den Pariser Taxifahrern. Die Safari Kombis waren die ultimativen Fahrzeuge für Familien, während die schönen DS *décapotable* Cabriolets teuer und exklusiv waren. Die luxuriösen Prestige-Modelle und der 2.3-Liter DS23 mit Fünfganggetriebe und Einspritzanlage waren eine weitere Konkurrenz für jüngere Rivalen.

Die Haifisch ähnliche Gestalt der DS Limousine hat sich in 20 Jahren wenig verändert. Und auch, als sie 1975 schließlich vom CX ersetzt wurde, waren andere Hersteller gerade erst dabei den Grad der Entwicklung zu erreichen.

Mittlerweile ist der DS zu einem Objekt der automobilen Kunst geworden. Und welcher Wagen – zeitgenössisch oder Klassiker – kann schon von sich behaupten eine eigene Kunstausstellung zu haben?

■ UNTEN *Die Schaltung – manuell oder halbautomatisch – saß auf der Lenksäule. Das einspeichige Lenkrad bot eine bessere Sicht auf die Instrumente; die Sitze waren weich und bequem.*

■ LINKS *Als der letzte seiner Art lief der DS mit Einspritzanlage und 2.3-Liter Maschine fast 193 km/h. Fahrkomfort war sein größter Vorteil.*

CITROËN

■ UNTEN *Kaum zu glauben, dass dieser futuristisch anmutende SM aus dem Jahre 1970 stammt.*

■ CITROËN SM

In den späten 60ern erwarb Citroën Anteile am italienischen Sportwagenhersteller Maserati. Die erste Frucht aus dieser Ehe war der große Citroën SM aus dem Jahre 1970 – ein Prestige-Modell, das das beste beider Firmen vereinigte. Angetrieben wurde er von einer kleineren 6-Zylinder Version der langlebigen Maserati 8-Zylinder Maschine mit vier Nockenwellen. Mit 2.7 Litern Hubraum blieb sie gerade im Rahmen von Frankreichs Steuergesetzen, die Motoren mit mehr als 2.8 Litern extrem teuer machten. Wie der DS hatte auch der SM Frontantrieb, die Getriebe-Einheit hing vor dem kompakten Motor. Die 170 PS wurden von Citroëns wohlerprobtem, hydropneumatischen System mit selbstständiger Niveauregulierung gehandhabt, das mit dem Bremssystem mit vier Scheiben sowie der Ultraschnellen Servolenkung verbunden war. Schnell und ausgereift mit exzellentem Fahrverhalten war der SM ein vollkommener Langstrecken-GT – sobald man den sensiblen Umgang mit Lenkung und Bremse gelernt hatte. Er war auch bei Höchstgeschwindigkeit sehr stabil und bot die hervorragende Straßenlage, die DS Besitzer gewohnt waren.

■ OBEN *Der SM war ein Viersitzer mit Heckklappe. 12920 wurden gebaut bevor die Produktion 1974 eingestellt wurde.*

■ LINKS *Das große, ausschweifende Armaturenbrett war so futuristisch wie die Karosserie. Beachten sie das Einspeichenlenkrad.*

CITROËN SM (1970–75)	
Motor	V-Sechs
Hubraum	2670 ccm/2965 ccm
Leistung	170–180 PS
Getriebe	5-Gang manuell 3-Gang Automatik
Spitze	225 km/h
Stückzahl	12920

■ UNTEN *Die V-Sechs Maschine war eine Maserati Einheit, die mit dem Bora geteilt wurde. Das 5-Ganggetriebe sitzt davor.*

■ OBEN *Die Scheinwerfer des SM waren bei europäischen Modellen hinter Glasabdeckungen versteckt, in Amerika mußten sie frei stehen.*

■ OBEN *Das Profil des SM ist auch heute noch beeindruckend schön und für ein Modell der 70er extrem aerodynamisch.*

■ LINKS *Der handgeschaltete SM mit 5-Gang lief 225 km/h, obwohl sein Gewicht die Beschleunigung beeinträchtigte. Mit hohen Geschwindigkeiten gefahrene Langstrecken waren seine Spezialität.*

Doch es war seine Form, die das Herz der Enthusiasten gewann: er wirkte dramatisch und entschlossen mit breiter Front und Windschutzscheibe und einem schmal zulaufendem Heck, das so beweglich war, wie es aussah. Er war ein Viersitzer mit futuristischem Inneren, das zur äußeren Form passte.

Die Verkaufszahlen schossen sofort in die Höhe, denn die französischen Enthusiasten kamen in Scharen, um den ersten hochklassigen GT seit dem Ableben des Facel Vega zu erstehen. Die Liebe hielt jedoch nicht lange. Die Ölkrise von 1973 brachte große Autos wie den SM schnell aus der Mode. 1975 wurde die Produktion eingestellt.

ANDERE MARKEN

■ CONNAUGHT

Gegründet von Rodney Clarke und Mike Oliver vom Bugatti-Spezialisten Continental Cars stellte die britische Firma Connaught Straßen- und Rennfahrzeuge her. Als Rennen immer mehr an Bedeutung gewannen, entwickelte sich der mit der Lea-Francis Maschine Typ A F2 versehene Wagen zum stromlinienförmigen Typ B. 1955 war ein nicht stromlinienförmiger Typ B der erste britische Grand Prix Gewinner seit 1924; zwei Jahre später zog Connaught sich von der Rennwagenproduktion zurück. Ihr einziger Straßenwagen war der mit der Lea-Francis-Maschine ausgerüstete L2 von 1949–51.

■ COSTIN

Einen eigenen Wagen zu bauen war ein mutiger Schritt von Frank Costin. Der Amigo, ein hölzerner Schalenbau, war von Fehlschlägen überschattet: er war viel zu kostspielig, als er schließlich 1972 auf den britischen Markt kam. Nur acht Wagen wurden gebaut, sie liefen bis zu 214 km/h.

DAIMLER

■ DAIMLER SP250 „DART“

Der SP250 „Dart“ war etwas völlig neues für Daimler, eine Firma ohne Sportwagen-Tradition. Die Entscheidung zum Bau kam in den späten 50ern nach einem Wechsel im Management: Daimler hatte Probleme, und die neue Führung glaubte, dass ein Sportwagen die amerikanischen Käufer beeindrucken würde. Genau wie Jaguar, Triumph und MG es zuvor getan hatten. Chassis und Aufhängung wurden eilig beim Triumph TR3 kopiert. Daimler tat einen radikalen Schritt und fügte eine GFK Karosserie hinzu – eine merkwürdige Form mit doppelter Heckflosse und fischähnlichem Grill sowie glupschäugigen Scheinwerfern.

■ LINKS *Der SP250 „Dart“: ein Neubeginn für Daimler. Bis dahin war ihr einziger sportlicher Wagen der Conquest Roadster aus der Mitte der 50er Jahre.*

■ UNTEN LINKS *Die Karosserie des Dart war in GFK gegossen, es mangelte ihr an Festigkeit: bei frühen Modellen konnte es vorkommen, dass sich die Türen während der Fahrt über unwegsames Gelände öffneten.*

Das beste Teil des Dart war der 2548 ccm V-Acht, der satte 140 PS produzierte. Konstruiert wurde er von Daimlers leitendem Direktor Edward Turner – bekannt für seine Triumph Motorradmotoren. Die sanfte, drehmomentstarke Maschine mit halbkugelförmigen Brennräumen und SU Doppelvergasern brachte den relativ leichten

■ OBEN *Diese Aufnahme des SP250 Dart betont seine modernen, aber schnell überholten Heckflossen. Auch das große Lenkrad ist gut zu erkennen*

■ LINKS *Das Styling entstand im Hause Daimler; es war zu der Zeit eher erfolglos, aber 40 Jahre später verkörpert es den Charakter der Periode.*

■ UNTEN *Der enge Innenraum: vollausgestattet mit Anzeigeinstrumenten, überdimensionalem Lenkrad sowie einer Stummelschaltung, jedoch wenig Extrakomfort.*

SP250 auf 201 km/h bei einer Beschleunigung von 0-100 in 9.5 Sekunden. Die Leistung des Wagens und seiner feinen Maschine schien nicht zum amateurhaften Design der eilig zusammengefügten Karosserie und des Chassis zu passen. Das war auch die Meinung der Kritiker.

Aber als Lückenfüller zwischen den billigeren TR und MGs und Jaguars großem XK150 machte der Daimler SP250 Sinn.

Vier Scheibenbremsen von Dunlop sorgten für gute Bremsleitungen, das generelle Fahrverhalten hat allerdings nie viel Anerkennung gefunden. Er ließ sich schwer lenken, das Fahrgestell war zu biegsam. Bei den frühen Modellen (bis 1961) konnte es dazu kommen, dass sich die Türen auf unebenen Straßen plötzlich öffneten. Das „B" Modell SP250 – der Name Dart musste geändert werden, da die Firma Dodge das Patent darauf besaß – hatte ein stabileres Chassis, während die „C" Wagen ein paar luxuriösere Extras boten.

Das Schicksal des SP250 wurde besiegelt, als Jaguar den kränkelnden Daimler Konzern in den frühen 60ern übernahm, um die Produktions-Kapazitäten zu vergrößern. Sir William Lyons hatte den Dart nie gemocht. Sein Design „beleidigte" ihn; außerdem war er eine, wenn auch geringe, Konkurrenz für den E-Type. Jaguar machte noch einen halbherzigen Versuch den Wagen umzustylen, aber 1964 nahm Lyons ihn endgültig aus der Produktion.

Er war jedoch klug genug das Potential der exzellenten Maschine des SP250 zu erkennen und bot sie ab 1962 in der Daimler Version des MkII, in dem sogenannten 2½-Liter V-Acht an.

■ OBEN *Preislich zwischen dem MGA und dem Jaguar XK angeordnet, füllte der Daimler eine Marktlücke, aber die Verkaufszahlen blieben gering.*

DAIMLER SP250 „DART" (1959–64)

Motor	V-Acht
Hubraum	2548 ccm
Leistung	140 PS
Getriebe	4-Gang manuell 3-Gang Automatik
Spitze	201 km/h
Stückzahl	2644

■ UNTEN LINKS *Der größte Vorzug des Daimlers lag in der von Edward Turner konstruierten V-Acht Maschine.*

■ UNTEN RECHTS *Jaguarchef Sir William Lyons hatte keine Zeit für den SP250 und nahm ihn 1964 aus der Produktion.*

DAIMLER

■ UNTEN *Wer hätte gedacht, dass diese gesetzte Limousine 193km/h fahren kann? Das Design stammt vom 6-Zylinder Majestic.*

■ DAIMLER MAJESTIC MAJOR

Der Daimler Majestic Major war eine der verführerischten – und unerwartet – leistungsstärksten Limousinen der frühen 60er. Durch den Einbau eines brandneuen 4.7 Liter V-Acht (einer vergrößerten Version der im Dart verwendeten 2.5 Liter Einheit) schuf Daimler eine heißblütige Limousine, die mit 193 km/h schneller war als zeitgenössische Jaguar – eine peinliche Situation, bedenkt man, dass Jaguar Daimler 1960 übernommen hatte. Der Daimler beschleunigte in unglaublichen 9.7 Sekunden von 0-100.

Trotz des traditionell separaten Chassis und hoher, würdevoller Karosserie bot der Majestic Major passend zur Leistung ausgezeichnetes Fahrver-halten und erhielt extrem gute Kritiken.

Der Majestic Major war seinen Preis wert. Er verfügte serienmäßig über automatisches Getriebe, Servolenkung und Scheibenbremsen. Hart arbeitende Direktoren konnten es sich auf komfortablen Ledersitzen bequem machen, während sie sich in ihrem Majestic Major chauffieren ließen. Der Wagen verfügte außerdem über einen

■ OBEN *Unverkennbar ein Daimler: In seiner gestreckten Form mit großem Achsabstand war er ein Favorit der Bestattungsunternehmer.*

■ OBEN *Das Design des Majestic stammte von dem selben Mann, der den Briten das FX4 Taxi gab. Erkennen Sie die Ähnlichkeit?*

■ GANZ LINKS *Die Majestic Limousine wurde von der auf dem Jaguar MkX-basierenden DS 420 Limousine ersetzt, hier zu sehen in der seltenen Landaulette Form.*

■ LINKS *Die feine, hochtourige 4.5-Liter 220 PS V-Acht Maschine des Majestic Major.*

entsprechend geräumigen Kofferraum. Die verlängerte DR 450 Limousine bot Platz für Extrasitze. Sie war etwas schwerer bei minimal geringerer Leistung.

Die Maschine des Daimlers war so eindrucksvoll, dass Jaguar kurzzeitig mit der Idee liebäugelte, sie in einer Daimlerversion des großen MkX zu verwenden. Der daraus resultierende V-Acht Prototyp wurde verworfen, denn er erwies sich als schneller als das Jaguarmodell.

Die Produktion des Majestic Major lief in kleinem Umfang, die Verkaufszahlen lagen niedrig. Nach 1180 Autos und 864 Lang-Limousinen wurde die Produktion 1968 eingestellt.

DAIMLER MAJESTIC MAJOR	
Motor	V-Acht
Hubraum	4561 ccm
Leistung	220 PS
Getriebe	3 Gang Automatik
Spitze	194 km/h
0-100	9.7 Sek
Stückzahl	1180 (plus 864 DR450 Limousinen)

■ LINKS ***Nur 1180 Majestic Majors wurden während der zehnjährigen Produktionsdauer hergestellt. Die Leistung des Wagens stellte sogar den Jaguar MkX in den Schatten.***

■ UNTEN ***Noch einmal der DS420, hier in Limousinenform, der letzte Wagen, der die Jaguar XK Maschine verwendete.***

■ GANZ LINKS ***Der Majestic Major mit traditionellem Armaturenbrett, die Anzeigen waren in der Mitte angeordnet. Servolenkung war serienmäßig.***

■ LINKS ***Für den erschöpften Geschäftsmann gab es reichlich Platz, um sich in großzügigen Ledersitzen auszustrecken.***

DATSUN

■ LINKS *Der Original 240Z hatte kultivierte europäische Linien, designt von Albrecht Graf Goertz, dem Vater des BMW 507.*

■ DATSUN 240Z

In den 60ern baute Japan seine Ruf als Sportwagenhersteller durch Modelle wie den Honda S800 und den Toyota 2000 GT auf. Was fehlte, war ein Sportwagen, der in großer Zahl an die Amerikaner verkauft werden konnte – einer, der den Platz des Austin Healey 3000 einnahm und der die alternde E-Type Jaguar und Triumph TR in diesem großen, profitreichen Markt herausfordern konnte.

In diesen Kampf schritt 1969 der Datsun 240Z, der meist verkaufte Sportwagen seit den 70ern. Was die Marke an Romantik und Prestige vermissen ließ, wurde wettgemacht durch ausgewogene, muskulöse Linien, die von Albrecht Goertz, dem Schöpfer des schönen BMW 507, designt worden waren. Mit seiner langen Motorhaube, integrierten Scheinwerfern und fließendem, straffen Heck übernahm der Z offensichtlich Merkmale des E-Type. Nichtsdestotrotz hatte er, abgesehen von unattraktiven Radkappen – einer bei japanischen Autos typischen Schwäche – seinen eigenen Charme. Als gutausgestatteter Zweisitzer mit Heckklappe bot der 240Z noch ein paar weitere Überra-

■ OBEN RECHTS *Das Datsun Emblem war bis zur Einführung des sowohl leistungsstarken als auch günstigen 240Z bei Sportwagen-Fahrern wenig angesehen.*

DATSUN 240Z (1969–75)	
Motor	6-Zylinder
Hubraum	2392 ccm
Leistung	151 PS
Getriebe	4/5-Gang manuell
Spitze	201 km/h
Stückzahl	156076

■ OBEN *Die Heckklappe machte den Z vielseitig nutzbar. Die Wolf-Felgen waren nicht serienmäßig, sehen aber besser aus als die Original-Ausführung.*

■ UNTEN *Kaum zu glauben, dass der 240Z mit seinem klaren, eleganten Profil ein japanischer Wagen war.*

■ UNTEN *Durch seine Einzelradaufhängung legte der 240Z ein vollblütiges Kurvenverhalten an den Tag.*

■ RECHTS *Das klassische Erscheinungsbild des 240Z erhielt schnell Aufmerksamkeit; heute hat er weltweit Anhänger.*

■ OBEN *Die 6-Zylindermaschine stammte von der Cedric Limousine. Sie lief rund und klang großartig.*

■ RECHTS *Der „Z“ litt unter dem billig aussehenden Finish jener Tage, die Qualität der Ausstattung war jedoch hoch.*

schungen. Es fehlte ihm an nichts: die 6-Zylinder 2393 ccm Maschine mit 151 PS lief ruhig und kraftvoll. Die Kraft wurde mittels 5-Ganggetriebe an die Hinterachse übetragen – an der Federbeine und untere Querlenker eingesetzt wurden. Auch vorne wurden Federbeine verwendet. Eine präzise Zahnstangenlenkung übernahm die Steuerung. Ähnlich dem Big Healey hatte auch der 240Z einen maskulinen Charakter – wobei der 240Z der weitaus bessere Wagen war, wenn er auch nie als Cabrio angeboten wurde.

Datsun verkaufte 150 076 Autos, bevor der 260Z den 240Z im Jahre 1975 ersetzte. Auf der Suche nach Verbesserungen machte Datsun den 260er zu einem sanfteren, weniger agressiven Wagen – und, unvermeidlich, damit auch schwerer und langsamer. Nichtsdestotrotz: er war, was die Öffentlichkeit, besonders die amerikanische, wollte. Die Verkaufszahlen stiegen weiter an. Eine Version mit Automatikgetriebe, Zwei-plus-Zwei Sitzen und größerem Radstand vergrößerte die Beliebtheit des 260er, obwohl heutige Puristen angesichts dieser häßlicheren Variante die Nase rümpfen. Heutzutage ist ein guter 240Z schwer zu finden; die meisten sind dem Rost erlegen.

■ OBEN *Mehr als nur eine Spur Ferrari war im Vorderteil des 240Z zu finden. Spoiler gehörten damals zur Sonderausstattung.*

DODGE

DODGE CHARGER

Wenn ein Wagen die „Muscle Car" Ära der 60er verkörpert, dann ist es wohl der Dodge Charger. Berühmt wurde er durch die klassische Verfolgungsjagd in dem 1968er Film *Bullitt* mit Steve McQueen.

Der Charger war ein geräumiges, 4sitziges und nach Detroiter Maßstäben anmutiges Fließheck-Coupé. Mit einer schräg zum Heck auslaufenden C-Säule, geschmackvoll simpler Front und einem Schuß Verrücktheit in Gestalt des geschwärzten Kühlergrills (Doppelscheinwerfer verschwanden hinter elektrischen Klappen), war er weit entfernt von den kitschigen amerikanischen Wagen der 50er.

Der erste unter dem Namen Charger herausgekommene Wagen war ein freches und trotzdem etwas langweiliges Fließheckmodell, das nur eine Saison überdauerte. Die Karosserie von 1968 blieb mit geringen Abwandlungen bis 1970 erhalten. Außerdem gab es als Variante noch den seltenen Charger Daytona, ein 1970er Spezialbau für die Rennzulassung. Unzählige Möglichkeiten bereiteten dem Käufer die Qual der Wahl: es gab den Charger mit relativ sanftem 5.2-Liter V-Acht Motor – doch für den wahren Kenner war der 1968 R/T (Road and Track) das Modell, das man haben musste.

■ LINKS *Die Säulen neben dem Heckfenster waren wahrscheinlich inspiriert von italienischem Design, aber ansonsten hatte der Charger seinen ganz eigenen amerikanischen Muscle Car-Stil.*

Unter der Motorhaube verbarg sich eine 7.2-Liter Maschine mit 375 PS und einem Drehmoment, das die Reifen zum Qualmen brachte.

Der Charger ließ die meisten exotischen Italiener mit seiner Beschleunigung von 0-100 in nur sechs Sekunden weit hinter sich. 160 km/h erreichte er in 13 Sekunden, und bei ganz durchgedrücktem Gaspedal brachte er es schließlich auf stolze 241 km/h. Durch den einfachen, doch zweckmäßigen

DODGE CHARGER R/T (1967–70)

Motor	V-Acht
Hubraum	7206 ccm
Leistung	375 PS
Getriebe	4-Gang manuell 3-Gang Automatik
Spitze	241 km/h
Stückzahl	96100

■ GANZ LINKS *Heckantrieb und pure Kraft der R/T Version führten zu wildem Fahrverhalten, besonders auf loser Oberfläche.*

■ LINKS *Die schnellste Version des Charger lief bis zu 241 km/h.*

■ LINKS *Mitte der 60er ging der Trend bei amerikanischen Wagen weg vom kitschigen Stil früherer Tage: der Dodge Charger war eines der besten Beispiele für den neuen Trend.*

■ UNTEN *Die 7.2-Liter V-Acht Maschine brachte 375 PS und wurde mit manuellem oder automatischem Getriebe ausgeliefert.*

■ UNTEN *Der Name „Charger" wurde zunächst für ein viel unattraktiveres Coupé benutzt, das zuerst im Jahr 1964 erschien.*

Einbau von Stabilisatoren gelang es der Dodge tatsächlich, den Charger R/T zu einem Wagen zu machen, der sich handhaben ließ. Bei den auf Wunsch mit vorderen Scheibenbremsen ausgerüsteten Modellen hatte man außerdem auch fast die Chance, den Wagen tatsächlich zu bremsen. Die Linie der Charger-Modelle wurde noch bis 1978 weitergeführt, verlor aber an Glaubwürdigkeit.

ANDERE MARKEN

■ DAF
Die ersten Dafs erschienen 1958 von einer holländischen Firma, die seit 1928 kommerzielle Fahrzeuge hergestellt hatte. Ein einzigartiges Getriebe für „leichtes" Fahren war ihr Hauptmerkmal. In den 60ern wurde diese Riemen-Automatik auch für Militär- und Rennfahrzeuge (Formel 3) abgewandelt. 1975 wurde der Hauptteil der Firma von Volvo aufgekauft, die den Daf aus dem Programm nahm.

■ DELAGE
Louis Delage war ein Einzelgänger der französischen Automobilindustrie, ein Perfektionist, der nur die besten Fahrzeuge herstellte. 1905 begann er ganz mit einem konventionellen 1-Zylinder Wagen mit 6.5 PS. Diesem folgten gleichermaßen konventionelle Tourenwagen, deren frühere Modelle De Dion Maschinen verwendeten. Im Rennsport machte sich die Firma schließlich einen Namen. Und nach dem Ersten Weltkrieg baute sie hervorragende Tourenwagen und unternahm einige teure und rekordbrechende Ausflüge in die Welt der Grand Prix Rennen. Die Firma wurde 1935 von Delahaye übernommen; es gab noch einige Nachfolgemodelle, die zusammen mit Delahaye die Hotchkiss-Zusammenschlüsse nicht überlebten.

■ DELAHAYE
Diese französische Firma ist bestens bekannt für die beeindruckenden Sportwagen, die sie während der 30er Jahre herstellte. Aber ihre Geschichte geht weit zurück in die ersten Tage des Automobils, als Emile Delahaye 1894 die Produktion aufnahm. Vor dem Ersten Weltkrieg gab es ein breites Angebot; dies änderte sich in den 20ern, als die Firma nur noch fade „Kochtöpfe" herstellte. Nach 1953 produzierte sie konventionelle, aber qualitativ gute Sportwagen und nahm an Grand Prix Rennen teil. Dies war Delahayes Blütezeit. Nach dem Zweiten Weltkrieg bereiteten französische Steuergesetze der Herstellung von Luxuswagen ein Ende. Nach dem Zusammenschluß mit Delage 1953 ging man zur Produktion von Lkw und Jeeps über.

■ DELLOW
Der Dellow war ein Rennwagen der „trial"-Klasse und verwendete ursprünglich eine Ford Maschine in einem Austin Seven Chassis mit Leichtmetall Rohrrahmen. Der Hersteller zog sich in den frühen 50ern zurück, 1955 übernahm eine neue Firma das Unternehmen. Es folgte der nicht konkurrenzfähige MkVI; 1959 schloss Dellow Engineering.

■ DE TOMASO
Der in Italien lebende Argentinier Alejandro de Tomaso stellte zunächst Rennwagen her. Aber 1967 betrat er mit der Produktion des Mangusta, einem Wagen mit Mittelmotor, die Welt der Straßenwagen. Seine Produkte aus den 70ern, einschließlich des Pantera, werden auch heute noch in kleiner Zahl hergestellt. 1976 übernahm er Maserati, in den 80ern begannen die Marke De Tomaso zu verblassen.

■ DKW
Die deutsche Firma DKW stellte ursprünglich Motorräder her und begann mit der Produktion von PKW im Jahre 1928. 1931 stellte sie den bahnbrechenden, vorderradangetriebenen F1 vor; ein Jahr später wurde sie Teil der Auto Union. Sie baute Wagen bis 1950, wurde ab 1958 von Mercedes kontrolliert und 1965 von VW gekauft.

EDSEL

EDSEL

In Amerika wurde der Markenname Edsel als Bezeichnung für die groben Fehler eines Geschäftsmannes übernommen. Ford bot den neuen Wagen im mittleren Marktsektor an, zwischen den größeren Fords und den preiswerteren Mercury Modellen. Leider war der Markt zu der Zeit, als der Edsel erschien, in einem Tief: die Käufer verlangten nach kleineren Wagen. So wurde der Edsel, der zur falschen Zeit am falschen Ort war, Opfer seiner Größe. 200 000 Verkäufe für das erste Jahr erwartend, gab Ford die Höhe der Entwicklungskosten des Edsel – benannt nach dem verstorbenen Sohn Henry Fords – mit 250 000 000 Dollar an.

Als sich in der ersten Saison nur 62000 Käufer fanden, gaben die Kritiker dem ungewöhnlichen, vertikalen Kühlergrill die Schuld. Ein Witzbold beschrieb den Edsel als ein an einer Zitrone saugendes Oldsmobile. Tatsächlich war der Edsel mit seinen kleinen Heckflossen und klarem Profil relativ angepasst gemessen am extremen Stil seiner Periode.

15 verschiedene Modelle umfassend bildete der Edsel bei Ford eine eigene Linie. Es konnte zwischen Limousine, Coupé und Kombi gewählt werden, die alle auf derselben konventionellen

■ OBEN *Der Edsel schoss weit am Ziel vorbei und kostete Ford Millionen.*

■ OBEN *Der ungewöhnliche Kühlergrill kam bei den Käufern nicht an.*

■ OBEN *Ford vermarktete den Edsel als eine Marke mit 15 verschiedenen Modellen. Hier das Spitzenmodell, der Citation aus dem Jahre 1958.*

■ RECHTS *Das Styling wurde im Jahr 1958 etwas abgeschwächt, der umstrittene Kühlergrill jedoch blieb erhalten. Der Wagen kam als Kombi (Villager), als zwei- oder viertürige Limousine und als Cabrio.*

EDSEL (1957–59)	
Motor	6-Zylinder und V-Acht
Hubraum	3655–6719 ccm
Leistung	147–350 PS
Getriebe	3-Gang manuell 3-Gang Automatik
Spitze	145–174 km/h
Stückzahl	110847

■ RECHTS *Heute ist der relativ seltene Edsel ein begehrtes Sammlerstück, besonders die Modelle aus den frühen Jahren.*

■ UNTEN *Ford gab an, dass die Entwicklungskosten für den Edsel bei 250000000 Dollar lagen; sagte Verkaufszahlen von 200000 für das erste Jahr voraus.*

Bodengruppe saßen. Wie üblich gab es die Wahl zwischen 6-Zylinder und V-Acht Maschine mit Leistungen von 145 bis 345 PS und kombiniert mit automatischem oder manuellem 3-Ganggetriebe. Im Jahr 1959 gab es leichte Veränderungen um den weiteren Rückgang der Verkaufszahlen aufzuhalten. Das 1960er Modell erschien mit völlig neuem Design. Trotzdem überlebte der Edsel dan Sprung in das nachfolgende Jahrzehnt nicht.

OTHER MAKES

■ ELVA

Der Name stammt von der französischen Übersetzung von „sie geht" („*elle va*"). Das 1955er Originaldesign von Frank Nichols war ein kostengünstiger Sport- und Rennwagen. Das erfolgreichste Modell war der Courier, ein strassentauglicher Sportwagen, dessen Herstellung ab 1962 bei Trojan Ltd. stattfand. Später wurde Elva von dieser Firma aufgekauft. 1964 ging die Produktion über zu Ken Sheppard Customised Sport Cars.

■ OBEN *Das Interieur enthielt all den Pomp, der von amerikanischen Mittelklassewagen erwartet wurde.*

■ RECHTS *Der Edsel kam mit 6-Zylinder oder V-Acht Motoren und bis zu 350 PS.*

Facel Vega

■ RECHTS *Mit der ausgedehnten Anordnung von Anzeigen und Schaltern sollte ein Cockpitgefühl erweckt werden.*

■ FACEL VEGA FACEL II

Die Bequemlichkeit eines Rolls-Royce, den Druck eines hervorragenden Sportwagens und dazu noch amerikanische Zuverlässigkeit: der Facel Vega Facel II bot eine Kombination von Qua-litäten, die in dieser Form während der 60er nirgendwo anders zu finden war. Obwohl es 1964, als Facel – Forges et Ateliers de Construction d'Eure et Loire in Paris – die Türen schloß, zahlreiche Nachahmer gab. Dies lag sicherlich am einzigartigen Erscheinungsbild des Facel Vega. Um einen Facel zu fahren, anders als bei einem Aston Martin oder einem Ferrari, brauchte man keine Rennfahrerausbildung oder einen Mechaniker im Kofferraum.

An die Spitze der Liste musste man allerdings die einzigartige französische Eleganz des Wagens stellen. Als ein wahres Stück automobiler Kunst im Pininfarina Stil hat es der Facel II zwar nie in das Museum of Modern Art geschafft, aber als ein charismatisch designtes Stück Geschichte ist er unschlagbar. Dies war ein Wagen voller Glamour, wahrer Anziehungskraft von einem Kaliber, das kein Nachahmer je erreicht hat. Berühmtheiten standen

■ UNTEN *Die Marke Facel starb 1964, als die Firma aufgrund von Garantieansprüchen gegenüber ihrem unzuverlässigen Kleinwagen, dem Facelia, pleite machte.*

■ LINKS *Facel Vega war Frankreichs schickste und teuerste Marke der 50er und 60er, gleichermaßen beliebt bei Stars, Monarchen und Rennfahrern.*

■ UNTEN *Das Spitzenmodell war der Excellence, der gebaut wurde, um gegen Rolls-Royce und Mercedes anzutreten. Zu flexible Struktur führte zu Problemen mit den Türen.*

FACEL VEGA FACEL II (1962–64)

Motor	90-Grad V-Acht
Hubraum	6286 ccm
Leistung	355–390 PS
Getriebe	4-Gang manuell 3-Gang Automatik
Spitze	225 km/h
Stückzahl	184

■ RECHTS *Das Styling des HK500 war von amerikanischen Modellen inspiriert – daher die Panorama Windschutzscheibe.*

Schlange, während auch Rennfahrer wie Stirling Moss und Rob Walker der Marke Beifall spendeten. Wie zu erwarten, war der Wagen teuer; er kostete etwa so viel wie zwei Jaguar E-Type und ein Lotus Elan.

Seine Form suggerierte Gewicht und Stärke. Die starken, skulpturierten hinteren Kotflügel, die scharfe, gespannte Heckflossen formten, sahen wie aus Fels geschlagen aus. Das geduckte, eckige Dach war straff und sparsam. Als eine Art Erbe der französischen *Grand Routiers*, war der Facel II, wie auch der HK500 zuvor, so blitzschnell wie sein raketenartiges Aussehen es versprach. Die Automatikvariante lief bis zu 209 km/h; der seltenere, handgeschaltete Facel brachte es auf 225 km/h. Diese V-Acht Maschine mit manuellem 4-Ganggetriebe und Doppelvergaser aus dem Chrysler 300 gab es auf Wunsch ohne Aufpreis. Mit dem Torqueflite erschien die etwas schwächere 355 PS Einzelvergaserversion der 6.3-Liter Chrysler Maschine. Die einfache Aufhängung wurde unverändert aus dem SM übernommen: vorne Federn und Schwingarm, hinten Stabilisatoren und kräftige, halbelliptische Blattfedern. Um die harte Federung abzupolstern, stattete der Importeur HWM den Wagen auf Wunsch hinten mit Armstrong Selecta-Ride Stoßdämpfern aus. Es wurden vier Scheibenbremsen von Dunlop verwendet; Servolenkung, Ledersitze und elektrische Fensterheber kamen serienmäßig. Wie der HK500 konnte auch der Facel II nicht der Last des Übergewichts entkommen. Auch im Vergleich zu zeitgenössischen GTs war er mit 1880 kg Leergewicht extrem schwer; mit vier Passagieren und vollem Tank kam er auf fast zwei Tonnen.

■ LINKS *Der schnellste der HK500 und Facel II Modelle lief 225 km/h und kam mit automatischem oder manuellem Getriebe. Die V-Acht Maschine stammte aus amerikanischen Chrysler Modellen.*

■ LINKS *Der letzte der V-Acht Wagen war der Facel II, mit aufgeräumtem Design, aber fast identischem Antrieb.*

FERRARI

■ UNTEN *Der 275GTB ist einer der schönsten straßentauglichen Ferrari Berlinettas. Hier die Version mit vier Nockenwellen.*

■ FERRARI 275 GTB

Mit dem 275 GTB aus dem Jahr 1964 kamen die Straßen-Sportwagen von Ferrari in die Blütejahre. Zum ersten Mal war hier ein Ferrari mit anspruchsvoller Aufhängung; er war die Antwort auf die Frage nach einem gleichzeitig schnellen und bequemen Wagen.

Für gute Gewichtsverteilung und Straßenlage wurde das 5-Ganggetriebe vom Motor getrennt, bildete eine Einheit mit dem Differenzialgetriebe. Hatten frühe Modelle eine simple Kardanwelle, bekamen spätere eine verwindungssteifere, hohlgebohrte Ausführung. Die hintere Radaufhängung erfolgte mittels doppelter Querlenker, gebremst wurde mit den obligatorischen vier Scheibenbremsen von Dunlop.

Vorne fand man Ferraris berühmte Leichtmetall 3.3-Liter 60-Grad V-Zwölf Maschine, die 280 PS in der Version mit einzelner Nockenwelle leistete. Die Bezeichnung des 275 stammte vom Hubraum, der bei jedem einzelnen Zylinder der Maschine in Kubikzentimetern gemessen wird.

Gekleidet wurde all dies in eine zweisitzige Coupé Karosserie, die von

■ OBEN *Das Frontdesign war beeinflusst vom 250GTO.*

■ OBEN *Für Leichtgewicht und Sabilität verwendete Ferrari Borrani Leichtmetallfelgen mit Zentralverschluß.*

■ OBEN *Das exquisite Interieur mit traditionellem Nardi Lenkrad.*

■ LINKS *Der langnasige 275 GTB/4 lief 265 km/h.*

■ UNTEN *Deutlich erkennt man die Ähnlichkeit zum 250 an der hinteren Dachsäule.*

■ LINKS *Der einfühlsame, kurvige 275 war so delikat, wie der Daytona, der ihn ersetzte, brutal war.*

Ferraris Lieblingsdesigner Pininfarina, auf 2.40 m kurzem Radstand entwickelt wurde. Die geduckte, muskulöse Stahlkarosserie wurde von der Firma Scaglietti gebaut, die ihren Standort nahe den Ferrari Werken in Modena hat. Als Rahmen kam der traditionelle Zentralrohr-Typ zum Einsatz, und der Wagen stand auf schönen Campagnolo Alufelgen.

Ab 1965 gab es eine Serie Zwei mit längerer Nase und kleinerem Lufteinlaß. 1966 erschien der Vierernockenwellen 275 GTB/4 mit sechs Vergasern und Trockensumpf-Schmierung. Die Spitzengeschwindigkeit stieg von 241 km/h bis 265 km/h mit einer Beschleunigung von 0-100 in unter sieben Sekunden.

Außer dem 275 GTB gab es auch noch den GTS, eine offene, speziell für den amerikanischen Markt entwickelte Version. Er sah völlig anders aus als der GTB, seine schwerere Karosserie entstand bei Pininfarina.

Äußerst selten waren die neun NART Spider Versionen des GTB. Nachfolger des 275 wurde 1968 der 365 GTB/4 Daytona.

■ OBEN *Eine leichtgewichtige GTC Version des 275 mit einer Karosserie aus Aluminium.*

■ LINKS *Aufgrund der Transaxle Bauweise hatte der 275 ein hervorragend ausgewogenes Fahrverhalten.*

FERRARI 275 GTB AND GTB/4 (1964–68)

Motor	V-Zwölf
Hubraum	3286 ccm
Leistung	280-300 PS
Getriebe	5 Gang
Spitze	241-265 km/h
Stückzahl	200/280

■ RECHTS *Für jene, die das Fahren mit offenem Verdeck liebten, baute Pininfarina zusätzlich den 275GTS.*

FERRARI

■ OBEN *Der Dino GTS war wegen seines abnehmbaren „Targa“ Daches besonders im sonnigen Klima Kaliforniens beliebt.*

■ FERRARI DINO 206/246

Obwohl der 206/246 Dino niemals das Ferrarizeichen trug (Enzo versuchte ihn als eine separate Marke zu verkaufen), war er doch in jedem Gesichtspunkt ein echter Ferrari – abgesehen von der abweichenden Zahl der Zylindern. Ein Wagen, der 225 km/h lief, mit superbem Fahrverhalten und beeindruckend schön – einer von Pininfarinas besten Momenten. Und für viele war er der erste Schritt zum Besitz eines Ferraris.

Um den 206/246 Dino zu verstehen, musste man die Fiat Dinos kennen, die erste Frucht aus Ferraris Verbindung mit Fiat, und der erste Straßenwagen, der den Namen von Enzo Ferraris schmerzlich vermisstem Sohn und Nachfolger trug. Konventionell ausgeführt mit Frontmotor, Hinterradantrieb und in Monocoque-Bauweise kam er als Pininfarina Spider und als zurückhaltendes Bertone Coupé auf den Markt. Seinen Ursprung hatte er in den 1967er 1.6-Liter Formel 2 Rennregeln. Ferraris Dino V-Sechs Maschine aus den Mittfünfzigern war ideal für den Job,

FERRARI DINO 206/246 GT (1968–73)	
Motor	V-Sechs
Hubraum	1987/2418 ccm
Leistung	180–190 PS
Getriebe	5-Gang manuell
Spitze	225–238 km/h
Stückzahl	152 206GTs 2487/1274 GT/GTS

■ OBEN *Aus jedem Winkel betrachtet war Pininfarinas Dino ein atemberaubend schönes Auto.*

■ LINKS *Frühe Dino 206 hatten empfindlichere 2-Liter Maschinen, Leichtmetallkarosserie und Alufelgen.*

■ UNTEN *Das Styling des 206/246 Dino entwickelte sich aus einer Mittsechziger Serie von Pininfarinas Traumwagen.*

■ RECHTS ***Der Name Dino wird auch mit einer Familie von Rennwagen geteilt – hier der 246S von 1959. „Dino" bezieht sich korrekt auf die Rennmotoren, an denen Ferraris Sohn vor seinem Tod arbeitete.***

■ UNTEN ***Armaturenbrett, Sportlenker und Sitze waren mit Alacantra bezogen.***

aber die Regeln verlangten eine Serie von 50 produzierten Fahrzeugen. Ferrari hatte dafür nicht die Kapazitäten, während die Produktion von nur 500 Wagen für Fiat geradezu ein Witz war. Der Fiat Dino wurde angetrieben von Ferraris Viernockenwellen V-Sechs, erst als Leichtmetall 2-Liter Version, dann als 2.4-Liter Version mit eisernem Motorblock. So gelang es Ferrari die Maschine für F2 Rennen zu qualifizieren. Und für Fiat war dies so etwas wie eine Verlobungszeit vor der eigentlichen Hochzeit der zwei Firmen im Jahre 1969.

Der 2-Liter Dino 206 mit Leichtmetallkarosserie erschien 1968 mit 180 PS. Er wurde von der selben 65-Grad V-Sechs Maschine wie der Fiat Dino angetrieben.

Der große Unterschied bestand darin, dass diesmal die Maschine um 90 Grad gedreht und quer hinter der zweisitzigen Passagierkabine montiert war.

Er war so gut zu fahren wie er aussah, aber bald wurde angesichts der starken Konkurrenz durch Porsche klar, dass der 206 nicht genug Power hatte.

Der 246 mit 195 PS war Ferraris Antwort; nur knapp über 4000 des 206/246 wurden vor der Einführung des unattraktiveren Dino 308GT4 zwischen 1968 und 1973 hergestellt.

■ LINKS ***Der 246 wurde 1974 durch den häßlicheren 308GT4 mit V-Acht Maschine und zwei winzigen Rücksitzen ersetzt.***

■ UNTEN ***Das Ferrarizeichen auf dem Heck dieses Wagens ist ein Extra, zugefügt vom Besitzer: der 246 trug nur das Dinoemblem; er wurde als separate Linie vermarktet.***

FERRARI

■ LINKS *Der ultimative Daytona war das leichtgewichtige 365 Wettbewerbsmodell mit Leichtmetallkarosserie.*

■ FERRARI DAYTONA

Der Daytona 365GTB/4 war ein letzter, stolzer Versuch von Ferrari, sich im Wettbewerb der superschnellen Grand Tourer mit Frontmotor zu behaupten. Er wurde zu Ehren von Ferraris Erfolg beim gleichnamigen 24-Stunden-Rennen im amerikanischen Daytona benannt; 365 stand für das Volumen der einzelnen Zylinder, vier für die Anzahl der Nockenwellen.

Es ist merkwürdig sich vorzustellen, dass dieser sensationelle 12-Zylinder Supersportler bei seinem Erscheinen als Nachfolger des 275GTB/4 fast mit Enttäuschung aufgenommen wurde. Die Welt hatte einen Ferrari mit Mittelmotor erwartet, der den Lamborghini Miura herausfordern konnte. Aber was im Jahre 1968 vorgestellt wurde, war ein konventioneller Grand Tourer. Ein Coupe mit Frontmotor, klassischem Rahmen und einer ebenso eleganten wie muskulösen Stahlkarosserie aus der Feder Pininfarinas.

Frühere Modelle hatten mit Plexiglas abgedeckte Scheinwerfer, die meisten jedoch verwendeten die Klappversion, die dem Daytona den „wilden" Ausdruck gab. Mit 1601 kg Leergewicht zählte er zu den Schwergewichten, aber er hatte genug Kraft, um damit umzugehen: er erreichte spielend 280 km/h – immer noch deutlich aus der Reichweite des radikaleren Miura – und kam von 0-100 in 5,4 Sekunden. Im Rückwärtsgang brachte er es immerhin auf 112 km/h, wenn man es brauchte.

War die Maschine des Daytona auch nicht gerade das Neueste vom Neuen, so war sie doch keinesfalls technisch veraltet. Es war ein hervorragender 4.4-Liter V-Zwölf mit vier Nockenwellen und 352 PS bei 7500 U/min.Für bessere

■ OBEN *Der serienmäßige Daytona hatte ein gut ausgestattetes Interieur mit Ledersitzen, elektrischen Fensterhebern und einem superben Nardi Lenkrad.*

■ LINKS *Das meistgefragte aller straßentauglichen Modelle ist der Spider, von dem nur 165 produziert wurden.*

■ RECHTS *Nur fünf nach Wettbewerbsspezifikationen gebaute Daytona wurden hergestellt: mit bis zu 450 PS sind sie sensationelle Sportwagen.*

FERRARI DAYTONA 365 GTB/4 (1968–73)	
Motor	V-Zwölf
Hubraum	4390 ccm
Leistung	352 @ 7500 PS
Getriebe	5-Gang manuell
Spitze	280 km/h
Stückzahl	1426

Gewichtsverteilung und Straßenlage lief der Antrieb über eine hinten montierte Fünfganggetriebe/ Differential Transaxle-Einheit, während die Aufhängung rundum von klassischen Dreieckslenkern und Federn übernommen wurde.

Das Interieur war eher funktionell und bequem als luxeriös, obwohl elektrische Fensterheber und Lederbezüge für die schmalen Sitzen serienmäßig angeboten wurden. Es war natürlich die offene Straße, wo der – von seinen Gegnern als Lkw-ähnlich bezeichnete – 365 GTB/4 wirklich glänzte: die Lenkung wurde leichter, die Federung fühlte sich weicher an, und der Wagen flog geradezu über den Asphalt. Viele Jahre lang war er der schnellste Straßenwagen der Welt. Als sich diese Nachricht verbreitete, wurde der Daytona mit 1426 bis zu seiner Einstellung im Jahre 1973 produzierten Wagen einer der meistverkauften großen Ferraris.

■ GANZ LINKS *Das serienmäßige Daytona Coupé war überraschend erfolgreich; in weniger als fünf Jahren wurden 1426 hergestellt.*

■ LINKS *Frühe Daytonas hatten Scheinwerferabdeckungen aus Plexiglas, aber die Schlafaugenversion war viel eleganter.*

■ OBEN *Das Profil inspirierte auch Rover beim Entwurf der 1976er SD1 Limousine. Heute ist der Daytona einer der begehrtesten Ferrari.*

■ RECHTS *Der Leichtmetall Ferrari V-Zwölf hatte vier obenliegende Nockenwellen, 4,4 Liter und 352 PS.*

FIAT

■ UNTEN *Fiat baute in 20 Jahren mehr als vier Millionen der kleinen Flitzer; auch der Durchschnittsitaliener konnte sich mit dem 500er endlich ein Auto leisten.*

■ FIAT 500

Heute ist der kleine Fiat 500 ein trendiges Kultauto – seine rundliche, eiförmige Karosserie und Winzigkeit machten ihn beliebt bei Millionen. Er war nicht als Witz gemeint, als er 1957 vorgestellt wurde: konstruiert als praktisches Transportmittel für die Massen, half er den Italienern während der 60er sozusagen auf die Räder und brachte mehrere Varianten hervor. Mehr als vier Millionen wurden während der 20jährigen Produktionszeit gebaut.

Die Autos waren minimalistische Viersitzer mit Kart-ähnlichem Fahrverhalten, angetrieben von einem luftgekühlten 479 ccm Heckmotor, der später auf 499 ccm mit 18 PS vergrößert wurde. Freilich war das kaum atemberaubend – aber der 500 lief seine 88 km/h mit dem ökonomischen Benzinverbrauch eines Geizhalses. Die frühen, schlechter gebauten Modelle hatten so genannte „Selbstmörder"-Türen, die sich nach hinten öffneten. Dazu gab es ein Sonnendach, das sich über die gesamte Länge erstreckte. Die 500er, die nach 1965 auf den Markt kamen, hatten konventionelle Türaufhängungen, behielten aber die Trommelbremsen und

■ OBEN *Frühere Modelle hatten hinten aufgehängte „Selbstmörder"-Türen, dieser hier ist ein 65er Modell mit konventionellem Arrangement.*

■ LINKS *Die winzigen Proportionen des 500 sprechen auch heutige Käufer immer noch an. Alle Wagen hatten ein Sonnendach.*

■ RECHTS *Der Giardiniera war eine nützliche Kombivariante, die die Limousine um zwei Jahre überlebte.*

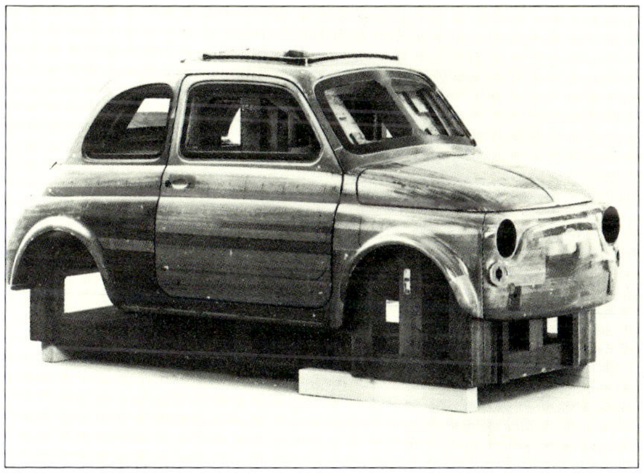

■ OBEN *Wie wär's mit einem ultimativen 500er Sammlerzubehör: Die Holzformen für den 500er befinden sich immer noch in Fiats Besitz.*

das raue, nicht synchronisierte Getriebe bei. Die 1968er 500L Version war ausgestattet mit verstellbaren Sitzen und Teppich und bot Käufern eine Alternative zum kargen Basismodell. Der 500R war das letzte Modell der Linie, verwendete die Maschine und die Bodengruppe des Fiat 126.

Ab 1960 gab es eine Kombiversion namens Giardiniera, die erstaunlich viel Laderaum bot. Dieses später Autobianchi genannte Modell überlebte das Standardmodell um zwei Jahre.

■ UNTEN *Der Jolly war ein Spaßmodell im Vignalestil, das von 500er Sammlern heute hoch gehandelt wird.*

■ OBEN *Der 500L aus dem Jahre 1968 hatte eine üppigere Innenausstattung mit Teppich und verstellbaren Sitzen.*

FIAT 500 (1957–77)	
Motor	2-Zylinder
Hubraum	499 ccm
Leistung	18 PS
Getriebe	4-Gang manuell
Spitze	96 km/h
Stückzahl	3427648 Limousinen 327000 Giardinieras

FIAT

■ FIAT 850 COUPÉ

Die Sportversionen vom 850, erschienen ein Jahr nach der Vorstellung der Limousine im Jahre 1965. Bertone designte einen hübschen, zweisitzigen Spider, während Fiats eigene Designabteilung ein 4sitziges Coupé mit Fließheck entwarf. Die Rücksitze waren nutzlos, der Gepäckraum im Vorderteil knapp, aber das hielt die Leute nicht davon ab, den 850er in großer Zahl zu kaufen.

■ OBEN *Das 850 Coupé wurde direkt im Hause Fiat entworfen.*

■ OBEN *Das sportliche Holzlenkrad und ein überstehendes Instrumentengehäuse gaben dem 850 ein Gefühl von Mini-Ferrari.*

■ OBEN *Das sanftere Frontdesign zeigt, dass es sich um einen Serie 2 Wagen mit der größeren 903 ccm Maschine handelt.*

FIAT 850 COUPÉ	
Motor	4-Zylinder
Hubraum	843/903 ccm
Leistung	45-52 PS
Getriebe	4-Gang manuell
Spitze	146 km/h
Stückzahl	380000

Mit nur etwas mehr Leistung als die Limousine erreichte das Coupé eine Höchstgeschwindigkeit von 145 km/h. Und trotz der etwas überhängenden Position des fleißigen, kleinen, wassergekühlten Stößelstangen-Heckmotors ließ sich der Wagen hervorragend fahren. Die Lenkung war leicht, die Bremsen reagierten schnell (vordere Scheibenbremsen). Niedriger Benzinverbrauch war ein weiterer Pluspunkt.

Der Genfer Automobilsalon erlebte 1968 die Vorstellung eines überarbeiteten Coupés mit einer größeren 903 ccm Maschine, dessen Höchstgeschwindigkeit 152 km/h betrug. Es gab dazu noch geringe Veränderungen im Design. In dieser Form hielt sich der Wagen bis 1971, als 380000 Modelle vom Fließband gelaufen waren.

■ RECHTS *Nur die Schlitze in der Heckklappe verrieten, das der 850 mit Hintermotor lief.*

■ GANZ RECHTS *Obwohl ursprünglich 380000 der 850 Coupés gebaut wurden, sind heute die meisten dem Rost erlegen.*

■ FIAT 124 SPIDER

Mit einer Produktionszeit von über 20 Jahren ist der Spider wohl einer der erfolgreichsten italienische Wagen aller Zeiten. Er verdiente den Erfolg, denn er bot viel mehr als nur ein schönes Gesicht. Mit einer riemengetriebenen

■ OBEN *Der 124 Spider in seiner späten Form war hochgelegt und hatte üppige Stoßstangen.*

■ GANZ LINKS *Das Interieur war im Vergleich zu dem seiner Konkurrenten üppig; die Motorhaube ließ sich einhändig öffnen und schließen.*

■ LINKS *Abarth produzierte eine Handvoll speziell getunter 124er, um für das Modell die Rennzulassung zu erhalten.*

Doppelnockenwellen-Maschine unter der Haube war er ein temperamentvoller Wagen, dem seine gute Hinterrad-Aufhängung mit Schraubenfeder sowie Scheibenbremsen rundum ein Fahrverhalten gaben, das weitaus besser war als das seiner britischen Konkurrenz. Die gutaussehende Karosserie stammte von niemand geringerem als Pininfarina. Sie war von anhaltender Anziehungskraft – trotz der häßlichen Stoßstangen, die für den nordamerikanischen Markt, dem größten Abnehmer des Modells Mitte der 70er, montiert wurden.

Fünfganggetriebe gab es zunächst auf Wunsch, später serienmäßig. In späteren Modellen gab es sogar automatische Getriebe.

Die Größe der Maschine wuchs über die Jahre, erst auf 1608 ccm im Jahre 1969, drei Jahre später dann auf 1756 ccm. Eine 2-Liter Maschine gehörte ab 1979 zum Standard, als Fiat versuchte sich gegen immer strenger werdende Abgasgesetze zu behaupten. Die Produktion endete im Jahre 1985, spätere Varianten liefen unter dem Namen Pininfarina.

FIAT 124 SPIDER (1966–85)	
Motor	In-line Vier
Hubraum	1438/1608/ 1756/1995 ccm
Leistung	90–135bhp
Getriebe	4/5-Gang manuell 3-Gang Automatik
Spitze	164–193 km/h
Stückzahl	198000

■ OBEN *Ein speziell getunter 124. Beachten Sie Felgen und Hard Top.*

■ LINKS *Der Spider Abarth war erfolgreich in internationalen Rallyes. Sein größter Erfolg waren zweite und dritte Plätze in der Rallye Monte Carlo.*

FIAT

FIAT 130 COUPÉ

Fiats ungeliebte, unschöne 130 Limousine aus den späten 60ern war ein weitaus besseres Auto, als es ihm die Öffentlichkeit zugestehen wollte. Es verbarg feine Technik unter seiner eckigen Karosserie. Ironischerweise gingen aus ihm einer der bestaussehendsten Wagen der 70er hervor – das von Pininfarina designte 130 Coupé aus dem Jahre 1971. Perfekt proportioniert und aus jedem Blickwinkel außerordentlich elegant, setzte es sich dadurch, dass es reichlich Platz für vier Passagiere bot, klar von den meisten Luxuscoupés

LINKS ***Einfachheit und Verzicht auf schmückendes Beiwerk waren der Schlüssel zum Erfolg. Auch heute sehen nur wenige große Wagen so gut aus.***

UNTEN ***Der originale Prototyp. Die Produktion des Coupés lief von 1971 bis 1977.***

FIAT 130 COUPÉ (1971–77)	
Motor	V-Sechs
Hubraum	3235 ccm
Leistung	165 PS
Getriebe	5-Gang manuell 3-Gang Automatik
Spitze	185–189 km/h
Stückzahl	4491

seiner Tage ab. Nur wenige Coupés waren vergleichbar luxeriös ausgestattet. Es gab üppige Veloursitze, furnierte Türabdeckungen und eine umfassende Serienausstattung mit elektrischen Fensterhebern, Zweiklanghupe und elektrischer Antenne.

Mechanisch gesehen war das Coupe identisch mit der Limousine, die 6-Zylindermaschine war zuvor von 2,8 auf 3,2 Liter vergrößert worden. Die Leistung lag immer noch bei 165 PS, aber das Drehmoment ging enorm in die Höhe. So dass sich der schwere 130 auf der Strasse schneller anfühlte, als er tatsächlich war. Die meisten hatten ein Borg Warner Automatikgetriebe, obwohl

■ LINKS *Pininfarina beurteilt das 130 Coupé immer noch als eines der besten Designs, das jemals seinen Namen trug.*

■ UNTEN *Mehr als alles andere führte das geringe Prestige des Fiatemblems zu niedrigen Verkaufszahlen.*

man auf Wunsch auch ein manuelles Fünfgang-Getriebe erhalten konnte. Diese Wagen hatten eine anspruchsvolle, Einzelrad-Aufhängung und standen in Punkto Straßenlage und Fahrverhalten den Weltklasse-Luxuswagen in nichts nach. Servolenkung war serienmäßig.

Es war der Name Fiat, der dem 130 Coupé ein Ende bereitete: In einer von BMW und Mercedes dominierten Klasse kam es auf das Prestige an.

■ OBEN *Der Stil des 130 beeinflusste das Lancia Gamma Coupé und den Rolls-Royce Camargue.*

■ LINKS *Das Interieur war üppig, mit Veloursitzen, elektrischen Fensterhebern und viel Raum, auch hinten.*

■ OBEN *Der 130 lag Kopf an Kopf im Rennen mit dem 3.0 CS Coupé von BMW und dem Citroen SM.*

■ RECHTS *Der 130 war der teuerste und größte Wagen im Fiatprogramm; nie wieder hat die Firma vergleichbares produziert.*

FORD

■ OBEN *Ein Treffen der MKI und MKII Zephyrs und Zodiacs, den ersten Nachkriegs-Fords.*

■ FORD CONSUL/ ZEPHYR/ZODIAC MK I/II

Der 1950er Consul war der erste moderne Nachkriegswagen aus Dagenham. Er war mit einer ganzen Reihe neuer Technologien ausgestattet, die Ford auf einen Schlag noch vorne brachten.

Das separate Chassis war verschwunden, stattdessen gab es zum ersten Mal eine selbsttragende Konstruktion, die für eine leichtere, stabilere Struktur sorgte. An der Vorderradaufhängung wurden MacPherson Federbeine eingesetzt – die Bremsen waren endlich vollhydraulisch. Obenliegende Ventile bei der 1508 ccm 4-Zylindermaschine sorgten für mehr Leistung. Aber es dauerte bis 1951, dass der 2262 ccm 6-Zylinder Zephyr die dringend benötigte Leistungsspritze erhielt. Es gab eine Cabrioversion von Carbodies mit elektrischem Verdeck, einen Kombi mit Abbott Karosserie und ab 1954 das Top-Modell Zodiac mit schicker Zweitonlackierung, Weißwandreifen und Nebelscheinwerfern.

Die Wagen wurden begeistert aufgenommen und verkauften sich gut. Aber Ford ruhte sich nicht auf den Lorbeeren aus: die MKII Consul, Zephyr und Zodiac erschienen 1956 mit neuem Design und stärkeren 4- und 6-Zylindern mit 1703 und 2553 ccm. Der Zephyr/Zodiac schaffte nun über 145 km/h, der Consul kam auf 128 km/h. Wieder gab es ein Carbodies Cabrio – protzig und heute heiss begehrt – sowie einen selteneren Abbott Kombiwagen. Ab 1959 gab es eine schnittige MKII Version mit niedrigerer Dachlinie – als Optionen gab es Scheibenbremsen vorne, Borg Warner Automatikgetriebe und Overdrive. 1962 folgte dann der MKIII.

■ LINKS *Der 145 km/h schnelle Zephyr MKII ist einer der heißbegehrtesten.*

FORD CONSUL/ZEPHYR/ZODIAC (1950–62)

Motor	In-line 4 und 6-Zylinder
Hubraum	1508, 1703, 2262, 2553 ccm
Leistung	48–87 PS
Getriebe	3/4-Gang manuell 3-Gang Automatik
Spitze	120–145 km/h
Stückzahl	406792/682400

■ GANZ LINKS *Der MKI Zephyr war ein 6-Zylinderwagen der Spitzenklasse, hier in Zweitonlackierung mit Weißwandreifen.*

■ LINKS *Anzeige für die neuen MKII-Modelle von 1956*

■ OBEN *Der Zepyhr MKIII wurde berühmt durch die Fernsehserie „Z Cars".*

■ RECHTS *Frühe Lotus Cortinas gab es nur in Cremeweiß mit grünen Seitenstreifen.*

■ FORD LOTUS CORTINA

Der 1963er Lotus Cortina war das Produkt einer Übereinkunft zwischen Colin Chapman und Ford – gemeinsam sollte ein Renn- und Rallyegewinner produziert werden. Ford wollte seiner eigenen Familienlimousine zu sportlicherem Image verhelfen, während Lotus einen Einstieg in die Massenproduktion und einen weiteren Markt für die Doppelnockenwellen Maschine auf Ford-Basis suchte. Ford stellte Lotus die zweitürige Cortina Karosserie – mit Vorderradaufhängung – zur Verfügung. Lotus installierte den eigenen 105 PS Doppelnockenwellen Motor, 4-Ganggetriebe und eine spezielle Hinterradaufhängung , unter anderem mit Schraubenfedern. Alle MkI Lotus Cortinas waren tiefergelegt, hatten breitere Reifen und Scheibenbremsen vorne. Außerdem waren sie cremefarben lackiert, hatten grüne Seitenstreifen, geteilte vordere Stoßstangen und einen mattschwarzen Kühlergrill. Der leichte, kraftvolle Lotus Cortina gewann sofort die ersten Tourenwagenrennen, wurde auch von Grand Prix As Jim Clark gefahren. Seine Rallyekarriere wurde ursprünglich durch die unzuverlässige Hinterradaufhängung gebremst – 1966 gab es dann eine Änderung. Nur 3301 Modelle wurden hergestellt.

LOTUS CORTINA (1963–70)

Motor	In-line Vier
Hubraum	1558 ccm
Leistung	105–109 PS
Getriebe	4-Gang manuell
Spitze	168–172 km/h
Stückzahl	3301/4032

■ RECHTS *Die MkII Version wirkte gewöhnlicher, hatte aber viel mehr Kraft und war etwas schneller.*

■ GANZ RECHTS *Die MkII Doppelnockenwellen Maschine hatte 109 PS, der Wagen lief bis zu 171 km/h.*

■ RECHTS *MkII Interieurs ähnelten den serienmäßigen Ausführungen, boten aber mehr als die MkI.*

■ LINKS *Den Doppelnockenwellen Motor fand man hauptsächlich in Lotus Elan Sportwagen.*

Der MkII aus dem Jahre 1967 hatte eine völlig neue Karosserie, ansonsten glich er dem MkI. Die Leistung stieg auf 109 PS, und man konnte jetzt auch andere Farben als die creme-grüne Lackierung wählen. Der MkII war etwas schneller als der MkI, aber hielt nicht ganz, was er versprach.

Ford entfernte das Lotusemblem nach sieben Monaten und nannte den Wagen nun Cortina Twin Cam. Die Produktion wurde 1970 eingestellt.

FORD

■ FORD ESCORT RS

Im Großbritannien der 70er Jahre war es der Traum eines jeden jungen Mannes, einen schnellen Ford Escort zu besitzen – heißblütige Limousinen, die auf Fords Familienwagen basierten.

Abgesehen von den exotischen Lotus und Twin Cam Modellen , begann die Massenproduktion der „heißen" Escort-Generation wirklich mit dem Mexico (benannt nach Fords Sieg bei der London-Mexiko Rallye) und mit den RS2000 Modellen von 1970 und 1973.

■ OBEN *MkI und MKII Escorts waren während der gesamten 70er bewundernswerte Rallyefahrzeuge.*

■ OBEN *RS Escorts hatten mehr Instrumente im Armaturenbrett, ein Sportlenkrad sowie spezielle Schalensitze.*

■ OBEN *Viele RS Escort Besitzer entfernten die Stoßstangen, um dem Wagen ein noch aggressiveres Aussehen zu geben.*

■ OBEN *Ein RS2000 MkII in einer Reihe mit einem MkI RS und einem Mexico.*

Es waren kräftige, rauhe Wagen mit ruppigem Heckantriebs-Handling sowie typischer Optik mit geteilten Stoßstangen und auffälligen Zierstreifen. In ihren Tagen liefen sie mehr als 160 km/h, und ihre enorme Anziehungskraft war auch eine Folge der endlosen Rallyeerfolge, die Ford mit diesem Modell hatte.

Technisch gesehen waren die Autos recht einfach; an der Vorderachse gab es MacPherson Federbeine und Scheibenbremsen, hinten kamen Blattfedern zum Einsatz. Die selbsttragende Stahlkarosserie wurde bei einigen Modellen verstärkt, um die zusätzliche Leistung aushalten zu können.

Der auf den MkII Escort basierende RS2000 aus dem Jahre 1975 führte

FORD ESCORT RS (1968–80)	
Motor	In-line Vier
Hubraum	1993 ccm
Leistung	86–110 PS
Getriebe	4-Gang manuell
Spitze	165–180 km/h
Stückzahl	unbekannt

■ OBEN *Eine relativ leichte Karosserie sowie jede Menge Kraft und Beweglichkeit gaben dem Escort seine Wettbewerbsstärke.*

dieses Konzept noch einen Schritt weiter; sein abgeschrägtes Frontgrill bestand aus einem aufgesetzten Stück Kunststoff und reduzierte angeblich den Luftwider-stand um 16 Prozent.

Mit 100 PS war der RS2000 schneller als je zuvor, und besonders auf kurvigen Strecken war es ein Vergnügen ihn zu fahren. Die Bestellbücher liefen über;

■ OBEN *Der RS 1800 in Action: hier ein für Rennen zugelassenes Spezialmodell mit Doppelnockenwellen Motor und Allrad-scheibenbremsen: viele wurden von ihren Besitzern gefahren.*

■ LINKS *Die abgerundete MkI Karosserie mit dem knochenförmigen Grill reizt die Sammler mehr...*

■ UNTEN *...als der eckige MKII, der 1975 auf den Markt kam. Hier ein RS1600 MkII.*

das Interesse wurde zweifellos geschürt durch sein regelmäßiges Erscheinen in der britischen Fernsehserie *The Professionals*.

Ford vergrößerte seine Profite sogar noch weiter durch so genannte X-Pack Optionen für junge Rennfahrer, die noch ein bißchen schneller fahren wollten.

Die MkII Escorts wurden 1980 durch eine neues Modell mit Frontantrieb ersetzt. Die Rolle des sportlichen Flaggschiffs wurde vom XR3 übernommen, dessen Image gleichermaßen das eines Rennwagens für wilde Jungs war.

FORD

■ FORD MUSTANG

Der Ford Mustang schrieb eine der größten amerikanischen Erfolgsgeschichten. Er war ein sportlicher Kompaktwagen mit jugendlichem Erscheinungsbild, das perfekt den Geist der Zeit widerspiegelte, als er 1964 auf den Markt kam. In die Geschichte ging er auch als eines der schnellstverkauften Autos aller Zeiten ein: 418000 im ersten Jahr, bis 1966 mehr als eine Million.

Es gab so viel Aufregung um den Mustang, als er 1964 auf der New York World Fair vorgestellt wurde, dass die ersten Wagen gegen Höchstgebot versteigert wurden. Ein Käufer schlief über Nacht in seinem Wagen, um sicher zu stellen, dass er nicht überboten wurde, bis sein Scheck am nächsten Morgen von der Bank bestätigt wurde. Der Mustang entsprang dem genialen Geist des jungen Ford-Managers Lee Iacocca und basierte auf der Bodengruppe der Budget Falcon Serie – mit Schraubenfedern

FORD MUSTANG (1964–73)	
Motor	6-Zylinder und V-Acht
Hubraum	2788–6997 ccm
Leistung	101–390 PS
Getriebe	3/4-Gang manuell 3-Gang Automatik
Spitze	145–209 km/h
Stückzahl	2204038

■ OBEN LINKS *Nach den 60ern wurden die Mustangs größer und häßlicher, obwohl Spitzenmodelle wie dieser Boss 351 immer noch blitzschnell waren.*

■ OBEN RECHTS *Am schlimmsten war das leistungsschwache Grande Modell mit seinem häßlichen Vinyldach.*

■ OBEN *Die ersten Mustangs waren die besten: die Originalform von 1964 hat schöne Details und ist nach amerikanischen Maßstäben nicht zu groß.*

■ RECHTS *Das Ford Mustang Cabrio.*

■ OBEN *Der Versuch, europäischen Sportwagen durch ein mit Instrumenten vollgepacktes Armaturenbrett nachzueifern.*

■ RECHTS *Caroll Shelby baute eine getunte Version des Fließheck Mustang, genannt GT350, die höchsten Sammlerwert hat.*

und Querlenkern vorn sowie einer an Blattfedern aufgehängten Starrachse hinten. Sein knackiges, pseudoeuropäisches Design kam als Stufenheck, Fließheck oder Cabrio. Der Käufer konnte aus einer Vielzahl von Extras wählen, die ihm erlaubten, den Wagen ganz auf seine persönlichen Bedürfnisse zuzuschneiden. Poseure konnten sich für den schwächlichen 6-Zylinder entscheiden, Enthusiasten hatten die Wahl zwischen verschiedenen V-Acht Motoren, deren Leistung von 195 bis 390 PS reichte. Es gab bequeme Automatikgetriebe, schnelle Schalt-Getriebe, Sportpakete, vordere Scheibenbremsen und zahlloses weiteres Zubehör.

Als ultimativen Muskel-Mustang bot Carroll Shelby einen offiziell abgesegneten Straßenrenner an, der auf dem Fließheck Modell basierte – der GT350 wurde zur Legende als wahres Muscle Car mit bis zu 425 PS.

Die schöne Grundform blieb bis 1968 fast unverändert erhalten, als die Konkurrenz ihre eigenen „Pony Cars" vorzubereiten begann.

Die längeren, klotzigeren Mustangs aus dem Jahre 1969 markierten den Anfang vom Ende – das gilt besonders für den häßliche Grande mit Vinyldach. Und im Jahr 1971 war aus dem einstmals geschmeidigen Mustang ein rundlicher Gaul geworden, obwohl Spitzenmodelle wie der Mach 1 und der Boss zumindest immer noch schnell waren.

Der Mustang erreichte seinen Tiefpunkt mit dem 73er Modell Mustang II – einem ökonomischen Kleinwagen, der unter dem Einfluss der Ölkrise herausgebracht wurde.

■ LINKS *Das Fließheckmodell ist der schönste der Mustangs. Ein GT350 wie dieser brachte es spielend auf 209 km/h, während die sanfteren der 6-Zylinder Wagen lediglich auf 115 km/h kamen.*

FORD

■ UNTEN *Der Thunderbird war Fords Antwort auf die Chevrolet Corvette: er war schneller, aber kein Sportwagen.*

■ FORD THUNDERBIRD

Gedacht als Antwiort auf die Corvette von Chevrolet, war der ursprüngliche Ford Thunderbird einer der Styling-Höhepunkte im Amerika der 50er. Er setze sich klar von den Horden schwerfälliger Wagen ab, die sich Amerikas Straßen entlang schleppten. Ford schuf einen sportlichen Zweisitzer mit Persönlichkeit, der simple, elegante Linien, dezente Heckflossen und zurückhaltende Stoßstangen sein eigen nannte, nur wenig schmückendes Chrombeiwerk hatte, aber noch die klassische, lange Nase und ein ausladendes Heck besaß.

Im europäischen Sinne handelte es sich beim Thunderbird nicht um einen Sportwagen – er war eher ein frischer Luxustourenwagen. Das Image stimmte, und der Ford gewann gegenüber der zeitgenössischen Corvette – die er an Verkaufszahlen weit übertraf – nicht zuletzt aufgrund der V-Acht Maschine, die sich unter seiner Motorhaube verbarg. Mit 200 PS aus einer Mercury 4,8-Liter Maschine brachte es der Thunderbird bis auf 183 km/h und kam in unter 10 Sekunden von 0-100 – viel schneller als ein Aston Martin jener Tage. 1957 wuchs die Maschine auf 5,1-Liter und 212 PS. Kurven waren wegen der weichen Federung und der Lenkung eine andere Geschichte. Obwohl er im Vergleich zu den Durchnittswagen aus Detroit immer noch verhältnismäßig beweglich war.

Es gab den Thunderbird mit Automatikgetriebe oder als Modell mit manueller Dreigangschaltung und Overdrive. Es gab ein automatisches Verdeck oder auf Wunsch ein Hard Top, während

■ LINKS *Nach 1957 erhielt die bis dahin klare Form größere Heckflossen. Der „Continental" Ersatzreifen war ein Extra.*

■ UNTEN *Das Armaturenbrett war mit überladenen Details und schlechter Ergonomik typisch für die 50er. Servolenkung und Automatikgetriebe gab es serienmäßig.*

■ GANZ OBEN *In Amerika haben die frühen Thunderbirds eine treue Fangemeinde.*

■ OBEN *Das zigarrenförmige, saubere Profil des 1960er Thunderbirds: aber die Wagen waren viel größer geworden.*

FORD THUNDERBIRD (1955–57)

Motor	V-Acht
Hubraum	4785–5113 ccm
Leistung	193–212 PS
Getriebe	3-Gang manuell 3-Gang Automatik
Spitze	177–193 km/h
Stückzahl	53166

■ OBEN *Bei den ersten Wagen, die nur als Zweisitzer angeboten wurden, waren die Flossen zurückhaltend.*

■ LINKS *Obwohl der Thunderbird kein Sportwagen war, war er doch schnell; mit der großen 212 PS 5,1-Liter V-Acht Maschine lief er 193 km.*

■ UNTEN *Mit Beginn der 70er war der Thunderbird nur noch einer von vielen amerikanischen Wagen, ähnlich vielen zeitgenössischen Limousinen.*

der 56er außerdem den „Continental" Reservereifen bot. Kühlergrill und Flossen wurden 1957 größer.

1958 stellte Ford einen völlig neuen, häßlichen Thunderbird vor. Erst in den frühen 60ern gewann die Linie etwas von ihrem jugendlichen Aussehen wieder.

FORD

■ LINKS *MkI und MkIII Capris im Vergleich: der MkIII hatte eine Heckklappe und klarere Linien, aber mechanisch gesehen waren sie praktisch identisch.*

■ FORD CAPRI

Der Ford Capri aus dem Jahre 1969 war die europäische Version des überaus erfolgreichen Ford Mustang. Er wurde als Viersitzer mit schier endlosen Kombinationsmöglichkeiten bei Maschine und Ausstattung angeboten. Gebaut wurde der Capri in Westdeutschland und Großbritannien. Die Serie begann mit einem einfachen 1,3-Liter Reihen-4-Zylinder, wie man ihn auch im Escort fand. In Großbritannien gab es Modelle mit 1.6 und 2.0-Liter V4-Motor bis zum 3-Liter V6. Es gab so viele Möglichkeiten an verschiedenen Ausstattungen, dass die Auswahl schwer fiel: der L war das Sparmodell, der XL die Mittelklasse. Der GT und der luxuriöse GXL waren die Top-Modelle. Karosserie und Blattfederaufhängung mit Starrachse waren bei allen gleich. Es gab verschiedene Typen mit manuellem Vierganggetriebe und die Wagen mit größerer Maschine kamen auf Wunsch mit Automatik. Alle hatten vordere Scheibenbremsen, hinten wurden Trommelbremsen verwendet. Servo-Lenkung gab es in einigen der 3-Liter Modelle.

Alle vom 1.6 GT an aufwärts liefen 160 km/h, das schnellste 3-Liter Modell kam auf 189 km/h. Die begehrenswertesten der Capris der ersten Serie waren die RS 2600 und die 3100er. Der in Deutschland gebaute RS2600 mit seinem von Harry Weslake verbesserten

FORD CAPRI (1969–86)	
Motor	In-line Vier, V-Vier, V-Sechs
Hubraum	1297–2994 ccm
Leistung	61–160 PS
Getriebe	4/5-Gang manuell 3-Gang Automatik
Spitze	138–209 km/h
Stückzahl	1172900 MkI/403612 MkII/ 324045 MkIII

■ LINKS *Die RS2600 und 3100 waren in kleiner Auflage für die Rennzulassung gebaute Sondermodelle mit mehr Leistung.*

■ OBEN *Der Capri II aus dem Jahre 1973 hatte mechanisch gesehen viel mit dem Ford Escort gemein.*

■ RECHTS *Frühe Capris wie dieser sind heute äußerst selten. Es handelt sich um das Spitzenmodell, den 3.0 GT.*

■ LINKS *Der Capri stellte einen optimalen Rennwagen dar. Hier zwei Capri III Kopf an Kopf in Silverstone.*

■ RECHTS *Möglicherweise der beste aller Capris war der 280 Brooklands, ein Sondermodell mit Ledersitzen und grüner Sonderlackierung.*

■ LINKS *Der 2.8 Einspritzer lief 209 km/h und hatte verbesserte Aufhängung und Fünfganggetriebe.*

V-Sechs Einspritzer war ein heißes, 150 PS starkes Sondermodell für die Rennzulassung. Der 3100 folgte im Jahre 1973, er bildetet die Basis für Renn-Capris mit bis zu 400 PS.

Die in Großbritannien produzierten Straßenmodelle liefen mit Weber Vergaser und einer Version der V-Sechs Maschine, die immer noch beachtliche 148 PS leistete. Diese seltenen und begehrten Capris sind zu erkennen an den breiten Alufelgen, sportlichen Stoßstangen und – beim 3100er – Entenschwanzspoilern.

Der 1974er Capri II wurde mittels Heckklappe aktualisiert. Vier Jahre später kam der Capri III mit anderen Scheinwerfern und Verbesserungen im Detail. Er lebte bis 1986, als die letzten Exemplare der so genannten 280 Brooklands Limited Edition von deutschen Fließbändern rollte.

ANDERE MARKEN

■ FAIRTHORPE

Der ursprüngliche Versuch von Donal „Pathfinder“ Bennett einen Wagen für die Massen zu schaffen, bereitete den Weg zur Herstellung von Sportwagen. Diese Wagen – der Electron, der Electrina, der Zeta und zuletzt der TX-S/TX-SS – waren stets an der Grenze, und in den späten 70ern musste die Firma ihre Tore schließen.

■ FALCON

Falcon Shells wurde 1957 in Großbritannien gegründet mit dem Ziel GFK Karosserien für Sondermodelle auf Ford-Basis herzustellen. Etwa 2000 wurden gebaut. Das einzige vollständige Auto, das die Firma tatsächlich baute, war der 515, ein gutaussehendes Coupé mit einer Ford Maschine auf einem Rohr-Chassis. Nur 25 dieser Wagen wurden gebaut.

■ FRAZER NASH

Frazer Nash Autos, die in den 20ern und frühen 30ern produziert wurden, waren schnelle, mit Kette angetriebene Wagen. Doch nach 1936 waren praktisch alle Automobile in den Showräumen der Firma BMWs mit Frazer Nash Emblem. Nach 1945 waren die Frazer Nash Sportwagen modern und gut entwickelt.
Ihr bekanntester Nachkriegswagen war der Le Mans, von dem nur 34 hergestellt wurden.

Gordon Keeble

■ GORDON KEEBLE

Preiswerte amerikanische V-Acht-Power, kombiniert mit italienischem Styling und britischem Knowhow im Chassisbau : die Idee des Gordon Keeble hörte sich an – und sollte es auch sein – wie das optimale Rezept für kommerziellen Erfolg.

Er erschien zuerst im Jahre 1960 als Prototyp Gordon GT (inspiriert vom Peerless mit Corvette-Motor von Jim Keeble und John Gordon), ging aber erst ab 1964 unter dem neuen Namen GK1 zögernd in Produktion. Ausgerüstet mit der 300 PS Maschine aus der Chevrolet

GORDON KEEBLE (1964–66)	
Motor	V-Acht
Hubraum	5395 ccm
Leistung	300 PS
Getriebe	4-Gang manuell
Spitze	217 km/h
Stückzahl	99

■ OBEN *Der Gordon Keeble, gestylt von Bertone, wurde in Großbritannien hergestellt; er war einer der schnellsten Viersitzer seiner Tage.*

■ UNTEN *Der Prototyp mit der ursprünglichen Stahlkarosserie bei seinem Debut auf einer Autoschau 1960.*

■ UNTEN *Gordon Keeble Chef George Wansborough überreicht einen neuen GK an einen glücklichen Käufer. Zu dieser Zeit hatte die Firma bereits Probleme.*

■ OBEN *Das Armaturenbrett schien direkt aus einem Düsenjet zu stammen – die Instrumente wurden mit Kippschalter bedient.*

■ LINKS *Nur 99 Gordon Keebles wurden gebaut, aber aufgrund der nicht rostenden GFK Karosserie überlebten die meisten bis heute. Das Styling ähnelt Bertones Alfa 2600 Sprint aus der selben Periode.*

Corvette war der Gordon Keeble mit seiner GFK Karosserie – der Prototyp war noch aus Stahl – überwältigend schnell. Er kam im ersten Gang auf 112 km/h und erreichte 225 km/h im vierten. Tatsächlich hatte der Motor so viel Drehmoment, dass das Getriebe fasr überflüssig war. Auch das Fahrverhalten war ausgezeichnet; der Wagen hatte hinten eine De Dion Achse und ein komplexes so genanntes Space-Frame-Chassis mit quadratischen Unterteilungen, das für gute Bodenhaftung, Balance und Fahrverhalten sorgte. Allerdings hatte die Lenkung viel Spiel. Die einfache, zurückhaltende Form des viersitzigen Coupés mit seinen elegant zulaufenden Doppelscheinwerfern war das Werk des 21jährigen Giugiaro. Er war seinerzeit Chefdesigner bei Bertone und wechselte später zu Ghia, bevor er in den späten 60ern sein eigenes Designstudio eröffnete.

1965 waren erst 80 Wagen gebaut worden, als die Firma mit finanziellen Problemen zu kämpfen hatte. Der Erfolg blieb aus, da Gordon Keeble nicht in der Lage war, schnell genug zu produzieren. Unter neuem Management wurden noch 19 Wagen hergestellt, doch 1966 schloß das Werk.

ANDERE MARKEN

■ GILBERN

Gilbern wurde 1959 in Wales von Giles Smith und Bernard Driese gegründet; sie stellten bis 1973 eine Reihe von hervorragendem Sportwagenteilen her. Die Firma unternahm dann erfolgreich den Schritt von der Bausatzherstellung zur Produktion kompletter Wagen. Hierzu gehörten der Genie und der Invader mit Ford V-Sechs Antrieb. Genie und Invader wurden auch als Bausätze verkauft, ein Trick, um die Steuer zu umgehen.

■ GINETTA

Vier britische Brüder, Bob, Ivor, Trevor und Douglas Walklett, bauten ihren ersten serienmäßigen Wagen, den G2, im Jahre 1958. Bis 1968 nahmen die Fahrzeuge bemerkenswert erfolgreich an Clubrennen teil, danach war das Hauptprodukt der Firma das G15 Coupé mit Hillman Imp Motor, bis die Einführung von VAT im Jahre 1973 dem steuerlichen Vorteil von PKW-Bausätzen ein Ende bereitete.

■ GLAS

Die Hans Glas GmbH war ein alteingesessener deutscher Hersteller von landwirtschaftlichen Maschinen, als man 1951 mit der Produktion des Goggo Rollers begann. 1955 folgte das Goggomobil, ab 1965 bot die Firma dann eine ganze Reihe an Wagen, einschließlich des schönen 1700GT und des 2600 V-Acht Coupés, die beide von Frua aus Italien gestylt worden waren. 1966 wurde Glas von BMW übernommen, 1968 verschwand der Markenname. Die letzten GT Coupés verwendeten bereits BMW Motoren. Die Glas 1700 Limousine wurde noch für einige Jahre in Südafrika produziert.

■ GSM

Der GSM Delta war ein weiterer auf Ford basierender, britischer Rennwagen, der in seinen Tagen erfolgreich war. Ursprünglich unter dem Namen Dart in Kapstadt produziert, brachte ihn eine Tochtergesellschaft nach England. Nur ein Jahr später, 1961, führte Unterkapitilisierung zum Zusammenbruch der Firma.

HONDA

■ UNTEN *Der Honda begann sein Dasein als S500, ging aber erst 1965 als S800 in den Export.*

■ HONDA S800

Nach dem Zweiten Weltkrieg war die Firma Honda zunächst mit dem Bau von Motorrädern erfolgreich. Erst 1962 wurde das erste Automobil hergestellt, der winzige Sportwagen S500. Es gab ihn als Coupé und als Cabrio; und er war stark von der Motorrad-Technik beeinflusst. Seine 531 ccm Maschine mit zwei obenliegenden Nockenwellen (DOHC) hatte vier Vergaser. Die Höchstleistung von 44 PS lag bei 8000 U/min an – von solchen Drehzahlen hatte man bei serienmäßigen Straßenwagen bis dahin noch nichts gehört. Interessanterweise hatte der Wagen Kettenantrieb zu den einzeln aufgehängten Hinterrädern – wie bei Motorrädern. Vordere Scheibenbremsen wiesen auf die „Preis spielt keine Rolle"-Devise beim S500 hin. Obwohl das separate Fahrgestell auch für 70er Jahre Maßstäbe veraltet war. 1964 wurde aus dem S500 der S600 mit 606 ccm, und schließlich, im Jahre 1965, der S800, die bekannteste Variante.

Der S800 kam mit konventionellem Hinterradantrieb auf den Markt, die Aufhängung erfolgte mittels Längsfeder und Panhard Stab. Er war preiswert – günstiger als der Mini Cooper oder der Triumph Spitfire – und er erhielt Lob für seine Schaltung, die Wirtschaftlichkeit und die hinsichtlich der Motorgröße beachtliche Beschleunigung.

■ OBEN *Das Interieur war bequem und für einen kleinen Sportwagen gut ausgerüstet.*

HONDA S800 (1965–79)	
Motor	In-line Vier
Hubraum	791 ccm
Leistung	70 PS
Getriebe	4-Gang manuell
Spitze	152 km/h
Stückzahl	11400

■ LINKS *Neben dem Cabrio wurde auch eine Coupéversion angeboten. Mit erstaunlichen 70 PS bei nur 800 ccm liefen sie bis zu 152 km/h.*

■ LINKS *Der S800 war Hondas Antwort auf kleine, britische Sportwagen wie dem Triumph Spitfire und den Austin Healey Sprite.*

■ UNTEN LINKS *1970 wurden die letzten S800er gebaut; seitdem finden sie mehr und mehr Anhänger unter den Sportwagenenthusiasten.*

■ UNTEN RECHTS *Das kleine Kraftwerk des S800 wurde inspiriert durch die Erfahrung, die die Firma Honda beim Bau von Motorrädern gemacht hatte.*

ANDERE MARKEN

■ HEINKEL

Dieser Stuttgarter Flugzeughersteller spielte mit seinen 174 ccm Kabinenrollermodellen eine Rolle im Kleinstwagenboom der 50er. Die Wagen hatten zwar zwei Vorderräder, aber nur ein Hinterrad, und der Einstieg erfolgte von vorn – die gesamte Front des Wagens war eine aufklappbare Tür. 1958, im letzten Jahr der deutschen Produktion, wurde die Konstruktion an die irische Firma Dundalk Engineering verkauft, und ab 1961 wurde der Wagen von Trojan in England hergestellt. Außerdem wurden etwa 2000 in Argentinien gebaut.

■ HERON

Heron Plastics aus London stellte die ersten Europa Coupés im Jahre 1960 her, nachdem sie bis dahin Karosserien für Wagen wie die Austin Seven produzierten. Ab 1962 lief nur noch eine begrenzte Produktion, und Peter Monteverdi verwendete diese als Basis für sein MBM Coupé. Leider wurde Heron nach der Herstellung von nur zwölf Wagen geschlossen.

■ HILLMAN

Hillmans waren stets relativ konventionelle, britische Fahrzeuge, ein Trend, der auch nach dem Zweiten Weltkrieg mit dem Minx fortgeführt wurde. Ein Glanzlicht war der mit Heckmotor angetrieben Imp, aber die Werke in Schottland entpuppten sich als Disaster. 1964 kaufte die Chrysler Corporation einen beachtlichen Anteil, 1976 führte dies zu einer kompletten Übernahme. Der Name Hillman verschwand 1976. 1979 wurde die Firma schließlich von Peugeot aufgekauft.

■ HOTCHKISS

Hotchkiss begann 1903 in Frankreich mit der Herstellung von Automobilen. Die ersten Produkte waren mittelgroße bis große Tourenwagen. 1937 kaufte Hotchkiss Amilcar auf, was der Firma nicht gut tat – genausowenig, wie die Nachkriegsproduktion des vorderradangetriebenen Hotchkiss-Grégoire, obwohl die nach dem Krieg gebauten Wagen stets den Ruf von gutem Fahrverhalten und Qualität hatten. 1950 kaufte Peugeot Anteile; drei Jahre später führte eine Verschmelzung mit Delahaye zur Einstellung der Produktion.

■ HRG

Die britische Firma HRG wurde 1936 von Ron Godfrey, Guy Robbins und EA Halford gegründet. Nach dem zweiten Weltkrieg sollten die 1100 und 1500 Modelle der Firma die Frazer Nash Tradition beibehalte; sie sahen fast so aus wie vor dem Krieg, obwohl der 1500 Aerodynamic ein kurzes Experiment mit einem modernen geschlossenem Design darstellte. Nach 1956 konzentrierte sich die Firma auf generelle Entwicklung. Es wurden Meadows oder Singer Maschinen verwendet.

■ HUMBER

Humber, eine Schwesterfirma von Hillman, gehörte stets zur Spitze des britischen Marktes. Der klassische Humber, der Super Snipe, erschien in den späten 40ern, und er stand für eine Reihe von luxuriösen Limousinen, die oft als von Chauffeuren gefahrene Geschäftswagen dienten. Dieser Trend hielt an bis in die späten 60er. 1967 wurde Rootes von Chrysler übernommen und der einzige noch produzierte Humber war eine Version des Hillman Hunter.

Iso

■ ISO GRIFO

Die italienische Firma Iso begann Mitte der 50er mit der Herstellung von Isetta Kabinenrollern (die unter Lizenz auch von BMW hergestellt wurden). 1962 beschloss man jedoch mit dem Rivolta den Eintritt in den Markt der GT Spitzenklassewagen. In vielfacher Weise war das sauber designte viersitzige Coupé ein italienischer Gordon Keeble, mit ähnlichem Rahmen, DeDion Hinterradaufhängung und einer Stahlkarosserie von Bertone. Genau wie der Keeble verbarg der Rivolta eine Corvette V-Acht Maschine unter der Haube. Die Leistung war beeindruckend: Seine Spitzengeschwindigkeit lag mit manueller Schaltung bei 225 km/h. Der Rivolta war bequem und wendig und wurde begeistert aufgenommen – mit mehr Erfolg als sein Gegenstück Gordon Keeble. Es dauerte jedoch ein weiteres Jahr, bis der flügge werdende Hersteller sich mit dem Debut des Grifo einen Namen machte. Das Chassis des Rivolta wurde verkürzt (ein Werk des gefeierten Ex-Ferrari Ingenieurs Bizzarrini), die Coupé Karosserie war eine sensationelle Arbeit Bertones – jetzt hatte Iso den Wagen, um Ferrari herauszufordern. Auch wenn Puristen angesichts der amerikanischen V-Acht Maschine ihre

■ OBEN *Der 1963er ISO Grifo wurde von Bertone gestylt; die Karosserie bestand aus Stahlblech. Die Maschine war nicht von Iso, sondern ein Corvette V-Acht.*

■ LINKS *Im Profil sah der Grifo genauso aufregend wie ein Ferrari aus, und er hatte eine bessere Straßenlage als mancher seiner Gegenspieler unter den Superwagen.*

■ UNTEN *Der viersitzige Rivolta war der erste ISO; er verwendete viel der selben Mechanik wie der Grifo in einer nüchterneren Coupé Karosserie von Bertone.*

■ RECHTS *Der Grifo erschien erst als 5.4-Liter, dann als 7-Liter – mit einer von den Chevrolet Corvettes geliehenen Einheit. Spätere Wagen verwendeten Ford Motoren.*

Nase rümpften. Der Original 5.4-Liter V-Acht kam in zwei Größenordnungen – 300 und 365 PS – mit einer Höchstgeschwindigkeit von bis zu 257 km/h in der kraftvollsten Variante. Käufer hatten die Wahl zwischen Vier- und Fünfganggetriebe oder sogar Automatik, einer Ausstattung von der man bei der reinblütigen Konkurrenz des Grifos noch nichts gehört hatte. Selbstverständlich verlangte ein Wagen von dem Gewichts und der Stärke des Grifos nach Allrad-Scheibenbremsen, und in der Hand des richtigen Fahrers waren diese eleganten, ausgereiften Wagen auf der Straße unübertroffen schnell. Die ultimative Version war der 390 PS 7-Liter, der ab 1968 hergestellt wurde, um den Ferrari Daytona und den Maserati Ghibli herauszufordern. Iso gab 273 km/h Spitzengeschwindigkeit für dieses Vorzeigecoupé an, und obwohl diese Zahl nie unabhängig bestätigt wurde, gab es keinen Zweifel an der beachtlichen Beschleunigung: schon im ersten Gang kam der Wagen auf 112 km/h.

Leider ging es mit Iso finanziell bergab; in der Mitte der Ölkrise musste die Firma 1974 ihre Tore schließen.

■ LINKS *Aus jedem Winkel bot der Grifo atemberaubend schöne Ansichten.*

ISO GRIFO (1963-74)	
Motor	V-Acht
Hubraum	5359-6998 ccm
Leistung	300-390 PS
Getriebe	4/5-Gang manuelll 3 Gang Automatik
Spitze	241-273 km/h
Stückzahl	504

■ OBEN *Nur 504 Grifos wurden während der 10jährigen Produktionsdauer gebaut. Spätere Modelle hatten ein überarbeitetes Frontdesign und Klappscheinwerfer.*

ANDERE MARKEN

■ INVICTA

Die britische Marke existierte nach dem Zweiten Weltkrieg nur noch vier Jahre. 1950 wurde sie nach dem Fehlschlag des mystischen Black Prince Modells (mit Doppelnockenwellen 6-Zylinder, halbautomatischem Getriebe und eingebauten, hydraulischen Wagenhebern) von AFN Ltd. übernommen. Vor dem Krieg hatte die von Noel Macklin und Oliver Lyle im Jahre 1925 gegründete Firma einige sehr gute Wagen hergestellt, die allerdings extrem teuer waren.

JAGUAR

■ JAGUAR XK 120/140/150

Im vom Krieg erschütterten Großbritannien flüchtete man sich in Träume von aufregenden Autos – und so war es kein Wunder, dass der bei der Earls Court Motor Show im Jahre 1948 vorgestellte Jaguar XK120 eine Sensation war. Ursprünglich war er als Traumwagen mit geringer Auflage geplant und nicht als ernsthafter Serienwagen. Aber es sollte sein Schicksal sein, dass er sich hervorragend nach Amerika verkaufte und einer der meistgefeierten Klassiker aller Zeiten wurde.

Das Paket war unschlagbar. Jaguarchef William Lyons gestaltete einen zweisitzigen Roadster mit fließenden Formen – ein Abbild eleganter Klarheit, dessen Vorbild der Vorkriegs BMW 328 Roadster war. Schon aufgrund seines Aussehens hätte er sich bestens verkauft. Aber er hatte mehr zu bieten: unter der langen, schmal zulaufenden Motorhaube verbarg sich eine brandneue Doppelnockenwellen 6-Zylinder Maschine. Die klassische 3,4-Liter XK Einheit sollte bis weit in die 90er überdauern und alles von den Le Mans Gewinnern bis hin zu Panzern und Feuerwehrwagen antreiben. Sie leistete 160 PS mit SU Doppelvergaser und stellte so sicher, dass die angegebenen 193 km/h auch wirklich erreicht wurden. Der XK war der schnellste serienmäßig hergestellte Wagen der Welt. Spätere SE Sondermodelle mit Doppelvergaser hatten 180 PS. Nur wenige Sportwagen verhielten sich so zivilisiert wie der XK mit seiner elastischen Aufhängung, obwohl die Bremsen (selbstverständlich Trommelbremsen, die allerdings aufgrund der modernen, alles umschließenden Karosserie schlecht gekühlt waren) nicht zu den besten gehörten. Jaguar war auf die große Nachfrage nicht vorbereitet, und die Produktion des XK blieb gering,

■ OBEN *Der XK Reihen-Sechszylinder in seiner Originalform. Er machte den 120 zum schnellsten Serienwagen der Welt.*

■ OBEN *Traumhaft schön: die Cabrio Coupé Version des XK140.*

■ OBEN *Der berühmte NUB 120, Gewinner der alpinen Rallyes.*

■ RECHTS *Das Interieur des XK120 Coupés mit Wurzelholzfurnier war absolut luxuriös.*

■ LINKS *Die ausladende Dachform des XK120 Coupés wurde von den Bugatti Coupés der 30er Jahre inspiriert.*

■ RECHTS *Der XK140 – hier in Coupé Form – hatte neue Stoßstangen, einen anderen Kühlergrill sowie verbesserte Lenkung.*

JAGUAR XK 120/140/150 (1948-61)

Motor	6-Zylinder
Hubraum	3442-3781 ccm
Leistung	160-265 PS
Getriebe	4-Gang manuell 3-Gang Automatik
Spitze	193-217 km/h
Stückzahl	12055/9051/9398

■ UNTEN LINKS *Der XK150 von 1957 kam mit vier Scheibenbremsen und auf Wunsch mit 3,8 Liter Maschine.*

■ UNTEN RECHTS *In der S Form mit Dreiervergaser und 3,8 Liter Maschine kam der XK150 auf 209 km/h.*

während die Firma an der Stahlkarosserieversion arbeitete, die 1950 auf den Markt kam.

1951 wurde eine elegante, neue Version angekündigt, 1953 erschien ein geräumigeres Cabrio Coupé. Der XK140 aus dem Jahre 1954 hatte mehr Power (190 PS waren serienmäßig, das SE Sondermodell hatte 210 PS), größere Stoßstangen und – das beste von allem – Zahnstangenlenkung. Die drei Karosserieformen blieben erhalten. Wenn auch die Linie des Coupédaches nicht verbessert wurde, bot es doch zumindest zum ersten Mal Rücksitze an.

Der letzte der XK Linie war der 150 aus dem Jahre 1957, der praktisch auf dem gleichen Chassis saß, aber völlig neue Karosserieteile verwendete. Er hatte eine modische Panorama Windschutzscheibe und war insgesamt breiter. Jaguar versuchte die Attraktivität des Modells zu erhalten. Das Bremsproblem wurde mit vier Scheibenbremsen gelöst, und als das Modell langsam in die Jahre kam, hatte man bei Jaguar für das Jahr 1961 schon etwas aufregendes in petto: den E-Type.

■ OBEN *Der 150 kam als Roadster, Cabrio oder Coupé und der Wahl zwischen manuellem oder automatischem Getriebe.*

JAGUAR

■ JAGUAR MKII

Der Anblick eines Jaguar MkII führt zu einer wehmütigen, emotionalen Reaktion, wie es bei keiner anderen Limousine aus den 60ern der Fall ist. Für die Dekade nach 1959, als Großbritanniens erste Autobahn gebaut wurde, war der kompakte Jaguar die Haupteinnahmequelle in der Browns Lane, Coventry. Er war die letzte wahre Sportlimousine, die die Firma herstellte.

Der MkII war absolut vielseitig: Er war beliebt bei kriminellen Gestalten (es war kein Zufall, dass der James Fox Charakter in Donald Cammells hervorragendem Film *Performance* aus dem Jahr 1970 einen weißen MkII fuhr oder Michael Caines Verfolger in dem Klassiker *Get Carter* aus dem Jahre 1971 in einem roten MkII saß). Aber auch die Vertreter des Gesetzes verwendeten ihn aufgrund seiner unglaublichen Schnelligkeit. Gleichzeitig war der MkII ein geachteter Wagen: ein leises,

■ OBEN ***Die klassischen Linien des Jaguar MkII, zuerst gesehen im Jahre 1959, waren eine Weiterentwicklung vom 55er MkI 2.4.***

■ UNTEN ***Der MkII hatte Ledersitze sowie aufwendiges Holzfurnier auf Armaturenbrett und Türverkleidung.***

■ LINKS ***Der MkII hatte eine größere Heckscheibe und halboffene Radgehäuse, die für eine bessere Bremskühlung sorgten.***

■ LINKS *Mit seiner 3.8 Maschine erreichte der MkII 201 km/h.*

■ UNTEN *Dieser 1966er MkII ist eines der letzten Modelle mit großer Stoßstange, die 67er 240/340 Modelle hatten schlanke Stoßstangen.*

bequemes und schickes Gefährt für den Geschäftsmann auf dem Weg zur Börse. Er machte sich einen Namen auf der Rennstrecke, und Größen wie Graham Hill und Colin Chapman gaben dem MkII ihre Zustimmung, indem sie ihn als Privatwagen benutzten.

Technisch gesehen war der MkII klassischer „vintage“ Jaguar, aber seine wunderschön ausgewogene Karosserie wie auch das Interieur mit Ledersitzen, hölzernem Armaturenbrett und furnierten Türverkleidungen hatte den klassischen Touch von William Lyons. Das Armaturenbrett war mit Anzeigen und Knöpfen beladen wie das Cockpit eines Fliegers. Der Besitzer eines MkII konnte echte 201 km/h fahren, wenn er den handgeschalteten 3.8-Liter mit Overdrive sein eigen nannte – die schnellste Limousine, die die Straßen während der 60er befuhr. Der gemächliche 2.4-Liter andererseits lief nur 160 km/h Spitze, weshalb Jaguars Presseabteilung nie Testberichte genehmigte.

Mehr als 80000 MkIIs wurden verkauft; es gab zahlreiche Variationen, den S-Typ, den 420, aber es ist der originale MkII, der die Herzen der Autoliebhaber gewonnen hat.

JAGUAR MKII (1959-69)

Motor	6-Zylinder
Hubraum	2483/3442/3781 ccm
Leistung	120-220 PS
Getriebe	4-Gang manuell 3-Gang Automatik
Spitze	201 km/h (3.8)
Stückzahl	83980

■ UNTEN *Die 3.8-Liter Maschine hatte 220 PS und machte den MKII zu einer der schnellsten Limousinen der Welt.*

■ OBEN *Der berühmte Jaguar wurde von Gordon Crosby designt. Sicherheitsvorschriften verboten aber später seine Verwendung.*

■ RECHTS *Die XK Maschine war ganz knapp in den MKII eingepasst und ließ nicht viel Raum für die Wartung.*

JAGUAR

■ JAGUAR E-TYPE

Der Jaguar E-Type war mit Tag Eins ein Klassiker, ein Beispiel an kühler Aerodynamik-Theorie und schamlos wirkungsvoller Selbstdarstellung, wohl der attraktivste Sportwagen der 60er. Und er wurde seinem guten Aussehen gerecht.

■ OBEN *Auf offener Straße war der E-Type gut für über 225 km/h. Der Wagen im Vordergrund ist ein frühes Modell Serie 1 3.8 Roadster, dahinter ein Serie 2 Coupé.*

■ RECHTS *Von außen sind die 3.8 and 4.2 Serie 1 E-Typen äußerst schwer zu unterscheiden; der Schalensitz verrät sie: hier ein 3.8.*

Die 241 km/h, die der E-Type laut Jaguar erreichte, waren für einen Wagen der 60er umwerfend schnell (tatsächlich lief bloß die aufgemotzte Presseversion so schnell, 225 km/h kamen der Wahrheit näher). Auf jeden Fall war der Jaguar Großbritanniens schnellster Serienwagen. Und nicht nur das: er war auch das preiswerteste Angebot auf dem britischen Markt, ein Drittel billiger als der vergleichbare Aston Martin DB4.

Die kurvige Karosserie, inspiriert vom Le Mans Gewinner, dem D-Type Rennwagen, war extrem steif – und die Einzelradaufhängung mit Dreiecksquerlenkern vorn und unabhängigen hinteren Schraubenfedern erwies sich als äußerst vorteilhaft. Der E-Type bot einen Fahrkomfort, der dem einer Limousine gleichkam und lag dabei trotz der an Motorradreifen erinnernden schlanken Diagonalpneus satt auf der Straße. Kurzum: der neue Jaguar hatte ein hervorragendes Fahrverhalten.

Als Antrieb diente eine 3.8-Liter XK Maschine, die es in der Form schon seit 13 Jahren gab. Aber sie erwies sich des

■ LINKS *Serie 1 und 2 im Vergleich. Spätere Wagen hatte offene Scheinwerfer, um Amerikas Sicherheitsregeln gerecht zu werden.*

JAGUAR E-TYP (1961-75)	
Motor	6-Zylinder/V-Zwölf
Hubraum	3781/4235/5343 ccm
Leistung	265 PS
Getriebe	4-Gang manuell 3-Gang Automatik
Spitze	bis zu 241 km/h
Stückzahl	Alle Modelle: 72507

■ LINKS *1971 wurde der E-Type mit brandneuer V-Zwölf Maschine, größerem Grill und ausgestellten Kotflügeln zur Serie 3. Die Leistung war wieder auf Höhe der von der Serie 1 erreichten.*

■ UNTEN *Die klassische Form des E-Type entsprang den D-Type Sportrennwagen.*

■ OBEN *Frühe E-Typen hatten einen relativ schmalen Fußraum, der nicht viel Beinfreiheit zuließ.*

neuen Chassis als absolut würdig, was man vom veralteten, langsam schaltenden Moss Getriebe, das alle Jaguare seit 1930 verwendeten, nicht behaupten konnte. Auch die Wirkung der Scheibenbremsen wurde durch ein ungenau arbeitendes Pedal beeinträchtigt.

Popstars, Rennfahrer und königliche Hoheiten gleichermaßen bemühten sich um einen Platz auf der Warteliste. Lew Grade wollte sich einen E-Type für seine neue Fernsehserie *Simon Templar* ausleihen, aber Jaguar wies ihn ab – man konnte ohnehin jeden produzierten Wagen verkaufen.

Trotz der Nachfrage wurde an der Weiterentwicklung gearbeitet. Die größere 4.2 Maschine aus dem Jahr 1964 drehte höher, hatte ein besseres Getriebe und sauberer arbeitende Bremsen. Sitze und Innenausstattung sowie Elektrik wurden verbessert, und so wurden die 4.2 E-Types der Serie 1 zu den besten der Linie.

Anfragen nach einem geräumigeren Wagen wurden durch die Zwei-plus-Zwei Version aus dem Jahre 1966 beantwortet. Es gab sogar eine Automatikversion als Versuch, die Verkaufszahlen in Amerika zu erhöhen.

Nach der Vorstellung der Serie 2 im Jahre 1968 jedoch schien der E unversehens in die Jahre zu kommen. Nordamerikanische Sicherheitsvorschriften zwangen durch vorgeschriebene Benutzung offener Scheinwerfer zum Stilbruch; Abgasrichtlinien beschnitten seine Kraft, und am Ende des Jahrzehnts war der Wagen nur noch ein

■ OBEN *Unverkennbare Form: die Ausbuchtung der Motorhaube schaffte Platz für die große XK Maschine.*

Schatten seines früheren, jugendlichen Selbst. Das einst legendäre Sexsymbol hatte seine Kraft verbraucht, lebte nur noch vom Ruhm vergangener Tage. Im Jahre 1975 hatte die Firma Jaguar Schwierigkeiten, die letzten E-Types an den Mann zu bringen.

JAGUAR

■ UNTEN *Der XJ6 aus dem Jahre 1968 wurde konstruiert, um alle existierenden Jaguar Limousinen zu ersetzen.*

■ JAGUAR XJ6

Als Jaguar 1968 den XJ6 vorstellte, war es ihnen gelungen, in einer Konstruktion hohe Standards an Komfort, Laufruhe, Fahrverhalten und Straßenlage zusammenzubringen – Qualitäten, die man bis dahin bei Luxuswagen für unvereinbar hielt. Der XJ6 übertraf die besten in Europa und legte den Grundstein für 20 erfolgreiche Jahre.

Mit einem Schlag hatte Jaguar-Chef Sir William Lyons das Buch der Luxuswagen ohne radikal neue Konzepte umgeschrieben – der XJ war eine Limousine mit konventionellem Frontmotor, Heckantrieb und herkömmlicher Aufhängung. Aber die verwendeten Einheiten waren extrem verfeinert. Auf speziell für ihn von Dunlop gestalteten Reifen bot er Fahrleistunegn wie ein E-Type, glitt gleichzeitig ruhiger und sanfter dahin als ein Rolls-Royce. Der XJ6 war außerdem eine der schönsten Limousinen der Welt, ein Wagen mit katzenhafter Dynamik und organischer Muskularität, die sich als beeindruckend ausdauernd erwies: die letzten XJ Limousinen, die V-Zwölf, wurden 1991

■ LINKS *Um europäische Steuergesetze bezüglich der Motorgröße zu umgehen, bot Jaguar den XJ6 mit einer 2.8-Liter Maschine an. Der einzige äußerliche Unterschied war das Emblem.*

JAGUAR XJ6 (1968–87)	
Motor	6-Zylinder
Hubraum	2791/4235/3442 ccm
Leistung	180-245 PS
Getriebe	4/5-Gang manuell 3-Gang Automatik
Spitze	(4.2) 199 km/h
Stückzahl	(Serie 1) 79000

■ LINKS *Ab 1979 war der XJ zur Serie 3 geworden, überarbeitet von Pininfarina.*

■ UNTEN *Die Daimler Version von 1970: hier der mit V-Zwölf Motor ausgestattete Vanden Plas in der Serie 1 Form.*

■ RECHTS *Das zweitürige Coupé war eine kurzlebige Variante mit rahmenlosen Seitenfenstern und Vinyldach.*

■ RECHTS *Die Serie 3 XJ litten zunächst unter Qualitäts-Problemen, in den 80ern jedoch brachen sie jedoch alle Verkaufsrekorde.*

■ UNTEN *In den 80ern baute Panther einige veredelte XJ Serie 3.*

hergestellt und sahen peinlicherweise attraktiver aus als der neue XJ40.

Ursprünglich wurde die 6-Zylinder XK Maschine verwendet – der V-Zwölf erschien erst 1972 – und die meisten XJ hatten ein automatisches Getriebe. Alle besaßen Servolenkung, und ein paar wurden mit einer 2.8-Liter Maschine gebaut, um europäische Steuergesetze zu umgehen. Diese Wagen erwiesen sich jedoch als unzuverlässig und sind heute absolut selten. Wie alle vorherigen Jaguars war auch der XJ absolut preiswert, oft halb so teuer wie vergleichbare Mercedes Modelle. Als die Produktion während der 70er zunahm, kamen Varianten wie der Daimler oder das XJC Coupe hinzu.

Leider stand Qualität nicht an erster Stelle, und frühe Wagen der Serie 3 erwiesen sich als unzuverlässig zu einer Zeit, als die Zukunft des Konzerns aufgrund von Streiks bereits düster aussah. Käufer verloren das Vertrauen, und Verkaufszahlen gingen in die Tiefe. Im März 1980 erhielt John Egan die Aufgabe, das britische Flaggschiff vor dem Untergang zu retten. Seine Anstrengungen die Qualität zu verbessern setzten sich durch, das Absinken der Verkaufszahlen wurde gebremst.

Rekordbrechende Verkaufszahlen des zu dem Zeitpunkt bereits15 Jahre alten XJ6 in Amerika schafften die Grundlage für die Entwicklung und den Bau seines Nachfolgers.

JAGUAR

■ OBEN *Ausgestattet mit der E-Type Maschine, zeigte der MkX für einen Wagen dieser Größe eine exzellente Leistung.*

■ OBEN *Auch das Fahrverhalten war dank unabhängiger vom E-Type abstammender Hinterradaufhängung optimal.*

■ JAGUAR MKX

Das geschwungene, niedrige Dach auf schmalen Säulen gehört ebenso zu seinen Kennzeichen wie die üppige „Hüftweite" von 1,93 Meter – die ihn bis heute zur breitesten Limousine Großbritanniens macht. Er hatte und hat immer noch seine ganz eigene massive, glatte Eleganz. Ein großer Vorteil gegenüber seinen mit separatem Chassis konstruierten Vorfahren war, dass diese mit Einzelradaufhängung und Servolenkung versehene Limousine 1961 nur knapp die Hälfte des Preises kostete, den seine Konkurrenz verlangte.

Britische Käufer scheuten aufgrund der Größe vor dem Kauf des MkX zurück – er war etwa 8 cm länger als der große MkIX, den er ersetzte, und etwa 20 cm flacher. Trotzdem: auch wenn die Größe der Limousine sehr an Detroit erinnerte, die Linie war ganz klar Lyons.

Ursprünglich war der MkX ausgerüstet mit der Dreifachvergaser 3.8-Liter Maschine aus dem E-Type. Die 4.2-Liter Version aus dem Jahre 1964 brachte ein höheres Drehmoment bei gleichbleibender Leistung (265 PS bei 3000 U/min). Genug, um den 1950 kg schweren Wagen auch mit automatischem Getriebe flott zu bewegen. Tatsächlich waren die Automatik-Modelle mit einer Beschleunigung von 0-100 in weniger als 10 Sekunden gleichbleibend schneller als die handgeschalteten. Ein hart gefahrener MkX wäre nicht weit hinter dem MkII 3.8 zurückgeblieben und war schneller auf 160 km/h als der 4.2 XJ. Und all dies von einer geräumigen 5-sitzigen Limousine mit einem Kofferraum, so groß, dass man

■ LINKS *Der MkX, immer noch Großbritanniens breiteste Limousine aller Zeiten, hatte eine selbsttragende Karosserie, Einzelradaufhängung und Servolenkung. Frühe Modelle waren ausgestattet mit 3.8-Liter Maschinen, ab 1964 wurden 4.2-Liter Motoren verwendet.*

■ RECHTS *Der MkX lag Kopf an Kopf im Wettbewerb mit den großen Mercedes Modellen und dem Bentley S3.*

■ OBEN *Der 4.2-Liter MkX hatte ein höheres Drehmoment für bessere Beschleunigung. Es gab die handgeschaltete Variante, aber die Regel war ein Automatikgetriebe.*

■ UNTEN *1966 wurde aus dem MkX der im Detail verbesserte 420G.*

ihn auch als Zimmer hätte vermieten können.

Trotzdem war dieser Wagen bei den Käufern nie so angesehen wie zuvor die Mks VII, VIII und IX. Das Interesse hatte dramatisch abgenommen als der 4.2 erschien, und es bedurfte eines Namenswechsels, um die Verkaufszahlen während seiner letzten Jahre zu verbessern. So wurde im Jahre 1966 aus dem MkX der 420G, was zu Verwechslungen mit seinem schlankeren Bruder führte, dem neuen auf dem S-Type basierenden 420.

Niemand weiß genau, wofür das G stand – es gab keine offizielle Version – aber die allgemeine Meinung tendiert zu „Grand". Die Form blieb unverändert, aber ein Erkennungsmerkmal war eine neue Metallverzierung, die die massiven Flanken auflockerte. Auch der Kühlergrill wurde durch einen breiten Mittelstreifen verändert, die Radkappen erhielten schwarze Mittelpunkte. Die letzten 420G wurden im Jahre 1970 hergestellt, als der Maßstäbe setzende XJ in Schwung kam. Aber das Modell lebte in der großen DS420 Daimler Limousine weiter, die eine gestreckte Version der selben Bodengruppe benutzte.

■ OBEN *Es war nicht ungewöhnlich den mit 1.93 m extrem breiten MkX mit zerkratzten Türen und Kotflügeln zu sehen.*

JAGUAR MK X/420G (1961-70)	
Motor	6-Zylinder
Hubraum	3781/4235 ccm
Leistungr	265 PS @ 5400 U/min
Getriebe	4-Gang manuell 3-Gang Automatik
Spitze	193 km/h
Stückzahl	10870

JENSEN

JENSEN INTERCEPTOR & FF

Von all den Wagen, die die Firma Jensen je herstellte, sind der Interceptor und der FF die herausragendsten. Der schöne und schnelle Interceptor basierte auf seinem Vorgänger mit GFK Karosserie, dem CV8, hatte jedoch eine neue, von Touring gestylte Karosserie.

FF stand für Ferguson Formula, ein von Harry Ferguson entwickeltes Allradantriebsystem. Ähnlich dem System, das man bei Geländewagen findet, verteilt es das Drehmoment ungleichmäßig zwischen Vorder- und Hinterachse – 67 Prozent nach hinten, 37 Prozent nach vorn. So erhielt der Wagen ein für die großen GT in den 60ern unglaubliches Fahrverhalten. Diese Tatsache, kombiniert mit dem Dunlop Maxaret ABS System, führte dazu, dass die Fachleute den FF als den sichersten Wagen der Welt bezeichneten. Erst 15 Jahre später wurde in Gestalt des Audi Quattro wieder ein Straßenwagen mit Allradantrieb angeboten.

■ OBEN *Das Interceptor Cabrio wurde designt, um dem Geschmack der Amerikaner gerecht zu werden.*

■ UNTEN *Dies ist ein später 7.2-Liter SIII Interceptor mit Alufelgen.*

■ LINKS *Der Interceptor in seiner Form von 1966. Das Design stammte von Touring; frühe Modelle wurden in Italien gebaut und verwendeten zum Teil die selben Komponenten wie Maserati.*

JENSEN FF (1966-71)	
Motor	V-Acht
Hubraum	6276 ccm
Leistung	330 PS
Getriebe	3-Gang Automatik
Spitze	209 km/h
Stückzahl	320

Auf den ersten Blick schien der FF mit seinen deutlichen Vignale-Linien identisch mit dem konventionelleren Interceptor zu sein. Und tatsächlich hatten beide viel gemein. Unter der Haube verbarg sich eine 6.3-Liter 325 PS V-Acht Maschine, die mit automatischem Torqueflite 3-Ganggetriebe die Hinterachse antrieb. Bei näherer Betrachtung zeigte sich der 10 cm längere Radstand sowie eine etwas anders geformte Nase, während das offensichtlichste Unterscheidungsmerkmal die Extrabelüftungsschlitze an den Seiten der vorderen Kotflügel war. Der mit der Karosserie verschweißte Rohrrahmen wurde fast völlig verändert. Die Kardanwelle verlief links von Motor und Getriebe, und vorn übernahm ein am Chassis befestigtes Differential den Frontantrieb. Ein leichtes Übergewicht beeinträchtigte die Leistung des Wagens im Vergleich zum Interceptor kaum: der FF lief immer noch seine 209 km/h mit einer Beschleunigung von 0-100 in acht Sekunden.

Obwohl der Wagen überall Anerkennung fand, litt er doch im Vergleich zum fast gleich aussehenden Interceptor – der war zwar nicht annähernd so perfekt, aber ein Drittel billiger.

Der FF wurde 1971 eingestellt, der Interceptor 1976.

■ LINKS *Ausgerüstet mit Allradantrieb und ABS System war der Jensen ein außerordentlicher Straßenwagen. Zusätzliche seitliche Belüftungsschlitze unterschieden den FF vom Interceptor.*

■ LINKS *Der 541 hatte ein niedrig gezogenes, aerodynamisches Design, entwickelt von Jensens Stylist Eric Neale.*

■ UNTEN *Eine Zeitlang war der 541R mit 193 km/h Spitze der schnellste Viersitzer auf dem Markt.*

■ JENSEN 541R

Als Tester des Magazins *Autocar* den 201 km/h schnellen Jensen 541R im Jahre 1958 fuhren, war er der schnellste Viersitzer, den sie je getestet hatten. Seine niedrigdrehende 6-Zylinder 4-Liter Maschine aus dem Austin Sheerline machte das beste aus dem hochwertigen, stromlinienförmigen GFK Coupé. Niedrige Umdrehungen und lang übersetzte Gänge gaben dem Wagen einen einzigartig entspannten Charakter.

Das elegante Styling stammte von Eric Neale; die schwere, gleitende Dachlinie des 541 ging in ein klar abgerundetes Heck über. Die Form des Wagens war auf geringen Luftwiderstand ausgelegt – Jensen erreichte einen der bis dahin niedrigsten im Windkanal gemessenen Werte.

Die Arbeit an dem 541 begann im Frühjahr 1953; im selben Jahr wurde der Wagen bei der Earls Court Show präsentiert. Der Prototyp war aus Aluminium. Die später serienmäßig hergestellten 541 waren aus dem neuartigen GFK, das leicht und ideal für die runden Formen und feinen Details des Wagens war. Es bedeckte ein Chassis, das aus 12.7 cm langen Rohren bestand, die durch eine Kombination aus gepresstem Stahl und Kreuzgliedern miteinander verbunden waren und so eine Plattform bildeten. Die Aufhängung war eine modifizierte Austin A70-Version mit halbelliptischer hinterer Achsfeder ; gebremst wurde mit vier Trommelbremsen.

Der 541R aus dem Jahre 1957 hatte die fitteste DS7 Version der Sheerline 4-Liter Maschine, mit Doppelvergasern auf der rechten Seite und einem überarbeiteten Zylinderkopf. Der letzte der 541 Linie war der S aus dem Jahre 1961 mit längerer und breiterer Karosserie. Er reichte nicht an das Original heran, nur 108 wurden gebaut.

JENSEN 541R (1957-60)	
Motor	OHV 6-Zylinder
Hubraum	3993 ccm
Leistung	150 PS @ 4100 U/min
Getriebe	4-Gang mit Overdrive
Spitze	201 km/h
Stückzahl	193

ANDERE MARKEN

■ JOWETT

Die in Bradford, Yorkshire, ansässige Firma Jowett hatte ihre aufregendste Periode nach 1945. Sowohl der Javelin als auch der Jupiter hatten technologisch fortschrittliche 4-Zylinder Maschinen, Drehstabfederung und eine Höchstgeschwindigkeit von 128 km/h. Die R4 Sportmodelle wurden 1953 präsentiert, zu einem Zeitpunkt, als die Firma bereits unter schwersten finanziellen Problemen litt. Sie schloss im Folgejahr.

■ KIEFT

Cyril Kieft begann 1953 mit der Herstellung von Formel 3 Wagen und produzierte eine Anzahl spezieller Sportrennwagen. Aus diesen ging im Jahre 1954 ein mit Climax Maschine ausgerüstetes Modell hervor, das als Straßenversion angeboten wurde. 1955 verkaufte Kieft seine Firma an Berwyn Baxter und ging zurück in die Stahlindustrie.

■ RECHTS *Der Jensen verwendete zahlreiche Teile aus der Austin Reihe, einschließlich seiner großen 4-Liter Maschine und Komponenten der Aufhängung.*

LAGONDA

LAGONDA

Die in einer mutigen Aktion in letzter Minute vom freien Designer William Towns gestylte Lagonda Limousine stand im Mittelpunkt der 1976er Earls Court Motorshow. Sie sah aus, als wäre sie direkt von einem anderen Planeten gekommen: niedrig, mit messerscharfen Kanten war sie ein Blickfang, die ersehnte Wiederauferstehung von Aston Martin.

170 Anzahlungen wurden bereits bei der Show gemacht, ohne dass die Käufer ahnten, dass ihre Wagen aufgrund von Problemen mit der Hightech Elektronik erst im Jahre 1979 fertig werden würde.

Towns ambitionierte Ideen für das Interieur mit digitalem Armaturenbrett und auf Berührung reagierenden Kontrollen war der bis dahin für Fahrzeuge verfügbaren Technik weit voraus. Im Interesse der Zuverlässigkeit musste sein Konzept für die Produktion etwas abgeschwächt werden. Nebenbei erhöhte sich auch der Preis, aber beim endgültigen Erscheinen im Jahre 1979 zahlten die Käufer bereitwillig die Differenz.

Mechanisch gesehen war der Lagonda gut erprobt – im Grunde war er ein verlängerter Aston Martin V-Acht mit Viernockenwellen 5.3 Liter V-Acht Motor. Auch die Aufhängung war die selbe, aber Anordnung und Federung wurden geändert, um mit dem Extragewicht besser klar zu kommen. Hinten wurde die DeDion Aufhängung mit selbstständiger Niveauregulierung verwendet. Mit fast zwei Tonnen war dies der schwerste und größte luxuriöse Lagonda seit dem Krieg. Nichts wurde dem Zufall überlassen, selbst Klimaanlage und elektrische Sitze waren im Preis enthalten.

■ OBEN LINKS *Der neue Lagonda war bei seiner Präsentaion auf der Earls Court Show im Jahr 1976 der Blickfang.*

■ OBEN RECHTS *Die Maschine war der bekannte Aston 5.3-Liter V-Acht.*

LAGONDA (1976–90)	
Motor	V-Acht
Hubraum	5340 ccm
Leistung	340 PS
Getriebe	3-Gang Automatik
Spitze	225 km/h
Stückzahl	645

Kritiker schätzten Fahrverhalten und Handling, die für eine große Limousine hervorragend waren. Einige jedoch meinten, dass er etwas flotter sein könnte, andere kritisierten den Mangel an Beinfreiheit im Fond des Wagens. Aston antwortete auf diese Kritik mit einer von vornherein zum Scheitern verurteilten Doppelturbo Version, und Tickford baute drei gestreckte Varianten des Lagonda. Er war nie ein Wagen für schüchterne Mauerblümchen gewesen, doch dann begann sein trauriger Abstieg zum kitschigen Ölscheich-Modell mit Sonderlackierung.

Towns versuchte den Ruf der rapide aus der Mode kommenden Limousine im Jahre 1987 mit einer runderen Version zu retten, aber Aston hielt sich nicht an seine Vorgaben – mit dem Ergebnis, dass der Wagen noch schlimmer aussah. 1990 endete die Produktion des Lagonda nach 645 verkauften Exemplaren.

■ GANZ LINKS *Der Engländer William Towns stylte den Wagen.*

■ LINKS *Das messerscharfe Design kam schnell aus der Mode.*

LAMBORGHINI

■ UNTEN *Der 350GT war von Touring gestylt, obwohl die Grundform inspiriert war durch den Prototyp 350GTV.*

■ LAMBORGHINI 350GT

Der 350GT wurde im März 1964 vorgestellt; er war das erste Serienmodell von Lamborghini.

Die Touring Karosserie war brandneu und wesentlich schöner als der frühere 350GTV Prototyp. Die Alubleche streckten sich nach dem üblichen Superleggera System über einen Stahlrahmen. Sein Herzstück war eine Vierernockenwellen 60-Grad V-Zwölf Maschine. Die für den 350GT auf 270 PS gedrosselte Maschine hatte Vergaser mit seitlichen Ansaugstutzen, um die Linie der Motorhaube flachzuhalten. Die Aufhängung erfolgte mittels Schraubenfedern und röhrenförmigen Querlenkern. Gebremst wurde durch Girling Schei-benbremsen. ZF lieferte Lenkung und 5-Ganggetriebe, hinten befand sich ein Salisbury Differential. Diese aufwen-dige Spezifikation wurde entwickelt von den Star-Ingenieuren Giampaolo Dallara und Giotto Bizzarini, die damit die Basis für alle weiteren Lamborghinis schufen.

Umwerfend schnell, äußerst sanft und höchst flexibel – alles, was diesem 257 km/h schnellen Wagen mit exzellentem Handling jetzt noch fehlte, war das Aussehen eines Filmstars: den klassischen, sehnigen Muskeltonus von Pininfarina vermeidend, entwarf Touring aus Mailand ein dramatisches Coupé für Lamborghini – bemerkenswert gerundet, offensichtlich schnell, absolut zufriedenstellend aus einigen Blickwinkeln, aber doch nicht ganz perfekt.

Der ursprüngliche 350 GT war das leichteste und schnellste dieser frühen Frontmotor Autos. 1965 gab es auf Wunsch eine Version mit 4-Liter Maschine, von der nur 23 gebaut wurden, bevor im Jahre 1967 der Zwei-plus-Zwei 400GT mit Stahlkaroserie auf dem Markt erschien.

■ OBEN *Lamborghinis Vierernockenwellen V-Zwölf Maschine hatte 280 PS.*

LAMBORGHINI 350GT (1964–68)	
Motor	V-Zwölf
Hubraum	3464 ccm
Leistung	280 PS @ 6500 U/min
Getriebe	5-Gang manuell
Spitze	244 km/h
Stückzahl	143

■ OBEN *Das Interieur war gleichzeitig funktionell und luxuriös. Das Fünfganggetriebe stammte aus Lamborghinis eigener Produktion.*

■ OBEN *Für den wohlhabenden Familienvater gab es immer noch den Zwei-plus-Zwei 400 GT mit zwei kleinen Extrasitzen im Fond des Wagens.*

LAMBORGHINI

■ RECHTS *Der Miura kam auf über 273 km/h, aber frühe Modelle hoben bei hoher Geschwindigkeit vorne ab.*

■ LAMBORGHINI MIURA

Gab es jemals einen dramatischeren Wagen als den Lamborghini Miura? Hier war das Mittelmotor-Prinzip für die Verwendung in einem Straßenwagen weiter entwickelt worden, was die noch junge Firma vom vielversprechenden Einsteiger zum ernstzunehmenden Mitspieler machte – der in den Augen einiger Leute Ferrari als Hersteller fortschrittlicher Superwagen überstrahlte. Es dauerte weitere sieben Jahre, bevor Enzo einen 12-Zylinder Straßenwagen mit Mittelmotor herstellte, den Boxer. Obwohl Ferruccio Lamborghini keinen Rennwagen von seinem jungen Team bauen ließ, gab er doch das Okay für einen Supersportwagen, für dessen Mittelmotorprinzip Anleihen bei aktuellen Formel 1 Wagen und Rennwagen wie 250LM und GT40 gemacht wurden. Als der Miura fertig war, hielt Ferruccio ihn für den Verkauf an die Öffentlichkeit für zu wild. Er sah ihn als ein Imageträger und Showmodell, das dazu beitragen würde, mehr der konventionellen Lamborghinis zu verkaufen. Doch der Miura – benannt nach einem spanischen Kampfstier – entpuppte sich als einer der meistverkauftesten und profitabelsten Wagen der Firma.

Mit einem Seitenblick auf das Ford GT40 Chassis entwickelte der Designer Giampaolo Dallara eine selbsttragende Stahlhülle, die, anders als beim Ford, groß genug war, um zwei Passagiere bequem unterzubringen. Aus Platzgründen wurde die 4-Liter 350 PS V-Zwölf Maschine quer hinter dem Cockpit eingebaut. Um den Antrieb auf die Hinterräder zu übertragen, designte Lambor-

LAMBORGHINI MIURA (1966-72)	
Motor	V-Zwölf
Hubraum	3929 ccm
Leistung	350-385 PS
Getriebe	5-Gang manuell
Spitze	273 km/h
Stückzahl	762

■ LINKS *Die schöne Form des Miura stammte vom jungen Marcello Gandini von Bertone.*

■ OBEN *Kaum zu glauben, dass dieses Design aus dem Jahr 1966 stammt: Lamborghini wurde nach der Vorführung des Prototyps mit Vorbestellungen überhäuft.*

■ OBEN *Das Interieur war ebenso futuristisch wie die Karosserie, wurde aber bei harter Fahrt sehr laut und heiß.*

■ LINKS *Bei geöffneter Front- und Heckhaube sieht man deutlich den einteiligen Rumpf.*

■ OBEN *„Augenbrauen" rund um die Klappscheinwerfer waren sein Markenzeichen.*

ghini eine spezielles Transaxle-System, das am hinteren Ende der Maschine angebracht war, verbunden mit dem Leichtmetall- Kurbelgehäuse – ein Konzept ähnlich dem des Mini, aber revolutionär bei einem Wagen mit hoher Leistung. Die Aufhängung erfolgte mittels Schraubenfedern und Querlenkern. Dieses Ensemble, immer noch ohne Karosserie, wurde 1965 in Turin vorgestellt. Unmittelbar wurden zahlreiche Bestellungen aufgegeben, was Ferruccio darin bestärkte, bei Bertone eine Karosserie in Auftrag zu geben.

Nuccio Bertone setzte seinen besten Mann ein – Marcello Gandini. Erst 25 Jahre alt entwarf er einen starken, sinnlichen Wagen, der auch 30 Jahre später nichts von seiner Anziehungskraft verloren hat. „Augenbrauen" rund um die Klappscheinwerfer und die abgeschrägten Streben der Motorabdeckung waren einprägsame Merkmale des möglicherweise schönsten Automobils, das Lamborghini je gebaut hat. Ein Jahr nach dem 1966er Autosalon in Genf ging der Wagen in Produktion, heimgesucht von kleineren Problemen bei der Montage. Das Warten lohnte sich jedoch, denn der Miura machte Schlagzeilen aufgrund seiner 273 km/h Spitzengeschwindigkeit.

Doch seine Leistung war nur ein Teil der Geschichte: die durch die Position des Mittelmotors erreichte Balance, Anzug und Kurvenstabilität versetzten den Miura in eine andere Dimension. Für den fortgeschrittenen Studenten mit dem notwendigen Kleingeld wurde mit ihm ein Traum war. Wer sich über den glorreichen Lärm, harte Gangschaltung und schlechtes Fahrverhalten in dichtem Verkehr beklagte, sollte sich einen angepassteren Wagen zulegen…

Der beste aus dem Stall war schließlich der 71er SV mit 385 PS und komplett veränderter Aufhängung, der sich aber nur ein Jahr hielt.

■ OBEN *Der Miura S von 1969: stabilere Karosserie, breitere Reifen, belüftete Scheibenbremsen und verbesserte Aufhängung.*

■ RECHTS *Der SV war der beste „aus dem Stall" er hatte 385 PS und hob bei hoher Geschwindigkeit nicht mehr ab.*

LAMBORGHINI

■ LAMBORGHINI ESPADA

Während andere italienische Superwagen sich zwar als Viersitzer ausgaben, bot nur Lamborghinis Espada wirklich Bequemlichkeit und Raum auch für die Passagiere im Fond.

Dieser dramatisch gestylte Wagen war sicherlich der schnellste Viersitzer der Welt, als er 1968 auf den Markt kam. Seine Spitzengeschwindigkeit lag bei beeindruckenden 241 km/h, bei späteren Versionen stieg sie sogar auf 249 km/h. Die Leistung wuchs von 325 PS bei der 1970er Serie 2 auf 350 PS bei der 1972er Serie 3.

Inspiriert von der Studie Marzal designte Bertone ein großes Coupé mit einer fließenden Fensterlinie und scharf geschnittenem Stummelheck. Das

■ OBEN *Der erste der Espadas erschien im Jahre 1968. Er war damals der schnellste Viersitzer der Welt, Lamborghinis Antwort auf den Rolls-Royce.*

■ LINKS *Man kann seine unverwechselbare Gestalt nur lieben oder hassen, auf gar keinen Fall läßt sie sich ignorieren: messerscharf und aggressiv – und sehr groß.*

■ UNTEN *Das originale Armaturenbrett ist unverschämt und stylisch. Der Espada bot ausreichend Platz für vier Erwachsene.*

■ OBEN *Das verglaste Heck half beim rückwärtsfahren. Dieses frühe Modell hat Aluräder mit Zentralverschluss.*

verglaste Heck über den Rückleuchten war einmalig und verbesserte die Sicht nach hinten.

Unter der riesigen Alumotorhaube verbarg sich Lamborghinis Vierer-nockenwellen 4-Liter V-Zwölf Maschine, die durch ein Fünfganggetriebe geschaltet wurde. Einzelradaufhängung mit Querlenkern sorgte für ausgezeichnetes Fahrverhalten, das Handling war hervorragend: seine Stabilität und die Tatsache, dass er nicht schlingerte, qualifizierten den Espada eindeutig für eine andere Liga als die meisten großen Viersitzer.

Die Produktion des Espada lief von 1968 bis 1978, und er bleibt einer der meistverkauften Lamborghinis aller Zeiten.

LAMBORGHINI ESPADA (1968-78)	
Motor	V-Zwölf
Hubraum	3929 ccm
Leistung	325-365 PS
Getriebe	5-Gang manuell 3-Gang Automatik
Spitze	241-249 km/h
Stückzahl	1217

■ OBEN *Mit manuellem Fünfganggetriebe und 365 PS brachte es der Espada von 1973 auf eine Spitzengeschwindigkeit von 248 km/h.*

■ UNTEN *Breite Spur, fette Reifen und gute Aufhängung sorgten für ausgezeichnetes Kurvenverhalten. Servolenkung und Automatik standen erst später zur Verfügung.*

LANCIA

■ LINKS *Im Hintergrund ein Aurelia der Serie 3, vorne ein Modell der Serie 6, luxuriöser und ausgereift.*

■ LINKS *Der B20 aus Serie 6 ist deutlich an den Ausstellfenstern in den Türen zu erkennen. Diese Wagen hatten 112 PS und viel Drehmoment aus der 2.5-Liter V-Sechs Maschine.*

■ LANCIA AURELIA B20 GT

Der Lancia Aurelia B20 war von Geburt an ein Klassiker. Er reifte in einem Prozess von sechs Entwicklungsstufen gründlich aus, bei denen kaum ein Gedanke an Kosten oder Kompromisse verschwendet wurde.
Anspruchsvolle Fahrer schätzten sein Tempo und das Handling – die Formel 1 Stars Fangio und Hawthorn liebten ihre B20er – während Design-experten Pininfarinas zukunftsweisende Coupélinie aufgrund ihrer eleganten Schlichtheit feierten. Sogar 1958, acht Jahre nach seinem ersten Erscheinen, war der B20 eine der schnellsten, stilvollsten Methoden, um rechtzeitig am Ziel anzukommen.

Geplant von Vittorio Jano war die Aurelia B10 Limousine im Jahr 1950 an vorderster Front, was das Styling betraf. Und auch als 1958 die letzten B20 Serie 6 Coupés aus Pininfarinas Werkstatt rollten, hatten es, wenn überhaupt, nur wenige andere Wagen geschafft mit dem Aurelia gleichzuziehen.

Frühe 2-Liter Aurelia Coupés (1. und 2. Serie) werden von den Kennern hoch geschätzt, während die B20 Coupés aus der 5. und 6. Serie einen sanfteren Tourencharakter haben als die früheren Wagen. Man kann ein Coupé aus der 6. Serie an den sich nach vorne öffnenden Ausstellfenstern sowie an Chromdachrinnen und Zierleisten auf der Motorhaube erkennen. Die selbsttragende Karosserie wurde aus gehämmerten und zusammengeschweissten Stahlblechen geformt.

Das Herz des B20 war eine V-Sechs Maschine, die erste in Serien gebaute, deren Hubraum bei den Coupés der 3. Serie im Jahre 1953 auf 2451 ccm erhöht wurde. Zum Zeitpunkt, als 1957 die Wagen der 6. Serie angekündigt wurden, leistete sie 112 PS.

Der Alu-Motorblock war kurz und steif und auf Gummi gelagert, um die Rauheit zu absorbieren, die in einigen Umdrehungsbereichen des V-Sechs Motors unvermeidbar ist. Er kam mit einer einzelnen Nockenwelle aus, die die leichten Alustößelstangen bediente. Die Ventile arbeiteten in einem halbkugelförmigen Brennraum; in der Mitte des Motors saß ein Weber-Vergaser.

Alle Aurelias verwendeten ein neues, hinten angebrachtes Getriebe, das in einem Alugehäuse saß und Kupplung, Differentialgetriebe sowie die Befestigung für die inneren Trommelbremsen beherbergte. Es hatte eine eigene Ölpumpe und verwendete Aluminiumverbindungen, die auf der Radnabe

■ LINKS *Die klassische Form des Aurelia entwickelte sich aus dem Cisitalia: er war der erste Gran Turismo der Welt.*

■ RECHTS *Die Hinterradaufhängung des Aurelia funktionierte ab Serie 4 mittels einer DeDion Achse.*

■ RECHTS *Vignale baute dieses Coupé auf dem Chassis, das Karosseriebauern zur Verfügung gestellt wurde.*

■ UNTEN *Auch von hinten perfekt: der Aurelia mit sanft fließender Dachlinie.*

■ UNTEN *Vignale war einer von vielen Karosseriebauern, die versuchten das Pininfarina Design zu verbessern, doch niemand kam der Eleganz des Originals nahe.*

angebracht waren, um Bewegungen und Abnutzung einzuschränken.

Die Wagen der 5. und 6. Serie hatten einen verstärkten ersten Gang und eine bessere Kupplung, behielten aber die Lenksäulenschaltung bei: ein Nardi Schaltknüppel war die zeitgenössische Version. Ab der 4. Serie wurde die Lancia Aufhängung ausgetauscht gegen ein DeDion System, das etwas voraussehbareres Fahverhalten bei feuchter Witterung gewährleistete.

Die Popularität des B20 war groß und dauerte an bis in die Ära des Flaminas. Die letzten 6er wurden 1958 gebaut.

LANCIA AURELIA B20 GT 6 SERIES (1950-58)

Motor	V-Sechs
Hubraum	2451 ccm
Leistung	112 PS
Getriebe	4-Gang manuell
TSpitze	180 km/h
Stückzahl	Alle Modelle: 3871

LANCIA

■ LINKS *Der Serie 3 Fulvia in der Version für den britischen Markt mit höher angebrachten Scheinwerfern.*

■ LANCIA FULVIA 1.6 HF

Umhüllt von Mystik und Mythologie war der 1.6 HF der Prinz unter den Fulvias. Er hatte einen herausragenden Rallyestammbaum – zwei gewonnene Weltmeisterschaften – lief 184 km/h Spitze und war rundum exotisch und muskulös.

Unter der Motorhaube verbarg sich ein Edelstein in Form des schmalwinkligen 1585 ccm V-Vier, der nur bei den frühen HF Modellen benutzt wurde. Er lief mit Weber 42 Doppelvergasern, die röhrende 115 PS bei 6200 U/min lieferten, nur ein paar speziell getunte Werkswagen hatten 132 PS. Das maßgeschneiderte Fünfganggetriebe verwendete das vergrößerte Gehäuse des Vierganggetriebes – um den Extrasatz von Zahnrädern zu beherbergen. Es trieb die Vorderräder an, und wie alle Fulvias hatte der HF ein hervorragendes Fahrverhalten. Die Dunlop Scheibenbremsen hatten keine Servo-Unterstützung.

Von außen war er leicht an den Radgehäusen zu erkennen: schwarze

■ OBEN *Die 2. Serie des 1.6 HF mit Alufelgen und Sitzen mit hohen Rückenlehnen.*

■ LINKS *Der Zagato war eine seltene Version mit Spezialkarosserie – hier der begehrte 1600er.*

■ OBEN *Der Fulvia, wie er original 1965 aussah, mit Stahl-Radkappen und großen Scheinwerfern.*

■ LINKS *Das saubergeschnittene Styling des Fulvia war zeitlos.*

GFK Leisten bedeckten die breiten Reifen, die auf Campagnolo Tiefbett-Alufelgen saßen. Das Heck saß relativ hoch, die Nase tief, und von vorn war ein leicht negativer Sturz der Räder zu erkennen, der den Grip verbessern sollte.

Andere Merkmale des HF waren das Fehlen der Chromzierleisten um die Abdichtung der Windschutzscheibe, die dezenten Firmenzeichen, Alutüren und -hauben und, am auffälligsten, große Scheinwerfer. Im Innenraum findet man leichtgewichtige Skelettschalensitze, dahinter eine knapp bemessene gepolsterte Sitzbank. Spätere „*lusso*" 1600HF waren weichere, luxuriösere Wagen – immer noch sehr schnell, aber weniger speziell.

Nur 1280 1.6 HF Fulvias wurden in den Jahren 68 und 69 gebaut, um die Zulassung für internationale Rallyes zu erhalten. Der HF war der geistige Vorläufer für späterer Homologations-Modelle wie M3 und Integrale „Evo".

Wenn das letzte Kapitel über die Autos des 20. Jahrhunderts geschrieben ist, wird der Fulvia mit Sicherheit als großartige Fahrmaschine dabei sein.

LANCIA FULVIA 1.6 HF (1968-69)

Motor	V-Vier
Hubraum	1588 ccm
Leistung	115-132 PS
Getriebe	5-Gang
Spitze	185 km/h
Stückzahl	1280

■ UNTEN *Mit der sehr frei drehenden 1.3-Liter Maschine war auch der serienmäßige Fulvia schnell – und praktisch.*

■ LINKS *Die V-Vier Maschine war ein Juwel, das – in seiner stärksten Form – bis zu 132 PS durch ein Vier- oder Fünfganggetriebe an die Vorderräder schickte.*

■ RECHTS *Das unverwechselbare Heck des Fulvia: unterhalb sieht man die einfache, aber effektive Starrachse und die Blattfedern.*

LANCIA

■ LINKS *Der straßentaugliche Stratos kam mit der Ferrari Dino Maschine auf 227 km/h.*

■ LANCIA STRATOS

Der sensationelle, keilförmige Lancia Stratos wurde entworfen, weil Lancia in den 70ern eine neue Waffe für Rennen benötigte. Gegen Ende der 60er begann der Fulvia HF veraltet zu wirken und brachte nicht mehr genug Kraft auf die Straße. Die 170 PS starken Renault Alpine hatten trotz ihrer empfindlichen Getriebe dem einst stolzen Lancia Coupé den Rang abgelaufen. Dem Chef von Lancias Sportabteilung, Cesare Fiorio, war klar, was gebraucht wurde: ein speziell zugeschnittener, für Rennen der Gruppe 4 zugelassener Wagen – kraftvoll, leicht, mit Mittelmotor. Stark genug, um bei rauhen Veranstaltungen wie der Safari-Rallye mitzuhalten und mit einem Fahrwerk, das sich nach Bedarf einstellen ließ.

Er fand seine Rettung an einem unerwarteten Ort: dem Stand von Bertone auf der Turiner Motor Show 1970. Da stand ein unglaublich niedriger, keilförmiger Wagen, genannt Stratos, als Abkürzung für Stratosphäre. Er war von dem jungen Marcello Gandini designt worden, der für seinen Lamborghini Miura bekannt war. Leicht und mit Mittelmotor ausgestattet hatte er eine Lancia Maschine, die V-Vier 1600 HF aus dem Fulvia: Fiorio sah sofort, dass das Layout des Wagens und die fast liegende Sitzposition bei einem Rallyewagen nicht brauchbar sein würden. Aber der Wagen lief aus eigener Kraft und das *Konzept* war da.

Mit der Zustimmung von Lancias neuem leitenden Direktor Ugo Gobbato wurden Bertone – und Gandini – 1971 damit beauftragt, ein konventionelleres Fahrzeug zu bauen. Gleichfalls mit Mittelmotor und dem selben Radstand, aber um einen neuen Motor herum entwickelt – den Ferrari Dino 2.4 V-Sechs. Außer bei einem einzigen 4-

■ LINKS *Nichts sah annähernd so aus wie der Stratos, der von Marcello Gandini von Bertone designt wurde. Er hat zur Nachahmung angeregt.*

LANCIA STRATOS (1973-75)	
Motor	DOHC V-Sechs
Hubraum	2418 ccm
Leistung	190 PS @ 7000 U/min
Getriebe	5-Gang
Spitze	228 km/h
Stückzahl	492

■ UNTEN LINKS *Die Maschine saß hinter den Köpfen der Beifahrer, die Scheinwerfer waren klappbar und der kurze Radstand sorgte für besondere Wendigkeit.*

■ UNTEN RECHTS *Die Stratos waren als Rallyewagen geplant. Der Straßenwagen entstand mehr zufällig; er existierte nur, um die Zulassung für Wettbewerbe zu erhalten.*

■ LINKS *Obwohl die Produktion des Stratos 1975 eingestellt wurde, standen noch bis 1980 neue Wagen zur Verfügung.*

■ UNTEN *Einige behaupten, dass 1000 der Stratos Straßenwagen produziert wurden, aber 500 ist wahrscheinlicher.*

■ LINKS *Der Stratos in seiner berühmten „Arbeitskleidung“ unter Alitalia Sponsorschaft.*

■ UNTEN *Der Stratos war das ultimative Abbild der Keilform. Der Achsabstand war nicht größer als der eines Mini.*

Zylinder Prototypen wurde bei allen anderen Stratos dieser eiserne Vierernockenwellen-Motor verwendet. Die vordere Aufhängung erfolgte mittels Schraubenfedern, Querlenkern und Stabilisatoren, während hinten ein stärkeres System von Federbeinen verwendet wurde – mit unteren Querlenkern. Sie ersetzten ein System aus Doppelquerlenkern und Schraubenfedern, die sich bei Tests als mangelhaft erwiesen hatte.

Ein Prototyp, der mehr oder weniger wie das spätere Serienmodell aussah, wurde 1971 auf dem Turiner Stand von Bertone gezeigt. Die Tests wurden 1972 und 1973 weitergeführt, bis Ende 1973 endgültig die Produktion begann. Es mussten 400 Wagen gebaut werden, bevor der Stratos die Zulassung für internationale Rallyes der Gruppe 4 erhielt. Einige behaupten, dass Bertone 1000 Wagen produzierte, andere meinen, es waren eher weniger als 500. Die letztere Zahl scheint die allgemein akzeptierte zu sein. Der Wagen erhielt die Zulassung schließlich am 1. Oktober 1974.

Bertone baute die GFK Karosserieteile in Turin, die Feinarbeiten (Zierleisten, Lackierung, Tests, etc.) fanden in Lancias Werk in Chivasso statt. Die Produktion wurde während des Sommers beschleunigt, um die Homologation zu bekommen – 1975 endete sie offiziell.

LINCOLN

■ LINCOLN CONTINENTAL

Sammler sehen heute in dem Lincoln Continental aus dem Jahre 1961 eines der einflussreichsten Autos Amerikas. Zu einer Zeit, als Heckflossen und Chrom bei den meisten Wagen immer noch populär waren, stellte Lincoln – eine Division von Ford – einen Wagen mit sauberen, schmucklosen Linien vor, der amerikanisches Größenmaß und europäisches Flair in sich vereinte. Die hinten eingehängte hintere Tür gab ihm in Amerika den Spitznamen „clap-door". Auf seinen scharf geschnittenen Flanken fand sich nur wenig dekorativer Chrom. Er wurde „der" Wagen der Reichen und Berühmten Amerikas, und sogar das Weiße Haus benutzte ihn,

■ OBEN *Der Continental aus Mitte der 50er war das luxuriöseste Fahrzeug der amerikanischen Automobilindustrie: Lincoln verlor Geld bei jedem Wagen, der gebaut wurde.*

■ OBEN *Der originale Continental war sofort ein Klassiker, inspiriert wurde er von Henry Fords Sohn Edsel.*

LINCOLN CONTINENTAL (1961-79)	
Motor	V-Acht
Hubraum	7045/7565 ccm
Leistung	300-365 PS
Getriebe	3-Gang Automatik
Spitze	201 km/h
Stückzahl	342781

■ RECHTS *Der gestreckte Lincoln Continental des Präsidenten, mit kugelsicherem Glas und Metall.*

■ UNTEN *Der MKII Continental wurde praktisch von Hand gefertigt und bot jedes nur erdenkbare Extra.*

■ RECHTS *Der MKII Continental von 1956 hatte für die Periode sehr klare Linien und war extrem teuer.*

■ OBEN *Der Continental aus dem Jahre 1961 erhielt viel Lob für sein Design.*

wenn auch nicht immer in glücklichen Stunden: 1963 wurde Präsident John F. Kennedy in einer Lincoln Continental Stretchlimousine in Dallas, Texas, ermordet.

Während der neunjährigen Produktionszeit wurden nur geringfügige Änderungen vorgenommen: ein bißchen Chrom hier, ein neuer Grill da – und fast jedes Jahr ein längerer Radstand. Aber grundsätzlich blieb die Form während der gesamten Zeit erhalten. Es gab allerdings von Anfang an auch ein viertüriges Cabrio mit elektrischem Verdeck und ab 1966 ein Hardtop Coupé. Der Continental hatte stets die größte V-Acht Maschine – zunächst 7.0-Liter, dann 7.5-Liter – automatisches Getriebe und jedes arbeitssparende Extra, das man sich vorstellen konnte: elektrisch verstellbare Sitze, Klimaanlage, Servolenkung, elektrische Fensterheber und vieles mehr. Mit 365 PS war der 2366 kg schwere Continental ein schneller Wagen, er lief bis zu 201 km/h. Aber wie alle amerikanischen Autos war er auf allem anderen als der geraden, glatten Straße schwer zu kontrollieren. Das war allerdings kein Kriterium für die Amerikaner mittleren Alters, die sich den Continental zulegten.

Er war für eine lange Zeit danach der letzte gutaussehende Lincoln. Der MkIII Continental – ein zweitüriger Luxuswagen – kündigte eine neue Ära von geschmacklosem Styling an.

■ RECHTS *Lincoln betonte Eleganz und Geschmack seines Flaggschiffes und nicht zuletzt seine Verbindung zum Weißen Haus.*

■ GANZ RECHTS *Der Continental hatte ein klares Design und kleine Flossen – war aber immer noch riesig…*

LOTUS

■ LOTUS 7

Obwohl der erste serienmäßige Lotus der Six aus dem Jahre 1953 war, der als Bausatz verkauft wurde und für Clubrennen gedacht war, war es der heute legendäre Seven, der die flügge werdende Firma auf den Weg zum Erfolg brachte. Der Wagen war ein sparsamer und extrem einfacher Zweisitzer mit einem geschickt konstruierten Zentralrohrrahmen Chassis und Aluminiumkarosserie, die wenig Zugeständnisse machte, um Fahrer und Passagier den Zugang zu erleichtern: es gab keine

■ OBEN *Der Seven: ein spartanischer Sportwagen, leicht, schnell und absolut ideal für Clubrennen.*

■ UNTEN *Ein super Seven wie dieser ist atemberaubend schnell. Der Stil hat sich über die Jahre nur wenig geändert.*

■ OBEN *Dies hier ist ein früher Seven, der mit einer Ford oder einer Coventry Climax Maschine zur Verfügung stand.*

■ RECHTS *Nur 15 Sevens wurden mit der begehrenswerten Lotus Doppelnockenwellen Maschine ausgestattet, wie sie auch im Elan benutzt wird.*

Türen, sondern nur ausgeschnittene Seitenbleche und bei geschlossenem Verdeck war das Einsteigen fast unmöglich. Minimale Kotflügel bedeckten die Vorderräder, die Scheinwerfer waren freistehend.

Vorne gab es Einzelradaufhängung mit Schraubenfedern, hinten verwendete man eine gut positionierte Hinterachse mit einer Schraubenfeder/Dämpfer-Einheit – was zu hervorragendem Handling führte. Die Motorleistung hing von der Wahl des Besitzer ab: die meisten gingen den Ford-Weg und entschieden

■ RECHTS *Ein frühes Modell mit Speichenrädern und polierter Aluminiumkarosserie. Der Seven war Chapmans erster Serienwagen.*

■ UNTEN *Der S4 aus den 70ern war ein Versuch am Markt des Midget/Spitfire teilzuhaben.*

LOTUS SEVEN UND SUPER SEVEN (1957-70)	
Motor	4-Zylinder
Hubraum	997-1599 ccm
Leistung	37-115 PS
Getriebe	4-Gang
Spitze	128-173 km/h
Stückzahlt	242/1350/350

sich für einen 100E Motor; ein paar verwendeten eine Coventry Climax FWA Maschine und einige bevorzugten die BMC A Serie.

Der Super Seven, der ab 1961 zur Verfügung stand, kam mit einer Serie von zunehmend stärkeren Maschinen: einem Cosworth-getunten 1340 ccm Ford Classic und später einer größeren 1498 Cortina GT oder Cosworth 1599 ccm Maschine. Zum ersten Mal gab es vordere Scheibenbremsen. Der S3 hatte eine Cortina Maschine – bis auf 15 Modelle, die mit einem Lotus Motor mit Doppelnockenwellen versehen waren.

Mit dem Versuch, das Konzept auf den neuesten Stand zu bringen – und ein Stück vom Markt der Midget/Spitfire abzubekommen – erhielt der Seven S4 im Jahre 1970 eine klobigere GFK Karosserie.

Er war weicher und zivilisierter als die früheren Modelle, und verbissene Seven Enthusiasten fanden keinen Gefallen an ihm. Trotzdem verkaufte er sich gut – mehr als 900 Wagen in drei Jahren. 1973 zog sich Lotus vom Kit-Car Markt zurück und übertrug die Rechte an Catherham Cars, wo der S3 bis heute gebaut wird.

■ UNTEN *Das Armaturenbrett verfügte nur über ein Minimum an Instrumenten, das Verdeck war eher funktional als schön.*

■ LINKS *Viele Lotusteile, wie etwa Anzeigeinstrumente fanden sich auch in billigeren Limousinen wieder.*

■ OBEN *Die offenen Kotflügel boten nur wenig Schutz vor Spritzwasser. Die Türen waren für mehr Armfreiheit abnehmbar.*

LOTUS

■ UNTEN *Mit seiner klaren, eleganten Linie ist der Elite wohl das schönste unter den Lotus Modellen. Er wurde von dem relativ unbekannten Peter Kirwan Taylor designt.*

■ LOTUS ELITE

War der Seven noch ein spartanischer Clubrenner, so stellte der Elite den ersten ordentlichen Lotus-Straßenwagen dar. Er war ein anspruchsvoller, kleiner GT mit hervorragendem Fahrverhalten und schönem Aussehen. Die ersten Prototypen erschienen 1957, offiziell vorgestellt wurde er 1959. Der Elite war der erste mit einem kompletten GFK-Monocoque, bestehend aus Bodengruppe und Karosserie mit einem Hilfsrahmen aus Metall. Die äußeren Verkleidungen wurden daran befestigt. Angetrieben wurde der Elite durch einen 1216 ccm Climax mit obenliegender Nockenwelle, der zunächst mit 71 PS in der Einzelvergaserform kam, später hatte er 83 PS mit Doppelvergaser. Die hohe Höchstgeschwindigkeit verdankte er seiner niedrig geschnittenen Form, die von Peter Kirwan Taylor designt wurde.

LOTUS ELITE (1959-63)	
Motor	4-Zylinder
Getriebe	1216 ccm
Leistung	71-105 PS
Getriebe	4/5-Gang
Spitze	177-209 km/h
Stückzahl	998

■ LINKS *Dank leichtgewichtiger Konstruktion und geschickter Aufhängung hatte der Elite ein ausgezeichnetes Handling.*

Was den Elite wirklich auszeichnete, war seine Wendigkeit. Er hatte Einzelradaufhängung mit Schraubenfeder-Dämpfer-Einheiten vorne und modifizierten MacPherson Federbeinen hinten

■ LINKS *Der Elite wurde 1959 vorgestellt, die ersten Prototypen gab es allerdings bereits 1957. Die Karosserie ist aus GFK – das Chassis ist nicht separat.*

■ RECHTS *Von Nahem kann man gut erkennen, wie der Elite den Elan beeinflusst hat. Aufgrund ihrer Form konnten die Fenster nicht besonders weit heruntergekurbelt werden.*

(Chapman Federbeine). Er nahm Kurven wie ein Go-kart, ohne dabei an Fahrkomfort einzubüßen, hatte Zahnstangenlenkung und leistungsfähige Scheibenbremsen an allen Rädern.

Das Auto wurde überall gelobt, hatte jedoch seine Probleme. Die Schalenbauweise sorgte für Trommelgeräusche und Vibrationen. Der Innenraum war äußerst schlecht belüftet – die Form der Fenster führte dazu, dass sie nicht ganz geöffnet werden konnten. Die Qualität lag nie an der Spitze, und der Preis war hoch – höher als bei einem Jaguar XK150. Ab 1960 gab es eine veränderte Hinterradaufhängung und verbesserte Innenausstattung.

Das SE Modell hatte 85 PS mit ZF Fünfganggetriebe anstelle der serienmäßigen von BMC stammenden Einheit. Es wurden auch 95, 100 und 105 PS Versionen angeboten, bis Lotus im Jahre 1963 schließlich den Elite aus dem Programm nahm.

■ LINKS *Der Elite lag unheimlich niedrig und erreichte so mit der stärksten zur Auswahl stehenden Maschine 209 km/h.*

■ OBEN *Die Einfachheit des Armaturenbretts reflektierte das Profil des Wagens. Ein komfortables Interieur war nicht die Stärke des Elite.*

■ RECHTS *Superbes Handling und ein gutes Verhältnis von Kraft und Gewicht machten den Elite zum beliebten Rennwagen.*

LOTUS

LOTUS ELAN

Der Elan erschien zuerst im Jahre 1962. Mittelpunkt der Konstruktion war ein Chassis mit gabelförmigem Stahlrahmen. Das Fahrwerk hatteQuerlenker und Schraubenfedern vorn sowie Chapman Federbeine und untere Querlenker hinter. Dazu gab es Stahlräder mit Zentralverschluss. All dies brachte dem Wagen enorme Wendigkeit und hervorragendes Fahrverhalten. Die Lenkstange stammte von Triumph, die vier Scheibenbremsen von Girling.

Die 105 PS Maschine des Elan hatte zwei kettenangetriebene Nockenwellen. Der Motorblock stammte direkt von Ford, wie auch das Vierganggetriebe.

Dieser kraftvolle, leichte Wagen war von Natur aus gut ausbalanciert und unersättlich schnell gemessen am Standard. Er wurde zehn Jahre lang produziert. Während dieser Zeit gab es ihn als Coupé sowie als größeren Zwei-plus-Zwei. Und die Qualität wurde ständig verbessert.

Der 1971er Sprint war die letzte Blüte des 1962er Elan, versehen mit einer von Tony Rudd entwickelten großventiligen Maschine, die 25 Prozent mehr Leistung brachte – 126 PS bei 6500 U/min. Die Beschleunigung, die bis dahin rapide

■ LINKS *1962 folgte der Elan – hier ein Modell aus den frühen 70ern – dem Elite.*

■ UNTEN *Wenn jemand hinter dem Lenkrad saß, wurde offenbar, wie klein der Elan war.*

■ OBEN *Die Doppelnockenwellenmaschine basierte auf dem Eisenblock aus dem Ford Cortina. Sie gab dem leichtgewichtigen Elan hervorragende Beschleunigung.*

LOTUS ELAN (1962-73)

Motor	Vierzylinder-Reihe
Hubraum	1588 ccm
Leistung	105-126 PS
Getriebe	4/5-Gang manuell
Spitze	185-189 km/h
Stückzahl	12220

■ GANZ LINKS *Das Elan Coupé war ab Mitte der 60er ein beliebtes Modell.*

■ LINKS *Wie alle Lotus Modelle hatte auch der Elan eine GFK Karosserie, die zwar nicht rostete, aber anfällig war für Brüche und Risse.*

■ RECHTS *Drei verschiedene Elan: ein frühes Modell, der SE und der Sprint. Beachten Sie die Räder mit Zentralverschluß und die abstehenden Türgriffe. Die Hauben waren abnehmbar, um einen besseren Zugang zum Motor zu gewähren.*

gewesen war, war nun explosiv: der Sprint erreichte 100 km/h genauso schnell wie ein Lamborghini Islero und war im höchsten Gang bis knapp 130 km/h vergleichbar mit einem 246 Dino oder dem Porsche 911E. Die Maschine lief – laut Lotus – ruhiger als bei früheren Modellen. Die großventiligen Sprints benutzten wieder Weber Vergaser, und einige verwendeten das weiterentwickelte Austin Maxi Getriebe aus dem Plus 2.

Die Elan-Produktion endete 1973, als Lotus versuchte, das „Kit-Car"-Image zu ändern – es hatte das Auto auch als Do-it-yourself-Bausatz gegeben – und beschränkte sich auf hochklassige Sportwagen wie Elite und Esprit.

ANDERE MARKEN

■ LAGONDA

Von David Brown im Jahre 1947 gekauft und heute Teil von Aston Martin wurde Lagonda 1906 von dem Amerikaner Wilbur Gunn in Staines, Middlesex gegründet. Bereits vor 1939 produzierte die Firma sowohl leichte Automobile als auch kraftvolle Tourenwagen. Die Übernahme durch David Brown machte es möglich, dass der letzte Entwurf von Bentley in Form des 2.6-Liter in die Produktion aufgenommen wurde. Lagondas wurden mit einer kurzen Unterbrechung bis 1965 hergestellt. Dann gab es bis 1974/75 eine weitere Produktionspause, 1976 erschien dann der keilförmige V-Acht. Seit 1990 werden keine Lagondas mehr hergestellt.

■ LANCHESTER

Der Lanchester aus dem Jahre 1895 war bemerkenswert, da er von Grund auf als Automobil hergestellt wurde statt als pferdelose Kutsche. Der innovative Geist der Gebrüder Lanchester ist in all ihren Produkten aus der Zeit von vor 1930 zu erkennen. Sie waren die Pioniere unter den britischen Automobilherstellern. Aber nach der Übernahme durch BSA – die auch Daimler kontrollierten – im Jahre 1931 verblich Lanchester langsam. Mit Ablauf des Jahres 1956 wurde die Marke stillschweigend aus der Produktion genommen.

■ LEA-FRANCIS

In den späten 20ern baute die britische Firma Lea-Francis hervorragende, kleine Sportwagen, doch 1935 gingen ihnen die Gelder aus, und die Firma musste umorganisiert werden, bevor 1938 ein neues Modell auf den Markt gebracht werden konnte. Nach dem Krieg wurden neue, teure Versionen der Vorkriegsmodelle verkauft. Der letzte Wagen wurde 1960 gebaut.

■ LLOYD

Die Produktion der Lloyd Wagen, die dem Geiste des britischen Autohändlers Roland Lloyd entsprungen waren, begann im Jahre 1936 mit dem mit Heckmotor betriebenen 350 Modell. Es folgte der wesentlich ausgereiftere 650, der ab 1946 gebaut wurde und dessen Produktion bis in die 50er Jahre andauerte; wegen des hohen Preises verkaufte er sich jedoch nur schlecht.

■ LMB

Leslie Bellamy machte sich einen Namen als Schöpfer des LMB. 1950 vereinigte er sich mit Nordec und wurde eine Schlüsselfigur in der Versorgung der britischen Fords mit Feineinstellungswerkzeugen. Der kurzlebige LMB Debonair war das logische Ergebnis aus diesem Unternehmen; er wurde sowohl von LMB als auch von EB gebaut.

MASERATI

■ MASERATI GHIBLI

Maserati erdachte den Ghibli 1967 als das optimale Straßenfahrzeug der späten 60er. Vielleicht war er technisch nicht so ausgereift wie seine Konkurrenten von Ferrari (der 275 GTB/4) und Lamborghini (der 350GT). Aber er sah mindestens genauso gut aus mit seiner schlanken, flachen Gestalt. Die hatte der talentierte, junge Designer Giorgetto Giugiaro entwickelt, der zu der Zeit für Ghia tätig war. Bis heute ist er stolz auf dieses Werk, und einige sagen, dass der Ghibli besser aussieht als der Daytona.

Die Leistung ließ nichts zu wünschen übrig, obwohl Maserati keinen Versuch machte das Gewicht der luxuriösen Stahlkarosserie zu reduzieren. Ausgestattet mit der 4.7 V-Acht Maschine – ein Vierernockenwellen Modell, das verwandt war mit einem Typ, der seinen Ursprung in den 300S Rennwagen der 50er nahm – lief der Ghibli 241 km/h.

■ OBEN *Der Ghibli: Maseratis Antwort auf Ferraris 275 GTB und Lamborghinis 350GT. Er war schöner, aber nicht so anspruchsvoll.*

■ LINKS *Die messerscharfen Linien stammten von Ghia-Designer Guigiaro. Auch eine Spider Version war erhältlich.*

■ LINKS *Die V-Acht Maschine des Maserati hatte ihren Ursprung in dem attraktiven 450S Renner aus dem Jahr 1957 und wurde bis in die 90er hergestellt.*

■ RECHTS *Anders als bei der Konkurrenz war die Karosserie des Ghibli aus Stahl – kein Leichtgewicht also. Spitzengeschwindigkeit lag mit der größten Maschine und Handschaltung bei 265 km/h.*

■ UNTEN *Die im Ghibli montierte V-Acht hatte 330 bis 335 PS mit enormem Drehmoment.*

■ UNTEN *Es sah so aus, als ob der Ghibli ein Heckklappen Modell wäre, aber der Zweisitzer hatte einen konventionellen Kofferraum.*

■ RECHTS *Der seltene Ghibli Spider wurde gebaut, um auf dem amerikanischen Markt gegen den Daytona Spider anzutreten. Heutzutage ist er der wertvollste Ghibli.*

MASERATI GHIBLI (1967-73)	
Motor	V-Acht
Hubraum	4719/4930 ccm
Leistung	330-335 PS
Getriebe	5-Gang manuell 3-Gang Automatik
Spitze	265 km/h
Stückzahl	1274

Mit der 4.9-Liter SS Maschine stieg die Geschwindigkeit auf 265 km/h, obwohl sie nur 5 PS mehr hatte. Diese gefügigen Maschinen bestachen eher durch das Drehmoment als durch ultimative Stärke. Das Automatikgetriebe beschnitt natürlich die Leistungsausbeute merklich; die meisten Ghiblis fuhren denn auch mit dem manuellen ZF 5-Ganggetriebe.

Maserati verwendete eine konventionelle Aufhängung, die beim Ghibli hervorragend funktionierte. Er bot gutes Kurvenverhalten und eine präzise, schwere Lenkung, die aber bei hoher Geschwindigkeit leichter wurde.Die großen Bremsscheiben an allen Rädern leisteten gute Arbeit beim Stoppen des stattlichen Gefährts.

Um die Attraktivität speziell für den amerikanischen Markt zu vergrößern, wurde 1969 eine Spider Version des Ghibli vorgestellt, die jetzt eines der von Sammlern begehrtesten Nachkriegsmodelle aus dem Hause Maserati ist.

Diejenigen, die Viersitzer bevorzugten, konnten sich den Indy aus dem Jahre 1969 zulegen, der technisch mit dem Ghibli fast identisch war, aber eine von Vignale designte, weniger ansprechende Form hatte. Die Ghibli Produktion endete 1973, als die von Citroën beeinflussten Bora und Khamsin erschienen.

MASERATI

■ LINKS *Das eckige Styling des Khamsin stammte von Marcello Gandini von Bertone.*

■ UNTEN *Die niedrige Karosserie machten Klappscheinwerfer zur Voraussetzung.*

■ MASERATI KHAMSIN

Der Maserati Khamsin war ein Supersportwagen mit Frontmotor, der zunächst auf der Pariser Auto Show von 1972 vorgestellt wurde. Die eigentliche Produktion begann erst 1974. Benannt worden war er nach einem ägyptischen Wind. Die Stahlkarosserie war von Bertone entworfen worden. Sie gab dem Khamisn eine eckige Kontur, pfeilgleich, mit einem herabstürzenden Keilprofil und abrupt endendem Stummelheck. Eine Besonderheit war das verglaste Heck mit Rückleuchten, die durch die Glasabdeckung gehalten wurden.

Das klotzige Armaturenbrett, dessen Oberseite mit häßlichem Nylon bedeckt war, ließ die Symmetrie und Zurückhaltung der geschmackvolleren Maseratis aus den 60ern vermissen. Aber die Klimaanlage kam serienmäßig, die Lenksäule war verstellbar und die Sitzhöhe ließ sich hydraulisch regulieren.

Alle Khamsins kamen mit der klassischen Maserati Vierernockenwellen V-Acht Maschine. Sie war so eingebaut, dass bei gefülltem Benzintank (91 Liter) die Gewichtsverteilung ideale 50/50 betrug. Der Stammbaum dieses Powerpaketes aus Leichtmetall war tadellos. Er wurde 1965 als 450 vorgestellt; der erste Straßenwagen war Maseratis Flaggschiff, der 5000GT, der 1959 erschien. Es gab 4.2 und 4.7 V-Achter, aber der Khamsin kam nur als Trockensumpf 4.9 mit 320 PS bei 5500 U/min. Seine Stärke aber war das Drehmoment: kolossale 481.4 Nm bei 4000 U/min.

Als Indy- und Ghibli-Nachfolger unterschied sich der Khamsin von seinen 60er Jahre Vorgängern mit Frontmotor durch die Verwendung einer hinteren Doppelquerlenker-Aufhängung. Außerdem benutzte er Citroën-Hydrauliken für Lenkung, Bremsen, Kupplung, Klappscheinwerfer und für die Einstellung des Fahrersitzes. Er war der letzte Maserati, mit spürbarem französischen Einfluß: als die Produktion des Khamsin 1975 in Schwung kam, war Citroën bereits ausgestiegen. Als letzter Wagen mit Frontmotor im Zeichen des Dreizacks hat der Khamsin einen besonderen Platz in der Geschichte der Marke.

■ OBEN *Die Spitzengeschwindigkeit des Khamsin lag mit Handschaltung bei 245 km/h.*

■ OBEN *Das Interieur war bestückt wie das Cockpit eines Flugzeuges.*

MASERATI KHAMSIN	
Motor	V-Acht
Hubraum	4930 ccm
Leistung	320 PS @ 5500 U/min
Getriebe	5-Gang manuell 3-Gang Automatik
Spitze	246 km/h
Stückzahl	421

■ RECHTS *Der Bora war Maseratis erster Wagen mit Mittelmotor, obwohl immer noch der alte Vierernockenwellen V-Acht verwendet wurde. Die Form war von ItalDesign.*

■ MASERATI BORA AND MERAK

Als Lamborghini mit dem Mittelmotor-Modell Miura die technische Richtung angab, wußten die Kritiker, dass es nur eine Frage der Zeit war, bis Ferrari und Maserati nachziehen würden. Tatsächlich dauerte es bis 1973, dass Ferraris Berlinetta Boxer erhältlich war, geschlagen von Maserati, die es mit dem Bora schon 1971 schafften.

Wie schon beim Ghibli wurde Giugiaro mit dem Styling betraut. Er hatte sich von Ghia getrennt, um sein eigenes Studio, Ital Design, aufzumachen. Die Form des Bora, die zuerst im Jahr 1969 diskutiert wurde, war elegant und klar, ließ aber die animalische Schönheit des Ghibli und des Miura vermissen. Dass der Bora schnell war, verstand sich von selbst: die 12 Jahre alte 4.7-Liter V-Acht Maschine mit 310 PS brachte ihn auf 281 km/h; 80 km/h erreichte er spielend im zweiten Gang. Mehr noch, der Bora war ein ausgereifter Wagen: man konnte sich mit seinem Beifahrer auch bei 241 km/h noch gut hörbar unterhalten. Das hatte es bis dahin bei Wagen mit Mittelmotor nicht gegeben. Mit Citroën am Steuer war es kein Wunder, dass komplexe Hydrauliken für Bremsen, Pedale, Sitze und Lenksäuleneinstellung verwendet wurden. Das Fahrverhalten war äußerst stabil, ein großer Vorteil gegenüber dem Ghibli mit Frontmotor.

MASERATI BORA (1971-80)	
Motor	V-Acht
Hubraum	4719/49430 ccm
Leistung	310-320 PS
Getriebe	5-Gang manuell
Spitze	257 km/h
Stückzahl	571

■ OBEN *Der Innenraum des Bora war zivilisiert und auch bei hohem Tempo bemerkenswert leise.*

■ RECHTS *Von vorne konnte man den Bora und den Merak kaum unterscheiden; der Merak hatte extra Rücksitze.*

■ OBEN *Das Maserati Zeichen stammt aus der Zeit der Firmengründung, 1926.*

■ LINKS *Der Bora lief 257 km/h, aber er war nie so populär wie zeitgenössische Ferraris.*

1972 bekam der Bora einen kleinen Bruder, den Merak. Auf den ersten Blick sah er aus wie der Bora – er hatte das selbe Vorderteil – aber von der B Säule an nach hinten unterschieden sich beide. Die Maschine war der 3-Liter V-Sechs aus dem Citroën SM, der wesentlich kürzer als der V-Acht war und so Platz für zwei Rücksitze ließ. Der Merak fuhr sich gut, aber ihm fehlte der ultimative Druck. Ein Kritikpunkt, der mit der 1975er SS Version beantwortet wurde, deren Leistung von 190 PS auf 220 PS gesteigert wurde.

Der Bora änderte sich während seiner neunjährigen Geschichte nur wenig, 1980 endete die Produktion; der Merak folgte 1981.

MAZDA

■ MAZDA COSMO

Mit dem futuristisch aussehenden Cosmo 110S aus dem Jahre 1967 schlug Mazda um Haaresbreite NSU als Hersteller von Serienfahrzeugen mit Doppelkolben Wankelmotor. Wie der Ro80 wurde auch der Cosmo von Grund auf für die neue Maschine entwickelt, wobei seine kompakte Form und das gute Verhältnis von Kraft zu Gewicht

MAZDA COSMO (1966-72)	
Motor	Doppelkolben Wankel
Hubraum	2000 ccm
Leistung	110-128 PS
Getriebe	4/5-Gang manuell
Spitze	186-201 km/h
Stückzahl	1176

■ GANZ LINKS *Vom Stoßfänger unterteilte Rückleuchten waren eins der besonderen Merkmale des Cosmo.*
■ OBEN LINKS *Der Cosmo war Mazdas erster Ausflug in die aufregende Welt der Hochleistungswagen.*
■ UNTEN LINKS *In Japan laufen noch heute Spitzenmodelle unter dem Namen Cosmo.*

ein Vorteil waren. Der Hubraum entsprach etwa zwei Litern mit einer Leistung von 110 PS bei 7000 U/min. Anstelle einer Auslegung des Motors für maximale Leistung verwendete Mazda eine Konstruktion für verstärk-tes Drehmoment, ruhigen Leerlauf und minimalen Benzinverbrauch bei langsamem Tempo.

In jeder anderen Hinsicht war der

■ LINKS *Mit dem Cosmo schlug Mazda NSU um Haaresbreite als Hersteller des ersten serienmäßigen Fahrzeugs mit Drehkolbenmotor. Es handelte sich jedoch um ein Testmodell, und nur 1176 wurden gebaut.*

■ UNTEN *Der Drehkolbenmotor wurde mit der Lizenz von Dr. Felix Wankel gebaut. Er hatte weniger Anfangsschwierigkeiten als die NSU Einheit.*

110S ein konventionelles, schickes Luxussportcoupé, um gegen Porsche 911 oder den Jaguar E-Type anzutreten. Die Höchstgeschwindigkeit lag bei 186 km/h; der Cosmo kam in etwa 10 Sekunden von 0-100. Er drehte 7000 U/min in der gewohnten sanften, vibrationslosen Wankelqualität. Mit einer DeDion Achse hinten und Querlenkern vorn bot er exzellentes Handling bei relativ hartem Fahrkomfort. Gebremst wurde mittels vorderer Scheiben- und hinterer Trommelbremsen. Der Cosmo veränderte sich über die sechs Jahre der Produktionsdauer nur wenig, erhielt als 1968er „B" Modell ein 5-Ganggetriebe, einen längeren Radstand sowie etwas mehr Leistung (128 PS).

Heute ist Mazda die einzige Firma, die den Wankelmotor immer noch serienmäßig verwendet. Bekanntester Wankeltyp wurde der Sportwagen RX7.

■ OBEN *Der Cosmo wurde gebaut, um gegen den Porsche 911 und den Jaguar E-Typ anzutreten; er verwendete eine DeDion Hinterachse. Spätere, kraftvollere Modelle erreichten 210 km/h.*

ANDERE MARKEN

■ MARAUDER

Der 160 km/h schnelle Marauder wurde von den Rover Ingenieuren George Mackie, Peter Wilks und Spen King geschaffen, die hierfür ihre eigene Firma gründeten. Die Karosserien wurden hergestellt von Richard Mead und Abbey Panels. Nur 15 der auf dem P4 basierenden Wagen wurden gebaut, bevor steigende Kosten das Projekt beendeten.

■ MARCOS

Marcos stellt seit 1959 in Großbritannien Wagen her, als Jem Marsh und Frank Costin ihren ersten Wagen bauten. Der klassische 1800 im Dennis Adams Design verhalf der Firma zu ihrem Ruf, aber der viersitzige Mantis von 1970 erschien zu einem ungünstigen Zeitpunkt. Im Folgejahr wurde die Produktion eingestellt und erst in den 80ern wieder aufgenommen.

■ OBEN *Der heutige Cosmo ist ein luxuriöses Hightech Flaggschiff beladen mit anspruchsvoller Elektronik.*

■ RECHTS *Mitte der 80er sah der Cosmo sehr gewöhnlich aus, hier eine Coupé Version aus dem Jahr 1975.*

MERCEDES-BENZ

■ UNTEN *Der 300SL Roadster wurde 1957 angekündigt; er hatte ein besseres Fahrverhalten als der Flügeltürer.*

■ MERCEDES-BENZ 300SL

Der Mercedes-Benz 300SL war einer der sensationellsten Sportwagen der 50er. Und er war mit einer Spitzengeschwindigkeit von 209–249 km/h, je nach Achsübersetzung, auch einer der schnellsten. Nur eine Handvoll Ferrari und Maserati konnten mit dieser Leistung Schritt halten – und, streng genommen, waren sie nicht derart ausgereifte Serienautos wie der SL.

Das ursprüngliche Coupé mit seinen einzigartigen, im Dach eingehängten Flügeltüren, wurde im Februar 1954 vorgestellt – obwohl die in Le Mans gewinnenden Prototypen bereits 1952 eine kleine Vorschau gegeben hatten. Die Karosserie bestand aus Stahl mit Alublechen und wurde gestützt von einen komplexen Rohrrahmen, wie er niemals davor oder danach bei einem Straßenwagen verwendet wurde. Hohe Schweller machten die Verwendung der Flügeltüren notwendig. Mit seinen aufgesetzten Kanten über den Radkästen und der sanft gerundeten Karosserie hatte der SL einen hohen

■ LINKS *Das Cabrio war speziell für den Geschmack der Amerikaner designt. Es war einfach zu bedienen.*

■ OBEN *Der Querschnitt zeigt die schräg liegende 6-Zylinder Maschine und die Aufhängung mit Schraubenfedern.*

■ RECHTS *Mr. und Mrs. Hancock mit ihrem neuen 300SL Cabrio. Bei populären Stars waren die Wagen besonders beliebt.*

■ LINKS *Die Flügeltüren der Coupés ermöglichten hohe, breite Schweller, aber sie waren im Falle eines Unfalls, wenn der Wagen auf dem Dach lag, schwer zu öffnen.*

■ UNTEN *Die 300SLR-Gewinner von Le Mans gaben einen kleinen Vorgeschmack auf den 300SL.*

■ OBEN *1858 Roadsters wurden hergestellt, bevor der neue 230SL im Jahre 1963 übernahm.*

■ OBEN *Das Interieur war wunderschön gefertigt, aber ein bißchen überladen – achten Sie auf das weiße Lenkrad.*

■ OBEN *300SLs liefen zwischen 209 km/h und 241 km/h, abhängig vom Achsenverhältnis.*

Wiedererkennungswert auf der Straße. Unter der Motorhaube verbarg sich ein fortschrittlicher 3-Liter Einspritzmotor mit obenliegender Nockenwelle, der schräg eingebaut wurde, um die Linie der Haube flach zu halten. Der Motor stammte ab von den 6-Zylinder Maschinen, die in den großen 300er Limousinen verwendet wurden. Mit ihm wurde durch die Verwendung von Einspritztechnik bei Straßenfahrzeugen Neuland betreten. Er hatte 240 PS bei 6100 U/min. In Großbritannien kostete er fast doppelt so viel wie der Jaguar XK140 – so blieb der 300SL den Reichen vorbehalten, und besonders die Stars liebten ihn.

Der 300SL hatte jedoch seine Probleme. Die hintere Radaufhängung verlangte einen Experten am Steuer, wenn der SL bei Höchstgeschwindigkeit gefahren wurde. Iin den richtigen Händen jedoch war er extrem leistungsfähig, wie seine Renn- und Rallyeerfolge beweisen. Die Karosserie litt unter undichten Stellen und die Rahmenkonstruktion war schwer zu reparieren – was ihn bei den Händlern nicht besonders beliebt machte.

Nach der Produktion von nur 1400 Flügeltüren-Coupés wurde er durch den 1957er Roadster ersetzt – dem erfolgreichen Versuch, besser mit dem 300SL klarzukommen. Ein überarbeitetes Fahrwerk machte das Fahrverhalten vorhersehbarer. Dazu gab es nun wieder herkömmliche Türen. Der Roadster wurde erfolgreicher als der Flügeltürer. 1858 Exemplare hatten einen reichen Besitzer gefunden, als die Produktion 1963 eingestellt wurde, um Platz zu schaffen für den weniger außergewöhnlichen 230 SL.

MERCEDES-BENZ 300SL (1954-63)

Motor	SOHC Reihen-6-Zylinder
Hubraum	2996 ccm
Leistung	240 PS
Getriebe	4-Gang manuell
Spitze	209-241 km/h
Stückzahl	1400 Coupés 1858 Roadsters

MERCEDES-BENZ

■ MERCEDES-BENZ 230/250/280SL

Die 230, 250 und 280SL Mercedes Sportwagen sind heute so gefragt wie in ihrer Blütezeit während der 60er. Sie bieten eine Mischung aus schickem Styling, deutscher Qualität und Technik sowie temperamentvollen Fahreigenschaften, der nur wenige gleichkommen. Die Autos waren nicht nur bei weiblichen Fahrern besonders beliebt, auch Stirling Moss, der zeitweise den Grand Prix und andere Rennen für Mercedes fuhr, besaß einen 250SL. Ein guter SL kann seinen Fahrer durch gutes Handling und Straßenlage, ausgezeichnete Bremsen und sein überraschend sportliches Automatikgetriebe begeistern.

Einige fanden ihn zu aufwendig, geräumig und genußsüchtig, um ein richtiger Sportwagen zu sein. Dennoch hat er sich selbst bei Europas härtester Rallye bewiesen, dem Marathon de la Route, der von Spa über Sophia nach Liège ging, und der 1963 von Eugen Böringer in einem 230SL gewonnen wurde. SL – zuerst verwendet beim 300SL aus den 50ern – stand für „Super Leicht", obwohl die Wagen eher schwergewichtig waren. Der 230SL wog

■ OBEN *Der 250SL hatte eine etwas größere 6-Zylinder Maschine und vier Scheibenbremsen.*

■ LINKS *Der 190SL war der Vorgänger des 230SL. Er war eine billige Alternative zum 300er und hatte aufgrund der 190er Maschine wesentlich weniger Leistung.*

MERCEDES-BENZ 230/250/280SL (1963–71)	
Motor	6-Zylinder
Hubraum	2306/2496/2778 ccm
Leistung	150-170 PS
Getriebe	4/5-Gang manuell 4-Gang Automatik
Spitze	193-204 km/h
Stückzahl	19831/5186/23885

■ LINKS *Die klaren Linien des 230SL haben die Jahre gut überstanden.*

■ RECHTS *Der 280SL war der letzte Wagen mit Pagoden-Dach und wahrscheinlich der beste. Trotz Automatikgetriebe war er recht schnell – 193 km/h.*

1295 kg, der 280SL brachte es sogar auf 1415 kg. Das einzige Zugeständnis, das bezüglich Gewichtsreduzierung gemacht wurde, war die Verwendung von Aluminium für Türen, Motorhaube oder Kofferraumdeckel.

Die ersten 230SL – mit abnehmbarem „Pagode“ Hardtop – wurden im März 1963 gebaut. Sie hatten eine 150 PS 6-Zylinder Maschine (mit Bosch Einspritzung), vordere Scheibenbremsen und, auf Wunsch, Servolenkung. Die Verkaufszahlen lagen 1967 bei fast 20000, als der 230 Platz machte für den 250SL. Die Leistung blieb bei 150 PS, aber die Maschine war sanfter und hatte ein höheres Drehmoment. Der 250 hatte serienmäßig vier Scheibenbremsen und Servolenkung. Der Beste von allen war jedoch der 280SL, der von 1967 bis 1971 produziert wurde.

Dieses 170 PS starke Modell lief mit Automatik hervorragend, obwohl es ihn auch in manuell geschalteter 4- und – seltenerer – 5-Gang Version gab. Vom 280SL wurde 23885 Exemplare gebaut.

■ GANZ LINKS *Der SL aus den 70ern war der mit V-Acht Motor ausgestattete 350SL, der während seiner 20-jährigen Produktionsdauer beliebt war.*

■ LINKS *Breite Spur und breite Reifen gaben dem SL Griffigkeit und gutes Handling.*

■ OBEN *Alle SL hatten einen 6-Zylinder Einspritzmotor, der für seine Zuverlässigkeit bekannt war.*

■ LINKS *Der 230SL wurde 1963 eingeführt. Sein Styling veränderte sich während zehnjähriger Produktionsdauer kaum.*

MERCEDES-BENZ

■ RECHTS *Von vorn erkennt man das 3.5-Liter Cabrio an den doppelten Scheinwerfern. Die Form der Karosserie geht zurück auf die 60er.*

■ MERCEDES-BENZ 280SE 3.5 COUPÉ

Die eleganten Mercedes-Benz W111 Coupés und Cabrios basierten auf den neuen Limousinen der mittleren Baureihe. Stylist Paul Braqc, der später den 230SL entwarf, verzichtete aber auf deren plumpe Heckflossen. Er zeichnete für das Coupé ein straffes, vom Detroiter Stil beeinflusstes, Dach – ohne Säulen – mit moderner Panorama Windschutz- und Heckscheibe, eckigeren hinteren Flanken und Doppelschein werfern vorne. Ihre Abdeckungen spiegelten das Design der Limousinen wieder. Die Türen waren lang und schwer; das runde Profil der Seiten – versehen mit einem Knick, um die Fläche aufzulockern – drückte Gewicht und Stärke aus.

1962 erschien das luftgefederte, servogelenkte 300SE Coupe mit vier Scheibenbremsen, das die große 160 PS 3-Liter Maschine verwendete, die man zuerst ein Jahr zuvor in den Heckflossen Limousinen gesehen hatte. 1965 änderte sich alles. Von diesem Punkt an übernahmen die Zweitürer die technischen Details von den neuen W108 Limousinen der S-Klasse, die die Heckflossenmodelle als Topmodelle in jenem Jahr ablösten. Mit neuem Getriebe und größeren Reifen war das 250 Coupé, das gleichfalls mit vier Scheibenbremsen ausgerüstet war, fast so schnell wie der 300. So schien es für Beobachter absolut logisch, dass die Stuttgarter Firma 1967 die Coupé Linie durch ein einziges Modell, den 280SE, ersetzte, dessen sanfter 2778 ccm Einspritzmotor 160 PS lieferte.

Der letzte und beste Nachkomme der W111 Coupés war der 1969er V-Acht, der verwirrenderweise 280SE 3.5 bezeichnet wurde. Gebaut wurde er vor allem, um den amerikanischen Käufern zu gefallen. Er hatte eine Einnockenwellenmaschine mit elektronischer Einspritzung und 200 PS bei 5800 U/min, brachte es auf 201 km/h mit einer Beschleunigung von 0-100 in weniger als zehn Sekunden.

Die W111 wurden bis 1971 gebaut, als der 350SLC auf den Markt kam.

■ OBEN *Dies ist ein frühes 6-Zylinder Cabrio 220 mit vertikalen Scheinwerfern auf beiden Seiten.*

■ OBEN *Das Coupé hatte deutlich amerikanischen Einfluss. Das 3.5 Zeichen auf dem Heck verrät, dass es sich um einen V-Acht handelt.*

MERCEDES-BENZ 280 SE 3.5 COUPÉ (1969–71)

Motor	SOHC Einspritzer 90-Grad V-Acht
Hubraum	3499 ccm
Leistung	200 PS @ 5400 U/min
Getriebe	5-Gang manuell 4-Gang Automatik
Spitze	201 km/h
Stückzahl	4502

■ LINKS *Neben dem 600 waren das 3.5 Coupé und das Cabrio die Flaggschiffe der Mercedesflotte – und sehr teuer.*

■ RECHTS *Der 600 wurde gebaut, um es mit den besten Wagen der Welt aufzunehmen. Abgesehen von seiner Breite sieht er auf den ersten Blick aus wie andere Modelle.*

■ UNTEN *Das sechstürige Stretchmodell war bei Magnaten und Popstars gleichermaßen beliebt: dieser gehörte John Lennon.*

■ MERCEDES-BENZ 600

Bei dem 600er aus dem Jahre 1961 war Mercedes darauf aus, die ultimative Limousine zu bauen – und Rolls-Royce zu schlagen – ohne Kosten zu scheuen oder Kompromisse einzugehen. Millionäre konnten den 5.50 m langen, viertürigen 600 mit 3.20 m Radstand wählen; für Staatsoberhäupter gab es den Pullman, der als Sechstürer mit

MERCEDES-BENZ 600 (1963–81)	
Motor	V-Acht
Hubraum	6332 ccm
Leistung	250 PS
Getriebe	4-Gang Automatik
Spitze	197 km/h
Stückzahl	2190 Limousinen 487 Pullman

■ LINKS *Der 600 mit normalem Radstand war die ultimative Luxuslimousine: mit V-Acht Motor, Luftfederung und elektrischen Helfern für praktisch alles...*

3.89 m Achsabstand und Glasabtrennung zwischen Fahrerkabine und Fahrgastraum angeboten wurde. Beide verwendeten den 6.3-Liter V-Acht Einspritzer mit 300 PS, der mit Viergang Automatikgetriebe lief. Die Einzelradaufhängung hatte eine Luftfederung, die durch eine unter der Motorhaube angebrachte Pumpe bedient wurde und für eine feste, bequeme Fahrt sorgte. Sitzeinstellung, Servolenkung und Türverschlüsse waren an ein zentrales hydraulisches System angeschlossen.

Trotz des enormen Gewichts 2268 kg für die Limousinen, 2654 kg für den 8-sitzigen Pullman – war der 600 keine lahme Ente: er lief 193 km/h Spitze und kam in etwas mehr als 10 Sekunden von 0-100. Aber er war ein Spritschlucker. Das Fahrverhalten war erstaunlich gut – mit hervorragender Servolenkung, gutem Grip und vier Scheibenbremsen. Es gab zahlreiche Sportwagen und Luxuslimousinen, die einem gut gefahrenen Mercedes 600 nicht das Wasser reichen konnten.

Er war extrem teuer, wurde in geringer Auflage handgebaut und blieb so bis 1981 in den Mercedes Preislisten – ohne danach ersetzt zu werden. Seine Technologie wurde allerdings vom 300SEL 6.3 aus dem Jahre 1968 übernommen.

■ RECHTS *Der massive Sechstürer hatte Extrasitze sowie eine Glasabtrennung zwischen Fahrerkabine und Gastraum.*

MG

MG TC/TD/TF

Um nach dem Krieg schnell wieder die Produktion aufnehmen zu können, blieb der britischen Firma MG nichts anderes übrig, als eine Version ihres Vorkriegsmodells TB aufzuwärmen. So hatte der TC aus dem Jahre 1945 die gleichen großen Räder, wegklappbare Windschutzscheibe, halbelliptische Federn und eine Karosserie mit Eschenrahmen. Die war etwas verbreitert worden, um den Passagieren mehr Armfreiheit zu geben, während ein Synchrongetriebe im 2., 3. und 4. Gang für besseres Schalten sorgte. Hydraulische Bremsen waren eine weitere Verbesserung.

Traditionalisten mochten ihn: er war schnell – 125 km/h – und es machte Spaß, ihn zu fahren. Niemanden störte die schwere Lenkung oder die harte Federung. In Großbritannien stationierte US Soldaten liebten ihn so sehr, dass sie ihn mit nach Hause nahmen; die Amerikaner haben nie ihren Geschmack für europäische Sportwagen verloren. Bald begann der offizielle Export des TC in die USA – wo die meisten der 10000 produzierten Modelle landeten.

So liebenswert wie er auch war, der

■ OBEN *Der TD aus dem Jahre 1949 war der erste MG Sportwagen mit der unabhängigen Aufhängung aus der YA Limousine.*

■ OBEN *Der TC war ein erfolgreicher Clubrenner. Bei diesem Modell wurde die normale Windschutzscheibe durch Aeroscheiben ersetzt; der Überrollbügel ist nicht original.*

MG TC/TD/TF (1945-55)	
Motor	Vierzylinder Reihe
Hubraum	1250/1466 ccm
Leistung	54-63 PS
Getriebe	4-Gang manuell
Spitze	125-138 km/h
Stückzahl	10000 TC/ 29664 TD/9800 TF

■ RECHTS *Der Standard TC lief mit einer 1250 ccm Maschine und unterschied sich vom Vorkriegsmodell unter anderem durch seine Breite.*

■ RECHTS *Der TF wurde 1953 vorgestellt. Er hatte einen moderneren Kühlergrill und Benzintank. Das Armaturenbrett und die Sitze waren verbessert worden.*

■ UNTEN *Der MG Kühler – das Erkennungszeichen der Firma – sah so aus wie vor dem Krieg.*

■ OBEN *MkII TDs hatten eine Maschine mit höherer Verdichtung; es wurden 29664 gebaut.*

■ LINKS *Der TF lief bis zum Erscheinen des MGA. Spätere Wagen hatten eine 1500 ccm Maschine.*

renovierungsbedürftige TC konnte nicht ewig weiter produziert werden. Deshalb wurde 1949 der TD vorgestellt; das gleiche Fahrgestell, die gleiche 1250 ccm Maschine, aber eine neue, unabhängige Vorderradaufhängung und die Zahnstangenlenkung aus dem YA. Die vordere und hintere Stoßstange und die kleineren Räder verbesserten das Aussehen nicht gerade, aber der TD hatte mehr Platz und war etwas schneller. Besonders in der 1952er MkII Version mit höherer Verdichtung. Der TD verkaufte sich ausgezeichnet, während seiner vierjährigen Produktionsdauer wurden 29664 Exemplare gebaut.

Das letzte Aufblühen des traditionellen MG war der TF aus dem Jahre 1953. Er sah nach dem aus, was er war: ein Wagen, der auf den Markt gebracht wurde, um die Übergangszeit bis zum Erscheinen von Abigdons erstem modernen Nachkriegswagen, dem MGA aus dem Jahre 1955, zu füllen. Ironischerweise ist der TF heute der gefragteste der drei Nachkriegs-MGs.

OTHER MAKES

■ MESSERSCHMITT

Der westdeutsche Flugzeughersteller Messerschmitt übernahm 1953 die Produktion des Kabinenrollers und fuhr damit bis 1962 fort, als das Projekt wieder an Fritz Fend, der den Wagen ursprünglich entworfen hatte, zurückverkauft wurde. Das TG500 (Tiger) Modell war das interessanteste mit einer Höchstgeschwindigkeit von 120 km/h mit 20 PS.

■ METROPOLITAN

Hergestellt von BMC und generell bekannt als ein Austin, Nash oder Hudson war das kleine, von Pininfarina designte Metropolitan Cabrio Coupé von Bill Mason, Präsident bei Nash, als Fahrzeug für den amerikanischen Markt geplant worden. Es war eine Zeitlang nach dem Käfer der meistverkaufte US-Import.

MG

■ LINKS *Der A war der erste moderne MG seit Jahren – extrem schick. Die Modelle nach ihm verwendeten kein Chassis dieser Art mehr.*

■ MGA

Der A war MGs erstes modernes Nachkriegsmodell. Als erster MG, der nach dem Zusammenschluß von Nuffield und Austin produziert wurde, war er auch der erste, bei dem gemeinsame mechanische Teile Verwendung fanden: das meiste vom Fahrwerk stammte aus der Austin A50 Limousine. Seine schicke schmaltaillige Karosserie wurde von einem TD Sondermodell abgeleitet, das in Le Mans gelaufen war, und basierte auf einem enorm stabilen Chassis. Einige behaupten es war zu stark und damit zu schwer, aber es war mit Sicherheit steiff.

Die Aufhängung war nicht bahnbrechend mit vorderen Schwingarmen und hinterer Starrachse mit Blattfedern. Aber das Handling des A kam dem seiner Konkurrenten Triumph oder Austin Healey gleich. Serienmäßig wurden normale Stahlräder verwendet, Räder mit Zentralverschluß gab es auf Wunsch. Mit 1489 ccm und 72 PS aus der B Serien Maschine war er nicht extrem schnell, aber er lief immerhin 152 km/h Spitze bei geringem Benzinverbrauch.

Zu ihm gesellten sich 1956 ein schickes Coupé und 1958 der aufregende Twin-Cam mit der von Harry Weslake konstruierten Maschine mit zwei oben liegenden Nockenwellen und 1588 ccm. Mit 108 PS lag die Höchstgeschwindigkeit bei 177 km/h.

MGA (1955-62)	
Motor	In-line Vier
Hubraum	1489/1588/1622 ccm
Leistung	72-108 PS
Getriebe	4-Gang
Spitze	152-177 km/h
Stückzahl	101081

■ LINKS *Der MGA Twin-cam war eine exotische Entwicklung, bei der die neuartigen oben liegenden Nockenwellen der B Serien Maschine verwendet wurden. Er war leistungsstark, aber problematisch. Die Dunlop Scheibenräder mit Zentralverschluss sind ein Markenzeichen des Twin-Cam.*

■ RECHTS *Der 1600 MGA hatte vordere Scheibenbremsen und lief 160 km/h. Hier ein MkII mit zurückversetztem Kühlergrill.*

■ UNTEN *Die Coupé Version hatte ein ausgewogenes Design, war aber nicht so beliebt.*

■ UNTEN *Das einfache Armaturenbrett mit Grundausstattung an Instrumenten und großem Lenkrad.*

Er war ein hochbegehrter Wagen, aber die Maschine – basierend auf einem modifizierten Block aus der B Serie – war unzuverlässig und stand in dem Ruf Kolben zu verbrennen. Es gab ihn als Coupé und als Roadster, beide waren leicht an den attraktiven, leichtgewichtigen Dunlop Stahlrädern mit Zentralverschluss zu erkennen. Scheibenbremsen rundum von Dunlop gehörten zur serienmäßigen Ausstattung. Ein hoher Kaufpreis und sein schlechter Ruf hielten die Verkaufszahlen niedrig; 1960 wurde die Produktion eingestellt.

Zu der Zeit war aus dem serienmäßigen MGA der 1600 geworden, mit 80 PS, vorderen Scheibenbremsen und 160 km/h Höchsgeschwindigkeit. Der einzige äußerliche Unterschied, abgesehen vom Emblem, waren getrennte hintere Blinker.

Der letzte MkII 1600 aus dem Jahre 1961 hatte eine etwas größere 1622 ccm Maschine mit 86 PS, sein Erkennungsmerkmal war der zurück versetzte Kühlergrill; er wurde bis 1962 produziert.

■ LINKS *Um die Teile des Twin-Cam aufzubrauchen, erhielt der 1600 Deluxe dessen Scheibenbremsen und Räder.*

■ OBEN *Die B Serie war keine besondere Maschine, aber zuverlässig, billig in der Herstellung und leicht zu reparieren.*

■ LINKS *Heutige Enthusiasten haben die Probleme des Twin-Cam bereinigt.*

MG

■ LINKS *Besonders von hinten fehlte es dem B am Charakter des kurvenreichen MGA.*

■ UNTEN LINKS *Von 1962 bis 1967 hatte der MGB Roadster einen Chromgrill.*

■ UNTEN RECHTS *Das Interieur war traditionell, aber bequem. Frühere Wagen hatten einen großen Lenker.*

■ MGB

Zahlenmäßig ist der MGB immer noch einer der erfolgreichsten je gebauten Sportwagen: zwischen 1962 und seinem Ende im Jahr 1980 wurden mehr als eine halbe Million hergestellt; auf dem Höhepunkt seiner Popularität waren es mehr als 50000 pro Jahr.

Der Hauptunterschied zwischen dem MGB und seinem Vorgänger, dem A, bestand in der Konstruktion: verschwunden war das schwere, separate Chassis. Es wurde ersetzt durch eine leichtere, selbsttragende Karosserie. Ursprünglich erschien der MGB als offener Roadster mit einer Version der angesehenen B Serien 1798 4-Zylinder Maschine. Das Drehmoment war sein stärkster Punkt – 149.6 Nm bei 3000 U/min. Doch mit SU Doppelvergasern waren 95 PS bei 5400 U/min zwar anerkennenswert, aber unspektakulär. Aufhängung, Lenkung und Hinterachse kamen, um Kosten niedrig zu halten, direkt aus der BMC Vorratskiste. Es gab wenige technische Lichtblicke, aber der B war ein 160 km/h schneller Wagen mit sicherem Fahrverhalten.

1965 kam der von Pininfarina inspirierte, geschlossene BGT, der über einen Notsitz verfügte – nur für Kinder. Er war 72.7 kg schwerer als der Roadster, war dafür aber von Anfang an mit der neueren Maschine und ruhigerer Hinterachse ausgestattet. Ab 1967 hatten alle MkII Modelle die verbesserte Hinterachse sowie ein synchronisiertes Getriebe; Automatik gab es auf Wunsch.

Die Mode diktierte 1969 geringfügige Änderungen in Form eines zurückversetzten mattschwarzen Kühlergrills sowie schickere Rostyle Räder. Auch das Interieur erlitt ein paar kleine Änderungen bei den Sitzen und beim Lenkrad.

Es sollte schlimmer kommen: 1974 kündigte MG die Wagen mit schwarzen Kunststoffstoßfängern an. Außerdem wurde die niedrige Straßenlage erhöht, um das veraltete Modell weiter legal im nordamerikanischen Raum fahren zu können, wohin immer noch die meisten Wagen exportiert wurden. Das Handling wurde dadurch schlechter, die Leistung ging zurück – der GT schaffte nicht einmal mehr 160 km/h – aber er verkaufte sich weiter aufgrund der Tatsache,

MGB (1962-80)	
Motor	4-Zylinder
Hubraum	1798 ccm
Leistung	95 PS
Getriebe	4-Gang mit Overdrive
Spitze	170 km/h
Stückzahl	387259 125621 GTs

■ RECHTS *Das Verdeck ließ sich gut wegfalten, war aber im Vergleich zu anderen Cabrios schwierig zu öffnen.*

■ UNTEN *Der B lief etwa 160 km/h und stand auch mit Overdrive und später mit Automatikgetriebe zur Verfügung.*

dass er eines der wenigen auf dem Markt verfügbaren Cabrios war. Der B überlebte mit ein paar Änderungen noch bis 1980, und es war zu erwarten, dass er der letzte anständige MG Sportwagen war, als British Leyland die Schließung der Abingdon Werke ankündigte.

Es gab aber noch zwei aufregende Versionen dieses unverwüstlichen Sportwagens: der MGC aus dem Jahre 1967 war eine 3-Liter Version des B, gebaut, um den Platz des Big Healey 3000 einzunehmen.

Größere Räder und eine gewölbte Motorhaube unterschieden den C vom B auf den ersten Blick; außerdem hatte der C ein überarbeitetes Fahrwerk. Mit seiner 145 PS starken 6-Zylinder Maschine war der C schnell, aber zu großes Gewicht auf der Vorderachse verdarb das Fahrverhalten. Nur knapp unter 9000 Roadster und GT wurden in etwas weniger als zwei Jahren verkauft.

Vier Jahre später erschien der GT V8. Er verwendete die ruhig laufende, hochdrehende Rover 3.5 V8 Maschine und hatte damit bessere Aussichten.

Aber auch dieser 201 km/h schnellen Maschine blieb der Erfolg verwehrt. Der Wagen unterschied sich optisch nicht genug und wurde wegen Fahrtgeräuschen, ungenügender Federung und hohem Preis kritisiert. Nur 2591 wurden zwischen 1973 und 1976 verkauft; heute ist er heißbegehrt und wird oft als der beste unter den Bs bezeichnet.

■ OBEN *Der MGC war eine 6-Zylinder Version des B. Seine 3-Liter Maschine lief 193 km/h Spitze, aber zu hohes Gewicht auf der Vorderachse verdarb das Handling.*

■ UNTEN *Ein früher MGB mit seltenen Scheibenrädern. Das Styling war von Pininfarina beeinflusst.*

MINI

■ LINKS *Der Mini Cooper war der Vorläufer heutiger Wagen mit Heckklappe.*

■ MINI

Der im Jahre 1959 eingeführte Mini ist Großbritanniens einflussreichster Wagen aller Zeiten. Er definierte eine neue Gattung. Schon zuvor hatte es andere Wagen mit Vorderradantrieb oder quersitzendem Motor gegeben, aber niemals waren sie so extrem kompakt. Verpackung war seine größte Stärke – der Platz im Innenraum war einfach umwerfend. Jeder Quadratzentimeter wurde genutzt: es gab große Ablagen in den Türen, winzige 10 Zoll Räder, damit die Radhäuser den Passagierraum nicht verkleinerten und eine Kofferraumklappe, die sich geöffnetet als extra Gepäckstauraum eignete.

Konstrukteur Alec Issigonis skizzierte seine Ideen auf der Rückseite von Umschlägen; er suchte den kompaktesten „Würfel“, der Platz haben sollte für vier Passagiere. Gelingen sollte dies durch ein platzsparendes System mit Vorderradantrieb. Das Getriebe wurde *unter* dem Motor montiert statt dahinter, um ein paar Zentimeter Platz einzusparen. Eine weitere Neuheit war die von Dr. Alex Moulton entwickelte Federung mit Gummi-Elementen. Getrieben durch die 1956er Suezkrise brauchte BMC nur zwei Jahre für die Entwicklung bis zum Produktionsbeginn. Erscheinungstermin war der 26. August 1959.

■ OBEN *Man erkennt einen frühen Mini an den äußeren Türscharnieren; die Form hat sich über die Jahre kaum verändert.*

■ OBEN *Bei Rallyes kann man den Mini auch heute immer noch in Action erleben.*

Es gab vier ursprüngliche Versionen: den Austin Mini Seven und den Morris Mini-Minor, beide standen zur Verfügung in der einfachen sowie in der Luxusausführung. Die Kosten wurden durch den Einbau von Schiebefenstern, Schlaufen-Türöffner und durch – das Markenzeichen – außen verschweißte Nähte niedrig gehalten.

Auf der Straße verhielt er sich besser als jeder seiner Konkurrenten (und die

■ OBEN *Bis in die späten 60er wurde der Mini unter den Namen Austin Seven oder Morris Mini-Minor verkauft.*

■ RECHTS *Die drollige Countryman Version des Mini Kombi ist heute schwer zu finden.*

■ LINKS *BMC schickte den Cooper S mit viel Erfolg ins Feld; er gewann die Rallye Monte Carlo dreimal.*

meisten Sportwagen) und hatte dabei extrem niedrige Betriebskosten. Flink und leicht zu parken, kam er schnell in Mode. Es entstanden zahlreiche Mini Versionen: Lieferwagen, Pick-up, Kombi, Riley Elf und Wolsley Hornet sowie das Mini Cabriolet.

Was seinen Ruf schließlich besiegelte war der legendäre Mini Cooper aus dem Jahre 1961. John Cooper, Grand Prix gewinnender Konstrukteur, überzeugte BMC, die Maschine auf 997 ccm zu vergrößern und die Leistung von 34 PS auf 55 PS anzuheben, so dass der Wagen 139 km/h schnell wurde. Schnell genug, um den Einbau von winzigen vorderen Scheibenbremsen zu rechtfertigen. Später gab es sogar noch eine S Version mit 160 km/h Spitzengeschwindigkeit. „Normale" Cooper gewannen die Tulip Rallye im Jahre 1962-63. Der S war unschlagbar bei britischen Tourenwagenrennen und bei der Rallye Monte Carlo, die er 1964, 1965 und 1967 gewann.

Der Mini bekam eine Vielzahl technischer Veränderungen: Hydrolastikfederung ab 1964, Kurbelfenster ab 1969, Clubman und 1275 GT Versionen ab 1969; größere 12 Zoll Räder ab 1984 und eine serienmäßige 1275 ccm Maschine ab 1992.

Seit über vierzig Jahren hat der Mini eine unverändert begeisterte Fangemeinde; erst kürzlich wurde er von Autokritikern zum „Wagen des Jahrhunderts" gewählt. Er ist ein wirtschaftliches Transportmittel und ein technischer Triumph, ein herausragender Rallyewagen und ein Meisterwerk der Verpackungskunst.

■ LINKS *Heute hat Rover den Cooper als schickes Stadtauto neu erfunden; das Original ging 1971 aus der Produktion, um Platz zu schaffen für den 1275GT.*

■ LINKS *Eine unverwechselbare Gestalt: der hervorragend verpackte Mini wurde zum „Auto des Jahrhunderts" gewählt.*

MINI (1959–)	
Motor	4-Zylinder
Hubraum	848-1275 ccm
Leistung	33-76 PS
Getriebe	4-Gang manuell 4-Gang Automatik
Spitze	119-154 km/h
Stückzahl	Mehr als 5.300.000

■ OBEN *Radford, Wood und Pickett boten in den 60ern und 70ern auf Rolls-Royce Standard getrimmte Minis an. Peter Sellers besaß einen Radford Mini.*

MORGAN

■ MORGAN 4/4

Morgan machte sich zunächst einen Namen mit dreirädrigen Fahrzeugen. Der erste reguläre Sportwagen wurde erst 1936 hergestellt. 1950 dann erschien der leistungsstärkere Plus Four mit Vanguard Maschine, um den 4/4 zu ersetzen. Mitte der 50er hielt es die Firma Morgan für notwendig, einen einfachen, günstigeren Wagen auf den Markt zu bringen. Und so erlebte die Serie II 4/4 nach fünf Jahren ihre Wiedergeburt.

Wie bei allen Morgans wurde auch hier ein einfaches Zentralrohrrahmen-Chassis verwendet und ein Eschenholzrahmen für die traditionell aussehenden Stahl- oder Alukarosserie. Den neuartigen Wasserfall-Kühlergrill sah man das erste Mal beim Plus Four aus dem Jahre 1954. Bis 1960 war die Maschine eine Ford Anglia 100E. Danach, in SIII Form, gab es die 997 ccm Maschine mit obenliegender Nockenwelle aus dem 105E Anglia.

Die Wagen der Serie IV aus den Jahren 61 bis 63 erhielten eine größere 1340 ccm Maschine und erreichten damit eine Höchstgeschwindigkeit von 112 km/h. Diese Wagen waren zum ersten Mal auch mit vorderen Scheibenbremsen ausgestattet. 1963 erhielt der Morgan die neuesten Cortina Maschinen serienmäßig in 1498 ccm und GT Form. 1968 hatte er die Kent Maschine,

■ OBEN *Die Form des Morgan hat sich nach 1950 kaum verändert. Nur die Scheibenräder datieren dieses Modell.*

■ OBEN *Der Wagen, mit dem alles begann: der dreirädrige Morgan Three-Wheeler.*

■ LINKS *Die Karosserie besteht aus über einem Eschenrahmen angepasstes Aluminium.*

■ OBEN *Auch heute wird der Morgan noch langsam von Hand hergestellt. Es gibt eine lange Warteliste.*

■ OBEN *Das klassische Design des Morgan ist seine Hauptanziehungskraft, aber er fährt sich auch wie ein Wagen aus den 30ern: hart und unbequem – das ist, was die Käufer an ihm lieben.*

normalerweise in der 95 PS Wettbewerbsform, die ab 1971 serienmäßig wurde.

Seit den frühen 80ern standen unter anderem der Fiat Doppelnockenwellen Motor und die 1600 CVH Ford Escort Maschine zur Verfügung; seit 1982 gibt es ein Fünfganggetriebe. Gegenwärtig wird der Morgan mit dem Rover Doppelnockenwellenmotor produziert.

Noch immer ist der 4/4 extrem populär – wenn Sie sich für einen interessieren, müssen Sie sich anstellen: es gibt eine fünfjährige Warteliste…

MORGAN 4/4 (1955–)	
Motor	4-Zylinder
Hubraum	1172-1599 ccm (Ford Maschinen)
Leistung	36-96 PS
Getriebe	3/4/5-Gang
Spitze	120-177 km/h
Stückzahl	6803 (bis 1991)

■ LINKS *Minimale Instrumente und ein großes Lenkrad geben dem Morgan auch innen ein Gefühl von Tradition.*

ANDERE MARKEN

■ MINIJEM

Der Minijem war nicht nur ein naher Verwandter des 1964er DART Prototypen von Dizzy Addicott, sonder auch verwandt mit dem Mini-Marcos, der gleichfalls vom DART abstammte. Er wurde über die Jahre in vier verschiedenen Orten hergestellt, die Hauptwerke sind in Penn und in Cricklade.

■ MONTEVERDI

Diese in der Schweiz gebauten und mit amerikanischen Motoren ausgestatteten Superwagen wurden von Peter Monteverdi designt, der seinen ersten Wagen 1951 im Alter von 17 Jahren baute. 1956 übernahm er die Baseler Autowerkstatt seines Vaters und konzentrierte sich auf Rennwagen für die Spezialisten. Der erste seiner großen V-Acht Wagen war der „High Speed“ aus dem Jahre 1967. Die Fahrzeugproduktion wurde bis 1982 fortgeführt und beinhaltete Luxuslimousinen und Geländewagen.

MORGAN

■ MORGAN PLUS 8

Als in den späten 60ern der Nachschub für die 2138 ccm Triumph 4-Zylinder Maschine ausging, stand Morgan ohne einen Hochleistungsmotor für das Plus 4 Modell da. Aber Hilfe war in Sicht in Gestalt von Rovers Alu 3.5-Liter V-Acht Maschine, die von einem verworfenen Buick der frühen 60er abstammte. Leicht, kompakt und leistungsstark (165 PS) war sie ideal für den Job und verwandelte den Morgan in einen wahren Renner: die Spitzengeschwindigkeit lag bei 193 km/h mit atemberaubend schneller Beschleunigung, der nur wenige Straßenfahrzeuge nahe kamen. Nach einer Umbenennung in Plus 8 sah der Wagen auf den ersten Blick wie sein Vorgänger aus, hatte aber einen etwas längeren Radstand und eine breitere Spur sowie leicht abgewandelte Umrisse. Die offensichtlichste Veränderung waren die Alufelgen, aber die bewährte vordere Aufhängung und die traditionelle Hinterachse blieben erhalten – und damit der steinharte Oldtimer-Fahrstil.

Der Wagen war ein durchschlagender

■ OBEN *Man erkennt den Plus 8 an den Alufelgen; sein Radstand war länger und die Spur breiter als beim 4/4.*

■ LINKS *Die Rover V-Acht Maschine verhalf dem Plus 8 zu aufregender Leistung.*

■ OBEN *Die Karosserie des Plus 8 bestand, wie bei allen Morgans, aus über einem Eschenholzrahmen gedehntem Aluminium.*

■ RECHTS *Zuerst vorgestellt im Jahre 1968 ist der Plus 8 auch heute noch in Produktion.*

■ UNTEN *Der viersitzige Plus 4 Morgan war praktisch, litt aber unter der unattraktiven Form des Verdecks.*

■ RECHTS *Die Karosserie des Plus 8 war breiter als die anderer Morgans. In den späten 70ern erhielt er ein Fünfganggetriebe.*

Erfolg. Bis heute wurden mehr als 4000 gebaut, doch niemals mehr als 15 pro Woche. Die serienmäßige Karosserie besteht natürlich aus einem Eschenholzrahmen, der mit Stahlblechen bezogen ist, aber es gibt auf Wunsch seit 1975 auch eine leichtgewichtige Sportversion. Frühere Modelle verwendeten das laute, altmodische Moss Getriebe, das man von den Jaguar Limousinen her kennt, aber nach 1972 wurde das 4-Ganggetrieb von Rover eingebaut. Die 5-Gang Einheit aus der SD1 Rover Limousine wird seit 1977 benutzt. Einspritzer gibt es seit 1984, Zahnstangenlenkung seit 1986. Die letzten Modelle verwenden eine 3.0-Liter Rover Version.

■ OBEN *Mehr als 4000 Plus 8 wurden seit Beginn der Produktion im Jahre 1968 hergestellt.*

■ LINKS *Neben dem Plus 8 wird auch immer noch das Vierzylindermodell gebaut.*

MORGAN PLUS 8 (1968-)	
Motor	V-Acht
Hubraum	3528 ccm
Leistung	160-190 PS
Getriebe	4-5 Gang
Spitze	201 km/h
Stückzahl	4000 plus

MORRIS

■ UNTEN *Die 1950er Minors hatten eine geteilte Windschutzscheibe, die Scheinwerfer saßen nun oben auf den Kotflügeln.*

■ MORRIS MINOR

Der beliebte Morris Minor war das wirtschaftlichste Fahrzeug seiner Zeit, und er wurde auch zu einem der meistverkauften und langlebigsten – die Produktion lief von 1948 bis 1971.

Zahnstangenlenkung und unabhängige Radaufhängung mit Torsionsstäben vorne sorgten für hervorragendes Handling. Moderne, selbsttragende Konstruktion und angenehmes Styling ließen den Minor ultramodern erscheinen – nach all den aufgewärmten Vorkriegsmodellen, die die Autofahrer gewohnt waren. Konstrukteur Alec Issigonis wollte einen neuen 4-Zylindermotor, musste sich aber mit der existierenden Maschine aus der Serie E zufrieden geben. Die lief zwar sanft, hatte aber wenig Leistung. Diese so genannte MM Serie wurde bis 1950 mit niedrig angebrachten Scheinwerfern gebaut. Etwa zur gleichen Zeit gesellte sich zum Zweitürer und dem Cabrio ein Viertürer. Aber die wichtigste Änderung kam 1952, als nach dem Zusammenschluss mit MMC der Austin

■ OBEN *Frühe Minors hatten eine zweigeteilte Windschutzscheibe.*

MORRIS MINOR (1948-71)	
Motor	In-line Vier
Hubraum	918/803/943/1098 ccm
Leistung	27-48 PS
Getriebe	4-Gang manuell
Spitze	96-125 km/h
Stückzahl	1583619

■ OBEN *Das klassische Minor Cabrio – oder Tourer – wurde 1948 zusätzlich zur Limousine vorgestellt. Heute ist es das gefragteste Modell.*

■ RECHTS *Ein später Minor 1000 Tourer. 1959 waren bereits eine Million Wagen produziert worden. Die letzten Modelle hatten eine größere 1098 ccm Maschine.*

■ OBEN *Der Serie A Motor aus dem Austin 35 verbesserte die Leistung des Minor um einiges. Die zuletzt produzierten Wagen liefen 112 km/h.*

■ OBEN *Der viertürige Minor 1000. Alle Minors boten durch die Zahnstangenlenkung und gut durchdachte Aufhängung ein exzellentes Handling.*

Motor mit oben liegenden Ventilen eingebaut wurde. Der klassische Traveller mit Holz-Heckverkleidung wurde 1953 vorgestellt. Der nächste Schritt kam 1956 mit der Einführung der 948 ccm Maschine bei den Minor 1000 Modellen. Kombiniert mit dem länger übersetzten 4. Gang führte dies zu einer Höchstgeschwindigkeit von beachtlichen 112 km/h. Die Minor 1000 Limousinen konnte man an ihrer größeren Heckscheibe und der ungeteilten Frontscheibe erkennen. Ab 1959 ließen sich die Türen weiter öffnen; 1961 wurden automatische Blinker eingeführt. Als die Zahl der produzierten Wagen im Jahre 1959 eine Million erreichte, stellte BMC 350 Sondermo-delle mit lilafarbener Lackierung und weißen Sitzen her. Die letzte große Neu-erung war 1962 der 48 PS 1098 ccm Motor. Cabrios und Viertürer verschwan-den Ende der 60er, Zweitürer und Traveller wurden bis 1971 hergestellt.

ANDERE MARKEN

■ MORRIS

William Morris stellte 1913 seinen „Bullnose" Morris Oxford vor. Durch Preissenkungen konnte der Morris in großen Zahlen so günstig produziert werden, dass der Firma zum Ende der 20er 51 Prozent des Marktes gehörten. In den 30ern verkaufte sich der Eight am besten, 1948 wurde dieser durch den Minor ersetzt. 1952 erfolgte der Zusammenschluss von Austin mit der British Motor Corporation (BMC). Die Marke verlor ihre Identität, 1983 verschwand der Name vom Markt.

■ MOSKVICH

Moskvich – „Moskaus Sohn" – war zunächst ein Vorkriegs Opel Kadett, der ab 1947 mit deutscher Handwerksqualität gebaut wurde. 1956 folgten einheimische Produkte. Besonders gut verkaufte sich die 412 Serie, die ursprünglich wegen ihres Fahrverhaltens und der Bremsen verrissen wurde, obwohl ihre Leistung für den niedrigen Preis nicht schlecht war.

■ LINKS *Der Traveller mit dem mit Holz verkleideten Heck war eine beliebte Variante, deren Produktion 1971 endete.*

NSU

■ NSU Ro80

Die Firma NSU festigte ihren Ruf während der Nachkriegsjahre durch die Produktion von gut konstruierten, wirtschaftlichen Wagen mit Heckmotor. Der Ro80, ihr erster und einziger großer Luxuswagen, verblüffte die Welt. Hier war die erste speziell gebaute Limousine mit Doppel-Rotor Wankelmotor. Nicht nur dass der Ro80 beeindruckend schnell und ruhig lief – seine Spitzengeschwindigkeit lag bei 180 km/h. Er war auch attraktiv; die fünfsitzige, futuristische Limousine wies den Weg für das Styling der 80er Jahre.

■ LINKS *Der Ro80 wirkte 1967 durch seine ansteigende Seitenlinie, ein hohes Heck und viel Glas aufregend futuristisch. Viele sahen in ihm die beste Limousine der Welt.*

■ OBEN *NSUs Spielerei mit dem Ro80 machte sich nicht bezahlt: 1969 wurde die Firma von VW aufgekauft.*

■ OBEN *Die Umrisse waren absolut aerodynamisch und garantierten entspanntes, ruhiges Fahren bei hoher Geschwindigkeit.*

■ OBEN *In Anzeigen versuchte NSU die Kunden davon zu überzeugen, dass alle Probleme beseitigt worden waren.*

Frontantrieb, hervorragende Servolenkung und Scheibenbremsen rundum gaben ihm ausgezeichnetes Handling; die gute Federung sorgte für bequeme Fahrt. Um das schwache Drehmoment des Wankelmotors zu überspielen

NSU Ro80 (1967-77)	
Motor	Doppelrotor Wankel
Hubraum	1990 ccm
Leistung	113 PS
Getriebe	3-Gang Halbautomatik
Spitze	180 km/h
Stückzahl	37204

■ LINKS *Ein früher Ro80 auf Stahlrädern. Ausgestattet mit einer Dreigang-Halbautomatik brachte es der Wagen bei hohem Spritverbrauch auf 179 km/h.*

■ RECHTS *Die Form heutiger Audis und VWs hat viel von dem originalen Charakter des Ro80.*

■ LINKS *Spätere Modelle hatten veränderte Rückleuchten. Abgesehen davon änderte sich der Stil in zehn Jahren kaum.*

■ UNTEN *Der Motor war eine Doppelrotor Einheit mit 113 PS; er wurde mit knapp unter zwei Litern Hubraum angegeben.*

entwickelte NSU ein Dreigang Halbautomatikgetriebe: es gab kein Kupplungspedal, statt dessen setzte eine Elektronik im Schaltknauf ein Vakuumsystem in Betrieb, sobald ein Gang eingelegt wurde. Der Ro80 brachte es im zweiten Gang auf 128 km/h.

Ansonsten ein kleines Meisterwerk, hatte der Wagen nur einen – fatalen – Fehler: seinen Motor. Er war nicht ausgereift und litt unter akuter Abnutzung der Rotorspitzendichtungen, was dazu führte, dass die Besitzer nach etwa 20000 gefahrenen Kilometern ein Nachlassen der Leistung und einen höheren Benzinverbrauch feststellten. Der Motor entwickelte Startschwierigkeiten und fing an zu qualmen. NSU kam großzügig für alle Garantieklagen auf; einige Wagen brauchten bis zu neun neue Motoren! Die Legende sagt, dass Ro80 Fahrer, die sich in ihren Wagen auf der Straße begegneten, sich nicht zuwinkten, sondern mit den Fingern zeigten, wieviele Austauschmotoren ihr Wagen schon hatte…

Die Kosten trieben NSU 1969 in die Hände von VW. Als sich die Problematik des Wankelmotors herumgesprochen hatte, gingen die Verkaufszahlen in die Tiefe.

Die Produktion lief langsam noch bis zum Jahr 1977 weiter, doch dann verblich der Name NSU gemeinsam mit dieser ebenso attraktiven wie innovativen Limousine.

ANDERE MARKEN

■ NOBEL

Der Nobel war eine unter Lizenz gebaute Version des deutschen Fuldamobils, das außerdem in Südafrika, Chile, den Niederlanden, Griechenland, Schweden und Indien hergestellt wurde. In Großbritannien erfolgte die Montage bei der Schiffswerft Harland & Wolfe, das Chassis wurde vom Flugzeugbauer Shorts produziert, die Karosserie kam von der Bristol Aircraft Company; für eine Zeit wurde er von Lea-Francis vermarktet.

OLDSMOBILE

■ UNTEN *Das klargeschnittene Styling des massiven Toronados gab keinen Hinweis auf die darunter verborgen liegende Technik: Vorderradantrieb.*

■ OLDSMOBILE TORONADO

Der Oldsmobile Toronado aus dem Jahre 1965 brachte zum ersten Mal den Frontantrieb auf den amerikanischen Markt der massenproduzierten Fahrzeuge. Und zwar nicht in einem Kompaktwagen, sondern in einem großen Supercoupé. In Europa sagten Leute wie Mini-Konstrukteur Issigonis, dass große Motoren und Vorderradantrieb nicht zusammen passen, aber Oldsmobile hörte nicht darauf: der Toronado sollte groß werden.

Unter seiner extravaganten Blechkarosserie war der Toronado eine gerissene Mischung aus konventioneller Detroiter Praxis – Trommelbremsen rundum, Rahmen-Chassis – und nach amerikanischem Standard vielen Extras. Der 7-Liter „Rocket" Motor saß in Reihe mit dem dahinterliegenden Drehmomentwandler, aber geschickterweise war das übliche Hydramatik Dreiganggetriebe (das entgegen der normalen Richtung lief) unter der linken Zylinderreihe angebracht. Die Verbindung stellte eine Duplexkette her – es steckte viel Arbeit darin, dies geräuschfrei hinzukriegen – und die Leistung ging in ein schräg verzahntes Differenzial über.

■ OBEN LINKS *Die Scheinwerfer saßen unter elektrisch bedienbaren Abdeckungen. Der Stil ist bemerkenswert schlicht.*

■ OBEN *Die Form des Toronados war frei von überflüssigen Verzierungen, obwohl die Ausmaße sehr nach Detroit aussahen.*

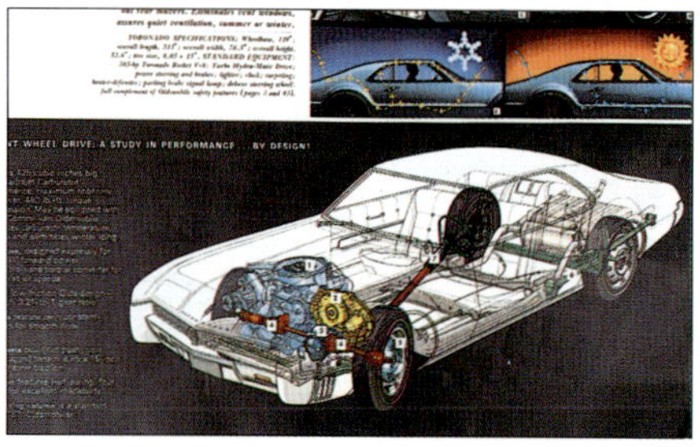

■ OBEN *Der Durchschnitt zeigt das Rahmen-Fahrgestell und das kraftvolle Frontantriebs-Paket.*

OLDSMOBILE TORONADO (1965-70)

Motor	V-Acht
Hubraum	7446 ccm
Leistung	385 @ 4600 U/min
Getriebe	3-Gang Automatik
Spitze	209 km/h
Stückzahl	143134

■ RECHTS *Der Toronado lief 217 km/h und hatte ein besseres Handling als andere amerikanische Wagen – doch nur wenige Käufer bemerkten den Unterschied.*

Das so entstandene Kraftpaket saß auf einem mit Gummi isolierten Unterrahmen. Vorne wurde für die Aufhängung eine Drehstabfederung verwendet, während sie hinten mittels Starrachse, Blattfedern sowie vertikalen und horizontalen Doppeldämpfern funktionierte. Firestone entwickelte Spezialreifen für den Toronado; sie hatten eine festere Außenwandkonstruktion und waren griffiger, um mehr aus dem Vorderradantrieb zu machen – obwohl sie in den Werkstätten den Ruf hatten, extrem schnell abzunutzen. Die Felgen hatten Schlitze, die zur besseren Kühlung der Bremstrommeln dienten.

Nach ausführlichen Tests – General Motors wollte Probleme mit Garantieansprüchen vermeiden, die beim Käufer Vorurteile gegenüber dem Frontantrieb wecken konnten – kam der Toronado schließlich im Herbst 1965 auf den Markt und erhielt begeisterte Kritiken. Nicht nur unterschied ihn sein Styling deutlich von der Masse der großen Coupés; sein Handling war auch wesentlich straßentauglicher: 60 Prozent des Gewichts lag vorne, und das hieß mehr Griffigkeit und Stabilität, ohne die Schwerfälligkeit eines Buick Riviera. Der Toronado konnte einen aus Problemen herausziehen, statt hineinzumanövrieren. Nur die zu kleinen Trommelbremsen wurden bei diesem 2032 kg schweren und 217 km/h schnellen Fahrzeug kritisiert.

Amerikanische Käufer liebten den Toronado ein Jahr lang – sie kauften im 1966 rund 40000 Modelle. Aber schon ab 1967 begannen sie den preiswerteren Riviera zu bevorzugen, der nicht nur konventioneller aussah, sondern es auch war.

Die pure Originalität des Modells war verschwendet. Die Amerikaner konnten nicht erkennen, ob ein Wagen Frontantrieb hatte oder nicht – und es interessierte sie auch nicht.

ANDERE MARKEN

■ OGLE

David Ogles erste Konstruktion aus dem Jahre 1959 basierte auf einem Riley 1.5, ihm folgte 1963 das SX1000 Coupé. Die Tatsache jedoch, dass die britische Firma Verluste machte und Ogle in einem SX1000 ums Leben kam, führte im Folgejahr zum Ende der Automobilherstellung. Die Firma entwickelte noch einige Einzelstücke und ist bekannt für den Reliant Scimitar.

■ OPEL

Opel produzierte den ersten Wagen im Jahr 1898, 1928 waren sie die größten Automobilhersteller Deutschlands. In den späten 20ern wurde die Firma als Aktiengesellschaft neu organisiert; den größten Anteil besaß General Motors. Während der 30er nahm Opel einen oberen Platz auf der Liste europäischer Fahrzeughersteller ein. Nach dem Zweiten Weltkrieg waren die Opelprodukte sehr amerikanisiert, Mitte der 60er fand man mit dem Commodore, dem Rekord und dem kleinen 1900GT zu einem sauberen, europäischen Stil zurück.

■ LINKS *Unausweichlich begannen die Stylisten an der klaren Form herumzuspielen; sie wurde immer langweiliger...*

PANHARD

■ PANHARD 24CT

Die französische Firma Panhard wurde im Jahre 1889 gegründet. Sie war einer der Pioniere des Motorsports, doch im Jahre 1950 begann ihr Ruhm zu verblassen. Die Verkaufszahlen gingen zurück, es gab die konventionellere Konkurrenz in Gestalt von Peugeot, Citroën und Renault. Nichtsdestotrotz stellte die Firma einige beeindruckende Fahrzeuge her: der Dyna war einer der besten und wirtschaftlichsten Wagen seiner Zeit. Er lief 120 km/h mit zwei Zylindern und 745 ccm, während der darauf folgende PL17 ein futuristischer Sechssitzer war, ein Familienauto, das in der Tigre Version 145 km/h lief.

■ OBEN *Der letzte Panhard war das schicke 24 Serie Coupé mit der kleinen luftgekühlten 650 ccm Maschine.*

■ OBEN *Der PL17 war einer der besten und schnellsten wirtschaftlichen Wagen seiner Zeit.*

■ RECHTS *In der Tigre Form lief der PL17 145 km/h bei nur 845 ccm.*

PANHARD 24 CT (1963-67)	
Motor	Zweizylinder
Hubraum	845cc
Leistung	60 PS
Getriebe	4-Gang manuell
Spitze	160 km/h
Stückzahl	23245 alle Modelle

Noch begehrenswerter war die kleine, glamouröse 24 Serie, die 1963 vorgestellt wurde und die den letzten Panhard darstellte. Hier war ein modern aussehendes Coupé mit einer schicken, windschlüpfrigen Form, die sich deutlich durch die großen Fenster und Scheinwerfer mit Glasabdeckung absetzte. Sie verwendete den selben Antrieb wie der PL17 mit Frontantrieb, vier Gängen und zwei Motor Optionen: die stärkere Einheit aus dem Tigre, mit 60 PS und Doppelvergaser (24CT), die bei nur 845 ccm aufregende 160 km/h

■ LINKS ***Der originale Nachkriegs Panhard war der Dyna, dessen Design von Gregoire stammt.***

lief . Der Zweizylinder, der mit der Original-Konstruktion von Grégoire aus den 40ern verwandt war, konnte sein schwaches Drehmoment nicht verbergen, aber bei höheren Geschwindigkeiten lief er wunderbar rund. Der 24CT verwendete eine 50 PS Einheit mit weniger Leistung. Die Reihe wurde noch erweitert durch den 24B, BT und den BA mit längerem Radstand und einer viersitzigen Karosserie. Alle Wagen hatten ein manuelles Vierganggetriebe und ab 1965 Scheibenbremsen an allen Rädern.

Zu der Zeit war Panhard bereits von Citroën aufgekauft worden, und man versuchte die in der Herstellung teure 24 Serie profitabler zu machen. Die Verkaufszahlen blieben niedrig; 1967 wurde die Marke vom Markt genommen.

■ OBEN ***Die 24 Serie ließ sich gut fahren, hob aber in schnellen Kurven gerne mit einem Rad ab.***

■ LINKS ***Der Dyna, das französische Equivalent zum Morris Minor, war durch Verwendung eines Chassis mit Frontantrieb forschrittlicher.***

■ UNTEN ***Vorderradantrieb machte sie zu guten Rennwagen. Hier ein PL17 bei der Rallye Monte Carlo.***

■ OBEN ***Aufgrund ihrer besonders leichtgewichtigen Karosserie waren die Panhards erfolgreich in ihrer Wettbewerbsklasse. Hier ein Monopole Panhard.***

PEGASO

■ LINKS *Touring stylte viele der Karosserien von Pegasus Sportwagen – den Ferrari jener Tage nicht unähnlich.*

■ UNTEN *Außer der Karosserie wurden alle Teile des Pegaso im hauseigenen Werk in Barcelona hergestellt.*

■ PEGASO Z102 UND Z103

Das Hauptinteresse der spanischen Firma Pegaso lag immer in der Herstellung von LKW und Bussen. Aber für einen kurzen Zeitraum während der 50er Jahre fielen sie durch die Produktion von Automobilen auf – den vielleicht glamourösesten, mit Sicherheit aber schnellsten jener Tage. Sie verbanden Rennwagentechnik mit exotischem, italienischem Styling, doch höchstens 100 Wagen wurden hergestellt – die Angaben schwanken.

■ LINKS *Der Z102 Prototyp hatte ein etwas unförmiges Design und war aus Stahl statt aus Aluminium.*

Der erste der Linie war der Z102 aus dem Jahre 1951. Er war im Stil des Aston DB2 und des Lancia Aurelia gebaut und war ein Supersportwagen mit vorbildlichen Spezifikationen: Vierernockenwellen V-Acht Motor, Trockensumpf-Schmierung, ein in Einheit mit dem Differenzial eingebautes Fünfganggetriebe. Und das alles montiert auf einem erstklassigen Fahrgestell. Alles wurde im firmeneigenen Werk in Barcelona

■ OBEN *Der Vierernockenwellenmotor hatte eine Trockensumpf-Schmierung und 175 bis 360 PS.*

■ OBEN *Das Emblem mit den Kompass drückte den Wunsch weltweiter Verkäufe aus, aber nur acht wurden exportiert.*

■ LINKS *Die schnellsten Pegaso liefen 257 km/h. Überraschenderweise hatten sie kaum Rennerfolge zu verbuchen.*

■ OBEN *Die bestaussehendste Pegaso Karosserie war die des Touring Spider, von dem nur einer gebaut wurde.*

■ RECHTS *Der unförmige Prototyp mit der original 2.8-Liter Maschine.*

■ OBEN *Das Pegaso Emblem: die Firma war bekannt für ihre LKW und Busse.*

hergestellt, einschließlich der relativ unförmigen – und schweren – Stahlprototypen der Coupé- und Cabriokarosserien. Die Z102 hatten 2.8-Liter Motoren und eine viel leichtere und elegantere Touring Leichtmetall-Karosserie. Dies war der definitive Pegaso-Stil, obwohl es auch einen attraktiven Touring Spider gab. Die französische Firma Saoutchik baute ebenfalls einige Coupés, allerdings mit wenig Erfolg.

Pegaso bastelte ständig an den Spezifikationen des Wagens: der 2.8-Liter Motor kam mit Einzel- und Mehrfachvergasern (zwischen 175 und 190 PS), und später gab es eine 3.2-Liter Version mit Doppelvergasern und 320 PS. Eine aufgeladene Version des 2.8 brachte es auf 280 PS, und es gab sogar eine 3.2-Liter Version mit 360 PS. Die Leistung war fantastisch mit bis zu 257 km/h in der stärksten Form. Diese Pegaso waren schwere Wagen, hart zu fahren, und trotz ihres Handlings und der Leistung hatten sie nie besonderen Erfolg bei Rennen.

Die Pegasos wurden gebaut, ohne dabei Kosten zu scheuen. Der Z103 war ein letzter Versuch, sie kommerziell erfolgreicher zu machen, indem der V-Acht Motor mit einfacher obenliegender Nockenwellen eingebaut wurde. Die letzten Pegaso Sportwagen wurden 1958 gebaut. Sie brachten der Firma kein Geld, bewiesen aber der Welt ihre Fähigkeiten.

PEGASO Z102 UND Z103 (1951-58)

Motor	V-Acht
Hubraum	2816/3178/3988/ 4450 ccm
Leistung	175-360 PS
Getriebe	5-Gang manuell
Spitze	193-257 km/h
Stückzahl	etwa 100

■ GANZ LINKS *Das Getriebe war gemeinsam mit dem Differenzial für besseres Handling hinten eingebaut.*

■ LINKS *Hier der Pegaso Rennwagen in den Farben des spanischen Rennteams.*

PORSCHE

■ LINKS *Der 356 definierte den klassischen Porsche Look. Hier ein C Modell, das es sowohl mit 75 PS als auch in der „Super" Version mit 95 PS gab.*

■ PORSCHE 356

Ferdinand Porsche eröffnete seine Firma bereits im Jahre 1931. Aber der erste Wagen unter seinem Namen, der 356, wurde erst 1946 gebaut. Er war ein unförmig aussehender kleiner Sportwagen mit Heckmotor (verwandt mit dem VW Käfer – auch eine berühmte Porsche Konstruktion), und er hatte einen luftgekühlten Vierzylinder-Boxermotor. Für die vordere Aufhängung benutze er Kurbellenker, hinten eine Pendelachse. Es gab ihn in Coupé, Cabriolet und Sportster Version mit flacher Frontscheibe. Letztere ist heute stark gefragt (und wird von Bausatz-Herstellern nachgebaut).

Frühe Modelle, die bis 1950 in Österreich produziert wurden, hatten geteilte Windschutzscheiben und eine 1100 ccm Version des luftgekühlten Vierzylinder Boxermotors mit 40 PS. Es gab weitere 1287, 1290 und 1488 ccm Versionen mit bis zu 70 PS. Das originale, rundliche Styling änderte sich beim 1955er 356A zu einer schärferen Form und durchgehender Windschutzscheibe, verbesserter Vorderradaufhängung und überarbeiteter Lenkung sowie einer größeren 1600 Maschine.

Der 356B aus dem Jahre 1959 hatte eine höhere Nase und kam in zwei Versionen: als Roadster und als Stufenheck Coupé von Karmann. Das Spitzenmodell der Serie war der 177 km/h schnelle Super 90, aber auch der 60 PS Wagen brachte es auf 160 km/h. Der letzte der Linie, der 356C, hatte eine ZF Lenkung und vier Scheibenbremsen. Auch die Namen änderten sich: aus dem Super wurde der 1600C, der Super 75 wurde zum 1600S und der Super 90 zum 1600SC.

Für fortgeschrittene Fahrer gab es im Jahre 1955 die Carrera Versionen des

■ LINKS *Der 1955er 356A war die verbesserte Version des Originals aus dem Jahre 1946.*

■ LINKS *Der luftgekühlte Vierzylinder Heckmotor war das Markenzeichen des 356.*

PORSCHE 356 (1949-65)	
Motor	4-Zylinder Boxer
Hubraum	1086-1966 ccm
Leistung	40-155 PS
Getriebe	4-Gang
Spitze	139-209 km/h
Stückzahl	82363

■ OBEN *Das Interieur aller Modelle war einfach und funktionell, aber absolut bequem.*

■ UNTEN *Cabriolet Versionen, die heute heißbegehrt sind, gab es ab Werk auch mit einem Hardtop.*

■ RECHTS *Es standen Versionen mit Vierernockenwellen Motor zur Verfügung, die gut 200 km/h liefen.*

356. Der Motor war immer noch ein Vierzylinder, aber er war stark verändert worden: statt der Stößelstangen gab es jetzt den Königswellenmotor mit Doppelzündung. Die Karosserie war wesentlich leichter, und die ersten 100 PS Modelle erreichten 193 km/h. Spätere 1.6-Liter Varianten kamen sogar auf 209 km/h. Der Carrera 2, der auf den B/C Serien basierte, erschien im Frühjahr 1960 mit einer 2-Liter Version des komplexen Vierernockenwellen-motors; er hatte in GT Form 155 PS.

Der 356 wurde über die Jahre extrem verbessert, er wurde immer spezieller und entfernte sich weiter und weiter von seinen VW Käfer Wurzeln.

Kompakt, sehr gut gebaut und in einigen Fällen sehr schnell: dies war der Wagen, mit dem die Firma Porsche in den 50ern ihren Ruf festigte. Und seine Einstellung im Jahre 1965 wegen des Starts der neuen 911er Serie wurde allseits bedauert.

■ UNTEN *Der C war der letzte der Linie, er hatte mehr Leistung und Allradscheiben-bremsen.*

■ OBEN *Die Vierzylindermaschine saß im Heck des Wagens; sie produzierte ein cha-rakteristisches Geräusch.*

PORSCHE

PORSCHE 911

Der 1964 auf den Markt gebrachte Porsche 911 war ein Triumph des Designs, und er ist heute immer noch erfolgreich. Es gab unzählige Variationen, aber die Wagen der ersten Generation von vor 1975 sind die wahren Klassiker. Mit ihren schmaleren Stoßfängern haben sie ein klareres Aussehen. Erdacht wurde der Sportwagen von „Ferry“ Porsche, dem Sohn des Gründers; das Styling stammte von Butzi Porsche. Über die Jahre wurde der 911 verbessert, Schwächen im Detail wurden ausgebügelt. Und man war bemüht Mängel im Fahrverhalten auszugleichen, die dem 911 wegen seines luftgühlten 6-Zylinder Heckmotors zueigen waren. Der schnelle und wendige Flitzer war durch seine vorhandenen Rücksitze gleichzeitig ein höchst zweckmäßiger Sportwagen, und er hat einen hervorragenden Ruf bezüglich seiner Zuverlässigkeit.

Alle Modelle hatten Allradscheibenbremsen, die handgeschalteten kamen mit Fünfganggetriebe. Die vordere Radaufhängung hatte Dreiecksquerlenker und Torsionsstäbe, die hintere Schräglenker und querliegende Torsionsstäbe. Die hervorragende, zuverlässig ansprechende Lenkung und das präzise Handling machten den Wagen sympathisch, obgleich man nie ganz den Verdacht los wurde, dass er in kritischen Situationen aufgrund der durch die Position des Motors hervorgerufenen Reaktionen unkontrollierbar übersteuerte.

Die ersten Wagen verwendeten eine 1991 ccm Version des 6-Zylindermotors mit 130 PS. Der Targa mit abnehmbaren Dach wurde im September 1966 angekündigt. Erster der Linie war der 160 PS starke 911S, der auf 225 km/h kam. Die Bremsen waren jetzt belüftet, aber immer noch ohne Servo. 1966 kam das Debut des klassischen fünfspeichigen Alurades, dem Wahrzeichen des frühen 911.

1967 ersetzte der 911L mit 130 PS und ähnlicher Ausstattung den regulären 911. Außerdem gab es einen neuen 911T mit 110 PS. Die halbautomatische

■ OBEN *Die ersten Porsche wurden noch in Österreich hergestellt, die Produktion des 911 fand stets in Stuttgart statt.*

■ OBEN *Der ultimative frühe 911 ist der 2.7RS Carrera mit leichterer Karosserie und härterem Fahrwerk.*

PORSCHE 911 (1964-73)

Motor	6-Zylinder luftgekühlt
Hubraum	1991-2993 ccm
Leistung	130-230 PS
Getriebe	5-Gang manuell
Spitze	209-249 km/h
Stückzahl	89256

■ LINKS *Die schöne Form des 911 ist bis heute fast unverändert erhalten geblieben. Hier ein 911 2.4S aus den frühen 70ern.*

„Sportsmatic“ mit drei Gängen und ohne Kupplungspedal ist heute nicht besonders beliebt.

1968 wurden die Modelle der B-Serie mit leicht vergrößertem Radstand eingeführt; dies diente einer besseren Gewichtsverteilung und dem Handling. Mittlerweile ersetzte der 140 PS starke 911E den 911L; es gab jetzt eine neue Bosch Einspritzanlage, bei den alten 911T mit 110 PS wurde der Weber Vergaser beibehalten.

Die 1969er C-Serie Modelle hatten einen 2195 ccm Motor für ein größeres Drehmoment im unteren Drehzahlbereich. Der 6-Zylinder erhielt größere Ventile und niedrigere Verdichtung; die Leistung reichte von 125 PS beim T über 155 PS beim E bis zu 180 PS beim S.

Der ultimative frühe 911 war der Carrera 2.7RS mit leichterer Karosserie und härterem Fahrwerk. Er kam in Sport-, Touring- oder Rennausführung und wurde nur ein Jahr lang für die Zulassung zu Rennen der Gruppe 4 produziert. Dafür wurden zwar nur 500 Fahreuge benötigt, doch er erwies sich als so populär, dass Porsche mehr als 1500 herstellte.

■ OBEN LINKS *Die 90er Jahre 911 gibt es mit Zwei- und Allradantrieb, und sie sind beliebt wie eh und je.*

■ LINKS *In den 60er und 70er Jahren hatte der 911 dank Leistung und Traktion beachtlichen Erfolg bei Rallyes.*

ANDERE MARKEN

■ PARAMOUNT

Ford bildete die Basis für den Paramount, der 1950 vorgestellt wurde. 1951 wurde die Herstellung von Meynell Motor Co, übernommen, danach von Camden Motors, die Paramount Cars Ltd. gründeten. Der Wagens war zu teuer und 1956, nachdem nur ein paar Wagen produziert worden war, war Paramount am Ende.

■ PEEL/VIKING

Der 50 ccm Peel P50 aus den Jahren 62 bis 66 und der „Astrodome“ Peel Trident 100 ccm Kabinenroller waren enthaltsame Stadtautos. Später entwickelte die Firma den Trident Mini; nach der Herstellung von nur zwei Modellen wurde das Projekt von Bill Last übernommen. Er benannte den Wagen um in Viking Minisport.

■ PEERLESS/WARWICK

Der Peerless wurde erschaffen von dem Briten Bernie Rodger, der ein Spezialist für Fahrzeubau und Tuning war. Zwei Prototypen mit Leichtmetallkarosserie wurden 1957 hergestellt. Die Produktion begann 1958 mit Unterstützung vom Hotelier Jim Burns und von John Gordon. Später wurde Bernard Rodger Developments in Buckinghamshire errichtet, um dort die Produktion des Peerless weiterzuführen. Gordon arbeitete dann am Gordon GT, der später der Gordon Keeble wurde.

■ PIPER

Ursprünglich bot Piper Sportrennwagen und Formel 3 Wagen an. Ein separates Unternehmen entwickelte den dramatischen GTT mit Rechtecksrohrrahmen und Ford Motor. Pläne für einen V-Acht angetriebenen Straßen- und Wettbewerbswagen landeten im Regal, aber der GTT wurde bis 1974 weiter produziert.

■ POWERDRIVE

Der Powerdrive gehörte zu einer Reihe von wirtschaftlichen Wagen der späten 50er. Er verwendete einen 322 ccm Motorradmotor und eine dreisitzige Roadster Karosserie mit Doppelrohrrahmen. Er überdauerte bis 1958 und ist nicht verwandt mit dem ähnlichen Coronet.

■ OBEN *Die letzten 59 leichtgewichtigen Carrera RS hatten eine 3-Liter Maschine mit 230 PS.*

■ LINKS *Frühe Wagen hatten 130 PS, genug für 209 km/h Spitzengeschwindigkeit.*

RELIANT

■ UNTEN *Der Scimitar GTE war 1968 ein Trendsetter: der erste sportliche Kombi, es sei denn man zählt die seltenen Aston DB5 Kombis.*

■ RELIANT SCIMITAR GTE

Heute kommen die sportlichen Kombis von BMW oder Volvo. Aber es war die britische Firma Reliant – deren Name für dreirädrige Fahrzeuge steht – die 1968 den Anfang machte. Ihr zukunftsweisender Scimitar GTE inspirierte weltweit Nachahmer.

Der Scimitar GTE (Grand Touring Estate) basierte auf Reliants bereits existierendem Scimitar Coupé mit Ford 3-Liter 6-Zylindermotor. Er hatte eine modische, ansteigende Seitenlinie und ein keilförmiges Profil, das gekonnt den großen Laderaum verbarg, der durch eine mit großer Glasscheibe versehene Heckklappe zugängig war. Der viersitzige GTE war der erste Wagen, dessen Rücksitze *separat* weggeklappt werden konnten. Ein System, das heute in fast allen Wagen mit Heckklappe kopiert wird. Er wurde gestylt von Tom Karen von Ogle, der auch verantwortlich war für das Scimitar Coupé und den dreirädrigen Robin. Wie alle anderen Reliants besteht er aus einer rostfreien GFK Karosserie, beim Chassis wurde für mehr Festigkeit und Stärke ein Kastenrahmen aus Stahl verwendet. Der Einbau von Fords großem 3-Liter V-Sechs Stößelstangenmotor führte dazu, dass der leichte Scimitar extrem schnell war – er kam auf 193 km/h. Außerdem war er zuverlässig und aufgrund geringen Benzinverbrauchs sehr wirtschaftlich.

1975 stellte Reliant die SE6 Wagen vor, die eine breitere Karosserie hatten und bequemer waren. Sie erreichten jedoch nie die Eleganz des Originals. Billigere massenproduzierte Kopien kamen auf den Markt, den der GTE bis dahin für sich selbst gehabt hatte. In den frühen 80ern gab Reliant auf: der letzte Wagen lief 1986 vom Band.

■ OBEN *Der Scimitar GTC war die Cabrio Version der späten 70er – gebaut, um das Interesse am Scimitar neu zu entfachen.*

■ LINKS *Der begehrenswerteste der Scimitars war der schlanke SE5A, hier mit Leichtmetallrädern.*

SCIMITAR GTE (1968–86)	
Motor	Ford 6-Zylinder
Hubraum	2994-2792 ccm
Leistung	135 PS @ 5500 U/min
Getriebe	4-Gang manuell
Spitze	195 km/h
Stückzahl	15273

RENAULT

■ LINKS *Mit dem 16 von 1964 erfand Renault den seither von vielen Herstellern kopierten Fünftürer mit Heckklappe.*

■ UNTEN LINKS *Der 16 war keine Schönheit, aber ehrlich und eindeutig. Spätere Wagen waren mit vier eckigen Scheinwerfern versehen.*

■ UNTEN RECHTS *Durch großen Radstand und hohes Dach war der gut gefederte Fünfsitzer auch auf langen Reisen bequem.*

■ RENAULT 16

In Europa sind heutzutage Autos mit Frontantrieb und Heckklappe das Hauptprodukt für den Markt des Familienwagens. Aber als Renault 1964 den 16 vorstellte, war das Konzept für eine fünftürige Limousine brandneu. Er war ausgerüstet mit Heckklappe sowie wegklappbaren Sitzen und bei seiner Vorstellung mit nichts vergleichbar – auch wenn einigen vielleicht die etwas ungewöhnliche Form nicht zusagte.

Der Frontantrieb gab ihm eine exzellente Straßenlage, unabhängige Radaufhängung garantierte für bequeme Fahrt, selbst auf den unwegsamsten Straßen Frankreichs. Ein weiterer Pluspunkt waren vordere Scheibenbremsen; und sogar mit nur 1470 ccm erreichte der Original 16 mit 55 PS eine Geschwindigkeit von 145 km/h.Er schlug sofort ein und wurde lange produziert, bis er 1979 schließlich Platz machte für den Renault 20.

Der 16TS von 1968 war eine stärkere Version mit 1565 ccm und 88 PS, die es auf 160 km/h brachte. Der ultimative 16 war der Fünfgang-TX aus dem Jahre 1973, bei dem die Leistung auf 93 PS vergrößert wurde.

Enthusiasten entdecken heute erneut die Qualitäten dieser neue Wege einschlagenden Limousine, die nur noch sehr selten zu sehen ist.

RENAULT 16 (1964–79)

Motor	In-line 4-Zylinder
Hubraum	1470/1565/1647 ccm
Leistung	55-93 PS
Getriebe	4/5-Gang manuell 3-Gang Automatik
Spitze	145–169 km/h
Stückzahl	1846000

■ OBEN *Der Wagen mit Heckklappe war 1964 die beste Lösung für Familien; heute würde man die hohe Ladekante ablehnen.*

ANDERE MARKEN

■ RELIANT

Der erste Reliant, eine Weiterentwicklung aus dem dreirädrigen Raleigh Safety Seven, war ein durch Lenkstange gesteuerter Tranporter. 1938 erhielt er einen Austin Seven Motor, im folgenden Jahr übernahm Reliant die Produktion der Austin Maschine. 1953 kam es zur Produktion vom Regal, Reliants erstem serienmäßigen Wagen. Zehn Jahre später stellte Reliant den ersten eigenen Leichtmetallmotor vor – zu dieser Zeit produzierten sie bereits den vierrädrigen Sabre. Man machte sich einen Namen und startete mit dem 68er GTE eine neue Ära sportlicher Kombis.

RILEY

■ RILEY RM SERIE

Als 1945 die RM Serie auf den Markt kam, war Rileys Ruhm bereits verblasst. Die Firma war 1898 gegründet worden und hatte sich in den 20ern und 30ern mit einer Reihe guter Limousinen und vollblütiger Sportwagen einen Namen gemacht. Sie konnte eine Reihe von Rennerfolgen aufweisen; geriet jedoch in eine finanzielle Notlage und 1938 übernahm Nuffield die Leitung.

Trotzdem blieb die Individualität der unmittelbar nach dem Krieg hergestellten Wagen erhalten: RMA und RMB Modelle hatten eine klassische 4-Zylindermaschine mit obenliegender Nockenwelle, unabhängige vordere Drehstabaufhängung sowie eine Stahlkarosserie mit Holzrahmen und Stoffverdeck. Der 1½-Liter RMB lief 120 km/h mit 90 – später 100 – PS, der 2½-Liter RMB brachte es auf 152 km/h. Mit einem Kolbenhub, der länger war als bei vielen anderen Nachkriegswagen, hatte der RMB auch ein extremes Drehmoment. Das Handling war gut, obwohl die schwere Lenkung bei niedriger Geschwindigkeit ein ständiger Kritikpunkt war.

Für Enthusiasten wird die ultimative RM Variante stets der RMC sein, ein offener, dreisitziger Roadster mit fließenden, ausschweifenden Linien. Er wurde gebaut, um den amerikanischen Markt zu gewinnen (deshalb auch die

■ OBEN ***Die Wagen wurden sowohl mit 1.5 als auch mit 2.5-Liter 4-Zylindermotor hergestellt, letztere liefen 152 km/h Spitzengeschwindigkeit.***

■ RECHTS ***Von den für den amerikanischen Markt produzierten RMC Modellen wurden 507 vom RMD Cabrio 502 hergestellt.***

■ LINKS *Der begehrenswerteste der RM Rileys war der dreisitzige Roadster mit den ausgeschnittenen Türen.*

■ UNTEN *Für die seltene Cabrio Version zahlen Sammler heute Höchstpreise.*

■ OBEN *Die Rileys aus der RM Serie wurden bis 1955 produziert. Sie wurden durch die viel unbefriedigerenden, aber moderner aussehenden Pathfinder ersetzt.*

Lenksäulenschaltung). Die wegklappbare Windschutzscheibe und die niedrige Linie der Motorhaube waren weitere Erkennungszeichen. 507 Stück wurden hergestellt, plus weitere 502 als viersitzige Stufenheckversion mit konventionelleren Linien.

Die letzten der RM Linie waren die 1952er RME (1496 ccm) und RMF (2443 ccm) mit vollhydraulischen Bremsen, einer geänderten Hinterachse und größerer Heckscheibe.

■ LINKS *Die RMA und RMB Limousinen waren elegante Fahrzeuge mit einem charakteristischen Stoff-Dachbezug.*

RILEY RM SERIEN (1945–1954)	
Motor	In-line Vier
Hubraum	1496/2443 ccm
Leistung	54-100 PS
Getriebe	4-Gang manuell
Spitze	120-160 km/h
Stückzahl	RMA 10,504/RMB 6,900/ RMC 507/RMD 502/ RME 3446/RMF 1050

■ RECHTS *Alle RM hatten ein gutes Handling, besonders der 1.5-Liter zeichnete sich durch eine leichte Lenkung aus.*

Schließlich wurde das Flaggschiff RMF ersetzt durch den unvorteilhaften, von Gerald Palmer designten Pathfinder, für den außer seines traditionellen Riley 4-Zylindermotors nicht viel sprach.

Nach der Einstellung des RME im Jahre 1955 gab es keine reinrassigen Rileys mehr; der Ruf des berühmten Emblems wurde herabgesetzt durch die Ende der 60er mit dem Riley-Emblem hergestellten BMC Limousinen.

ANDERE MARKEN

■ ROCHDALE

Der erste komplett von der britischen Firma Rochdale hergestellte Wagen war der Olympic mit selbsttragender GFK Karosserie, aber man hatte bereits seit 1952 GFK Karosserien für den Markt produziert. Dem MkVI folgten Karosserien für die F- und C-Typen, den ST, den GT sowie den Riviera. Eine umfangreiche Produktion des 160 km/h schnellen Olympic fand Mitte der 60er nicht mehr statt, die letzte Olympic Karosserie wurde in den frühen 70ern verkauft.

■ RODLEY

Der kurzlebige Rodley mit japanischem Motor war ein Kleinwagenmodell der 50er, das etwas ernstzunehmender aussah als seine Konkurrenz. Während seiner einjährigen Produktionszeit wurden wöchentlich 50–60 Wagen hergestellt.

ROLLS-ROYCE

■ UNTEN *Der Cloud hatte alles, was der traditionelle Rolls-Royce Käufer sich nur wünschen konnte, nur in der Serie 1 Form war die Leistung etwas zu schwach. Hier ein seltenes HJ Mulliner Cabiolet.*

■ ROLLS-ROYCE SILVER CLOUD

Der Rolls-Royce Silver Cloud und der absolut identische Bentley S-Type wurden 1955 vorgestellt. Sie waren wunderschön proportioniert, hervorragend konstruiert und im Betrieb fast geräuschlos – kurz: alles, was ein traditioneller Rolls-Royce Kunde sich erhoffte.

Der Silver Cloud war Crewes zweiter „Standard Stahl"-Wagen nach den Nachkriegsmodellen des Dawn und R-Typs. Er hatte eine fabrikgefertigte Karosserie anstelle der in Vorkriegstradition von Hand gefertigten. Mulliner Park Ward, James Young und andere bauten ausgezeichnete Spezialkarosserien auf diesem Chassis. Es gab eine Version der regulären Karosserie mit größerem Achsabstand, die 10 cm extra für Beinfreiheit im hinteren Fahrgastbereich zuließ, und die mit einer Trennscheibe zwischen Fahrerhaus und Fahrgastraum versehen war. Die traditionellen Rolls und Bentley Kühlergrille blieben erhalten– dieses und die Embleme waren die einzigen Unterschiede zwischen den ansonsten identischen Fahrzeugen. Sie fuhren auf einem stabilen und absolut separaten Kastenrahmen mit unabhängiger vorderer Radaufhängung; die hintere Stoßdämpfung konnte vom Fahrer je nach Straßenqualität reguliert werden. Das Interieur war mehr als luxuriös mit hervorragend gefertigten Ledersitzen und einem großartigen Armaturenbrett aus Walnussholz.

■ GANZ LINKS *Mulliners berühmter Continental Stil wurde vom R-Typ übernommen, lief dann aber im Interesse modernerer Karosserien aus.*

■ LINKS *Die leichtgewichtige Aluminiumkarosserie des Flying Spur Bentleys saß auf einem Continental Chassis. Hier ein S3 V-Acht.*

Die Maschine im Cloud und im S1 war praktisch die gleiche 4.9-Liter Einheit, wie sie im vorherigen R-Type und Silver Dawn verwendet worden war. Außer dass sie einen Zylinderkopf aus Aluminium und SU Doppelvergaser hatte. Beim Getriebe bestand die Wahl zwischen einem synchronisierten, manuellen 4-Ganggetriebe oder einem 4-Gang Hydramatic Automatikgetriebe, die beide in den Staaten unter von Rolls-Royce erteilter Lizenz bei General Motors hergestellt wurden. Nach nur 18 Monaten wurde auf das handgeschaltete Getriebe verzichtet. Der Motor war zwar unglaublich ausgereift, aber nie besonders leistungsstark – die Höchstgeschwindigkeit lag bei 170 km/h. Es war Rolls-Royce Geschäftstaktik niemals spezifische Angaben zu ihren Wagen zu machen, aber die Leistung wurde auf 178 PS bei 2032 kg Gewicht eingeschätzt.

■ UNTEN *Der Querschnitt zeigt das altmodische, separate Chassis des Cloud mit den großen Trommelbremsen und einem V-Acht Motor aus Aluminium.*

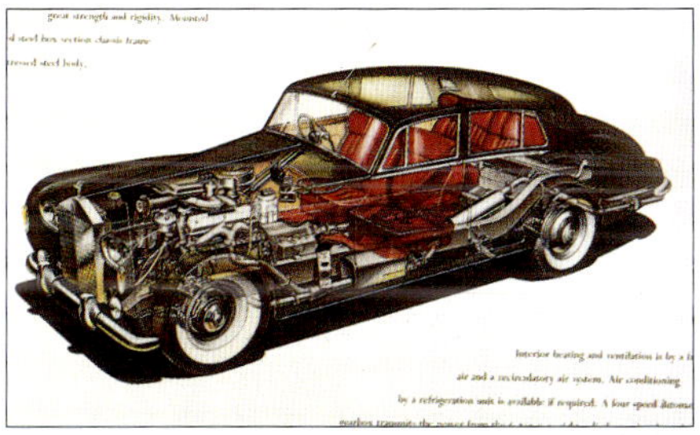

■ LINKS *Der Cloud, wie er 1955 erschien: mit Zusatzscheinwerfern und einem 6-Zylindermotor. Der V-Acht Cloud II sah genauso aus.*

ROLLS-ROYCE SILVER CLOUD UND BENTLEY S-SERIE (1959–65)

Motor	6-Zylinder und V-Acht
Hubraum	4887/6230 ccm
Leistung	nicht angegeben
Getriebe	4-Gang manuell 4-Gang Automatik
Spitze	170-186 km/h
Stückzahl	Cloud 1/S1 3107/2231 Cloud 2/S2 2417/1932 Cloud 3/S3 2044/1318 Plus 671 Clouds I/II/III

■ OBEN *Die Bentley Version war technisch gesehen identisch – nur der Kühlergrill und das Emblem wurden abgeändert.*

■ OBEN *Park Wards berühmter Chinese Eye Continental, hier als Cabriolet – das Non-plus-Ultra an offenen Luxuswagen.*

Der S-Type, auch als S1 bekannt, und der Silver Cloud 1 wurden bis 1959 hergestellt, es wurden 3072 Bentleys und 2238 Rolls-Royce Modelle produziert. Heutzutage sind die Bentley/Rolls Fans geteilter Meinung bezüglich der Frage, ob die S1 Serie besser war als die späteren V-Acht angetriebenen SII und SIII Modelle. Der V-Acht Wagen waren wesentlich leistungsstärker – sie kamen auf 193 km/h mit geschätzten 200 PS – aber nicht so ausgereift und leise. Der Motor war von amerikanischer Technik beeinflusst und genau das, was sich die Firma Rolls-Royce immer für ihre Wagen gewünscht hatte. Es dauerte nur – in typischer Crewes Manier – sehr lange sie zu perfektionieren. Rolls-Ingenieure arbeiteten seit den frühen 50ern daran mit dem Ziel, sie zur besten Maschine der Welt zu machen.

Einen Bentley zu besitzen und zu fahren ist eine himmlische Erfahrung, solange man es sich leisten kann. Die Renovierung eines alten Bentley ist oft teurer als eine Neuanschaffung.

■ RECHTS *Die Karosserie der Continental Modelle wurde aus Aluminium gefertigt, um das Gewicht niedrig zu halten; die Werkslimousine war aus Stahl.*

■ GANZ RECHTS *Das HJ Mulliner Cabrio, schwerer, aber genauso schön wie die Continental Version.*

Rolls-Royce

■ UNTEN *Der Shadow wurde auch als Bentley T1 hergestellt. Sie unterschieden sich nur durch Grill und Emblem.*

■ RECHTS *Der Shadow II von 1977 hatte Stoßfänger mit Kunststoffverkleidung und einen kleineren Kühler.*

■ ROLLS-ROYCE SILVER SHADOW

Die eckige Form des 1965er Silver Shadow war nach den runden Linien des Cloud ein Schock für die traditionellen Rolls-Royce Liebhaber. Unter der Hülle fanden sich jedoch noch wesentlich mehr revolutionäre Veränderungen: Einzelradaufhängung, Niveauregulierung, Scheibenbremsen und eine selbsttragende Karosserie. All dies war eine überzeugende Antwort auf die Kritik, dass Crewe der Zeit hinterher hinkte. In einem geschickten Feldzug hatte Rolls-Royce die Ära der Moderne betreten.

Die Karosserie war aus Stahl hergestellt, während die Türen, Motorhaube und Kofferraumklappe aus Aluminium bestanden. Die unabhängige Radaufhängung – mit Querlenkern und

Schraubenfedern vorne sowie Zugstreben hinten – hatte an beiden Enden eine hydraulische Höhenkontrolle, ein System, das von Citroën geliefert wurde. Scheibenbremsen ersetzten rundum die großen Trommelbremsen, die beim Cloud verwendet wurden.

Der 6.2-Liter V-Acht Motor und das automatische GM Hydramatic Vierganggetriebe – von Rolls-Royce unter Lizenz hergestellt – waren Standard und wurden fast unverändert vom Silver Cloud übernommen. Mit 185 km/h

■ OBEN *Der Shadow II – er trug das Silver Wraith Emblem – mit seinem Markenzeichen, dem Everflex Dach.*

■ LINKS *Der Silver Shadow wurde 1965 angekündigt; er war der erste moderne Rolls-Royce seit Jahren.*

■ RECHTS *Der V-Achtmotor aus dem Rolls-Royce lief absolut leise und sanft, war aber nach dem Standard großer Luxuswagen nicht besonders leistungsstark. Hier ein Camargue.*

■ OBEN *Der Camargue war von 1975 bis Mitte der 80er das Flaggschiff von Rolls-Royce. Er war einer der teuersten Wagen der Welt.*

■ UNTEN *Von hinten war das Styling nicht so recht gelungen, obwohl es die Form des Fiat 130 Coupés widerspiegelte.*

Spitzengeschwindigkeit und einer Beschleunigung von 0-100 in 11 Sekunden war der Shadow eine schnelle Limousine. Auch der Benzinverbrauch war nach Rolls Maßstäben gering.

Es gab, wie üblich, eine Bentley Version dieses Modells, genannt T-Serie oder T1. Der Unterschied beschränkte sich jedoch lediglich auf eine andere Form des Kühlergrills, kleine Abweichungen in den Verzierungen und ein anderes Emblem.

Mit dem Erscheinen der Modelle mit selbsttragender Karosserie fielen Bentleys Verkaufszahlen dramatisch ab; nur acht Prozent der verkauften Shadow I/II Wagen stammten von Bentley – im Vergleich zu einem Anteil von 40 Prozent bei den Wagen der Cloud/S-Serie.

Veränderungen kamen nur langsam; der Motor wurde 1970 auf 6.75-Liter vergrößert, ein Dreiganggetriebe mit Drehmomentwandler ersetzte 1968 das Vierganggetriebe; 1969 gab es für beide

ROLLS-ROYCE SILVER SHADOW (1965–80)

Motor	V-Acht
Hubraum	6230/6750 ccm
Leistung	nicht angegeben
Getriebe	4/3-Gang
Spitze	187 km/h
Stückzahl	20000 plus

■ OBEN *Die eckig geschnittene Nase des Camargue war nicht so geworden, wie Pininfarina es beabsichtigt hatte.*

Modelle eine Ausführung mit längerem Radstand sowie Klimaanlage und ein überschaubareres, nach amerikanischem Vorbild entworfenes Armaturenbrett.

Die Shadow II Modelle aus den 70ern verwendeten eine Zahnstangenlenkung, die das schwammige Handling verbesserte. Außerdem hatten sie Kunststoffstoßstangen und ein neues, eindrucksvolles Klimaanlagensystem.

Rolls Tochtergesellschaft Mulliner Park Ward kündigte 1966 das Silver Shadow Coupé und ein Jahr später das Cabrio an. Beide wurden 1971 in Corniche umbenannt. Silver Shadow und Bentley T-Serie wurden in größerer Auflage gebaut als jedes vorherige Modell; Als sie 1977 von den Shadow II/T2 Typen ersetzt wurden, waren insgesamt 20000 Autos produziert worden. Der Silver Spirit der 90er verwendete viel von der Technik, die damals entwickelt wurde.

ROVER

■ UNTEN *Der 3.5-Liter Rover wurde von 1967 bis 1973 in Limousinen- und Coupé-Form (vorne) produziert; er war einer der beliebtesten Luxuswagen Großbritanniens.*

■ ROVER P5

Als 1973 die Produktion des Rover P5 gestoppt wurde, gab es in Großbritannien nichts, das seinen Platz als Transportmittel für hochrangige Politiker einnehmen konnte.Kein anderer britischer Wagen der 70er hatte diese Aura von solidem Wert und Ehrbarkeit. Er leistete immer noch gute Dienste, als Maggie Thatcher 1979 ihre elfjährige Amtszeit begann. Die Limousine wurde so sehr geschätzt, dass bei Produktions-Ende einige Wagen auf Vorrat gekauft wurden, die man bei wichtigen offiziellen Anlässen noch weit bis in die 80er verwendete. Über viele Jahre sah man sie in Großbritannien ständig in den Nachrichten, bei der Fahrt ins Parlament

■ OBEN *Der P5B lief mit dem vom Buick abstammenden V-Acht. Rostyle Räder kennzeichnen den Wagen als V-Acht Modell.*

■ LINKS *Der P5 wurde zunächst mit einer weniger leistungsstarken 3-Liter 6-Zylindermaschine angeboten. Dies ist ein MkIII Coupé.*

■ LINKS *Der 3.5-Liter V-Acht lief 177 km/h mit einer Beschleunigung, die so manchen Sportwagenfahrer überraschte.*

ROVER P5 3½-LITER (1967–73)

Motor	V-Acht
Hubraum	3528 ccm
Leistung	185 PS
Getriebe	3-Gang Automatik
Spitze	177 km/h
Stückzahl	20000

■ LINKS *Viele Jahre lang war die 3.5-Liter Limousine das beliebteste Gefährt britischer Regierungsmitglieder: Harold Wilson ließ seinen mit einem speziellen Pfeifenständer ausrüsten. Ein paar Wagen wurden nach Ablauf der Produktionszeit für Regierungszwecke „auf Vorrat" gekauft, man sah sie noch bis in die 80er.*

oder in den Buckingham Palast. Harold Wilson ließ seine Limousine mit einem speziell entworfenen Pfeifenhalter ausstatten; und sogar die Queen besaß eine 3½-Liter Limousine: Gerüchte besagen, dass es ihr Lieblingswagen war, und man sah sie in Windsor oft darin herumfahren.

Nachdem auf das separate Chassis aus dem P4 verzichtet wurde, war der 3-Liter P5 aus dem Jahre 1958 ein Rolls-Royce für die Mittelklasse. Er hatte ein modernes, doch würdevolles Styling aus der Feder von David Bache, sowie traditionelles Interieur mit afrikanischem Kirschholz auf dem Armaturenbrett, dickem Teppich im Fußraum und Leder an fast allen anderen Stellen.

Zunächst störte es niemanden, dass das 3-Liter Modell, zu dem sich 1962 noch eine Coupé Version gesellte, nicht besonders schnell war. Seine sanfte Kultiviertheit war alles, was die meisten seiner Besitzer von ihm erwarteten. In der Mitte der 60er jedoch war Würde allein nicht mehr ausreichend. Es mangelte dem korpulenten 3-Liter Modell an Druck. Sein Kampf, als Automatikwagen die angegebenen 160 km/h Spitzengeschwindigkeit zu erreichen wurde peinlich. Der Buick V-Acht Motor, ein Überbleibsel aus General Motors kurzer Liebäugelei mit den „Kompakten" während der frühen 60er, wurde von Rover 1966 als Auslaufmodell gekauft. Mit seinen 184 PS passte er perfekt unter die Haube des P5.

Plötzlich war der P5 der Wagen, der er immer hatte sein sollen. Aufgrund des angemessenen Preises konnte sich Rover vor Aufträgen kaum retten, und dies hielt bis zu seinem Ende 1973 an.

■ RECHTS *Ein praktischer Werkzeugsatz befand sich in einer ausziehbaren Ablage in der Mitte des Armaturenbretts.*

■ GANZ RECHTS *Das „Büro" mit riesigem Lenkrad und sauber angeordneten Instrumenten.*

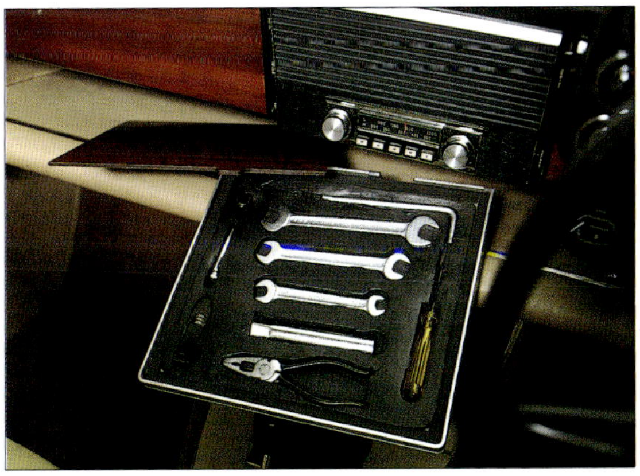

ROVER

■ LINKS *In den frühen 60ern setzte der 2000 neue Maßstäbe an Sicherheit in der Zwei-Liter Klasse.*

■ ROVER P6

Der Rover 2000 – P6 – war der erste Rover für junge Leute. Er war voll gepackt mit neuer Technologie und dadurch ideal für eine neue Generation von aufstrebenden Angestellten, die die Kombination eines großen Autos mit den Manieren eines Sportwagens in einer kompakteren Form suchten. Hier kam eine 160 km/h schnelle Limousine, die reif war für die neue Ära der Autobahnen, ein Wagen, der nicht ausschließlich – so wie die meisten anderen Autos mit Prestige (und jeder bisherige Rover) – alternden Männern gefiel.

Der P6 war ein unmittelbarer Erfolg. Er erhielt weltweit hervorragende Kritiken: das Magazin *Car and Driver* beschrieb ihn als „die beste Limousine, die jemals auf den Seiten dieses Magazins vorgestellt wurde“, während der amerikanische Sicherheitsexperte Ralph Nader dem 2000 ein bedingungsloses Kompliment machte, indem er ihn ein Vorbild nannte – so „wie alle Wagen gebaut sein sollten“. Der P6 inspirierte viele schlechtere Nachahmer in der Sparte, die er kreiert hatte. Und er ver-

■ UNTEN *Der ultimative P6 war der 3500S mit V-Acht Motor und Hand-Schaltung.*

■ LINKS *Der 2000 TC mit Doppelvergaser, Rovers Mittel gegen schwachen Antrieb.*

■ OBEN *Der 2000 war besonders beliebt bei jungen Angestellten, Bankern und Doktoren. Speichenräder waren eine selten gesehene Variante.*

kaufte sich nach Rovers Maßstäben in großer Zahl.

Mit dem 2000 verkaufte Rover zum ersten Mal Sicherheit, lange bevor dies Mode wurde. Mit seiner muskulösen Karosserie (einem Stahlskelett, an dem die Außenbleche befestigt wurden), Allradscheibenbremsen und gut gepolstertem Interieur erwies sich dieser Wagen als besonders sicher bei Verkehrsunfällen. Noch besser: im 2000 hatte man eine gute Chance, Unfälle von vornherein zu vermeiden. Die hintere DeDion Radaufhängung folgte der Praxis von Rennwagen. Das hieß, dass der 2000 nicht nur ruhig fuhr, sondern auch eine hervorragende Straßenlage hatte. Mehr als gut genug, um die Kraft des neuen 4-Zylinders mit oben liegenden Nockenwellen unter Kontrolle zu halten. Das Fahrwerk war auch gut genug für den 3.5-Liter V-Acht Motor, mit dessen Hilfe es der P6 ab 1968 spielend mit einem Jaguar aufnehmen konnte. Der P6 2000 fuhr sich nicht nur besser als jeder andere Rover zuvor, er sah auch viel besser aus: David Baches Entwurf wurde der unter der Karosserie verborgenen modernen Technik voll gerecht. Der Rover P6 widerstand allen späteren Versuchen ihn aufzumotzen. Er war eine der großen Limousinen der 60er Jahre.

ROVER P6 (1963–77)	
Motor	4-Zylinder
Hubraum	1978 ccm
Leistung	90-124 PS
Getriebe	3-Gang manuell 3-Gang Automatik
Spitze	167 km/h
Stückzahl	329000

■ OBEN ***Die Form des 2000 stammte von Rovers Designer David Bache; die klaren, zurückhaltenden Linien waren beeinflusst vom Citroen DS.***

■ UNTEN ***Die seltene Sonderausstattung bei diesem Modell beinhaltet ein hölzernes Lenkrad und runde Zusatzinstrumente.***

■ OBEN ***Der 3500S war anhand der Sport-Radabdeckungen und einem Kühlergrill aus Plastik zu erkennen.***

■ RECHTS ***Den TC konnte man nur an seinem Emblem erkennen.***

SAAB

■ SAAB 96

Saab – Svenska Aeroplan AB – baute den letzten 96 im Jahre 1980. Doch die Wurzeln dieser kämpferischen, Rallyes gewinnenden Limousine lassen sich bis zum 92 aus dem Jahre 1945 zurückverfolgen. Der 96 war eine tropfenförmige, aerodynamische Limousine mit einem 2-Zylinder 2-Taktmotor und Frontantrieb (über ein Dreiganggetriebe mit Freilauf). Der darauf folgende 93 hatte einen 3-Zylinder 2-Taktmotor und bis zu 55 PS in der GT Form mit Doppelvergaser sowie verbesserte Schraubenfeder-Radaufhängung mit einer konventionellen hinteren Starrachse, die das einst unberechenbare Fahrverhalten verbesserte. Der endgültige Saab 96 wurde 1960 vorgestellt: die bemerkenswerteste äußere Veränderung war die Panorama-Heckscheibe, unter der Haube befand sich ein größerer 841ccm Zweitakter mit 38 PS in der serienmäßigen Ausführung.

SAAB 96 (1960–80)	
Motor	2-Takt 3-Zylinder/ V-Vier
Hubraum	841/1698 ccm
Leistung	38-65 PS
Getriebe	3/4-Gang
Spitze	127-152 km/h
Stückzahl	547221

■ OBEN ***Der vorderradangetriebene 96 hatte ein gutes Handling und verbrauchte wenig Benzin.***

■ OBEN ***Der definitive 96 kam 1960 auf den Markt; er hatte Panoramaheckscheiben.***

■ OBEN ***Der solide, niedrige Umriss des 95 Kombis wurde mit dem eines Backstein Bungalows verglichen.***

■ OBEN ***Das Interieur des begehrenswerten Sport mit extra Anzeigen und schickem, hölzernen Lenkrad.***

Für Enthusiasten gab es die 65 PS starken Sport und Monte Carlo Modelle mit Dreifachvergaser und vorderen Scheibenbremsen. Andere Pluspunkte waren ein Vierganggetriebe und Getrenntschmierung, die das üblichen Benzin/Öl Gemisch im Benzin überflüssig machte. Die Spitzengeschwindigkeit lag bei beachtlichen 152 km/h, und in dieser Form wurde der Wagen in der Hand von Erik Carlson zum Rallyegewinner.

Für Kunden mit mehr zweckmäßigen Bedürfnissen gab es den 95 Kombi, der vor dem 96 auf den Markt kam und mit Vierganggetriebe ausgerüstet war. Saab blieb dem Zweitakter bis 1968 treu. Ab dann verkaufte sich der von Ford aus Deutschland übernommene V-Vier Motor besser. Er verhalf dem Sport und dem Monte Carlo zu mehr Leistung bei besserer Wirtschaftlichkeit.

Viele dieser zähen, kleinen Klassiker haben bis heute überlebt.

■ LINKS *Die Form des 96 kann bis zum originalen 92 von 1945 zurückverfolgt werden. Er hielt sich bis Mitte der 70er.*

■ UNTEN *Das Emblem deutet auf Saabs Geschichte als Flugzeugbauer hin.*

■ UNTEN *Mitte der 60er wurde der Zweitakter gegen den Ford V-Vier ausgetauscht.*

■ UNTEN *Der 96 war ein berühmter Rallyegewinner, besonders in der Hand von Eric Carlson.*

ANDERE MARKEN

■ SIATA
Die italienische Firma Siata baute 1949 ihr erstes Produktionfahrzeug, den Amica. Die meisten Siatas stammten vom Fiat ab, einschließlich einiger mit V-Acht Motor ausgerüsteter Coupés mit Vignale Ka-rosserie. Das letzte Modell, der Spring, wurde von 1968-75 produziert.

■ SIMCA
Simca wurde 1934 in Frankreich von HT Bigozzi gegründet mit dem Ziel unter Lizenz Fiat Modelle zu produzieren. Das erste Simca Modell, der Aronde, erschien 1951, und er war so erfolgreich, dass die Firma dazu überging auch andere Marken herzustellen. Sie übernahmen Unic im Jahre 1957, Ford France 1954 und Talbot 1958. Im Jahre 1958 kaufte Chrysler einen kleinen Anteil an Simca. 1963 hatten sie bereits maßgebliche Beteiligung, was 1970 zu einem Wechsel des Namens zu Chrysler France SA führte. Die letzten Simcas, Horizon und Alpine, wurden 1981 produziert.

■ SINGER
Die Firma Singer baute ihren ersten Wagen im Jahre 1905, und zum Ende der 20er waren sie Großbritanniens größter Fahrzeughersteller. Die erste einer langen Reihe von OHC Maschinen wurde 1926 vorgestellt, und der Le Mans Nine sowie der 1.5-Liter waren während der 30er glaubwürdige Sportwagen. Ein farbloses Nachkriegsmodell, der SM1500, besiegelte jedoch das Schicksal der Firma; 1956 wurde sie von Rootes übernommen. Der letzte Wagen mit dem Singer Emblem wurde im Jahr 1970 hergestellt.

■ SKODA
Der erste in der damaligen Tschechoslowakei hergestellte Skoda erschien 1925. Die frühen Produkte waren konventionell, aber ab Mitte der 30er erschienen fortschrittlichere Modelle. Nach dem zweiten Weltkrieg ging die Firma in Staatsbesitz über; ihre Produkte waren abgewandelte Designs aus der Vorkriegszeit, bis 1964 die von Renault inspirierte 1000 Serie mit Heckmotor erschien. Heute ist Skoda Teil der Volkswagengruppe.

■ STANDARD
Im Jahre 1906, drei Jahre nach der Gründung, vermarktete die Firma Standard Großbritanniens ersten günstigen 6-Zylinder Wagen. 1928 half ein Kleinwagen, der Nine, zunehmende finanzielle Probleme zu umschiffen. Nach dem Zweiten Weltkrieg übernahm die Firma Triumph und stellte zwei Jahre später den berühmten Vanguard vor, der für den Export bestimmt war. Er war bis zur Vorstellung des Eight im Jahre 1953 das einzige Serienfahrzeug. Leyland übernahm 1961 den Standard Triumph, 1963 wurde der Beiname Standard stillschweigend weggelassen.

■ STEYR-PUCH
Vor 1939 stellte dic österreichische Firma Steyr einige interessante Wagen her, von denen einige von Ferdinand Porsche konstruiert wurden. Ab 1949 wurden unter Lizenz nur noch Fiats hergestellt. Steyr produziert heute Fahrzeuge mit Allradantrieb sowie individuelle Allradantriebssysteme und arbeitet zusammen mit Chrysler, VW-Audi und Mercedes-Benz.

SUNBEAM

■ OBEN LINKS *Die Sunbeam Tiger wurden oft von ihren Besitzern modifiziert.*

■ SUNBEAM TIGER

Der 1964 vorgestellte Sunbeam Tiger war nicht mehr als eine V-Acht Version des 4-Zylinder Alpine, dessen schicke, offene Karosserie aus dem Jahre 1959 stammte. Wie beim AC Cobra wurde die ursprüngliche Entwicklung von dem

■ OBEN *Die Abbildung aus einer Broschüre zeigt den MkII Tiger mit 4.7-Liter Motor.*

■ LINKS *Als Chrysler Rootes aufkaufte, wurde die Produktion des MkII eingestellt, da er einen Motor vom Konkurrenten Ford benutzte – und der Chrysler V-Acht nicht passte.*

■ UNTEN *Der 4.7-Liter MkII hatte 200 PS, im Vergleich zu den 164 PS des 4.2. Der Überrollbügel war nicht serienmäßig.*

■ UNTEN *Die Karosserie des Tiger wurde direkt vom Alpine übernommen. Die Wagen wurden von Jensen zusammengebaut.*

Amerikaner Caroll Shelby ausgeführt, aber alle folgenden Arbeiten fanden im Werk von Rootes statt. Der 4-Zylinder 1592 ccm Motor wurde gegen einen Ford V-Acht 4.2-Liter ausgetauscht. Neu war außerdem ein „top loader" Vierganggetriebe und eine verstärkte Kardanwelle.

Der wesentlich größere Motor verlangte extreme Veränderungen unter der Motorhaube sowie eine stabilere Karosserie. Statt die eigenen Alpine Produktionslinien mit diesem neuen Wagen zu blockieren, gab Rootes ihn zur Überarbeitung weiter an Jensen, deren Werk nicht weit entfernt waren. Jensen war berühmt für die eigenen großen V-Acht GT – den CV8 – und produzierte außerdem bereits die Big Healey Modelle für BMC.

Mit dem Sprung von 97 auf 164 PS war der Tiger ein völlig anderer Wagen

SUNBEAM TIGER (1964–68)	
Motor	V-Acht
Hubraum	4260-4727 ccm
Leistung	164-200 PS
Getriebe	4-Gang manuell
Spitze	193-201 km/h
Stückzahl	6495 MKI/571 MkII

■ LINKS *Der leistungsstarke Tiger mit seiner relativ leichten Karosserie war ein Naturtalent im Renn- und Rallyesport, obwohl er nie voll ausgereift war.*

als der Alpine, obwohl sie fast identisch aussahen – abgesehen vom diskreten Emblem. Die Höchstgeschwindigkeit lag bei 187 km/h mit einer Beschleunigung von 0-60 in 9.5 Sekunden, wobei das enorme Drehmoment das Getriebe beinahe überflüssig machte. Der Tiger war allerdings kein Auto für Anfänger: die hastig entwickelte Zahnstangenlenkung war nicht von bester Qualität, und die von Hillman übernommene Radaufhängung war nie ganz ausreichend für die Leistung des Wagens. Nicht einmal mit Panhard Stab und einem speziellen Differenzial. Nichtsdestotrotz war der Wagen sein Geld wert und verkaufte sich in Amerika gut. In Europa war er erst ab 1965 erhältlich.

Seine Produktion wurde eingestellt, als Chrysler die maßgebliche Beteiligung an Rootes erhielt: der neuen Leitung widerstrebte der Gedanke an einen Wagen, der einen Motor vom Detroiter Erzrivalen verwendete. So fiel der Vorhang für den Tiger, von dessen MkII im Jahr 67/68 noch 571 Modelle mit dem größeren 4.7-Liter Motor aus dem Mustang gebaut wurden.

■ OBEN *Nur 571 MkII Tiger wurden gebaut. Die Seitenstreifen waren ein Erkennungsmerkmal.*

■ LINKS *Der große V-Acht passte knapp unter die Haube des Tiger – Überhitzung war ein Problem.*

ANDERE MARKEN

■ SUNBEAM-TALBOT

Die Firma Sunbeam-Talbot wurde 1938 von den Gebrüdern Rootes gegründet. Die Wagen wurden von den zeitgenössischen Hillman und Humber abgeleitet, hatten aber in den meisten Fällen individuelle Karosserien. Die „90“ Modelle aus den 50er Jahren waren erstaunlich gute Sportlimousinen. 1954 wurde das Talbot im Namen weggelassen.

■ SUNBEAM

Sunbeam war der erste britische Hersteller, der einen Grand Prix gewann. Den ersten Wagen hatte die Firma im Jahre 1899 hergestellt. 1920 wurde sie Teil von Sunbeam-Talbot-Darracq, nach dem Zusammenbruch von STD im Jahre 1935 übernahm Rootes. Man hörte bis 1953 nichts von ihnen, dann kam die Sportversion des Sunbeam Talbot 90 als Sunbeam Alpine erneut auf den Markt. Die Alpine und Rapier aus den 60er Jahren verkauften sich gut, doch der Name verblasste 1976 mit dem Rapier Fließheck.

■ SWALLOW

Zunächst war sie Teil von Jaguar, doch während des 2. Weltkrieges wurde die Swallow Coachbuilding Co. Teil der großen Tube Investments Organisation. Ihr Sportwagen, der Doretti, war für den amerikanischen Markt bestimmt. Er wurde jedoch eingestellt, da die Deckgesellschaft TI befand, sie könne keinen Hersteller versorgen, der Konkurrenzprodukte herstellte.

TATRA

■ TATRA 603

Die ersten Tatra 603 Limousinen mit V-Acht Heckmotor wurden 1957 gesichtet. Nach der Einstellung des vierzylindrigen Tatraplan im Jahre 1954 hatte es zunächst keine neuen Tatra Personenwagen gegeben. Mit dem 603 blieb man der Tradition des luftgekühlten V-Acht Heckmotors in einer sechssitzigen Limousine treu – als letztem der stromlinienförmigen Tatras, deren Geschichte in den 30ern mit dem von Jaray geformten T77 begonnen hatte..

Der 603 erhielt seinen Namen von der V-Acht 2.5-Liter Maschine, ausgestattet mit Jikov Doppelvergaser (Weberkopien), die man zuerst im einsitzigen Tatra Rennwagen des Jahres 1950 gesehen hatte. Ein per Riemen angetriebenes Doppelgebläse, dessen Lüftungsschlitze in die hinteren Kotflügel führte, sowie ein sich thermostatisch öffnender Grill in der Stoßstange übernahmen die Kühlung.

Der Motor war aus Leichtmetall. Das bedeutete geringes Gewicht (169 kg), aber bei einer niedrigen Verdichtungsrate von 6.5:1 hatte er nur 100 PS. So dass es der 1470 kg schwere Wagen an

■ OBEN *So sah der Tatra 603 ab Mitte der 60er Jahre aus, obwohl viele frühere Wagen modifiziert wurden.*

■ LINKS *Der 2.5-Liter V-Acht Motor war luftgekühlt und hatte in der letzten Version 105 PS. Im Bild kann man das Doppelgebläse erkennen.*

TATRA 603 (1955–75)	
Motor	V-Acht luftgekühlt
Hubraum	2472 ccm
Leistung	95-105 PS
Getriebe	4-Gang manuell
Spitze	160 km/h
Stückzahl	22422

■ LINKS *Das unverwechselbare Vorderteil des 603. Das Gepäck wurde vorne neben dem Benzintank verwahrt.*

■ OBEN *Die Rückansicht zeigt die geteilte Heckscheibe und Überbleibsel der verkümmerten Heckflossen.*

■ UNTEN *Späte 603 Modelle wie dieses hatten vier Scheibenbremsen – alle waren gute Autobahn-Limousinen.*

Beschleunigung vermissen ließ. Auf der anderen Seite lag die Höchstgeschwindigkeit dank der windschlüpfrigen Form des Tatra bei 160 km/h: der Unterboden war absolut flach gehalten, um den sauberen Luftstrom nicht durch Auspuff oder Kardanwelle zu unterbrechen.

Der Tatra hatte ein Vierganggetriebe mit Lenkradschaltung, frühe 603 Modelle verwendeten große hydraulische Trommelbremsen mit fortschrittlichem Zweikreissystem. Unter Patent hergestellte Dunlop Scheibenbremsen wurden erst ab Mitte der 60er eingebaut.

■ OBEN *Obwohl sie nicht sehr bekannt ist, ist die Marke eine der ältesten der Welt; neue Tatra werden immer noch verkauft.*

Vom Erscheinungsbild her war der Tatra angesiedelt zwischen Jarays klassischem „Schöne-neue-Welt" Modernismus und angesagtem Detroiter Kitsch. Im Frontbereich saßen pro Seite drei Einzelscheinwerfer hinter einer einteiligen Glasabdeckung, wodurch der 603 von vorn an einen Expresszug erinnerte. Im Heckbereich vollführte die Dachlinie einen rapiden Schwung abwärts zur Motorabdeckung; das Panoramarückfenster war durch die Überreste einer verkümmerten, in letzter Minute weggelassenen Heckflosse unterteilt.

Während der 60er Jahre erlebte der Tatra nach und nach Veränderungen, wie den Einbau vorderer Doppelscheinwerfer oder später eines breiteren Grills mit weiter auseinanderliegenden Scheinwerfern, die in einem GFK Paneel saßen. Winzige Chromflossen entwickelten sich auf den hinteren Kotflügeln, die Stoßstangenhörner wurden gezähmt und die Belüftungsöffnungen in der Motorhaube verschwanden. Die Dachlinie wurde voluminöser, und die vorderen Seitenfenster erhielten Ausstellfenster.

Die Produktion endete 1975, als der 603 Platz machen musste für den von Vignale designten 613.

■ OBEN *Kühlende Luft wird durch ein Loch unter der Stoßstange angesaugt.*

■ RECHTS *Der 603 war ein Sechssitzer, beliebtes Transportmittel der Regierung.*

TOYOTA

■ TOYOTA 2000GT

Toyota hatte den 2000GT geplant, um das Image der Marke aufzubessern. Seine Geburt erfolgte nicht ohne Komplikationen. Es war Nissan, nicht Toyota, die 1963 ursprünglich das Styling von Graf Goertz, dem für seine BMW 503 und 507 bekannten New Yorker Designer, in Kommission genommen hatten. Yamaha baute einen Prototypen, aber in letzter Minute stieg Nissan aus und überließ Yamaha die Entscheidung, das Designpaket an Toyota zu verkaufen. Da abzusehen war, dass die Produktionszahlen immer niedrig bleiben würden, ließ Toyota die eigentliche Arbeit weiterhin von Yamaha erledigen. Der erste Prototyp wurde 1965 auf der Tokio Show präsentiert. Das Serienmodell war nur 114 cm hoch, es saß auf schlanken Alurädern mit Zentralverschluss. Der Schwung des Daches und die gerundeten Hüften waren unbestritten vom E-Type beeinflusst. Doch vieles an diesem bereits 30 Jahre alten Design war kühn und mit eigener Note – wie die spitz zulaufenden Seitenfenster, schlanke Träger, die gefühlvoll herabgleitende Linie der Motorhaube.

Die Technik unter der verführerisch kurvigen Karosserie des 2000GT wurde dem Aussehen gerecht: doppelte Nockenwellen, Querstrom-Zylinderkopf mit halbkugelförmigen Brennräumen, Mikuni/Solex Doppelvergaser und ein zweckmäßiger Fächerkrümmer (ein Auslass pro Zylinder). Außerdem verfügte er über ein Fünfganggetriebe, Allradscheibenbremsen und ein dem Lotus ähnliches Chassis, das mit Querlenkern rundum ausgerüstet war. Im Jahre 1965 war all dies allererste Qualität: selten zu finden in hochkalibrigen europäischen Wagen, nie gehört bei japanischen Modellen. Der 1272 kg schwere

■ OBEN *Bei seiner Vorstellung 1967 in Amerika lag der 2000GT preislich deutlich über dem Porsche 911 oder dem Jaguar E-Type.*

■ OBEN *Die Produktion wurde 1970 eingestellt, als Datsun den 240Z vorstellte.*

■ RECHTS *Die attraktiven Linien des 2000GT stammten aus der Feder von Goertz, der auch den BMW 507 und später den Datsun 240Z entwarf.*

■ LINKS *Der 2000GT war wohl der erste begehrenswerte Wagen, den Toyota produzierte: nur 337 wurden gebaut.*

■ RECHTS *Der 2000GT hatte mit Sicherheit einen Hauch vom E-Type.*

TOYOTA 2000GT (1967–70)	
Motor	6-Zylinder
Hubraum	1988 ccm
Leistung	150 PS @ 6000 U/min
Getriebe	5-Gang manuell
Spitze	217 km/h
Stückzahl	337

2000GT lief je nach Übersetzung 209–217 km/h, im zweiten Gang kam er in 12.7 Sekunden auf 112 km/h, im dritten Gang auf 160 km/h und im vierten auf 185 km/h.

Zum Verkauf angeboten wurde der 2000GT erst ab Mai 1967. Während des fünfjährigen Produktionszeitraumes erfuhr er nur wenige Änderungen. Gegen Ablauf dieser Periode baute Toyota neun vereinfachte Modelle mit Einzelnockenwelle, Klimaanlage und automatischem Getriebe, um das Interesse in den Staaten zu wecken. Trotz eines begeisterten Testberichtes in *Road and Track* konnten nur 63 Amerikaner davon überzeugt werden, 6800 Dollar für den 2000GT zu bezahlen. Ein Preis, der zu der Zeit weit über dem der angeseheneren Porsche und Jaguar Modelle lag. Trotz des hohen Preises verlor Toyota wahrscheinlich an jedem Wagen Geld.

Die Produktion wurde 1971 eingestellt, nachdem nur 337 der 2000GT hergestellt worden waren. Heute gehösie zu den begehrtesten japanischen Nachkriegsklassikern.

■ OBEN *Der 2000GT hatte einen Sechszylindermotor mit zwei obenliegenden Nockenwellen und Fünfganggetriebe.*

■ OBEN RECHTS *Frontscheinwerfer wurden ergänzt durch Klappscheinwerfer.*

■ UNTEN RECHTS *217 km/h Spitzengeschwindigkeit waren eine atemberaubende Leistung für einen Wagen der Zweiliterklasse.*

TRIUMPH

■ TRIUMPH 1800/2000 ROADSTER

Der Triumph Roadster war eher ein Tourer mit viel Drehmoment als ein wirklicher Sportwagen. Mit seinem Reservesitz im Fond war er einer der bemerkenswertesten britischen Wagen, die unmittelbar nach dem Krieg produziert wurden.

Der britische Vorsitzende von Standard, Sir John Black, kaufte Triumph 1944, um damit gegen Jaguar anzutreten. Er baute auf das Prestige, das die Marke in der Vorkriegszeit gehabt hatte. Der Besitzer von Jaguar, William Lyons, hatte seine Firma mit Hilfe von Standard aufgebaut, die Motoren, Getriebe und das Chassis für die schicken SS (später Jaguar) Limousinen und Sportwagen geliefert hatten. Trotzdem hatte er Blacks Vorschlag einer Firmenübernahme abgelehnt. Mit dem Roadster entstand

■ RECHTS *Für nur 60 PS war der Roadster viel zu schwer, aber sein Aussehen – und seine Seltenheit – machen ihn heute attraktiv.*

■ OBEN *Die ausschweifende Form des Triumph Roadster wurden designt, um die Käufer vom Jaguar wegzulocken; nur wenige ließen sich überzeugen.*

TRIUMPH ROADSTER (1946–49)	
Motor	4-Zylinder Reihe
Hubraum	1776/2088 ccm
Leistung	65-68 PS
Getriebe	3-Gang manuell
Spitze	120 km/h
Stückzahl	2501/2000

eine neue Generation vonTriumph, die existierende Standard Mechanik verwendete und sich auf die technischen Fähigkeiten verließ, die während des Krieges im Flugzeugbau erworben worden waren. Der 1776 ccm Standard 14 Motor und das passende Getriebe kamen aus dem „Ersatzteillager“. Die gewählte Maschine war eine Variante mit obenliegenden Ventile, die ursprünglich auf Bestellung William Lyons von Harry Weslake entwickelt worden war – und die seit 1937 von Standard exklusiv für den SS Jaguar 1½-Litre produziert wurde. Zunächst hatte Black einen 6-Zylinder-motor geplant, in einem schwachen Mo-ment jedoch hatte er die werkseigene Einrichtung zur Herstellung dieses Mo-tors an Jaguar verkauft. Die vordere, un-abhängige Drehstabfederung der Flying Standard Serie wurde kombiniert mit einer Standard Fourteen Hinterachse.

Der Chassis des neuen Triumph war

■ UNTEN *Der Zweilitermotor aus dem Vanguard wurde 1948 vorgestellt; die Spitzengeschwindigkeit betrug 120 km/h.*

■ RECHTS *Hintere Reservesitze fand man selten in den Wagen der Nachkriegszeit.*

■ UNTEN *Das Interieur des 3-Sitzers war funktionell, aber unsportlich, die Sitze unbequem.*

■ LINKS *Während der Produktioszeit von 1946-1949 wurden nur 4500 Roadster gebaut. Die Form sollte an den Jaguar SS100 erinnern.*

■ UNTEN *Bei geschlossenem Verdeck war der Innenraum beengt. Die lange Haube täuschte einen aufregenden Motor vor.*

eine völlig neue Konstruktion mit einem schlichten Leiterrahmen. Die Karosserie war aus Aluminium, das auf einem Holzrahmen befestigt wurde. So umging man das Problem der Stahlknappheit, das die Nachkriegszeit mit sich brachte. Für das Styling des Roadster stellte sich Black etwas im Stile des SS-100 vor, mit großen Scheinwerfern und fließenden Kotflügeln.

Er wollte außerdem einen Reservesitz, ein Überbleibsel aus dem Triumph Dolomite Roadster Coupé. Der Roadster wurde von Frank Callaby gestylt; er erhielt eine lange Motorhaube mit runden vorderen Kotflügeln, einem geduckten Heck und einer beengten Fahrerkabine.

Als der 1800 im Jahre 1946 auf den Markt kam, hatte der in der Produktion preiswerte Wagen ein einzigartiges Konzept. Mit seiner vorderen Sitzbank sowie den zwei Klappsitzen im geräumigen Heck war er ein Drei-plus-Zwei-Sitzer.

1948, nachdem 2501 Roadster hergestellt worden waren, erhielt das Modell einen Vanguard Motor und ein Vanguard Dreiganggetriebe. Von dieser Variante entstanden weitere 2000 Wagen;

TRIUMPH

■ UNTEN *Der TR2 war Triumphs Angebot für den amerikanischen Sportwagenmarkt. Mit 90 PS kam er auf über 160 km/h.*

■ TRIUMPH TR2/3/3A

Um MG auf dem während der Nachkriegszeit so wichtigen amerikanischen Exportmarkt herausfordern zu können, benötigte Standard/Triumph-Boss Sir John Black einen glaubhafteren Sportwagen als den leistungsschwachen 2000 Roadster. Nachdem sein Angebot Morgan zu übernehmen abgelehnt worden war, unternahm er erste Schritte zur Produktion eines erschwinglichen Triumph Sportwagens.

Ein Standard Vanguard 2-Liter Motor wurde in das verkürzte Standard 8 Chassis eingebaut. Eingekleidet wurde das ganze in eine zweisitzige Roadster Karosserie, genannt TS20. Sie erhielt nur gedämpften Beifall bei der 1952er London Motor Show. Ihr zwergenhaftes Aussehen kam nicht an, aber Black gab trotzdem den Startschuss für das Konzept seines Sportwagens.

Der ein Jahr später erscheinende TR2 hatte die Probleme des TR1 überwunden: er hatte ein einfaches Leiterrahmen Chassis und eine längere Karosserie mit größerem Kofferraum. Eine 90 PS 1991 ccm Version des Vanguard Motors mit Doppelvergasern wurde mit einem Vierganggetriebe kombiniert. Die Radaufhängung funktionierte vorne über Schraubenfedern und Schwingarm, hinten befand sich eine bewegliche Achse mit halbelliptischen Federn.

Er erreichte 100 km/h in weniger als 12 Sekunden, mit dem optionalen Overdrive kam er auf 160 und sogar 173 km/h. Von den amerikanischen Käufern wurde dieser einfache, angenehme Sportwagen begierig aufgenommen. Er entwickelte sich dort zu Triumphs

TRIUMPH TR2/3/3A (1953–62)	
Motor	4-Zylinder Reihe
Hubraum	1991/2138 ccm
Leistung	90-100 PS
Getriebe	4-Gang manuell
Spitze	165-177 km/h
Stückzahl	TR2 8628/TR3 13377/ TR3A 58236

■ LINKS *Ein winziger Grill war das Erkennungsmerkmal des ab 1955 produzierten TR3. Die früheren Modelle hatten einen zurückversetzten Grill.*

■ RECHTS *Der TR3A hatte einen Grill, der sich über die gesamte Breite des Wagens erstreckte.*

■ LINKS *Ausgeschnittene Türen und Wespentaille waren das Erkennungsmerkmal der TR2 und 3. Auf Wunsch kamen sie mit Speichenrädern.*

■ UNTEN *Die Basisform des TR2 war der unvorteilhafte TR1, gezeigt auf der 1952er Motor Show. Sein Aussehen wurde für die Serie stark verbessert.*

■ OBEN *Funktionelles Interieur mit großem Lenkrad, Schalensitzen und einfacher, aber zweckmäßiger Instrumentierung.*

■ OBEN *Trotz ihrer Unfertigkeit standen die TR2 und 3 in dem Ruf zäh zu sein.*

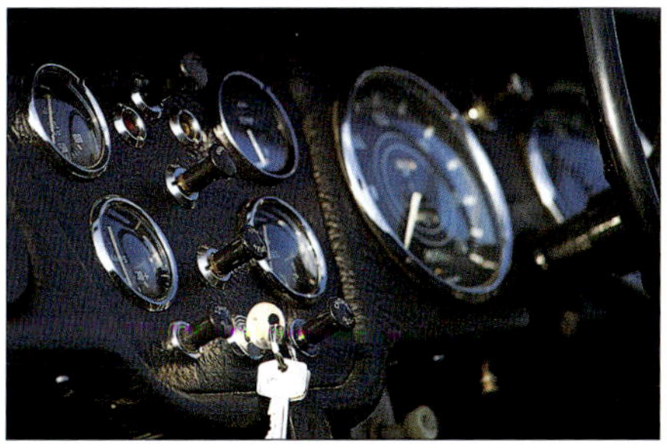

■ OBEN *Smiths Instrumente gaben Auskunft über Temperatur oder Öldruck. Der Motor drehte zwar relativ niedrig, hatte aber gute Durchzugskraft.*

Haupteinnahmequelle. Der TR3 aus dem Jahre 1955 hatte etwas mehr Leistung und einen neuartigen Kühlergrill; das Hardtop kam nur in der GT Sonderausführung.

1956 war er der erste in großer Zahl produzierte Wagen mit vorderen Scheibenbremsen. Gleichzeitig wurden dreifacher Overdrive und ein Extrasitz im Fond angeboten. Der 1957er TR3a war der letzte mit 2138 ccm Motor und einem Grill, der sich über die gesamte Breite des Wagens erstreckte. Der TR3b war eine Version mit synchronisiertem Getriebe, die speziell für den amerikanischen Markt produziert wurde.

■ LINKS *Späte TR3s hatten den großen 2138 ccm Motor und ein synchronisiertes Getriebe, wie es im TR4 zu finden war.*

TRIUMPH

■ TRIUMPH TR4/5/6

Der 1962 vorgestellte Triumph TR4 war der erste „schicke“ TR Sportwagen. Er hatte eine geräumigere Michelotti Karosserie und bot alles für die Bequemlichkeit. Unter dem Blech jedoch blieben die soliden, langerprobten Qualitäten der 2 und 3 Modelle erhalten. Der Motor war ein 2.2-Liter Querstrommotor mit 100 PS und gutem Antritt. Die hintere Aufhängung erfolgte mittels einer simplen, soliden Achse, die das Fahrverhalten sehr vorausschaubar machte. Beim 163 km/h schnellen TR4 gab es Verbesserungen in Form einer breiteren Spur und Zahnstangenlenkung. Eine weitere Neuheit war ein synchronisiertes Getriebe.

Das Cockpit war geräumiger mit besserer Belüftung. Der TR4 verwendete eine frühe Version des Targa Daches mit einem abnehmbaren Paneel, wie es später auch beim Porsche 911 benutzt wurde. Außerdem verfügte er über Kurbelfenster. Kritik bezüglich schlechter Straßenlage und harter Federung bei frühen Modellen wurde durch den Einbau einer neuen, unabhängigen hinteren Radaufhängung entgegengetreten, einem Längslenkersystem, wie es zuerst bei der Triumph 2000 Limousine zu sehen war. Die Rufe nach mehr Leistung wurden 1967 durch den Einbau eines 2498 ccm 6-Zylindermotors im TR5 beantwortet. Ausgestattet mit der für mechanische Probleme bekannten Lucas Einspitzanlage lief dieser 150 PS starke Wagen 193 km/h Spitze. Er war jedoch eine kurzlebige Variante und wurde schon 15 Monate später durch den TR6 ersetzt. Mechanisch gesehen änderte sich hier wenig, aber der TR6 hatte eine schnittigere Karosserie, hergestellt in Deutschland von Karmann. TR hatten stets eine große Anhängerschaft in den USA; dies galt auch für den TR6, der auf diesem Markt bis 1976 lief – bis der weniger beliebte TR7 erschien.

■ OBEN *Die TR4 und 5 wurden bei Michelotti in Italien designt. Hier ein TR5 mit 6-Zylindereinspritzmotor.*

TRIUMPH TR4/56 (1962–76)	
Motor	6-Zylinder
Hubraum	2498 ccm
Leistung	150 PS
Getriebe	4-Gang, Overdrive auf Wunsch
Spitze	191 km/h
Stückzahl	91850

■ OBEN *Der TR6 war mechanisch gesehen fast identisch mit dem TR5, wurde aber von Karmannn umgestylt.*

■ GANZ LINKS *Mit 150 PS lief der TR5 fast 193 km/h. Der 6-Zylindermotor wurde auch im 2.5 P1 verwendet.*

■ LINKS *Der TR6 war der letzte der traditionellen TR mit separatem Chassis und 6-Zylindermotor.*

■ RECHTS *Um Probleme mit dem Motor auszuschalten, bauten viele Besitzer nachträglich den Rover 3.5-Liter V-Acht Motor ein.*

TRIUMPH STAG

Mit dem Triumph Stag hatte British Leyland im Grunde einen Weltmeister im Stall – umso tragischer war seine minderwertige Ausführung, die ihm einen schlechten Ruf einbrachte und schließlich zur Einstellung seiner Produktion führte. Dieses zuerst im Jahre 1970 vorgestellte viersitzige Cabrio sah sowohl mit offenen, als auch mit geschlossenem Verdeck gut aus. Der stabilisierende Überrollbügel fügte sich gut in die von Michelotti designte Form der Karosserie ein – er war Teil des Designs, anstatt davon abzulenken.

Der brandneue 2998 ccm V-Acht Motor des Stag hatte 145 PS und machte den 1275 kg schweren Luxus-Viersitzer mit manuellem Overdrive bis zu 186 km/h schnell. Er kam in nur 9.3 Sekunden von 0-100. Wagen mit Automatikgetriebe erreichten 177 km/h. Der Stag hatte ein anständiges, konventionelles Handling, ließ aber immer das feine Auftreten seines deutschen Konkurrenten, dem Mercedes SL, vermissen.

Ihm fehlte auch die Zuverlässigkeit des Deutschen. Überhitzung war das erste Problem. In der Regel wurde es durch einen blockierten Kühler ausgelöst, der sehr sensibel gegenüber Verkalkung war (Triumph vergaß im Serviceheft zu erwähnen, dass das Kühlwasser regelmäßig gewechselt und mit Frostschutz aufgefüllt werden musste). Ein Unterlassen führte dann meist zu einer durchgebrannten Zylinderkopfdichtung. Gleichzeitig war das verdünnte, überhitzte Öl nicht mehr in der Lage seine Aufgabe zu erfüllen. Auch die bei einem vernachlässigten Motor abgenutzte Steuerkette bereitete Probleme: wenn man sie zu lange behielt, konnte sie die Ventilsteuerung ruinieren. Ursprünglich verkaufte sich der Wagen gut, aber als all diese Probleme bekannt wurden, fiel er durch. Der V-Acht Motor wurde in keinem weiteren Modell verwendet. Die letzten Stag MkII wurden mit geringfügigen Änderungen im Detail 1977 gebaut.

Heute haben Spezialisten die Probleme des Stag Motors längst im Griff. Es ist schade, dass Triumph dies nicht gleich gelang.

TRIUMPH STAG (1970–77)	
Motor	V-Acht
Hubraum	2998 ccm
Leistung	145 PS @ 5500 U/min
Getriebe	4-Gang manuell Overdrive 3-Gang Automatik
Spitze	186 km/h
Stückzahl	25939

■ OBEN *Der einmalige Prototyp des dreitürigen Stag Coupés Mitte der 70er.*

■ OBEN *Obwohl er Ähnlichkeit mit den 2000/2500 Limousinen hatte, wurden nicht die selben Karosserieteile verwendet.*

■ RECHTS *MkII Stags kamen mit Zierstreifen, Chromabdeckungen und auf Wunsch mit Alurädern. Der Überrollbügel bot Schutz bei Unfällen und machte die Karosserie stabiler.*

TVR

■ LINKS *Die frühen TVR kamen mit einer Auswahl an Motoren, von kleinen Coventry Climax Einheiten bis zu riesigen 4.7-Liter Ford V-Achts. Die Karosserien waren stets aus GFK, die Form ging zurück auf das Jahr 1958.*

■ LINKS *TVRs kamen zusammengebaut oder als Kit-Car Variation für den Do-it-yourself Enthusiasten. Die Heckscheibe war aus Plexiglas, die Windschutzscheibe stammte vom Ford Consul.*

■ TVR GRANTURA & VIXEN

Die ersten TVR Grantura Sportwagen wurden 1958 in Blackpool gebaut. Sie verwendeten eine VW Radaufhängung, die Karosserie war aus GFK, und beim Motor gab es die Wahl zwischen Ford, BMC und Coventry Climax Maschinen. 1962 hatte sich daraus der MkIII Grantura entwickelt. Ein Modell, das Elemente des frühen Stylings mit denen der anspruchsvollen Chassis späterer Wagen mischte.

Eine Wahlmöglichkeit bei den Motoren gab es nicht mehr – der Wagen kam nur noch mit der MGA Einheit. Das beste war sein neues Chassis, das auf die von VW übernommene Radaufhängung verzichtete und statt dessen Doppel-Querlenker und Federbeine verwendete. Obwohl der Rahmen mit einem etwas längeren Radstand immer noch aus Stahlrohren bestand, war er doch stabil genug, um bis zur Einführung der M Serie in den frühen 70ern beibehalten zu werden. Die vordere Aufhängung aus Leichtmetall war eine TVR-Spezialität, und die Teile des MG Differenzials saßen in einem Leichtmetallgehäuse von TVR.

Die Form war vertraut: die Linie des stummelschwänzigen Coupés stammte vom ersten Grantura aus dem Jahre 1958. Es hatte eine Panorama-Heckscheibe aus Plexiglas, die Windschutzscheibe vom Ford Consul, gewölbte Radhäuser und eine Motorhaube ähnlich der des Porsches.

Mit seinem leichten, weit zurückliegend eingebauten Motor fühlte sich der Grantura auf der Straße gut ausgewogen an. Die vorderen Girling Scheibenbremsen waren fortschrittlich und reagierten gut. Es gab allerdings keinen Bremsverstärker.

1967 wurde aus dem Grantura der Vixen in 1800S und 1800S Mk IV Ausführung. Der Vixen war genaugenommen eine mit Ford Cortina GT Motor

■ OBEN *Der breite Getriebetunnel war neben den sehr einfach gehaltenen Anzeigen das Kennzeichen früher TVRs.*

■ OBEN *Der frühe Grantura mit Stummelheck: die Grundform überlebte – mit wenigen Änderungen – bis in die 70er Jahre.*

■ OBEN *Die Haube erinnerte etwas an den Porsche 356; sie bildete fast die gesamte Front des Wagens und erleichterte die Arbeit am Motor.*

■ GANZ LINKS *Sogar mit dem kleineren Motor lag die Höchstgeschwindigkeit bei 160 km/h.*

■ LINKS *Der Ford 4.7 V-Acht Motor machte den TVR zu einem begehrenswerten Wagen.*

ausgestattete Version des 1800S, bei der eine leichtere 88 PS Einheit und ein synchronisiertes Ford Getriebe verwendet wurden.

Der Vixen S2 ersetzte ihn nach nur zwölf Monaten. Hier wurde ein Chassis mit längerem Radstand verwendet, das ursprünglich für den Tuscan V-Acht SE entwickelt wurde. Er hatte größere Türen, MkII Cortina Scheinwerfer, eine gewölbtere Motorhaube und viele Veränderungen im Detail. Außerdem war er der erste TVR, bei dem die Karosserie mit dem Chassis verschraubt statt verklebt war.

Er stand immer noch als Bausatz zur Verfügung, obwohl das neue Management der Firma nicht zur Anwendung dieser Technik anregte. Mit Beginn des neuen Jahrzehnts verschwanden die Bausätze aufgrund neuer Steuergesetze vom Markt.

Trotz des hohen Preises war der Vixen eine gute Alternative zum MGB GT, und die Verkaufszahlen belegen dies: 746 wurden hergestellt, bevor der 1600M im Jahre 1973 erschien.

TVR VIXEN S1 (1968–69)	
Motor	4-Zylinder
Hubraum	1599 ccm
Leistung	88 PS
Getriebe	4-Gang manuell
Spitze	170 km/h
Stückzahl	117

ANDERE MARKEN

■ TALBOT-LAGO

Nach der Gründung der englisch-französischen Firma Sunbeam-Talbot-Darracq im Jahre 1920 wurden die Wagen von Darracq in Europa unter dem Namen Talbot bekannt, nur in Großbritannien liefen sie weiter unter ihrem alten Namen, um Verwechslungen mit der britischen Firma Talbot zu vermeiden. Major Anthony Lago übernahm die Leitung des Pariser Werkes nach dem Zusammenbruch von STD im Jahre 1935 und begann mit der Entwicklung einer neuen Reihe von 6-Zylinderwagen. Nach 1945 gingen die Verkaufszahlen aufgrund hoher Steuern und einer unklugen Firmenpolitik zurück, obwohl der Grand Sport der ultimative Tourenwagen jener Tage war. 1959 wurde die Firma von Simca übernommen.

■ TRABANT

Der heute berühmte Trabant war ein Produkt der IFA Gruppe in der ehemaligen DDR. Er war der kleine Bruder des 686 ccm Zwickau P70 aus den Jahren 1955-59, der eine Weiterentwicklung seines Vorgängers, dem IFA F8, war – eine DDR Version des 2-Zylinder DKW Meisterklasse aus der Vorkriegszeit. Er hatte ein separates Fahrgestell, eine rostfreie Karosserie aus GFK und einen Zweitaktmotor, spätere Wagen wurden vom Motor aus dem VW Polo angetrieben.

■ TRIDENT

Der Trident hat eine komplizierte Vergangenheit: Er wurde 1965 auf dem Genfer Autosalon als TVR enthüllt; seine Karosserieteile hatte der mit TVR handelnde Autoverkäufer Bill Last von TVR abgekauft, als diese sich in finanziellen Nöten befanden. Er startete seine eigene Produktion in Suffolk, schloß aber bereits wieder im Jahre 1974. Der Wagen tauchte im Jahre 1976 noch einmal kurz auf.

■ TURNER

Jack Turner baute kleine Sportwagen mit GFK Karosserie und Rohrrahmen, die mit einer Auswahl an Motoren ausgestattet waren, angefangen beim 803 A30 Motor bis hin zum Climax Motor, der ab 1959 verwendet wurde und 90 PS hatte. Sie waren schnell und wendig und gehörten zu den besten britischen Wagen dieser Art. Sie konnten jedoch nicht gegen den Sprite/Midget gewinnen, und die Firma ging 1966 in Liquidation.

■ UNIPOWER

Der Unipower mit Mittelmotor war eine Idee von BMC Testfahrer Andrew Hedges und Rennfahrer Tim Powell. Der Unipower war ein kleines, hochwertiges GT Coupé mit 193 km/h Höchstgeschwindigkeit, angetrieben vom größten Mini Cooper Motor. Er wurde von 1966 bis 1968 produziert. Dann übernahm Unipower Cars Ltd. die Produktion, schloß aber 1970.

VAUXHALL

■ OBEN *Die Nachkriegs-Cresta von links nach rechts: das PC Modell von 1965, der PA und der PB.*

■ VAUXHALL CRESTA

Nur wenige Wagen erinnern mehr an die Zeit der späten 50er in Europa und die allgemeine Besessenheit von allem, was aus Amerika kam, als der Vauxhall PA Cresta. Er war Vauxhalls Antwort auf den Ford Zodiac, offensichtlich inspiriert von den Produkten des amerikanischen Mutterkonzerns General Motors in Detroit. Der Cresta hatte kleine Heckflossen, Panoramascheiben sowohl vorn als auch hinten. Auf Wunsch kam er mit Weißwandreifen und Zweitonlackierung, was den starken amerikanischen Einfluss noch betonte.

Der PA Cresta wurde 1957 vorgestellt

VAUXHALL CRESTA PA (1957–62)	
Motor	6-Zylinder Reihe
Hubraum	2262/2651 ccm
Leistung	78-95 PS
Getriebe	3-Gang, Overdrive und Automatik
Spitze	145-156 km/h
Stückzahl	81841/91923

■ OBEN *Das Styling des PA mit modernen Heckflossen, Panoramascheiben und Zweitonlackierung war sehr amerikanisch.*

■ UNTEN *Einige mutige Fahrer zogen mit einem Cresta in den Rallye Kampf: dies Modell ist der Wagen eines Armeeteams.*

■ UNTEN *Dies ist ein PA von vor 1950, erkennbar an der dreigeteilten Heckscheibe und dem typischen Grill.*

■ OBEN *Das Interieur des Wagens mit Sitzbänken, weißem Lenkrad und Säulenschaltung trug zum amerikanischen Flair bei.*

■ OBEN *Der Rost zerstörte viele PA Crestas, gutaussehende Überlebende wie dieser sind eine Rarität.*

■ LINKS *PA Motoren waren 6-Zylinder mit 95 PS und 145 km/h Spitzengeschindigkeit.*

(wie auch der billigere, weniger gut ausgestattete Velox), und er ähnelte mechanisch sehr der E-Serie, obwohl diese wesentlich größer waren. Der sanfte, kaum ausgelastete 2262 ccm Stößelstangen 6-Zylindermotor blieb erhalten. Er kam mit 75 PS auf eine Höchstgeschwindigkeit von mehr als 145 km/h. Das Dreiganggetriebe mit Lenksäulenschaltung war jetzt synchronisiert, aber der PA übernahm die Radaufhängung mit Blattfedern hinten sowie Schraubenfedern und Schwingarm vorne von seinem Vorgänger.

Ab 1959 waren die Panoramascheiben ungeteilt und es gab einen neuen Kühlergrill; außerdem gab es einen Kombi, der von Friary gebaut wurde. Der beste von allen war das 1960er Modell mit einem größeren 2.6-Liter 96 PS Motor. Er war an größeren Rädern und mächtigeren Heckflossen zu erkennen. Die Tatsache, dass der Wagen doppelten Overdrive für das manuelle Getriebe hatte, vergrößerte seine Attraktivität. Auch vordere Scheibenbremsen mit Bremskraftverstärker waren eine willkommene Verbesserung.

Die Verkaufszahlen des PA Cresta blieben bis hin zur Einstellung der Produktion im Jahre 1962 unverändert hoch.

■ LINKS *1962 wurde der PA Cresta durch den größeren PB ersetzt, der eine stärkere Maschine und ein saubereres, moderneres Styling hatte. Hier ein 3.3-Liter PB, ein Familienwagen mit für die Zeit sehr guter Beschleunigung.*

ANDERE MARKEN

■ VANDEN PLAS

Guillaume Van den Plas, ursprünglich ein Brüsseler Stellmacher, begann mit dem Karosseriebau im Jahre 1884. 1913 erhielt er eine britische Lizenz, und 1923 zog dieser Sprössling, der unter dem Namen Vanden Plas bekannt war, nach Kingsbury im Nordosten Londons. Viele erstklassige britische Wagen wie Alvis und Bentley erhielten Vanden Plas Karosserien. 1946 wurde die Firma von Austin übernommen und ab1960 wurde sie eine BMC Marke mit eigener Kontrolle und produzierte jetzt eine Version des 1100, den 3-Liter und schließlich den Allegro. Sie war auch bekannt für ihre großen Limousinen, wie den Austin 4-Liter und den Daimler DS420. Die Werke wurden 1979 geschlossen.

■ VOLGA

Der Nachkriegs-Volga M21/22 war ein Produkt aus Russlands gigantischen Gorky Autowerken. Er kam als zähe Limousine und als Kombi mit konservativen technischen Spezifikationen, schwacher Leistung und altmodischem Styling; einer der wenigen Lichtblicke war sein Werkzeugkasten. In Russland diente er als Taxi für Offizielle.

VW

■ LINKS *Der bekannteste Wagen der Welt, der Käfer, stammt aus der Zeit vor dem Krieg. Er erwarb schnell einen guten Ruf für Zuverlässigkeit und Qualität.*

■ UNTEN *Form und Technik des Käfers wurden entwickelt von Dr. Ferdinand Porsche.*

■ VW KÄFER

Der Volkswagen Käfer, der aus Hitlers Wusch heraus entstanden war, die Massen mit einem billigen Transportmittel zu versorgen, braucht keine besondere Vorstellung – seine runde Form und das luftgekühlte Hämmern sind weltweit bekannt.

Die letzten in Deutschland hergestellten Modelle wurden 1978 im Wolfsburger Werk in Niedersachsen produziert, in Südamerika läuft er immer noch vom Band. Die bisherigen Verkaufszahlen liegen bei 21 Millionen, schon in den frühen 70ern überholte er die 15 Millionen des Model T. Eine Zahl, die kaum zu schlagen ist.

■ OBEN *Die Modelle mit „Brezelfenstern" sind heute die Begehrtesten. Frühe Wagen hatten ein unsynchronisiertes Getriebe und schafften 80 km/h.*

VW KÄFER (1945–77)	
Motor	4-Zylinder Boxer
Hubraum	1131-1584 ccm
Leistung	25-50 PS
Getriebe	4-Gang
Spitze	80-135 km/h
Stückzahl	21000000

Ferdinand Porsche konstruierte den originalen, luftgekühlten Heckmotor, von dem vor 1939 nur sehr wenige gebaut wurden. Die eigentliche Produktion begann 1945 mit dem 1100 ccm Modell mit sehr einfachen Spezifikationen: unsynchronisiertes Getriebe, Seilzugbremsen und wenige Verzierungen. In Amerika löste das Auto eine kleine Revolution aus: Millionen von Fahrern, die nach einem kleinen, wirtschaftlichen Zweitwagen Ausschau gehalten hatten, verliebten sich in die ausgezeichnete Technik, die Zweckmäßigkeit und die Wirtschaftlichkeit des Käfers.

In den 50ern wuchs die Größe des 4-Zylinder Stößelstangenmotors von 1131 auf 1200 ccm, und das Angebot wurde um die schicken Karmann Ghia Sportmodelle sowie ein Cabrio erweitert. Anfragen nach einem schnelleren, moderneren Käfer wurden Mitte der 60er mit den 1300 und 1500 Modellen beantwortet, die ein synchronisiertes Getriebe erhielten und sowohl mit Scheibenbremsen als auch mit Halbautomatik zur Verfügung standen. Letztendlich

■ LINKS *Die Wagen mit 1300er und 1500er Motoren waren die Antwort auf den Wunsch nach leistungsstärkeren Wagen in den 60er Jahren.*

aber führte VWs Festhalten an dem einen Basismodell dazu, dass die Käufer des lauten, langsamen Käfers überdrüssig wurden – und das machte sich bei den Verkaufszahlen bemerkbar.

Die Rettung erschien 1974 in Form des Golf mit wassergekühltem Frontmotor, obwohl der Käfer noch bis 1977 in Wolfsburg hergestellt wurde. Heute ist der Käfer ein Kultwagen, und frühe Modelle, besonders mit „Bretzelfenster“ aus den 50ern, sind extrem teuer, während Käfer der 60er und 70er reichlich vorhanden und damit billiger sind.

■ OBEN *Der Käfer ist seit langem ein Favorit bei Autofahrern in der ganzen Welt.*

■ UNTEN *Die gute Traktion des Wagens macht ihn zu einer idealen Wahl als Beach Buggy.*

■ OBEN *Der Karmann Ghia war die luxuriöse Sportversion des Käfers: leider verpasste VW ihm nie mehr Leistung.*

■ RECHTS *Einer der meistgesuchten Käfer ist das Cabrio, ebenfalls designt von Karmann.*

■ OBEN *Der 4-Zylinder Alumotor war laut, aber extrem zuverlässig und ließ sich gut tunen.*

VOLVO

■ VOLVO P1800

Der Weg zur Fertigstellung von Volvos schickem, von Ghia gestylten P1800 Coupé gestaltete sich zunächst kompliziert. Die Stahlkarosserie wurde von Pressed Steel in Schottland vorbereitet und gebaut. Dann schickte man sie zu Jensen in West Bromwich, wo der Wagen mit aus Schweden gelieferten Chassisteilen komplettiert wurde

Obwohl er im wahrsten Sinne des Wortes nicht wirklich ein Sportwagen war, handelte es sich beim P1800 um einen guten, schnellen Wagen, der mit seinem Overdrive-Getriebe beachtliche 160 km/h und mehr erreichte. Der 107 PS starke Motor war der bekannte 4-Zylinder (B18) mit Doppelvergaser und Vierganggetriebe, das den Antrieb zu der mit Schraubenfedern aufgehängten Hinterachse führte. Bremskraftverstärkte vordere Scheibenbremsen kamen serienmäßig; sie verbesserten das Handling, das sicher, aber nicht aufregend war.

■ LINKS *Im Vordergrund ein früher P1800 – mit „Kuhhorn“ Stoßstangen – hinten ein 1800 ES. Mechanisch waren diese Wagen identisch mit den zeitgenössischen Volvo Limousinen.*

Die Mechanik des P1800 fand sich auch in den Limousinen der zeitgenössischen „Amazon“ 120 Serie. Der P1800 war schön und zweckmäßig, und er gewann trotz des hohen Preises schnell an Popularität – die wurde außerdem durch sein wöchentliches Erscheinen in der Fernsehserie *Simon Templar* angeheizt, in der er vom Star der Show, Roger Moore (der auch privat einen P1800 besaß), gefahren wurde.

VOLVO P1800, 1800S, 1800E & 1800ES (1960–73)	
Motor	4-Zylinder
Hubraum	1778/1986 ccm
Leistung	90-125 PS
Getriebe	4-Gang manuell 3-Gang Automatik
Spitze	163-185 km/h
Stückzahl	P1800 6000/ 1800S 23993/ 1800E 9414/ 1800ES 8078

Volvo war nie besonders zufrieden mit der Qualität der von Jensen gebauten Wagen, und 1964 wurde die Produktion nach Schweden verlagert.

Mit mehr Leistung und optischen Neuerungen (die „Kuhhorn“ Stoßstangen der bei Jensen gebauten Wagen wurden durch konventionellere ersetzt) wurde dieser Wagen bekannt als der 1800S, der 1968 einen 2-Litermotor mit 115 PS erhielt. Ab 1969 hatte er eine Einspritzanlage und 125 PS.

Ein letztes Aufblühen des Designs kam in Form des 1800ES, Volvos Antwort auf den Reliant Scimitar GTE. In den frühen 70ern jedoch verlor Volvo das Interesse an dem alternden Sportwagen und beendete die Produktion.

■ OBEN *Der ES war Volvos Antwort auf den Scimitar GTE, erwies sich aber als kurzlebig.*

■ OBEN *Der ES hatte Ledersitze und war, besonders mit Overdrive, ein bequemes Transportmittel für lange Strecken.*

■ OBEN *Beide GT Versionen boten jede Menge nützlichen Stauraum.*

■ OBEN *Das berühmte Profil des P1800 war von Ghia aus Italien und stammte aus den 50ern.*

WOLSELEY

■ LINKS *Zu seiner Zeit war der 6/80 ein Prestigewagen, der mit 6-Zylindermotor erstaunlich schnell fuhr.*

■ UNTEN *Die Karosserie hatte viel vom Morris Minor, einige Teile stammten von der Morris MO Serie.*

■ WOLSELEY 6/80

Der 6-Zylinder Wolseley 6/80 – und der 4-Zylinder 4/50 – erblickten das Licht der Welt in der düsteren Nachkriegszeit. Sie gingen ab 1948 in Produktion.

Der 6/80 basierte auf den Morris Limousinen der M/0 Serie, die selbsttragende Karosserie erinnerte stark an einen gewachsenen Morris Minor – was sie genaugenommen auch war. Doch in der 6/80 Form teilte sie das 33 cm längere Chassis mit dem Morris Six. Ein auffälliger Kühlergrill und Doppelscheinwerfer gaben ihm ein wertvolleres Image. Der 6/80 bekam den 6-Zylindermotor mit obenliegender Nockenwelle aus dem Morris Six, hatte aber mit 72 PS 6 Pferdestärken mehr als der Morris.

Seine beste Seite war das Interieur mit Ledersitzen, hölzernem Armaturenbrett und dem seltenen Luxus einer serienmäßigen Heizung. Weniger eindrucksvoll war die Lenkung, ein Bishop System, das sowohl unpräzise als auch schwer war. Es wirkte absolut enttäuschend in einem Wagen, der ansonsten für seine Zeit wirklich leistungsstark war: der 6/80 schaffte spielend 137 km/h.

Die Leistung des großen Wolseley fand in den späten 40ern und frühen 50ern besonders großen Anklang bei der Polizei – und bis heute ist das Modell ein Sinnbild für die Verbrechensbekämpfung in den 50ern.

Gegen Ende des Jahrzehnts musste der 6/80 kämpfen, um Schritt halten zu können mit einer neuen Generation von Jaguar fahrenden Kriminellen. Seine Produktion wurde 1954 eingestellt, aber noch bis 1961 war er im Polizei-Dienst.

WOLSELEY 6/80 (1948–54)	
Motor	6-Zylinder Reihe
Hubraum	2215 ccm
Leistung	72 PS
Getriebe	4-Gang manuell
Spitze	85 km/h
Stückzahl	24886

■ OBEN *Dieser Anblick erfüllte die Verbrecher in den 50er Jahren mit Angst: das Wolseley Emblem.*

■ OBEN *Das Interieur war luxuriös: die Fahrer brauchten ein großes Lenkrad, um mit dem Handling klarzukommen.*

ANDERE MARKEN

■ WARTBURG

Wie der Trabant, so war auch der Wartburg ein Produkt der ostdeutschen IFA Werke. Er war eine Abwandlung des vorangegangenen IFA F9, der eine in der DDR gebaute Version des DWK Prototyps aus dem Jahre 1940 war. Er wurde im früheren BMW Werk in Eisenach hergestellt. Der 312 und später der 353 waren vorderradangetriebene Zweitakt -Limousinen, die für wenig Geld in den Westen verkauft wurden, aber aufgrund schlechten Handlings und Unwirtschaftlichkeit wenig Anklang fanden.

■ ZAPOROZHETS

Dieser russische Kleinstwagen war spürbar vom Westen inspiriert; er erschien zuerst im Jahre 1960, und überlebte drei Jahrzehnte mit nur einer Veränderung. Bis zum Schluß behielt er den ungewöhnlichen, luftgekühlten V-Vier Heckmotor. Auch 1990 war der dem NSU ähnliche ZAZ 966 noch gelistet.

PANTERA
GTS
Pantera
GTS

A–Z Klassischer Automobile von 1976 bis heute

In diesem Abschnitt stellen wir zukünftige Klassiker von 1976 bis heute vor – und beschreiben Wagen, die genug Einfluss hatten, um sich als wahre Klassiker zu qualifizieren. Jedes der beschriebenen Fahrzeuge ist auf seine Art besonders, wie etwa der Peugeot 205GTI, der als der beste seiner Klasse betitelt wurde. Oder der Renault Espace und der Audi Quattro, die das Leben der Autofahrer verändert haben. Sie werden hier nicht nur Sportwagen oder Superluxus-Coupés finden, denn viele der für den Normalbürger erschwinglichen Wagen haben das Zeug zum Klassiker.

ALFA ROMEO

■ ALFA ROMEO GT/GTV

Dieses smarte Sportcoupé wurde 1974 als Alfetta GT vorgestellt. Es basierte auf einer verkürzten Bodengruppe der Alfetta Limousine, hatte also das gleiche, von Rennwagen inspirierte, hinten angebrachte Getriebe. Die beste Eigenschaft des Wagens war wahrscheinlich sein hervorragend sauberes Styling aus der Feder von Giugiaro. Außerdem war er aufgrund seiner Heckklappe sehr zweckmäßig, und er bot mehr Innenraum als die meisten anderen Coupés in der GT Klasse.

Das Interieur war sehr eigen: nur der Tacho war vor den Augen des Fahrers angebracht, alle anderen Anzeigen saßen in einem Gehäuse in der Mitte des Armaturenbrettes.

Ursprünglich hatten alle Wagen den Alfetta 1.8-Liter Motor, aber im Jahre 1976 kamen 1.6 und 2.0-Liter Maschinen hinzu. Letzteres Modell nannte sich GTV. Es gab sogar eine extrem leistungsstarke, Turbo-Version, die aber nur in geringer Auflage verkauft wurde (etwa 20). 1980 war der 2.0 GTV das einzig verkaufte Modell; er erhielt dafür ein Facelift, einschließlich größerer Stoßstangen und einer konventionelleren Anordnung der Instrumente.

Der beste GTV war der GTV6 aus dem Jahre 1980. Ihm spendierte Alfa einen 2.5-Liter V-Sechs Einspritzmotor, die Leistung war jetzt extrem hoch. Verbesserte Radaufhängungen sowie ein anderes Differenzial verliehen ihm ein hervorragendes Handling. Der schnellste jedoch war der GTV 3.0 – er ist heute das gesuchteste unter den GTV-Modellen.

■ RECHTS *Der 80er GTV6 war der erste Alfa mit Einspritzanlage, außerdem wurde sein äußeres Design überarbeitet.*

■ LINKS *Alle Alfa GT/GTV Modelle hatten eine hervorragendes Fahrverhalten, der beste war dieses späte Modell des GTV6.*

ALFA ROMEO GT/GTV (1974–86)	
Motor	4/V-6-Zylinder
Hubraum	1570–2934 ccm
Leistung	109–186 PS
Getriebe	5-Gang
Spitze	179–225 km/h
Stückzahl	136275

■ OBEN *Für ein Coupé war der GTV sehr zweckmäßig; er hatte vier bequeme Sitze und einen guten Einstieg.*

■ OBEN *Der 2.5-Liter V-Sechs Motor im GTV6 hatte 160 PS – genug für eine Spitzengeschwindigkeit von 204 km/h.*

■ UNTEN *Der 164 erneuerte Alpha Romeos guten Ruf als Hersteller begehrenswerter großer Limousinen.*

■ ALFA ROMEO 164

Alfa Romeos Tradition waren Sportwagen mit Heckantrieb. Außerdem war man erfolgreich mit kleineren Limousinen und Coupés. Die Erfolge mit größeren Wagen waren nicht so gut, der 1970er Montreal sowie der 1979er Alfa 6 waren zu komplex, hatten viele Probleme und verkauften sich schlecht.

Das alles änderte sich mit dem 164, dem ersten Alfa, nachdem Fiat 1986 die Gruppe übernommen hatte. Der 164 war dank der meisterlichen Arbeit Pininfarinas nicht nur eine absolut gut aussehende Limousine. Er hatte außerdem einen Frontantrieb, ein ausgezeichnetes Handling und, was noch wichtiger war, er war von einer Qualität, die allen deutschen Rivalen das Wasser reichen konnte.

Die Bodengruppe wurde auch in drei anderen Modellen verwendet: im Fiat Croma, im Lancia Thema und im Saab 9000. Alfa jedoch hatte eine Auswahl an eigenen Motoren, die stets Alfas Stärke waren.

Es fing an mit dem 2 Liter Twin Spark (zwei Zündkerzen pro Zylinder) und endete mit einem 3-Liter V-Sechs. Alle Versionen schafften 201 km/h. Das ultimative Q4 Modell hatte Allradantrieb, sechs Gänge und einen 230 PS starken Motor.

Wenn es einen Kritikpunkt beim 164 gab, dann war es seine Tendenz, beim Beschleunigen nach links oder rechts zu ziehen. Alfa Romeo kümmerte sich schnell um dieses Problem – und entwickelte außerdem eine Super Version mit Chromstreifen und längeren Stoßfängern in der Farbe der Karosserie.

Der 164 führte zu einer Renaissance Alfa Romeos und ließ erneut das Vertrauen in die Marke entstehen. 1997 wurde er nach einer großen Karriere aus der Produktion genommen.

■ GANZ LINKS *Pininfarinas Styling wurde für seine Klarheit und den deutlich erkennbaren Charakter Alfa Romeos bewundert.*

■ LINKS *Pininfarinas Armaturenbrett war ein Kunstwerk, die Fülle an Schaltern wurde jedoch als verwirrend kritisiert.*

ALFA ROMEO 164 (1987–97)	
Motor	4/V-6-Zylinder
Hubraum	1962–2959 ccm
Leistung	114–230 PS
Getriebe	5/6-Gang manuell
Spitze	201–245 km/h
Stückzahl	248278 (bis Ende 1994)

■ UNTEN *Der 164 lieh seine Bodengruppe von Fiat/Lancia, hatte aber seinen eigenen Motor und ein sportliches Fahrwerk.*

ALFA ROMEO

■ RECHTS *Man konnte die Form des SZ kaum als schön bezeichnen. Die italienische Presse nannte ihn liebevoll „Il Mostro" – das Monster.*

■ ALFA ROMEO SZ/RZ

Die Italiener prägten einen neuen Begriff, um den aufregenden Alfa Romeo SZ zu betiteln: „Il Mostro", oder „Das Monster", und man kann leicht erkennen warum. Auf keinen Fall konnte die Karosserie als schön beschrieben werden, aber zum Eindruck machen war dieser Superwagen genau der richtige. Obwohl Alfa Romeo die Geburt dieses Aufsehen erregenden neuen Modells unter dem Werksnamen ES30 bekannt gab, liefen die Serienmodelle unter der Bezeichnung SZ.

Designt wurde der SZ im Studio von Zagato, wo man immer eine starke Verbindung zu Alfa Romeo gehabt hatte. Zagato übernahm auch die Produktion des SZ im Mailänder Werk. In der erstaunlich kurzen Zeit von nur zwei Jahren wurde dieser Wagen entwickelt und in Produktion geschickt. Für die Herstellung der Karosserie, die später auf ein Stahlchassis montiert wurde, wählte Zagato eine Kunststoffkomponente (eine Mischung aus thermoplastischen Harzen und GFK). Das Ergebnis sah außergewöhnlich hässlich aus, war aber überraschend aerodynamisch: der Cw-Wert von 0.30 war besser als der der meisten anderen Wagen.

Unter der Karosserie verbarg sich das mechanische Paket aus dem Alfa Romeo 75, einschließlich des Layouts von Maschine, Radaufhängung und Heckantrieb. Der bekannte Alfa 3.0-Liter V-Sechs Motor erhielt dank integrierter Einspritz-/Zünd-Anlage und neuer Nockenwellen mehr Leistung: er hatte jetzt 207 PS. Da der SZ nur 1280 kg wog, war die Leistung beeindruckend: seine Spitzengeschwindigkeit lag bei über 245 km/h, er erreichte 100 km/h in nur sieben Sekunden. Dank seines

■ OBEN *Dieser SZ hatte sein Debut auf dem Genfer Autosalon im Jahre 1989, wo er für Schlagzeilen sorgte.*

■ LINKS *Noch begehrter bei Alfa-Fans war das RZ Cabriolet Modell, von dem nur 241 gebaut wurden.*

■ RECHTS *Unter der Hülle verbarg sich praktisch ein Rennwagen. Man fühlte sich im SZ auf der Straße wie auf der Rennbahn.*

■ GANZ OBEN *Die Vogelperspektive gibt den besten Eindruck.*

■ OBEN *Luxuriöse Ledersitze standen im Kontrast zur Schaltung vom Alfa 75.*

hervorragenden Fahrwerks und der asymmetrischen Pirelli P-Zero Reifen konnte der SZ seine Kraft gut auf die Straße bringen. Eine interessante Qualität war die hydraulische Regelung der hinteren Radaufhängung, die gelegentlich benötigt wurde, um Schwellen oder unwegsames Gelände zu überfahren – der Bodenabstand des Wagens betrug nur 6 cm.

Ein Alfa 75 Fahrer konnte sich in seinem Sitz sofort zuhause fühlen, denn die Instrumente und ein Großteil der Schaltung stammten aus der einfachen Limousine. Luxus wurde dabei nicht vergessen, zur serienmäßigen Ausstattung gehörten Ledersitze und elektrische Fensterheber.

Ende des Jahres1992 gesellte sich der offene RZ dazu, der mehr war als nur eine dachlose Variante des SZ. Denn er beinhaltete eine Vielzahl von Veränderungen im Detail wie etwa einen kürzeren Frontspoiler, niedrigere Scheiben, dünnere Karosserieteile und neu geformte Türschweller. Die Bodengruppe war wesentlich stabiler ausgelegt, um das Weglassen des Daches ausgleichen zu können – und das Gewicht stieg um 100 Kilogramm an.

Wie geplant baute Zagato nur 1000 Modelle des SZ, obwohl Alfa Romeo 1600 Vorbestellungen erhalten hatte. Vom RZ wurden 241 Exemplare produziert. Das heisst, dass diese beiden Modelle stets zu den meist gesuchten Alfa Romeos zählen werden.

■ OBEN *An dem vertraut aussehenden 3-Liter V-Sechs Motor war gedreht worden: der Wagen hatte 207 PS unter der Haube und kam auf 241 km/h.*

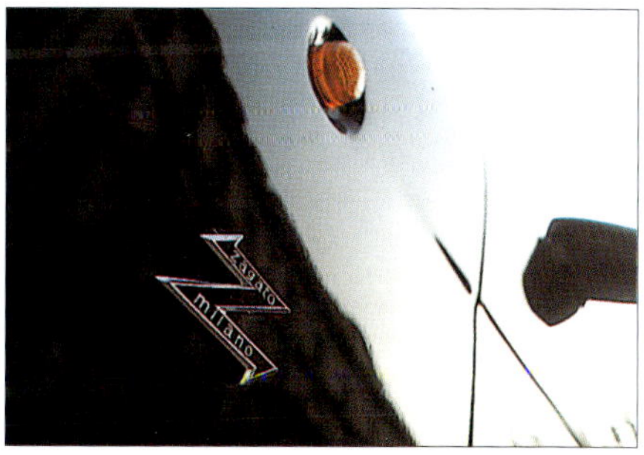

■ OBEN *Der in Mailand ansässige Karosseriebauer Zagato war verantwortlich für Design und Bau des SZ.*

ALFA ROMEO SZ/RZ (1989–94)	
Motor	V-Sechs-Zylinder
Hubraum	2959 ccm
Leistung	207 PS @ 6200 U/min
Getriebe	5-Gang
Spitze	245 km/h
Stückzahl	1035/241

ALFA ROMEO

■ ALFA ROMEO SPIDER/GTV

Der Name Spider reicht in Alfa Romeos Wortschatz zurück auf das Jahr 1955. Und die berühmteste Inkarnation des Modells – die von Dustin Hoffman in dem Film *Die Reifeprüfung* gefahren wurde – blieb 18 Jahre lang in Produktion. Beim Pariser Autosalon im September 1994 verwendete Alfa Romeo nicht nur diesen alten Namen für einen aufregenden, neuen Roadster, man belebte auch einen anderen

■ UNTEN ***Der 1994er Alfa Spider hatte ein überraschend frisches Design, das von Alfa Romeos Centro Stile in Zusammenarbeit mit Pininfarina entwickelt wurde.***

■ OBEN ***Die klassische Alfa Romeo Spider Familie begann im Jahre 1966 und endete 1994 mit diesem Modell der Serie 4.***

berühmten Namen aus der Vergangenheit für das Coupé Modell wieder – GTV.

Das beeindruckenste an diesen beiden Sportwagen war ihr Styling. Die elegante und dramatische Keilform erinnerte an die 1991er Studie Pronto. Das Styling der Serienwagen war jedoch noch gewagter. Die Autos entstanden in Zusammenarbeit von Alfa Romeos eigener Design-Werkstatt und Pininfarina. An der Karosserie-Front prangt auffällig Alfas berühmter dreieckiger Kühlergrill. Zu den weiteren Auffälligkeiten zählt die Kunststoff-Motorhaube mit Löchern für die extra kleinen Scheinwerfer, eine kompromisslos ansteigende Einbuchtung in den Flanken und vordere Lufteinlass-Öffnungen, die stark an frühere Alfas erinnern.

Alfa Romeo wich jedoch von der Sportwagentradition ab, indem man Frontantrieb verwendete. Wenn irgend jemand Zweifel hatte bezüglich des Fahrverhaltens dieser neuen Wagen, dann wurden diese durch eine Testfahrt weggeblasen. Die einzigartige Multi-Link Hinterachse erlaubte einen Grad der Hinterradsteuerung, der in Bezug auf Lenkreaktion und Griffigkeit kaum übertroffen werden konnte. Es gab einen wesentlichen Qualitätsunterschied zwischen dem geschlossenen GTV und dem offenen Spider:

■ UNTEN ***Das Handling des Spiders wurde durch eine unstabile Karosserie negativ beeinflusst, beim GTV war es das Gegenteil.***

die Karosserie des Spiders war wesentlich instabiler.

Der GTV unterschied sich noch in einem anderen Aspekt vom Spider: er hatte zwei Rücksitze, obwohl diese so winzig waren, dass nur kleine Kinder bequem in ihnen sitzen konnten.

Die Leistung war überzeugend. In Italien gab es die Wahl zwischen drei Motoren: dem brandneuen 150 PS 2-Liter 16V Twin Spark Motor mit variabler Ventil-Steuerung, dem 200 PS 2-Liter V-Sechs Turbo (nur bei GTV) und dem 192 PS 3-Liter V-Sechs. Die Beschleunigung der drei Motoren wurde dem schnittigen Styling mehr als gerecht. Das Cockpit war ein Triumph des klaren Designs und klassischen Gefühls: runde Anzeigen, ein gut geformtes Lenkrad, attraktive Polsterung und eine Fülle an Alfa Emblemen. Die Fahrerposition war ungewöhnlich gut für einen in Italien entworfenen Wagen.

In ihrer Preisklasse gab es wenige, die diesen beiden Alfa Romeo Sportwagen gleichkamen. Vielleicht lag es an der unglaublichen Magie des Emblems, an der beeindruckenden Form oder am unvergleichlichen Fahrverhalten – was immer es war, der Spider und der GTV sind schon heute Klassiker.

■ OBEN *Alfas Sportwagen-Zwilling übernahm einen guten Teil des Marktes und ist bereits zum lebenden Klassiker geworden.*

ALFA ROMEO SPIDER/GTV (1994–)

Motor	4/V-6-Zylinder
Hubraum	1970–2959 ccm
Leistung	150–200 PS
Getriebe	5-Gang
Spitze	209–235 km/h
Stückzahl	noch in Produktion

■ RECHTS *Die Frontansicht beider Wagen war ein Triumph des Stylings: eine abenteuerliche Motorhaube mit Einlässen für die extrem kleinen Scheinwerfer.*

■ UNTEN *Der Spider war aufregend zu fahren, auch wenn einige Tester die Instabilität der Karosserie kritisierten.*

■ OBEN *Der Name GTV, zuletzt 1987 benutzt, wurde für das Zwei-plus-Zwei Coupé, das in Wirklichkeit fast noch besser aussieht, wieder verwendet.*

ASTON MARTIN

■ RECHTS ***Zweifelsohne waren die zwei Aston Martin DB7 ein starkes Paar: elegant, leistungsstark und luxuriös, perfekt produziert und voller Charakter.***

■ ASTON MARTIN DB7

Aston Martin ist Teil der langen Geschichte britischen Sportwagenbaus. Ihr Platz als Lieferant leistungsstarker, handgearbeiteter und traditionell gefertigter Tourenwagen ist einzigartig. Die Dynastie der DB Wagen reicht zurück bis ins Jahr 1947; die Abkürzung DB steht für David Brown, der von 1947 bis 1972 der Besitzer von Aston Martin war und der beim Design des DB7 mitwirkte.

1987 wurde Aston Martin von Ford übernommen. Dies gab der Firma die Unterstützung einer großen Organisation und führte zur Einführung eines neuen Programms, für das die Bezeichnung DB wiederbelebt wurde. Diese Wagen sollten die Lücke neben der bereits existierenden Virage Reihe schließen. Für die Entwicklung dieses wichtigen Newcomers wendete man sich an Tom Walkinshaws Organisation TWR mit dem Auftrag, das beste aus der alternden Plattform des Jaguar XJS zu machen.

Der DB7 war das überaus elegante Ergebnis. Vom Stil her war er ein klassischer Zwei-plus-Zweisitzer mit Frontmotor und Heckantrieb – und mit fließenden Linien, die von Ian Callum designt wurden.

Angetrieben wurde der DB7 von einem neuen 3.2-Liter 6-Zylinder Motor,

■ UNTEN ***Das schönste Auto der Welt? Mit dem DB7 schuf der britische Designer Ian Callum eine der großen Aston Martin Formen.***

■ LINKS ***Das üppige Interieur spiegelte die britische Herkunft und die Tradition handgefertigter Qualität des Astons wider: Leder und Walnussholz in geschmackvoller Kombination mit moderner Elektronik.***

ASTON MARTIN DB7 (1994–)	
Motor	6-Zylinder
Hubraum	3239 ccm
Leistung	335 PS @ 5750 U/min
Getriebe	5-Gang manuell 4-Gang Automatik
Spitze	249 km/h
Stückzahl	noch in Produktion

■ RECHTS *Der DB7 Volante trieb sofort die Verkaufszahlen in die Höhe, besonders in Amerika, wo die Auflage zu bis dahin nie gesehenen Mengen anstieg.*

bei dem man sich zur Erhöhung der Leistung an einer Idee der Vergangenheit orientiert hatte: ein Eaton Kompressor half bei der Entwicklung satter 335 PS. Genug, um den DB7 mit angemessener Beschleunigung eine Spitzengeschwindigkeit von 249 km/h erreichen zu lassen. Technisch gesehen war der DB7 sehr anspruchsvoll; er hatte eine Einspritzanlage, Vierkolbenbremsen und Reifen, die extra für ihn entwickelt worden waren.

Er ließ sich hervorragend fahren, war rasant genug, um als Sportwagen durchzugehen und gleichzeitig war er so kultiviert, dass er auch als Tourenwagen überzeugen konnte. Das Fahrgestell war ein Wunderwerk!

Das Interieur kam serienmäßig mit Ledersitzbezügen von Connolly, das Armaturenbrett war verkleidet mit britischem Walnussholz. Zur serienmäßigen Ausstattung gehörten weiterhin elektrisch einstellbare Vordersitze, Klimaanlage, automatisches Verdeck sowie ein Alpine Sound System.

Wenn man das Coupé schon als verführerisch empfand, dann war das Volante Cabriolet die absolute Versuchung. In Amerika machte es 80 Prozent der dort verkauften Aston Martins aus.

Der DB7 war mit Sicherheit kein billiges Auto, besonders nicht in der Volante Cabrio Version. Aber er war exklusiver als zum Beispiel der Jaguar XK8, da Aston Martin pro Jahr nur 700 dieser Wagen produzierte.

■ OBEN *Er hat vielleicht nur einen 6-Zylinder Motor, aber Kompressoraufladung und anspruchsvolle Einspritzanlage gaben ihm 335 PS. Der Rest des Wagens war gleichermaßen gut.*

■ OBEN *Jeder, der einen DB7 fuhr, war von seinem Fahrwerk beeindruckt, das für ein sauberes Handling, Kontrollierbarkeit und hervorragendes Fahrvergnügen sorgte.*

■ LINKS *1996 wurde das für die Produktion fertige neue Volante Cabriolet präsentiert. Das Verdeck verschwand unter einer hinter den Sitzen angebrachten Abdeckung.*

Aston Martin

■ OBEN *Noch stärker war diese spätere Vantage Version, deren Doppelkompressormotor über unglaublich 557 PS verfügte.*

■ ASTON MARTIN VIRAGE

Im Jahr 1988 hatte sich Aston Martin bereits seit 20 Jahren auf das starke V-Acht Modell verlassen. Was fehlte war ein neuer Wagen, um die Besitzer von Super-Sportwagen anzulocken. Man unternahm einen ungewöhnlichen Schritt und holte von mehreren unabhängigen, britischen Autodesignern Vorschläge ein – einschließlich Richard Oakes und Aston Martin Veteran William Towns. Der Sieger war John Heffernans elegant zurückhaltendes Design, das dann von Aston Martins erfahrenen Handarbeitern in die Tat umgesetzt wurde.

Der neue Virage wurde 1988 bei der Birmingham Motor Show enthüllt und wurde als letzter einer Reihe großartiger, britischer Sportwagen begrüßt. Wenn er auch extrem teuer war, so wurden seine üppige Ausführung, enorme Leistung und handgearbeitete Qualität doch von seinen Verehrern geschätzt.

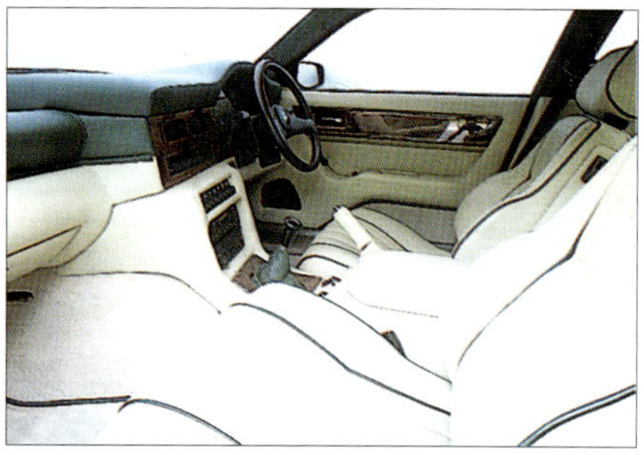

■ OBEN *Verschwenderisches Leder bedeckte fast das gesamte Interieur; der Rest war mit Teppich ausgelegt oder mit Holz verkleidet.*

■ OBEN *Wenn der V-Acht Motor zum Einsatz kam, hob der Virage geradezu ab. Sein beeindruckenstes Charaktermerkmal war das Drehmoment.*

■ LINKS *Trotz seiner imposanten Größe war der Virage in der Lage sich ein bestimmtes Maß an Eleganz zu erhalten.*

In wahrer Aston Martin Tradition wurde jeder Motor von Hand gefertigt, eine Plakette mit dem Namen des Monteurs wurde am Motorblock befestigt. Die vertraute 5.3-Liter V-Acht Maschine erhielt einen Zylinderkopf mit vier Ventilen pro Zylinder, der von der amerikanischen Firma Callaway Engineering entwickelt worden war. Die Leistung lag jetzt bei 310 PS, und noch beeindruckender war das Drehmoment mit 461 Nm (Newton Meter).

Dies alles fand einen Höhepunkt in dem 1992er Vantage Modell. Ein Doppelkompressor erhöhte die Leistung auf 557 PS, das Drehmoment betrug 745Nm bei 4000 U/min.

Das populärste Virage Modell aller Zeiten war der Volante, das Cabriomitglied der Familie. Weitere Wahl bestand zwischen dem Shooting Brake (Kombi) und dem Lagonda (viertürige Limousine), einer speziellen 500 PS 6.3-Liter Maschine sowie einer Version, die einfach V8 Coupé genannt wurde und „nur“ 350 PS hatte.

ASTON MARTIN VIRAGE (1988–)

Motor	V-Acht-Zylinder
Hubraum	5340 ccm
Leistung	310–557 PS
Getriebe	5/6-Gang manuell 4-Gang Automatik
Spitze	257–299 km/h
Stückzahl	noch in Produktion

■ RECHTS *Nur 50 Coupés waren geplant, aber die zusätzliche Produktion von Cabrios brachte die Gesamtzahl an Aston Zagatos auf 89.*

■ ASTON MARTIN ZAGATO

Aston Martins sind rar, aber der 1986er Zagato ist garantiert der seltenste von allen. Als Aston Martin die ersten Bilder veröffentlichte und ankündigte, dass nur 50 Wagen zu dem stolzen Stückpreis von 117 810 Dollar gebaut werden würden,

■ RECHTS *Aston Martin knüpfte an eine alte Verbindung zum Karosseriebauer Zagato an, um mit ihm den bis dahin schnellsten und aufregendsten Aston zu entwickeln.*

■ GANZ RECHTS *Es war nur Platz für zwei Insassen, die das nach höchstem Standard im italienischen Stil designte Cockpit genossen.*

ASTON MARTIN ZAGATO (1986–90)

Motor	V-Acht-Zylinder
Hubraum	5340 ccm
Leistung	310–432 PS
Getriebe	5-Gang
Spitze	253–306 km/h
Stückzahl	89

standen die Käufer Schlange und das Modell war ausverkauft, bevor überhaupt der erste Wagen gebaut worden war. Spekulanten trieben den Preis in die unglaubliche Höhe von 841500 Dollar.

Worum ging die Aufreging denn eigentlich? Der italienische Karosseriebauer Zagato hatte eine glanzvolle Geschichte mit Aston Martin, die bis ins Jahr 1958 zurückreichte – und hier ging es um das moderne Equivalent zum unsterblichen DB4 Zagato. Zusätzlich zur Tatsache, dass es sich um eine Aston Sonderkarosserie handelte, war es auch der schnellste Wagen, den die Firma jemals produziert hatte. Der an sich schon leistungsstarke Vantage V-Acht Motor wurde getunt, so dass er auf 430 PS kam, und Aston Martin gab die Spitzengeschwindigkeit mit 306 km/h an.

Der Wagen hatte eine Sonderkarosserie, ansonsten war er im Prinzip ein leichtgewichtiger Aston Vantage mit kurzem Radstand, zwei Sitzen und einem Interieur im italienischen Stil. Zagato designte den Wagen nicht nur, sondern baute ihn auch. Es gab Bedenken bezüglich der Tatsache, dass das Endprodukt nicht viel Ähnlichkeit mit den Originalzeichnungen hatte, die ja die Käufer beeinflusst hatten, Anzahlungen zu machen, aber es gab keinen Zweifel an den brutalen Fahrleistungen mit einer Beschleunigung von 0–100 in weniger als 5 Sekunden. Insgesamt wurden 52 Coupés und 37 Volante hergestellt, der letzte entstand im Jahr 1990.

■ OBEN *Die Leistung war brutal. Die Höchstgeschwindigkeit lag bei 306km/h, der Wagen beschleunigte in unter 5 Sekunden von 0–100.*

AUDI

■ AUDI QUATTRO

Die Idee den Vierradantrieb für das Fahren auf normalen Straßen zu verwenden war vielleicht nicht neu (Jensen stellte 1966 den FF vor), aber Audi bereitete den Weg für die Verbreitung dieser Technik. Der 1980er Quattro war der erste Serienwagen, bei dem der Allradantrieb zum Standard gehörte.

■ GANZ LINKS ***Der Quattro Sport war ein reiner Zweisitzer mit 300 PS – teuer und sehr selten.***

■ LINKS ***Der Audi Quattro war sicher und versöhnlich und wurde so in den 80ern zum Maßstab für Fahrverhalten.***

Dieses System veränderte die Definition von Fahrverhalten. Es machte den Quattro beim Fahren auf nasser oder gefrorener Oberfläche sicherer als jeden anderen Wagen. In einigen Magazinen erschienene Berichte behaupten außerdem, dass der Quattro unschlagbar beim Kurvenfahren war. Natürlich hat jeder Wagen seine Grenzen, aber die des Quattros waren schlichtweg weiter als die anderer Wagen. Unglücklicherweise fanden viele Fahrer dies auf die brutale Art und Weise heraus, indem sie ihrem Fahrzeug zuviel abverlangten und damit im Graben landeten.

Die Karosserie ähnelte der des kurz zuvor erschienenen Coupés, hatte aber wuchtigere Kotflügel und tiefer liegende Frontspoiler. Audi war sich auch nicht zu schade ein paar Spielereien hinzuzufügen, wie etwa das digitale, sprechende Armaturenbrett.

Die Leistung war dank des turbogeladenen 2.1-Liter 5-Zylindermotors hoch. Der Turbo kam mit Verzögerung, aber wenn er einsetzte, fing der Quattro geradezu an zu fliegen: in 6.3 Sekunden von 0–100 war für 1980 unglaublich schnell. Das Bremssystem wurde kritisiert, weil der Wagen vorn überbremste, aber Audi korrigierte dies durch die Einführung eines ABS Systems.

Der Quattro war kein billiger Wagen: er war teurer als der Jaguar XJS oder ein Mercedes-Benz SL, aber er bot dafür

■ LINKS ***Der Quattro war nicht nur griffig, er war auch dank seines 5-Zylinder Turbomotors sehr schnell. Hier die 20V Version mit 220 PS.***

AUDI QUATTRO (1980–91)	
Motor	5-Zylinder
Hubraum	2144–2226 ccm
Leistung	200–220 PS
Getriebe	5-Gang
Spitze	217–228 km/h
Stückzahl	11452

■ LINKS *Der Quattro Sport war für Rallyes zugelassen und verhalf Audi für viele Jahre zur Dominanz in diesem Sport.*

■ UNTEN *Der Quattro glänzte besonders auf glattem Untergrund in schneebedeckten Bergen, wo andere ins Rutschen kamen.*

■ OBEN *Wegen seiner hervorragenden Traktion lief der Quattro bei Rallyes allen anderen auf und davon und errang dafür Dutzende von Siegen.*

eine völlig neue Klasse des Fahrens.

Der Allradantrieb des Quattro stellte auch die Welt des Rennsports auf den Kopf. Audi fegte mit seinem Newcomer alle anderen vom Brett – und sehr bald wurde der Konkurrenz klar, dass sie solange nicht gewinnen würden, bis auch ihre Fahrzeuge mit dem neuen System ausgestattet sein würden.

Spätere Modelle erhielten größere Motoren. Der ultimative Quattro war das Sportmodell mit kurzem Achsabstand, das im Jahr 1983 erschien. Dieses limitierte, für Rennen zugelassene Sondermodell hatte einen 300 PS 20V Motor und lief 249 km/h. Bei einem Preis, der dreimal so hoch lag wie der für den Quattro, war dieser Wagen nur für reiche Möchtegern-Rennfahrer bestimmt.

Als Audi schließlich die Einstellung des Quattro ankündigte, ging ein Aufschrei durch das Heer von Enthusiasten, und die Produktionszeit wurde tatsächlich bis 1991 verlängert.

■ OBEN *Das Innere des Straßenwagens war gut durchdacht, wenn auch etwas trübsinnig.*

ANDERE MARKEN

■ AC

Die von Thames Ditton abstammende Firma AC begann 1911. Nach dem Krieg wuchs AC durch die Produktion leistungsstarker Sportwagen an, der Höhepunkt kam mit der Vorstellung des legendären von Shelby designten Cobra mit V-Acht Motor und des von Frua designten 428. Im Jahre 1973 benötigte AC ein neues Modell, und 1973 wurde der ME3000 mit Ford V-Sechs Mittelmotor vorgestellt, der allerdings erst 1979 in Produktion ging und nur in geringer Auflage hergestellt wurde. Das Projekt wurde nach Schottland verlagert und endete dort mit Konkurs der Firma. Ford übernahm, verkaufte aber 1992 an Autokraft, die einen völlig neuen Ace herstellten. Heute produziert AC den Ace wieder sowie eine neue Version des Cobra mit dem Namen Superblower.

■ AUTOBIANCHI

Sie waren seit 1955 ein Teil von Fiat, aber erst 1970 wurde Autobianchi ein eigenständiger Zweig, zuständig für die Kleinwagenabteilung, aus der Modelle wie der 500 Giardinera und der auf dem Fiat 127 basierende A112 kamen. In den 80ern tat Autobianchi sich für die Produktion des Y10 mit Lancia zusammen. Als der Y10 1996 ersetzt wurde, liefen alle Folgemodelle unter dem Emblem Lancias, und der Name Autobianchi verschwand.

■ AVANTI

Raymond Loewys geschwungener Avanti wurde nur zwei Jahre lang (1963/64) von Studebaker hergestellt, dann übernahm eine private Gesellschaft, die die die Produktion bis zur Gegenwart weitergeführt hat. Das Design sah nicht nach Detroit aus, die Karosserie war aus GFK, das Interieur sehr luxuriös und der Preis außerordentlich hoch.

BENTLEY

■ BENTLEY CONTINENTAL/AZURE

In den 50ern repräsentierte der Name Continental den Gipfel vornehmer Fortbewegung: mit diesem Emblem auf seinem Bentley konnte man sich absoluter Bequemlichkeit und höchster Leistung sicher sein. Und jeder andere wusste, dass man den teuersten Wagen fuhr, den es für Geld zu kaufen gab.

Es war das goldene Zeitalter des Bentley, zumindest in den Maßstäben der Nachkriegszeit. Nachdem Rolls-Royce die Produktion der Continentals beendet hatte, wurden Bentleys praktisch zu Rolls-Royce Kopien unter dem Bentley Emblem. 1970 repräsentierte Bentley nur noch 5 Prozent aller Verkäufe der Rolls-Royce Gruppe. Ein großer Name wurde verschwendet.

Glücklicherweise bemerkte das Management diese Tatsache und arbeitete an der Wiedergeburt des Bentleys. Zuerst erschien der Mulsanne Turbo, genaugenommen eine leistungsstärkere, weniger protzige Version des Rolls-Royce Silver Spirit.

■ OBEN *Das Interieur mit einer Verkleidung aus gehämmertem Aluminium gab dem Continental T eine spezielle Note. Beachten Sie den roten Startknopf in der Mittelkonsole.*

■ OBEN *Die Zufügung des „T" zum Namen Continental stand für totale Veränderung: breite Reifen, kurzer Radstand, 400 PS – ein aufgemotzter Wagen der Oberklasse.*

BENTLEY CONTINENTAL/AZURE (1991–)	
Motor	V-Acht-Zylinder
Hubraum	6750 ccm
Leistung	385–400 PS
Getriebe	4-Gang Automatik
Spitze	249 km/h
Stückzahl	noch in Produktion

Die sportliche Herkunft des Bentley Emblems jedoch verdiente mehr, und im Jahre 1991 geschah dies in Form des wiederbelebten Continental. Dieses Modell hatte keine Ähnlichkeit mit Rolls-Royce: hier erschien ein wahrer Bentley, der seinem Namen gerecht wurde.

Der neue Wagen wurde auf den Namen Continental R getauft, das R stand für „Roadholding" – Straßenlage. Er war ein schickes und eindrucksvolles zweitüriges Coupé, 5.34 m lang, 1.88 m breit und 2.46 t schwer. Die Extravaganz dieses so geräumigen Wagens wurde auf

■ UNTEN *Alle Markenzeichen Bentleys waren vorhanden: beeindruckendes Tempo, sportliches Fahrverhalten und ein großer Grill, auf dem das „B" Emblem saß.*

■ LINKS *Ohne Dach wurde der Continental zum Azure. Pininfarina entwickelte das hervorragende, elektrische Faltdach.*

■ RECHTS *Die Fahrverhalten des R war etwas schwammig im Vergleich zur Konkurrenz, aber wesentlich besser als bei den Vorgängern.*

dem Genfer Autosalon zur Schau gestellt, für den der Wagen im knalligsten zur Verfügung stehenden Rot lackiert worden war.

Um all das Gewicht ziehen zu können, behielt der Wagen den gewohnten 6.75-Liter V-Acht Motor mit Turbolader, der in dieser Form 385 PS hatte und ein Drehmoment von 750 Nm. Die Leistung wurde durch ein automatisches GM Vierganggetriebe übertragen, und der R war unverschämt schnell: er kam in 6.1 Sekunden von 0–100 und hatte eine Spitzengeschwindigkeit von 249 km/h, genug, um einen gut gefahrenen Porsche hinter sich zu lassen.

Rolls-Royce nannte den neuen Continental „das beste Sport Coupé der Welt", und das war absolut berechtigt: trotz seiner Größe hatte er ein beachtliches Handling, fuhr sich äußerst bequem, verwöhnte sowohl den Fahrer als auch die Mitfahrenden mit absolutem Luxus und behielt dabei das unfehlbare Ambiente von Gelassenheit und Überlegenheit.

Mit einem Preis von 269 000 Dollar im Jahre 1991 war er außerdem der teuerste britische Wagen, der je hergestellt wurde. Trotzdem verkaufte er sich besser als jedes andere Modell von Bentley. Ihm folgte der Continental S, der mehr als 400 PS unter der Haube hatte. Dann kam der Azure, die Cabrio Version des Continental, der für einige Zeit der einzige Wagen war, in dem man sich an der Côte d'Azur sehen lassen konnte – was ihm das Recht gab, den Besitzer um 362 000 Dollar ärmer zu machen. Der mächtige Continental T war das radikalste Mitglied der Bentley-Familie. Sein Radstand wurde verkürzt, er hatte massive fünfspeichige Aluräder; das Interieur war mit gehämmertem Aluminium verkleidet, und man musste einen roten Knopf drücken, um den Motor zu starten – sicherlich der aufgemotzteste Wagen in seiner Klasse.

■ OBEN *Die Wiedergeburt der Marke Bentley – so beschrieben viele den Eindruck des Continental R, des ersten neuen Bentley nach drei Jahrzehnten.*

■ OBEN RECHTS *Bei einem Kaufpreis von gut 362 000 Dollar war der Azure nur etwas für die wirklich Reichen. Besonders im Süden Frankreichs sah man ihn oft.*

■ RECHTS *Der R war dank des turbogeladenen 6.75-Liter V-Acht Motors schnell. Natürlich war auch der Fahrkomfort ausgezeichnet.*

BITTER

BITTER

Der Deutsche Erich Bitter war ein Rennfahrer und machte Geschäfte mit Autozubehör. Zwei 1969 und 1970 präsentierte Opel CD Prototypen hatten ihn begeistert – und er war absolut enttäuscht, als Opel beschloss, diese nicht zu produzieren. Bitter gelang es daraufhin die Firma, die sich im Besitz von General Motors befand, davon zu überzeugen, das Projekt an ihn abzugeben. Opel half ihm sogar dabei, den Wagen bis zur Produktionsreife zu entwickeln.

Da Bitter nicht die Möglichkeit hatte, sein eigenes Werk zu errichten, begann die Produktion 1971 beim Karosseriebauer Baur in Stuttgart. Das Fahrgestell eines Opel Diplomat wurde verkürzt und die Radaufhängung auf das geringere Gewicht abgestimmt. Davon abgesehen blieben die mechanischen Teile unberührt, einschließlich des GM 5.4-Liter V-Acht Motors.

Der Bitter war ein schicker Wagen, definitiv in einer Liga mit italienischen Exoten. Es gab ihn in 45 verschiedenen Farben mit luxuriösem Interieur, designt von Baur; das Armaturenbrett kam von Opel. Er war fast so teuer wie ein Rolls-Royce, aber seine Qualität und das umwerfende Aussehen lockte viele Kunden zu der bis dahin unbekannten Marke. Die Produktion startete mit etwa einem Wagen pro Woche.

Der große, in Amerika konstruierte V-Acht Motor, wurde verfeinert, bot Drehmoment und Leistung. Er passte ideal in einen großen Tourer. Das Fahrverhalten war gut, aber nicht in einer Klasse mit Ferrari oder Porsche.

Genauso gutaussehend wie der CD war Bitters nächster Wagen, der SC. Er wurde zuerst im Jahre 1979 vorgestellt, es dauerte jedoch zwei weitere Jahre, bevor er in Produktion ging. Auch hier wurden Opelteile verwendet – vom neuen Senator – und die Karosserie des Coupés wurde von Bitter persönlich designt. Der 3.0-Liter 6-Zylinder Einspritzmotor war zeitgemäßer als der

■ OBEN ***Das stolze Emblem des Bitter CD, ordentlich und wirksam, so wie der Wagen.***

■ RECHTS ***Das Styling des CD wurde wegen seiner Einfachheit und guter Proportionen geschätzt. Seine Eleganz zog zahlreiche Käufer an. Das Armaturenbrett war von Opel, ansonsten war das Interieur aufwendig von Baur aus Stuttgart gestylt.***

BITTER CD (1971–79)	
Motor	V-Acht-Zylinder
Hubraum	5354 ccm
Leistung	230 PS @ 4700 U/min
Getriebe	3-Gang Automatik
Spitze	208 km/h
Stückzahl	390

■ LINKS *Vielleicht noch schicker als der CD war der 1981er SC. Sein schnittiges Stufenheck hatte italienisches Flair und wurde häufig mit dem des Ferrari 400 verglichen.*

alte GM V-Acht. Und die spätere, von Bitter modifizierte 3.9-Liter Version, die mit zusätzlichen 30 PS auf 210 PS kam, war noch geeigneter. Es wurde sogar Allradantrieb angeboten, aber wegen der Kosten wurden nur zwei Wagen damit ausgerüstet.

1985 wurden attraktive Cabriolets und viertürige Versionen mit längerem Radstand zugefügt, aber diese Richtung erwies sich als zu ehrgeizig: die Firma verausgabt sich und musste die Produktion im Folgejahr einstellen. Bis zu diesem Zeitpunkt waren 450 Exemplare des SC Modells hergestellt worden.

Bitter entwickelte noch weitere Projekte, die allerdings immer nur bis zur Fertigung eines Prototypen gelangten. Der erste war ein Cabrio mit dem Namen Rallye, der auf dem Opel Manta aufgebaut war. Das drohende Hinscheiden des Manta führte zu einer Weiterentwicklung, genannt Typ III, mit einem Unterbau vom Oper Senator. Die Pläne für eine Vermarktung wurden jedoch leider 1992 fallen gelassen.

■ UNTEN LINKS *Mit dem 6-Zylinder Einspritzmotor war der SC beeindruckend schnell, aber am besten war er auf Langstrecken.*

■ OBEN *Obwohl er einfache Opel Mechanik verwendete, war der CD ein Wagen für begeisterte Fahrer: schnell, sicher und bequem.*

■ OBEN *Erich Bitter war der Mann hinter dem in Deutschland gebauten Bitter CD. Es gelang ihm, Opel dazu zu überreden, ihm einen ihrer Prototypen zur Modifizierung und Herstellung zu überlassen.*

■ UNTEN *Im Interieur des Bitter wurden geschickterweise Teile von Opel verwendet.*

■ RECHTS *Bitter verschwand 1986 von der Bildfläche, existierte aber weiter und machte Werbung für neue Konzepte wie dem des Typ III. Isuzu wollte diesen Wagen zunächst vermarkten, sprang dann aber leider ab.*

BMW

■ UNTEN *Sein Handling war mit dem besten, was Lotus zu bieten hatte, vergleichbar; es machte den M1 extrem schnell in Kurven.*

■ BMW M1

Der Hintergrund für die Entwicklung des BMW M1, bis heute BMWs einziger Wagen mit Mittelmotor, war der Motorsport – und ein neues Renn-Reglement. In der so genannten Gruppe 5 des Jahres 1976 verlor BMWs alternder CSL gegen den Porsche 935. Um wieder nach vorne zu kommen, brauchte BMW ein Mittelmotor-Konzept, das dem hervorragenden 3.5-Liter 6-Zylindermotor mit doppelten Nockenwellen gerecht werden würde: 400 Modelle mussten über einen Zeitraum von zwei Jahren gebaut werden, um den Wagen für Rennen zulassen zu können.

Der M1 wurde in BMWs Motorsportabteilung entwickelt. Es war das erste Mal, dass der M88 Doppelnockenwellen 6-Zylindermotor in einem Straßenwagen eingebaut werden sollte. In der Turbo Gruppe 5 Form hatte er bis zu 700 PS, für die Straße jedoch wurde diese Leistung auf 277 PS beschränkt. Nur das gusseiserne Unterteil kam aus der regulären Produktion bei BMW; der M88 hatte einen einzigartigen 24-Ventil Doppelnockenwellen-Zylinderkopf mit Steuerkette und auch eine Trockensumpf-Schmierung im Rennstil. Er „atmete“ mittels einer Kugelfischer-Bosch Einspritzanlage.

Der Motor saß längs eingebaut weit unten im Fahrgestell hinter dem Cockpit. Dazu gab es ein sportliches Fahrwerk, große und belüftete Scheibenbremsen sowie eine Zahnstangenlenkung. Ein ZF Fünfgang Transaxle-Getriebe half, die enorme Leistung auf die Straße zu bringen.

Ursprünglich hatte sich BMW an Lamborghini gewandt, um die Detailarbeit am Stahlrohr-Chassis zu übernehmen, Prototypen herzustellen und

■ OBEN *Dank des rennerprobten 3.5-Liter Motors war der M1 extrem schnell; ein Magazin gab seine Spitzengeschwindigkeit mit 259 km/h an.*

■ RECHTS *Der M1 war BMWs einzig wirklicher Wagen der Superlative, praktisch und zuverlässig mit Rennwagenqualitäten.*

■ LINKS *Es gab keinen Zweifel, dass der M1 ein extrem teurer Wagen der Superlative war, er war auch einer der exklusivsten.*

■ UNTEN *Geschickte Aerodynamik spielte eine große Rolle beim Erfolg des M1. Die schwarzen Öffnungen dienen der Motorkühlung.*

die 400 vorgeschriebenen Wagen zu bauen. Giugiaros Firma Ital Design wurde für die Gestaltung der Karosserie unter Vertrag genommen, die von Paul Bracqs 1972er BMW Turbo Studie inspiriert war. 1977 sah man in der Nähe von Sant'Agata Prototypen im Test, aber zu diesem Zeitpunkt steckte Lamborghini bereits in finanziellen Schwierigkeiten – und es sah aus, als ob das Projekt M1 gestorben wäre.

Die öffentlichen Gelder, die Lamborghini erhalten hatte, waren aufgebraucht, und Verspätungen führten im April 1978 dazu, dass BMW sich das Projekt zurück holte. Zu diesem Zeitpunkt waren sieben Prototypen gebaut worden. Die Produktion wurde zu Baur in Stuttgart verlegt.

Offiziell vorgestellt wurde der M1 1978. Er fiel aber durch das neue Regelwerk für die Gruppe 5 – das besag-te nämlich, dass die 400 produzierten Wagen auch verkauft worden sein mussten, bevor eine Rennzulassung erteilt werden konnte.

Dieser Vorgang wurde dann 1981 abgeschlossen, aber zu diesem Zeitpunkt war der übergewichtige M1 bereits von jüngerer Konkurrenz überholt worden.

Wenn aus dem Rennwagen auch nichts geworden war, so gehörte der M1 auf der Straße doch zur Spitzenklasse. er war bequem, gutaussehend und bei einer unabhängig gemessenen Höchstgeschwindigkeit von 259 km/h erstaunlich wirtschaftlich.

BMW M1 (1978–81)	
Motor	6-Zylinder
Hubraum	3453 ccm
Leistung	277 PS @ 6500 U/min
Getriebe	5-Gang manuell
Spitze	259 km/h
Stückzahl	450

■ OBEN *Der BMW „Nieren" Grill wirkte sehr zweckmäßig an der aerodynamischen Front des M1. Klappscheinwerfer verbesserten die Durchlüftung dieser kritischen Zone.*

■ OBEN *Giugiaro designte die einfache, attraktive Form; gebaut wurde der M1 in einem höchst komplizierten Produktionsprozess halb in Italien, halb in Deutschland.*

BMW

■ LINKS *Der ultimative 6er BMW war der 1983er M635 CSi, mit einem 286 PS M1 Motor, der 158 km/h Spitze lief. Heute ist er einer der gefragtesten 6er.*

■ BMW 6ER SERIE

BMW hatte einen hervorragenden Ruf als Hersteller leistungsstarker Sportcoupés – diese Tradition ging zurück bis in die Anfänge. In den frühen 70er Jahren erreichte das Coupé-Thema bei BMW seinen Höhepunkt mit dem gefeierten CSL, der auf der Rennstrecke und auf der Straße nahezu unschlagbar war.

■ OBEN *Schick, gut konstruiert, leistungsstark und klassisch – die 6er waren BMWs Coupés für die 80er.*

■ OBEN *Das Armaturenbrett im geräumigen Cockpit war in typischer BMW Manier so designt, dass es den Fahrer halb umschloss.*

BMW 6ER SERIE (1976–89)	
Motor	6-Zylinder
Hubraum	2788–3453 ccm
Leistung	184–286 PS
Getriebe	5-Gang
Spitze	196–254 km/h
Stückzahl	80361

1975 kam die Zeit, dass BMW einen Nachfolger für den CSL benötigte. Und der Wagen, der diesen Platz einnehmen sollte, war der 630CS/633CSi, der im März 1976 vorgestellt wurde. Verglichen mit der alten CS Serie war die 6er Serie größer, aufwendiger und teurer – Tourenwagen, die perfekt waren, wenn es darum ging, über die Autobahn zu fliegen. Dennoch waren sie keine wirklichen Sportwagen. Der 1979er 628CSi hatte sogar einen kleineren Motor und half kaum dabei, das Image zu verbessern.

Im Juli 1978 versuchte BMW den Mangel an Sportlichkeit durch den Einbau des erprobten 3453 ccm Motors in die 6er Serie wettzumachen – so entstand der 635CSi. Dieser Motor war vom Prinzip her der gleiche wie der im M1 verwendete. Er hatte aber mit 218 PS eine geringere Leistung. Mit verbesserten Stoßdämpfern, Federn und Stabilisatoren sowie belüfteten Scheibenbremsen ergab sich dann jedoch ein wesentlich sportlicheres Gefühl als beim 633. Es war nur eine Frage der Zeit, bis BMW durch den Einbau des 24-Ventil Motors den M635CSi (M6 in den USA) schuf.

Seine technischen Angaben waren denen des M1 aufgrund des Motors, der doppelten obenliegenden Nockenwellen und Mittelzündkerzen sehr ähnlich, er war aber dank eines neuen Ansaugsystems und des Doppelrohr-Auspuffs sowie der Verwendung der digitalen Bosch Motronic II Motorelektronik 9 PS stärker als der M1.

■ RECHTS *Spätere Modelle der 6er Serie hatten mehr Leistung, anspruchsvollere Elektroniken und anspruchsvolleren Luxus.*

■ GANZ RECHTS *Obwohl er verfeinert und schneller gemacht wurde, war der 6er BMW weniger sportlich als die frühere CS Serie, die er ersetzte.*

■ LINKS *Die BMW Technik GmbH war verantwortlich für die Form des Z1, von dem nur 8093 Exemplare gebaut wurden.*

■ BMW Z1

Der Z1 war ein ungewöhlich untypisches BMW Produkt. Aber Enthusiasten begrüßten den Mut der Firma, diesen Wagen trotzdem zu produzieren. BMW war für fahrerfreundliche Automobile bekannt, hatte dabei aber stets eine Tendenz zum Konservativen. Der Z1 hingegen war radikal und hoch spezialisiert.

Das Projekt nahm seinen Anfang als Versuchsmodell für eine neuartige Radaufhängung für die BMW 3er Serie. Die BMW Technik GmbH – die technische Abteilung der Firma, die hauptsächlich verantwortlich war für Forschung und Entwicklung – schuf eine Karosserie, die zeigen sollte, dass BMW allen voran war. Der Wagen wurde beim Pariser Salon 1986 als reine Konzept-Studie vorgestellt. Aber die Reaktion der Öffentlichkeit war so überwältigend, dass BMW-Chef Eberhard von Kuenheim das Einverständnis für die Aufnahme der Produktion gab.

Nach einer Reihe von Veränderungen war der Z1 im Jahre 1988 schließlich fertig. Das Stahlchassis war mit einer Kunststoffkarosserie versehen, die durch das Einarbeiten extrem hoher Schweller eine enorme Stabilität erhielt. Dies führte zunächst zu einem Problem mit den Türen, das BMW geschickt löste, indem man Türen konstruierte, die beim Öffnen mittels Elektromotor in den Schwellern verschwanden – hervorragend geeignet auch für das Fahren bei gutem Wetter. Die Aerodynamik war ausgezeichnet, eine Neuheit war der hintere Schalldämpfer in Spoilerform.

Die hintere Radaufhängung des Z1 war der Prototyp für die nachfolgende 3er Serie; sie sorgte für hervorragendes Fahrverhalten. Der Z1 kostete mit dem Motor des 325i soviel wie ein BMW 735i und war nur für eine Herstellung in begrenzter Auflage geplant.

■ OBEN *Das Z1 Projekt begann in Form dieses Versuchsobjektes für eine neue Radaufhängung, aber die Reaktion der Öffentlichkeit überzeugte BMW, das Auto zu bauen.*

■ OBEN *Ein elektrischer Motor ließ die Türen in den Schwellern verschwinden; Einsteigen war bei geschlossenem Verdeck kompliziert.*

BMW Z1 (1988–91)

Motor	6-Zylinder
Hubraum	2494 ccm
Leistung	170 PS @ 5800 U/min
Getriebe	5-Gang
Spitze	225 km/h
Stückzahl	8093

■ LINKS *Der Gag waren in den Schwellern versenkbare Türen, was dem Begriff „offenes Fahren" eine neue Dimension gab.*

BMW

■ BMW M3

In den 70ern und 80ern war BMW höchst erfolgreich in der Konstruktion von sportlichen Tourenwagen – was insofern beachtlich war, als das keines der Modelle speziell für Rennen zugelassen wurde. Es waren lediglich modifizierte Versionen alltäglicher Straßenfahrzeuge. Das alles änderte sich mit dem M3, einem legendären Straßenwagen, der auch bei Rennen alle hinter sich ließ.

■ LINKS *Das magische Initial M3 stand für alles, wonach sich fahrbegeisterte Enthusiasten sehnten: hohe Leistung, brilliante Kontrollierbarkeit und jede Menge Charakter.*

■ LINKS *Die neugestaltete 3er Serie gab es auch als M3 Version mit noch mehr Leistung durch den Einbau eines 6-Zylindermotors; ihre Kanten waren glattgeschliffener.*

BMW M3 (1986–91)	
Motor	4-Zylinder
Hubraum	2302 ccm
Leistung	195–220 PS
Getriebe	5-Gang
Spitze	235–245 km/h
Stückzahl	17969

BMWs Werbung lautete „M ist der stärkste Buchstabe der Welt“ – M stand für Motorsport, eine Spezialabteilung von BMW, die für Rennwagen und die Entwicklung fortschrittlicher Projekte im Bereich Straßenwagen zuständig war. Der M3 basierte genaugenommen auf der aktuellen BMW 3er Serie, allerdings änderte die Motorsport-Abteilung fast alle Komponenten des Wagens.

Die Form der Karosserie wurde aggressiver, im Inneren fanden sich vier individuelle Schalensitze; Fahrwerk und Bremssystem wurden verbessert.

Das wichtigste von allem war der neue Motor des M3: ein 4-Zylinder mit großem Hubraum, der nach dem Vorbild des M1 mit 16 Ventilen ausgestattet war. Mit seinen 200 PS war der M3 unverschämt schnell. Mehr noch: es war ein absoluter Genuß ihn völlig problemlos über kurvige Straßen zu bewegen. Und so wurde der M3 unmittelbar zur Legende.

Die in limitierter Auflage produzierten Evolution Modelle waren durch ausgereiftere Aerodynamik sogar noch besser. Sie kamen in der ultimativen Sport III Version mit einem größeren 238 PS 2.5-Liter Motor. Das teuerste Modell war das Cabriolet, das individuell vom Motorsport Team von Hand hergestellt wurde.

Als die alte 3er Serie eingestellt wurde, um durch ein frisches Modell abgelöst zu werden, kam auch ein neuer M3 auf den Markt. Doch viele Enthusiasten haben den ersten M3 nie vergessen.

■ OBEN *Das Interieur des Sport Evolution Modells war mit Glatt- und Wildleder bezogen und hatte sehr spezielle Sitze. Dies war das ultimative M3 Modell.*

■ OBEN *Das Herz des M3 war sein 4-Zylinder Motor, dessen Kopf prinzipiell vom M1 stammte. Selbst in der schwächsten Ausführung hatte er noch 195 PS.*

■ LINKS *Durch den Z3 wurde bewiesen, dass BMW auch den Markt kleiner Sportwagen erfolgreich angehen konnte. Hier das 1.9-Liter Modell mit 140 PS.*

■ BMW Z3

Um nicht den Anschluss an den Markt der jugendlichen Roadster zu verlieren, stellte BMW Ende 1995 die Z3 Reihe vor. Der Plan war ehrgeizig: man wollte einen von Grund auf neuen Wagen entwickeln und ihn in einem neuen Werk in den USA (Spartanburg, South Carolina) herstellen. Letztendlich machte sich dies bezahlt: noch vor der offiziellen Vorstellung des Wagens im Oktober 1995 war der Z3 auf Werbeplakaten für den neuen James Bond Film *Golden Eye* zu sehen! Innerhalb von nur 18 Monaten wurden weltweit 40 000 Autos verkauft.

Der neue BMW Roadster hatte ein wunderbares Handling und machte extrem guten Gebrauch von Teilen einfacherer BMWs, wodurch der Preis des Basismodells vergleichsweise niedrig gehalten werden konnte. Während vorherige BMW Sportwagen (der 1980er Z1) schnittig und vorwärtsstrebend ausgesehen hatten, waren viele von der Form des Z3 alles andere als überwältigt. Er war eine nicht besonders gelungene Mischung verschiedener neuerer BMW Stile und einem halbherzigen Hauch vergangener Elemente – wie etwa großen Belüftungsöffnungen auf den Kotflügeln, die vom klassischen 507 der 50er inspiriert waren. Nichtsdestotrotz liebten die meisten Käufer sein freches, übertriebenes Styling.

In vieler Hinsicht war der Z3 stärker als Mitbewerber wie der MGF oder der Mazda MX-5: seine Karosserie war sehr solide, hatte eine hohe Qualität und einen großen Aufmerksamkeitswert. Außerdem gab es ihn bald auch mit einer Auswahl größerer Motoren.

■ OBEN *Der 2.8-Liter Motor machte den Z3 durch und durch zum Sportwagen. Er hatte extrabreite Aluräder für bessere Haftung.*

BMW Z3 (1995–)

Motor	4/6-Zylinder
Hubraum	1796–3201 ccm
Leistung	116–321 PS
Getriebe	5-Gang manuell 4-Gang Automatik
Spitze	185–249 km/h
Stückzahl	noch in Produktion

■ OBEN *Der BMW Roadster wurde in einem neuen amerikanischen Werk gebaut, das anfangs kaum mit der Produktion nachkam.*

■ RECHTS *Der Z3 war ein Wagen für Leute, die das Autofahren genossen. James Bond fand dies heraus, als er in dem Film* Golden Eye *einen Z3 fuhr.*

BRISTOL

■ BRISTOL 412 TO BLENHEIM

Bristol Enthusiasten weinten bittere Tränen, als der 407 – Bristols erstes Modell mit Chrysler V-Acht Motor – auf die Straßen kam. Der 6-Zylinder Alumotor, der in hervorragender Qualität von Bristol gefertigt worden war, wurde gegen einen eisernen V-Acht ausgetauscht, der, um Einfuhrzölle zu vermeiden, in hölzernen Kisten von Kanada eingeschifft und dann mit einem Automatikgetriebe versehen wurde. Um es noch schlimmer zu machen, erhielt der Neue sogar Kontrollschalter, die mittels Drucktasten bedient wurden.

■ LINKS *In den frühen 70ern bot Bristol den 411 an, einen handgefertigten Grand Tourer, der im wesentlichen auf die 50er zurückgriff.*

Es war der einzige Ausweg für Bristol: der kleine 6-Zylinder 2.2-Liter Motor mit 110 PS hatte schwer zu kämpfen mit dem Gewicht des mächtigen 406. Und da Bristol es sich nicht leisten konnte, einen eigenen 3.5-Liter 6-Zylinder Motor zu bauen, war es ihre einzige Chance, das Kraftpaket aus Detroit zu verwenden.

Es war die richtige Entscheidung: Bristol blieb klein, verkaufte Fahrzeuge mit Alukarosserie und separaten Fahrgestellen an eine besonnene und kritische Minderheit – und überlebte so jeden Sturm. Die Form veränderte sich über die Jahre, die Proportionen jedoch – hoch, schlank und lang – blieben erhalten bis zum letzten Modell, dem Blenheim, den es auch heute noch gibt.

1975 war der 411 Bristols aktuelles Modell. Radikal anders sah der neue, von Zagato entworfene, 412 aus dem

BRISTOL 412 TO BLENHEIM (1975–)

Motor	V-Acht-Zylinder
Hubraum	5211–5665 ccm
Leistung	nicht angegeben
Getriebe	3/4-Gang Automatik
Spitze	193–225 km/h
Stückzahl	nicht angegeben

■ LINKS *Zagato zeichnete verantwortlich für das umstrittene Styling des 412, der 1975 vorgestellt wurde. Hier ein viersitziges Cabrio mit Targa Dach.*

■ RECHTS *Alle Bristols hatten dieses seitlich angehängte Blech, das aus Gründen der Aerodynamik verwendet wurde. Auf der Fahrerseite verbarg es den Reservereifen.*

■ LINKS *Bristols Tradition ist nie verblasst. Diese Brigand Modell blieb trotz Turbolader und Alurädern der Tradition seiner Herkunft treu.*

■ UNTEN *Viele Berühmtheiten fühlten sich vom dezenten Charakter des Bristol angezogen, der absolut ein Wagen für die Mächtigen und Einflussreichen war.*

Jahre 1975 aus – ein Cabrio Coupé mit großen, doppelten Überrollbügeln, das auf dem klassischen 2.89 m langen Chassis saß und den Chrysler 6.6-Liter V-Acht Motor verwendete.

1976 wurde der 412 zu einem Cabrio Sedan mit regulärem Hardtop, während der S2 von 1977 einen kleineren 5.9-Liter Motor erhielt. Der rasante, 225 km/h schnelle Beaufighter von 1980 hatte einen amerikanischen Rotomaster Turbolader, ein verstärktes Getriebe sowie ein verändertes Vorderteil; er blieb bis 1992 in Produktion.

Die ungewöhnlichen 603E und 603S von 1976–82 brachten ein neues Styling mit alter Technik. Sie ersetzten den lange gelaufenen 411.

Der kurzlebige E war ein wirtschaftliches 5.2-Liter Modell, während der S die reguläre 5.9-Liter Maschine verwendete. Beide kamen mit Tempomat, Klimaanlage und dem neuesten Torque-Flite Automatikgetriebe sowie einer Niveauregulierung.

1982 wurde der 603 vom Brigand und vom Britannia ersetzt. Der Brigand war turbogeladen und kam in knapp unter 6 Sekunden von 0-100, seine Höchstgeschwindigkeit lag bei 241 km/h. Die Wagen liefen auf Alurädern und boten neues Front- sowie Heckstyling.

Dieses änderte sich nochmals beim Blenheim aus dem Jahre 1993, dessen Grundform jedoch die des 603/Britannia war.

Der Blenheim erhielt einen Chrysler 5.9-Liter Einspritzmotor sowie ein automatisches Vierganggetriebe. Diesmal gab es keinen Turbolader, aber die Wirtschaftlichkeit war viel besser.

Der Blenheim ist mit Sicherheit ein vollendetes Langstreckenfahrzeug für wohlhabende Enthusiasten, die sich von der Masse absetzen wollten – zu den Besitzern gehört Liam Gallagher, der Leadsänger der britischen Rockband Oasis ebenso wie Sir Richard Branson, Chef der Firma Virgin.

■ LINKS *Traditioneller, britischer Luxus im Cockpit dieses Britannia: Leder, Holz und Wilton Teppich.*

BUGATTI

■ BUGATTI EB110

Nach dem Zweiten Weltkrieg passten Ettore Bugattis wunderbar entwickelte, aber ungeheuer teure Kreationen einfach nicht in die Zeit. Die Produktion wurde nie wieder richtig aufgenommen. Es gab viele Versuche den Namen wiederzubeleben, aber keiner war wirklich überzeugend – bis ein Mann namens Romano Artioli die Arena betrat. Es gelang diesem gerissenen, italienischen Großunternehmer auf spektakuläre Art und Weise die Magie um Bugatti wieder anzuheizen, aber letztendlich erwies sich der Traum als zu groß und führte zum Bankrott.

Der Plan war großartig: in Norditalien wurde ein modernes Werk errichtet, nur die Größen der Industrie wurden beschäftigt (einschließlich Paolo Stanzani als technischem Direktor und Marcello Gandini als Designer – die beide später fristlos gekündigt wurden), und man schuf einen von Grund auf neuen V-Zwölf Motor.

Der neue Bugatti EB110 war ein mit Mittelmotor ausgestatteter Wagen der Superlative. Genau die Art von Auto, die Ettore gebaut hätte, wäre er noch am Leben gewesen. Das EB im Namen steht für die Initialen Ettore Bugattis, die 110 erinnert daran, dass es am Tag der Präsentation dieses neuen Bugattis exakt 110 Jahre her war, seit der erste Bugatti erschienen war.

Das Styling der Alukarosserie, das von einem italienischen Designer entworfen worden war, war dramatisch, aber umstritten: die Linien waren nicht harmonisch und der traditionelle Hufeisengrill wirkte auf der breiten Nase geradezu lächerlich klein. Im Inneren

■ OBEN *Der neue EB110 wurde in Paris im Rahmen einer unglaublich prunkvollen Feier, die ein enormes öffentliches Aufsehen erregte, vorgestellt.*

■ LINKS *Das avantgardistische Bugatti Werk in Italien war hoch angesehen.*

■ LINKS *Ein Blick in die Prototypen Werkstatt. Klar zu erkennen ist einer der faszinierenden V-Zwölf Motoren, die bei Bugatti von Hand gefertigt wurden. Jeder dieser Motoren hatte mindestens 553 PS.*

■ OBEN *Das sagenumwobene Bugatti Emblem wiederzubeleben war eine schwierige Aufgabe. „EB" stand für Ettore Bugatti, dem Namen des Firmengründers.*

■ RECHTS *Wenn einem das Standardmodell zu langweilig war, konnte man diese leichtere Supersport Version mit Heckspoiler, größeren Rädern und nicht weniger als 611 PS und 356 km/h Spitzengeschwindigkeit ordern.*

des Wagens jedoch war alles von superber Qualität. Die Ausstattung war großzügig, wobei allerdings sehr wenig Platz zur Verfügung stand.

Mechanisch gesehen war der Bugatti extrem fortschrittlich. Sein Herzstück war der 553 PS starke V-Zwölfmotor, der mit nicht weniger als vier Turboladern und 60 Ventilen ausgestattet war. Er hatte ein Sechsganggetriebe, das mit einem Allradantrieb und einer Radaufhängung verbunden war, die ein Fahrverhalten vergleichbar mit dem des Lancia Integrale lieferte. Bugatti gab die Höchstgeschwindigkeit mit 341 km/h an und behauptete damit den schnellsten Straßenwagen der Welt zu haben.

Als der EB110 1991 im Rahmen einer verschwenderischen Feier in Paris vorgestellt wurde, war sein Listenpreis mit 486 000 Dollar angegeben, und wem das noch zuwenig war, der konnte sich für „nur" 93 000 Dollar mehr das leichtgewichtige SS Sondermodell mit 611 PS Motor und 356 km/h Spitzengeschwindigkeit kaufen.

Am Ende war Artioli einfach zu ehrgeizig. Erst kaufte er im Jahre 1993 Lotus von General Motors, dann beauftragte er Ital Design mit dem Entwurf für einen neuen Viertürer namens EB112 – aber Ital Design brach die Arbeit mit der Begründung ab, nicht bezahlt worden zu sein. 1995 war Bugatti bankrott, das moderne Werk war wie ausgestorben. Es wurde nie bekannt, wieviele Wagen tatsächlich produziert wurden; laut Artioli waren es 154. Heute hat VW die Namensrechte an Bugatti.

■ LINKS *Bugatti gab bei Ital Design ein zweites Modell, den EB112, in Auftrag. Dies wäre eine prächtige Limousine geworden, aber da die Firma Bugatti aufgelöst wurde, kam es nie zur Produktion.*

■ LINKS *Der neue Bugatti EB110 war in allen Gesichtspunkten ein aufregender Wagen. Blendend designt, enorm leistungsstark und hervorragend zu fahren hatte er alle Berechtigung den Namen Bugatti zu tragen.*

BUGATTI EB110 (1991–95)	
Motor	V-Zwölf-Zylinder
Hubraum	3500 ccm
Leistung	553–611 PS
Getriebe	6-Gang
Spitze	341–356 km/h
Stückzahl	nicht angegeben

CATERHAM

CATERHAM 7

Das Grunddesign des Caterham 7 hat alle Rechte, sich als eine der ältesten, noch in Produktion befindliche Konstruktionen zu bezeichnen. Seine Anfänge gehen zurück bis zum Lotus 7 aus dem Jahre 1957, einem Wagen, von dem Konstrukteursgenie Colin Chapman behauptete, er habe ihn an einem Wochenende zusammengebastelt. Lotus produzierte dieses Modell für 15 Jahre. Graham Nearns Firma Caterham Cars machte weiter – oft noch, wenn jeder andere schon den Glauben daran verloren hatte.

Als Lotus beschloss, die Produktion des 7 zu beenden, gab Graham Nearns besonderes Verhältnis zu Colin Chapman ihm die Chance, die Rechte für eine Weiterproduktion des Wagens bis 1973 zu erhalten. Zunächst hatte Caterham Cars Probleme bei der Herstellung der Kunststoffkarosserie de Serie 4 Lotus 7. Bald jedoch ging man über zur Produktion der simpleren Aluminiumkarosserien der Serie 3.

In vieler Hinsicht lag der Reiz des 7 in dem, was er nicht hatte: es gab keine Spielereien, keine komplizierte Elektronik oder teure, aus Kunststoff geformte Karosserieteile. Der 7 hat nur ein Ziel: größtmögliches Fahrvergnügen mit einem Minimum an Material. Dies war die Essenz von Colin Chapmans Kreuzzug für geringes Fahrzeug-Gewicht.

Der 7 hatte ein Rohrrahmenchassis aus Stahl, das mit Aluminiumblechen verkleidet wurde; nur die Nase und Kotflügel waren aus Kunststoff. Die Hinterachse stammte entweder von Ford oder von Morris, später entwickelte Caterham sein eigenes DeDion System.

Als Motor verwendete Caterham zunächst weiterhin den brillianten 126 PS, 1558 ccm Twin Cam von Lotus. Aber schließlich ging der Vorrat aus, und es wurde zu Ford Motoren gewechselt: GT (84 PS), Sprint (110 PS) und Supersprint (135 PS). Wollte man mehr Leistung, so konnte man sich für einen Cosworth BDA Motor mit bis zu 170 PS oder später für einen Vauxhall 2.0-Liter Motor mit 175 PS entscheiden. Ab 1991 wechselte Caterham zu Rover K-Serien Motoren: 1.4 (103 PS), 1.4 Supersport (128 PS), 1.6 (115 PS) und 1.6 Supersport (138 PS). Der ultimative 7 jedoch war der JPE (die Initialen standen für Jonathan Palmer Evolution, nach dem Formel 1 Fahrer, der bei der Entwicklung mitgearbeitet hatte). Mit

■ RECHTS *Der 7 war typischerweise eine sehr karge Angelegenheit, aber dieses Cockpit mit Lederverkleidung und vielen Instrumenten zeigt, dass man nicht auf Luxus verzichten musste.*

■ GANZ RECHTS *Caterhams wurden normalerweise durch Ford-Motoren angetrieben, aber 1991 fand ein Wechsel zu Rover Aggregaten statt.*

■ LINKS *Kein anderer Wagen ist so konzentriert wie der Caterham 7. Er ist eine Weiterentwicklung von Colin Chapmans Lotus 7 und verkörpert Geschwindigkeit, Leidenschaft und Scharfsinnigkeit.*

■ RECHTS *Es ist einmalig, den 7 zu lenken. Die Fahrt zum Supermarkt fühlt sich wie eine Runde auf der Rennstrecke an.*

■ LINKS *Das Image des 7 wurde durch die 60er Jahre Fernsehserie* The Prisoner *mit Patrick Mc Goohan unsterblich. Caterham stellte ein Sondermodell vor, das den Geist des Spruches „Ich bin keine Nummer, ich bin ein freier Mann" verkörpert.*

seinem 250 PS starken Motor, fehlender Windschutzscheibe, Kotflügeln aus Carbon, extrem niedrigem Gewicht und hervorragender Bremskraft war der Wagen äußerst schnell: er kam in weniger als 3.5 Sekunden von 0-100.

Caterhams jeglicher Art boten mehr Spaß für ihr Geld als irgendein anderer Wagen. Die meisten wurden in nicht ganz kompletter Form gekauft; der Kunde sparte Geld, indem er einige Teile selbst installierte. Außerdem wurde so die Notwendigkeit umgangen, den Wagentypen genehmigen zu lassen.

■ LINKS *Caterham förderte mehrere Rennserien für die 7 Modelle. Hier sehen Sie einen mit Vauxhall angetriebenen Wagen der Klasse A in Aktion.*

CATERHAM 7 (1973–)	
Motor	4-Zylinder
Hubraum	1298–1998 ccm
Leistung	72–250 PS
Getriebe	4/5/6-Gang
Spitze	161–241 km/h
Stückzahl	noch in Produktion

■ LINKS *Der ultimative 7 war der JPE, was für Jonathan Palmer Evolution stand. Der Rennfahrer half bei der Entwicklung des 250 PS starken Kampfgefährtes, das einst den Weltrekord in Beschleunigung hielt.*

CATERHAM

■ LINKS *Über 20 Jahre lang wurde die Form des 7 nicht verändert; dann stellte Caterham den 21 vor, einen starken, neuen Sportwagen mit einer komplett neu entwickelten Karosserie.*

■ CATERHAM 21

Ein Leitsatz steckte hinter der von Caterham gehüteten Legende des 7: man konnte alles im unteren Bereich des Wagens verändern, aber die Karosserie musste unverändert bleiben. Beim 21 wurde diese Philosophie völlig auf den Kopf gestellt: hier war ein Modell, dessen Chassis dem des 7 sehr ähnlich war, das aber eine absolut neue Karosserie hatte. Der Name 21 zeigt, in welche Richtung Caterham dachte: die Vision eines Wagens für das 21. Jahrhundert.

■ LINKS *Dieser Prototyp hatte eine Alukarosserie, eine Option, die nach seiner Präsentation auf der Preisliste blieb. Das Styling stammte von Iain Robertson.*

CATERHAM 21 (1996–)	
Motor	4-Zylinder
Hubraum	1588cc
Leistung	115–138 PS
Getriebe	5/6-Gang
Spitze	190–211 km/h
Stückzahl	noch in Produktion

Der Plan, einen neuen Caterham zu schaffen, begann mit der Absicht einen selbsttragenden Sportwagen mit Mittelmotor zu bauen, was sich aber als ein zu hochgestecktes Ziel erwies. Stattdessen wurde beschlossen, eine alles umhüllende, neue Karosserie auf das modifizierte Chassis eines 7 zu setzen. Journalist und Designer Iain Robertson wurde gerufen, um das Styling zu entwerfen. Als Inspiration verwendete er den Lotus VI Rennwagen, und sein Vorschlag sah genau richtig aus: kurvenreich, straff und spürbar britisch.

Die Architektur des Interieurs war abenteuerlich und ansprechend. Sie bot ein elegantes, symmetrisches Design. Das schmale Cockpit war vom 7 übernommen worden, aber weitere Schweller verbesserten die Arm- und Beinfreiheit außerordentlich. Eine schmale Mittelkonsole beherbergte Schalter und Anzeigen, nur Tacho und Drehzahlmesser waren direkt vor dem Fahrer angebracht.

Die Entwicklung des 21 war für Caterham eine Reihe von Problemen auf: nie zuvor war man gezwungen gewesen, sich mit Türaufhängungen und Kofferraumklappen, abgerundeten Glasflächen, anspruchsvollen Motorhauben oder Kofferraumverkleidung zu beschäftigen. All diese Details in den Griff zu

■ RECHTS *Die Produktionswagen bestanden aus Kunstoff und einem lackierten Finish. Die Nachfrage für den 21 war groß, aber die Produktion war auf 200 pro Jahr limitiert.*

bekommen, führte nach der Vorstellung des Wagens im Jahre 1994 zu einer zweijährigen Verzögerung des Produktionsbeginns.

Die offizielle Präsentation bei der Birmingham Motor Show im Oktober 1994 war spektakulär: niemand hatte erwartet, dass der Wagen in glänzendem, silberpoliertem Aluminium vorgestellt werden würde. Aus Kostengründen interessierte sich die Mehrheit der Käufer allerdings mehr für die GFK Variante. Natürlich war der 21 teurer als der 7, bot aber im Vergleich zum Lotus Elise und Renault Sport Spider viel für sein Geld.

Der Aluminium Prototyp rief bei den Testern enthusiastische Reaktionen hervor. Er war mit dem Vauxhall JPE Motor und 6-Ganggetriebe ausgerüstet – eine einzigartige Ausführung, denn die Produktionswagen des 21 erhielten entweder den 1.6-Liter Motor aus der Rover K-Serie oder eine spezielle Version des 1.8-Liter MGF Motors, genannt VHP (Very High Performance). Mit einer geplanten Produktion von nur 200 pro Jahr hatte man die Garantie, dass der 21 stets ein seltenes Gefährt bleiben würde.

■ OBEN *Auf der Straße war der 21 mindestens genauso aufregend wie der 7, aber viel zweckmäßiger, denn er hatte einen verriegelbaren Kofferraum, Regenausrüstung und Türen.*

■ OBEN *Für die leichte, straffe Gestalt hatte man sich Inspirationen von Lotus Modellen geholt, trotzdem war der 21 modern.*

■ LINKS *Das Cockpit war ein Triumph der Ergonomie und hatte wunderschöne Formen. Beachten Sie die zentrale Anordnung der Instrumente und die schmalen Sitze.*

■ OBEN *Das neue Emblem betonte die Einstellung der Firma, dass der Caterham ein Wagen für das 21. Jahrhundert sei.*

■ LINKS *Der erste Wagen war mit einem extrem leistungsstarken Vauxhall JPE Motor ausgestattet und überwältigend schnell. Produktionswagen hatten Rover Motoren.*

CHEVROLET

■ LINKS *1986 kam das Cabrio auf den Markt, das sofort sehr gefragt war – es hatte seit mehr als zehn Jahren keine offenen Corvettes gegeben.*

■ CHEVROLET CORVETTE

Amerikas großartigster und für viele Jahre einziger Sportwagen ist die Corvette von Chevrolet. Der Name entstand 1953, als Detroit seine Kunstoffkarosserie-Antwort auf die Flut europäischer Importe gab. Eine ganze Dynastie von Corvettes folgte, bis hin zum Stingray aus den 70ern, der so amerikanisch war wie es nur ging.

Dann erhöhte General Motors den Einsatz mit einer völlig neuen Corvette-Generation, die im Frühjahr 1983 als 1984er Modell vorgestellt wurde. Es war ein absolut moderner Sportwagen, der trotzdem noch als Corvette zu erkennen war. Die Form des Coupés war sauberer, sowohl im ästhetischen als auch im aerodynamischen Sinne, und bot eine Heckklappe sowie ein abnehmbares Dachteil.

Die Karosserie wurde weiterhin aus Kunststoff gefertigt, aber das Chassis war total neu, die überarbeitete Radaufhängung verwendete leichtgewichtiges Aluminium und sogar eine querliegende Feder aus Kunststoff.

Als Motor wurde weiterhin der zuverlässige Chevy V-Acht mit 205 PS verwendet. Ursprünglich kam er mit einem automatischen Vierganggetriebe, aber bald wurde er auch mit manuellem Vierganggetriebe und nicht weniger als dreifachem Overdrive angeboten. Die Leistung war beeindruckend: 0-100 km/h in 6.6 Sekunden war unglaublich schnell, die Straßenlage war excellent.

Eine „männliche" Kupplung, harte Lenkung und schwere Bremsen rechtfertigten den Ruf als „Muscle Car". Wenn es überhaupt Kritikpunkte gab, dann waren sie minimal: ein schwer einzusehendes, digitales Armaturenbrett, schwieriges Einsteigen und schwer einzuschätzendes Verhalten bei schlechtem Wetter.

■ LINKS *Der ZR1 flog nur so dahin, wenn das Gaspedal durchgedrückt wurde. Zusätzlich zur überwältigenden Beschleunigung war er auch in der Lage 290 km/h Spitze zu laufen.*

■ OBEN *Alle Corvette Interieurs waren luxuriös und in bester amerikanischer Tradition extrem gut ausgestattet.*

■ RECHTS *Das 1984 vorgestellte Corvette Modell stand nur in einer Karosserieform zur Verfügung: als Coupé mit Heckklappe und abnehmbaren Dach.*

CHEVROLET CORVETTE (1984–96)

Motor	V-Acht-Zylinder
Hubraum	5727–5733 ccm
Leistung	205–411 PS
Getriebe	4/6-Gang manuell 4-Gang Automatik
Spitze	228–290 km/h
Stückzahl	etwa 320000

■ RECHTS *Der neue 1984er Corvette musste einem eindrucksvollen Erbe gerecht werden: die Liste seiner Vorfahren reichte zurück bis ins Jahr 1953. Niemand zweifelte daran, dass der neue 'Vette dieser Aufgabe gerecht wurde.*

Innovationen der folgenden Saisons beinhalteten ab 1986 das neue Cabrio sowie ab 1989 ein Sechsganggetriebe und eine auf drei Positionen einstellbare Fahrwerksabstimmung mit regulierbarer Stoßdämpfung.

Während das standardmäßig bei der Corvette verwendete Chassis aussah, als ob es von Lotus abstammte, verdankte der ZR1 tatsächlich viel seines hervorragenden Könnens der britischen Entwicklungsfirma, die 1986 von GM gekauft wurde. Der 1990er ZR1 war der neue König, er hatte den neuen, technisch fortgeschrittenen LT5 Motor mit 375 PS, der der Corvette zu 290 km/h und zu einer Beschleunigung von 0-100 in 4.5 Sekunden verhalf. Kein Wunder also, dass dies der teuerste Wagen in der Geschichte GMs war; er wurde für 59000 Dollar gehandelt. 1993 wurde die Leistung des ZR1 sogar nochmal auf ultimative 411 PS erhöht. Erst 1996 wurde der „König" von den Preislisten genommen. Währenddessen wurde die serienmäßige Corvettereihe mit mehr Leistung (305 PS) weitergeführt. Diese Generation von Corvettes wurde im Januar 1997 durch ein völlig neues Modell ersetzt.

■ LINKS *Die Corvette war Amerikas einziger Sportwagen; sie war schnell auf gerader Strecke und hatte ein viel besseres Kurvenverhalten als alle anderen amerikanischen Wagen.*

■ UNTEN *Das Herz des neuen ZR1 war sein 32-Ventiler 3.2-Liter LT5 V-Acht Motor mit 375 PS.*

■ LINKS *Im technischen Bereich wiederholte die Corvette alle wichtigen Themen: GFK Karosserie, leistungsstarker V-Acht Motor und der Charakter eines Muscle Cars. Chassis und Radaufhängung waren allerdings neu.*

CHEVROLET

■ CHEVROLET CAMARO

Der unvergleichliche Erfolg des Ford Mustang trieb General Motors zu hektischem Handeln. Es dauerte zwei Jahre, bis man die Antwort parat hatte. Zu diesem Zeitpunkt waren die besten Tage derartiger Coupés allerdings schon wieder vorüber.

Die Antwort hieß Chevrolet Camaro, und nicht einmal General Motors konnte enttäuscht gewesen sein, als bereits im ersten Jahr 220 000 Modelle verkauft wurden. Der Camaro basierte auf der Karosserie des Chevrolet Nova und dessen mechanischem Paket. Aber seine starke Seite war eindeutig die klassische, von Bill Mitchell designte

■ OBEN *Der Camaro der vierten Generation erschien 1993 einzig in Gestalt eines glatt aussehenden Coupés; die Cabrioversion kam erst im Folgejahr heraus.*

■ LINKS *Der bekannte Chevy „small block" V-Acht Motor trieb die meisten Camaros an. Hier eine Z28 Version mit zusätzlicher Leistung, die Abgasgesetze aus den 70ern schoben dem Kraftzuwachs einen Riegel vor.*

■ OBEN *Einer der besten aus der „Colaflaschen"-Generation der Camaros war die Z28 Edition mit Verbesserungen an Motor, Getriebe und Bremsen.*

„Colaflaschen" („Coke Bottle") Form. Es gab ihn sowohl mit 6-Zylinder als auch mit V-Acht Motor in verschiedenen Leistungsstärken. Die extremsten waren der SS (Super Sport) – von dem 96275 gebaut wurden – und der RS (Rallye Sport). Diese beiden sind seitdem die teuersten aller Camaros. Zusätzlich zum regulären Coupé bot Chevrolet auch

■ OBEN *Eine völlig neue Karosserieform erschien 1970; sie war absolut „richtig" und blieb elf Jahre ohne wesentliche Änderungen in Produktion.*

■ LINKS *Die Geschichte des Camaro begann 66, als GM einen Wagen entwarf, der den Erfolg des Ford Mustang einholen sollte.*

■ LINKS *Die Camaros aus der dritten Generation blieben der Tradition typisch amerikanischer, viersitziger Coupés treu. Hier die IROC-Z und Z28 Modelle von 1985.*

eine Cabrioversion an. Als es 1970 Zeit wurde den Camaro zu ersetzen, ließ sich General Motors nicht hetzen und schuf ein maßgeschneidertes Modell mit selbsttragender Karosserie anstelle des separaten Rahmens. Während der Mustang zuerst aufgebläht und dann „entmannt" wurde, wirkte der Camaro schlanker und ausgewogener im Stil. Wenn das Styling vielleicht auch weniger raffiniert war als bei der ersten Serie, das Interieur vollgestopft wirkte und es keine Cabrioversion gab, sprach er die amerikanischen Käufer dennoch ungemein an.

Der 1970er Camaro brachte General Motors gutes Geld; fast zwei Millionen Exemplare wurden verkauft. Obwohl er insgesamt nicht annähernd so leistungsstark war wie die originalen Camaros – nicht einmal in der Z28 Form, dem begehrenswertesten der Camaros aus den 70ern.

■ GANZ LINKS *Während die Jahre vergingen, hielt der Camaro Schritt mit der Zeit. Dieses 1991er RS Modell hatte sportliche Spoiler und moderne Sporträder.*

■ LINKS *Das Camaro Emblem hatte immer einen besonderen Reiz für amerikanische Käufer.*

CHEVROLET CAMARO (1970–81)

Motor	4/6/V-Sechs-/V-Acht-Zylinder
Hubraum	2475–6573 ccm
Leistung	90–360 PS
Getriebe	3/4-Gang Automatik 4/5-Gang manuell
Spitze	154–201 km/h
Stückzahl	1811973

■ RECHTS *Der ultimative Camaro der dritten Generation war die Z28 Edition mit einem gesunden Anstieg der Leistung.*

CITROËN

■ CITROËN CX

Bei den meisten Menschen ruft der Name Citroën Bilder von exzentrischen, schrulligen, merkwürdigen Autos wach. Mehr als alle anderen Modelle war es der CX, der diesen Gedanken prägte.

Dabei ist der CX einer der am wenigsten verstandenen und unterschätztesten Wagen aller Zeiten. Auf der einen Seite wird er als einer der ewig Größten aus der Geschichte des Automobils gesehen. Auf der anderen Seite wurde er als unzuverlässiger, rostzerfressener und unnötig komplizierter Albtraum abgelehnt.

Der CX war unbestritten der letzte große Citroën, der komplett im eigenen Haus entwickelt wurde, bevor Peugeot die Firma im Jahre 1974 aufkaufte. Historisch betrachtet war er der Ersatz für den brillianten DS, der seit 1955 in Produktion gewesen war und dringend einen modernen Nachfolger benötigte.

Was kurz dann erschien war mehr als nur modern: es war absolut futuristisch. Seine von GS und SM inspirierte Form war nicht nur eine der aerodynamischsten, die man jemals an einem Auto gesehen hatte, er war außerdem auch attraktiv. Wie der DS zuvor glänzte er mit fortschrittlicher Technik wie einer selbstregulierenden, hypnopneumatischen Federung. Bei allen außer dem ersten CX kam die Lenkung mit Vari-Power, Citroëns patentierter geschwindigkeitsabhängiger Lenkunterstutzung, die die Leichtgängigkeit der Lenkung im Verhältnis zum gefahrenen Tempo regulierte.

Europa war so beeindruckt, dass der CX die Trophäe als „Auto des Jahres" erhielt. Sein Fahrverhalten war sicher, das Fahren magisch, seine Langstreckenqualität absolut entspannt, sein

■ OBEN *Hier ein 1985er GTI Turbo mit einem 168 PS Motor, der fast die Leistung eines Sportwagens hatte. Der CX hatte außerdem ein extrem gutes Kurvenverhalten.*

■ OBEN *Das Cockpit: eine Mischung aus französischer Kunst und Star Trek mit Einspeichen-Lenkrad, beweglichen gelben Anzeigen und kugelförmigem Aschenbecher.*

■ LINKS *Die außergewöhnliche Form des 1974 vorgestellten CX war einzigartig und ihrer Zeit weit voraus.*

CITROEN CX (1974–91)	
Motor	4-Zylinder
Hubraum	1985–2500 ccm
Leistung	66–168 PS
Getriebe	4/5-Gang manuell C-Matic Halbautomatik 3-Gang Automatik
Spitze	146–220 km/h
Stückzahl	1042300

Charakter tadellos. Das Interieur sah wie von einem Künstler modelliert aus, nicht wie ein Design für Massenproduktion: die in einem futuristischen Gehäuse angebrachten Anzeigeinstrumente drehten sich um feststehende Nadeln. Im Vergleich zur Konkurrenz sah es im CX fast so aus, als ob man aufgeräumt hätte – aber auch nur fast.

Wo nämlich Citroën völlig versagt hatte, war bei der Herstellungsqualität. So gab es ein Problem mit Rost, das dem der Alfa Romeos während der 70er gleichkam. Dies schadete dem CX mehr als alles andere. Als Citroën das Problem endlich in den Griff bekam – es dauerte ganze sieben Jahre– hatte der Wagen bereits einen schlechten Ruf, der noch verschlimmert wurde durch das Misstrauen, das sowohl Käufer als auch Händler dem exzentrischen Hydrauliksystem entgegenbrachten.

In GTI Turbo Form war er jedoch beeindruckend schnell; und der Prestige in der langgestreckten Luxusversion war die erste Wahl der französischen Präsidenten.

■ OBEN *Die Ladekapazität des Kombis war enorm: für die gesamte Dauer seiner Produktion war er der geräumigste europäische Wagen. Besonders Antiquitätenhändler liebten ihn.*

■ RECHTS *Das längere Luxusmodell, in dem die französischen Präsidenten gefahren wurden, hieß Prestige.*

■ OBEN *Von hinten sah der CX absolut unkonventionell aus; er hatte eine konkave Heckscheibe, die Hinterräder standen dichter zusammen als die vorderen.*

ANDERE MARKEN

■ CADILLAC

General Motors Topmarke war immer der amerikanische Rolls-Royce. In den 70ern produzierten sie große, aufgeblähte Straßenkreuzer wie den Fleetwood und den Eldorado. Ein bedeutsamer Schritt hin zu kleineren Wagen war der 1976er Seville, der berühmt war für sein vier Jahre später präsentiertes, überarbeitetes Heckdesign. Der 1982er Cimarron (ein in Schwung gebrachter Chevrolet) war eine Sackgasse, genau wie das von Pininfarina geschaffene Allante Cabrio. Cadillacs Hauptgeschäft war stets der Verkauf von Luxuswagen an die US Regierung, eine Aufgabe, die sie bis heute weiter erfüllen.

■ CHRYSLER

Die 70er waren ein Jahrzehnt der Krisen für Amerikas drittgrößten Automobilhersteller. Der ehemalige Ford-Manager Lee Iacocca wendete das Blatt mit Regierungshilfe zum Guten. Chrysler war einer der ersten, der bei seiner 1981er K-Serie (Le Baron, New Yorker und Laser) die Größe verringerte. Die interessantesten Modelle in der Aufreihung waren die Laser und LeBaron Coupés sowie der TC von Maserati, ein Cabrio mit einem Maserati Motor, das wie eine Bombe einschlug. Nach einer kurzen Liebäugelei mit Maserati kaufte Chrysler Lamborghini, doch diese Verbindung währte nicht lange. 1983 erfand Chrysler mit dem Voyager den so genannten Minivan und hat auch für zahlreiche andere Trends den Weg bereitet, wie das „Cab forward" Design

■ CLAN

Die Clan Motor Company wurde von einer Gruppe ehemaliger Loutusmitarbeiter gegründet. Der 1971er Clan Crusader war ein schnelles, kleines Zweisitzercoupé mit selbsttragender GFK Karosserie und einem Sunbeam Imp Sport Motor. Der Wagen bestand die Crashtests, und ein Werk für die Produktion großer Quantitäten wurde errichtet, aber die Wirtschaftskrise trieb die Firma 1973 in den Ruin. 1982 erfolgte der Versuch, Clan in veränderter Form zum Leben zu erwecken, und 1986 wurde der Clan Clover produziert. Bereits 1987 war auch die neue Firma bankrott.

De Lorean

■ LINKS *Amerikanische Organisation, italienisches Design, Herstellung in Nordirland, Entwicklung in Großbritannien und ein französischer Motor – der De Lorean war sicherlich einzigartig in der Geschichte des Autos.*

■ UNTEN *Die Flügeltüren sollten einen dramatischeren Eindruck machen. Bei der Entwicklung bereiteten sie allerdings aufgrund hoher Kosten Kopfschmerzen.*

■ OBEN *Der V-Sechs Peugeot/Renault Motor saß hinten unter einer langen Abdeckung. Lotus Designer halfen bei der Entwicklung des komplizierten Layouts.*

■ DE LOREAN

Die Geschichte von John Z. De Lorean ist ein ziemliches Drama. Er hatte erfolgreich bei General Motors gearbeitet und begab sich dann auf die weltweite Suche nach finanzieller Unterstützung, um seinen Traum von einem aufregenden aber in großer Zahl gebauten Sportwagen realisieren zu können. Die britische Regierung erklärte sich bereit, Unterstützungen und Kredite in Höhe von 134 Millionen Dollar zu zahlen – wenn De Lorean bereit wäre, das Werk im wirtschaftlich benachteiligten Nordirland zu bauen. De Lorean akzeptierte.

■ OBEN *Nach einer nur zweijährigen Existenz gab De Lorean aufgrund finanzieller Probleme und Skandale auf.*

Die Zutaten des De Lorean DMC-12 hätten zum Erfolg führen müssen: ein von Lotus entwickeltes Chassis, eine Karosserie von Giugiaro und ein V-Sechs Motor aus dem Werk von Peugeot/Renault. Auch der Preis des nur für den US Markt bestimmten Wagens war in Ordnung – 25000 Dollar.

De Lorean wählte polierten, rostfreien Stahl für die Karosserie, was im Ausstellungsraum toll aussah, im wirklichen Leben aber Schmutz anzog und leicht zerkratzte. Auch die Flügeltüren waren eine Neuheit, aber sie waren bei Regen undicht und Käufer befürchteten, dass sie bei einem Unfall in der Falle sitzen würden. Die Gesamtqualität der von unerfahrenen Arbeitern hergestellten Wagen war so schlecht, dass in Los Angeles ein zweites Werk errichtet werden musste, um sie dort überarbeiten zu können. Trotz aller Bemühungen von Lotus ermöglichte der Heckmotor kein gutes Handling. De Lorean hatte hohe Produktiosziele angekündigt, doch nur 8583 Autos wurden zwischen der Präsentation des Wagens im Jahre 1980 und dem Zusammenbruch der De Lorean Motor Company im Jahre 1982 gebaut: finanzielle Unregelmäßigkeiten kamen zutage, und De Lorean wurde wegen Drogenhandels verhaftet.

DE LOREAN (1980–82)	
Motor	V-Sechs-Zylinder
Hubraum	2849 ccm
Leistung	145 PS @ 5500 U/min
Getriebe	5-Gang
Spitze	209 km/h
Stückzahl	8583

DE TOMASO

■ DE TOMASO PANTERA

Elvis Presley schoss auf seinen Pantera, als er nicht starten wollte – und zweifelsohne fühlten viele Besitzer des geheimnisvollen, aber verschlagenen Supersportwagens ähnlich.

Alejandro De Tomaso, ein argentinischer Großindustrieller, der sich in Italien niedergelassen hatte, baute seinen ersten Wagen, den Vallelunga mit Cortina Motor, im Jahre 1963. Er erwies sich als Reinfall und genoss wegen seines teuflischen Fahrverhaltens einen schlechten Ruf.

Bei dem 1970er Pantera war De Tomaso entschlossen, alles richtig zu machen. Er schloß einen Vertrag mit Ford in Nordmerika und bot ihnen seine Karosseriebaufirma Ghia (deshalb findet man heute das Ghia Emblem auf Escorts und Fiestas) im Austausch für die Übernahme des Verkaufs seines neuen Modells durch Ford-Händler in den USA. Dies bewies sich als kluger Schritt – er lieferte 4000 Panteras nach Amerika, bis Ford 1974 die Einfuhr stoppte, da es zuviele Klagen bezüglich Qualität, Rost und Überhitzen gegeben hatte.

Der Pantera war 257 km/h schnell, und das Handling des mit Mittelmotor ausgerüsteten Wagens war superb. Er war auch zweckmäßig: wenn der Motor hinüber war, musste man sich nicht in große finanzielle Unkosten stürzen. Denn er war nichts weiter als ein einfacher Ford V-Acht, wie man ihn in Millionen amerikanischer Limousinen finden konnte.

Der Pantera hielt sich bis Mitte der 90er Jahre, wobei er allerdings durch die Zufügung kindischer Spoiler, fetter Reifen sowie riesiger Aufkleber mit dem Firmennamen zunehmend billiger aussah – und De Tomaso verlor schließlich das Interesse an dem Wagen.

■ OBEN *Beim Anblick des GTS mit massivem Spoiler, fetten Radgehäusen und auffälligen Aufklebern taten einem fast die Augen weh.*

DE TOMASO PANTERA (1970–95)

Motor	V-Acht-Zylinder
Hubraum	4942–5763 ccm
Leistung	247–350 PS
Getriebe	5-Gang manuell 3-Gang Automatik
Spitze	241–257 km/h
Stückzahl	10000

■ UNTEN *Spätere Panteras hatten zwar ein abgerundeteres Profil, waren aber im Stil nicht verändert. Das Modell blieb 25 Jahre lang in Produktion.*

■ OBEN *Im Interieur findet man klassische Themen der 70er: viele in Chrom gefasste Anzeigen, schwarze Verkleidung und sportliche Sitze.*

■ LINKS *Der italienische Name De Tomaso kam durch den Pantera zu Ruhm, der in Amerika von Ford in den Handel gebracht wurde.*

DODGE

■ DODGE VIPER

Für Jahrzehnte hing die amerikanische Sportwagentradition an einem einzigen Wagen, der Chevrolet Corvette. Gegen Ende der 80er jedoch hatte die Firma Chrysler ihre Krisen überstanden und war in der Lage eine neue amerikanische Sportwagenlegende zu produzieren.

Bei seiner ersten Präsentation auf der 1989er Detroit Motorshow machte der Dodge Viper RT/10 die Menge sprachlos. Der Ausspruch „AC Cobra für die 90er“ entstand bei dieser Show, und der Eindruck wurde durch eine beratende Beteiligung von Carroll Shelby, dem legendären Schöpfer der Cobra, vertieft.

■ OBEN ***Viper war ein passender Name für den Wagen, der an die glorreichen Jahre des Shelby AC Cobra erinnerte. Carroll Shelby war involviert in die Entwicklung des Viper.***

Chrysler hatte ihn als einen Konzeptwagen vorgestellt. Aber die Reaktion der Öffentlichkeit war so stark, dass das Team Viper zusammengestellt wurde, das in einem nur 30 Monate dauernden Prozess aus dem Traumauto Realität werden ließ.

Der Viper war unter allen Gesichtspunkten ein aufregender Wagen. Er hatte eine Macho-mäßige Kunststoffkarosserie, muskulöse Kurven und stilisierte Seiten-Auspuffrohre. Es gab kein Dach – nur ein zeltähnliches Stück Vinyl mit seitlichen Vorhängen, das im Falle von Regen montiert werden konnte. Für den Fall der Fälle, dass man ohne die Abdeckung vom Regen überrascht wurde, war das Interieur aus wasserfestem Material hergestellt. Es gab keine äußeren Türgriffe, die Flash Gordon Dreispeichenräder waren 13 Zoll breit.

Der V-Zehn Motor war ursprünglich ein Lkw-Motor, an dem Lamborghini

■ OBEN ***Der Dodge Viper hatte aufgrund des 8-Liter V-Zehn Motors eine enorme Leistung. Er brauchte die breiten Reifen zur Bewältigung seiner 400 PS wirklich.***

einige Veränderungen vornahm, wie die Umstellung von Eisen auf Aluminium, aber sonst blieb er einfach: zwei Ventile pro Zylinder, Hydrostößel, lange Stößelstangen. Seine 400 PS waren beeindruckend, das Drehmoment des Lkw-Motors (610 Nm) verschlug einem fast die Sprache. Die Beschleunigung war blitzartig: 0-100 km/h in rund 4.5 Sekunden. Der

DODGE VIPER (1992–)	
Motor	V-Zehn-Zylinder
Hubraum	7990 ccm
Leistung	400–455 PS
Getriebe	6-Gang
Spitze	265–290 km/h
Stückzahl	noch in Produktion

■ LINKS ***Die Besitzer des Viper fuhren ihn meist mit offenem Verdeck; es gab aber ein spezielles „double bubble“ Hardtop, falls man mal im Regen fahren musste.***

■ LINKS *Der GTS war eine Hardtop Coupé Version des Spider mit größerem Kofferraum, fast völlig überarbeiteter Karosserie und wesentlich luxuriöserem Interieur.*

■ UNTEN *Amerika nahm den Viper begeistert an. Er war die natürliche Wahl als Pace Car für das berühmte Indianapolis 500 Rennen.*

Viper war einer der ersten Wagen mit Sechsganggetriebe. Es sollte allerdings mehr der Wirtschaft-lichkeit dienen als wirklich zum Schalten auffordern: man konnte bei 2000 U/min 161 km/h im sechsten Gang fahren. Und bei nur 3250 U/min kam man auf 265 km/h.

Das vielleicht beste am Viper war sein Preis: für nur 50000 Dollar leisteten sich viele diesen Superwagen, obwohl er sich wirklich nur als unterhaltsames Gefährt bei gutem Wetter eignete.

Wer mehr Zweckmäßigkeit erwartete, konnte sich für das Viper GTS Coupé entscheiden, das 1993 vorgestellt wurde, aber erst 1996 in Produktion ging. Es war allerdings mehr als nur ein Roadster mit Dach: wenn man die Heckklappe öffnete, fand man genug Raum für Golfschläger, und die Fensterheber waren elektrisch. Mit diesem Modell war der Viper gleichzeitig luxuriös und zweckmäßig mit extrem gutem Aussehen und gigantischer Kraft.

ANDERE MARKEN

■ DAEWOO

Diese in Korea ansässige Firma wurde 1967 gegründet und ist mittlerweile einer der größten Industriegiganten der Welt. Automobile sind nur ein Teil des Imperiums; den Anfang machten unter Lizenz gebaute GM Modelle, wie etwa der Opel Rekord. In den 80ern wurde damit begonnen GM Designs zu modifizieren; dies war der Start für ein eindrucksvolles Exportunternehmen. Der erste von Daewoo entwickelte Wagen war der 1997er Lanos.

■ DAF

Viele Jahre bestand die holländische Motorindustrie nur aus der Firma DAF. 1975 wurden sie von Volvo aufgekauft, die existierenden Kleinwagenmodelle wurden umbenannt, ein sich bereits in Entwicklung befindender Wagen erhielt den Namen Volvo 343. DAFs Hauptbeitrag zur Motorwelt war die stufenlose Riemen-Automatik. DAF existiert noch als das Werk, wo der Volvo S40 und der Mitsubishi Carisma gebaut werden.

■ DAIHATSU

Der japanische Automobilhersteller Daihatsu war stets auf Kleinwagen spezialisiert – und war 1965 die erste japanische Marke, die nach Europa exportierte. In den 80ern wurde er führend in der Produktion von Kleinstwagen; der Mira war das in Japan am meisten verkaufte Auto.

■ DAIMLER

Die Firma Daimler war hauptsächlich bekannt für ihre Limousinen und für sportliche Sedans. Im Jahre 1960 jedoch kam sie unter die Kontrolle Jaguars. Daimlers eindrucksvoller V-Acht Motor blieb noch bis 1969 in Produktion, aber bereits ab 1964 waren alle produzierten Daimlers praktisch unter Daimler-Emblem laufende Jaguar mit geriffeltem Kühlergrill und luxuriöser Ausstattung, wie es auch heute noch der Fall ist. Das letzte Modell, das wirklich ein echter Daimler war, war die DS420 Limousine, die bis in das Jahr 1992 produziert wurde.

■ UNTEN *Die muskulöse Gestalt des Viper begann ihr Dasein als reines Showmodel, aber die Reaktion der Öffentlichkeit führte dazu, dass er bald in Produktion ging. Vieles an ihm erinnerte an die Zeit der Muscle Cars.*

FERRARI

■ FERRARI BERLINETTA BOXER

Der unsterbliche Boxer war Ferraris erster Versuch eines Topmodells mit Mittelmotor. Seine Geschiche läßt sich jedoch bis zum 250LM Berlinetta zurück verfolgen – einer Straßenversion des 250LM Rennwagens. Manche sehen aber auch den merkwürdigen, zentralgesteuerten Dreisitzer 365P, eine Studie von 1966, als seinen wahren geistigen Vater an.

Es dauerte bis 1968, dass Ferraris Lieblingsdesigner Pininfarina in Gestalt der attraktiven Studie P6 über das Profil von Maranellos keilförmigem Sportwagen aus den 70ern nachzudenken begann. Er sollte den Lamborghini Miura herausfordern und den Platz des mit Frontmotor ausgestatteten Daytona einnehmen.

Pininfarina begann bei seinen Entwürfen mit dem Look des großen „Dino", dann liebäugelte er mit der radikalen Keilform des 512 Modulo und des futuristischen 512S Berlinetta. Schließlich entschloss man sich jedoch für die elegante Simplizität der endgültigen Modelle und kündigte diese in Turin 1971 etwas voreilig an. Die eigentliche Produktion begann erst 1973.

Unter der Leichtmetallhaube verbarg sich ein flacher 4.4-Liter 12-Zylinder Alumotor mit vierfacher Nockenwelle, der vom 1500c 512 Formel 1 Wagen aus den 60ern abstammte. Er atmete durch vier Weber Doppelvergaser und war für viele der beste Motor der Zeit, der enorme Kraft mit messerscharfer Reaktion auf Bewegungen des Gaspedals und einem Sound kombinierte, der einem eine Gänsehaut einjagen konnte. Die Höchstgeschwindigkeit wurde mit 302 km/h angegeben – obwohl dies nie unabhängig bestätigt wurde. 0-100 km/h

■ OBEN *Ferrari Besitzer sind geradezu fanatisch mit ihren Autos, und der Boxer rief eine neue Welle von Loyalität hervor. Für viele war er der beste Wagen der Welt.*

FERRARI BERLINETTA BOXER (1973–84)

Motor	12-Zylinder
Hubraum	4390–4823 ccm
Leistung	340–360 PS
Getriebe	5-Gang manuell
Spitze	282–302 km/h
Stückzahl	2323

■ LINKS *Spätere Wagen hatten einen 5-Liter Zwölf-Zylinder Motor, der im täglichen Gebrauch praktischer war.*

■ LINKS *Der Berlinetta Boxer war Ferraris erster Wagen mit Mittelmotor. Schon deshalb wird er immer ein Klassiker sein, und natürlich trägt Pininfarinas Styling dazu bei.*

■ LINKS *Nach radikalen Modifikationen an der Karosserie wurde der 512 BB zu einem gefürchteten Rennwagen.*

■ RECHTS *Der pfeilförmige Boxer war extrem aerodynamisch. Beachten Sie die langen, schwarzen Kühlöffnungen über dem Mittelmotor.*

■ RECHTS *Fließende Linien waren kombiniert mit großartiger Präsenz. Das Heck war durch die Anbringung des Getriebes unter dem V-Zwölf Boxer Motor sehr kompakt.*

eine Klimaanlage. Das letzte Boxer Modell war der 512i BB mit einer Bosch K-Jetronic Einspritzanlage, die zwar die angegebene Leistung um alarmierende 20 PS minimierte, aber die Fahrbarkeit und die Abgaswerte verbesserte.

Die Produktion wurde im Jahre 1984 beendet, um Platz für den widersprüchlich gestylten Testarossa zu machen. Ferrari produzierte 2323 Boxer: 387 vom 365er, 929 vom 512er und 1007 Exemplare des 512i.

wurden in 5.2 Sekunden erreicht. Zur Platzeinsparung saß das Fünfganggetriebe unter dem Motor, neben der Ölwanne. Das alles war aufgehängt an einem exotischen Multirohrrahmen mit einer Fahrerkabine aus Stahl in Monocoque-Bauweise. Obwohl die flache „Boxer" Anordnung den Vorteil einer niedrig liegenden Gewichtskonzentration und somit besserer Aerodynamik hatte, war der 365GT 4BB mit 56 Prozent Gesamtgewicht auf den Hinterrädern doch etwas ungleichmäßig ausgelastet. Bei Höchstgeschwindigkeit wurde das Fahrverhalten unsauber, und der Boxer hatte nicht annähernd das gute Kurvenverhalten seines Erzrivalen, des Lamborghini Countach. Das Interieur war mit Leder höchster Qualität verkleidet, die meisten Wagen hatten

■ OBEN *Zu seiner Zeit war er wahrscheinlich de schnellste serienmäßige Wagen der Welt. Er war hervorragend zu fahren, mit messerscharfen Reaktionen und erstklassigem Handling.*

FERRARI

■ LINKS *In den 70ern boten nur wenige Wagen soviel Sicherheit und Balance beim Kurvenfahren wie der GTB. Der V-Acht Mittelmotor macht ihn zu einem der fahrerfreundlichsten Wagen aller Zeiten.*

■ FERRARI 308GTB/328GTB

Mit der Autorität des echten Ferrari Emblems – der vorangegangene 246 Dino war als ein Fiat vermarktet worden – wurde der 308GTB 1975 auf dem Pariser Automobilsalon als Ergänzung zum viersitzigen, von Bertone gestylten 308GT4 angekündigt. Das klassisch-aggressive Coupé verzichtete auf die Verwendung von überflüssigen Verzierungen – und kennzeichnete gleichzeitig die Rückkehr von Pininfarina, Ferraris Lieblingsdesigner. Die Tatsache, dass während der 13jährigen Bauzeit kaum etwas geändert wurde, sprach für die elegante Klarheit des Wagens. Der zweisitzige 308GTB verwendete den 2.30 m langen Radstand des V-Sechs Dino, während das Stahlrohrrahmenchassis und die kompromisslose Radaufhängung vom GT4 stammten. Große, belüftete Servoscheibenbremsen erleichterten die Arbeit mit dem 1270 kg schweren GTB. Aber die Zahnstangenlenkung war relativ langsam.

Mechanisch gesehen war der Wagen fast identisch mit dem GT4. Er hatte 255 PS und verwendete eine Trockensumpfversion des Vierernockenwellen V-Acht Motors mit Doppelverteiler, Ölkühler und Transistorzündung. Der Antrieb der Nockenwellen wies auf Fiats Einfluss hin, die die Rechnungen bezahlten. Der Mittelmotor war quer vor den Hinterrädern eingebaut, das Fünfganggetriebe und das Sperrdifferenzial saßen genau dahinter. Das Verdichtungsverhältnis betrug 8.8:1, und die Maschine

■ OBEN *Die kreisrunden Rückleuchten waren ein echtes Ferrari/Pininfarina Erkennungszeichen, das die elegante Form der Karosserie noch unterstrich.*

■ OBEN *Ferrari scheute sich nicht, das Innere der Fahrzeuge sowohl luxuriös als auch sportlich zu gestalten, wie das elegant abgesetzte Leder und elektrische Schaltung zeigen.*

■ RECHTS *Der 308GTB war als Ersatz für den klassischen Dino eine brilliante Leistung. Er hatte alle Merkmale eines klassischen Ferraris und war das Einstiegsmodell der Marke.*

■ LEFT *Der 308GTB erhielt für Pininfarinas überwältigend einfache und klare Karosserie unmittelbare Anerkennung als eines der großen Designs.*

■ UNTEN *Die „Spider" Version mit Targadach war extrem populär in heißerem Klima. Im Schnee war er allerdings nicht zu empfehlen.*

wurde durch vier Weber Vergaser versorgt. Die ersten Wagen hatten GFK Karosserien, nach 18 Monaten wurde zur traditionelleren Stahlkonstruktion gewechselt, wodurch der Wagen 113 kg schwerer wurde – und Probleme mit Rost vorhersehbar wurden.

Besonders die Amerikaner liebten den 308, speziell den GTS mit Targadach, dessen Verkaufszahlen die des geschlossenen Modells konstant übertrafen.

Eine bedeutende Veränderung war der Einbau der Bosch Digiplex Einspritzanlage, wie sie zuerst bei Ferraris Mondial zu sehen gewesen war. Sie verminderte die Leistung des Motors, sorgte aber für sauberere Gasannahme; die Höchstleistung des 1981er GTBi lag bei 214 PS.

18 Monate später wurde die Leistung beim Quattrovalvole Modell auf 240 PS mit einem gleichzeitigen Anstieg des Drehmoments erhöht.

Das letzte Modell dieser Karosserieform war der 1985er 328. Er hatte einen auf 3185 ccm vergrößerten Hubraum, leistet 270 PS und lief bis zu 257 km/h. Ferrari behauptete, dass die Herstellungsqualität und das Fahrverhalten besser waren.

Einige Ferrari Experten halten den 308GTB/GTS für den Ferrari des „kleinen" Mannes – was er im Vergleich vielleicht auch ist: fast 20000 Exemplare wurden zwischen 1975 und 1989 hergestellt, damit ist er einer der meistverkauften Ferraris.

■ RECHTS *In der ultimativen Aufmachung des 328 war der „Baby" Ferrari sogar noch schneller; sein 3.2-Liter Motor hatte 270 PS.*

■ UNTEN *V-Acht Power hieß beim 308 vier Nockenwellen, Transistor-Zündung, Trockensumpfschmierung und 255 PS.*

FERRARI 308/328 GTB/GTS (1975–89)

Motor	V-Acht-Zylinder
Hubraum	2926–3185 ccm
Leistung	214–270 PS
Getriebe	5-Gang manuell
Spitze	225–257 km/h
Stückzahl	19555

FERRARI

■ FERRARI TESTAROSSA

Das Wort *Testarossa* hatte etwas magisches – nicht umsonst verwendete Ferrari es seit den 50ern als Namen. Tatsächlich hieß es nichts weiter als „Rotkopf“, was sich auf die Farbe der Zylinderdeckel bezog. Doch mittlerweile hat der Begriff durch die Assoziation mit dem Wagen einen geradezu mythischen Status.

Der 1984er Testarossa war ein Nachfolger des großartigen Berlinetta Boxer. Er kopierte viele Spezifikationen des Boxers auf dem gleichen Chassis, aber dennoch war er viel mehr als nur ein Boxer mit neuer Karosserie. Der berühmte 5-Liter Zwölfzylindermotor erhielt komplett überarbeitete (und rot lackierte) Zylinderköpfe mit vier Ventilen pro Zylinder. Mit dem Ergebnis, dass die Leistung auf 390 PS anstieg

■ LINKS ***Besonders von hinten wurde die enorme Breite betont. Sie gab dem Wagen eine fantastische Präsenz, machte aber das Manövrieren zu einer ziemlich riskanten Erfahrung.***

■ UNTEN LINKS ***Der rot gestrichene Kopf des 12-Zylindermotors gab dem Wagen seinen Namen: Testarossa ist das italienische Wort für Rotkopf, und das ganze erinnerte fast an eine Kriegsbemalung.***

■ UNTEN RECHTS ***Die streifenförmigen, seitlichen Belüftungsschlitze sind ein unverwechselbares Kennzeichen des Modells.***

und die Flexibilität vergrößert wurde. Außerdem verwendete Ferrari eine Nickel-Aluminiumlegierung zur Vermeidung von Hitzeschäden an den Ventilen.

Während die Kühler beim Boxer stets vorne angebracht waren, saßen sie beim Testarossa in Heck, genau vor den Hinterrädern. Dies verlangte ein neues Styling in Form von extrem verbreiterten hinteren Kotflügeln, die von dramatischen, horizontalen Luftschlitzen durchzogen wurden, welche sich bis auf die Türen fortsetzten. Pininfarina war verantwortlich für die Form der Karosserie, die unbestreitbar aus jedem Winkel spektakulär war – besonders das niedrige, breite Heck. Aber mancher stellte ihre Kühnheit im Vergleich zum klassisch zurückhaltenden Boxer in Frage.

Um Gewicht einzusparen, war die gesamte Karosserie (außer Dach und Türen) aus Aluminium. Und in Pininfarinas Windtunnel bestätigte sich die Windschlüpfrigkeit der Form. Der Nachteil des 1.98 m breiten Hecks bestand darin, dass es schwierig war, den Wagen zu manövrieren und dass es die Übersichtlichkeit verschlechterte.

Ansonsten war Ferraris neuer Super-

■ LINKS *Der Testarossa rief Erinnerungen an die glorreichen Tage der Formel 1 Siege von Ferrari wach.*

■ RECHTS *Das letzte Modell aus der Testarossa Reihe war der F512M aus den Jahren 1994 bis 96. Die offensichtlichste Veränderung waren die abgedeckten Scheinwerfer, zusätzliche Leistung brachte die Höchstgeschwindigkeit auf 322 km/h.*

sportwagen perfekt. Der Motor klang grandios, das Innere war absolut bequem, die Kontrollanzeigen waren übersichtlich und – das wichtigste – der Wagen war extrem schnell. Er kam in fünf Sekunden von 0-100 und lief gut 290 km/h Spitze; seine Reaktionen waren sensibel, das Fahrverhalten fantastisch.

In Januar 1992 wurde der Testarossa in 512 TR umbenannt und gleichzeitig extrem überarbeitet. Das Ziel war Lamborghinis Diablo den Titel des schnellsten Wagens abzunehmen. Der Name TR sollte zeigen, dass es sich grundsätzlich immer noch um den Testarossa, handelte – der auffälligste Unterschied war die neue Nase im Stil des 348 sowie größere Räder. Unter der Haube veränderte sich jedoch wesentlich mehr: höhere Leistung (428 PS), geringere Höhe, ein verfeinertes Getriebe und verbesserte Radaufhängung. Auch das Interieur erfuhr eine Menge Veränderungen. Kurz gesagt, der 512 TR war der beste – und schnellste – Sportwagen, der sich in Produktion befand. Die letzte Entwicklungsstufe des Rotkopfes kam 1994 mit dem F512M. Er hatte 13 PS mehr, fuhr 322 km/h und beschleunigte in knapp 5 Sekunden auf Tempo 100.

FERRARI TESTAROSSA (1984–96)

Motor	12-Zylinder
Hubraum	4943 ccm
Leistung	390–441 PS
Getriebe	5-Gang manuell
Spitze	290–322 km/h
Stückzahl	nicht angegeben

■ LINKS *1992 wurde der Testarossa nach geringfügigen Änderungen und mit zusätzlicher Leistung in 512 TR umbenannt; 428 PS machten ihn zum schnellsten gebauten Wagen.*

■ UNTEN *Pininfarinas Linien wurden in den 80ern bewundert – und kopiert.*

FERRARI

FERRARI F40

In den 80ern erweiterte Ferrari die Grenzen der Leistung von Straßenfahrzeugen durch Wagen wie den Testarossa oder den in limitierter Auflage produzierten 288 GTO. Aber selbst wenn man diese beiden oder andere Supersportwagen in Betracht zieht, kam nichts dem F40 auch nur annähernd nahe. Er war der großartigste Ferrari aller Zeiten.

Enzo Ferrari wollte das 40jährige Bestehen seiner Marke mit einem speziellen Modell feiern – einem Fahrzeug, das Rennwagen- und Straßenwagenqualitäten in sich vereinte. Der Ferrarivorstand gab die Zustimmung, und der F40 mit einer Karosserie von Pininfarina wurde in nur zwölf Monaten produktionsreif gemacht – wobei die Tatsache half, dass er auf der Plattform des von 1984–87 produzierten 288 GTO basierte.

Das zugrunde liegende Ziel bei der Entwicklung des F40 war die Reduzierung von Gewicht. Hierfür wurden bei der Herstellung der Karosserie Komponenten benutzt, die angeblich 20 Prozent leichter sein sollten als konventionelle Metalle. Diese Priorität bedeutete beim Interieur auch den Verzicht auf Teppich oder Türverkleidung. Ferrari erreichte das Ziel: der F40 wog nur 1099 kg.

Für die notwendige Leistung entwickelte Ferrari den 288 GTO V-Acht zu einem 3.0-Liter Motor mit Doppelturbolader. Bestückt mit viel hochwertiger Technik und Feinheiten wie Nicasil beschichteten Laufflächen kam die Maschine auf 478 PS – und bis zu 200 PS mehr, wenn man Rennen fahren wollte.

Die Spitzengeschwindigkeit lag bei 323 km/h, 100 km/h wurden in 3.9 Sekunden, 200 km/h in 12 Sekunden erreicht. Der F40 war mit Abstand der allerschnellste Wagen auf den Straßen, als er 1988 in Produktion ging.

Es war eine Herausforderung, aber

■ OBEN ***Von hinten sah der F40 wirklich wie ein Rennwagen aus, und viele Besitzer setzten ihn tatsächlich bei Rennen ein. Die Form des Hecks wurde von vielen anderen Designern kopiert.***

FERRARI F40 (1988–92)

Motor	V-Acht-Zylinder
Hubraum	2936 ccm
Leistung	478 PS @ 7000 U/min
Getriebe	5-Gang manuell
Spitze	323 km/h
Stückzahl	1311

■ LINKS ***Dreiteilige Felgen, Rennbremsen, abnehmbare Heckteile und Spezialtanks deuteten auf die Abstammung vom Rennwagen hin.***

■ LINKS *Der 40ste Geburtstag Ferraris war die Inspiration für die Entwicklung des F40, und er war zweifelsohne der beste und kühnste Wagen, den Enzo Ferrari jemals produzierte.*

■ OBEN *Das magische F40 Siegel besagte alles. Dieser absolut seltene Ferrari wird als einer der Größten aller Zeiten in die Geschichte eingehen.*

■ LINKS *Bei so viel auf die – wenn auch extrem breiten – Hinterräder einwirkender Power waren „burn-outs“ bei Rennen unvermeidlich.*

nicht übermäßig schwierig, ihn zu fahren. Der F40 war äußerst gefügig und hatte ein ausgewogenes Handling. Die Tatsache, dass das Cockpit sehr sparsam ausgekleidet war, war ein Pluspunkt, der Anblick von Carbonfaser und freiliegenden Rohren war ein Vergnügen. Gleichzeitig führte diese Sparsamkeit dazu, dass das Fahren in einem F40 eine extrem laute Angelegenheit war. Aber dieser Lärm, der dem Geräusch eines Rennwagens so nahe kam wie möglich, war ein Teil von dem, was die Erfahrung in einem F40 so einzigartig machte.

Da er auch als Rennwagen geplant war, hatte der F40 Bremsen der Gruppe C, dreiteilige Felgen und spezielle Benzintanks vor den Hinterrädern.

Er war absolut messerscharf und technisch fortgeschritten, ein Wagen für den hingebungsvollen Enthusiasten; alles war darauf angelegt ihn schneller und präziser zu machen.

■ RECHTS *Er hatte vielleicht nur drei Liter, aber der V-Acht Motor hatte einen Doppelturbolader und war mit speziellen Eingeweiden ausgetattet. Das Ergebnis waren 478 PS Leistung in straßentauglicher Ausführung.*

■ OBEN *Der ultraleichte F40 war betäubend schnell, und fühlte sich nicht nur wie ein richtiger Rennwagen an, sondern stellte auch die selben Ansprüche. Mit einer Spitzengeschwindigkeit von 323 km/h war er außerdem auch der schnellste bisher von Ferrari hergestellte Wagen.*

FERRARI

■ LINKS *Abgedeckte Scheinwerfer und tiefe Kühlschächte, die an den Ford GT40 erinnerten beherrschten die niedrige, breite Front des F50.*

■ LINKS *Sein Interieur hatte nicht das nackte Rennwagengefühl des F40 – das simple Cockpit des F50 hatte auch Komfort, wie man an den mit Leder bezogenen Carbonfasersitzen erkennen kann.*

■ FERRARI F50

Als für die Ferrari Ingenieure Mitte der 90er die Zeit gekommen war ein neues Flaggschiff zu entwerfen, war der Auftrag klar und kompromisslos: Nehmt unseren 1990er Formel 1 Rennwagen (den 641/2) und verwandelt ihn in einen straßenzugelassenen, 322 km/h schnellen Wagen. So entstand im März 1995 der F50, der geistige Nachfahre des F40 – und mit Sicherheit der leistungsstärkste Wagen, den Ferrari bisher gebaut hat.

Die Pininfarina-Karosserie erinnerte an Ferraris Rennwagen aus den frühen 70ern. Die Leistungen des F50 machten Schlagzeilen und Experten verglichen ihn sofort mit McLarens beeindruckendem F1. Das war zwar verständlich, in Wirklichkeit aber handelte es sich um zwei absolut verschiedene Wagen: die Designer des F1 strebten Verfeinerung und Qualität in der Herstellung sowie ultimative Leistung an, während der F50 – der einen Tick langsamer war als der leichtere und mit größerem Motor ausgestattete McLaren – seinen Fahrern auf der Straße das rauhe Gefühl echter Formel 1 Rennwagen vermittelte.

Nichtsdestotrotz war der F50 erstaunlich einfach zu fahren. Er hatte ein hervorragendes 6-Ganggetriebe, angemessenen Fahrkomfort (trotz der beinharten Computer gesteuerten Dämpfung und massiver 335/30 ZR 18 Reifen) sowie

■ OBEN *Der V-Zwölf Motor war im Prinzip ein Ferrari Formel 1 Aggregat von 1990. Er hatte 521 PS, näher konnte man dem Gefühl eines F1 als normaler Autofahrer nicht kommen.*

■ LINKS *Pininfarinas Designer schufen einen weiteren Klassiker. Trotz knapper Abmessungen war seine Form genau richtig.*

■ LINKS *Kaum einer konnte sich vorstellen, dass Ferrari seinen F40 noch übertrumpfen könnte, doch es gelang 1995 mit dem F50. Er war dramatischer, schneller und exklusiver als der F40.*

■ OBEN *Das Display mit Flüssigkristall-Anzeigen entsprang der Formel 1 Erfahrung. Es gab sogar eine „Black Box“ wie bei Flugzeugen.*

■ LINKS *Alles war vom Rennsport abgeleitet, einschließlich der Bremsen und der aufwendigen Vorderradaufhängung im Stil der Formel 1 Autos.*

einen „benutzerfreundlichen“ Motor. Mit 555000 Dollar war der F50 nicht gerade billig, aber er kostete nur halb so viel wie der britische McLaren.

Der F50 verwendete einen von Formel 1 Autos abstammenden V-Zwölf Motor mit fünf Ventilen pro Zylinder; er hatte 521 PS und lief 103 km/h im ersten, 180 km/h im zweiten, 194 km/h im dritten, 222 km/h im vierten, 275 km/h im fünften und 325 km/h im sechsten Gang. Das Handling war trotz höherer Geschwindigkeit versöhnlicher als das des F40, die hervorragende nicht servounterstützte Lenkung bot meisterhafte Präzision.

Der Motor war fest an das Chassis montiert, die hinteren Querlenker wurden am Getriebe befestigt. Der Lärm war einfach unglaublich, sowohl vom Volumen als auch vom Klang her. Doch niemand beschwerte sich darüber. Tatsächlich führte die Verwendung von Ketten anstelle von Zahnrädern bei den obenliegenden Vier Nockenwellen zu weniger Lärm als im Formel 1 Modell, während sie gleichzeitig für ruhigen Leerlauf und niedrigere Drehzahlspitzen sorgten: 8500 U/min anstelle von 14000 U/min. Titaniumverbindungen gaben der Einheit Stabilität bei hohen Touren.

Die Vorderrad-Aufhängung war der des Formel 1 Autos nicht unähnlich – so verwendete man zum Beispiel innenliegende (inboard) Schraubenfedern. Um Beinfreiheit zu schaffen, wurde die vordere Feder/Dämpfereinheit jedoch quer eingebaut. Der F50 war viel seltener als der F40: es wurden nur 349 hergestellt, verglichen mit 1311 F40.

FERRARI F50 (1995–97)	
Motor	V-Zwölf-Zylinder
Hubraum	4968 ccm
Leistung	521 PS @ 8500 U/min
Getriebe	6-Gang manuell
Spitze	325 km/h
Stückzahl	349

■ RECHTS *Ein extrem schickes Hardtop konnte bei schlechtem Wetter angebracht werden, obwohl der Lärm dann ohrenbetäubend war.*

FERRARI

■ OBEN *Zurückhaltende Einfachheit war das Thema, von den einfarbigen, runden Rückleuchten bis zum Verzicht auf Spoiler.*

■ OBEN *Ein typisches Ferrari Interieur: funktionell und doch elegant. Beachten Sie die charakteristische Schaltkulisse aus Metall.*

■ FERRARI 348/F355

Als der lange gebaute 328 ersetzt werden musste, war Ferrari aufgrund strengerer Crashvorschriften dazu gezwungen, die Größe des neuen Models, genannt 348tb, auszudehnen. Außerdem wurde beschlossen, den bekannten V-Acht Motor längs statt wie zuvor quer einzubauen. Die Gesamtabmessung wurde dadurch länger, aber der Motor konnte jetzt 12.7 cm tiefer im Chassis sitzen.

Das führte dazu, dass der gesamte Schwerpunkt tiefer lag und das Chassis mehr Stabilität erhielt – was das Fahrverhalten des Ferraris unübertrefflich gut machte. Manöver im Grenzbereich konnten ausgeführt werden, ohne ein plötzliches Ausbrechen des Hecks befürchten zu müssen.

Der Motor wurde auf 3.4 Liter und 300 PS vergrößert. Obwohl er längs eingebaut war, blieb das Getriebe quer (Transverse) angeordnet – daraus ergab sich das „t" im Namen. Selbstverständlich wurde wie immer Pininfarina gerufen, um die Form des 348 zu entwerfen, und wieder leistete er hervorragende Arbeit. Seitliche Schlitze im Stil des Testarossa gaben der ansonsten schlichten Karosserie den deutlich spürbaren Ferrari Charakter. Ein geräumiges Interieur machte das Leben leichter. Neben dem geschlossenen tb gab es auch noch den ts mit Targadach und einen Spider mit Softdach. 1994 wurde aus dem 348 der F355, dessen Herzstück ein 3.5-Liter V-Achtmotor mit vier Nockenwellen und 5 Ventilen pro Zylinder war. Mit bis zu 381 PS lieferte dieses extrem charaktervolle Kraftpaket ein mörderisches Tempo: 294 km/h Spitze und 0-100 in 4.8 Sekunden. Die Beschleunigung wurde durch ein Sechsganggetriebe weiter optimiert.

■ LINKS *Mit dem 348 schuf Ferrari ein Meisterwerk, besonders nach dynamischen Gesichtspunkten. Der niedrig sitzende Schwerpunkt und ein ultrastabiles Chassis sorgten für erstklassiges Handling.*

■ LINKS *Die ganze Bandbreite der 348 Modelle beinhaltete tb (Coupé), ts (Targa) und Spider (Cabrio). Diese Serie ist die populärste, die Ferrari bisher produzierte.*

FERRARI 348/F355 (1989–)	
Motor	V-Acht-Zylinder
Hubraum	3405–3495 ccm
Leistung	296–381 PS
Getriebe	5/6-Gang manuell
Spitze	275–294 km/h
Stückzahl	noch in Produktion

■ LINKS *550 Maranello war der beziehungsreiche Name, den das Nachfolgemodell des F512M erhielt. Es markierte den Einzug neuer Grundsätze bei Ferrari.*

■ FERRARI 550 MARANELLO

Maranello ist die norditalienische Heimat Ferraris, und es macht Sinn, dass zumindest eines der Modelle diesen Namen trägt. Ferrari wählte ihn 1996 für für den ersten Zweisitzer mit Frontmotor seit dem 365 GTB/4 Daytona, der 28 Jahre zuvor vorgestellt worden war.

Was hatte diese Kehrtwende verursacht, nachdem doch der vorausgegangene F512M mit Mittelmotor versehen gewesen war? Die Lösung ist, dass der Frontmotor Ferraris Angebot erweiterte und der neue Wagen viel praktischer war als der alte F512M.

In Bezug auf Vorfahren war der 550 nah verwandt mit dem 456GT, einem viersitzigen Ferrari Grand Tourer, der 1992 vorgestellt worden war. Er hatte den gleichen V-Zwölf Motor und die Radaufhängung war auf die selbe Art ausgelegt. Neben dem äußerst speziellen F50 war der Maranello mit 320 km/h der schnellste Wagen der Firma, er kam in 4.3 Sekunden von 0-100.

Der 550 war sehr viel ausgereifter als vorherige Ferraris und auf der sagenumwobenen, firmeneigenen Teststrecke in Fiorano konnte der neue 550 zeigen, was in ihm steckte. Er fuhr die Runden 3.2 Sekunden schneller als das Modell, das er ersetzte.

Einige Beobachter meinten, dass dem Styling Pininfarinas die Finesse fehlte. Die Vorzüge waren die eleganten Fensterlinien, die dezenten Kurven der hinteren Kotflügel, die klassisch runden Rückleuchten – eine echte Enttäuschung war das unruhige Vorderteil, die für Ferrari so gar nicht typische Form und ein unvorteilhaftes aufstrebendes Heck. Mit einem Preis von 244000 Dollar war der 550 über 50 Prozent teurer als der dynamischere F355. Der Reiz des 550 lag darin, dass er seine Insassen nicht nur sicher und entspannt ans Ziel brachte, sondern dabei auch noch jede Menge Fahrvergnügen bot.

FERRARI 550 MARANELLO (1996–)

Motor	V-Zwölf-Zylinder
Hubraum	5474 ccm
Leistung	484 PS @ 7000 U/min
Getriebe	6-Gang manuell
Spitze	320 km/h
Stückzahl	noch in Produktion

■ OBEN *Dies war vielleicht nicht eine der besten Ferrari Formen, aber der 550 wurde wegen seiner fahrerfreundlichen Schnelligkeit sofort akzeptiert.*

■ GANZ LINKS *Der grundlegende Unterschied des 550 zu vorherigen Ferraris war sein Frontmotor. Man beachte das aerodynamisch geformte Profil des Unterbodens.*

■ LINKS *Der 550 fuhr eine Runde auf Ferraris Teststrecke in Fiorano dank des 322 km/h schnellen 484 PS V-Zwölfmotors gut drei Sekunden schneller als der F512M.*

FIAT

■ FIAT X1/9

Der Fiat X1/9 ist aus einem einzigen Grund historisch interessant: er brachte der breiten Masse das anspruchsvolle Handling eines Mittelmotors, das bis dahin den Käufern von Exoten wie Lamborghini und Ferrari vorbehalten war. Er wurde 1972 vorgestellt und erhielt sofort weltweit überragend gute Kritiken in der Autopresse. Wie sein Vorgänger, der Fiat 850 Spider, war er dazu bestimmt in großer Zahl – besonders nach Amerika – verkauft zu werden.

Bertones schnittiges Styling beinhaltete ein raffiniertes Targadach, das im vorderen Kofferraum Platz fand, wenn es nicht gebraucht wurde. Auch die Klappscheinwerfer waren zu dieser Zeit eine Neuheit.

Ursprünglich war der X1/9 mit einem 1290 ccm 4-Zylinder 85 PS Motor mit obenliegender Nockenwelle und dem

■ OBEN *Der Fiat X1/9 war extrem kompakt und stellte das Fahrvergnügen in einem Wagen mit Mittelmotor einem breiten Publikum vor. Bis zu diesem Zeitpunkt war ein solches Layout strikt den teuren Exoten vorbehalten.*

FIAT X1/9 (1972–89)	
Motor	4-Zylinder
Hubraum	1290–1499 ccm
Leistung	75–85 PS
Getriebe	4/5-Gang manuell
Spitze	161–177 km/h
Stückzahl	180000

■ LINKS *Klappscheinwerfer waren eines seiner Erkennungsmerkmale. Hier das spätere Modell des X1/9, das im Werk des Designers Bertone gebaut wurde.*

■ GANZ LINKS *Das Entfernen des Targadaches schuf ein Cabrio – toll für sonnige Tage, aber auch sehr zweckmäßig.*

■ LINKS *Wer dachte, dass man aufgrund der mittleren Position des Motors vorne Platz fürs Gepäck hatte, hatte sich getäuscht …*

■ RECHTS *Trotz geringer Motorleistung bot der X1/9 eine für seine Zeit überzeugende Vorstellung. Alle Versionen liefen 161 km/h Spitzengeschwindigkeit.*

Vierganggetriebe aus dem Fiat 128 Rallye ausgerüstet, und er war dementsprechend schnell: 177 km/h und von 0-100 in etwa 13 Sekunden. Was allerdings ganz ehrlich gesagt eine Verschwendung seiner guten Bodenhaftung und des schnittigen Handlings war. Doch Anfänger und ältere Fahrer gleichermaßen schätzten ihn, da er so unkompliziert zu fahren war. Die Lenkung war leicht, präzise und gefühlvoll, die Gewichtsverteilung ausgewogen.

Die Federbein-Radaufhängung sorgte für eine relativ bequeme, zivilisierte Fahrt. Sogar Fiat-Chef Agnelli ließ seine Limousine stehen und fuhr täglich mit dem X1/9 zur Arbeit.

1978 wurde durch den Einbau des 1500 ccm Motors aus dem Ritmo/Strada mehr Leistung erreicht. Die 1.5-Liter Einheit machte fast 7000 U/min und war dabei sehr wirtschaftlich im Benzinverbrauch. Ein guter 1500 konnte auf 177 km/h Spitze kommen und schaffte 100 km/h in weniger als 10 Sekunden. Die Geschwindigkeit auf Langstrecken pendelte sich bei 160 km/h ein, aber zu diesem Zeitpunkt schafften das auch schon viele normale Kompaktautos.

1982 wurde die Produktion von Bertone übernommen, der mit der Herstellung fortfuhr und den Wagen als Bertone X1/9 vermarktete – bis er 1989 vom Markt genommen wurde.

Späte Modelle hatten attraktive Extras wie Ledersitze, Aluräder und elektrische Fensterheber. Zu dem Zeitpunkt war der Wagen bereits bekannt für seine Rostprobleme und viele Modelle sind deshalb heute von der Straße verschwunden. Aber es besteht kein Zweifel, dass der kleine Fiat der Vater der heutigen populären Sportwagen mit Mittelmotor ist.

■ RECHTS *Wunderbar ausgewogenes Handling war die Hauptattraktion beim Besitz eines X1/9. Das Auto reagierte viel besser als die meisten heutigen Wagen in einer vergleichbaren Preisklasse.*

■ GANZ LINKS *Das Interieur des zweisitzigen X1/9 war eher gemütlich als geräumig. Das Design war eindeutig italienisch.*

■ LINKS *Der X1/9 wurde 1989 ohne Nachfolger mit Mittelmotor aus der Produktion genommen. Der Grund war die Weiterentwicklung des Frontmotorlayouts.*

FIAT

■ LINKS ***Barchetta ist italienisch für „kleines Boot" – eine passende Umschreibung für den kleinen Sportwagen, der so viel Gefühl für Design zeigt.***

■ FIAT BARCHETTA

Barchetta ist die italienische Übersetzung für „kleines Boot", und mittlerweile wird damit eine ganze Klasse von offenen italienischen Sportwagen umschrieben. Fiats Version war zweifelsohne einer der Höhepunkte dieser Form und gab der vom Mazda MX-5 gemachten Herausforderung italienisches Flair.

Der Stil des Barchetta war sowohl traditionell als auch modern. Die Türgriffe, die auf Knopfdruck aus der Karosserie sprangen, hatten ihren Ursprung in der klassischen Ära. Aber die kurvige Form der Karosserie und ihre aerodynamische Ausstaffierung erinnerten den Betrachter daran, dass dies ein moderner Sportwagen war.

■ LINKS ***Sportwagenfahrer fühlten sich im relativ sparsam ausgestatteten Cockpit sofort zuhause – es wurde den Bedürfnissen der Enthusiasten gerecht.***

■ OBEN ***Es war eine Freude den Barchetta auf der Straße zu fahren, er kombinierte flinke Beschleunigung mit hervorragendem Kurvenverhalten und leichter Lenkung.***

FIAT BARCHETTA (1995–)	
Motor	4-Zylinder
Hubraum	1747 ccm
Leistung	130 PS @ 6300 U/min
Getriebe	5-Gang
Spitze	200 km/h
Stückzahl	noch in Produktion

■ UNTEN ***Das gestutzte Heck mit den fast ovalen Rückleuchten stand in Gegensatz zur langen Nase. Das gedrungene Profil wurde verstärkt durch die Seitenakzente.***

Er basierte auf der Plattform des einfachen, vorderradangetriebenen Fiat Punto. Aber der Barchette hatte einen neuen, starken 1.75-Liter 16V Doppelnockenwellen Einspritzmotor, der bis zu 7000 U/min drehte. Der ganze Wagen wog nur knapp über eine Tonne; hinzu gesellten sich hervorragendes Kurvenverhalten und absolut präzise Lenkung – es bereitete Vergnügen ihn zu fahren.

Im Inneren fand man eine Vielfalt an interessanten Details, von der abgewinkelten Mittelkonsole und den sanft geformten Türen bis zu den anziehenden, runden Belüftungsöffnungen. Es gab zwar nicht viel Platz für Gepäck, aber das wurde von einem Sportwagen auch nicht unbedingt erwartet.

Der Barchetta war auf alle Fälle sein Geld wert – ein weiterer großer Pluspunkt – und er verkaufte sich besonders in Italien hervorragend. Alles in allem hat Fiats Barchetta alle Voraussetzungen, ein echter italienischer Klassiker zu werden.

■ RECHTS *Der massive hintere Spoiler gab dem RS Cosworth einen hohen Aufmerksamkeitswert. Seine Aufgabe war es, die Bodenhaftung am Heck zu verstärken.*

■ LINKS *Eine wahre Legende wurde geschaffen, als Ford das RS Emblem mit der Tuningfirma Cosworth zusammenbrachte. Das Auto war unglaublich schnell, dennoch preiswert.*

Walfischschwanzes. Der Zweck war, den Anpressdruck am Heck des Wagens zu erhöhen. Aber die Aerodynamik litt darunter, der Cw-Wert fiel auf 0.34 und die Stabilität bei Seitenwind ließ nach. Auch aesthetisch betrachtet war die Lösung nicht gelungen. Diese Nachteile hatten jedoch wenig Einfluss auf die Fahrer, die den Cosworth wegen seiner starken Beschleunigung und des fein ausgewogenen Handlings schätzten.

Da er für die Zulassung als Rennwagen bestimmt war, wurden nur 6021 Cosworth mit Heckklappe gebaut, plus eine zusätzliche Serie von 500 der RS500 Entwicklungsmodelle mit 224 PS und einem sogar noch größeren Spoiler. Ihr Nachfolger war die viertürige Version mit zurückhaltenderem Design, aber all den Fahrqualitäten der früheren Modelle. Ein zusätzlicher Bonus waren die größere Zweckmäßigkeit und ein höheres Niveau der Ausstattung.

1990 erschien dann die 4x4 Version, die entwickelt wurde, um dem Sierra eine bessere Chance bei Rallyes zu geben. Der 4x4 hatte dank eines neuen 16-ventiligen Zylinderkopfes 16 PS mehr, was zu besseren Fahrleistungen bei noch besserem Fahrverhalten führte – er ließ auf der Straße fast jeden anderen Wagen hinter sich. Alles in allem hat sich der Cosworth bereits zu Lebzeiten als respektierter und erschwinglicher Wagen zum Klassiker entwickelt.

■ RECHTS *Mit einer Beschleunigung von 0-100 in etwas mehr als 6 Sekunden war dieser Ford trotz einfacher Herkunft schneller als viele der so genannten Supersportwagen.*

■ LINKS *Cosworths 16-ventiliger, turbogeladener Motor hatte in seiner ursprünglichen Form 204 PS. Ford nutze jede Möglichkeit, die Verbindung mit Cosworth heraus zu stellen.*

FORD

■ FORD RS200

In den 80ern kam eine neue Generation von Sportwagen auf die Straße. Hersteller, die zur angesehenen Szene der Gruppe B Rallyes gehören wollten, waren aufgrund der Regeln dazu gezwungen, zunächst ein Minimum von 200 Wagen herzustellen, bevor das Modell für Rennen zugelassen werden konnte. Es bedeutet auch, dass diese Wagen an „normale" Kunden verkauft wurden, sprich straßentauglich sein mussten. Viele dieser Ungeheuer waren zwar extrem effektiv auf Waldwegen, aber hoffnungslos untauglich auf öffentlichen Straßen.

Fords Modell für die Gruppe B, der RS200, war nicht nur als Rallyewagen ausgezeichnet, sondern eignete sich auch hervorragend für die Straße. Er war nicht nur zweckmäßig, sondern auch bequem, hatte ein voll ausgestattetes Cockpit und sogar Platz für eine Stereoanlage. Im Rennsport konnte er nie sein volles Potential zeigen, da die Kategorie der Gruppe B im Jahre 1986, nur ein Jahr nach seiner Zulassung, verboten wurde. Es blieb privaten Rennfahrern vorbehalten, ihm zu Ehren zu verhelfen, wie etwa bei der European Rallycross Championship.

Der RS200 wurde im Jahr 1983 als Rallyefahrzeug geplant. Ghia entwarf die Monocoque-Karosserie. Sie bestand aus GFK und Kevlar und saß auf einem Aluminiumchassis, das vorne und hinten durch Stahlabschnitte verstärkt war. Er sah wesentlich besser aus als alle anderen Gruppe B Wagen; war kurz und gedrungen und hatte doch eine unvergleichliche Präsenz – hauptsächlich dank seines großen Heckspoilers und eines auf dem Dach montierten Spoiler/Luftkanals. Die Windschutzscheibe stammte aus der Serienproduktion des Ford Sierra.

■ OBEN *Um das beste aus dem Layout mit Mittelmotor zu machen, entwickelte FF ein ungewöhnliches Allradantriebsystem.*

■ LINKS *Der RS200 erschien zu spät, um noch Einfluss auf die Szene der Gruppe B Rallyes haben zu können, obwohl er eine umwerfend effektive Rallyemaschine war.*

FORD RS200 (1984–86)	
Motor	4-Zylinder
Hubraum	1803 ccm
Leistung	250 PS
Getriebe	5-Gang
Spitze	225 km/h
Stückzahl	200

■ LINKS *Fords RS200 kam auf Bestellung als Rallyewagen, wurde aber auch für das Fahren auf normalen Straßen verkauft. Die Karos-serie stammte von Ghia, der Rest war von Ford.*

■ RECHTS *Der Rallyeeinfluss ist in diesem Bild offensichtlich; der Sinn hinter der Haubenaufhängung besteht darin, schnellen Zugang zu allen mechanischen Teilen zu haben.*

Der BDT Motor kam von Cosworth, er war eine turbogeladene, vergrößerte Version der BDA Einheit aus dem Escort RS1700T. In der Straßenversion hatte er 250 PS, für Wettbewerbe konnte er auf 450 PS und mehr getunt werden.

Der Allradantrieb war ungewöhnlich dadurch, dass das Transaxle-Getriebe nicht am Motor angebracht war, sondern direkt hinter dem vorderen Differenzial, sozusagen zwischen den Beinen der Passagiere. Wegen des geringen Gewichts von 1050 kg kam er in nur 6 Sekunden von 0-100, seine Höchstgeschwindigkeit, die leider aufgrund des hohen Cw-Wertes von 0.40 begrenzt war, wurde mit 225 km/h angegeben.

Das Verbot der Gruppe B bedeutete, dass die Produktion des RS20 nach den ersten 200 Wagen nicht wieder aufgenommen wurde, obwohl das Modell weiterentwickelt wurde, um bei den Rennen der 90er mithalten zu können.

■ LINKS *Angesichts der Tatsache, dass es sich um einen Rallyewagen handelte, war das Cockpit erstaunlich zivilisiert; es hatte ordentliche Verkleidungen, ein mit Leder bezogenes Lenkrad und sogar Platz für eine Stereoanlage.*

■ LINKS *Der Mittelmotor wurde bei Cosworth entwickelt. Er hatte nur 1.8-Liter Hubraum, aber seine hochentwickelten Eingeweide und ein Turbolader brachten ihn auf 250 PS.*

■ OBEN *Der RS200 war offiziell aus dem Rennen, als die Rallyeklasse der Gruppe B verboten wurde, weil sie zu schnell und gefährlich war.*

HONDA

■ HONDA NSX

Honda hat einen so exzellenten Ruf in der Herstellung von Motoren und Fahrwerken – unterstützt durch Erfolge in der Formel 1 – dass es verwunderlich ist, dass man nicht schon vor dem NSX ver-suchte einen Superwagen zu produzie-ren. Als endlich das Startsignal für dieses Projekt kam, war das Ergebnis sauber und unglaublich effektiv: der NSX war das benutzerfreundlichste Fahrzeug einer von Natur aus unzweck-mäßigen Art.

Hier war ein Wagen mit aufregenden und gleichzeitig praktischen Eigenschaften. Niedriges Gewicht war wichtig, und so wurde eine selbsttragende Alukarosserie und eine ebenfalls aus Alu bestehende Radaufhängung entworfen, die von dem Rennfahrer Ayrton Senna getestet wurden. Die Qualitäten des NSX können wohl daran gemessen werden, dass Senna selbst für mehrere Jahre einen dieser Wagen besaß, genau wie der McLaren Formel 1 Ingenieur Gordon Murray. Der NSX eignete sich genauso gut für Stadtfahrten wie für eine Tour im Stil der Le Mans Rennwagen.

Der 3.0-Liter Motor war zentral angebracht, hatte vier Nockenwellen, 24

■ LINKS *In Amerika wurde der NSX unter dem Markennamen Acura vermarktet. Ansonsten wurde er neben Modellen wie dem Civic als Honda verkauft.*

■ UNTEN *Spätere Versionen des NSX waren schneller, leichter und kraftvoller und kamen auf Wunsch mit abnehmbaren Targadach.*

■ LINKS *1989 zeigte Honda den Prototypen des neuen NSX Sportwagens, und die Welt lernte einen der feinsten je produzierten Wagen kennen.*

HONDA NSX (1990-)

Motor	V-Sechs-Zylinder
Hubraum	2977–3179 ccm
Leistung	270–294 PS
Getriebe	5/6-Gang manuell 4-Gang Automatik
Spitze	259–275 km/h
Stückzahl	noch in Produktion

■ LINKS *Der NSX wurde designt, um gegen die besten Europas, wie den Porsche oder den Ferrari, anzutreten. In vieler Hinsicht war er ihnen gleichwertig, das einzige, was ihm fehlte, war der Nervenkitzel.*

■ LINKS *In typischer Honda-manier waren die Linien des NSX schlicht und schmucklos; er war in jeder Hinsicht absolut effizient.*

■ OBEN *Sound und Leistung des 3.2-Liter Motors unterstrichen die Reinheit seiner technischen Entwicklung. Testfahrer zeigten sich von seiner Dynamik beeindruckt.*

Ventile, variable Ventilsteuerung, Titanpleuel, separate Zündung für jede Zündkerze und er drehte 8300 U/min. Die Leistung des Motors kam sanft, die Reaktion bei Vollgas war elektisierend, und das Geräusch der Maschine reichte von einem sanften Schnurren bis zum Kreischen eines vollblütigen Rennwagens. Kurz gesagt, der Motor des NSX war eines der stärksten Kraftpakete aller Zeiten.

270 PS waren höchst eindrucksvoll für einen 3.0-Liter Motor. Und obwohl seine Beschleunigung nicht unschlagbar war – er kam in 5.8 Sekunden von 0-100 – kann man sie kaum als lahm bezeichnen.

Das Handling des NSX war äußerst ansprechend, wobei eine hervorragende Traktionskontrolle und die präzise Lenkung halfen. Sein Kurvenverhalten war meisterhaft.

Der NSX war der teuerste je in Japan hergestellte Wagen, dennoch war er preiswerter als Rivalen wie der Ferrari 348. Er war so gut wie fehlerlos, und damit fraglos das ausgereifteste Modell unter den Supersportwagen.

1997 erhielt er einen größeren 3.2-Liter Motor, Sechsganggetriebe, variable Servolenkung und größere Bremsen. Er ist weiter eines der respektiertesten Autos der Welt.

ANDERE MARKEN

■ HOLDEN

Die Firma Holden ist der australische Vorposten des General Motor Imperiums. Gelegentlich produzierten oder importierten sie europäische und amerikanische GM Produkte (und sogar Wagen aus japanischer Produktion liefen unter ihrem Emblem), aber normalerweise entwickelten sie Fahrzeuge, die für den amerikanischen Markt bestimmt waren. Ihre wichtigsten Modellreihen beinhalteten den Monara, den Commodore, den Torana und den Statesman.

■ HYUNDAI

Hyundai war stets der größte koreanische Automobilhersteller, und die heutige Größe der Firma ist umso beeindruckender, wenn man bedenkt, dass sie erst 1967 mit der Herstellung von Automobilen begannen, als sie eine Version des Ford Cortina produzierten. Ihr erster komplett neuer Wagen war der von Giugiaro designte 1975er Pony. Langsam wurde von Ford zu Mitsubishi gewechselt, und ihre Position in der westlichen Welt wird von Jahr zu Jahr stärker.

■ INNOCENTI

Innocenti begann in Italien mit der Lizenz für die Herstellung von BMC Produkten; sie bauten den Austin A40, Mini, 1100 und Allegro. 1976 ging der Besitz von British Leyland auf De Tomaso über, der über 200000 von auf dem Gerüst des Minis aufgebauten Kleinwagen im Stil Bertones produzierte. Hieraus folgend wendete man sich wegen des Motors an Daihatsu. 1980 wurde die Marke von Fiat übernommen, die den Namen für importierte Versionen des Fiat Uno, Yugo und Daihatsu Hijet beibehielten. Die Marke überlebte bis 1997.

■ ISUZU

Die japanische Firma Isuzu ist bestens bekannt für ihre allradangetriebenen Fahrzeuge, und in Amerika erinnert man sie wegen des Geminis (einer Version des Opel Kadett). Isuzu ist sozusagen GMs japanischer Stützpunkt, hat aber auch ein paar eigene interessante Modelle hergestellt. Das von Bertone gestylte 117 Coupé von 1968-81 ist ein Designklassiker, und das 1980er Piazza Coupé Impulse mit einem Design von Giugiaro war ein Bestseller.

JAGUAR

■ UNTEN *Mitte der 70er war eine schwierige Zeit für die Einführung eines luxuriösen Sportwagens, der den unsterblichen E-Type ersetzen sollte; der XJS war eher ein Grand Tourer.*

■ JAGUAR XJS

1961 verzauberte die Firma Jaguar die Welt mit dem glorreichen E-Type, der jedoch im Jahre 1975 definitiv altmodisch aussah und einen Nachfolger benötigte. Das war der XJS, ein Wagen, der alle Zutaten an der richtigen Stelle hatte und die Anlagen zum besten Fahrzeug der Welt besaß: einen fabelhaften V-Zwölf Motor, ein Fahrwerk von Weltklasse und das Prestige des Jaguar Emblems.

Doch der XJS besaß nicht die Magie, die den E-Type so groß gemacht hatte. Traditionalisten kritisierten seine dicken Flanken, die trapezförmigen Scheinwerfer und die schwarzen Kunststoffstoßfänger. Sie vermissten den traditionellen Grill, den Chrom und das Armaturenbrett mit Walnussfurnier. Sportwagenfahrer hingegen stellten das Styling und das beengte Interieur in Frage. Die Wahrheit war, dass, anders als beim E-Type, der von einem einzigen professionellen Designer entworfen worden war, hier eine ganze Gruppe am Werk gewesen war und viele Kompromisse eingegangen werden mussten.

Jaguar beschloss den XJS auf eine verkürzte Version des Unterbaus der XJ12-Limousine zu setzen, so dass das

■ OBEN *Das Styling rief Diskussionen hervor, besonders die Gestaltung der hinteren Dachsäulen. Der XJS war das Produkt einer ganzen Gruppe von Designer.*

■ OBEN *Die letzten XJS Modelle profitierten von einigen großen Veränderungen im Styling, dem Interieur und durch den neuen 4-Liter 6-Zylinder sowie den 6-Liter V-Zwölf Motor.*

■ RECHTS *Die vorne sitzenden Passagiere wurden mit bequemen Sitzen verwöhnt, hinten war der Platz relativ begrenzt.*

■ RECHTS *Jedes XJS Modell war eindrucksvoll zu fahren. Einige Magazine nannten ihn aufgrund seines exzellenten Fahrverhaltens und ausgezeichneter Charakteristik den besten Grand Tourer auf dem Markt.*

■ OBEN *Der V-Zwölf Einspritzmotor passte nur knapp unter die flache Motorhaube, aber die Anstrengung lohnte sich, denn er war einer der besten je produzierten Motoren.*

JAGUAR XJS (1975–96)	
Motor	6/V-Zwölf-Zylinder
Hubraum	3590–5994 ccm
Leistung	223–333 PS
Getriebe	4/5-Gang manuell 3/4-Gang Automatik
Spitze	227–254 km/h
Stückzahl	112000

Fahrwerk, die Radaufhängung und die Bremsen übernommen werden konnten. Das serienmäßige Getriebe war ein Borg Warner Dreigang Automatikgetriebe, und obwohl auch ein handgeschaltetes Getriebe zur Wahl stand, entschlossen sich nur 352 Käufer dazu. Die Leistung war mit 241 km/h und beeindruckender Beschleunigung hervorragend für einen viersitzigen Grand Tourer.

Das Interieur stammte größtenteils aus dem „Ersatzteillager" des XJ, bot aber eine Vielzahl an neuen, ungewöhnlichen Anzeigen. Die Vordersitze hatten jede Menge Platz, hinten jedoch konnten eigentlich nur Kinder wirklich bequem sitzen.

1981 wurde der 5.3-Liter V-Zwölf Motor sowohl wirtschaftlicher als auch leistungsstärker und in XJS HE (High Efficiency) umbenannt. Außerdem erhielt der XJS etwas von dem von Traditionalisten vermissten Chrom und Holz. 1983 wurde ein 6-Zylinder 3.6-Liter XJS sowie ein brandneues Cabriomodell hinzugefügt, ein reiner Zweisitzer, der mit einem Targadach und einer wegfaltbaren hinteren Sektion ausgestattet war. Dieses Modell wurde 1988 von einem erstklassigen V-Zwölf Cabriolet mit elektrischem Faltdach ersetzt.

1991 erhielt der XJS mit einem finanziellen Aufwand von 84 Millionen Dollar ein Facelift. Die Karosserie wurde stark überarbeitet, besonders am hinteren Ende, und das Interieur wurde sorgfältig verbessert. Eine weitere große Veränderung war der Wechsel zum AJ6 4-Liter Motor. Innerhalb von drei Jahren wurde dieser zur AJ16 Spezifikation aufgestockt und erhielt eine zusätzliche Leistungsspritze von 15 PS.

Der XJS hielt sich bis September 1996 und wurde mit einer 21jährigen Produktioszeit zum langlebigsten Jaguar aller Zeiten.

■ OBEN *Die ersten XJS Modelle verzichteten auf Holz und verwendeten nur wenig Leder; bei späteren Modellen änderte sich dies.*

■ LINKS *Das XJS Cabrio, das erst ziemlich spät in der Produktionszeit des Modells erschien, wurde gern gekauft und war ein Besitz, der sich bezahlt machte.*

JAGUAR

■ JAGUAR XK8

Nach jahrelangen Gerüchten bezüglich eines F-Type genannten Ersatzes für den legendären E-Type präsentierte die Firma Jaguar schließlich 1996 den neuen Sportwagen XK8 auf dem Genfer Automobilsalon.

Offiziell war er der Ersatz für den XJS, aber tatsächlich war er so viel ansprechender, dass er wirklich als der geistige Nachfolger des E-Types angesehen wurde. Seine grazilen Linien wurden in Jaguars Designhauptquartier in Whitley, West Midlands, entworfen, wobei das Chassis des XJS der Ausgangspunkt gewesen war. Der XK8 lieferte eine hochwertige Mischung aus Stil, Luxus, Handarbeit und Leistung.

Der Mittelpunkt des neuen Modells war der Aluminium AJV-Acht Motor – der nach einer Investition von 337 Millionen Dollar erste von Jaguar gebaute V-Acht Motor. Die 32-Ventil Maschine mit vier Nockenwellen lieferte ausgereifte Stärke und Sanftheit und hatte so fortschrittliche Features wie variable Steuerzeiten, Zündkerzen mit Platinumspitzen oder auch Katalysatoren, die nur 30 Sekunden nach dem Start zu arbeiten begannen. Auch das ZF Getriebe war neu, Jaguars erste Fünfgang Automatikschaltung. Weitere

■ OBEN *Jaguar spielte auf das Erbe des E-Type an, denn der XK8 war sein geistiger Nachfolger. Anders als der XJS war er ein echter Sportwagen und gleichzeitig auch ein bequemer Grand Tourer.*

JAGUAR XK8 (1996-)	
Motor	V-Acht-Zylinder
Hubraum	3996 ccm
Leistung	290 PS
Getriebe	5-Gang Automatik
Spitze	248 km/h
Stückzahl	noch in Produktion

■ LINKS *Unter der Haube des katzenartigen Wagens verbarg sich Jaguars allererster V-Acht Motor, ein Meisterwerk der Technik.*

■ OBEN *Die Tradition von Leder und Holz blieb erhalten und wurde noch bereichert durch das Zufügen von dem allerneusten an Hightech-Elektronik.*

■ LINKS *Der fantastische XK8 war der unendlich viel bessere Nachfolger des XJS, obwohl sich das Chassis kaum von dem des XJS unterschied.*

■ LINKS *Das Design des MK8 wurde komplett im Hause Jaguar entworfen; es erinnerte an die glorreichen Tage William Lyons.*

■ UNTEN *Die auffällige Ähnlichkeit des XK8 mit dem Aston Martin DB7 entging den meisten Betrachtern nicht. Der XK8 war allerdings wesentlich preiswerter.*

technische Pluspunkte waren eine variable Servolenkung und eine computergesteuerte Doppelquerlenker-Vorderradaufhängung sowie eine vom XJR weiterentwickelte Hinterradaufhängung und integrierte Elektronik.

Das Ergebnis all dieser Technologie war ein hervorragend funktionierender Wagen. Er war genauso so schnell wie der Aston Martin DB7 (der vom selben Team entwickelt worden war), und viele priesen den billigeren XJ8 als den besseren Wagen: ausgereift und explosionsartig schnell, sanft und dennoch sportlich.

Kurz nach der Präsentation des Coupés wurde außerdem ein Cabrio vorgestellt, dessen elektrisches Verdeck in nur 20 Sekunden geschlossen werden konnte. Anders als bei der Konkurrenz verschwand das Softtop hier hinter den Sitzen, um den Platz im Kofferraum nicht einzuschränken.

Das Interieur war ganz in klassischem Leder gehalten und stand in zwei Versionen zur Wahl: in der modernen „Sport"-Ausführung sowie in der „Classic"-Variante mit Walnussverkleidungen und farblich abgestimmten Teppich.

Alle Modelle verfügten außerdem über Klimaanlage, elektrisch verstellbare Sitze sowie Tempomat, und für Klang-verwöhnte Hifi-Fans wurde auf Bestellung eine Harman Kardon Anlage installiert.

■ LINKS *Als Cabrioversion war der XK8 noch attraktiver Das Softtop ließ sich in nur 20 Sekunden elektronisch öffnen.*

■ UNTEN *Jaguars noble Herkunft reicht zurück zum SS100 aus dem Jahre 1930, und der XK8 hatte seinen berechtigten Platz.*

JAGUAR

■ JAGUAR XJ220

Es gibt nur wenige serienmäßige Fahrzeuge, die von sich behaupten können, Resultat einer Freizeitbeschäftigung zu sein – und der Jaguar XJ220 ist sicher das berühmteste von allen. Jaguars Chefingenieur Jim Randle hatte den Traum einen ultimativen Sportwagen zu schaffen und genug Enthusiasmus, um seine Kollegen davon zu überzeugen für dieses Projekt einen „Samstagsclub" zu starten.

Zunächst wusste nicht einmal der Jaguarvorstand von den geheimnisvollen Aktivitäten, die sich in der Entwicklungsabteilung abspielten. Aber als sie es herausfanden, sprang die Begeisterung über. 1988 wurde der XJ220 bei der Birmingham Motor Show als offizieller Konzeptwagen Jaguars präsentiert. Der Prototyp des XJ220 war ein unglaubliches Kraftpaket; er war hauptsächlich aus Material der TWR Produktion entstanden und lief mit Jaguars massivem V-Zwölf Mittelmotor. Designer Keith Helfets schuf mit dem Karosseriedesign ein Kunstwerk aus Aluminium.

■ LINKS *Der V-Sechs Motor hatte einen Doppelturbolader. Seine Konstruktion und die dafür verwendeten Materialien waren von Rennwagen übernommen. Er hatte beachtliche 500 PS.*

Die Reaktion bei der 1988er Show war stürmisch, die Zeiten waren gut – und so beschloss Jaguar den Wagen in Produktion zu bringen. Aus praktischen Gründen musste hierfür seine Konstruktion erheblich verändert werden. Man entschied, dass der V-Zwölf Motor zu wuchtig war, und so wurde stattdessen ein für den Rennsport entwickelter 3.5-Liter V-Sechs Motor verwendet. Zu seinen herausragenden Kennzeichen gehören vier Nockenwellen, Doppel-Turbolader, vier Ventile pro Zylinder, Trockensumpfschmierung, und er hatte 500 PS.

JAGUAR XJ220 (1991-94)	
Motor	V-Sechs-Zylinder
Hubraum	3498 ccm
Leistung	500 PS @ 6500 U/min
Getriebe	5-Gang
Spitze	352 km/h
Stückzahl	350

■ LINKS *1988 wurde er als Prototyp präsentiert, doch die aufgeregte Reaktion des Publikums führte zur serienmäßigen Produktion des XJ220.*

■ LINKS *Die imponierende Autorität des XJ220 wurde von jedem bestätigt, der ihn gefahren war. Er hatte phänomenale dynamische Fähigkeiten, die von Flugzeugtechnik beeinflusst worden waren.*

■ OBEN *Der beste Platz, um die volle Leistung – 352 km/h – des XJ220 zu genießen, war zweifelsohne die Rennstrecke, denn seine Ausmaße und eingeschränkte Übersicht machten es schwer, seine Fähigkeiten auf normalen Straßen voll auszunutzen.*

Die Verwendung eines kleineren Motors führte dazu, dass die Gesamtlänge des Wagens um 25 cm verkürzt werden konnte. Trotzdem hatte er enorme Ausmaße, war fast 2 m breit.

Die Liste seiner Spezifikationen las sich wie der Wunschzettel eines jeden Sportwagenfahrers. Das für die Herstellung der Karosserie verwendete Aluminium stammte aus der Luftfahrttechnik, die Aerodynamik baute auf Erfahrung der Gruppe C Rennen auf. Das 5-Ganggetriebe war mit einer AP Rennkupplung verbunden, der Wagen lief auf Alurädern mit Zentralverschluss, hatte massive Vierkolben-Bremsen, seine Radaufhängung war eine Entwicklung aus dem Rennsport.

Jaguars Angaben zur Leistung waren genauso aufregend. Eine Spitzengeschwindigkeit von 352 km/h und eine Beschleunigung von 0-100 km/h in 3.5 Sekunden machten ihn damals spielend zum schnellsten Wagen der Welt. Um dieser explosiven Power gerecht zu werden, erhielt der XJ220 eine Aufhängung, die ihm das wahrscheinlich beste Fahrverhalten aller Zeiten gab.

Ein gemeinsames Unternehmen von Jaguar und TWR unter dem Namen JaguarSport wurde errichtet, und in einem neuen Werk wurde mit der auf 350 Wagen zum Stückpreis von 678000 Dollar begrenzten Produktion begonnen. Die Bestellbücher liefen über. Aber der Einbruch des Marktes führte zu Prozessen, da Käufer vom Vertrag zurücktreten wollten – ein trauriges Ende einer aufregenden Geschichte.

■ RECHTS *Tadellose Qualität auch im Detail des XJ220 zeugte von seiner handgefertigten Herkunft und rechtfertigte den außerordentlichen Preis.*

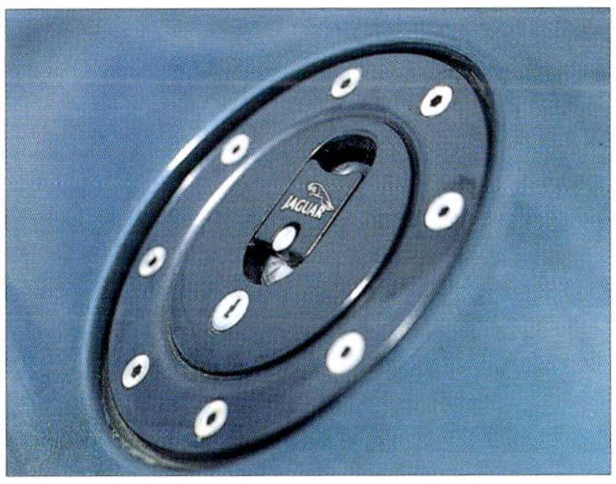

■ LINKS *Trotz der exotischen Spezifikationen war das Cockpit äußerst bequem, denn es ließ Raum für Luxus, sogar bei „Überschallgeschwindigkeit“.*

■ OBEN *Bei Hochgeschwindigkeitstests bewies der XJ220, dass er 352 km/h Spitze lief, und er kam aus dem Stand in nur 3.5 Sekunden auf 100 km/h.*

JEEP

■ LINKS *Hier begann die Legende: der Willys Jeep aus dem Zweiten Weltkrieg wurde übereilt hergestellt, erledigte aber einen guten Job. Ihm folgte eine ganze Generation von „zivilen" Jeeps.*

■ JEEP

Der Jeep, Amerikas Legende, hatte seinen Ursprung in schlechten Zeiten. Im Juni 1940 verlangte das Miltär nach kompakten 4x4 Lastwagen. Man forderte verschiedene Unternehmen auf, innerhalb eines Monats einen funktionierenden Prototypen fertigzustellen. Von 135 Firmen, denen diese Aufgabe gestellt wurde, nahmen nur zwei die Herausforderung an: Willys-Overland, die um 45 zusätzliche Tage für die Herstellung baten, und eine kleine Detroiter Firma namens Bantam, die den Auftrag erhielt.

■ OBEN *Diese Wagen erzählen die gesamte Geschichte des Jeeps, von denen aus dem zweiten Weltkrieg bis zu den CJ Modellen im Hintergrund und den neueren Wrangler Editionen der 80er und 90er.*

Die Produktion begann in den Werken von Ford, Willys und Bantam. Das Basisfahrgestell war ein Doppelrohrrahmen mit verstärkten Abschnitten und Querträgern, die simple Karosserie aus Stahl war extrem leicht herzustellen. Um ein Aufeinanderstapeln der Jeeps zu ermöglichen, war die Windschutzscheibe abnehmbar.

Die Radaufhängung erfolgte per Blattfedern, nur hinten gab es auch Dämpfer, und angetrieben wurde der Jeep mittels Willys „Go Devil" 2.2-Liter 4-Zylinder Motors mit Alukolben, der nur 49 PS, dafür aber ein massives 142 Nm Drehmoment bei nur 2000 U/min hatte. Der Fahrer konnte zwischen drei Gängen und zwei Übersetzungen wählen, die vordere Achse konnte auf Freilauf geschaltet werden.

Er war extrem einfach, und das übereilt erarbeitete Design erwies sich als richtig: trotz des gnadenlosen Versuchsfeldes wurden kaum Veränderungen nötig. Über 600000 Jeeps wurden bis zum Ende der Produktion im Jahre 1945 hergestellt; die französische Firma Hotchkiss baute das Modell noch bis in die 60er.

■ RECHTS *Der 1990er Wrangler Laredo steht für die Zeitlosigkeit des Jeeps. Berühmte Erkennungsmerkmale sind die eckigen Kotflügel, gerade Flächen und der Kühlergrill.*

■ LINKS *Moderne Jeep Wranglers in ihrem Element, dem unwegsamen Gelände. Nach und nach wurden aus den ursprünglich zum Arbeiten verwendeten Jeeps „Lifestyle"-Autos.*

■ UNTEN LINKS *Mit dem Cherokee entstand eine völlig neue Linie von Jeeps. Er war ein viertüriges 4x4 Vielzweckfahrzeug, hier in einer Versionen aus dem Jahr 1984.*

■ UNTEN RECHTS *Dieses Projekt unter dem Namen Jeep Freedom war eher der Versuch eines Konzepts, zeigt aber die Ähnlickeit zwischen dem Cherokee und originalen Jeeps.*

Nach dem Krieg machte Willys mit einer „zivilen" Version namens CJ-2A weiter; die Schlagzeile aus der Werbung lautete: „Mit Jeeps von Willys geht die Sonne nie unter". Die amerikanischen Farmer liebten ihn; der Jeep war ein billiges und praktisches Fahrzeug in harten Zeiten.

Der 1946er Station Wagon war Amerikas erster Kombi mit Stahlkarosserie. Die Form stammte offensichtlich vom Jeep ab, er hatte aber einen längeren Achsabstand, 6-Zylindermotor und Zweiradantrieb. Die Seiten waren mit Holz verkleidet (das nicht zur Stabilität beitrug), die Hecktür war geteilt. Noch „ziviler" war der von Brooks Stevens gestylte Jeepster, der in bunten Farben und mit Weißwandreifen, luxuriöser Ausstattung und abnehmbarem Dach kam. Im Jahre 1967 wurde der Jeepster noch einmal kurz wiederbelebt.

Der Jeep CJ wurde entwickelt, die CJ5 und CJ6 Versionen hielten sich von 1952 bis in die 70er, als AMC die Firma übernahm. Ein zukunftsweisendes Modell war der 1972er CJ5 Renegade mit V-Acht Motor, später kamen der Commando Pickup, der viertürige Wagoneer und der Cherokee SU hinzu.

Während weltweit noch der CJ gefahren wurde, setzte sich in Amerika der Cherokee immer mehr durch.

JEEP WRANGLER (1986-)

Motor	4/6-Zylinder
Hubraum	2464–4235 ccm
Leistung	112–184 PS
Getriebe	5-Gang manuell 3/4-Gang Automatik
Spitze	130–174 km/h
Stückzahl	noch in Produktion

■ RECHTS *Der größte aus der Jeepfamilie ist der Grand Cherokee mit einem V-Acht Motor und höchst bequemem Interieur.*

LAMBORGHINI

■ UNTEN *Bertones beeindruckendes Originaldesign des Countach stach jeden anderen Exoten aus. Dieser Countach war der schönste von allen, unverdorben und frei von überflüssigen Verzierungen.*

■ LAMBORGHINI COUNTACH

Um den aufregenden Miura, zweifelsohne der exotischste Wagen der 60er, zu überbieten, musste Lamborghini sich etwas dramatischeres einfallen lassen. Zumindest in dieser Hinsicht war der Countach ein Erfolg.

Der ursprüngliche Prototyp war knallgelb und von Bertone gestylt; er war dramatisch und trotzdem bemerkenswert pur und unverdorben im Vergleich zu den bekannteren Modellen der späten 70er und 80er Jahre. Während der Miura gefühlvoll und muskulös war,

■ RECHTS *Die bananenförmigen Sitze sahen verlockender aus als sie wirklich waren. Im Inneren des Countach gab es keinen verschwenderischen Luxus.*

erschien der Countach futuristisch, messerscharf, keilförmig: er strömte pure Aggressivität aus. Wenn er auch wild aussah, so war der Countach doch wesentlich ausgereifter als der fehlerhafte Miura, obwohl es nicht leicht war mit ihm klarzukommen. Man bedenke nur die Probleme mit den angeberischen Türen. Natürlich war er sensationell zu fahren: mit hervorragendem Handling – das Getriebe war nun längs montiert, saß vor dem Motor, zwischen den Sitzen – war er schneller als der Miura; er erreichte 299 km/h, so Lamborghini, falls man eine Straße fand, die lang genug war. Die meisten Testfahrer kamen auf etwa 257 km/h.

Das Wort *"Countach"* ist ein Piemonteser Kraftausdruck oder Schimpfwort, je

■ OBEN *Das Öffnen der Türen war eine höchst aufregende Angelegenheit. Dies ist ein LP500 Modell aus dem Jahr 1982.*

■ LINKS *Die trapezförmigen Rückleuchten waren ein unverkennbares Merkmal des Countach. Sie saßen auf einem der längsten jemals gebauten Hecks.*

LAMBORGHINI COUNTACH (1974–91)	
Motor	V-Zwölf-Zylinder
Hubraum	3929–5167 ccm
Leistung	375–455 PS
Getriebe	5-Gang manuell
Spitze	299–322 km/h
Stückzahl	609

■ RECHTS *Auf schnellen, kurvigen Straßen war der Coutach in seinem Element, dort war er fast unverschämt schnell. Besitzer wurden von seinem ungestümen Charakter und seinen unverfälschten Qualitäten angezogen.*

■ UNTEN *Lamborghinis Emblem mit dem angreifenden Bullen wurde durch den langlebigen Countach aufrecht erhalten.*

nachdem wie es ausgesprochen wird. Der erste Countach wurde seinem Besitzer 1974 unter enormem Presserummel übergeben. Die sauberen Linien des Originals wurden allerdings über die Jahre zunehmend geschmackloser, besonder als 1982 das LP500 5-Liter Modell erschien: seine Spoiler waren nicht gut für die Stabilität, große, hässliche Radgehäuse beherbergten unwahrscheinlich fette Reifen, die von noch größeren Hutzen übertroffen wurden, die die Luft für den vergrößerten Motor ansaugten. Es wurde auch offensichtlich, dass die Herstellungsqualität nicht angemessen war, und bald hatte der Wagen genau so viele Schwächen wie Muskeln. Doch sein unnachgiebig kraftvoller Charakter half, diese Haarspaltereien zu überwinden. Der Countach brachte die sich in Schwierigkeiten befindende Firma Lamborghini – deren Gründer schon lange nicht mehr die Kontrolle hatte – über den Abgrund der 70er und 80er, als sich selbst Modelle wie der Urraco und der Jalpa nicht gut verkauften. Das QV Modell (Quattro Valvole, Vierventiler) verabschiedete sich 1991. In seinen letzten Jahren, war der Countach zu einer Parodie seiner selbst geworden – ein Wagen für Leute mit viel Geld, aber ohne Geschmack.

■ OBEN *Die allerletzten QV Modelle erfuhren eine erneute Überarbeitung des Designs und erhielten einen Zylinderkopf mit vier Ventilen pro Zylinder.*

■ LINKS *Das in der Mitte des Countach sitzende Kraftwerk war ein eindrucksvoller V-Zwölf Motor, der eine Höchstgeschwindigkeit von 322 km/h möglich machte.*

■ OBEN *Niemand zweifelte daran, dass der Countach ein extrem schneller Wagen war. Trotzdem beschloss Lamborghini in der zweiten Hälfte der Produktionszeit aerodynamische Hilfen wie diesen gigantischen Spoiler hinzuzufügen.*

LAMBORGHINI

■ UNTEN *Große Bodenfreiheit, endlose Kraftreserven und ein mächtiges 4x4 System ließen den LM002 wortwörtlich vor keinem Gelände Halt machen.*

■ LAMBORGHINI LM002

Sieht man sich die Liste der von Lamborghini produzierten Modelle an, so findet man nur Sportwagen, Namen wie Miura, Countach, Espada, Diablo. Aber was um alles in der Welt ist ein LM?

Um herauszufinden, warum Lamborghini dieses Gegenstück zu Mad Max herstellte, muss man wissen, dass auch die meisten europäischen Bauern mit der Marke vertraut waren: Lamborghinis zweites Standbein war die Herstellung landwirtschaflicher Traktoren. Der LM002 war die perfekte, wenn auch unverschämte Synthese der beiden Firmenzweige - ein vierradangetriebenes Monster mit dem V-Zwölf Motor des Countach!

Seine Geschichte begann mit dem Auftrag, gemeinsam mit der Firma Chrysler ein Militärfahrzeug für die Vereinigten Staaten zu produzieren. Das Ergebnis war der Cheetah aus dem Jahre 1977, ein massiver, türloser Geländebuggy mit einem Chrysler V-Acht Mittelmotor. Seine zum Heck verlagerte, ungleiche Gewichtsverteilung führte dazu, dass die amerikanische Regierung sich anders orientierte (der in den USA gebaute Hummvee oder auch Hummer erhielt letztendlich den Zuschlag).

■ OBEN *Die einschüchternd großen Räder und Reifen waren speziell designt worden, um spitzen, großen Steinen widerstehen zu können.*

■ OBEN *In der Mitte verlief ein immenser Tunnel; trotzdem konnten vier Passagiere bequem Platz finden; Ledersitze und Klimaanlage gehörten zum serienmäßigen Komfort.*

■ OBEN *Unter der Haube befand sich der V-Zwölf Motor vom Countach; er musste relativ hoch angebracht werden und machte den LM002 zu einem donnernden Kraftpaket.*

Lamborghini machte trotzdem weiter mit der eigenen Interpretation eines ultimativen Geländewagens. Der LM002 mit dem Countach V-Zwölf Frontmotor wurde im Herbst 1985 vorgestellt. Er war enorm: Mit 4.95 m Länge war er etwa genauso lang wie der Jaguar XJ, und er war etwa 2 m breit, 1.85 hoch und annähernd 3 Tonnen schwer.

Innen bot er Platz für vier Personen, von denen jeweils zwei links und rechts eines massiven Mitteltunnels saßen; vier bis sechs weitere Passagiere fanden Platz auf der offenen Pickup-Ladefläche. Die enormen Reifen waren eine spezielle Serie von Pirelli.

Der gigantische Countach Motor führte dazu, dass der LM der schnellste Geländewagen der Welt war: er erreichte eine Höchstgeschwindigkeit von 201 km/h, während er mit einer Beschleu-

■ RECHTS *Die Unverfrorenheit des LM002 konnte nur bewundert werden. Das Ungetüm war als Geländewagen für die Armee geplant worden, fand aber Anklang bei allen, die genug Geld hatten und Wüsten durchqueren wollten.*

nigung von 0-100 in 8.5 Sekunden manchen Sportwagen vor Neid erblassen ließ. Natürlich musste man dafür mit einem enormen Benzinverbrauch bezahlen – etwa 30 Liter auf 100 km – der 318 Liter fassende Benzintank war wirklich notwendig…

Seine Fähigkeiten im Gelände waren allerdings dank Einzeladaufhängung und großer Bodenfreiheit extrem beeindruckend.

Wenn man von einem Geländewagen ein eher zweckmässiges Interieur erwartete, wurde man beim LM angenehm überrascht. Er erwies sich als äußerst bequem. Trotz seines brutalen Charakters war er serienmäßig mit Lederbezügen, Klimaanlage, jeder Menge elektrischer Spielereien, einem hölzernen Armaturenbrett und weichem Teppich ausgestattet.

■ LINKS *Die größten Haubenausbuchtungen der Welt waren nötig, um Platz zu schaffen für den leistungsstärksten Motor, den je ein Standard 4x4 Modell erhielt.*

LAMBORGHINI LM002 (1985–93)

Motor	V-Zwölf-Zylinder
Hubraum	5167 ccm
Leistung	450 PS @ 6800 U/min
Getriebe	5-Gang, Allradantrieb
Spitze	203 km/h
Stückzahl	nicht angegeben

■ LINKS *Auf der Straße wurde der LM002 zum GTI; er erreichte 203 km/h und kam in 8.5 Sekunden von 0-100 km/h. Die Strafe hierfür war der größte Benzinverbrauch, der jemals für einen Produktionswagen angegeben wurde.*

LAMBORGHINI

■ RECHTS *Eine „teuflische" Versammlung: SV, Renn-SV-R, Roadster, Standard 2-Radantrieb und VT 4-Allradantrieb Modelle.*

■ LAMBORGHINI DIABLO

„Diablo" ist das spanische Wort für Teufel, eine ungewöhnliche Namenswahl für den italienischen Nachfolger des legendären Coutach. Der Diablo war Lamborghinis erstes Produkt, das während der kurzen Periode unter Chrysler entstand; seine Entwicklung kostete 84 Millionen Dollar.

Der Nachfolger des Countach zu sein war keine leichte Aufgabe, aber der Diablo war erfolgreich. Vor allen Dingen sah er dank der Federführung Marcello Gandinis sehr beeindruckend aus. Die dramatischen scherenähnlichen Flügeltüren wurden auch bei diesem Wagen beibehalten und führten zu einer tief geschwungenen Taillenlinie. Das Heck schien sich ewig lang zu dehnen, der breite Mittelteil war voller Belüftungsöffnungen. Die Luftkanäle wirkten äußerst zielbewusst, während die Front nicht tiefer oder abgehackter hätte sein können. Die Konstruktion bestand aus Aluminium und Kunststoffkomponeneten, das Chassis war mit Carbonfaser verstärkt.

Mechanisch orientierte sich der Diablo am Countach. Sein Motor war eine Weiterentwicklung des V-Zwölfs mit Katalysator und sequentieller Einspritzung. Das Ergebnis waren 492 PS und einer der besten Sounds, den je ein Wagen produziert hat. Es hatte ein neues Fünfganggetriebe, das so ausgelegt war, dass man im zweiten Gang 161 km/h erreichen konnte.

Lamborghini behauptete, dass der Diablo mit seiner Spitzengeschwindigkeit von 325 km/h in der Lage war, seinen Erzrivalen, den F40 von Ferrari, zu schlagen. Tests mit dem leichtgewichtigeren und leistungsstärkeren Sondermodell SE30 ergaben eine Beschleunigung von 0-100 in 4.2 Sekunden. Nur sein

■ OBEN *Noch schneller als der Countach, den er ersetzte: der Diablo – oder „Teufel" – war ein echter Gigant in der Welt der Superautos.*

LAMBORGHINI DIABLO (1990–)	
Motor	V-Zwölf-Zylinder
Hubraum	5729 ccm
Leistung	492–525 PS
Getriebe	5-Gang
Spitze	299–338 km/h
Stückzahl	noch in Produktion

■ LINKS *Das unwahrscheinlich lange Heck beherbergte den Motor, die Türen waren eine Fortsetzung des vom Countach bekannten Themas.*

■ OBEN *Der außerordentlich aufgeräumt aussehende V-Zwölf Motor hatte in seiner Originalform nicht weniger als 492 PS.*

■ OBEN *Im Vokabular Lamborghinis stand SV für Sport Veloce, was für Leichtgewicht, massive Power (510 PS) und spezielle Ausrüstung für maximale Beschleunigung stand.*

■ OBEN *Auf seinem Weg zu 325 km/h Spitzengeschwindigkeit ließ der Diablo aus den vier Auspuffrohren eine blaue Rauchwolke hinter sich.*

■ LINKS *Die Schaltung im Ferraristil vor der beeindruckenden Vielfalt an Kontrollen. Das System der Klimaanlage war komplex genug, um die vordere Fläche zu füllen.*

Umfang und die schwere Lenkung nahmen diesem guten Wagen etwas von seinem Reiz.

Die meisten Schwächen des Countach – beengendes Interieur, schlechte Sicht, schwieriger Einstieg – waren beim Diablo beseitigt worden. Auf ausreichend Stauraum wurde immer noch viel Wert gelegt, das Interieur hatte Klasse, die Sitzposition war exzellent, der Fahrer konnte von seinem Sitz aus die Einstellung des Fahrwerks kontrollieren. Lamborghini war zuversichtlich pro Jahr 500 Wagen verkaufen zu können, weit mehr, als es je beim Countach der Fall gewesen war.

Das neue Modell für 1991 war der VT (Viscous Transmission) mit Allradantrieb, wobei die Vorderräder allerdings nur 29 Prozent der gesamten Leistung erhielten.

Der Allradantrieb machte das Fahrverhalten besser, und die serienmäßige Servolenkung führte dazu, dass das Leben hinterm Steuer einfacher wurde. Obwohl das insgesamt größere Gewicht des Wagens ein Nachteil war.

1996 folgte der Roadster, der ein Diablo mit abnehmbaren Dach war. Er sollte gegen den ähnlich angelegten Ferrari F50 antreten. Der SV (Sport Veloce) war der konzentrierteste der Diablos: ein 510 PS Motor, geringeres Gewicht und höhere Beschleunigung – es bestand kein Zweifel, dass dies der beste aus der Familie der Diablos war.

■ LINKS *Die Roadster Version hatte ein Hardtop, das entweder komplett entfernt oder nur zurückgeschoben und über dem Motorraum befestigt werden konnte.*

LANCIA

■ LINKS *Der 1976er Gamma war Lancias Versuch, Anteil am Markt der größeren Limousinen zu erhalten. Der Gamma war ein seltener Anblick. Er wurde fast ausschließlich von italienischen Botschaftsangehörigen gekauft.*

■ LANCIA GAMMA

Als Fiat 1969 die Kontrolle über Lancia und damit auch ihren immensen Schuldenberg übernahm, vermuteten viele Experten, dass es von dem Zeitpunkt ab keine wahren Lancias – technisch fortgeschrittene Wagen mit sportlichem Charakter – mehr geben würde. Sie irrten sich. Die von Pininfarina designte Gamma Limousine und das Coupé, die 1976 in Genf vorgestellt wurden, hatten all die Eigenschaften, die man mit Lancia assoziierte.

■ OBEN *Für die 70er Jahre war das Interieur des Gamma ungewöhnlich attraktiv und stilvoll.*

■ OBEN *Es war eine ungewöhnliche Entscheidung, den Luxuswagen mit einem 4-Zylindermotor auszustatten.*

Sie verwendeten einen großen 2.5-Liter 4-Zylinder Motor, während Wagen dieser Größe normalerweise mindestens mit einem 6-Zylindermotor ausgestattet waren. Obwohl der Motor drehmomentstark und sanft bei hohen Drehzahlen war, fiel es den Käufern nicht leicht ihn zu akzeptieren.

Er war im Leerlauf laut und unausgereift und erhielt unmittelbar einen schlechten Ruf aufgrund zahlrei-cher ernsthafter Mängel: Überhitzen etwa war an der Tagesordnung. Es war eine Schande, dass der Gamma so unausgereift war. Denn an sich fuhr er sich hervorragend, war ausgewogen und hatte eine der besten Servolenkungen. Die Limousine sah auf ihre eigene Art gut aus; das Coupé war von klassischer Eleganz mit perfekten Proportionen.

Die Modelle der Serie 2 erhielten Einspritzanlagen, auf Wunsch wurden sie mit automatischem Vierganggetriebe ausgestattet und ihre Motoren wurden zuverlässiger. Doch die Verbesserung kam zu spät; 1984 wurde die Produktion des Gamma eingestellt.

1978 baute Pininfarina eine Spider Version des Gamma Coupés; 1980 folgte ein viertüriges Stufenheck mit dem Namen Scala und im Jahre 1982 der Olgiata, ein gutaussehender Kombi – aber leider entstand von diesen drei Modellen nur der Prototyp.

■ LINKS *Eine gut reagierende Lenkung und ausgewogenes Fahrverhalten machten den Gamma zu einem fahrerfreundlichen Wagen. Seine Leistung war beachtlich.*

LANCIA GAMMA (1977–84)	
Motor	4-Zylinder
Hubraum	2500 ccm
Leistung	140 PS
Getriebe	5-Gang manuell 4-Gang Automatik
Spitze	193 km/h
Stückzahl	22085

■ LANCIA MONTECARLO

Dieser interessante Sportwagen mit Mittelmotor begann sein Dasein im Fiatimperium als zukünftiger Bruder des kleinen X1/9. Genaugenommen lief dieses Projekt unter dem Namen X1/20, aber eine Umstellung der Prioritäten brachte das neue Modell in Lancias Hände.

Der Montecarlo wurde bei der Genfer Automobilausstellung 1975 als geschlossenes Coupé und als Spider Version mit Targadach vorgestellt. Seine klaren Linien, die auffälligen schwarzen Stoßstangen, eine vorwärtsstrebende Front und die hintere Dachsäulen sorgten für Aufregung bei den Fans.

■ OBEN *Der Montecarlo aus der ersten Serie wurde aufgrund seiner Bremsleistung und Straßenlage bei schlechtem Wetter kritisiert und nach zwei Jahren aus der Produktion genommen.*

■ OBEN *In der Broschüre wurden die Rennerfolge des Montecarlo gefeiert. Der Sportwagen lief mit Mittelmotor*

■ LINKS *Pininfarina entwarf die Form des Montecarlo rund um den Mittelmotor. Beachten Sie die hinteren Träger.*

■ OBEN *Das Cockpit des reinen Zweisitzers hatte jede Menge italienisches Flair und ein abnehmbares Targadach.*

LANCIA MONTECARLO (1978–84)	
Motor	4-Zylinder
Hubraum	1995 ccm
Leistung	120 PS
Getriebe	5-Gang
Spitze	190 km/h
Stückzahl	7595

Viele Teile des Montecarlo stammten aus der Lancia Beta Reihe, einschließlich seines 2.0-Liter Motors. So wurden die Kosten niedrig gehalten, und Lancia war in der Lage, den von vielen als Miniatur-Ferrari bezeichneten Wagen für einen Spottpreis zu verkaufen.

Er hatte allerdings auch seine Nachteile: der Motor war für einen Sportwagen nicht stark genug, die Bodenhaftung war bei feuchtem Wetter geradezu gefährlich, und die vorderen Bremsen blockierten leicht. All dies zwang Lancia 1978 die Produktion abzubrechen und für 18 Monate ans Zeichenbrett zurückzukehren.

Als der Montecarlo 1980 erneut erschien, hatte man sich um alle Probleme gekümmert. Die Vorderbremsen funktionierten nach Verzicht auf den Bremskraftverstärker tadellos, das Heck blieb durch verbesserte Radaufhängung unter Kontrolle. Neu waren außerdem der Grill, größere Räder und eine 6jährige Rostschutz-Garantie. Als die Produktion 1984 beendet wurde, gab es keinen Nachfolger, der Montecarlo war Lancias letzte Sportwagen.

■ RECHTS *Lancias Montecarlo war verwandt mit dem Fiat X1/9, er war größer und leistungsstärker, genauso attraktiv und von hohem Wert.*

LANCIA

■ LINKS *Das magische Emblem des HF Integrale stand bald für alles, was begehrenswert war in der Welt der Hochleistungswagen.*

■ LANCIA DELTA INTEGRALE

In Italien steht das Wort „*Integrale*" für voll oder komplett – und diese Begriffe beschreiben sehr passend die Fähigkeiten des Delta Integrale von Lancia. Obwohl er ursprünglich als Rennwagen geplant war, stellte sich schnell heraus, dass er sich hervorragend für den Gebrauch auf der Straße eignete.

Lancia war ein gleichbleibend starker Teilnehmer bei Rallyes. Man erinnere sich nur an den Stratos und den 037 – und sie hatten 1984 den mit Mittelmotor und Allradantrieb ausgestatteten Delta S4 Gruppe 4 Wagen gebaut. Als die Wagen der Gruppe B jedoch aufgrund zahlreicher Unfälle mit Todesfolge verboten wurden (sie erhielten daraufhin den Spitznamen „Killer B's"), wendete sich die allgemeine Aufmerksamkeit im Jahr 1987 auf die harmlosere Katagorie der Gruppe A.

Lancia produzierte den allradangetriebenen Delta HF 4x4 als Auftakt für das Integrale Modell, das mit seinen

■ OBEN *Im Gelände gab es kaum einen Wagen, der mit Geschwindigkeit und Straßenlage des Integrale Schritt halten konnte.*

■ LINKS *Besonders in unwegsamem Gelände glänzte der Integrale. Bei Rallye-Weltmeisterschaften dominierte er für Jahre.*

LANCIA DELTA INTEGRALE (1988–94)	
Motor	4-Zylinder
Hubraum	1995 ccm
Leistung	185–215 PS
Getriebe	5-Gang manuell
Spitze	209–220 km/h
Stückzahl	etwa 25000

■ RECHTS *Bei schlechten Wetterverhältnissen war der Integrale eines der geeignetsten Geräte; er fuhr sicher und dennoch schnell.*

breiten Radgehäusen und fetten Reifen im Oktober 1987 vorgestellt wurde. Der Integrale fegte bei Rallyes sofort alles vom Brett, gewann 14 Weltmeisterschaftsrallyes in 18 Monaten und verhalf Miki Biasion zu zwei Weltmeistertiteln.

Normale Autofahrer erkannten schnell, was in diesem fantastischen Wagen steckte. Das anspruchsvolle Allradantriebssystem sorgte für hervorragende Bodenhaftung, während er mit dem 185 PS 2-Liter Motor schneller durchs Land schoß als so ziemlich jeder andere Wage auf der Straße. Der Integrale war der schnellste und sicherste Wagen der Welt, um von A nach B zu kommen – und zudem hatte er noch eine praktische Heckklappe. Auch innen hob er sich ab: er verfügte über Recaro Sitze, elektrische Fensterheber und einzigartige Instrumente.

Mit zunehmendem Alter wurde er immer besser. 1989 wurde der alte 8-Ventil Zylinderkopf durch einen 16-ventiligen ausgetauscht, der die Leistung auf 200 PS erhöhte. Dies geschah hauptsächlich, weil er die Rennzulassung erhalten sollte, und es dauerte nur ein paar Monate, bis 5000 Wagen verkauft waren. Die 16V Wagen gewannen 13 Weltmeisterschaftsrallyes, und 1991 holte sich Kankkunen in einem den Titel. Gleichfalls 1991 erschien ein weiterentwickelter HF Integrale mit noch mehr Power (210 PS und später – dank eines größeren Auspuffs – 215 PS). Er hatte noch breitere Radgehäuse; Kühlergrill, Ansaugöffnungen, Motorhaube, Kotflügel, Stoßstangen und Schürzen waren überarbeitet, außerdem hatte er einen einstellbaren Heckspoiler. Im Frühjahr 1992 waren die vorgeschriebenen 5000 Wagen verkauft, und Lancia war führte erneut in der Marken-Meisterschaft.

■ UNTEN *Die große Stärke des Integrale war das Nehmen von Kurven mit hohem Tempo; dabei ließ er fast jeden anderen zurück.*

■ OBEN *Lancias Delta Integrale hatte schnell einen großen Einfluss auf die Motorwelt. Seine effektive Mischung aus Allradantrieb und Leistung führte dazu, dass er noch während seiner Produktionszeit zur Legende wurde.*

LEXUS

LEXUS SC

1989 machte sich Toyota daran, die besten Marken Europas in deren eigenem Spiel zu schlagen. Man wollte die beste Luxuslimousine der Welt produzieren, und damit Mercedes-Benz, BMW und Jaguar die Show stehlen – obwohl das Unternehmen in diesem Bereich des Marktes keinerlei Erfahrung hatte. Sie erfanden die neue Marke Lexus, schickten ihre Designer nach Kalifornien, um herauszufinden, was die Kunden wirklich wollten und entwickelten dann die LS400 Limousine – einen Wagen, der beachtlichen Erfolg als echte Alternative zu Europas klassischen Markennamen hatte.

1991 kam die sportlichere Coupéversion auf den Markt, die in den USA als Lexus SC und in Japan als Toyota Soarer

■ OBEN *In Exportmärkten lief das von Toyota gebaute Coupé unter dem Namen Lexus SC. Hier das SC400 Modell.*

■ RECHTS *Der Lexus lieferte eine Herstellungsqualität der Superlative mit attraktivem Styling und umwerfenden Fähigkeiten.*

■ LINKS *Hochanspruchsvolle Elektroniken dominierten im Motorraum des SC. Es gab ihn mit Motoren von 2.5- bis 4-Litern.*

■ UNTEN *Die Coupéversion basierte auf der viertürigen Lexus LS400 Limousine, hatte aber mehr Stil und einen sportlicheren Einschlag.*

LEXUS SC (1991–)	
Motor	6-Zylinder
Hubraum	2491–3969 ccm
Leistung	225–280 PS
Getriebe	5-Gang manuell 4-Gang Automatik
Spitze	235–250 km/h
Stückzahl	noch in Produktion

■ RECHTS *Der Toyota Soarer setzte sich nicht nur in Japan, sondern auch in den Staaten durch, wo er Mercedes-Benz and BMW die Käufer weg lockte.*

■ UNTEN *Navigation per Satellit war die absolute Neuheit im Jahre 1991. Auch die Funktionen der Klimaanlage wurden auf diesem LCD Monitor kontrolliert.*

lief, in Europa jedoch nie offiziell vermarktet wurde.

Die beeindruckenste Eigenschaft des SC war seine klare, zurückhaltende und doch dramatische Gestalt, die in Toyotas kalifornischem Designstudio entworfen wurde. Obwohl das Coupé auf dem Chassis der Limousine basierte, war sein Profil frisch und wies zahlreiche attraktive Details auf – wie etwa die über die gesamte Breite der Motorhaube ein-gelassene Scheinwerfer.

In Japan lautete die Schlagzeile für den Soarer „for mind cruising" (zum Gedanken spielen lassen) – was das Hauptziel dieses neuen Modells umschrieb: seine Passagiere so entspannt und bequem wie möglich über weite Strecken ans Ziel zu bringen. Dies geschah zudem auch noch überaus schnell.

Die neue SC-Reihe wurde mit drei verschiedenen Motorgrößen angeboten, vom 225 PS 3.0-Liter 6-Zylinder bis zum 4.0-Liter V-Acht, der auch in der Limousine verwendet wurde, sowie einem in den USA nicht angebotenen 2.5-Liter Twin Turbo 6-Zylinder Reihen Motor mit 300 PS. Die 4.0-Liter Maschine hatte 280 PS und kam mit automatischem Getriebe in 6.9 Sekunden von 0-100 km/h, während der handgeschaltete Fünfgang Twin Turbo dies in 6 Sekunden schaffte.

■ LINKS *Das total digitale Armaturenbrett war vielleicht ein bißchen zu verspielt, passte aber perfekt zum Hightechstil des Lexus.*

Es gab auch drei verschiedene Systeme der Radaufhängung. Das erste waren konventionelle Federn; das zweite war das Piezo TEMS, ein elektronisches Luftfederungssystem, das konventionelle Stoßdämpfer überflüssig machte. Es wurde durch einen Mikrochip im Computersystem kontrolliert, stellte ununterbrochen die Federung jedes Rades abhängig von dessen Belastung neu ein. Für die Top-Modelle gab es eine so genannte Voll-Aktiv-Federung

Toyotas Ingenieure unternahmen jede Anstrengung, um das Fahren des Soarer zum anspruchsvollen Kinderspiel zu machen; modernste Technik und höchste Bequemlichkeit erlaubten dem Fahrer absolut sorgloses Fahren.

■ RECHTS *Die Radaufhängung des Lexus machte ihn zu einem perfekten Kurvenfahrer. Sein Fahrverhalten war besser als das fast aller anderen Coupés seiner Klasse.*

LOTUS

■ LINKS *Giugiaros Prototyp Esprit aus dem Jahre 1972 sah der endgültigen Version des Wagens erstaunlich ähnlich.*

■ LOTUS ESPRIT

Colin Chapman, der Gründer der Firma Lotus, hat von sich immer behauptet, dass er nur Autos bauen würde, die er auch besitzen wollte. Was erklärt, warum die Konstruktionen, die er mit zunehmendem Alter entwarf, immer anspruchsvoller und reifer wurden. In den frühen 70ern waren die Tage des in Baukastenform verkauften Lotus 7 vorüber, und eine neue Ära begann.

Chapman zeigte sich extrem beeindruckt von einem Prototypen mit Mittelmotor, den Giorgetto Giugiaro 1972 für Lotus entworfen hatte. Dies war der Wagen, der mit nur geringfügigen Änderungen der neue Lotus Esprit wurde, der zum ersten Mal im Oktober 1975 präsentiert wurde.

Von der Konstruktion her war der Esprit ein klassischer Lotus mit Stahlchassis, unabhängiger Radaufhängung und GFK Karosserie, und er war mit Lotus brilliantem 2.0-Liter 16-Ventil 4-Zylinder Mittelmotor ausgerüstet. Dies führte nicht nur zu für die damalige Zeit überzeugender Leistung, sondern erzeugte auch den Lotus mit den wohl besten Fahreigenschaften von allen. Das 5-Ganggetriebe stammte direkt vom Citroën SM.

Giugiaros klares und einfaches Karosseriedesign überstand den Test der Zeit in Ehren. Das interessante Interieur war über die Jahre vielleicht weniger ansprechend. Zu seiner Zeit jedoch war der Esprit als Sportwagen auf dem neuesten Stand der Technik.

Lotus blieb durch ständige Weiterentwicklung Kopf an Kopf mit der Konkurrenz. Eine S2 Version mit integriertem vorderem Spoiler erschien 1978, und der S2.2 mit 2.2-Liter Motor folgte 1980, im selben Jahr, in dem auch der spektakuläre Esprit Turbo präsentiert wurde. Der 2.2-Liter Turbomotor hatte 210 PS. Soviel, dass ein stabileres Chassis mit größeren Rädern und Bremsen sowie eine überarbeitete Radaufhängung notwendig wurden.

■ OBEN *Klare Linien, Mittelmotor und sagenhaftes Handling machten den Esprit zu einem begehrenswerten Sportwagen.*

■ OBEN *Die Innenausstattung des Esprit war interessant, das abgeschrägte Armaturenbrett war ein Hauptmerkmal.*

■ LINKS *Durch einen Turbolader vergrößerte Lotus die Power des 4-Zylinder Motors. Bis zu 264 PS waren eine bemerkenswerte Leistung für einen 2.2-Liter Motor.*

■ LINKS *Alle Esprit Modelle waren schnell, und kein anderer Wagen hatte ein Handling wie der Esprit. Hier ein Modell der Serie 3.*

■ LINKS *Der Esprit erwies sich als sehr beständiges Modell für die Firma aus Norfolk.*

■ OBEN *In seiner stärksten Form hatte der Esprit einen V-Acht Motor und ein hervorragendes Verhältnis von Leistung zu Gewicht.*

Der S3 aus dem Jahre 1981 verwendete im wesentlichen das Chassis des Turbo; es wurde ein vorderer Rundumstoßfänger hinzugefügt. In dieser Form hielt er sich bis der bei Lotus fest angestellte Designer Peter Stevens der Karosserie ein brilliantes Facelift verpasste, indem er sanftere und aerodynamischere Linien kreierte. Außerdem wurde das Chassis stabiler, und das existierende Getriebe wurde gegen Renaults GTA ausgetauscht. Der populäre Turbo hatte jetzt über 264 PS.

1993 folgte die nächste Überarbeitung. Frontbereich und hintere Kotflügel wurden umgeformt, das Interieur verbessert, Servolenkung kam jetzt serienmäßig. Zwei neue Modelle wurden vorgestellt: der S4 und der Sport 300 mit einem 302 PS starken Motor (weiter mit 2.2 Litern und 4 Zylindern).

1996 war der Esprit 21 Jahre alt und immer noch erfolgreich, aber er brauchte dringend mehr Power, um mit Ferrari mithalten zu können. Zu diesem Zweck entwickelte Lotus den V-Acht Motor mit Doppelturbolader und 349 PS – es entstand der neue Esprit V8.

■ LINKS *1987 wurde der Esprit von Peter Stevens komplett überarbeitet: er rundete die Ecken ab und machte ihn länger.*

■ UNTEN *Trotz seines zunehmenden Alters blieb der Esprit ein wettbewerbsfähiger und sehr britischer Sportwagen.*

LOTUS ESPRIT (1975–)

Motor	4/V-Acht-Zylinder
Hubraum	1973–3179 ccm
Leistung	160–349 PS
Getriebe	5/6-Gang
Spitze	209–274 km/h
Stückzahl	9150 (bis Ende 1996)

LOTUS

■ LINKS *Der Elan erkämpfte sich den Weg in die Bücher der Autogeschichte durch sein aufregendes Handling, was um so bemerkenswerter ist, da er der erste Lotus mit Frontantrieb war.*

■ LOTUS ELAN

In den 60ern stand der Name Elan einzig und allein für einen kleinen Rennwagen mit hervorragendem Handling, der größtes Fahrvergnügen bot. Als Lotus 1989 beschloss diesen Namen für das erste neue Modell seit 14 Jahren wiederzubeleben, waren man sich völlig der Aufgabe bewusst, die es zu lösen galt. Und im Wesentlichen gelang es auch, einen würdigen Nachfolger zu erschaffen.

Das Konzept für den neuen Elan war anders als alles andere, was Lotus bis dahin versucht hatte. Und dies aus einem Grund: er erhielt Frontantrieb. Falls Lotus Enthusiasten angesichts dieser Entwicklung nervös wurden, gab es dafür keinen Grund. Denn das Fahrverhalten des Elan war hervorragend.

Peter Stevens designte die stummelförmigen Linien des Wagens, ex-Formel 1 Rennfahrer John Miles enwickelte die interaktive Radaufhängung. Für den Motor – einen 1.6-Liter Doppelnockenwellen Motor – wendete Lotus sich an die japanische Firma Isuzu.

Der Elan wurde zu einem angemessenen Preis verkauft – zu angemessen, wie sich herausstellte. Denn Lotus machte bei jedem verkauften Modell ein Minus. Dennoch waren die Verkaufszahlen enttäuschend, hauptsächlich, weil der weltweite Rückgang der Wirtschaft erste Folgen zeigte. Zudem war der MX5 von Mazda, der ähnliche Leistungen zum halben Preis anbot, fast zum selben Zeitpunkt erschienen. Aufgrund finanzieller Probleme sah Lotus sich nach zwei Jahren gezwungen die Produktion einzustellen.

Die Rettung kam in Gestalt von Bugatti, die Lotus von General Motors kauften und 1994 mit existierenden Komponenten eine auf 800 Wagen begrenzte Produktion des S2 Elans begannen. Diese Wagen erhielten eine bessere Radaufhängung, größere Räder, andere Sitze und weitere Verbesserungen.

OBEN *Schwarz und rot: das Cockpit war völlig darauf abgezielt, das Fahrerlebnis auch optisch zum Genuss zu machen.*

LOTUS ELAN (1989–94)

Motor	4-Zylinder
Hubraum	1588 ccm
Leistung	130–165 PS
Getriebe	5-Gang
Spitze	196–220 km/h
Stückzahl	4655

■ LINKS *Peter Stevens schuf ein Meisterwerk des Designs, keine schlechte Leistung, wenn man bedenkt, wie kurz das Fahrwerk war.*

■ OBEN *Der Zweisitzer hatte ein effektives Faltdach, das ihn zum Ganzjahres-Wagen machte.*

■ RECHTS *Der seit Jahren erste neue Lotus wurde mit intensiver Aufmerksamkeit empfangen, und der Elise war eine Revolu-tion im Sportwagendesign.*

■ LOTUS ELISE

Niedriges Gewicht hatte stets Priorität, wenn Colin Chapman einen neuen Lotus entwarf. Nach seinem Tod im Jahre 1982 blieben die Lotus Ingenieure seinem Stil treu. Und der Elise, bei dem dieses Prinzip auf die Spitze getrieben wurde, erwies sich als würdiger Nachfolger für den unsterblichen Lotus 7.

Das Hauptmerkmal des Elise – und der Grund, warum er so leicht war – war das perfekt funktionelle Chassis. Im Gegensatz zur Lotus Tradition war es eine Monocoque-Konstruktion, geformt aus leichtgewichtigen Aluminiumblechen, die wortwörtlich in Form gezogen und verbunden wurden. Auch die Bremsen bestanden aus einem Aluminumgemisch.

Die Radaufhängung war so gut, dass sie auf Stabilisatoren verzichten konnte. Und Testfahrer lobten den Elise als einen Wagen mit unvergleichlichem Fahrverhalten.

Während der Elan aus dem Jahre 1989 einen Frontmotor und Frontantrieb hatte, lief der Elise mit Mittelmotor und Hinterradantrieb – es war ein Vergnügen ihn zu fahren. Der verwendete Alumotor sowie das Getriebe stammten aus der 1.8-Liter K-Serie von Rover, die auch im MGF verwendet wurde.

Das beste am Elise – neben seinem hervorragenden Handling – war sein vergleichsweise niedriger Preis.

LOTUS ELISE (1996–)

Motor	4-Zylinder
Hubraum	1795 ccm
Leistung	120 PS @ 5500 U/min
Getriebe	5-Gang
Spitze	200 km/h
Stückzahl	noch in Produktion

■ OBEN *Das Aluminiumchassis war im Cockpit nicht verkleidet, ein glänzender Schritt, der voll im Einklang stand mit der schlichten Sportwagenphilosophie.*

■ OBEN *Dank des extrem niedrigen Gewichts zeigte der Elise trotz des kleinen 120 PS Motors gute Leistung: von 0-100 km/h in 5.5 Sekunden war außerordentlich schnell.*

ANDERE MARKEN

■ LAND-ROVER

Nach dem Zweiten Weltkrieg brauchte Großbritannien einen Geländewagen im Stil des Jeeps, und so wurde 1948 das Willys Modell als Vorlage für die Erschaffung des Land-Rovers gewählt. Er wurde schnell zur internationalen Legende, war zäh und im Gelände unangreifbar. Die Basiskonstruktion ist heute noch als Defender in Produktion, obwohl Land-Rover 1970 in einem Nebenzweig mit der Produktion des Range Rovers begann, dem in den 80ern der Dicovery und in den 90ern die kleinere Freelander Serie folgten.

■ LIGIER

Der französische Millionär, Rennfahrer und Ex Rugbyspieler Guy Ligier beschloß 1970 seinen eigenen Sportwagen zu bauen. Er nannte ihn JS, zu Ehren seines Freundes Jo Schlesser, der 1969 bei einem Autorennen ums Leben gekommen war. Für die Präsentation beim Pariser Salon im Jahre 1970 erhielt der Wagen den Motor des Ford Capri, die Wagen aus der späteren Produktion hatten Citroëns SM V-Sechs Motoren. Ligier fuhr fort mit der Herstellung sehr erfolgreicher Formel 1 Rennwagen und einer Reihe von Kleinstwagen.

■ LINCOLN

Die Topmarke der amerikanischen Fordpalette ist der Lincoln, dessen meistverkauftes Modell, der Continental, in den 70ern total aufgeblasen wirkte. Jede andere Marke war bereits lange verkleinert worden, nur Ford fuhr fort damit „full-size" Wagen anzubieten. Doch 1977 gab es eine Alternative: den luxuriösen, kompakten Lincoln Versailles, der sich allerdings nicht besonders gut verkaufte. Erfolgreicher waren die großen Coupés wie der Mark VII und der LSC.

MARCOS

MARCOS

Der Marcos war das gemeinsame Werk zweier schillernder Charaktere aus der Welt des Motorsports, Jem Marsh und Frank Costin. Das erste Modell, das sie entwarfen, war ein aus Holz hergestellter Sportwagen, der zwar auf der Rennstrecke hervorragend lief (Jackie Stewart fuhr einen), aber so grässlich aussah, dass er den Spitznamen „hässliches Entlein" erhielt.

Aus diesem ungewöhnlichen Wagen entstand 1963 der endgültige Marcos, der praktisch bis heute in dieser Form produziert wird. Die Brüder Dennis und Peter Adams designten den neuen Marcos, der bei der 1964er Racing Car Show die Aufmerksamkeit auf sich zog. Er bestand aus einer futuristischen GFK Karosserie, die auf dem bestehenden, hölzernen Fahrgestell saß.

Ursprünglich hatte man den Plan gehabt, einen völlig neuen Wagen mit extra entwickelter Radaufhängung zu konzipieren. Aber finanzielle Gründe führten zur Verwendung von Triumph-Komponenten an der Vorderachse, während das Heck eine neue DeDion Aufhängung erhielt. Später wurde eine Radaufhängung von Ford verwendet. Als Motoren kamen sowohl Einheiten von Ford, Volvo als auch von Triumph zum Einsatz.

In den 60ern erschien der Mini-Marcos, ein hässliches, kleines, aber billiges Auto, das mit dem Mini Motor fuhr; er hielt sich noch bis ins Jahr 1994.

■ OBEN *In den 80ern begann der Gründer von Marcos, Jem Marsh, das Konzept für das Basiscoupé zu ändern; er führte zum Beispiel die Cabrioversion ein.*

■ OBEN *Enthusiasten respektieren das Marcos Emblem: die Firma kann eine lange Liste eindrucksvoller Sportwagen mit Wettbewerbserfolgen vorlegen.*

■ OBEN *Die Tatsache, dass Marcos mit der Produktion dieses GT im Jahre 1964 begann und er in seinem vierten Jahrzehnt immer noch ein populärer, junger Sportwagen ist, ist beeindruckend.*

■ OBEN *Die Modelle von Marcos waren nicht nur allesamt aerodynamisch und leicht, sondern auch unglaublich schnell und stark, besonders die ab Mitte der 80er mit dem modifizierten Rover V-Acht Motor.*

MARCOS GT (1964–)

Motor	4/6/V-Acht-Zylinder
Hubraum	1498–4999 ccm
Leistung	82–352 PS
Getriebe	4/5-Gang manuell
Spitze	177–275 km/h
Stückzahl	bis heute etwa 1500

■ RECHTS *Kein anderer Wagen ähnelte der Form des Marcos; er war gleichzeitig muskulös, individuell und futuristisch.*

■ OBEN *Trotz des extrem niedrigen Profils gab es genug Raum für die Bequemlichkeit des Fahrers. Die Sitze waren auf eine Position festgelegt, aber die Pedale waren verstellbar.*

Marcos zog sich 1971 für einige Zeit aus der Fahrzeugproduktion zurück; danach leistete Marsh für weitere zehn Jahre den Service und lieferte Ersatzteile. 1981 wurde ein Zweisitzer mit einer Auswahl an Ford Motoren vorgestellt. Die Welt lechzte nach neuen Sportwagen, und der Marcos war unmittelbar erfolgreich – besonders, nachdem Marsh in den Mantula aus dem Jahre 1983 einen Rover V-Acht Motor eingebaut hatte. Noch attraktiver war das Spider Modell aus dem Jahre 1985; es hatte ein Faltdach. Alle Marcos verwendeten die gleiche Basisform wie der klassische aus der Feder der Adams Brüder stammende 800 aus dem Jahr 1963 – obwohl sich das Profil durch ausgestellte Radgehäuse sowie breitere Räder und Reifen veränderte.

1992 begann mit der Ankunft des Mantara ein neues Kapitel mit veränderter Vorderradaufhängung und einer sehr radikalen Interpretation der klassischen Form. Der Mantara kam auf Wunsch mit einem Rover 4.5-Liter Motor, der eine Höchstgeschwindigkeit von 257 km/h mit einer Beschleunigung von 0-100 in unter 5 Sekunden möglich machte.

Noch spektakulärer war die 1994er LM Serie, deren Buchstabenkürzel im Namen auf Marcos´ Ziel hinwies, damit am Rennen von Le Mans teilzunehmen. Es gab zwei Versionen: den LM500 mit einem 4.0-Liter V-Acht Motor und den LM600 mit einem 5.0-Liter Motor und 320 PS, der 272 km/h Spitze lief.

1996 erschien der Mantis mit 274 km/h Spitze. Mit Hilfe des Ford Viernockenwellen V-Acht Motors erreichte er 100 km/h in 4.1 Sekunden.

■ OBEN *Mit der Zeit erhielten die Wagen von Marcos wildere Rundungen und aerodynamische Zusätze. Hier ein 1993er Mantara.*

■ RECHTS *1996 wechselte Marcos beim Mantis vom Rover zu einem Ford V-Acht Motor. Mit einer Spitzengeschwindigkeit von 275 km/h war er jetzt ein absoluter Spitzenklassewagen.*

MASERATI

■ MASERATI BITURBO

In den 80ern verblasste der Name Maserati. 1968 hatte Citroën sich für die Firma interessiert, verkaufte sie aber 1975 an De Tomaso, woraufhin die Entwicklung neuer Maserati Modelle stagnierte und die Produktion stark zurück ging. Mit der Einführung eines gewagten, neuen Modells im Jahre 1981 wollte man versuchen, die Verkaufszahlen wieder in die Höhe zu treiben, was dem Biturbo mit Sicherheit auch gelang – leider fügte er dabei dem Ruf Maseratis einen chronischen Schaden zu.

Der Wagen hatte seine Fehler. Das Hauptproblem aber bestand darin, dass er nicht so aussah oder sich so anfühlte wie ein echter Maserati. Im Stil glich er den Wagen der BMW 3er Serie bis aufs Haar. Aber außer dem Kühlergrill mit dem bekannten Dreizack hatte er nichts von einem Maserati.

Die Stärke des Biturbo war jedoch die Leistung seines mehrventiligen, doppelturbogeladenen V-Sechs Motors. 180 PS machten ihn zu einem schnellen Wagen. Vorausgesetzt, man hatte die Geduld auf den verspätet einsetzenden Turbo-Schub zu warten. Der originale 2.5-Liter Motor wurde 1983 auf 2.5 und 1987 auf 2.8 Liter vergrößert. Zu dieser Zeit lag die Leistung bei 224 PS.

Preis und Emblem machten ihn zu einem sicheren Sieger für De Tomaso. Besonders in Amerika wurde der Biturbo während der blühenden 80er in großen Zahlen verkauft.

Seine oft zitierten Fehler beinhalteten ein schwieriges Handling besonders bei Feuchtigkeit, wenig Platz auf den Rücksitzen und ein Interieur, dessen Stil vom Geschmack her anzuzweifeln war. Aufgrund seines unzuverlässigen Motors blieb er häufig liegen, und insgesamt

■ OBEN *Die Attraktivität der Biturbo Reihe wurde durch die Einführung der viertürigen 425 Limousine im Jahr 1983 noch größer.*

■ LINKS *Das Gewirr an Schläuchen verrät die Technologie, die dem Biturbo den Namen gab: zwei Turbolader. Sie brachten ihn auf 180 PS, setzten aber verzögert ein.*

MASERATI BITURBO (1981–91)	
Motor	V-Sechs Zylinder
Hubraum	1996–2790 ccm
Leistung	180–241 PS
Getriebe	5-Gang manuell
Spitze	212–240 km/h
Stückzahl	etwa 40000

■ LINKS *Die Welt war offensichtlich bereit für eine Sportlimousine mit dem Maserati Emblem; die Popularität des Biturbo bewies dies während der 80er.*

■ UNTEN *Spätere Biturbo Modelle liefen unter den Bezeichnungen 222, 224 (im Bild) und 228. Sie hatten noch mehr Power als frühere Wagen.*

■ OBEN *Das begehrenswerteste aller Biturbo Modelle war wohl das Spider Cabrio. Es bot gleiche Leistung, aber zusätzlich jede Menge Spaß und Platz für vier Erwachsene.*

war seine technische Ausführung eher mangelhaft.

Aber er schaffte es, Maserati wieder ans Licht zu bringen. Er verkaufte sich gut genug, um den verblassenden Namen erneut populär zu machen, und er machte den Anfang für eine überwältigende Flut von Nachfolgemodellen. Dazu gehörte eine viertürige Limousine, die unter den Bezeichnungen 420/425/430 lief, ebenso wie ein Spider Cabrio und in der zweiten Generation die 2.22 und 2.24 Modelle, die allerdings nicht mehr unter dem Namen Biturbo liefen. Hervorragend ausgereift waren die beeindruckend schnellen Karif, Shamal und Ghibli Modelle aus den 90ern, deren Erbe klar zum ersten Biturbo zurückverfolgt werden konnte, die aber sonst wenig mit ihm gemein hatten. Als Ferrari 1997 die Kontrolle über Maserati übernahm und die Qualität dramatisch verbessert wurde, waren die schlechten Zeiten vergessen.

■ OBEN *Luxuriöses Leder und reiches Holz waren ein Kennzeichen von Maserati und machten das Interieur zu etwas besonderem. Auf dem Armaturenbrett dominierte die ovale Uhr.*

■ RECHTS *Die schicke Karosserie im italienischen Stil leistete dem Biturbo viele Jahre lang ausgezeichnete Dienste, obwohl manche Maserati Fans sich über sie beklagten.*

MAZDA

■ MAZDA RX-7

Die Firma Mazda wird wohl als standhaftester Verteidiger des Wankelmotors in die Geschichte eingehen. Ihnen gelang es schließlich seine Probleme zu lösen. Lange nachdem die Pioniere von NSU aufgegeben hatten, arbeitete Mazda in Form einer ganzen Reihe von Modellen an der Entwicklung des Motor-Prinzips weiter.

Mazda war sich der Stärke des Kreiskolbenmotors bewusst. Sein Design war äußerst kompakt, er konnte auf extrem

■ OBEN *Mazdas RX-7 Sportwagen wurde von Enthusiasten absolut respektiert. Seine clevere Form, Geschwindigkeit und Technologie sowie sein Carakter waren hochkonzentriert.*

■ OBEN *Das Herzstück des RX-7 war sein Motor. Lange nachdem andere Hersteller ihn als schlechte Idee verworfen hatten, bewies Mazda seine Funktionstüchtigkeit.*

■ LINKS *Die rauhe Art des RX-7 aus erster Generation war nicht besonders angenehm, sein Kurvenverhalten dagegen beeindruckend.*

■ UNTEN *Der RX-7 aus der zweiten Generation war sanfter, zweckmäßiger und bequemer, hatte aber auch weniger Charakter.*

hohen Umdrehungen laufen und war dabei vibrationsärmer als jeder andere Viertaktmotor. Sein größter Fehler war die Neigung zu hohem Benzinverbrauch.

Das andere Risiko war seine Unzuverlässigkeit. Der Motor hing von der Unversehrtheit der Spitzen des sich im Verbrennungsraum des Motors drehenden Rotors ab. Sie neigten zu schneller Abzunutzung, die dann zu Schwierigkeiten führte. Mittels moderner Technologien bekam man dieses Problem schließlich in den Griff, obwohl der Ruf der Marke zu diesem Zeitpunkt leider schon recht

■ LINKS *Fortschrittliche Materialien und Technologien machten den RX-7 der dritten Generation zu einem extrem schnellen und angenehmen Wagen.*

angekratzt war. In späteren Jahren behielt Mazda den Wankelmotor hochwertigen Coupés und Sporwagen vor.

Der RX-7 war zweifelsohne ein Klassiker. Für einen Wagen seiner Zeit (er kam 1978 heraus), war er wirklich eine einzigartige Mischung aus Stil und Können.

Das Zentrum der magischen RX-7 Formel blieb der Motor. Er war unvergleichlich charismatisch, rund laufend und stark. Mit einer Spitzengeschwindigkeit von 193 km/h war er zwar nicht übermäßig schnell (er kam in 8.6 Sekunden von 0-100 km/h). Aber er war – abgesehen von einer Tendenz zu Fehlzündungen – extrem unterhaltsam. Beim Durchfahren von Kurven gab es wenig, was seinen Enthusiasmus bremsen konnte.

Vom Charakter her war er ein reiner Sportwagen. Wollte man mehr Leistung, so konnte man ihn zu einem RX-7 Spezialisten wie TWR bringen, die die Umwandlung in eine kraftvolle Turboladerversion anboten. Die haifischähnliche Front des RX-7 war sehr charakteristisch und wirkte, besonders mit geschlossenen Scheinwerfern, wie aus einem Guss. Es gab zwei Rücksitze, die jedoch so schmal waren, dass der RX-7 im Grunde genommen ein Zweisitzer war. Die ersten Modelle waren sparsam ausgestattet, spätere hatten elektrische Fensterheber und Spoiler.

Die RX-7 aus der zweiten Generation von 1986 waren größer und schwerer; sie waren eher Straßenkreuzer als Sportwagen. Mit dem Jahr 1992 und dem RX-7 der dritten Generation mit Doppelturbo-Motor befand Mazda sich jedoch wieder in der Liga der Sportwagen. Keiner dieser Nachfolger hatte aber den Purismus des ersten RX-7, der mit einer halben Million verkaufter Modelle zu den erfolgreichsten Sportwagen aller Zeiten gehört.

■ OBEN *Japan hatte von Europas Besten gelernt, das Interieur des neuesten RX-7 strömte ein Gefühl von Klasse und Zielstrebigkeit aus.*

■ OBEN *Das luxuriöse Interieur des 1986-92er RX-7 spiegelt seine Position wider.*

■ UNTEN *1992 entwickelte sich der RX-7 mit zusätzlicher Leistung zu einem echten Supersportwagen. 237 PS waren nicht schlecht für einen Wagen dieser Preisklasse.*

MAZDA RX-7 (1978–86)

Motor	Zweischeiben-Wankelmotor
Hubraum	2 x 573 ccm
Leistung	105–135 PS
Getriebe	5-Gang manuell 3-Gang Automatik
Spitze	182–201 km/h
Stückzahl	474565

MAZDA

■ MAZDA MX-5

In den 80er Jahren kamen Sportwagen völlig aus der Mode – sie waren nicht nur passé, sondern völlig tot. All die großen, offenen Sportwagen waren vergessen: MG, Triumph TR, Fiat Spider; nur der Alfa Spider vesuchte mit wenig Erfolg die Fackel hochzuhalten. Vor diesem Hintergrund fällte Mazda eine mutige Entscheidung: sie wollten ganz allein das Comeback des Sportwagens einläuten.

Dieser Entschluss aus dem Jahre 1989 sollte sich bezahlt machen. Wenn auch andere Hersteller entschieden hatte, dass die Produktion von Sportwagen unprofitabel geworden war – die Käufer hatten andere Vorstellungen. Die Welt wollte immer noch Sportwagen fahren, und Mazda gelang mit dem MX-5 eine perfekte Konstruktion.

Er war ein günstiger, offener Zweisitzer mit Frontmotor und Hinterradantrieb. Viele Betrachter fühlten sich an den MGB erinnert – ein Eindruck, der durch seine kompakten, kurvigen Umrisse noch verstärkt wurde. Der MX-5 übertraf sich selbst mit seinem Fahrverhalten – und fegte damit jede Kritik, ein Plagiat zu sein, vom Tisch. Anders als der MGB mit seinen altmodischen Eigenschaften war der MX-5 ein supermoderner Wagen. Genau die richtige Mischung aus selbstbewusstem Handling, kombiniert mit Sicherheit und Fahrvergnügen.

Bei diesem klassischen Design stimmte einfach alles, von den beziehungsreichen Rücklichtern über die vorderen Klappscheinwerfer bis hin zur Einfachheit seiner Spezifikationen und dem Spaßfaktor. Er war auch unterhalb der Karosserie hervorragend durchdacht. Motor, Getriebe und Kardanwelle saßen auf einem separaten Unterrahmen, für gutes Handling erfolgte die Radaufhängung mittels doppelter Querlenker.

Das Interieur war in bester Sporttradition einfach gehalten: es gab keine elektronischen Spielereien, dafür aber ein großes Maß an Qualität. Der einzige Kritikpunkt war die überleichte Servo-

■ OBEN *Der im Design einfache MX-5 war in dem von allen anderen Herstellern vergessenen Stil hinterradangetriebenener zweisitziger Roadster gebaut.*

■ LINKS *Der 1.8-Liter Motor war zwar einfach, aber genau richtig für einen Wagen, der als erschwinglicher Sportwagen geplant war.*

■ LINKS *Bei hoher Geschwindigkeit beeindruckte der MX-5 seine Fahrer durch ausgezeichnete Kurvenlage.*

■ OBEN *Das Layout der Instrumente und die gewählten Materialien waren schnörkellos. Die Inspiration kam von klassischen Sportwagen.*

■ LINKS *Die Welt nahm den Mazda MX-5 mit offenen Armen auf. Er war ein Wagen, der nach klassischer Formel für pures Fahrvergnügen entwickelt worden war.*

lenkung und eine etwas zu geringe Leistung des 1.8-Liter Motors.

In Japan lief der Wagen als Eunos Roadster, in Europa als Mazda MX-5 und in Amerika als Miata. Auf jedem dieser Märkte wurde das Modell zur Legende. Dank seines angemessenen Preises war er für viele Fahrer erschwinglich und wurde in großer Zahl verkauft. Zugegebenermaßen hatte er keine Konkurrenz, aber man konnte seine grundsätzliche Brillianz nicht abstreiten. Auf jeden Fall verkaufte er sich auf vielen Märkten auch dann noch besonders gut, als bereits Konkurrenz in Form des MGF, des Fiat Barchetta und des BMW Z3 aufgetaucht war.

Der MX-5 hat sich während seiner Laufbahn nur wenig verändert. Der Einbau von Seitenverstärkung und Airbags vergrößerte sein Gewicht, und so erhielt er 1993 einen 1.8-Liter Einspritzmotor; das 1.6-Liter Modell wurde als preisgünstiges Einstiegsmodell beibehalten.

1997 waren bereits 400 000 Modelle des MX-5 verkauft worden.

■ OBEN *Zwei bequeme Sitze, ein offenes Dach und die weite Straße – die einfache Formel für Erfolg.*

■ LINKS *Die Begeisterung über den MX-5 schlug große Wellen. Innerhalb weniger Jahre produzierten auch andere Hersteller ihre eigenen Sportwagen, aufbauend auf dem Erfolg des MX-5.*

MAZDA MX-5 (1989–97)	
Motor	4-Zylinder
Hubraum	1597–1840 ccm
Leistung	90–131 PS
Getriebe	5-Gang manuell 4-Gang Automatik
Spitze	174–196 km/h
Stückzahl	über 400 000

McLaren

■ McLAREN F1

Nicht jeder Designer und Ingenieur erhält die Chance einen Wagen zu bauen, ohne dabei im geringsten auf die Kosten achten zu müssen. Bugatti tat dies vielleicht beim extravaganten Royale aus den 30ern, aber keiner konnte Gordon Murrays McLaren F1 den Rang ablaufen.

Murray war urprünglich Chefdesigner des Brabham Formel 1 Teams. Später wechselte er zu McLaren, und er hatte das brennende, aber bisher unerfüllte Verlangen, ein Auto zu bauen, das sich als das schnellste und anspruchsvollste aller jemals gebauten Autos qualifizieren würde – und natürlich als das teuerste. Trotzdem sollte es ein Wagen werden, mit dem man auch entspannt in die Stadt fahren konnte.

Die Idee nahm im Jahr 1988 bei McLaren Gestalt an, und im März 1989 kündigte Murray seine Pläne öffentlich an. Er war verantwortlich für Entwurf und Entwicklung, während der Lotusdesigner Peter Stevens für die Form der Karosserie zuständig war. BMWs Motorsport Abteilung hatte eingewilligt, einen von Grund auf neuen V-Zwölf Motor zu

■ UNTEN *Der McLaren F1 hatte den hohen Anspruch, der beste Wagen der Welt zu sein. Seine Abstammung von einem Weltmeisterschaftsteam der Formel 1 war maßgebend.*

■ OBEN *Der Kauf eines McLaren blieb ein paar Privilegierten vorbehalten, denn mit 1070000 Dollar war er um einiges teuer als jeder andere bis dahin produzierte Wagen.*

■ OBEN *Der Motorraum wurde von Hand mit einer feinen Schicht reinen Goldes verkleidet, das sich hervorragend zum Ableiten von Hitze eignet.*

MCLAREN F1 (1993–97)	
Motor	V-Zwölf-Zylinder
Hubraum	6064 ccm
Leistung	609–627 PS @ 7400 U/min
Getriebe	6-Gang
Spitze	372 km/h
Stückzahl	100

■ LINKS *Die atemberaubend simple Form war ein Design von Peter Stevens. Die Karosserie wurde aus exotischer Carbonfaser hergestellt.*

■ LINKS *Dynamisch gesehen hatte der F1 keine Konkurrenz: er war in jeder Hinsicht schneller und ausgereifter als irgendein anderer Wagen auf dieser Erde.*

■ OBEN *Der Schöpfer des Projektes, Gordon Murray, bestand auf den Einbau von drei Sitzen, von denen der mittlere für den Fahrer war. Dieses System funktionierte tatsächlich.*

entwickeln. Alles entstand rund um Murrays Wunschvorgaben, wie einem innovativen Innenraum, in dem der Fahrer in der Mitte des Wagens zwischen zwei Passagieren Platz nahm.

Das angestrebte Gewicht war ein weiterer Gesichtspunkt: unglaubliche 1000 kg wurden angestrebt (Ferraris F40 wog 1235 kg, Jaguars XJ220 sogar 1470 kg). Jedes Detail wurde bezüglich einer möglichen Gewichtsreduktion kritisch unter die Lupe genommen.

Mit nicht weniger als 627 PS aus dem 6064 ccm BMW V-Zwölf Motor wurde die von Murray angetrebte, explosive Leistung erreicht. Ex-Formel 1 Fahrer Jonathan Palmer flog im August 1993 nach Italien zur Nardo Teststrecke und brachte den F1 dort in glühender Hitze auf unglaubliche 372 km/h. Tests verrieten noch sagenhaftere Zahlen: 0-100 km/h in etwa 3.2 Sekunden, 0-160 km/h in etwa der doppelten Zeit und von knapp 50 auf gut 100 km/h vergingen nicht mehr als gute Sekunden. Diese Leistung mache den F1 auf der Rennstrecke fast unbesiegbar: der F1 GTR kam in wortwörtlich jedem GT Langstreckenrennen als erster durchs Ziel, und der F1 triumphierte 1995 in Le Mans. Der Anschaffungspreis betrug nicht weniger als 1070000 Dollar: er spiegelte das enorme Budget, das für die Entwicklung notwendig gewesen war, sowie die ultrahohe Qualität der Technologie wider. Nicht zu vergessen die 6000 Arbeitsstunden, die in die Herstellung des F1 gingen. Zusätzlich waren da die kleinen Extras, die den Wagen so speziell machten, wie der mit Gold beschichtete Motorraum, das komplexe Soundsystem und freie Wahl der Farbe. Und wenn man ein Problem mit dem Wagen hatte, kam McLaren mit dem nächsten verfügbaren Jet …

■ OBEN *Jede Komponente des F1 wurde speziell für ihn designt, von den Rädern und Reifen bis hin zum Hifi-System. Alles wurde unter dem Aspekt des Gewichtes entwickelt.*

■ OBEN *Die Hightech-Anzeigen sagten alles: das Tacho geht bis 386 km/h . . .*

■ RECHTS *Der F1 LM war ein in limitierter Auflage gebautes Modell, das in Orange lackiert war, der Farbe des Rennfahrers und Rennwagenbauers Bruce McLaren. Der Wagen hatte einen Heckspoiler und Spezialräder.*

MERCEDES

■ UNTEN *Während andere Roadster in den 70ern immer unförmiger wurden oder schlichtweg ganz verschwanden, produzierte Mercedes-Benz die hervorragende SL Serie.*

■ MERCEDES-BENZ SL

SL war die traditionelle Bezeichnung aller Mercedes Sportwagen. Man nahm an, dass die Kürzel für Sport und Leicht leicht standen. Der erste SL war das 1954er 300SL Flügeltürer Coupé, die populärsten waren die zwischen 1963 und 1971 produzierten Modelle mit dem so genannten Pagodendach.

Als es Zeit wurde diese klassischen SLs zu ersetzen, unternahm Mercedes-benz 1972 einen wichtigen Schritt in die zukünftige Richtung der Firma. Die bei allen vorherigen Modellen verwendeten, übereinander liegenden Scheinwerfer verschwanden und wurden durch starke, horizontale Einheiten ersetzt (US Modelle erhielten ein Paar runder Scheinwerfer). Dazu kamen neuartige Blinker, die einen Vorgeschmack auf die künftige Entwicklung der Limousinen gaben.

MERCEDES-BENZ SL (1989–)	
Motor	6/V-Acht-/V-Zwölf-Zylinder
Hubraum	2799–5987 ccm
Leistung	190–389 PS
Getriebe	5-Gang manuell 4/5-Gang Automatik
Spitze	222–249 km/h
Stückzahl	noch in Produktion

■ LINKS *Der hier gezeigte 500SL ist eine der ultimativen Versionen der W107 Serie. Er hatte einen fabelhaften 5.0-Liter V-Acht Motor mit 241 PS.*

Objektiv betrachtet war der W107 SL ein absoluter Klassiker, dessen Produktion fast 20 Jahre andauerte. Er war anders, wesentlich ausgereifter als der SL mit Pagodendach; auch die Sicherheit war erheblich verbessert worden.

Ursprünglich wurde der neue SL von einem Mercedes-Benz 3.5-Liter V-Acht oder von dem leistungsstärkeren 4.5-Liter V-Acht Motor angetrieben. Die Radaufhängung war modernisiert worden, Servolenkung kam serienmäßig, das beliebte Automatikgetriebe nur auf Wunsch. Ab 1974 stand der 280SL in Europa zur Verfügung, der den 6-Zylindermotor mit doppelter Nockenwelle aus dem 280SE verwendete.

1980 wurde die SL Serie durch eine Reihe neuer Motoren auf Vordermann gebracht. Die gesamte Liste der 80er beinhaltete: 280SL, 300SL, 380SL, 420SL, 500SL und 560SL. Eine weitere

■ RECHTS *Mit verlängertem Radstand und festem Dach wurde aus dem SL ein viersitziger SLC, der zu seiner Zeit gute Chancen auf den Sieg bei der Wahl zum besten Wagen der Welt hatte.*

Untergruppe des SL war die SLC Serie – Viersitzer mit längerem Radstand und festem Dach, die ab 1972 produziert wurden.

In den späten 80ern hatte der SL seine sportliche Note verloren, und Mercedes-Benz nahm sich dieses Problems 1989 in Form einer brandneuen SL Serie an. Das Ergebnis war einer der besten Wagen, den Mercedes-Benz jemals produzierte. Er sah absolut ausgewogen aus und fuhr sich abhängig von der Laune des Fahrers entweder wie ein Sport- oder wie ein Tourenwagen. Er hatte all die Qualitäten, die man von einem Spitzenklassemodell aus Stuttgart erwarten konnte.

Zwei Motoren standen zur Auswahl: der 300SL 6-Zylinder (mit 190 PS in Standardform oder 231 PS mit doppelter Nockenwelle) und der absolut eindrucksvolle 500SL V-Acht. Natürlich kam der neue SL mit automatischem Softtop und Windabweiser. Eine weitere, außerordentliche Neuheit war der verborgene Überrollbügel, der aufklappte, sobald der Wagen bei einem Unfall einen kritischen Winkel erreichte.

Der teuerste Mercedes-Benz erschien 1992 in Gestalt des 600SL mit einem 398 PS starkenV-Zwölf Motor und automatischer Stoßdämpfung.

■ OBEN ***Das Erbe des SL reicht fünf Generationen zurück bis hin zum gefeierten 300SL aus den 50ern.***

■ LINKS ***Zusätzlich zum effektiven elektrischen Faltdach hatte der Wagen einen stabilisierenden Überrollbügel, der bei einem Unfall automatisch aufklappte.***

■ UNTEN ***Versehen mit dem Hardtop wurde aus dem SL ein bequemes Coupe.***

■ OBEN LINKS ***Als es 1989 zur Ablösung des damaligen SL kam, produzierten Mercedes das bislang beste Modell: niedrig und elegant, die Verkörperung des luxuriösen Roadsters.***

■ RECHTS ***Mercedes Interieurs waren immer eine schlichte Angelegenheit, Struktur und Logik spielten eine große Rolle.***

MERCEDES

MERCEDES-BENZ SLK

In der Sprache von Mercedes-Benz stand das „K" für „Kompakt" oder „Kurz", und tatsächlich bildete der SLK eine kleine Familie preisgünstiger Mercedes SL Sportwagen. Er war die perfekte Konkurrenz für den Porsche Boxster und den BMW Z3 und wurde an eine für Mercedes-Benz neue Zielgruppe verkauft: die Statistiken besagten, dass über die Hälfte der bestellten SLK von Leuten gekauft wurden, die nie zuvor

■ OBEN ***Dies war der erste Versuch von Mercedes-Benz am wachsenden Markt kompakter Sportwagen Anteil zu haben. Sie hätten kaum einen begehrenswerteren Wagen als den SLK produzieren können.***

■ OBEN ***Das außerordentlich effektive, solide Dach faltete sich auf Knopfdruck zusammen, um dann unter der Kofferraumklappe zu verschwinden.***

■ UNTEN ***In seiner sportlichsten Ausführung, dem 230 Kompressor, war der SLK mit 230 km/h Spitzengeschwindigkeit ein sehr schneller Sportwagen.***

einen Mercedes besessen hatten. Um die Kosten gering zu halten, wurden der Motor und Teile des Fahrwerks mit den Limousinen der C Klasse geteilt, während die Bremsen von der E Klasse stammten und die Sitze von Recaro gekauft wurden. Die Scheinwerfer waren neu, aber aus Kunststoff geformt. Für die Konstruktion der Fahrzeugstruktur wurden teure Magnesiumkomponenten verwendet, die platzsparend waren und die Sicherheit vergrößerten.

Das beste war das elektrische Dach. In 25 Sekunden öffnete sich das solide Variodach des SLK senkrecht nach oben, faltete sich in die Hälfte und versenkte sich vorsichtig im Kofferraum, über dem sich dann die metallene Kofferraumklappe schloss. Während des Vorgangs öffneten sich gleichzeitig automatisch die Fenster. Das ganze funktionierte genauso gut anders herum. Mercedes garantierte, dass der Elektromotor und die hydraulischen Druckkolben diesen Vorgang ohne Probleme mindestens 20000 mal wiederholen könnten.

Das Innere des Wagens war hervorragend ausgestattet mit körpergerechten

■ RECHTS *Das im Bild gezeigte Einstiegsmodell war der 200er, der ohne Kompressor kam. Die Ausbuchtungen auf der Motorhaube erinnern an den klassischen SL aus den 50er Jahren.*

Schalensitzen, Carbon-Look am Armaturenbrett sowie weißen, von hinten beleuchteten Instrumenten, die in Chrom gefasst waren.

Der Wagen hatte Heckantrieb, aber des bedurfte schon eines extrem rücksichtslosen Fahrstils, um das Heck des SLK zum Ausbrechen zu bewegen.

Fahrverhalten und Straßenlage waren außerordentlich gut. Mit dem 193 PS starken 4-Zylinder Kompressormotor lag die Höchstgeschwindigkeit des Wagens bei über 225 km/h, er erreichte 100 km/h in 7 Sekunden. Es gab außerdem ein günstigeres Modell ohne Kompressor.

Das einzige „Problem" des SLK war, dass Mercedes-Benz besonders in der Anfangsphase kaum mit der Produktion hinterherkam…

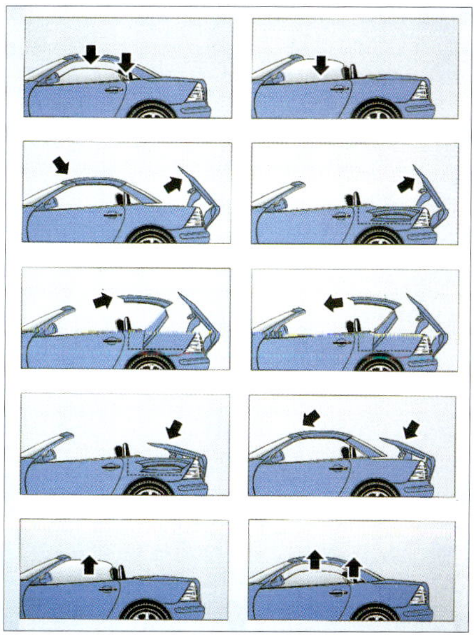

■ OBEN *Diese Detailzeichnung veranschaulicht wie das elektrische Verdeck funktioniert.*

■ OBEN LINKS *Dieser Wagen ist mit Kompressor ausgestattet, wie man am Aufdruck auf der Zylinderkopfabdeckung des 2.3-Liter Motors erkennen kann.*

■ OBEN RECHTS *Das Interieur hatte Klasse: Verkleidung im Carbonfaser-Look, wie gemeißelt aussehende weiße Anzeigen und ein klassisches Mercedes-Benz Lenkrad.*

MERCEDES-BENZ SLK (1996–)	
Motor	4-Zylinder
Hubraum	1998–2295 ccm
Leistung	136–193 PS
Getriebe	5-Gang manuell 5-Gang Automatik
Spitze	203–230 km/h
Stückzahl	noch in Produktion

MG

MG RV8

MG ist ohne Zweifel einer der großen Namen unter den Sportwagen. Traurigerweise wurde dieser Name vom Mutterkonzern British Leyland verschwendet. Man ließ die einst so erfolgreiche Marke links liegen - bis der mittlerweile altmodisch gewordene MGB 1980 ganz verschwand.

Das MG Emblem überlebte auf einigen Austin Modellen. Doch die MG Enthusiasten vergaßen den alten „B" nicht, und bald entwickelte sich eine ganze Industrie, um die Restaurierung des Klassikers. Sogar Austin-Rover mischte mit, indem sich die so genannte Heritage Abteilung 1989 daran machte brandneue Ersatzkarosserien für alte MGB zu produzieren.

Die Rover Gruppe realisierte, dass das MG Emblem immer noch enormes Potential hatte und fasste den Plan, die Marke wieder aufleben zu lassen. Ziel war es, einen völlig neuen Wagen mit Mittelmotor zu produzieren (daraus wurde der MGF). Außerdem wurde beschlossen zu seinem 30sten Geburtstag sozusagen als Appetitanreger einen radikal überarbeiteten MGB zu bauen. Er sollte nicht nur anders aussehen, sondern auch einen Motor erhalten, den der alte offene „B" nie verwendet hatte: einen Rover V-Acht. Dieses Modell sollte den Namen MG RV8 tragen.

Die Idee entstand aufgrund der Tatsache, dass die Heritage Abteilung genug Kapazitäten hatte, um wöchentlich etwa 15 Karosserien herzustellen. Obwohl das neue Design viele Veränderungen beinhaltete, blieben doch viele der originalen Formen erhalten. Und so

LINKS ***30 Jahre nach seiner Geburt wurde der zukunftsweisende MGB Sportwagen von Rover wiederbelebt. Nach gründlicher Überarbeitung wurde aus ihm der MG RV8.***

UNTEN ***Das Interieur des RV8 war voller technischer Spielereien und wesentlich bequemer als der alte MGB.***

LINKS ***Keiner der bislang von MGB hergestellten Roadster hatte einen V-Acht Motor gehabt. Die 1990er Version war für Rovers 3.9-Liter Range Rover Einheit mit 190 PS konzipiert.***

OBEN ***Nach mehr als einem Jahrzehnt ohne Sportwagen wurde das MGB Emblem unter dem Jubel der Enthusiasten wiederbelebt.***

■ UNTEN *Der exklusive MG RV8 fand zahlreiche Liebhaber in Exportländern wie Japan.*

■ RECHTS *In jeder Hinsicht britisch: das Interieur war eine Fülle aus Walnuss, reichem Leder und Chromdetails.*

machte die Ausführung der Idee von der Logistik her Sinn.

Die Designer von Rover begannen den alten „B" zu überarbeiten. Motorhaube, Kofferraumklappe und Türen blieben in der Originalform erhalten. Der Rest der Karosserie wurde verändert, besonders sichtbar an den breiteren Kotflügeln, neuen Stoßfängern, anderen Scheinwerfern und Schürzen. Sein kräftigeres Aussehen wurde noch verstärkt durch Aluspeichenräder und breite Reifen.

Das Grundgerüst der Mechanik blieb ziemlich altmodisch, einschließlich der an Blattfedern aufgehängten Hinterachse. Rover versuchte das Fahrverhalten durch eine breitere Spur und den Einbau von Koni Stoßdämpfern zu verbessern - aber das Alter der Konstruktion ließ sich nicht verleugnen.

Die beste Neuerung war der Einbau von Rovers 3.9-Liter V-Acht Alumotor, der nicht nur leistungsstark, sondern auch sehr drehmomentstark war. Laut Rover kam der Wagen in sechs Sekunden von 0-100 und erreichte eine Spitzengeschwindigkeit von 217 km/h.

Das Interieur war klassisch: die Front des Armaturenbretts und Teile der Türverkleidungen waren aus Walnussfurnier, die Türgriffe aus Chrom. Es gab jede Menge Leder und eine Fülle von Instrumenten. Der Mangel an modernen Spielereien wie elektrischen Fensterhebern und Servolenkung trug zu seiner „alte Welt" Aura bei. Er wurde für 42000 Dollar angeboten. Die Käufer standen Schlange - vor allem bewegt von Nostalgie, weniger von der Technik.

MG RV8 (1992–96)

Motor	V-Acht-Zylinder
Hubraum	3946 ccm
Leistung	190 PS @ 4750 U/min
Getriebe	5-Gang
Spitze	217 km/h
Stückzahl	nicht angegeben

■ UNTEN *In Aktion merkte man ihm sein Alter zwar an, aber man konnte die starke Leistung des RV8 nicht abstreiten.*

MG

■ MGF

All jene, die befürchtet hatten, dass der MG Sportwagen tot sei, erhielten schließlich die Nachricht, auf die sie gehofft hatten: der MG RV8 sollte der Vorläufer für einen absolut neuen, modernen MG werden. Dieser Wagen sollte so sein, wie der MGB geworden wäre - kein Rückschritt in alte Zeiten. Natürlich sollte er all die Qualitäten besitzen, die MG so besonders gemacht hatten. Aber das neue Modell sollte ein hochmoderner und trotzdem erschwinglicher Sportwagen der 90er werden.

Als der MGF 1995 auf dem Genfer Autosalon präsentiert wurde, wurden die Massen nicht enttäuscht. Die Muttergesellschaft Rover hatte sich zum Erreichung bestmöglichen Fahrverhaltens für den Einbau eines Mittelmotors entschieden. Und in dieser Hinsicht war der MGF erfolgreich: Jeder Testfahrer wusste von der hervorragenden Straßenlage, dem flüssigen Kurvenverhalten und der eindrucksvoll stabilen Karosserie zu berichten.

Die Form sollte gefallen: schlicht und modern übernahm der MGF das Thema des MG-Kühlergrills. Sein Profil war glatt und entschlossen.

Einige hielten die Form für zu kraftlos, zu nah am japanischen Designstil, aber niemand bezweifelte seine Effektivität.

Im Inneren war die MG Tradition spürbar, ohne übertrieben zu wirken. Sogar bei der Anzahl der MG-Embleme hatte man sich zurückgehalten. Der generelle Eindruck war klassisch. Die Anzeigen waren in Weiß gehalten, das Lenkrad mit Leder bezogen.

Seine Leistung erhielt der MGF von dem vielgelobten Motor der K Serie in 1.8-Liter Form. Er wurde in zwei Ver-

■ LINKS *1997 wurde ein stark modifizierter MGF namens EXF in der Salzwüste von Bonneville, USA, auf eine Spitzengeschwindigkeit von 349 km/h gebracht – der schnellste MG aller Zeiten.*

■ OBEN *Mit dem VVC Motor kam der MGF in 7 Sekunden von 0-100, die Höchstgeschwindigkeit lag bei 209 km/h.*

MGF (1995–)	
Motor	4-Zylinder
Hubraum	1795 ccm
Leistung	120–145 PS
Getriebe	5-Gang manuell
Spitze	193–209 km/h
Stückzahl	noch in Produktion

■ LINKS *Sportwagenfans in der ganzen Welt applaudierten der offiziellen Wiedergeburt in Form des MGF.*

■ LINKS *In der 1.8i VVC Form war der MGF mit fünfspeichigen Alurädern, Servolenkung, ABS und – wichtiger als alles andere – mit einem leistungsstärkeren 145 PS Motor ausgestattet. Auf Wunsch kam er mit Hardtop.*

■ OBEN *Bei der Gestaltung der Frontpartie des MGF orientierte man sich am MGB, aber da hörten die Ähnlichkeiten auch auf. Das Layout mit Mittelmotor war modern und lieferte ein fantastisches Fahrerlebnis.*

■ UNTEN *Das Cockpit des MGF war extrem sportlich (weiße Anzeigen, Sportlenkrad, attraktive Sitzbezüge). Und es hatte nicht zu viele MG Embleme...*

sionen angeboten: als 120 PS starker 1.8i Motor und als leistungsstärkerer 145 PS 1.8i VVC, der dank einer speziellen variablen Ventilsteuerung (VVC) in nur sieben Sekunden von 0-100 km/h kam.

Als Topmodell der Baureihe erhielt der VVC außerdem Servolenkung, ein ABS System und besondere Aluräder.

ANDERE MARKEN

■ MATRA

Marcel Chassagnys Firma Mécanique Aviation Traction (oder Matra) war ursprünglich tätig im Luftfahrt- und Waffenbau. 1964 wurde mit dem Fahrzeugbau begonnen, als sie René Bonnets Sportswagenproduktion übernahmen. Der ungewöhnliche 530 folgte dem Djet im Jahre 1967, 1970 übernahm Chrysler-Simca die Firma. Der dreisitzige Bagheera aus dem Jahre 1973 verwendete einen Simca Motor. 1979 kam es zu einem erneuten Namenswechsel zu Talbot-Matra; gleichzeitig wurde das Murena Coupé und der Rancho Kombiwagen vorgestellt. In den 80ern wurde Matra, und damit auch ein Minivan Prototyp namens Espace, von Peugeot übernommen.

■ MERCURY

Mercury entstand 1939 als eine Ford-Gruppe, die unter Lincoln eingeordnet war. Ihre Produkte aus den 80ern spiegelten den Fordstil wider, Glanzpunkte waren das Cougar Coupé und das Marquis Coupé sowie der Capri (ursprünglich ein deutscher Ford Import, später eine Kopie des Mustang II). In den 80ern festigte sich Mercurys Erfolg mit Mittelklassewagen und Wagen wie dem Capri Cabrio.

■ MINI

Alec Issigonis Meisterwerk, der Mini, begann sein Dasein im Jahre 1959 unter Austin und Morris Emblemen. Nach 10jähriger Produktionszeit wurde der Mini unter British Leyland als eigene Marke präsentiert. Der legendäre Mini Cooper wurde 1961 vorgestellt, seine Produktion lief bis 1971. Mini wurde mit über 5 Millionen produzierter Wagen in den 70ern zu Großbritanniens meistverkaufter Marke. 1984 erhielt das Modell größere Räder, 1990 wurde der Cooper neu eingeführt, 1992 erhielt er einen 1275 ccm Motor und ab 1996 eine Einspritzanlage. 1996 wurde ein weiterer Mini vorgestellt, der die Einleitung zu einem brandneuen Mini für das 21ste Jahrhundert sein sollte.

■ MITSUBISHI

Japans drittgrößte Marke war konservativ und verkaufte sich besser auf dem einheimischen Markt als im Ausland, wo sie lange Jahre unter dem Namen Colt lief. Die interessantesten Mitsubishis waren das Galant GTO Coupé (1970-76), der Sapporo (1976 –85) und das FTO Coupé von 1994, das den Preis als bestes Auto des Jahres gewann. Mitsubishi entwickelte die Technik direkter Einspritzung und startete in Holland ein gemeinsames europäisches Unternehmen mit Volvo.

■ MORGAN

Morgan ist eine ungewöhnliche Firma. Sie sind die einzigen, die damit fortfahren einen Wagen zu produzieren, der noch genauso wie vor 50 Jahren aussieht: separates Chassis, Eschenholzrahmen und handgearbeitete Karosserie. H.F.S. Morgan begann 1910 mit der Produktion von dreirädrigen Fahrzeugen, die von seinem Sohn und später seinem Enkel fortgeführt wurde. Ab 1936 begann man mit der Herstellung vierrädriger Wagen. Der beste Morgan war der Plus 8 mit Rover V-Acht Motor, der ab 1968 gebaut wurde. Morgan war immer gut im Geschäft; es gibt eine ständige Warteliste auf die nur 450 pro Jahr produzierten Wagen, die immer noch in der selben Werkstatt wie vor 75 Jahren entstehen!

■ MORRIS

William Morris begann 1912 mit dem Fahrzeugbau und wuchs heran zu einer der größten britischen Automobilfirmen. Aus ihr wuchs das Nuffield Empirium heran, das berühmt war durch Namen wie MG, Riley und Wolseley. 1952 vereinigte sich die Gruppe mit Austin, um die British Motor Corporation zu gründen, zu der Zeit Europas größter Automobilkonzern. Ab 1970 hatte das Morris Emblem einen konventionellen Ruf.

NISSAN

■ NISSAN 300ZX

Nissans Sportwagen aus der Z Serie gehen zurück auf das klassische, von Goertz designte 240Z Coupé - einem der erfolgreichsten Sportwagen der Welt. In den 80ern jedoch verloren sich die ursprünglichen Ideale von Leichtigkeit, schnittigem Styling und schneller Reaktion. Der aufgeblähte, provinzielle ZX aus den Jahren 1984–89 war offensichtlich eher zum Vorzeigen als zum Fahren gebaut worden.

Diese Sackgasse wurde jedoch 1990 von dem beeindruckenden 300ZX durchbro-chen. Das Magazin *Autocar* nannte ihn „Japans allerersten Supersportwagen", nachdem eine Spitzengeschwindigkeit von 250 km/h und eine Beschleunigung von 0-100 km/h in nur 5.6 Sekunden gemessen worden war. Dies alles war dem 300 PS starken 3.0-Liter Frontmo-tor mit Doppelturbolader und variabler Ventilsteuerung zu verdanken, der die Hinterräder antrieb.

Noch beeindruckender war die Radaufhängung, ein Multi-Link System mit HICAS Allradlenkung, das sich automatisch dem Stil des Fahrers anpasste. Dies verbesserte das Einlenken, erhöhte Grip und Stabilität und führte zu hervorragend neutralem Kurvenverhalten - obwohl bei feuchtem Wetter Vorsicht geboten war.

Der Innenraum war besser ausgestattet als bei den meisten japanischen Wagen, obwohl er relativ beengt war. Nahm man das Dach ab, stellte sich jedoch ein sehr freies Fahrgefühl ein.

Styling und Charakter des 300ZX lagen ganz vorne, zusammen mit seiner guten Leistung war er absolut sein Geld wert. In Amerika fand besonders die Cabrioversion viele Freunde, und der

■ OBEN ***Nissans schnittiger und verwegener 300ZX aus dem Jahre 1989 war Japans erster Supersportwagen.***

■ OBEN ***Das Interieur hatte das Prestige eines europäischen Sportwagens. Das Zwei-plus-Zwei Arrangement der Sitze war jedoch sehr beengt.***

NISSAN 300ZX (1989–1996)	
Motor	V-Sechs-Zylinder
Hubraum	2560 ccm
Leistung	300 PS @ 6400 U/min
Getriebe	5-Gang manuell 4-Gang Automatik
Spitze	250 km/h
Stückzahl	nicht bekannt

■ GANZ LINKS ***Besonders in den USA verkaufte sich das 300ZX Cabrio gut.***

■ LINKS ***Der 3.0-Liter V-Sechs Motor mit Doppelturbolader hatte 300 PS. Er war eine sehr anspruchsvolle Einheit mit variabler Ventilsteuerung.***

■ RECHTS *Der normale Skyline war Nissans Limousine der Mittelklasse; der mit Spoilern und Schürzen versehene GT-R jedoch war ein technologisches Feuerwerk.*

■ NISSAN SKYLINE GT-R

Skyline ist ein Name, den Nissan seit 1955 verwendet. Einige Zeit bezeichnete er eine Reihe sportlicher Limousinen der oberen Mittelklasse. Mit der achten Generation des Skyline im Jahre 1989 änderte sich jedoch alles, denn es gesellte sich ein völlig neues Modell hinzu: der legendäre GT-R.

Mit dem niedrigen vorderen Lufteinlass, breiten Kotflügeln und großem Heckspoiler wirkte die zweitürige Limousine absolut schnell. Der 2.6-Liter Doppelturbo Sechs-Zylinder Motor sorgte dafür, dass sie es auch war. Seine 280 PS garantierten eine beindruckende Vorstellung: der Wagen erreichte 100 km/h in fünf Sekunden und hatte eine Höchstgeschwindigkeit von 246 km/h.

Er konnte sich außerdem eines Allradantriebs rühmen, der an jedem Rad mit Sensoren ausgerüstet war, die die Aufteilung des Drehmoments zwischen Vorder- und Hinterrädern kontrollierten. Außerdem verfügte er über eine aktive Radaufhängung und Allradlenkung, die den Winkel der Räder abhängig vom Druck, der auf sie einwirkte, regulierte. Das Ergebnis war, dass der GT-R Kurven enorm schnell und sicher nehmen konnte, ohne dass das Fahrgefühl weniger aufregend war. Es ist nicht verwunderlich, dass der GT-R auf dem Nürburgring die schnellste jemals bei einem Straßenwagen gemessene Zeit fuhr.

1997 erschien die nächste Generation des GT-R für einen Preis von 84000 Dollar auch auf dem britischen Markt.

NISSAN SKYLINE GT-R (1989–)	
Motor	6-Zylinder
Hubraum	2569 ccm
Leistung	280 PS @ 6800 U/min
Getriebe	5-Gang manuell
Spitze	246 km/h
Stückzahl	noch in Produktion

■ LINKS *Beim GT-R wurde auf dem Nürburgring die schnellste Zeit gemessen, die je ein serienmäßig produzierter Wagen fuhr: er schaffte die Runde in unter acht Minuten.*

■ LINKS *Wenn einem 280 PS nicht genügten, dann bot der GT-R die ideale Basis für extremes Tuning, sowohl für die Straße als auch für die Rennstrecke. Die Leistung konnte bis auf 1200 PS hochgeschraubt werden.*

ANDERE MARKEN

■ OLDSMOBILE

Oldsmobile entstand 1897 und ist Amerikas ältester Name im Autobereich und Teil von General Motors. 1975 führte Oldmobile mit einem konservativen Einschlag in der Mittelklasse der Luxuswagen, obwohl Modelle wie das Starfire Coupé und der vorderradangetriebene Toronado eher abenteuerlich waren. Nach und nach liefen die meisten Modelle aus der Produktion von Oldsmobile unter fremden Label, aber einzigartige Wagen wie der Cutlass und der Aurora hielten das Feuer am Leben.

■ OPEL

Opel war seit 1929 der deutsche Zweig von General Motors. Sie verließen sich auf den Verkauf von Mittelklassewagen wie dem Olympia, dem Rekord und dem Kapitän, bevor sie 1962 mit dem Kadett den Schritt auf den Kleinwagenmarkt wagten. In den 70ern lag Opels Stärke in der Produktion gutaussehender Wagen wie dem Manta, dem GT und dem Commodore oder dem Kadett. 1980 schlossen sich British Vauxhall und Opel zusammen.

PANTHER

■ PANTHER

Panther ist eine der ungewöhnlichsten Firmen in der Geschichte des Automobils. In den 70ern wurden sie zu einem der erfolgreichsten britischen Hersteller mit einer verblüffend breiten Auswahl an Produkten.

Panther Westwinds wurde 1972 von Robert Jankel gegründet und begann als Hersteller von Nachahmungen alter Automobile. Das erste Modell war der J72, eine Kopie des SS100 aus der Vorkriegszeit, bei dessen Herstellung Jaguarmotoren verwendet wurden. Der handgefertigte J72 war nur etwas für reiche Leute, wie etwa Filmstar Liz Taylor. Denn er war mit Sicherheit nicht billig: sein Preis lag etwa doppelt so hoch wie der des E-Type Jaguars.

Panthers nächster Wagen war der De Ville aus dem Jahre 1974. Eine Kreation voll ungezähmter Opulenz, dessen hervorragend gearbeitete Linien vage an den Bugatti Royale erinnerten. Die mechanischen Teile des De Villes stammten komplett vom Jaguar XJ12, einschließlich der Radaufhängung. 1976 erschien das zweitürige De Ville Cabriolet, das Berühmtheit dafür erlangte, das teuerste Automobil auf britischen Preislisten zu sein.

■ OBEN *Panther Westwinds existierte von der Produktion handgefertigter Nachahmungen von Wagen einer vergangenen Ära. Der Kallista erinnerte vage an die 30er.*

■ OBEN *Hier das Interieur des J72, eine Fülle von Walnussholz und Leder in bester neoklassischer Tradition.*

■ OBEN *Massen von Chrom glänzten auf der Nase des De Ville. Dieses handgebaute Karosseriekunstwerk entstand bei Panther.*

Das Konzept hinter Panthers 1975er Rio ging auf: er sollte ein wirtschaftlicher Kleinwagen mit der Qualität und dem Luxus eines Rolls-Royce werden. In den Tagen der Ölkrise im Jahre 1975 sah er vielversprechend aus. Er litt aber am Vergleich mit dem Wagen, auf dem er aufgebaut war, dem Triumph Dolomite - der kostete nur ein Drittel seines Preises. In kommerzieller Hinsicht war der Rio ein kompletter Reinfall und hätte sicherlich etwas besseres verdient.

Der Lima hingegen, Panthers „Wagen für die Massen", verkaufte sich hervorragend. Das Rezept war einfach: eine zweisitzige GFK Karosserie im Stil der 30er saß auf einem Vauxhall Magnum Fahrgestell. Außerdem wurden Motor, Getriebe, Radaufhängung, Lenkung sowie Bremssystem vom Magnum übernommen.

Sein Nachfolger war der 82er Kallista, bei dem alle Komponenten von Ford

■ LINKS *Panthers extravagantester Wagen war der De Ville, ein großes, von Bugatti inspiriertes Fahrzeug, bei dem Jaguarteile verwendet wurden.*

■ OBEN LINKS *Die meisten Testfahrer waren sich einig, dass der Solo sich ausgezeichnet fuhr: er war extrem schnell und kurvensicher.*

■ OBEN *Der kleine Kallista war Panthers Wagen für die breite Masse und entwickelte sich zu ihrem meistverkauften Modell.*

stammten, während die Karosserie aus Aluminium war. Er war nicht besonders schnell, aber geräumig und ausgereift und verkaufte sich sehr gut.

Abgesehen von dem unglaublichen, sechsrädrigen Panther 6 mit Mittelmotor war der 1990er Solo Panthers letztes Modell. Ein Zwei-plus-Zwei Sportwagen mit einer Karosserie aus Carbonfaser und Aluminium, der den 2.0-Liter Turbo Motor aus Fords Sierra Cosworth und Fergusons Allradantrieb verwendete. Er hatte zwar ein ausgezeichnete Fahrverhalten, aber seine enttäuschende Leistung und fraglich Herstellungsqualität waren bei einem Preis von 67000 Dollar unverzeihlich. Und sogar bei diesem Preis war seine Produktion nicht rentabel. Nach der Herstellung von nur 12 Wagen wurde der Solo eingestellt.

1987 wurde Panther von der koreanischen Firma SsangYong aufgekauft, die die Erfahrung von Panther für den Entwurf eigener Produkte nutzte.

■ LINKS *Der 1990er Solo bot Finesse mit Mittelmotor; er war ein beeindruckendes Coupé mit fortschrittlicher Ausstattung wie Allradantrieb, einer Karosserie aus Carbonfaser und Aluminium sowie Cosworth Turbo Power.*

■ RECHTS *Der Solo war ein trauriger Ausgang für den Panther; bei jedem gebauten Modell verlor die Firma Geld. Er ist extrem selten, nur zwölf wurden verkauft.*

■ LINKS *Sechs Räder: nur Panther konnte sich so eine seltsame Kreation ausdenken. Der turbogeladene Cadillac V-Acht Mittelmotor war angeblich in der Lage, dieses Ungeheuer auf 322 km/h Spitzengeschwindigkeit zu bringen.*

PANTHER LIMA (1976–82)

Motor	4-Zylinder
Hubraum	2279 ccm
Leistung	108 PS @ 5000 U/min
Getriebe	4-Gang manuell 3-Gang Automatik
Spitze	169 km/h
Stückzahl	918

PEUGEOT

■ PEUGEOT 205GTI

Während der VW Golf in den 70ern den Ansturm auf die schnellen Kompakten auslöste, war es die Firma Peugeot, die diese Form in den 80ern perfektionierte. Der 205GTI wurde zur Legende, denn er lag Zeit seines Lebens vorn im Kopf-an-Kopf-Rennen mit der Konkurrenz.

Der von Pinifarina gestylte 205 war ein höchst kompetentes, kleines Schrägheckauto. Die Kombination von attraktiver Form mit solidem Fahrverhalten und außerordentlicher Handlichkeit machte ihn zu einem der beliebtesten Wagen seiner Zeit – und er wurde auch nach 14 Jahren immer noch produziert. Es fehlte ihm jedoch an Leistung, was im Jahre 1984 zur Geburt des GTI führte. Er war flink, lebhaft und hatte eine bessere Kurvenlage als man von einem so günstigen Wagen erwarten konnte – der 205GTI schlug ein wie eine Bombe.

Die Leistung des ersten 1.6-Liter Motors war vielleicht etwas zu niedrig - Konkurrenten wie der Opel Kadett GT/E und der VW Golf GTI hatten mehr als 105 PS. Peugeot bot daraufhin ein Sportkit an, mit dessen Hilfe die Leistung um 20 PS verstärkt wurde. Innerhalb von zwei Jahren hatte Peugeot die Leistung des 1.6-Liter Motors auf 115 PS vergrößert, außerdem wurde ein 1.9-Liter Modell mit 130 PS hinzugefügt, das sich als der ultimative GTI erwies.

Innen fanden sich Sitze im Rallyestil; dazu serienmäßig eine attraktive Polsterung in Grau, Rot und Schwarz . Die Ausstattung war großzügig, es gab nicht viel zu kritisieren. Die harte Federung verminderte den Fahrkomfort, wurde aber durch ein paar kleine Änderungen erfolgreich verbessert. Die Qualität in der Herstellung war ein dauerndes Problem. Und obwohl es nicht leicht war, den 205GTI in der Kurve aus der Ruhe zu bringen: wenn es einem doch gelang, dann war er nicht leicht zu halten.

Eine weitere GTI Variante war der 1986er CTI, eine Cabrio Version, die zum Teil von Pininfarina gebaut wurde. Die meisten erhielten einen 1.6-Liter 115 PS Motor, aber nach einiger Zeit gab Peugeot nach und verpasste ihm eine 1.9-Liter Einheit.

Als die Produktion des 205GTI 1994

■ RECHTS ***Jeder, der den 205GTI gefahren hatte, war von seinem Kurvenverhalten beeindruckt.***

■ UNTEN ***Dem 205 GTI folgte der sehr spezielle Turbo 16 mit Mittelmotor, der auf der Straße wie auch bei Rallyes gefahren wurde. Er erschien kurz vor dem Verbot der Gruppe B.***

■ LINKS *Kompakt, einfach, griffig und außergewöhnlich schnell: der Peugeot 205GTI führte in den 80ern zu einer neuen Definition des Fünftürers.*

schließlich eingestellt wurde, gab es keinen direkten Nachfolger. Der 306 war ein viel größerer Wagen, der, zumindest am Anfang, nichts von der Leistung und der Beweglichkeit des GTI hatte. Doch nach kurzer Zeit kamen bessere Versionen des 306 und des kleinere 106 auf den Markt und füllten die Lücke: der 306 S16 und der GTi-6 waren umheimlich leistungsstarke Kompaktautos, gebaut in bester Tradition. Während der 106GTI bei seinem Erscheinen 1997 möglicherweise der unterhaltsamste von allen war. Zu diesem Zeitpunkt hatte der GTI seine besten Tage bereits hinter sich, aber in den 80ern war er der unangefochtene König.

■ LINKS *Mit dem Erscheinen des 1.9-Liter 205GTI (erkennbar an größeren Alurädern und 1.9 Emblem), wuchs die Leistung auf 130 PS, und der 205GTI stieg in der Sportliga eine Stufe auf.*

■ LINKS *Pininfarina designte sowohl den Fünftürer als auch das attraktive Cabrio, an dessen Herstellung er auch beteiligt war.*

■ UNTEN *Mit offenem Verdeck war der 1980er CTI vergleichbar mit einem Sportroadster.*

PEUGEOT 205GTI (1984–94)	
Motor	4-Zylinder
Hubraum	1580–1905 ccm
Leistung	105–130 PS
Getriebe	5-Gang manuell
Spitze	185–198 km/h
Stückzahl	über 4 Millionen

■ RECHTS *Einfach, doch stilvoll: das Interieur des GTI bot eine Fülle an sportlichen Details. Das rot/blau/graue Farbkonzept war besonders gelungen.*

PLYMOUTH

■ LINKS *Wenn man diesen Wagen auf sich zukommen sieht, dann geht man besser beiseite…*

■ PLYMOUTH PROWLER

Nachdem der Weg durch den außerordentlichen Viper vorbereitet worden war, fühlte sich das Management von Chrysler zuversichlich genug, um ihre Produktion von Traumwagen einen Schritt weiter zu führen. Der Plymouth Prowler ist das seltene Beispiel eines Showcars, das für die Öffentlichkeit verfügbar wurde.

Alles begann mit Tom Gale, dem Kopf von Chryslers Designteam, der immer eine Leidenschaft für Hot Rods gehabt hatte. Er entwarf eine moderne Interpretation des klassischen „bucket-rod" Themas und stellte das Ergebnis auf Chryslers Stand bei der Detroiter Motor Show 1993 vor. Die Reaktion war so positiv, dass Chryslers Vorstand eine Studie über die Durchführbarkeit dieses Projektes anforderte und daraufhin das Startsignal für die Produktion mit einem Budget von 75 Millionen Dollar gab – eine kleine Summe nach Detroiter Maßstäben.

Chryslers Theorie war, dass Hot Rods einfach zur amerikanischen Geschichte gehörten und viele Leute sich einen wünschten, aber nicht die Zeit oder das Interesse hatten, sich selbst einen zu bauen. Für diese Zielgruppe war der Plymouth Prowler genau das richtige.

Es gab nichts auf dem Markt, das ihm auch nur annähernd ähnelte. Sein Stil war geschmackvoll. Klassische Themen wie abgesetzte Kotflügel, ein vorragendes Kinn und der Verzicht auf aufgesetzte Verzierungen verschmolzen mit modernen Materialien und einem technologischen Einschlag. Die massiven Hinterräder waren 50 cm breit, was die vorderen mit immerhin noch 43 cm fast klein aussehen ließ. Da es keinen Platz für Reservereifen gab, konnten die

■ OBEN *Chryslers Plymouth Division ging mit der Produktion des Prowler ein Risiko ein. Designer Tom Gale war bekannt für seine Vorliebe für Hot Rods.*

■ RECHTS *Das Wageninnere war eine Mischung moderner und klassischer Themen.*

■ LINKS *Das Design war typisch amerikanischer „Hot Rod" Stil mit einem Hauch moderner Würze, um ihn aufzupolieren. Im ersten Jahr wurden 3000 gebaut.*

■ OBEN *Hot Rod Fans waren vielleicht enttäuscht über den Einbau des V-Sechs Motors, aber tatsächlich war er den meisten schnell genug.*

hinteren bei einer Panne auch begrenzt in plattem Zustand gefahren werden. Man hatte einen reizvollen Blick auf die elegante, anspruchsvolle Radaufhängung. Der Platz im Cockpit war großzügig, der Kofferraum allerdings war komplett voll, wenn man mit offenem Verdeck fuhr.

Der Prowler bestand aus Stahl- und Aluminiumblechen, die auf einem Stahlrahmen saßen. Trotz seines radikalen Aussehens entsprach er den amerikanischen Sicherheitsvorschriften, die zum Beispiel große Front- und Heckstoßfänger sowie hoch angebrachte Bremsleuchten verlangten. Hot Rod Fans waren leicht enttäuscht darüber, dass der Prowler nicht den originalen Motor erhielt. Stattdessen entschloss Chrysler sich zum Einbau eines 3.5-Liter V-Sechs. Mit 218 PS bei nur 1315 kg Gewicht war der Prowler mehr als schnell genug. Er erreichte 100 km/h in 7.7 Sekunden, die Spitzengeschwindigkeit lag aufgrund schlechter Aerodynamik bei 200 km/h. Chrysler stellte die Serienform des Prowler 1996 vor. Alle 3000 im ersten Jahr produzierten Modelle wurden in der selben Farbe lackiert: Purpur.

PLYMOUTH PROWLER (1997–)	
Motor	V-Sechs-Zylinder
Hubraum	3523 ccm
Leistung	218 PS @ 5850 U/min
Getriebe	4-Gang Automatik
Spitze	200 km/h
Stückzahl	noch in Produktion

■ OBEN *Der ausgemeißelte „Kiefer" und der schmale Grill waren echte Rückgriffe auf Hot-Rods, während die Stoßstange ein Zugeständnis an neue Sicherheitsvorschriften war.*

■ LINKS *Für Leute, die auf die „Jagd" gehen wollten, bot der originale Plymouth Showwagen einen schicken Anhänger...*

PONTIAC

■ PONTIAC FIREBIRD

Der Pontiac Firebird der ersten Generation wurde etwa sechs Monate nach dem Chevrolet Camaro vorgestellt, von dem er abstammte. Er unterschied sich nur in Bezug auf die Innenausstattung, den Motor und durch den traditionell gespaltenen Pontiac Kühlergrill. 1969 wurde er umgestylt, er erhielt mehr Sicherheitsausstattung, außerdem erschien eine Cabrioversion.

Klassischer als alle anderen frühen Firebirds war der 1969er Trans Am. Er erhielt seinen Namen von den Serien der Trans-American Straßenrennen, die vom Sports Car Club of America organisiert wurden. Eine ganze Dynastie von Firebirds folgte ihm. Seine blau-weiße Sonderlackierung, der Heckspoiler, das massive Chassis sowie 335–345 PS setzten ihn ganz klar ab von den herkömmlichen Firebirds.

Ein brandneuer Firebird erschien in den 70ern als ein Modell mit unverwechselbarem Stil, das sich mit nur wenigen Veränderungen (1974, 1977 und 1979) bis 1981 hielt. Wieder gab es ein Trans Am Sondermodell, das zu Beginn sehr schlecht lief – 1971 wurden nur 2116 Modelle verkauft – sich mit Ablauf des Jahrzehnts aber zum höchst erfolgreichen Firebird entwickelte:1978 wurden mehr als 93000 verkauft. Außerdem gab es Standard Modelle sowie luxuriöse Esprit und Formula Modelle.

Die Firebirds wurden 1972 beinahe eingestellt, als General Motors begann, sich ernsthafte Gedanken über die Zu-

■ LINKS *Mit diesem Typ nahm die Geschichte ihren Anfang: ein Schwestermodell des Chevrolet Camaro mit dem traditionellen, gespaltenen Pontiac-Kühlergrill.*

PONTIAC FIREBIRD (1971–81)	
Motor	6-Zylinder V-Sechs-Zylinder V-Acht-Zylinder
Hubraum	3785–7456 ccm
Leistung	105–345 PS
Getriebe	4-Gang Automatik 5-Gang manuell
Spitze	154–201 km/h
Stückzahl	1061719

■ LINKS *Die Schnauze eines Firebirds aus der zweiten Generation war einfach unverwechselbar. Hier ein 1972er Trans Am, das Topmodell der Baureihe.*

■ OBEN *Der 1974er Firebird wurde unter der Beachtung gesetzlicher Sicherheitsvorschriften umgestylt. Hier ein Trans Am 455 Super Duty.*

■ OBEN *Gegen Ende ihrer Produktionszeit erhielten die Firebirds der zweiten Generation mehr Verzierungen, aber weniger Power.*

■ OBEN *Die Firebird Serie der dritten Generation kam 1982. Hier eine Aufreihung von Modellen aus dem Jahr 87, als der 5.7-Liter V-Acht erneut erschien.*

■ LINKS *Das Trans Am Emblem steht für das Spitzenmodell der Reihe.*

kunft des Marktes für Hochleistungswagen zu machen. Glücklicherweise entschloß man sich zum Weitermachen.

Die Leistung wurde während der 70er aufgrund strenger werdender Abgasrichtlinien in den USA ständig verringert. Trotzdem erlag der Firebird nicht dem Druck, auf den optional angebotenen V-Acht Motor zu verzichten. Und eine turbogeladene Version mit 4936 ccm gab dem 1980er Modell ein bißchen Extrawürze.

Auch die dritte Generation der Firebirds von 1982 teilte sich die Karosserie mit Chevys Camaro. Aber Pontiacs Designer gaben diesem Modell des „Bird" eine unverwechselbares Frontdesign. Basis, S/E und Trans Am Modelle waren gelistet, während 1987 die Rückkehr zum großen V-Acht mit 5740 ccm stattfand. Er trieb ein sportliches, neues Topmodell namens GTA an, das zusätzlich mit Spoiler und Schürzen ausgerüstet wurde. Mit 245 PS in seiner stärksten Variante schaffte der Firebird die Beschleunigung auf 100 km/h in nur 5.4 Sekunden.

Zurückgehende Verkaufszahlen und ein mattes Image im Vergleich zu den immer besser werdenden Importen kündigten das Ende dieses so lange erfolgreich gelaufenen Designs an. 1993 wurde der neue Firebird enthüllt, der wieder angelehnt war an den Camaro, aber ein schärferes Frontdesign aufwies.

■ OBEN *Der absolut amerikanische Firebird (hier als Trans Am Ausführung) bot Coupéform und V-Acht Leistung zum günstigen Preis.*

■ OBEN *Hier ein 1991er Firebird GTA. Zwei Jahre später wurde die Serie durch den neuen Firebird der vierten Generation ersetzt.*

PORSCHE

■ UNTEN *Obwohl er bereits im Jahr 1963 erschienen war, hatte sich das Design des 911 auch 1979 noch nicht sehr verändert.*

■ PORSCHE 911

Heutige Porsche 911 haben bis auf ein paar Schrauben und Muttern nicht viel gemein mit der Originalausgabe von 1963. Trotzdem haben nur wenige der modernen Klassiker eine so ausgeprägte vererbte Linie und Identität. Der originale 911 sollte eigentlich 901 heißen, aber es stellte sich heraus, dass Peugeot alle Rechte auf Modellnummern hatte, die „01" beinhalteten, und so entstand der magische Name des Porsche 911.

Sein Design stammte von Ferry Porsches ältestem Sohn Butzi, und man kann es auch in heutigen Modellen noch entdecken, obwohl sein elegantes Profil während der 70er durch Spoiler und breitere Kotflügel geändert wurde. Das Entwicklungspotential seiner 6-Zylindermaschine mit dem unverwechselbaren Sound schien grenzenlos zu sein: in den letzten Versionen wuchs sie von 2.2 auf 3.6 Liter, während die Leistung von einst 125 PS beim letzten luftgekühlten Turbo auf 408 PS anstieg.

Für Fahrer war der 2.7RS Carrera aus den 70ern stets der beste aus der 911 Familie. Ein leichtgewichtiger, für Rennen zugelassener Sportwagen mit härterem Fahrwerk und typischem Heckspoiler. Es gab auch ein paar überraschend sanfte Varianten, wie zum Beispiel den Sportomatic mit halbautomatischem Getriebe oder den 912, ein preisgünstiges Modell mit der 4-Zylinder Maschine des alten 356.

Das ganz spezielle Handling des Heckmotor-911 war stets ein Mysterium. Eine Verlängerung des Radstands brachte allerdings Besserung. Und für diejenigen, die immer noch Zweifel bezüglich des Fahrverhaltens hatten, bot Porsche das allradangetriebene Modell Carrera 4. Die hervorragende Lenkung

■ LINKS *Die von Porsche herausgebrachte Cabrio version des 911 fand sofort Anklang. Hier ein Carrera Cabriolet.*

■ UNTEN *Porsche brachte den Turbolader ins moderne Zeitalter. Der 911 Turbo war ein extrem leistungsstarker Sportwagen mit der schnellsten Beschleunigung seiner Zeit.*

und die fortschrittlichen, starken Bremsen dieses Modells waren dagegen immer genau auf den Punkt und gaben dem Fahrer ein impulsives Fahrgefühl.

Diejenigen, die dem 911 verfallen, wechseln in den seltensten Fällen zurück zu einem anderen Wagen. Die Legenden bezüglich Herstellungsqualität und Zuverlässigkeit entsprechen alle der Wahrheit. Haltbarkeit ist eine weitere Stärke, da alle 911 seit Mitte der 70er aus nicht rostendem, galvanisiertem Stahl hergestellt werden. Das Gesicht des 911 hat sich allerdings über die Jahre verändert: in den 60ern und 70ern war der 911 die erste Wahl reifer Kenner. Mitte der 80er hatte er sich zur Yuppie-Ikone entwickelt und war ein rollendes Symbol für schnelles Geld.

Der Porsche 911 ist eine beständige Legende, die allen Versuchen sie zu ersetzen getrotzt hat. Wenn man es genau nimmt, hätte schon der 928 aus der Mitte der 70er das Ende bedeuten müssen, aber irgendwie gingen die Verkaufszahlen nie zurück.

1997 wurde der 911 durch ein Coupé mit wassergekühltem 6-Zylinder-Boxermotor ersetzt. Der Name? 911!

■ OBEN ***Der charakteristische Walschwanz-Heckspoiler des Turbo fand sich während der 80er auf den meisten Versionen des 911.***

■ RECHTS ***Übersteuern war stets ein Mysterium des Porsche 911 – trotzdem hatte er eine sehr gute Straßenlage.***

PORSCHE 911 (1963–)	
Motor	6-Zylinder
Hubraum	1991–3600 ccm
Leistung	125–408 PS
Getriebe	4/5/6-Gang manuell Halbautomatik
Spitze	209–294 km/h
Stückzahl	etwa 430000 (bis heute)

■ LINKS ***1989 fügte Porsche ein Vierradantriebssystem in den Carrera 4 ein, um das Fahrverhalten zu verbessern. Man beachte, wie weit der Motor von der Achse entfernt ist.***

■ OBEN ***Der 911 entwickelte sich über mehrere Stufen. Hier ein Carrera RS Modell, das mit einer 260 PS Version des klassischen Sechszylindermotors lief.***

PORSCHE

■ PORSCHE 928

Der glänzende Ruf Porsches baute auf auf einem Prinzip auf, das seit 1948 benutzt wurde - dem Sportwagen mit Heckmotor. Weil der 924 von 1975 einen Frontmotor von Audi verwendete, ist im Grunde der 928 der erste „echte" Porsche mit Frontmotor. Er war als neues Topmodell vorgesehen. Heimlich hoffte Porsche jedoch, dass er die Anlagen haben würde, um die Nachfolge des 911 anzutreten. Am Ende hat er allerdings seinen sportlicheren Bruder nicht ersetzen können, und der 911 blieb der zukunftsweisende Porsche. Tatsächlich lag der Haupterfolg des 928 darin, dass er eine neue Gruppe von Käufern anzog. Kunden, die sich normalerweise für einen Mercedes SLC oder einen Jaguar XJS interessiert hätten - denn der 928 war eher ein großer Tourenwagen als ein richtiger Sportwagen.

Porsche baute einen total neuen 4.5-Liter V-Acht Motor für den 928, der fantastisch lief, aber nicht so schnell war wie der des 911. Es gab die Wahl

■ OBEN *Die Scheinwerfer und das sehr abgerundete Styling des 928 trafen nicht jedermanns Geschmack.*

■ OBEN *Das Armaturenbrett erweckte den Eindruck, dass es den Fahrer umrundete. Der Standard der Ausstattung und das Level an Luxus waren von höchstem Niveau.*

■ OBEN *Ursprüglich hegte Porsche den Gedanken, dass der 928 eines Tages den 911 ersetzen könnte; stattdessen nahm er einen Platz als Spitzenklasse Tourenwagen ein.*

PORSCHE 928 (1977–95)	
Motor	V-Acht-Zylinder
Hubraum	4474–5399 ccm
Hubraum	240–350 PS
Getriebe	5-Gang manuell 4-Gang Automatik
Spitze	230–275 km/h
Stückzahl	etwa 35000

■ LINKS *Der GTS war die letzte Version und der Höhepunkt einer langen Reihe von 928ern.*

zwischen einem manuellen Getriebe oder dem weiter verbreiteten, von Mercedes gebauten Automatikgetriebe. Später erschien der 928S mit 4.7-Liter Motor; er war mit 300 PS 60 PS stärker als die erste Version.

Vom Charakter her war der 928 eher effizient als aufregend, ein Charakterzug, den sein klares, aber unpersönliches Styling noch verstärkte. Er war allerdings sehr bequem, zumindest für die beiden vorderen Passagiere. Hintere Sitzplätze standen zwar zur Verfügung, waren aber sehr beengt. Die verschwenderische Ausstattung passte gut zu seinem „sanften" Image. Sein Fahrverhalten konnte kaum besser sein, und er war äußerst versöhnlich.

■ OBEN ***Der V-Acht Frontmotor gab dem 928 einen Charakter, der sich klar von anderen, traditionelleren Porsches unterschied: ausgereift, leistungsstark und schnörkellos.***

■ OBEN ***Der mit einem 5.4-Liter 350 PS Motor ausgestattete GTS war der schnellste und lohnenswerteste aller 928 Modelle, aber äußerst selten.***

■ UNTEN ***In seiner endgültigen Form erhielt der 928 ein sportlicheres Gesicht, mit breiteren Rädern, tiefer gelegter Karosserie und Niederquerschnitts-Reifen.***

1986 wurde die Leistung mit dem in diesem Jahr vorgestellten S4 abermals erhöht. Sein 5.0-Liter Motor hatte jetzt Doppelnockenwellen, 32 Ventile und 320 PS - der 928 wurde endlich erwachsen. Das überarbeitete Design des S4 beinhaltete auch eine geänderte Front- und Heckpartie.

Die besten Versionen wurden jedoch bis zum Schluss aufgehoben. Um der Kritik entgegenzutreten, dass der 928 nicht so sportlich war wie einige Rivalen, bot Porsche eine GT Version mit zusätzlichen 10 PS, elektronischem Sperrdifferenzial sowie Sportfahrwerkan (das das Handling verbesserte, aber die Fahrt härter machte). 1992 wurde dieses Paket in Form des GTS noch verschärft. Er kam mit 5.4-Liter Motor und 350 PS, hatte breitere Räder und fühlte sich insgesamt kraftvoller an. Nach einem Produktionslauf von 18 Jahren wurde der 928 1995 eingestellt.

Das Modell war nicht so erfolgreich, wie Porsche anfänglich gehofft hatte. Man lernte daraus, dass traditionelle Porsche Fans bei dem blieben, was sie kannten und liebten – den 911.

PORSCHE

■ PORSCHE 924/944

Der Porsche 924 entstand in den frühen 70ern aus einem gemeinsamen Projekt mit Volkswagen/Audi. Das Design sollte von Porsche entworfen werden, während Volkswagen die Produktion und Vermarktung übernehmen wollte - so viele Teile wie möglich sollten aus VW Vorräten stammen. Als Motor wählte man den 2.0-Liter mit Einspritzung, wie er im Audi 100 – und im VW LT Transporter – zu finden war. Auch das Getriebe stammte von Audi.

■ UNTEN *In der Carrera Form (einer limitierten Ausgabe von 1980) war der 924 extrem kraftvoll; er präsentierte eine dramatische Karosserie, die schon auf den 944 hinwies.*

■ OBNE *Im Profil sah der 944 dem 924 sehr ähnlich, aber seine ausgestellten Kotflügel verrieten, dass dieser Wagen mit erstklassiger Porsche-Power lief.*

Als die Ölkrise Auswirkungen zeigte und die Verkaufszahlen des VW-Porsche 914 zurückgingen, wurde Porsche klar, dass sie keinen günstigen Sportwagen hatten, den sie auf den Markt bringen konnten.

Da auch die Zukunft des 911 unsicher war, beschloss Porsche das gemeinsame Projekt alleine weiterzuführen - mit dem Ziel, das Ergebnis als reines Porsche Modell zu vermarkten. Die Produktion sollte weiterhin per Untervertrag von VW übernommen werden.

Der 1975 präsentierte 924 hatte unmittelbaren Erfolg. Er war jedoch kein 911: der von einem Transporter abstammende Motor konnte rauh reagieren, wenn man ihn zu hart forderte, obwohl

PORSCHE 924/944 (1975–93)

Motor	4-Zylinder
Hubraum	1984–2990 ccm
Leistung	125–211 PS
Getriebe	4/5-Gang manuell 3-Gang Automatik
Spitze	201–257 km/h
Stückzahl	122304/163820

■ RECHTS *Viele Leute waren überrascht, dass Porsche einen 4-Zylinderwagen mit Frontmotor produzierte, tatsächlich begann der 924 sein Dasein als Projekt von Audi.*

■ RECHTS *Hier sieht man die komplette Reihe der 944 Modelle in der Nähe der Stuttgarter Porsche Werke.*

er dem 924 eine ordentliche Beschleunigung und eine Höchstgeschwindigkeit von 201 km/h ermöglichte. Eindrucksvoller war das Fahrverhalten: die perfekte 50/50 Gewichtsverteilung machte den 924 zu einem höchst ausgewogenen Auto, das auch Anfängern erlaubte schnell und sicher zu fahren. Die Lenkung war präzise und reagierte schnell – nicht unähnlich der des 911. Das Getriebe funktionierte gut, und ein paar 924er wurden sogar mit Automatikgetriebe hergestellt.

Der 924 Turbo von 1978 verstärkte das positive Image des Modells. Er hatte dank eines KKK Turboladers 170 PS, die Spitzengeschwindigkeit variierte von 201 bis 227 km/h. Die Beschleunigung war außerordentlich: 0-100 in 6.9 Sekunden. Auch die Handhabung wurde durch festere Aufhängung und überarbeitete Bremsen noch besser. Kühlluft-einlässe und diskrete Spoiler setzten dieses Modell deutlich vom normalen 924 ab. In den 80ern wurde der 944 endlich die Assoziation mit dem VW LT los, nachdem er einen „echten" Porsche 2.5-Liter 4-Zylindermotor erhielt. Auch sonst war der 944 ein anderer Wagen mit ausgestellten Kotflügeln sowie breiteren Rädern und Reifen, außerdem war er tiefer gelegt. Der Porsche 968 von 1993 war eine Weiterentwicklung des 944.

■ LINKS *Der 944 hatte zweifelsohne dank seines guten Fahrwerks und hervorragender Technik mit das beste Fahrverhalten der in den 80ern produzierten Wagen.*

■ LINKS *Auch das Basismodell 944S war ein schneller Wagen, aber in Turbo Form lief der 944 257 km/h.*

■ UNTEN *In vieler Hinsicht war das 944 Cabrio die attraktivste Variante des 944. Das Verdeck war simpel, aber effektiv.*

■ RECHTS *Die letzte Entwicklung aus der 924/944 Serie war der 968 aus den Jahren 1993–95, den es als Coupé und als Cabrio gab.*

■ OBEN *Die Idee für den 959 entstand bereits im Jahre 1983, als dieser so genannte Gruppe B Prototyp auf der Frankfurter Automobilausstellung gezeigt wurde.*

PORSCHE

■ PORSCHE 959

■ LINKS *Der 959 stand flach und geduckt auf einer mehrfach einstellbaren Radaufhängung. Außerdem hatte er Allradantrieb und sechs Gänge.*

Porsche baute den 959 mit der Absicht, einen Rennwagen der so genannten Gruppe B aus ihm zu machen – und so wurde er auf der Frankfurter Automobilausstellung 1983 auch als „Gruppe B" präsentiert. Als derartige Wagen 1986 für Rennen gesperrt wurden, änderte Porsche den Plan: der 959 sollte zum ultimativen Straßenfahrzeug werden.

Alles begann damit, dass die Linien einer 911er-Karosserie drastisch verändert wurden. Türen und vordere Haube waren jetzt aus Hightech-Kunststoff und Aluminium. Das neue Fahrwerk ließ sich nach Bedarf variabel einstellen, der Reifendruck wurde während der Fahrt automatisch überprüft.

Der Motor war eine Doppelturbolader Version des bekannten 6-Zylinders mit 2,85 Litern Hubraum. Er hatte 450 PS und konnte den 1450 kg schweren Wagen aus dem Stand in unglaublichen 3.6 Sekunden auf 100 km/h bringen, 161 km/h erreichte er in 8.2 Sekunden.

Das beste war zweifelsohne die Kraftübertragung. Der 959 hatte nicht nur Allradantrieb und sechs Gänge, es gab auch die Wahl zwischen vier computergesteuerte Einstellungen für unterschiedliche Fahrbahnzustände: Eis, Schnee/Matsch, Feuchtigkeit, Trocken. Nichtsdestotrotz war es eine Herausforderung den 959 zu fahren.

Nur Kunden, die schon einen Porsche besaßen, konnten den 959 für 261000 Dollar kaufen. Schnell entstand ein „Grauer Markt", auf dem die Preise in wahnsinnige Höhen getrieben wurden. Weniger als 300 dieser Autos wurden gebaut.

PORSCHE 959 (1987–88)	
Motor	6-Zylinder
Hubraum	2850 ccm
Leistung	450 PS @ 6500 U/min
Getriebe	6-Gang manuell
Spitze	315 km/h
Stückzahl	283

■ UNTEN *Der 959 war in jeder Hinsicht wild und basierte vage auf dem 911; die Karosserie war allerdings drastisch verändert worden, sie bestand jetzt aus GFK und Aluminium.*

■ OBEN *Der enormen Kraft stand eine phänomenale Bodenhaftung gegenüber. Trotz seiner 450 Pferdestärken war es keine entspannende Erfahrung einen 959 zu fahren.*

■ LINKS *Per Knopfdruck aus dem stilvollen Inneren öffnete sich das Faltdach innerhalb von 20 Sekunden.*

■ PORSCHE BOXSTER

Nach dem Ableben der Porsche mit Frontmotor (968 und 928) hatte die Stuttgarter Firma nur noch ein Modell im Programm – den 911 mit Heckmotor. Die schwierige Zeit mit den Frontmotor-Modellen veranlasste Porsche, beim ersten absolut neuen Wagen seit 18 Jahren eine andere Richtung einzuschlagen. Es entstand der Boxster.

Was ihn von den anderen unterschied, war die Position seines Motors: er saß in der Mitte und trieb die Hinterräder an. Porsche behauptete, dass „der Mittelmotor ideale Fahrdynamik liefert", und die Welt musste zustimmen.

Es war absolut unterhaltsam, den neuen Boxster zu fahren, er war ausgewogen, reagierte gut und verzieh Fahrfehler. Angetrieben wurde er von einem brandneuen 204 PS starken 2.5-Liter Sechs-Zylinder Boxer-Motor in bester Porsche Tradition. Der Boxster war genauso schnell wie sanft. Porsche gab eine Spitzengeschwindigkeit von 240 km/h und eine Beschleunigung von 0-100 km/h in 6.9 Sekunden an – etwas weniger, falls man das auf Wunsch erhältliche Tiptronic S Automatik-Getriebe bestellte. Es erlaubte den Gangwechsel über zwei Schalter am Lenkrad.

Das Bremssystem mit Vierkolben-Bremssätteln wurde erstmals in einem Straßenmodell von Porsche verwendet – angeblich sollte es 100prozentig das Fading genannte Nachlassen der Bremsen bei hoher Beanspruchung verhindern.

Der größte Reiz des Boxsters lag vielleicht in seinem Styling; er war elegant, glatt und zeitlos. Die attraktiven Scheinwerfer wurden von widerstandsfähigen Kunststoffabdeckungen geschützt.

Der ansprechende Innenraum hatte ein Armaturenbrett, auf dem die Instrumente bogenförmig angeordnet waren und sich leicht überlappten. Das elektrische Faltdach schloß sich automatisch in nur 12 Sekunden und verschwand dann unter einer metallenen Abdeckung.

Der Boxster spielte eine wichtige Rolle für die Zukunft Porsches. Vom Preis her konkurrierte er mit dem Mercedes SLK oder auch dem BMW Z3 und zog eine völlig neue Käuferschicht an.

■ OBEN *Dank seines Mittelmotor-Layouts war der Boxster sehr ausgewogen; er war schnell und hatte die Brems-Qualitäten eines Rennwagens.*

■ LINKS *Der Name Boxster war eine Verbindung zweier klassischer Porschethemen: dem Layout des Boxer Motors und der Karosserie des Speedster.*

■ UNTEN *Es bestand kein Zweifel daran, dass Porsche mit der Kreation des Boxster einer der begehrenswertesten Sportwagen aller Zeiten gelungen war.*

PORSCHE BOXSTER (1996–)	
Motor	6-Zylinder
Hubraum	2480 ccm
Leistung	204 PS @ 6000 U/min
Getriebe	5-Gang manuell
Spitze	240 km/h
Stückzahl	noch in Produktion

RENAULT

■ LINKS *Der R5 Turbo wurde speziell für Rallyes entwickelt. In Stil und Fahrverhalten war er aufregend.*

■ RENAULT 5 TURBO

Es war Renaults Idee, einen Wagen speziell für die Teilnahme an Rallyes zu entwickeln. Der 1978 vorgestellte Turbo 5 zog eine ganze Generation von speziell für so genannte Homologations-Zwecke gebauten Autos nach sich, wie etwa den Lancia S4 und den Ford RS200. Sie alle wurde auch für den normalen Einsatz auf der Straße verkauft, weil die Regeln vor der Erteilung der Rennzulassung den Verkauf einer bestimmten Zahl von Fahrzeugen vorschrieben. Der Pionier von Renault war der einzige, der sich wirklich für die Straße eignete. 5000 Renault 5 Turbos wurden auf Kundenanfrage hin gebaut. Er hatte einen Turbo Mittelmotor mit extremer Beschleunigung, ausgezeichnete Bodenaftung und ein unterhaltsames Fahrverhalten.

Vom serienmäßigen Renault 5 (Le Car in den Staaten) blieb nur wenig erhalten. Renaults Alpine Werk verpasste dem 5 weit ausgestellte Kotflügel, tiefe Kühlöffnungen und große Spoiler. Türen, Dach und Heckklappe der ersten Wagen waren aus Aluminium. Das Interieur war eine typisch französische Mischung aus knalligen Grundfarben und Avant-Garde Design.

Mechanisch betrachtet war die Sache noch bunter. Renn-Radaufhängung, breite Reifen und große Bremsen gesellten sich zu einem Motor, der nur wenige Zentimeter von den Ohren des Fahrers entfernt quasi im Cockpit saß.

Ab 1983 gab es den Turbo 2 mit geringen Änderungen an der Ausstattung und einer schwereren Stahlkarosserie, von dem 3167 Modelle verkauft wurden.

■ OBEN *Der Mittelmotor war winzig – tatsächlich nur 1.4-Liter – aber mit 160 PS hatte er eine Wahnsinnsbeschleunigung.*

■ OBEN *Anders als das Interieur des Turbo 1 war das Innere des Turbo 2 auf dem des Renault 5 aufgebaut.*

■ OBEN *In den extrem ausgestellten Kotflügeln saßen breite Aluräder und Reifen, die die Bodenhaftung stark verbsserten.*

RENAULT 5 TURBO (1978–86)	
Motor	4-Zylinder
Hubraum	1397 ccm
Leistung	160 PS @ 6000 U/min
Getriebe	5-Gang manuell
Spitze	201 km/h
Stückzahl	4997

■ LINKS *Obwohl sein Name und einige der Karosserieteile vom Renault 5 abstammten, war der 5 Turbo ein wilder Wagen mit Mittelmotor.*

■ RECHTS *Der 1984–91er GTA war der letzte in einer langen Reihe von Renault Alpine Sportwagen, die als Frankreichs Gegenstück zum Porsche galten.*

■ RENAULT ALPINE GTA/A610

Der 1984 erschienene Renault Alpine GTA war der letzte einer berühmten Linie französischer Sportwagen mit Heckmotor, der Renaults V-Sechs Power in einem Chassis mit stählernem Zentralrohr-Rahmen verwendete. Er zielte auf den Markt des Porsche 911, bot extremes Fahrvergnügen und – trotz Heckmotor – ausgezeichnetes Fahrverhalten. Trotzdem gelang es ihm nicht, Käufer vom Porsche abzuwerben.

Die GTA waren absolut schnelle Wagen, besonders in Turboform. Sie liefen über 241 km/h und erreichten 100 km/h innerhalb von 6 Sekunden. Fahrer liebten den GTA wegen des Fahrgefühls, außerdem war er bequem und eignete sich hervorragend für Langstrecken. Trotz seines exotischen Aussehens war er überraschend zweckmäßig, hatte funktionelle Rücksitze und eine Karosserie aus rostfreiem GFK. Der Douvrin V-Sechs Motor stammte aus dem großen Renault 25 und lief absolut störungsfrei. Die allgemeine Qualität des Wagens war zumindest akzeptabel, wenn nicht sogar in einer Liga mit dem 911.

1991 wurde aus dem GTA der A610 mit ein paar Veränderungen im Design – die dem Wagen einige Ecken nahmen, ihm aber einen schickeren Showroom Charakter gaben. An den Klappscheinwerfern konnte man ihn sofort erkennen. Die Leistung des neuen Modells erhöhte sich dank eines größeren 3.0-Liter Motors auf 250 PS, die Höchstgeschwindigkeit lag jetzt ohne Turbo bei 265 km/h. Die Radaufhängung war verbessert worden, um die Ruppigkeit auszuschließen, unter der das alte Modell manchmal gelitten hatte. Außerdem erhielt der A610 Servolenkung.

Die GTA und A610 Alpines lebten als Klassiker im Schatten des 911. Die Produktion wurde 1995 beendet.

■ OBEN *Im ungewöhnlichen Interieur fanden sich auch Teile aus dem Renault-Regal.*

RENAULT ALPINE GTA/A610 (1984–95)

Motor	V-Sechs-Zylinder
Hubraum	2458–2975 ccm
Leistung	160–250 PS
Getriebe	5-Gang manuell
Spitze	235–265 km/h
Stückzahl	17450

■ OBEN *Im Heck saß ein starker 3.0-Liter V-Sechs Motor, der 250 PS hatte.*

■ LINKS *In Turboform war der GTA außerordentlich schnell. Der V6-Heckmotor führte unausweichlich zum Ausbrechen des Hinterteils, aber insgesamt ließ sich der GTA gut und griffig fahren.*

■ RECHTS *Der A610 Turbo war einen Rang höher: 257 km/h Spitze und 1A Handling machten ihn zum Rivalen für Porsche.*

RENAULT

■ RENAULT ESPACE

Andere Autohersteller mögen von sich behaupten, die Erfinder der Minivans oder Multi Purpose Vehicles (MPV) zu sein. Aber Renault war die erste Firma, die eine Großraumlimousine wirklich von Grund auf als solche entwickelt und populär gemacht hat. Der Espace revolutionierte den Fahrzeugmarkt, und die Auswirkungen seines Erfolgs sind bis heute spürbar: jeder große Hersteller bringt ähnliche Modelle auf den Markt.

Die Anfänge des Espace lagen genaugenommen beim französischen Sportwagenhersteller Matra. In den späten 70ern schloss dieser sich mit Simca-Talbot zusammen und entwickelte die Idee für einen radikal neuen Personentransporter. Dann jedoch wurde Matra – und damit auch dieses Projekt – von Renault aufgekauft. Dort erkannte man das Potential und brachte den Espace 1984 auf den Markt – in demselben Jahr, in dem Chrysler mit der Herstellung von Minivans begann.

Die beeindruckendste Eigenschaft des Espace war seine Form, ein außerordentlich klares, integriertes Design mit langer, abgeschrägter Windschutzscheibe. Von der Konstruktion her war er genauso ungewöhnlich: die Karosserie bestand aus einem mit Kunststoffteilen verkleideten Stahlskelett.

Beachtenswert war auch das Interieur des Espace. Es war geräumig, hell und klar designt und bot enorme Veränderungsmöglichkeiten. Auf drei Sitzreihen fanden bis zu sieben Personen Platz; jeder der Sitze konnte individuell entfernt werden, um Platz für Gepäck zu schaffen. Die vorderen Sitze ließen sich herumdrehen, so dass die Passagiere sich gegenüber sitzen konnten; der mittlere Rücksitz war gleichzeitig ein Klapptisch.

RENAULT ESPACE (1984–91)	
Motor	4-Zylinder
Hubraum	1995 ccm
Leistung	103–120 PS
Getriebe	5-Gang
Spitze	171–179 km/h
Stückzahl	147960

■ OBEN *Nachdem er 1991 ein neues Gesicht erhielt, war der Espace noch erfolgreicher.*

■ OBEN *Außerordentliche Anpassungsfähigkeit war die Stärke des Espace: die Vordersitze waren drehbar, der hintere Mittelsitz ließ sich zum Tisch herunterklappen.*

■ OBEN *Bis zu sieben Sitze passten in den Espace und konnten individuell ausgebaut werden, um Platz für Gepäck zu schaffen.*

■ LINKS *Renault übernahm das innovative Espace Projekt von Matra, und schuf Europas ersten – und überzeugendsten – Großraumwagen.*

■ RECHTS *Die Fahrerposition wurde kritisiert, verhalf aber zu einer wunderbar guten Sicht.*

■ LINKS *Ein kleines Stadtauto erhielt ein „Monobox" Design im Stil des Espace und wurde so zum Twingo.*

■ RENAULT TWINGO

Einer der ersten Schritte, die Renaults neuer Designchef Patrick Le Quément unternahm, war die Ankündigung, dass Renault die Führung in Sachen Design übernehmen würde, um die besten und innovativsten neuen Fahrzeuge zu produzieren. Der Twingo war die perfekte Umsetzung dieses Ideals.

Es gelang Le Quément meisterhaft, das „Monobox" Kastendesign des Espace auf den kleinsten Wagen der Renault Reihe zu übertragen. Die Linie von der vorderen Stoßstange zur Oberkante der Windschutzscheibe verlief in einer eleganten Kurve, die nur von den abgeschirmten Scheinwerfern und den Kühlschlitzen in der Motorhaube unterbrochen wurde.

Der Twingo sah nicht nur außen gut aus: das Interieur war seine beste Seite. Die digitalen Anzeigen waren zentral angeordnet, die bunten Schalter waren handlich. Es gab jede Menge Platz, der durch die verschiebbare Rücksitzbank noch besser genutzt werden konnte. Auf Wunsch kam der Twingo mit Sonnendach und Klimaanlage.

Wenn man das fortschrittliche Aussehen des Twingo bedachte, war es allerdings eine kleine Enttäuschung, dass er veraltete Mechanik verwendete, die direkt vom Renault 5 stammte: der Motor lief rauh, das Fahrverhalten war nichts beonderes. Erst 1996 ging Renault zu einem brandneuen 1149 ccm Motor mit mehr Leistung über. Gleichzeitig erschien der mit Automatikgetriebe ausgestattete Easy.

Die Käufer waren nicht zu bremsen; es entwickelte sich eine Modewelle um den Twingo, und er wurde zum meistverkauften Wagen Frankreichs. Das millionste Modell lief 1997 vom Fließband.

■ OBEN *Kleine Augenbrauen über den Scheinwerfern sowie Belüftungsschlitze in der Haube gaben dem Design Charakter.*

■ OBEN *Der Twingo war der ideale Stadtwagen: äußerst kompakt, flink und wirtschaftlich.*

RENAULT TWINGO (1992–)	
Motor	4-Zylinder
Hubraum	1149–1239 ccm
Leistung	54–58 PS
Getriebe	5-Gang manuell 3-Gang Automatik
Spitze	150 km/h
Stückzahl	noch in Produktion

■ RECHTS **Très jolie** *– der Twingo machte sich bei den französischen Käufern beliebt; er wurde im Jahre 1995 zum meistverkauften Wagen.*

■ GANZ RECHTS *Die Gestaltung des Interieurs war beeindruckend; die Rücksitze ließen sich individuell vor und zurück bewegen, die digitalen Anzeigen waren zentral angeordnet.*

RENAULT

■ RENAULT SPORT SPIDER

In den 90ern gewannen ungewöhnliche, in kleiner Auflage produzierte Wagen an Bedeutung. Während bei den Massenfahrzeugen die Verkaufszahlen zurück gingen, wurden immer mehr „Nischen“-Modelle verkauft. Normalerweise handelte es sich bei diesen Wagen um geschickt veränderte, konventionelle Konstruktionen – auf den faszinierenden Renault Sport Spider trifft dies jedoch absolut nicht zu.

Das Rezept war aufregend und sehr ungewöhnlich für ein großes Unternehmen wie Renault. Der Sport Spider wurde nur für einen einzigen Zweck gebaut: reines Fahrvergnügen. Die Anforderungen riefen nach einem leichtgewichtigen Zweisitzer, der so einfach sein sollte, dass er ohne Dach auskommen konnte.

Tatsächlich kamen die ersten Sport Spider sogar ohne Windschutzscheibe. Das von dem brillianten Patrick Le Quément angeführte Designteam entwarf eine radikale Form, die einen soliden Windabweiser anstelle der Windschutzscheibe vorsah. Spätere Versionen kamen dann auch mit Scheibe und sogar mit Scheibenwischern, jedoch immer noch ohne Seitenfenster und Dach. Aber das machte nichts, denn die Besitzer hatten die Chance, einen Wagen zu fahren und zu genießen, der das Aussehen und das Gefühl eines fortschrittlichen Konzeptwagens hatte.

Auch von der Konstruktion her war der Sport Spider radikal. Das Chassis bestand aus leichtgewichtigem Aluminium, das außerdem extrem stabil war. Die Radaufhängung war von Rennwagen übernommen, und die großen, belüfteten Scheibenbremsen stammten aus dem Alpine A610 Sportwagen.

■ OBEN *Renaults Sport Spider war enorm ambitioniert und abenteuerlich: mit Mittelmotor, ohne Dach und sogar ohne Windschutzscheibe!*

■ OBEN *Das absichtlich karge Interieur reflektierte die leichtgewichtige, unverkleidete Natur dieses Straßenrenners. Achten Sie auf den freiliegenden Aluminiumrahmen.*

■ UNTEN *Das Styling stammte von Patrick Le Quéments innovativem Team bei Renault. Obwohl er an das alte Lotus Thema anknüpfte, war der Spider unverschämt modern.*

■ RECHTS *Der Sport Spider war auch für die Rennstrecke bestimmt, und Renault produzierte eine Sonderserie, die 1996 bei den britischen Touring Car Rennen lief.*

Weiterhin entschloss sich Renault für den Einbau der 150 PS starken 2-Liter Maschine aus dem Clio Williams. Sie war stark genug, um den Sport Spider in 6.9 Sekunden von 0-100 zu bringen.

Insgesamt war er unheimlich schnell, sowohl auf gerader Spur wie auch in Kurven. Sein Gewicht von 790 kg war etwas höher als das des Lotus Elise, aber er war mit Sicherheit kein Schwergewicht.

Renault Sport, die Firma, die diesen einzigartigen Wagen produzierte, stellte außerdem eine exklusive Rennserie des Sport Spider her. Diese Rennwagen hatten mehr Leistung (175 PS), und sie waren schnell, wild und aufregend. Sie zogen viele talentierte Fahrer sowie große Zuschauermengen an.

Renault wusste natürlich, dass der Sport Spider kein großer Verkaufsschlager sein würde. Er kostete mehr als der Lotus Elise oder der Caterham 21 und war offensichtlich nicht für den täglichen Gebrauch geeignet. Das Produktionsvolumen war klein, aber der dadurch erzielte Werbeeffekt für Renault war umso größer.

■ OBEN *Die meisten Käufer eines Sport Spiders wählten die Version mit Windschutzscheibe.*

RENAULT SPORT SPIDER (1995–)

Motor	4-Zylinder
Hubraum	1998 ccm
Leistung	150 PS
Getriebe	5-Gang manuell
Spitze	216 km/h
Stückzahl	noch in Produktion

■ RECHTS *Dieses Bild scheint auszudrücken, dass sich der Sport Spider auch bei Regenwetter fahren ließ: diese Version hatte einen Scheibenwischer, aber weder Dach noch Seitenfenster.*

ROLLS-ROYCE

■ UNTEN *Der Camargue war eines der exklusivsten Rolls-Royce Modelle. Über einen Zeitraum von elf Jahren wurden nur knapp über 500 hergestellt.*

■ ROLLS-ROYCE CAMARGUE

Der von Pininfarina gestylte Rolls-Royce Camargue war das britische Luxuscoupé der 70er – ein Fahrzeug für Könige, Prinzen, Diplomaten und Stars, ein genussvoller Zweisitzer ohne wirkliche Konkurrenz. Unter den Coupés gab es nur wenige, die seiner Größe gleichkamen. Und nichts erreichte seinen Preis: der Camargue war bei seiner Einführung 1975 das teuerste Auto auf dem Markt, 50 Prozent teurer als das Rolls-Royce Corniche Cabrio.

Pininfarina war die selbstverständliche Wahl für den Entwurf des Designs. Er hatte schon zu zahlreichen Designs der Bentleys und Rolls-Royces der 50er beigetragen. Der Designer senkte sogar sein übliches Honorar, aber das Styling erhielt in einigen Abteilungen nur lauwarmen Applaus. Pininfarina entwarf auch das Interieur: für das Armaturenbrett verwendete er Instrumente aus dem Silver Shadow, fügte aber eckige, schwarze Einfassungen hinzu – ähnlich den in Flugzeugcockpits benutzten.

Der 193 km/h schnelle Camargue wurde 1975 in Sizilien vorgestellt. Er war der erste Rolls-Royce mit gebogenem Fensterglas und designt nach metrischen Abmessungen. Er verwendete den etwas leistungsstärkeren Rolls 6.75-Liter V-Acht Stößelstangenmotor aus Aluminium und die übliche Einzelradaufhängung sowie ein komplexes hydaulisches System für die Scheibenbremsen und die Niveauregulierung.

Alleine die Klimaanlage des 48850 Dollar teuren Camargue war so teuer wie ein Mini und hatte die Kühlleistung von 30 herkömmlichen Kühlschränken.

Die Herstellung eines Camargues dauerte 6 Monate, pro Woche konnte nur ein Wagen fertiggestellt werden. Insgesamt wurden 534 gebaut – gut die Hälfte (280 Stück) ging nach Amerika.

■ OBEN *Wenn man 1975 den teuersten Wagen der Welt kaufen wollte, dann lag man beim Rolls-Royce Camargue genau richtig: ein zweitüriges Coupé von „der besten Firma der Welt".*

■ OBEN *Pininfarina entwarf auch das Interieur, das nicht nur eine Fülle an reichem Leder und Holz bot, sondern auch über eine höchst anspruchsvolle Klimaanlage verfügte.*

■ OBEN *Das saubere und einfache Design stammte von Pininfarina; es überspielte geschickt die beachtliche Masse des Wagens.*

■ OBEN *Passung und Ausführung waren Superlative, die Details absolut britisch, alles war handgenäht und die Türen hatten Chromgriffe.*

ROLLS-ROYCE CAMARGUE (1975–86)	
Motor	V-Acht-Zylinder
Hubraum	6750 ccm
Leistung	nicht angegeben
Spitze	193 km/h
Stückzahl	534

ROVER

■ LINKS *Rovers Designer David Bache gab zu, sich Inspirationen bei Ferraris Daytona geholt zu haben. Für eine Limousine sah der SD1 extrem sportlich aus.*

■ ROVER SD1

Mit der P6 Limousine war Rover ein absoluter Gewinner gelungen. Auch europäische Journalisten stellten dies fest und wählten ihn zum Auto des Jahres. Sein Nachfolger, der so genannte SD1, erhielt den Preis im Jahre 1977 ebenfalls.

Für einen Rover war der neue SD1 3500 ziemlich radikal. Alle Spuren von Chrom und das hölzerne Armaturenbrett waren eliminiert – bis dahin galten sie stets als fester Bestandteil der Rovers. Auch das traditionelle, einfache Layout der Limousine war zugunsten eines Schräghecks verschwunden. Und das Interieur war alles andere als konservativ.

Der Designer des SD1 war Rovers David Bache, und er hatte die Anständigkeit zuzugeben, dass er beim Entwurf direkt von Ferraris Daytona beeinflusst worden war. Das Ergebnis war ein für 1975 unheimlich schnittig aussehender Wagen.

Der 3500 verwendete Rovers altbekannten V-Acht. In jeder anderen Hinsicht war er eine Mischung aus alt und neu: die hintere Radaufhängung und die Trommelbremsen waren nichts besonderes, aber die MacPherson Federbeine für die vordere Aufhängung sorgten für ein wesentlich besseres Fahrverhalten. Es folgten weniger leistungsstarke 2000, 2300 und 2600 Sechs-Zylinder Versionen.

Das beste aller Modelle war der 1982er Vitesse mit 190 PS Einspritzmotor, tiefer gelegtem Fahrwerk, Aluspeichenrädern und Heckspoiler, von dem nur 4000 auf den Markt kamen.

■ OBEN *Das leistungsstärkste SD1 Modell war der Vitesse mit einem 190 PS starken V-Acht Motor mit Einspritzanlage und Heckspoiler.*

■ OBEN *Rover veränderte sein traditionelles Interieur. Am auffälligsten war das separate Gehäuse, das alle Instrumente beherbergte.*

■ OBEN *Die Reihe der SD1 Maschinen ging von einem 2.0-Liter 4-Zylinder Motor bis hin zur beliebten 3.5-Liter V-Acht Einheit.*

■ LINKS *Der äußerst schnelle Vitesse war das passenden Ende eines innovativen Abschnitts in Rovers langer Geschichte.*

ROVER SD1 3500 (1976–86)

Motor	V Acht-Zylinder
Hubraum	3528 ccm
Leistung	155–190 PS
Getriebe	5-Gang manuell 3-Gang Automatik
Spitze	201–217 km/h
Stückzahl	113966

SAAB

■ OBEN *Die Verwendung eines 145 PS starken turbogeladenen Motors in der unauffälligen Karosserie des 99 schuf eines der Leistungswunder der 70er Jahre.*

■ SAAB 99 TURBO

Schwedens führender Flugzeughersteller ist vor allem für seine Fahrzeuge bekannt. Die Reihe von Automobilen, die Saab seit über 50 Jahren produziert, war stets unkonventionell und unverwechselbar. Der 99 Turbo war ein Modell, das Saab in eine neue Ära führte.

Saabs traditioneller Frontantrieb blieb erhalten, der Motor – ein gemeinsames Werk von Triumph und Saab – war neu. Als es um mehr Leistung ging, fügte Saab einen Turbolader hinzu, was 1977 noch eine Neuheit war. Saab entwickelte daraus eine eigene Kunstform. Noch lange, nachdem andere Hersteller diesen Weg wieder verlassen hatten, verwendete Saab den Turbolader für mehr Leistung und bessere Abgaswerte.

Mit Hilfe des Turboladers wuchs die PS-Zahl beim serienmäßigen 2.0-Liter Einspritzmotor von 118 auf 145 PS, was für eine Maschine dieser Größe im Jahr 1977 enorm war. Die Höchstgeschwindigkeit lag jetzt bei 201 km/h mit einer Beschleunigung von 0-100 km/h in neun Sekunden – obwohl es Saab nie gelang, das verzögerte Einsetzen des Turbos, das „Turboloch", auszubügeln. Auch mit seiner Tendenz zum Abheben mussten Fahrer leider weiterhin leben

Saab betrat mit der Entwicklung des 99 Neuland und ebnete den Weg für den Turbolader. Der Saab 99 Turbo wurde so etwas wie ein Kultwagen; seine unbarmherzige Kraftentfaltung wurde schnell von anderen Autoherstellern wie Audi sowie von vielen japanischen Firmen kopiert.

■ LINKS *Unter der nach vorne aufklappbaren Haube verbarg sich Saab Technologie mit Turbolader. Die schwedische Firma entwickelte den Turbo zur Spezialität.*

SAAB 99 TURBO (1977-80)	
Motor	4-Zylinder
Hubraum	1985 ccm
Leistung	145 PS
Getriebe	4-Gang manuell
Spitze	201 km/h
Stückzahl	10607

■ OBEN *Der 99 Turbo war auf Sicherheit ausgerichtet: er hatte dicke Stoßfänger und Scheinwerferwischer.*

■ RECHTS *Niemand konnte den 99 als attraktiv bezeichnen, aber er war absolut einzigartig.*

SUZUKI

■ LINKS *Whizzkid war genau der richtige Name für Suzukis kleines Sportprojektil. In England wurde er zum Spitznamen.*

■ SUZUKI SC100 WHIZZKID

Wenn der Verkehr so stark wird, dass der absolute Stillstand droht, dann ist es Zeit für drastische Maßnahmen. Die Verkehrsstaus in Tokyo oder Osaka zählen zu den schlimmsten der Welt, und die Lösung, die der japanischen Regierung einfiel, war den Besitzern von Kleinstwagen steuerliche Vergünstigungen und verbilligtes Parken anzubieten.

Suzuki war 1955 die erste Firma, die einen solchen Kleinstwagen auf den Markt brachte, und ihre Produkte zählten seitdem stets zu den besten. Ein besonders interessantes Modell war der Cervo aus dem Jahr 1972. Hier wurde der Versuch unternommen, den Kleinstwagen ein bißchen mehr Pep zu geben. Er war ein nur 3.20 m langes Zwei-plus-Zwei Coupé, das den Heckmotor aus der Suzuki Fronte Limousine verwendete. Der Motor war ein kleiner Zweitakter mit 539 ccm und 28 PS. Seine Spitzengeschwindigkeit von 105 km/h war nicht gerade aufregend, aber ausreichend, da er als reines Stadtauto geplant war.

Für den Export wurde der Cervo leicht verändert, und es entstand der wildere SC100 GX, der auch unter dem Spitznamen Whizzkid lief. Der alte Motor wurde durch eine 970 ccm 4-Zylindereinheit aus dem Alto ersetzt. Sie hatte 47 PS und saß immer noch im Heck. Jetzt fing das kleine Coupé geradezu an zu fliegen: die Spitzengeschwindigkeit stieg auf 137 km/h mit glänzender Beschleunigung und absolut sparsamem Benzinverbrauch.

Zudem war er außerordentlich preisgünstig und extrem gut ausgestattet – mit Drehzahlmesser, verstellbaren Vordersitzen, vorderen Scheibenbremsen und Einzelradaufhängung.

■ OBEN *Die Winzigkeit des SC100 erkennt man im direkten Vergleich zur Princess Limousine. Er war nur 3.20 m lang.*

■ OBEN *Die Schmalheit des SC100 überraschte westliche Fahrer. Er war so designt worden, um japanischen Gesetzen zu entsprechen.*

SUZUKI SC100 WHIZZKID (1979–82)	
Motor	4-Zylinder
Hubraum	970 ccm
Leistung	47 PS @ 5000 U/min
Getriebe	4-Gang
Spitze	137 km/h
Stückzahl	894000

■ GANZ LINKS *Besonders in Aktion war der Whizzkid eine wahre Freude. Sein 1.0-Liter Motor gab ihm spritzige Beschleunigung, und es machte großen Spass mit ihm durch dicken Verkehr zu flitzen.*

■ LINKS *Der Heckmotor reduzierte den Platz im Fahrgastraum. Das Design war von Giugiaro.*

SUZUKI

■ LINKS *Er hatte nur drei Zylinder und 658 ccm zur Verfügung, aber ein Turbolader machte das Fahren eines Cappuccinos zum Vergnügen.*

■ SUZUKI CAPPUCCINO

Cappuccino steht für ein heißes, schäumendes Kaffeegebräu, das einen munter macht, wenn man es nötig hat. Und der Suzuki Cappuccino wurde seinem Namen absolut gerecht. Der kleine Sportwagen begann sein Dasein 1989 als Studie. Sie sollte zeigen, was ein Fahrzeug so alles kann, das Japans Vorschriften für Kleinstwagen der so genannten „K" Klasse entspricht.

Die Reaktionen waren so gut, dass Suzuki Anfang 1992 die Produktion mit einer limitierten Auflage von 200 im Monat aufnahm. Der Wagen war für den exzentrischen japanischen Markt bestimmt, aber es gab auch Exporte nach Europa.

Der Cappuccino war winzig – nur 3.30 m lang und 1.40 m breit – aber er hatte jede Menge Charakter. Seine kurvige Form erinnerten an den Austin-Healey Frogeye Sprite. Das Heck war abgeschnitten; man konnte es praktisch vom Fahrersitz aus berühren.

Das beste am Cappuccino war sein geniales dreiteiliges Hardtop, das sich falten ließ. Es konnte in fünf verschiedenen Variationen verwendet werden: man konnte es ganz geschlossen lassen, ein oder zwei Targa Paneele sowie ein Mittelteil entfernen und zu guter Letzt ließ sich auch noch das Heckteil herunterfalten, so dass man völlige „Open Air" Atmosphäre genießen konnte.

In Anbetracht des 658 ccm 3-Zylinder Motors war der Cappuccino ein überraschend schneller Wagen. Wenn man den Geschwindigkeitsbegrenzer entfernte, erreichte der Wagen eine Spitzengeschwindigkeit von 177 km/h und er kam in etwa neun Sekunden von 0-100 km/h. Seine Fahrverhalten war ausgezeichnet und sein Preis absolut erschwinglich.

■ OBEN *Der kleine Suzuki Sportwagen wurde im Rahmen japanischer Gesetze für Stadtautos gebaut– er war nur 3.30 m lang und 1.40 m breit.*

SUZUKI CAPPUCCINO (1992–)	
Motor	3-Zylinder
Hubraum	658 ccm
Leistung	64 PS @ 6500 U/min
Getribe	5-Gang
Spitze	140 km/h
Stückzahl	noch in Produktion

ANDERE MARKEN

■ SEAT

Spaniens einzige einheimische Marke begann ihr Dasein 1953 als Ableger des Fiat Imperiums, obwohl sie einige Modelle für den eigenen Markt produzierten. Das interessanteste war das Sport Coupé von 1975–80, ein kleiner Rivale vom Fiat 128. In den 80ern streifte Seat seine Fiatketten ab und wurde von VW gekauft, die die Marke als sportliche Serie entwickelten.

■ SKODA

Die tschechische Marke Skoda kann bis ins letzte Jahrhundert zurück verfolgt werden. In den 70ern waren sie bekannt für schlecht hergestellte, schwer zu fahrende Wagen. Das 1970-81 S110R Coupé war das einzig annähernd „klassische" Modell, obwohl *Autocar* den späteren 136 Rapid einen „Mini-Porsche" nannte. Nach der Übernahme durch VW verbesserten sich Design und Qualität.

■ STUTZ

Ein amerikanischer Industrieller kaufte 1969 den aus der Vorkriegszeit berühmten Namen Stutz und stellte ein von Virgil Exner designtes Coupé vor, das auf einem Pontiac Grand Prix aufgebaut war und zum Teil in Italien hergestellt wurde. Der Geschmack des Designs ließ sich in Frage stellen, aber das Modell kam besonders in Hollywood und auf dem arabischen Markt gut an. Es wurde in verschiedenen Versionen angeboten: als Cabrio, als Limousine sowie als Royale Limousine.

■ SUBARU

Der Subaru kombinierte das Gefühl eines Stadtautos mit einem Allradantrieb. Die Firma baute auf diesem Ruf mit einer Reihe interessanter Wagen auf; der Höhepunkt kam mit dem XT Sport Coupé, der Legacy Limousine und dem beeindruckend schnellen Rallyegewinner Impreza Turbo.

TALBOT-SUNBEAM LOTUS

■ TALBOT SUNBEAM LOTUS

„Put a Chrysler Sunbeam in your life" (Erhellen Sie Ihr Leben mit einem Sonnenstrahl von Chrysler) – so lautete der schlagfertige Werbespruch für den Supermini von Chrysler im Jahre 1977. Bereits zwei Jahre später wurde die Gruppe an Peugeot verkauft. Alle Chrysler Modelle hießen fortan Talbot – einschließlich des Sunbeam.

Dieses Schrägheck-Auto basierte auf dem Hillman Avenger, was einen starken Vorteil hatte: anders als die meisten anderen Kleinwagen hatte dieses Modell Hinterradantrieb und dadurch ein gutes Fahrverhalten – gut genug für mehr Leistung.

So wurde der Sunbeam Lotus geboren. Lotus hatte Erfahrung in der Herstellung aufregender Straßenfahrzeuge für andere Firmen (etwa Fords Lotus Cortina). Und man leistete auch beim Sunbeam sehr gute Arbeit. Im Motorraum saß der Lotus 2.2-Liter Motor mit zwei Nockenwellen, dessen 150 PS den Wagen zu einem der schnellsten seiner Art machten: er lief 195 km/h Spitzengeschwindigkeit und erreichte 100 km/h aus dem Stand in 7.4 Sekunden.

■ LINKS *Während der Talbot Sunbeam ein Wagen mit Heckklappe war, den man sofort vergaß, war der Sunbeam Lotus ein Auto, an das man sich erinnerte*

Lotus verwendete außerdem ein spezielles ZF Fünfganggetriebe, dessen erster Gang in typischer Rennmanier angelegt war. Die Fahrwerk war tiefer gelegt und härter, zudem wurden brandneue breite Aluräder entworfen. Die Aufhängung und die hinteren Trommelbremsen waren zwar nicht besonders anspruchsvoll aber effektiv – wie Henri Toivonen herausfand, als er in einem Sunbeam Lotus die Rallye Weltmeisterschaft gewann.

Die Karriere des Sunbeam Lotus endete, als 1981 die Produktion der gesamten Sunbeamreihe eingestellt wurde.

■ UNTEN *Der Lotus 2.2-Liter Motor mit zwei Nockenwellen passte hervorragend. Seine 150 PS machten den Sunbeam zum schnellsten unter den flotten Kleinen.*

TALBOT SUNBEAM LOTUS (1979–81)

Motor	4-Zylinder
Hubraum	2174 ccm
Leistung	150 PS
Getriebe	5-Gang manuell
Spitze	195 km/h
Stückzahl	2308

■ LINKS *Generell ausgedrückt war der Sunbeam Lotus absolut effektiv, und da nur 2308 hergestellt wurden, ist er heute sehr begehrt.*

■ RECHTS *Obwohl er dem serienmäßigen Sunbeam sehr ähnelte, hatte sein Interieur einen ausgeprägten Rallyestil.*

TOYOTA

■ LINKS *Die erste Serie des Toyota Celica Coupés lässt sich gut als japanische Ford Mustang Version beschreiben.*

■ TOYOTA CELICA

Aus Toyotas wachsender Reihe von Modellen sticht ein Wagen heraus: der Celica, dessen Stil und gleichbleibende Leistung stets gepaart waren mit einer Prise Hochmut. Für Toyota war er stets das perfekte viersitzige Coupé. Die Modelle der ersten Generation basierten auf dem Chassis der Carina Limousine.

Der erste Celica erschien 1970. Er hatte genau die richtige Mischung von „Coke Bottle“ Styling und guten Proportionen. Während der ersten drei Jahre wurde er als Stufenheck gebaut, ab 1973 gab es ihn auch mit attraktivem Fließheck.

Verschiedene Motoren wurden benutzt – beliebt waren der 1600 und der 2000, die es in einer Reihe von Formen mit obenliegenden Ventilen, obenliegenden Nockenwellen und mit Doppelvergaser gab. Die besten Modelle waren die GT Versionen mit extra Leistung und Sportausstattung.

Toyota sorgte nach japanischer Manier dafür, dass die Interieurs aller Modelle verschwenderisch ausgestattet waren. Sogar die einfachsten Modelle hatten fünf Anzeige-Instrumente, Zigarettenanzünder und eine Stereoanlage – was in jener Zeit echter Luxus war.

1985 erschien die 4. Celica-Generation. Sie war besonders stilvoll mit ihrer sanfteren Form und Klappscheinwerfern. Außerdem gab es nun ein Cabrio. Nach einer Reihe weiterer Modellwechsel hat der Celica auch heute noch einen großen Stellenwert im Toyota-Programm.

■ OBEN *Als „Liftback“ sah der Toyota Celica sehr schick aus, und er ist einer der wenigen japanischen Wagen mit klassischen Merkmalen.*

■ OBEN *Die Motoren, die in den Celica der ersten Generation angeboten wurden, reichten von 1600 OHV zu 2000 OHC mit 130 PS.*

TOYOTA CELICA (1970-77)	
Motor	4-Zylinder
Hubraum	1407–2289 ccm
Leistung	86–130 PS
Getriebe	5-Gang manuell 3-Gang Automatik
Spitze	164–180 km/h
Stückzahl	1500000

■ OBEN *Der Celica aus der fünften Generation hatte ein widersprüchliches Erscheinungsbild, verkaufte sich aber gut.*

■ RECHTS *Hier ein Celica aus der vierten Generation, der erste, der in Cabriolet Form angeboten wurde.*

■ LINKS *Zeitungskritiker beschrieben Toyotas brillianten MR2 Sportwagen schamlos als kleinen Ferrari.*

■ TOYOTA MR2

Zwölf Jahre nach der Vorstellung des Fiat X1/9 mit Mittelmotor hatte Toyota 1984 endlich den ersten glaubhaften Gegner, den MR2. Viele teure und exotische Wagen verwendeten dieses Prinzip, aber bei den preiswerteren war es bislang ausschließlich Fiat – und vielleicht noch dem amerikanischen Pontiac Fiero – vorbehalten gewesen.

MR2 stand für Midships Recreational 2-Sitzer. Verwendet wurden Teile aus der „Ersatzteilkiste" der Firma, und so schuf Toyota einen sicheren Sieger zu einem guten Preis. Er hatte einen sanften, reaktionsstarken Mittelmotor mit zwei Nockenwellen – eine Kombination, der niemand in der Liga erschwinglicher Sportwagen das Wasser reichen konnte. Einige Traditionalisten misstrauten dem etwas langweiligen, eckigen Design – ganz zu schweigen von Toyotas zweifelhaftem Stammbaum als Hersteller aufregender Wagen. Aber eine Runde im MR2 überzeugte sie alle. Zweifelsohne war er ein besonderer Wagen und wurde zu Recht als „Mini-Ferrari" bezeichnet.

Um seine Attraktivität breit gefächert zu halten, sorgte Toyota dafür, dass sich der MK2 wie eine Limousine fuhr. Er war akzeptabel leise und für den Fahrer recht bequem – nicht wie ein in der Regel unbequemer Sportwagen. Der einzige Minuspunkt war der begrenzte Platz im Cockpit.

Ab 1986 gab es die Version mit abnehmbaren Dachteilen. In Japan gab es außerdem eine aufregende 145 PS Version mit Turbolader, die aber aufgrund der Tatsache, dass sie nur mit bleifreiem Benzin lief, nicht nach Europa exportiert wurde.

Der MR2 hat zwei weitere Generationen von Toyotas mit Mittelmotor hervorgebracht – und außerdem Großbritanniens MGF. Und er scheint einer der Klassiker fürs neue Jahrtausend zu sein.

■ LINKS *Das MR2 Emblem wurde schnell gleichgesetzt mit Fahrvergnügen.*

■ OBEN *Dank des Mittelmotors lieferte der MR2 nicht nur sportliche Leistung, sondern auch Ausgewogenheit.*

■ OBEN *Der serienmäßige 1.6-Liter Motor hatte 130 PS und saß – recht beengt – in der Mitte.*

■ OBEN *Eine neue MR2-Generation ersetzte 1989 die kastige erste Serie; sie hatte nicht nur mehr Platz, sondern auch mehr Stil.*

TOYOTA MR2 (1984–89)	
Motor	4-Zylinder
Hubraum	1587 ccm
Leistung	130 PS @ 6600 U/min
Getriebe	5-Gang manuell
Spitze	193 km/h
Stückzahl	166104

TRIUMPH

■ TRIUMPH DOLOMITE SPRINT

Man könnte die Firma Triumph auch als BMW der britischen Automobilindustrie beschreiben: Ihre Stärke lag in der Herstellung hochklassiger Limousinen und Sportwagen, die den begeisterten Fahrer ansprachen. Und kein anderer Wagen entsprach dieser Beschreibung besser als der Dolomite Sprint.

Es war der Motor, der den Sprint von den meisten anderen britischen Limousinen der 70er unterschied. 16-Ventil-Technik war 1973 höchst ungewöhnlich, und Triumphs Motor mit obenliegender Nockenwelle verwendete sie zwei Jahrzehnte bevor sie populär wurde. Die Maschine war simpel, mit ihrer einzelnen Nockenwelle – doch die Konstruktion war so clever, dass sie 1974 den Design Council Award gewann.

Mit Sicherheit hatte der Motor Kraft: von 0-100 km/h in weniger als neun Sekunden war eine beeindruckende Leistung für eine Limousine im Jahre 1973. Sie stellte damit einige so genannte Sportwagen, wie etwa den MGB, in den Schatten. Die Muttergesellschaft

■ OBEN *Triumph war ein Name, der assoziiert wurde mit sportlichen Limousinen der Spitzenklasse, und der Dolomite Sprint war der beste von allen.*

■ LINKS *Der 16-ventilige Zylinderkopf des 2.0-Liter Motors war seiner Zeit 1973 weit voraus.*

TRIUMPH DOLOMITE SPRINT (1973–80)	
Motor	4-Zylinder
Hubraum	1998 ccm
Leistung	127 PS @ 5700 U/min
Getriebe	4-Gang manuell 3-Gang Automatik
Spitze	186 km/h
Stückzahl	22941

■ LINKS *Der Dolomite Sprint lief bis 1980, es gab danach keinen Ersatz für seine Kombination aus typischem Heckantriebs-Handling, ordentlicher Leistung und klassischem Stil.*

■ RECHTS *Der italienische Designer Michelotti war verantwortlich für die Form, die in der Mitte der 70er etwas überholt wirkte.*

British Leyland war daran interessiert ihr Sportimage zu verbessern und setzte den Sprint in Rennen ein. 1975 und 1978 gewann ein Sprint die britischen Saloon Car Championships, außerdem gab es zahlreiche Rallyesiege.

Das Vierganggetriebe stammte aus dem TR6 und stand auf Wunsch auch mit Overdrive zur Verfügung (serienmäßig ab 1975). Alternativ stand auch ein Automatikgetriebe zur Auswahl, das jedoch nur in 1634 Modelle eingebaut wurde. Weitere signifikante Änderungen im Vergleich zur Standardversion Toledo/ Dolomite waren Doppelscheinwerfer, Frontspoiler und Aluräder.

■ RECHTS *Der Sprint fühlte sich in Kurven extrem wohl, war aber genauso zuhause auf der Autobahn.*

■ OBEN *Sein Stil war konservativ, obwohl das Interieur eher ein bißchen unaufgeräumt wirkte.*

Der Dolomite Sprint hatte einen ausgewogenen Charakter; er war schnell und druckvoll, wenn man ihn forderte, aber ausgereift und entspannt, wenn man ihn mit Overdrive fuhr. Das Fahrverhalten war zu jeder Zeit präzise.

Der Stil des Interieurs war absolut britisch: ein hölzernes Armaturenbrett erstreckte sich über die gesamte Breite, die Bezüge waren robust und es gab eine Vielzahl traditioneller Anzeigen.

Überhitzen, Zylinderkopfprobleme sowie nachlässige Qualitätskontrolle beeinträchtigten den ansonsten hervorragenden Wagen. Außerdem war das Timing schlecht: er erschien, als der Konflikt zwischen Arabern und Israelis in Europa zu Benzinknappheit führte. Durstige Wagen wie der Dolomite Sprint waren einfach nicht mehr gefragt.

Eine interessante Dolomite Sprint Variante war der 1975er Panther Rio, der von einem britischen Spezialisten gebaut wurde. Er war ein wahrer Mini-Rolls-Royce mit handgearbeiteten Paneelen und einem luxuriösen Interieur aus Leder und Walnuss.

1980 wurde der Dolomite aus der Produktion genommen, was traurigerweise das Ende der Triumphs im alten Stil bedeutete – und zur Schließung mehrerer Werke führte.

■ RECHTS *Dank seines ausgereiften Motors hatte der Sprint eine ausgezeichnete Leistung: 186 km/h Spitze war nicht schlecht für eine kleine Limousine.*

TRIUMPH

■ LINKS *Sein Design war umstritten. „Schockiert" beschreibt wohl am besten die Reaktion des Publikums auf den TR7.*

■ TRIUMPH TR7/TR8

Die lange Reihe der Triumph Sportwagen mit dem TR Emblem reicht zurück bis zum TR2 aus den frühen 50ern und hat einige der charismatischsten Sportwagen hervorgebracht. Für viele war der TR7 der letzte und schlechteste aus dem Stall, ein Produkt der 70er, den deprimierenden Jahren unter British Leyland.

Mit Sicherheit war das Design des TR7 umstritten. Seine Form stammte aus der Feder von Harris Mann, der auch den Austin Allegro entwarf. Die Qualität in der Herstellung war nie überzeugend: TR7 blieben oft liegen oder fingen Feuer. Trotzdem gibt auch Gutes über den TR7 zu sagen. Er verkaufte sich in größerer Menge als alle anderen TR Modelle. Und mit der Zeit entwickelte er sich zu einem attraktiven Sportwagen, zumindest in der Cabrio Form.

Der ursprüngliche Plan war, einen TR7 mit Klappverdeck herzustellen. Aber Bedenken bezüglich eines möglichen Verbots von offenen Wagen in Amerika bewegten Triumph 1975 dazu, ihn stattdessen in geschlossener Form zu bauen. Für die Liebhaber der Triumph TR 6-Zylinder Powereinheit war British Leylands Wahl eines 4-Zylindermotors

■ LINKS *TR8 Modelle waren äußerst selten und von Liebhabern gesucht.*

■ OBEN *Der TR7 war bei Rallyes erfolgreich. Mit dem V-Acht Motor war er zweifelsohne der schnellste Rallyewagen, den es zu seiner Zeit gab.*

■ RECHTS *Mit zunehmendem Alter reifte der TR7 zu einem immer besseren Wagen heran. Leider erhielt er nie den Motor des Dolomite Sprint.*

■ LINKS *Der TR8 wurde oft als armer Verwandter der Triumph Sportwagen verhöhnt. Er entwickelte sich jedoch zu einem richtigen Sportwagen, und seine Tage als Klassiker werden bald anbrechen.*

■ UNTEN *Mit dem V-Acht Motor von Rover wurde aus dem TR7 der TR8, der gut auf dem amerikanischen Markt lief.*

absolut enttäuschend. Es war die 105 PS starke Dolomite 1850 Einheit mit einem Morris Marina Vierganggetriebe.

Trotz der Tatsache, dass dies wirklich kein besonders sportliches Paket war, liefen die Verkäufe ziemlich gut, besonders in Amerika. Einige der Kritikpunkte wurden angesprochen; 1976 erhielt der TR7 das Rover SD1 Fünfganggetriebe, im Folgejahr ein tiefer gelegtes Fahrwerk. Aber erst mit der Zufügung des Cabrio Modells im Jahre 1979 wurde der TR7 ein richtiger Sportwagen.

Triumph baute in die Rallyeversionen des TR7 den hervorragenden Dolomite Sprint Motor mit doppelter Nockenwelle ein – was den serienmäßigen Modellen versagt blieb. Sie erhielten stattdessen in den für den Export bestimmten Modellen den beeindruckenden Rover V-Acht Motor. Diese Modell lief als TR8, und es war sehr selten – nur 2497 wurden hergestellt. Es dauerte nicht lange, bis private Besitzer ihre TR7 mit dem Rover Motor ausstatteten: in „sanfter“ Einstellung hatte die Wagen jetzt 137 PS und eine Spitzengeschwindigkeit von 193 km/h – im Vergleich zu vorher 177 km/h. Sie beschleunigten in 8.4 Sekunden von 0-100 km/h. Durch Einstellung ließ sich diese Leistung noch um einiges verbessern.

■ OBEN *Das Interieur war die für die 70er Jahre typische Anhäufung von schwarzem Plastik. Das Faltdach sah offen am besten aus.*

TRIUMPH TR7/TR8 (1975–81)	
Motor	4/V-Acht-Zylinder
Hubraum	1998/3528 ccm
Leistung	105/137 PS
Getriebe	4/5-Gang manuell 3-Gang Automatik
Spitze	177–193 km/h
Stückzahl	112368

Die Produktion wurde 1981 schließlich beendet, und Enthusiasten betrauerten das Ableben des TR7. Viel trauriger war jedoch, dass dieses Ereignis auch den Niedergang der legendären Triumph Sportwagen bedeutete. Der TR7 war ein Wagen, der sein Potential niemals erreichte, aber dennoch ein treues Gefolge hatte. Stil und günstiger Preis machten ihn zu einem überraschend attraktiven Sportwagen und mit Sicherheit zu einem zukünftigen Klassiker.

TVR

■ LINKS *Ein original 1978er 3000S vor einem Paar überarbeiteter S Modelle, die 1986 herauskamen.*

■ UNTEN *Der 300S war nach 20 Jahren TVRs erstes Cabrio. Es stammte ab vom 3000 M, der im Hintergrund zu sehen ist.*

■ TVR 3000S

TVR ist einer jener sehr speziellen britischen Automobilhersteller, die absolut individuelle Sportwagen entgegen allen Regeln des Erfolges produzieren. Die verworrene Geschichte der Firma geht zurück bis in das Jahr 1947. In den 70ern hatte sie sich fest etabliert – als Ikone unter den Sportwagenbauern.

Der 3000S war der ultimative Ausdruck einer Reihe von TVR Sportwagen, die auf den 1957er Grantura zurückführte. Das TVR Rezept war traditionell: ein separates Chassis, GFK Karosserie, Ford V-Sechs Motor und luxuriös ausgestattetes Interieur. Der Gedanke an ein Cabrio war jedoch neu für TVR, und der 1978er „S" war ihr erstes derartiges Modell.

Es war nah verwandt mit einem Wagen, der als Unikat für TVR-Chef Martin Lilley gebaut worden war. Ansonsten teilte der 3000S die meisten Spezifikationen mit dem geschlossenen TVR 3000M Taimar, einschließlich des Fahrgestells und der Mechanik. Die Karosserie war wesentlich niedriger, die Türen waren neu und das Heck war verändert worden, um Platz für eine Kofferraumhaube zu schaffen. Die niedrigere Linie der Motorhaube erforderte

TVR 3000S (1978–79)

Motor	V-Sechs-Zylinder
Hubraum	2994 ccm
Leistung	142–265 PS
Getriebe	4-Gang
Spitze	214–241 km/h
Stückzahl	258

■ OBEN *TVR bewies, dass die Formel für einen preiswerten, 2-sitzigen Sportwagen mit offenem Verdeck nie falsch war und baute das S Modell erneut von 1986 bis Mitte der 90er.*

auch eine andere Anordnung der Instrumente.

Der 3000S wurde bereits nach einem Jahr durch eine ganz neue Modellreihe ersetzt. In dieser Zeit wurden nur 258 Wagen hergestellt, einschließlich 13 turbogeladener Modelle. Der 3000S wurde so sehr vermisst, dass TVR ihn 1986 erneut produzierte.

■ OBEN *In Character und Form erinnerte der 3000S an die großen Tage britischer Roadster wie dem Austin-Healey 3000.*

■ OBEN *In Aktion war der TVR dank seines Ford V-Sechs Motors äußerst schnell. Mit dem optionalen Turbolader war er eine brutale Maschine.*

■ RECHTS *Mit dem Cerbera unternahm TVR 1994 einen Schritt in eine neue Richtung. Er war ihr erster Zwei-plus-Zweisitzer seit zehn Jahren, hatte einen völlig neuen Motor und war mit Abstand ihr anspruchsvollstes Projekt.*

■ TVR CERBERA

Der Cerbera erhielt seinen Namen von einer Kreatur aus der klassischen Mythologie. Vorgestellt wurde er zuerst auf der 1994er Birmingham Motor Show. Das lange, niedrige Zwei-plus-Zwei Coupé hat vieles von anderen TVR Modellen übernommen, ist jedoch insgesamt das beste jemals von TVR produzierte Automobil.

TVRs dynamische Konstruktions-Methode führte zu einer Entwicklungszeit von nur knapp über zwei Jahren. Eine besondere Herausforderung war der völlig neue AJP V-Acht Motor – der erste Motor, der ganz und gar von TVR entworfen und gebaut wurde. Er wurde normalerweise in TVR Tuscan Rennwagen verwendet, war aber ausgereift genug, um die Abgastests zu bestehen.

Der 4.2-Liter Motor entwickelte unglaubliche 350 PS und erreichte 7000 U/min. Der Cerbera hatte nicht die geringsten aerodynamischen Schwächen, und das zeigte sich in seiner Höchstgeschwindigkeit von 298 km/h. Von 0-100 km/h kam er in 4 Sekunden. Eine noch kraftvollere 4.5-Liter GT Version wurde 1996 vorgestellt – sie hatte nicht weniger als 440 PS.

Das Chassis des Cerbera kam hervorragend mit all dieser Kraft zurecht. Das Fahrverhalten war sicher und dennoch herausfordernd, das Fahrgefühl war fest und bequem.

Zweifelsohne war das Interieur eine der besten Qualitäten des Cerbera. Der Fahrgastraum war ein Zufluchtsort, voller Kurven. Fast futuristisch muteten die Anzeigen an – alle in einem Kreis angeordnet: Eine mit Leder bezogene Konsole beherbergte eine Reihe klassischer Rundinstrumente – und die Idee, einige Zusatz-Instrumente unterhalb des Lenkrades anzubringen, funktionierte ausgezeichnet.

■ LINKS *Seine muskulöse Erscheinung wurde überall bewundert, und interessante Details wie die versteckten elektrischen Tür-„Griffe“ machten ihn einzigartig.*

■ UNTEN *Nicht nur sein Design war umwerfend, der neue Cerbera war auch einer der schnellsten Wagen seiner Tage!*

TVR CERBERA (1996–)

Motor	V-Acht-Zylinder
Hubraum	4185 ccm
Leistung	350 PS @ 6500 U/min
Getriebe	5-Gang
Spitze	298 km/h
Stückzahl	noch in Produktion

■ OBEN *Auch das Interieur war innovativ. Das gerundete Armaturenbrett sah hervorragend aus, und die Anordnung der Instrumente unterhalb des Lenkrades funktionierte gut.*

TVR

TVR GRIFFITH

Die Firma TVR ging mit dem neuen Vorsitzenden Petter Wheeler in die 80er Jahre. Er war Geschäftsmann und ein wahrer Liebhaber der Marke. Ihm gelang es, TVRs Schicksal herumzureissen. Wheeler fand schnell heraus, was die Kunden wollten und konzentrierte die Anstrengungen auf die Herstellung zweisitziger Cabriolets mit GFK Karosserien und starken Rover V-Acht Motoren.

Die eckige Tasmin Serie aus den Jahren 1980 bis 1991 war zwar erfolgreich, aber nicht besondes attraktiv. Doch sie führte zu einem absoluten Meisterwerk.

■ OBEN *Wilde Drifts in Kurven gehörten beim schnellen Griffith einfach dazu. Mit 280 PS war immer Vorsicht geboten.*

■ LINKS *Der Griffith kennzeichnete einen radikalen Schritt weg von TVRs Vergangenheit, hin zu einer erfolgreichen Zukunft. Ausgereifters Design und zunehmend leistungsstärkere V-Acht Motoren leiteten diesen Schritt ein.*

Der Griffith hatte seine Wurzeln im TVR Tuscan Rennwagen, der 1988 vorgestellt wurde. Er verwendete das bekannte Rohrrahmen Chassis, eine verbesserte Radaufhängung und einen 400 PS V-Acht Motor. Tuscans wurden zwar in einer der aufregendsten, schnellsten Rennserien der Welt gefahren, erhielten aber nie die offizielle Zulassung für die Teilnahme am Straßenverkehr.

Der Geist des Tuscan kam beim neuen Griffith wieder durch – einem überlegenen Straßenwagen, der bei der Birmingham Motor Show im Jahre 1990 vorgestellt wurde, aber erst 1991 für die Öffentlichkeit erhältlich war. Er ging zurück auf die hervorragenden, mit Ford V-Acht Motoren angetriebenen TVRs aus der Mitte der 60er. Die erste Ausgabe des neuen Griffith verwendete einen V-Acht Motor, der auch im Range Rover benutzt wurde – mit entweder 240 oder 280 PS.

Vom Aussehen her hatte der Griffith nichts mehr mit den alten TVRs zu tun: statt der früher eckigen und fast bäuerischen Umrisse waren die Linien des Griffith geschwungen. Sein Profil

■ OBEN *Nur wenige andere Wagen kamen dem Charakter Interieurs im Griffith gleich: alles war aus Leder und Holz geformt.*

■ LINKS *In einem Griffith 500 kam man in nur knapp über 4 Sekunden von 0-100 km/h. Er war ein Macho Sportwagen der alten Klasse, gemacht für die Zukunft.*

war nicht von überflüssigen Verzierungen unterbrochen. Attraktive Details im Design beinhalteten den Verzicht auf äußere Türgriffe sowie ein abnehmbares Dach. Der vielleicht eindrucksvollste Aspekt des Griffith war, dass sein Entwurf sowie die Produktion fast komplett im Werk von TVR stattfanden. Wenn man die hervorragende Qualität des Endproduktes bedenkt, wird klar, was für eine enorme Leistung dies für eine Firma von so kleiner Größe gewesen sein muss.

Testfahrer waren sofort beeindruckt vom Charakter des Griffith, der eine fast vergessene Kombination von purer V-Acht Power mit Hinterradantrieb und aufregendem Auspuffsound war, die sich mit keinem anderen aktuellen Wagen vergleichen ließ. Einige verglichen seinen Gesamteindruck sogar mit dem des Jaguar E-Type aus dem Jahr 1961. Der TVR bot eine ähnlich betäubende Mischung aus verführerischen Kurven, hervorragender Kraft und exzellentem Preis-Leistungsverhältnis. Kein anderer Sportwagen bot soviel für so wenig, und die Firma TVR gewann durch seinen Erfolg an Größe und Einfluss.

■ RECHTS *Der Auspuff des starken Griffith hatte einen der aufregensten Sounds aller Zeiten.*

Noch beeindruckter war die Presse vom 1993er Griffith 500, dessen 5.0-Liter Motor nicht weniger als 345 PS hatte – und der die 100 km/h in etwas über vier Sekunden schaffte.

Dem Griffith folgten andere TVR Modelle, wie der günstigere Chimaera und der noch leistungsstärkere Cerbera. Aber keiner hatte den Einfluss des Originals Griffith, der eines der populärsten Modell von TVR bleibt.

TVR GRIFFITH (1990-)

Motor	V-Acht-Zylinder
Hubraum	3947–4997 ccm
Leistung	243–345 PS
Getriebe	5-Gang
Spitze	245–262 km/h
Stückzahl	noch in Produktion

■ LINKS *Die Anzeigen mussten neu geeicht werden, um der enormen Leistung des Griffith gerecht werden zu können – er hatte eine Spitzengeschwindigkeit von 262 km/h.*

■ OBEN *Die harmlos erscheinende Zahl 500 hinter dem Namen wies auf den neuen 5.0-Liter V-Acht Motor des Griffith hin. Er hatte die gewaltige Kraft von 345 PS.*

VAUXHALL/OPEL

■ VAUXHALL/OPEL LOTUS CARLTON + OMEGA

Im März 1989 sickerte die Nachricht durch, dass die Opel-Schwester Vauxhall in Großbritannien zusammen mit Lotus an der Entwicklung einer Hochleistungsversion des Carlton arbeitet – jener Limousine, die auf dem europäischen Festland Opel Omega heisst. Als klar wurde, dass General Motors sich nicht an die durch BMW und Mercedes-Benz vorgelegte Höchstgeschwindigkeit von 249 km/h halten würde, brach ein Sturm in den Medien aus. Der schnelle Omega oder Carlton, so hieß es in der Presse, sei unverantwortlich: eine Höchstgeschwindigkeit von 283 km/h war schneller, als der Mensch fahren sollte.

Die Diskussion über die Geschwindigkeit des Autos war natürlich aufgesetzt: es gab schon unzählige Modelle von Porsche, Ferrari oder Aston Martin, die wesentlich schneller fuhren. Das Problem in den Augen der Presse bestand jedoch darin, dass sie den Omega als Familienauto sahen, in dem vier Erwachsene bequem Platz fanden. Letztendlich wurde der Wagen gerade aufgrund dieser Tatsache gekauft. Denn

■ OBEN *Eine viersitzige Limousine mit Vauxhall Emblem, die 283 km/h Spitzengeschwindigkeit lief: das konnte nur der Lotus Carlton sein.*

■ LINKS *Das ins Auge stechende Lotus Emblem verriet, was in diesem 3.6-Liter Motor mit 377 PS steckte.*

VAUXHALL LOTUS CARLTON (1989–92)

Motor	6-Zylinder
Hubraum	3615 ccm
Leistung	377 PS @ 5200 U/min
Getriebe	6-Gang manuell
Spitze	283 km/h
Stückzahl	440

■ LINKS *Abgesehen von der Karosserie mit Heckspoiler und fünfspeichigen Alurädern hätte dies auch jedes andere Mitglied aus der Carlton/Omega Familie sein können.*

■ LINKS *Der Lotus Carlton war nicht nur extrem schnell, es machte auch ungeheuren Spaß, ihn durch Kurven zu fahren, zudem war er extrem sicher.*

kein anderer Supersportwagen war in der Lage, so viele Personen so schnell zu transportieren. All die Aufregung war nur der berühmte Sturm im Wasserglas, denn es verkauften sich nur wenige dieser Autos. Aufgrund schwacher Nachfrage wurden statt der geplanten 1100 nur 440 Wagen gebaut.

Das Herzstück der neuen Superlimousine war der von Lotus entwickelte 3.6-Liter 6-Zylinder Motor mit 24 Ventilen. Er hatte einen Doppelturbolader, Katalysator und fortschrittliche elektronische Systemkontrolle. All dies kombiniert mit einem Corvette ZR-1 Sechsganggetriebe führte zu einer Leistung und einem Fahrverhalten, die absolut sensationell waren. Der Carlton beschleunigte schneller als der Ferrari Testarossa und erreichte schon nach weniger als 1.5 km ein Tempo von 256 km/h.

Nicht nur, dass er auf gerade Strecke schnell war – er nahm auch Kurven mit viel Finesse und ließ sich ausgezeichnet bremsen. Stoßdämpfer mit selbstständiger Niveauregulierung sorgten für ein Handling, das über die Größe des Fahrzeugs hinwegtäuschte. Das Magazin *Autocar* beschrieb das Bremsverhalten als „das beste, das wir jemals bei einem Straßenauto erlebt haben".

Der Lotus Carlton war kein nervöser, temperamentvoller Sportwagen, sondern sanft und extrem sicher. Er eignete sich hervorragend für Stadtfahrten, hatte einen großzügigen Kofferraum, die Rücksitze ließen sich umklappen.

Das Interieur war luxuriös: Ledersitze, Kopfstützen an allen Sitzen, Hifianlage mit sechs Lautsprechern, Klimaanlage, elektrische Fensterheber sowie ein Sonnendach. Auch die Karosserie war edel mit tiefem Frontspoiler, breiten Kotflügeln, aerodynamischen Schürzen – und erhältlich nur in Imperial Grün.

■ LINKS *Abgesehen vom Lotus Emblem, einem Tacho, der bis 290 km/h ging und spezieller elektrischer Zusatzausrüstung hätte dies das Armaturenbrett von jeder anderen Limousine sein können.*

■ OBEN *Das Interieur des Wagens war äußerst bequem ausgestattet, er kam serienmäßig mit Leder und poliertem Holz.*

■ RECHTS *Der Lotus Carlton löste mit seiner hohen Spitzen-Geschwindigkeit eine gewisse politische Kontroverse aus.*

VOLKSWAGEN

■ VOLKSWAGEN GOLF GTI

Der VW Golf GTI basierte auf dem besten Kleinwagen, den es in der Mitte der 70er gab – er war sozusagen der Urvater aller kräftig motorisierten Kompaktautos und setzte den Standard für die Generationen, die folgten. Wer hätte 1975 gedacht, dass an seinem 20sten Geburtstag bereits 1.35 Millionen GTI vom Band gelaufen sein würden? Mit Sicherheit niemand bei VW – dort hatte man nur eine Produktion von 5000 Einheiten geplant.

Die ersten Prototypen waren noch mit dem 80 PS Vergasermotor aus dem Audi 80 GT ausgerüstet. Aber als der Wagen 1975 bei der Frankfurter Automobilausstellung präsentiert wurde, hatte er einen sportlichen Einspritzmotor mit 110 PS. Die Leistung wurde mit einem Viergangetriebe auf die Vorderräder übertragen. Äußerlich unterschied ihn nur wenig vom serienmäßigen Golf: diskrete Embleme, Seitenstreifen und Spoiler sowie plastikeingefasste Radläufe. Der Wagen schlug sofort ein wie eine Bombe. Er mischte hohe Leistung mit – dank härteremFahrwerk – umwerfendem Fahrverhalten, und er hatte zudem die Zweckmäßigkeit einer gut durchdachten Schrägheck-Karosserie. Die Produktionszahlen stiegen von knapp über 10000 im Jahre 1976 auf 31000 im Jahr 1977 und überwältigenden 42000 im Jahr 1978.

1979 erhielt das Modell BBS Alurä- der sowie ein Fünfganggetriebe; außerdem gab es eine populäre GTI Cabrioversion. Deren Fahrverhalten litt unter dem höheren Gewicht, das sie aufgrund ihrer Karosserieverstärkungen hatte. Diese Version hielt sich bis 1992.

Der beste GTI der ersten Golf-Version war das 1800er Modell, das den 1600er im Jahre 1982 ersetzte. Die Leistung

■ RECHTS *Der Begriff GTI stand für eine ganze Generation von Kompaktautos, die durch den VW Golf GTI aus dem Jahr 1975 gestartet wurde.*

■ OBEN *Abgesehen von dezenten Spoilern und kleinen Unterschieden in der Ausstattung sah der GTI genau wie ein reguläre Golf aus – das höchste an Understatement.*

■ UNTEN *Zunächst wurde der Golf GTI als Sondermodell in niedriger Auflage betrachtet, doch mit der Zeit erkannten die Käufer sein Potenzial und kauften ihn in großen Mengen.*

■ LINKS *Es gab den ersten GTI nur als Dreitürer, und er eignete sich genauso zum Einkaufen wie für wilde Ausflugsfahrten aufs Land.*

■ UNTEN *Das Cabrio mit der Karosserie des Golf I hielt sich bis 1993.*

stieg nur minimal, aber das Drehmoment wuchs beachtlich. Der 1800 war an breiteren Alurädern, Doppelscheinwerfern sowie einem Schiebedach zu erkennen.

Nach der Einstellung des Golf I im Jahre 1985 hat der GTI in den Folgemodellen überlebt. Die Form wurde nach und nach runder, während Leistung und Luxuriösität zunahmen. Der 16-Ventiler aus der Mitte der 80er hatte 139 PS und kam mit elektrischen Fensterhebern, Schiebedach, Zentralverriegelung und in der Höhe verstellbarem Fahrersitz, während das 1990er Modell zusätzlich tiefere Spoiler sowie Servolenkung erhielt. Der beliebteste aller Golf II war der Rallye mit Allradantrieb, der in einer limitierten Auflage von 5000 produziert wurde. Er hatte VWs Allradsystem Syncro in Kombination mit einem 1756 ccm Motor. Gebaut wurde der Rallye als Homologations-Modell für die Rallyezulassung – er brachte dann den G60 mit Frontantrieb hervor. Dieser wurde auf den regulären Produktionsbändern des GTI hergestellt, während der Rallye in Belgien gebaut wurde. Das GTI Konzept wurde beim Golf III fortgeführt, den es sogar als VR6 2.8-Liter V-Sechs Ausgabe gab. Und beim Golf IV ist das GTI-Emblem weiter gegenwärtig.

VW GOLF GTI (1975–85)

Motor	4-Zylinder
Hubraum	1588–1781 ccm
Leistung	110–112 PS
Getriebe	4/5-Gang manuell
Spitze	185 km/h
Stückzahl	350000

■ LINKS *Die 80er waren genau die richtige Zeit für ein Cabrio, wenn der GTI letztendlich auch nicht die Fahrverhalten der Limousine hatte.*

■ OBEN *Der GTI war ein Leichtgewicht mit 1.6 oder 1.8-Liter Motor, und das machte ihn zum Renner, dem seine zudem hervorragende Kurvenlage viele Freunde machte.*

VOLKSWAGEN

■ RECHTS *Die erste Generation des Scirocco ähnelte einer schnittigen Coupéversion des Golf, und in GTI Form wurde er zum Hit.*

■ VOLKSWAGEN SCIROCCO/CORRADO

Nachdem man sich vier Jahrzehnte lang allein auf den mit Heckmotor-Käfer und seine Nachfolger verlassen hatte, unterzog sich Volkswagen in den 70ern einer kompletten Veränderung. Man folgte der von der Schwesterfirma Audi eingeschlagenen Richtung und begann mit der Verwendung von Frontmotoren und Frontantrieb – was zu einer völligen Erneuerung der Modellpalette und zu verbesserten Zukunftsaussichten führte.

Der erste dieser neuen Generation war der 1973er Passat, während der 1974er Golf der wichtigste war. Der beste aber war der Scirocco, der zwei Monate vor dem Golf herausgebracht wurde. Er wurde gleichzeitig mit dem Golf entwickelte und teilte mit ihm viele Komponente wie Plattform oder Fahrwerk. Doch der Scirocco hatte mehr Stil und war ganz eindeutig ein unterhaltsames Coupé.

Der italienische Designer Giugiaro leistete hervorragende Arbeit ganz nach den Regeln der Designschule. Die Gestalt war drahtig, straff und leicht, und die ansteigende Linie der Seitenscheiben absolut unverkennbar. Für Volkswagen war der Scirocco ein Fahrzeug für Spezialisten, deshalb beauftragte man die Stuttgarter Firma Karmann mit der Herstellung. Es gab eine Reihe von Modellen, beginnend mit den 1100 und 1300 Versionen. Weitaus besser waren die leistungsstärkeren 1500er und 1600er – aber am besten waren jene Modelle, die mit dem 110 PS starken Golf GTI Motor ausgerüstet waren. Diese liefen als GLI oder GTI und hatten eine Höchstgeschwindigkeit von 183 km/h. 100 km/h erreichten sie in 8.9 Sekunden.

Automatikgetriebe gab es bei allen außer dem Basismodell und den mit GTI Motor ausgestatteten Wagen auf Wunsch.

■ RECHTS *Die zweite Generation des Scirocco wurde direkt bei VW designt und verlor in der ersten Serie etwas von Giugiaros Charme.*

■ LINKS *Alle Scirocco Modelle boten hervorragendes Fahrverhalten mit Stil und Zweckmässigkeit.*

■ OBEN *Die 1985er 16V Version des Scirocco war ein Renner, der 139 PS zur Verfügung hatte.*

■ RECHTS *Der GTX war ein 111 PS starkes Mittelklasse Modell mit sportlichem 5-Ganggetriebe.*

Serienmäßig gab es ein Viergang-Schaltgetriebe, bei den letzten 110 PS Modellen war ein Fünfganggetriebe Standard. 1981 wurde ein neuer Scirocco vorgestellt, der vielen als ein Rückschritt erschien: sein Profil war nichtssagend, Fahrqualität und Handling enttäuschend.

Der 1989er Corrado war hier in jeder Hinsicht der bessere Wagen. Seine Form kehrte zurück zur schnittigen, kompakten Zielstrebigkeit des originalen Scirocco. Noch eindrucksvoller war die Arbeit, die unter der Verpackung stattgefunden hatte. Der Corrado hatte eines der besten Frontantriebs- Fahrwerke aller Zeiten. Doch weder der 136 PS 1.8-Liter Motor noch die 160 PS G60 Einheit wurden ihm gerecht. Die Käufer mussten auf den 1992er VR6 mit 190 PS und 2.8-Liter V-Sechs Motor warten, um in den vollen Genuss zu kommen.

Mit Beendigung der Corrado-Produktion im Jahre 1995 waren eine halbe Million Exemplare gebaut worden.

■ OBEN *Mit einem der besten vorderradangetriebenen Fahrgestelle aller Zeiten war der Corrado in der Lage Kurven mit erstaunlichem Tempo zu nehmen. Und mit dem richtigen Motor war er auf gerader Strecke enorm schnell.*

VOLKSWAGEN SCIROCCO I (1974–80)

Motor	4-Zylinder
Hubraum	1093–1588 ccm
Leistung	50–110 PS
Getriebe	4/5-Gang manuell 3-Gang Automatik
Spitze	143–183 km/h
Stückzahl	504200

■ OBEN *Der Corrado war insgesamt ein Schritt aufwärts: er wurde in jedem Bereich verbessert.*

■ RECHTS *Schnell, gut gebaut und von hervorragendem Wert – der Scirocco war durch und durch ein Bestseller der 70er und 80er.*

VOLVO

■ VOLVO C70

Volvos Chefdesigner Paul Horbury wusste, dass er gesiegt hatte, als er seinen neuen C70 vor einem berühmten kalifornischen Hotel abstellte, um es parken zu lassen – und das Hotelpersonal das Auto zur Besichtigung auf der Auffahrt stehen ließ, anstatt es in die Tiefgarage zu fahren.

Volvos Image während der 70er und 80er war das von gesetzter Langeweile. Der C70 war der Wendepunkt für die Firma. Für die Entwicklung ihres ersten Coupés seit den 60ern arbeitete Volvo mit der britischen Firma TWR zusammen, die das Chassis entwarf. Das

■ OBEN *Mit dem C70 betrat Schwedens führende Firma Neuland und trat gegen Coupés von Mercedes und BMW an.*

VOLVO C70 (1996–)	
Motor	5-Zylinder
Hubraum	2319–2435 ccm
Leistung	193–240 PS
Getriebe	5-Gang manuell 4-Gang Automatik
Spitze	220–235 km/h
Stückzahl	noch in Produktion

■ OBEN *Das extrem schöne Design des C70 stammte aus der Feder von Volvos Chefdesigner Paul Horbury, einem gebürtigen Briten.*

■ RECHTS *In der reinen Cabrioform war der C70 ein weiterer neuer Schritt für Volvo: nie zuvor hatten sie in Serie Modelle mit Verdeck gebaut.*

■ RECHTS *Der C70 war nicht nur wegen seines Aussehens wirkungsvoll. Sein turbogeladener Fünfzylindermotor und die Dynamik des von TWR entwickelten Chassis waren ein Garant für gute Manieren.*

Ergebnis war der begehrenswerteste Volvo aller Zeiten.

Die Technik des C70 wurde zum Großteil von der 850R Limousine übernommen – einschließlich des 240 PS starken turbogeladenen Fünfzylindermotors, der die Vorderräder antrieb. Der C70 war leichter und aerodynamischer und lieferte dadurch bessere Fahrleistungen als der 850R: 235 km/h Spitze und 0-100 km/h in 6.7 Sekunden.

Der Fahrgastraum war funktionell, Volvo bot eine große Auswahl an Farb-

■ OBEN *Volvos neues Coupé der Oberklasse war eine überzeugende Alternative zu den besten Coupés seiner Klasse.*

■ OBEN *Das „typisch schwedische" Interieur war ein Ausmaß an geschmackvoller Luxuriösität.*

kombinationen und eine geschmackvolle, umfassende Ausstattung. Das Hifi System gehörte mit seinen zehn Lautsprechern zu den besten der Welt.

Noch wesentlich attraktiver als das Coupé war das kurz danach anlässlich des Genfer Automobilsalons 1997 präsentierte Cabrio.

Aufgrund der Verbindung mit TWR waren zwei der ersten „Käufer" des neuen Volvo die Formel 1 Fahrer Damon Hill und Pedro Diniz, die beide jeweils einen C70 als Privatfahrzeug erhielten.

■ RECHTS *Auch mit geschlossenem Verdeck sah der C70 aristokratisch und stilvoll aus.*

S CL 600

A-Z der Traumwagen

Der erste Traumwagen wurde 1939 geboren, als General Motors den Y-Job präsentierte. Dies war kein Wagen für den täglichen Gebrauch, sondern er wurde in einer Designabteilung als reine „Idee“ entwickelt – eine schlanke, chromverzierte Skulptur, die geschaffen worden war, um Begehren auszulösen und Fantasien anzuregen. Das wahre goldene Zeitalter der Traumwagen waren die 50er Jahre, als das Fantastische normal war und bizarre Formen erwartet wurden. Die Nachwirkungen der fliegenden Wagen, von Kernenergie angetriebenen Wagen und gyroskopisch kontrollierten zweirädrigen Wagen führten in Amerika dazu, dass man alles schon mal gesehen hatte – so wurden die europäischen Designhäuser die Geburtsstätte von Traumwagen der 60er und 70er. Im folgenden Kapitel stellen wir Ihnen Traumwagen bis in die Gegenwart und darüber hinaus vor und bewundern die kreative Genialität, die dahinter steckt.

ALFA ROMEO

■ UNTEN *Die unglaubliche BAT Serie wurde von Bertone kreiert. BAT 5 (links) war für 1953 jenseits von gut und böse, BAT 7 (vorn) war noch außerirdischer, während BAT 9 (hinten) lediglich außerordentlich war.*

Die Firma Alfa Romeo hat sich in ihrer Tradition immer mit den Designern der großen Häuser umgeben. Sie bevorzugten Bertone, Pininfarina und Zagato – aber auch viele unabhängige Designer fühlten sich von der Magie Alfa Romeos angezogen. Alfa selbst hat gelegentlich ebenfalls die eigenen Träume in Metall umgesetzt.

Flying Saucers und BAT-Mobile

Nach dem Zweiten Weltkrieg regte Alfa Romeo zum Experimentieren mit Karosserien auf Alfa-Fahrgestellen an. Die Disco Volante („Flying Saucer" oder Fliegende Untertasse) Rennwagen entstanden aus einer Zusammenarbeit mit Touring. Die spektakulärsten unter Alfas Traumwagen war jedoch die unglaubliche BAT Serie – BAT stand für Berlina Aerodinamica Tecnica – die von Franco Scaglione von Bertone designt wurde. Der erste in der Dreierserie war der BAT 5, der für 1953 wirklich jenseits von gut und böse war. Das Ziel war die auf einem Alfa Romeo 1900 Chassis bestmögliche aerodynamische Form zu kreieren. Und mit einem angegebenen Cw-Wert von 0.23 war das sicherlich gelungen. Die eingezogenen Kotflügel, seitliche Klappscheinwerfer und die an den Schnabel eines Raubvogels erinnernde Front waren beeindruckend. Aber was wirklich Beachtung fand, war das Heck. Zwei riesige, sich nach innen krümmende Flossen erhoben sich über einem langen zentralen „Tunnel".

Beim BAT 7 Prototypen aus dem Jahr 1954 war der Stil noch außergewöhnlicher. Die hinteren Flügel begannen bei den Fensterrahmen und krümmten sich so sehr nach innen, dass sich ihre rasierklingenscharfen Enden fast berührten. Schlitze in den Heckflossen sorgten für einen Ausgleich des Drucks. Als 1955 der dritte BAT 9 erschien, waren die hinteren Kotflügel-Flossen fast auf relativ normale Proportionen zurück geschnitten worden. Stattdessen gab es nun seitliche Flügel, die sich von den Türen bis zum

■ LINKS *Ital Design zeichnete verantwortlich für diesen 1969er Iguana Prototypen, der auf der Spezifikation des Alfa 33 basierte. Eine geplante Produktion fand nicht statt.*

■ OBEN *Der 1971er Caimano wurde von Giugiaro designt; er hatte sehr eckige Linien, ein nach vorne aufklappbares Dach und Klappscheinwerfer. Er basierte auf dem Alfasud.*

■ LINKS *Proteo war der Name dieses Alfa Romeo Centro Stile Prototypen. Bei ihm zeichnet sich schon klar das generelle Profil des späteren GTV Produktionswagens ab.*

■ UNTEN *Walter de Silvas meisterhafte Hand schuf den Nuvola als Studie für klassisch inspirierte Sportcoupés.*

■ OBEN *Lange Motorhaube, kurzes Heck und klassisch gerundete Kabine weckten die Leidenschaft der Öffentlichkeit.*

■ OBEN *Ital Design war auch für diese Alfa Romeo Design Studie unter dem Namen Scighera verantwortlich. Sie war als exotischer Renn- und Straßenwagen gedacht.*

Heck erstreckten. Nach drei erfolgreichen Jahren stellte Alfa die BAT Serie ein. Alle Wagen sind in hervorragendem Zustand erhalten geblieben.

Iguana, Spider, Proteo und Nuvola
Ital Design entwickelte einen weiteren spektakulären Konzeptwagen für Alfa, den Iguana Prototypen aus dem Jahr 1969, der ursprünglich in kleinen Mengen produziert werden sollte – wozu es aber nie kam. Er war auf dem Chassis des 33 Stradale aufgebaut und fiel besonders wegen seiner aus poliertem Aluminium bestehenden Karosserie (zehn Jahre vor dem De Lorean!) und wegen seines Frontdesigns auf.

■ OBEN *Simpel, stilvoll und sportlich: das Holz und Chrom-Interieur des Nuvola sah sowohl retro als auch futuristisch aus.*

Um die Öffentlichkeit auf die radikale Form der 1994er Spider und GTV Modelle vorzubereiten, hatte Alfa Romeo 1991 den Proteo Prototypen designt. Dieser hatte eine ansteigende Seitenlinie und für die Scheinwerfer vorgesehene Ausschnitte in der Motorhaube, die den Spider/GTV so typisch machten. Er basierte aber auf dem 164 und hatte Allradantrieb und -lenkung sowie entfernbare Glasdachpaneele.

Alfa Romeos Design-Chef Walter de Silva, war verantwortlich für den umwerfenden Nuvola Konzeptwagen, der 1996 auf dem Pariser Salon gezeigt wurde. Die Inspirationen hatte de Silva sich bei Wagen der Vergangenheit geholt. Seine Interpretation war extrem elegant, die Technik ultramodern: 300 PS Aluminium V-Sechs Motor, Allradantrieb, sechs Ganggetriebe und 18 Zoll Aluräder.

AUDI

Der Name Audi ist einer der ältesten der deutschen Automobilindustrie. Aber seine Nachkriegskarriere begann erst, nachdem Volkswagen die Auto Union aufgekauft hatte und der Name Audi im Jahre 1965 wiederbelebt wurde. Audi stand immer für Frontantrieb – und später Allradantrieb – sowie hochwertige Limousinen und Coupés.

Die Marke hatte genau die richtigen Qualitäten, um die Interessen der Volkswagen-Audi Gruppe in eine gewagte, neue Richtung lenken: Sportwagen, Superwagen und Traumwagen. Aber erst durch den Quattro wurde Audi schließlich zur wirklich ambitionierten Marke.

Quattro Spyder, Avus Quattro

Ohne Zweifel war der Quattro Spyder der Star auf der Frankfurter Automobilausstellung 1991. Er wies auch den Weg in Audis Zukunft durch die Verwendung von Aluminium für die Karosserie: dieser leichtgewichtige Weg sollte letztendlich beim A8 Verwendung finden. Genauso beeindruckend war die von Erwin Hammel entworfene Form – umso mehr wegen der knallig orangen Lackierung. Ausgestattet mit 2.8-Liter V-Sechs Motor und Allradantrieb lief er 249 km/h und erreichte 100 km/h in weniger als sechs Sekunden.

Nur zwei Monate später, bei der Tokio Motorshow, übertraf Audi jede andere Studie mit dem Avus Quattro. Er war dem vorherigen Spyder in der Form sehr ähnlich, wurde aber in glänzend poliertem Aluminium präsentiert. Dieser quecksilbrige Blickfang erinnerte an die Abstammung von den Rekordbrechern der Auto Union während der 30er Jahre. Seine Daten waren atemberaubend: ein 6.0-Liter 60V 12-Zylinder Motor in drei Reihen à vier Zylindern mit 509 PS, Allradantrieb und sechs Gängen. Audi gab eine Höchstgeschwindigkeit von 339 km/h und eine Beschleunigung von 0-100 km/h in nur drei Sekunden an.

■ OBEN *Der Quattro Spyder war ein Superwagen mit Mittelmotor und Allradantrieb. Sein Hauptmerkmal war die Karosserie aus Aluminium und eine Dachlinie, die eine Generation von VW/Audi Modellen inspirierte.*

■ OBEN *Die Aluminiumstruktur wurde durch ein unlackiertes Finish noch betont; der Avus war ultraleicht und ultraglatt und lief mit 6.0-Liter V-Zwölf Motor gnadenlose 339 km/h.*

■ UNTEN *Es ließ sich nicht verleugnen: das TT Coupé war in Form und Funktion typisch deutsch und erinnerte an seine Vorfahren aus den 30ern, die großen Renner der Auto Union.*

TT und TTS Roadster

Der Name von Audis nächster Generation an Sportwagen erinnerte in den 90er Jahren an das erste Autorennen der Welt, das auf öffentlichen Straßen auf der Insel Man stattfand – das Isle of Man TT. Mit dem Ziel tatsächlich gebaut zu werden, wurde dieser Wagen das erste

■ LINKS *Details aus poliertem Aluminium reflektierten die Verwendung von Aluminium bei den Türen, der Motorhaube, der Kofferraumklappe sowie beim Motor.*

■ UNTEN *Bei der 1995er Tokyo Motor Show präsentierte Audi den TTS Roadster, der noch begehrenswerter war als das TT Coupé. Achten Sie auf das Verdeck, das wie ein Fallschirm gespannt ist.*

■ RECHTS *Starke, einfache Linien betonten Audis Designphilosophie, während das enorme Leistungspotential durch den turbogeladenen 210 PS Motor möglich gemacht wurde.*

mal bei der Internationalen Automobilausstellung 1995 in Frankfurt gezeigt.

Eine Gruppe junger Audi Designer kreierte den TT nach den Kriterien, wie sie sich ihren persönlichen Traumwagen vorstellten. Wo immer möglich wurde Audi Technologie verwendet: der 150 PS starke Turbomotor kam vom A4, außerdem wurde Audis Allradantriebssystem verwendet. Die Höchstgeschwindigkeit wurde mit 225 km/h angegeben. Vom Stil her wurde der TT als typisch deutsch bezeichnet. Die Formen erinnerten an das Bauhaus Design und an die Vorkriegsrennwagen der Auto Union. Die silberne Farbe des Showmobils betonte das teutonische Element und verriet die Wahl von Aluminium als Material für Motor, Türen, Haube und Kofferraumklappe.

Das Zwei-plus-Zwei Interieur war funktionell und sportlich; traditionelle Sportwagenthemen fanden sich in den kreisrunden Anzeigen, den Ledersitzen und in den Aluminiumgriffen wieder, die die Mittelkonsole verstärkten. Es gab sogar freiliegende Nieten, mit denen verschiedene metallene Gegenstände gesichert waren.

Bei der 1995er Motor Show in Tokio präsentierte Audi den TTS Roadster. Hier waren die offensichtlichsten Veränderungen das offene Top, die Reduzierung auf zwei Sitze sowie größere Räder. Der Motor war eine leistungsstärkere konzeptionelle Weiterentwicklung der A4 1.8-Liter Turbo Einheit. Er hatte 210 PS, lief 240 km/h Spitze und kam in sechs Sekunden von 0-100 km/h.

Der aufregenste Teil der TT/TTS Geschichte ist, dass Audi es tatsächlich schaffte, diese beiden Modelle vor der Jahrtausendwende in einem ungarischen Werk in Produktion zu nehmen.

■ RECHTS *Sowohl der TTS als auch der geschlossene TT gingen zum Ende des Jahrtausends in Produktion.*

BERTONE

■ OBEN *Nuccio Bertone war unangezweifelt eine der einflussreichsten Persönlichkeiten in der Welt des Automobils; er hatte einen brillianten Blick für neue Talente und eine endlose Fähigkeit zu überraschen. Er verstarb 1997.*

Neben Pininfarina ist Bertone die berühmteste Designfirma der Autowelt. Ihre Geschichte reicht zurück bis 1912, als Giovanni Bertone in Turin eine *carrozzeria* gründete. Bertones große Zeit begann in den 50ern. Und er war der erste, den die meisten Hersteller anriefen, wenn sie das richtige Design für ihre neuen Produkte suchten.

Nuccio und seine unartigen Kinder

Giovannis Sohn Giuseppe „Nuccio" Bertone lenkte die Firma durch ihre erfolgreichste Zeit, und zeigte eine Vorliebe dafür, brilliante, junge Talente zu entdecken: all die großen Namen wie Giugiaro, Gandini, Michelotti und Scaglione leisteten eine Praktikumszeit bei Bertone. Niemand zweifelt an der Brillianz von Bertones Produktiosdesigns wie dem Alfa Romeo Giulietta Sprint, dem Giulia GT sowie dem Lancia Stratos – oder an seiner Fähigkeit für Alfa, Fiat, Volvo und andere zu produzieren. Denn es gab auch einige Modelle, die unter dem Namen Bertones liefen, wie das 850 Coupé, das Ritmo Cabriolet und der Freeclimber Geländewagen.

■ RECHTS *Der Marzal war ein mutiger Schritt vorwärts im Design viersitziger Supersportwagen. Er hatte direkten Einfluss auf die Produktion des Lamborghini Espada, obwohl dieser nicht die gläsernen Flügeltüren des Marzal erhielt.*

Bertones beeindruckendste Designs waren zweifelsohne seine Studien, die er seine „Kinder" nannte – besonders seine umstrittenen „unartigen Kinder". Bertone war hier kaum an durchführbaren Innovationen interessiert: sie waren reine Traum-Maschinen.

Marzal und Carabo

Bertone produzierte in den 50ern viele Spezialkarosserien auf den Chassis von Alfa Romeo, Jaguar, Aston Martin und Maserati. Aber erst in den späten 60ern wurde er wirklich zum Hersteller von Traumwagen. Eines der beeindruckendsten Werke ist der 1967er Lamborghini Marzal, der direkten Einfluss auf die Produktioswagen aus der Espada Serie hatte. Bertones Entwurf für diesen viersitzigen Lamborghini verlangte nach enormen Flügeltüren, deren Oberfläche fast vollständig aus Glas war. Auf diese Weise wurde das Problem des Einstiegs für die hinteren Sitze gelöst. Ein Jahr

■ LINKS *Der Stratos HF Prototyp war nur 84 cm hoch. Die Windschutzscheibe ließ sich zum Einsteigen öffnen, das Lenkrad konnte für leichteren Zugang weggeklappt werden.*

■ RECHTS *Beim Lamborghini Bravo experimentierte Bertone mit der Verwendung von Glas als einem Bestandteil des Designs.*

■ OBEN ***Der Villager war ein typisches Modeprodukt der frühen 70er: ein Auto zum Spaß haben . . .***

■ RECHTS ***Bertone designte den X1/9 für Fiat, und seine eigene radikale Interpretation des Dallara Showwagens war für Rennen der Gruppe 5 geplant.***

später zeigte der zwischen keil- und pfeilförmig anzusiedelnde Carabo eine weitere bahnbrechende Form. Das visuelle Gegenstück eines Doppler-Effekts wurde kreiert durch eine rote, fluoreszierende Front und ein grünes Heck. Die sich nach oben öffnenden Türen waren Bertones Countach um vier Jahre voraus und gaben dem Wagen seinen Namen – Carabo ist die Verkürzung des italienischen Wortes für „Käfer".

Stratos, Bravo und Sibilo

Mit dem 1970er Lancia Stratos Showwagen bewegte sich Bertone an der Grenze zwischen Automobildesign und reiner Skulptur. Bei diesem Entwurf hatte Bertone völlig freie Hand, und er schuf einen Wagen der Extreme. Er lag so niedrig, dass der Fahrer die Windschutzscheibe hochklappen und vorne aussteigen musste. Nach draußen sehen konnte man nur durch winzige Fenster, die direkt hinter den Vorderrädern angebracht waren – nach hinten gab es überhaupt keine Sicht. Für den Zugang zum Mittelmotor öffnete sich ein dreieckiges Paneel nach oben wie der Deckel eines Flügels. Der 1974er Lamborghini Bravo integrierte Elemente wie Beleuchtung, Belüftungsschlitze und hintere Ausstellfenster in das Design des Wagens.

Ein weiteres Merkmal war das dunkle Glas, das eine nahtlose Fläche zu bilden schien, ein Thema, das beim 1978er Sibilo, der eine auf dem Lancia Stratos basierende Übung war, noch verfeinert wurde. Hier wurden die Unterschiede zwischen Metall und Glas so verwischt, dass der Wagen wie aus einem Stück gemacht schien.

BERTONE

■ OBEN *Bertone baute seinen Navajo Showwagen auf einem Alfa Romeo T33 Rennwagen-chassis, komplett mit 12-Zylinder Motor.*

■ RECHTS *Wie viele andere, so muss auch Bertone vom Design des Jaguar XJS enttäuscht gewesen sein. Hier seine Neuinterpretation, genannt Ascot.*

Rainbow und Athon

Viele Beobachter empfanden Bertones kastiges Design für den Ferrari Dino 308 GT4 als Enttäuschung. Möglicherweise um dieser Kritik entgegenzutreten, produzierte Bertone 1976 den Rainbow, der auf dem 308 mit Mittelmotor basierte. Der Name entstand dadurch, dass das Dach in die Aufrechte geschwenkt werden konnte, um dann hinter den Sitzen zu verschwinden – so konnte der Wagen perfekt bei Sonnenschein wie auch bei Regen genutzt werden. Die eckigen Linien waren kompromisslos: es gab außer den Rädern und Auspuffrohren absolut keine gerundeten Formen. Dieses Modell hatte 1979 die Ehre, in dem höchst exklusiven Katalog der amerikanischen Geschäftskette Neiman Marcus zu erscheinen: er wurde zum Preis von 200 000 Dollar angeboten.

Der 1980er Athon war ein kompromissloser Roadster, der auf dem Lamborghini Urraco basierte. Er zeigte erneut Bertones Vorliebe für wagemutige, eckige Formen, die zusammen eine Einheit ergaben – ein Thema, das bei Wagen wie dem Delfino und beim Zabrus fortgeführt wurde.

Bertones auf der Corvette basierender Ramarro gewann zahlreiche Preise. Ein Designer beschrieb ihn als den Wagen, der „Bertones Seele repräsen-

■ OBEN *Dieser Wagen erhielt den Namen Rainbow wegen seiner Einsatzfähigkeit bei jedem Wetter. Ungewöhnlich für das Showmobil war, dass es zum Kauf angeboten wurde.*

■ RECHTS *Mit dem 1983er Delfino beschritt Bertone eine neue Richtung im Design von Traumwagen.*

■ LINKS *Der Name Sibilo ist italienisch für „zischen“ oder „sausen“. Bei diesem Wagen verwischen sich die Übergänge zwischen Metall und Glas.*

■ UNTEN *Der 1986er Zabrus kündigte zukünftige Formen wie die des Alfa Romeo 145 an. Basis war die Rallyeversion des Citroën BX.*

■ OBEN *Der Ramarro war lang, niedrig, sauber gearbeitet und schnittig; die Chevrolet Corvette war seine Basis.*

■ RECHTS *Bertones Interieurs waren immer äußerst durchgeformt, einfach und klar. Hier das exotische Cockpit des Athon.*

tierte“. Seine harte, geometrische Gestalt wurde durch ein völlig geschwärztes Glasdach noch verstärkt. Doch nicht jeder war davon überzeugt, dass er die zeitlose Qualität vorheriger Schöpfungen Bertones hatte.

Der 1988er Genesis war ein Personenwagen mit dem kleinen Unterschied: er hatte einen Lamborghini V-Zwölf Motor mit 455 PS, der zwischen den Beinen der vorderen Passagiere angebracht war. Hinten war Platz für drei Mitfahrer, die pfeilähnlich angeordnet saßen.

■ UNTEN *Der 1980er Athon, der auf dem Lamborghini Urraco basierte, war ein sehr bewunderter Roadster Showwagen.*

BERTONE

■ OBEN *Er markierte die Rückkehr zum Einflussreichtum der Showwagen der 70er: der Nivola lief mit dem Motor des Corvette ZR1.*

■ RECHTS *Nie wurde das Thema Personentransporter so radikal interpretiert wie bei Bertones Genesis. Die Flügelüren passten zum Antrieb: dem Lamborghini Countach V-Zwölf.*

Nivola, Rush und Blitz

Für den 1990er Nivola (sein Name erinnerte an den großen italienischen Rennfahrer Tazio Nuvolari) benutzte Bertone einen Motor der Corvette ZR1 von Chevrolet – und er war, wie alle Studien von Bertone, ein voller Erfolg. Das schillernd gelbe Schaustück hatte ein Targadach, das oberhalb des Motors verstaut wurde sowie eine hydropneumatische Federung. Das verrückteste im Nivola waren die Massagevibratoren, die sich in den Rücklehnen der Sitze befanden und den Stress auf langen Reisen abbauen sollten. Sie waren vielleicht sogar notwendig, denn der Nivola war 1.98 m breit.

Auf dem 1992er Autosalon in Turin präsentierte Bertone zwei konzeptionelle Ideen. Eine war Teil von Fiats Cinquecento Konzeptentwürfen – ein seltsamer, zweisitziger 4x4 Buggy mit dem Namen Rush. Die andere war der Blitz, ein Sportwagen mit Elektroantrieb, gedacht als Mischung aus Auto und Motorrad.

Karisma und Slalom

Trotz seines eher kitschigen Namens war der Karisma ein gutaussehender Wagen, der auf dem Fahrgestell des Porsche 911 basierte. Er belebte das Thema des Viersitzers mit Flügeltüren wieder, das 1967 beim Marzal zum ersten Mal auf-

■ RECHTS *Die ausgestellten vorderen Kotflügel und die beinah tandemartige Sitzanordnung wiesen darauf hin, dass Bertone mit dem Blitz eine Mischung aus Automobil und Motorrad beabsichtigt hatte.*

■ RECHTS *Mit seinen großen Flügelüren und dem viersitzigen Interieur war der Karisma auf Porsche-Basis (vorn) so etwas wie der geistige Nachfolger des Marzal (hinten).*

getaucht war. Der Karisma nahm auch sonst Bezug auf dieses frühe Design von Bertone. Das in Leder gehaltene Interieur bot genügend Platz für vier Personen und die Flügeltüren gewährten bequemen Einstieg.

Ein umwerfender Orangeton – der angeblich von Bertones Lieblingschampagner Veuve Clicquot inspiriert wurde – machte den 1996er Slalom zum Blickfang. Obwohl er das wirklich nicht nötig gehabt hätte – mit seiner sportlichen Coupéform und den verwegen designten Front- und Heckleuchten. Verstellbare Rücksitze machten das Zwei-plus-Zwei Interieur relativ gut nutzbar. Und weil er auf dem Chassis des Opel Calibra Turbo 4x4 aufgebaut war, ließ er sich auch überraschend gut fahren.

Eine der größten Fähigkeiten Nuccio Bertones war das Entdecken junger Designtalente: Gandini und Giugiaro sind nur zwei davon. Als er im Jahre 1997 verstarb, hinterließ Bertone ein Design- und Produktionsimperium von höchstem Ansehen mit 1500 Angestellten und einem weltweiten Kundenstamm.

■ OBEN *Die orange Lackierung des auf dem Opel Calibra basierenden Slalom wurde angeblich von Bertones Lieblingschampagner inspiriert.*

■ OBEN *Rush war der Name dieses unterhaltsamen, kleinen zweisitzigen Geländewagens, der auf Fiats kleinem Cinquecento aufbaute.*

■ OBEN *Der Lancia Kayak war zweifelsohne vollkommener als Lancias späteres Coupé, der Kappa.*

CHRYSLER

Von Thunderbolt bis Turboflite
Nachdem Buick 1939 mit dem Y-Job den ersten „Traumwagen“ der Welt produziert hatte, war die Konkurrenzfirma Chrysler die erste, die dieser Idee folgte. 1941 kreierte Chryslers Design-Chef Alex Tremulis den Thunderbolt, einen Zweitürer mit aufklappbarem Dach und Druckknopf-Kontrollen.

Nach dem Krieg arbeitete Chrysler mit der italienischen Designfirma Ghia an Traumwagen wie dem Plymouth XX-500 und dem Chrysler K-310 aus dem Jahr 1951. Virgil Exner wurde Chryslers Chefdesigner; er leitete die Arbeit an einer Reihe von für amerikanische Verhältnisse ungewöhnlich glatten Formen. Besonders bemerkenswert waren die Firearrow Serie aus den Jahren 1953–54, der 1954er De Soto Adventurer und der vom Unglück verfolgte 1956er Norseman – er parkte im B-Deck der „Andrea Doria“ als das Schiff sank.

Die Verbindung mit Ghia führte 1956 zu dem bemerkenswerten Dart, einem beeindruckend glatten, aerodynamischen Wagen mit den wahrscheinlich größten Heckflossen, die die Welt jemals gesehen hatte.

1958 schien Exner von seinem Weg abgekommen zu sein: sein Imperial d’Elégance war alles andere als elegant. Der 1961er Dodge Flitewing stellte eine interessante Lösung für das Design eines Hardtop Coupés vor – die Fenster öffneten sich beim Aussteigen automatisch nach außen und oben.

Der Turboflite ging noch einen Schritt weiter: das ganze Dach inklusive der

■ OBEN *Unter der Anleitung von Virgil Exner produzierte Chrysler mehrere aufregende Schaustücke wie etwa diesem Plymouth Special, der auch zu Filmruhm gelangte.*

■ UNTEN *1965 war das erste goldene Zeitalter der Showwagen in Amerika bereits beendet, wie man an diesem zahmen Plymouth VIP sehen kann.*

■ LINKS *Bei dem ausgefallenen 1961er Turboflite erhob sich beim Öffnen der Türen das gesamte Dach nebst Glas wie eine Muschel, um so das Einsteigen zu ermöglichen.*

■ LINKS *Eine Liaison mit Lamborghini führte zur Produktion des 1987er Portofino, einem dramatischen Viersitzer mit Lamborghini V-Acht Power.*

■ LINKS *Plymouths Speedster Showwagen war nur 25.5 cm länger als ein Mini. Er hatte einen 2.0-Liter Mittelmotor.*

■ OBEN *Einer von Chryslers gewagtesten Showwagen war der Plymouth Slingshot, der für optimale Beschleunigung designt war.*

Fenster hob sich in einem Stück an, um den Einstieg zu erleichtern.

Lamborghini erweckt den Traum

Während der 60er experimentierte Chrysler mit Turbinen, Steuerknüppeln und sogar vakuum-gesteuerten Aschenbechern. Mit der Zeit wurden ihre Traumwagen immer vorhersehbarer; der 1965er Plymouth VIP war ohne Abenteuerlust. Erst in den 80ern gelang es, die amerikanische Tradition des Baus „unmöglicher“ Autos wiederzubeleben.

Vielleicht brachte die Übernahme Lamborghinis im Jahre 1987 den Stein ins Rollen. Sicherlich hatten auch der Aufstieg von Designer Tom Edle und Präsident Bob Lutz einen Einfluss. Sofort wurde die Durchführung eines gemeinsamen Projekts beschlossen. Es führte zur Herstellung des Portofino, der 1987 auf der Frankfurter Automobilausstellung präsentiert wurde. Chrysler beschrieb ihn als den „ultimativen Touring Sedan mit Mittelmotor“, und die meisten waren geneigt dem zuzustimmen. Der Wagen hatte einen 250 PS starken Lamborghini Jalpa V-Acht Motor ; er bot bequem Platz für vier Personen, seine vier im Stil des Countach designten Türen öffneten sich für den Einstieg nach oben.

Der Plymouth Speedster von 1989 war mit 3.30 m Länge nach amerikanischem Standard bemerkenswert klein. Er war Chryslers Versuch, Motorrad und Sportwagen miteinander zu verbinden und so ein Produkt für den jungen Markt zu kreieren.

Das wilde Design der 1991er Chrysler 300 Studie lehnte an die Thematik des Viper an – es war eine 5.10 m lange, viertürige Sportlimousine, unter deren langer Haube sich der 8.0-Liter V-Zehn Viper Motor verbarg, die hinteren Türen waren nach hinten öffnende „Selbstmörder“-Türen.

■ RECHTS *Extrem leichtes Gewicht und optimale Aerodynamik standen hinter dem Aviat, dem man es ansah, dass er von der Raumfahrt beeinflusst war.*

CHRYSLER

■ OBEN *Der Name Back Pack klang nach Campingurlaub, und das war genau das, wofür der Plymouth Konzeptwagen designt war.*

■ OBEN *Die doppelt gekrümmte Heckscheibe des Thunderbolt war extrem wirkungsvoll. Das Design erlaubte reichlich Platz für vier Passagiere.*

■ RECHTS *Chryslers Mappe beinhaltete auch einen Jeep, den Ecco. Das Ziel war, die Idee des Jeeps noch einen Schritt weiter in Richtung Spaß zu bringen.*

Weitere Präsentationen des Jahres 1991 waren der Jeep Wagoneer 2000, ein riesiger Kombi mit 20-Zoll-Rädern, sowie der Dodge Neon – eine Kompakt-Limousine mit Schiebetüren, Stoffdach und einem Dreizylinder-Zweitakt-Motor.

Chrysler forschte zunehmend im Bereich des so genannten „cab forward" Designs. Die bis heute extremste Umsetzung war der 1992er Cirrus: er wies den Weg für Chryslers zukünftige Limousinen, obwohl die säulenlose Konstruktion sich leider nicht durchsetzte.

Vom Expresso zum Jazz

Der 1994er Expresso wurde auch als „Happy Face" bezeichnet: von den Seiten betrachtet sahen seine Fenster wie Augen aus, und die Seitenakzente formten einen lachenden Mund. Damit man auch im Inneren des Wagens glücklich blieb, gab es eine Konsole mit Computerspielen sowie ein LCD Entertainment System.

Auch der Venom wurde bei der 1994er Show in Detroit vorgestellt. Er war eine Wiedergeburt der großartigen Muscle Cars der 60er Jahre. Seine mattschwarze Motorhaube, die scharf geschnittene Front und die ausgeschnittenen Seiten sahen zwar interessant aus – aber die Wahrheit, die sich darunter verbarg, war weniger beeindruckend. Er war um den Neon herum aufgebaut und

LINKS *Der Thunderbolt war unbestreitbar gutaussehend; er reflektierte Chryslers neues Designideal, das so genannte „cab forward".*

■ RECHTS *Die Eagle Jazz Studie von 1995 konnte trotz ihrer zukunftsweisenden großen Räder und der Frontgestaltung den Namen des Eagle nicht wiederbeleben.*

mit dem 3.5-Liter V-Sechs Motor aus der LH Limousine ausgerüstet. Der Aviat sah GMs Ultralite erstaunlich ähnlich. Er wog angeblich weniger als 900 kg und hatte dank seines geschickten, einem Düsenflugzeug ähnelnden Designs einen Cw-Wert von unter 0.20.

Für das Jahr 1995 produzierte Chrysler ein atemberaubendes Retro-Coupé, das viel Ähnlichkeit mit jenem Bugatti aus den 30er Jahren aufwies , dessen Namen es teilte – Atlantic. Es war ein Zwei-plus-Zwei Coupé auf dem Chassis des Viper. Designt wurde es von Tom Gale, seine Kraft erhielt es von zwei Neon Motoren, die nahtlos zusammengefügt wurden. So entstand ein 8-Zylindermotor, der eine geschätzte Leistung von 325 PS hatte. Das Interieur des Atlantic war üppig ausgestattet mit weich gepolstertem Leder, Rosenholz und klassischen Anzeigen.

Der 1995 von Chryslers Unterabteilung Eagle präsentierte Jazz wurde von Kritikern unmittelbar als der Stil der Zukunft erkannt: eine kräftige, gewagte Nase und ein geteiltes Schrägheck.

■ OBEN *Für den Atlantic wurden zwei Chrysler Neon Vier-Zylinder Motoren zusammengefügt, um einen einzigen prächtigen 325 PS V-Acht Motor zu erhalten.*

■ RECHTS *Aus dem protzigen Atlantic wurde tatasächlich ein fahrender Wagen, obwohl es, anders als beim Viper, unwahrscheinlich war, dass er jemals in Produktion gehen würde.*

■ RECHTS *Der Atlantic war ein schamloser Rückschritt zu den für das Automobildesign glorreichen 30er Jahren. Er verwendete sogar den Namen des Wagens, der sein Design inspiriert hatte: Bugattis Atlantic Coupé.*

CHRYSLER

■ LINKS *Der Chrysler LHX war das Konzept für eine hoch entwickelte Limousine. Seine fließenden Linien wurden in zahlreichen späteren Modellen reproduziert; die niedrige Dachlinie erwies sich allerdings als unzweckmäßig.*

■ UNTEN *Der aggressivere Bruder des LHX war der Dodge Intrepid ESX – angetrieben von einem Diesel/Elektro Hybridmotor.*

Pick-ups und Konzeptwagen

Der 1996 präsentierte Dakota Sidewinder spiegelte die Leidenschaft der Amerikaner für Pick-ups wider – und führte diese zum Extrem. Klotzig, mit offenem Dach und kleiner Windschutzscheibe im „Hot Rod“ Stil sowie dem Viper GTS-R 600 PS Motor, war er wie gemacht, um zu beeindrucken. Auf dem Gaspedal stand „Go“, auf der Bremse „Whoa“! Möglicherweise noch unverschämter war der Dodge T-Rex mit sechs Rädern, der auf dem Ram Pick-up basierte und einen sportlichen 500 PS V-Zehn Motor verwendete.

Das Extrem in die entgegengesetzte Richtung war Chryslers China Concept Car, das aufgrund einer Anfrage der chinesischen Behörden nach einem neuen „Volkswagen“ geschaffen wurde. Der CCC wirkte wie eine modernisierte Fassung des Citroën 2CV, bis hin zu seinen Glasflächen à la Bauhaus und dem Stoffdach. Leider war eine serienmäßige Produktion dieses Modells jedoch unwahrscheinlich.

Chryslers für viele Jahre wahrscheinlich wichtigste Konzeptstudie standen 1996 auf der Motor Show in Detroit: die beeindruckend schlanken und gefühlvollen LHX und ESX. Der ESX war der aggressivere von beiden, trotz seines Diesel/Elektro Hybridmotors. Der LHX

■ LINKS *Der einnehmende, kleine CCC war hauptsächlich für den Export nach China geplant, obwohl Chrysler durchblicken ließ, dass seine Kunststoffkarosserie (die mit Sicherheit vom Citroën 2CV beeinflusst war) auch einen weiterreichenden Einfluss auf Produktionsprozesse haben könnte.*

■ LINKS *Der überaus imponierende, großartige Phaeton war 5.40 m lang und hatte enorm große Aluminiumräder.*

■ UNTEN *Das Interieur des Jeep Icon hatte ein unverkleidetes, beschnittenes, fast industrielles Feeling.*

■ RECHTS *„Dual-cowl-phaeton“ Stil hieß, dass das Interieur des Wagens in eine vordere und eine hintere Abteilung getrennt war. Es gab sogar zwei Windschutzscheiben. Auch der hintere Bereich war extrem üppig ausgestattet.*

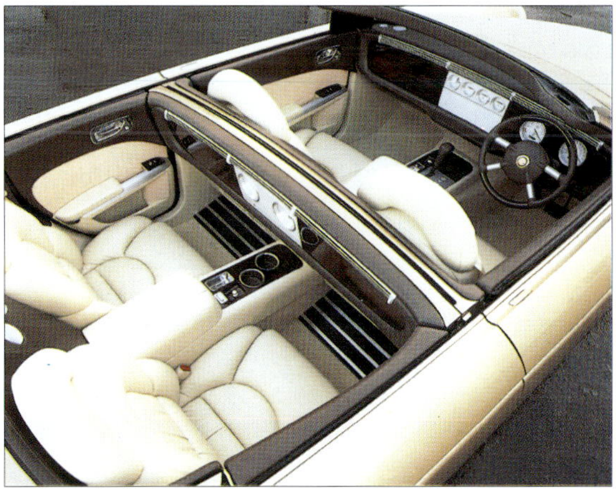

war traditioneller und fließender, mit einem riesigen Fahrgastraum, der Airbags sowie ein Entertainmentcenter für die Passagiere auf den hinteren Sitzen bot. Seine schmucklose, extrem flache Form wurde von allen Seiten gelobt, und einige der beim LHX gezeigten Ideen wurden beim 1998 in Produktion gegangenen Concorde/Intrepid verwendet.

Von Copperhead bis Phaeton

Der Dodge Copperhead war einer der Sportwagen, die 1997 auf der Detroit Motor Show präsentiert wurden – ein aufregender 2.7-Liter V-Sechs Zweisitzer. Sein Name stammte von der Copperhead Schlange, das Armaturenbrett sollte die Form eines Schlangenkopfes nachempfinden.

Außerdem zeigte Chrysler einen kleinen Familienwagen, den Pronto, sowie den Jeep Icon, den Dakar und – wahrscheinlich der spektakulärste von allen – den Phaeton.

Das Auto war 5.40 m lang und wurde von einem 5.4-Liter V-Zwölf Motor angetrieben. Er war eine moderne Homage an den „Dual-cowl-phaeton“ Stil, der vom 1940er Newport verkörpert wurde. Die hinteren Beifahrer hatten ihre eigene Windschutzscheibe und sogar einen eigenen Satz an Instrumenten.

Chrysler hat mit der „cab forward“-Revolution und Projekten wie dem Viper und dem Prowler eines bewiesen: dass Traumwagen nicht auf eine von *Haute Couture* geknebelte Oberschicht eingeschränkt bleiben müssen, sondern tatsächlich in die wirkliche Welt durchdringen und eine breite Öffentlichkeit erreichen können.

■ RECHTS *Der 1997 vorgestellte Jeep Icon konnte sich einer leichtgewichtigen, einheitlichen Karosseriekonstruktion rühmen; sein junges Aussehen war extrem zukunftsträchtig.*

CITROËN

■ LINKS *Der Activa war Citroëns 1988er Vision einer fortschrittlichen Cheflimousine. Die anspruchsvollen technischen Details beinhalteten kontrollierte Radaufhängung und Allradantrieb.*

Experimentieren gehört zu Citroëns Lebenselixier. In Serienmodellen der französischen Firma fand man innovative Ideen Jahre bevor andere Hersteller überhaupt daran dachten. Man erinnere sich nur an die großen Schöpfungen wie *Traction-avant* DS, GS, CX und SM, um sich klar zu machen, wie fortschrittlich und individuell Citroëns Technologie stets war.

Karin, Xenia und Eole

Vieles am Erfolg ihrer glorreichen Jahre hatte die Firma Citroën dem Designer Falminio Bertone zu verdanken. Doch für ihren Start in das Zeitalter der Traumwagen wählten sie Trevor Fiore als neuen Chefdesigner.

Sein erstes Werk war der Karin, der 1980 auf dem Automobilsalon in Paris vorgestellt wurde. Seine pyramidenförmige Gestalt war absolut einzigartig – der Fahrer saß bei diesem Modell in der Mitte. Dem Karin folgte im nächsten Jahr der Xenia, ein wesentlich konventionellerer Schrägheck-Wagen mit doch recht frischen, klaren Linien.

■ RECHTS *Activa 2 war ein zweitürige Entwicklung aus dem Thema des Activa mit vollaktiver Radaufhängung, die später beim serienmäßigen Xantia verwendet wurde.*

■ UNTEN *1996 forderte Citroën Studenten zum Entwurf eines Stadtautos für das 21ste Jahrhundert auf. Der Vorschlag des Norwegers Per Selvaag gewann als beste Umsetzung Citroëns kultureller Werte in radikaler Verpackung.*

Mit dem Erscheinen des Amerikaners Art Blakeslee begann schließlich für Citroën die Zukunft. Er war durchdrungen von den Werten Peugeots, Simcas und Chryslers, und begann mit dem ECO 2000 – einem Projekt für einen wirtschaftlichen Kleinwagen, das letztendlich zum Eole führte. Dieses Modell wurde nach Aelos benannt, dem griechischen Gott des Windes. Der 1985er Eole war designt worden, um den Wind zu betrügen: er war ein auf CX Komponenten aufgebauter Viersitzer, dessen Cw-Wert angeblich bei 0.19 lag, was durch die Verwendung biegsamer Karosserieteile sowie durch eine sich bei zunehmendem Tempo niedriger einstellender Radaufhängung erreicht wurde.

■ UNTEN *Obwohl er wie ein dreirädriges Gefährt aussah, hatte Citroëns 1991er Citéla – der Prototyp für ein Elektroauto – tatsächlich zwei Hinterräder.*

■ LINKS *Bertone designte das Coupé de Plage angelehnt an den Berlingo Van: es diente offensichtlich der Erholung.*

Activa, Citéla und Xanae

Der Name Activa erschien das erste Mal 1988 als Bezeichnung für einen fortschrittlichen, viertürigen Prototypen mit Allradantrieb und Allradlenkung, kontrollierter Radaufhängung, hoch entwickelter Aerodynamik und einem 220 PS starken V-Sechs Motor. Der 1990er Activa 2 war ein zweitüriges Coupé, eine Weiterentwicklung des Xantia mit vollaktiver Radaufhängung und fortschrittlicher Elektronik.

Der Citéla von 1991 stellte eine Idee für ein elektrisches Stadtauto in äußerst kompakter Form dar. Er war nur 2.96 m lang, seine Hinterräder standen extrem nah beeinander und die Sodium-Kadmiumbatterie sollte angeblich für 966 km reichen.

Der Xanae war ein attraktives Familienfahrzeug, dessen Konzept 1994 beim Pariser Salon vorgestellt wurde. Es hatte links nur eine Tür, während sich rechts zwei Türen befanden, die sich ohne Zwischensäule in entgegengesetzte Richtungen öffneten. Das gläserne Dach ging nahtlos in die Windschutzscheibe über.

■ RECHTS *Das Konzept eines kompakten Personentransporters erhielt beim Xanae mit sich in entgegengesetzte Richtung öffnenden Türen und drehbaren Vordersitzen etwas futuristisches.*

■ OBEN *Ein Teil des Luftstromdesigns waren die Scheinwerfer, Rückspiegel und das Glasdach, das praktisch zur Windschutzscheibe gehörte.*

DAEWOO

Die koreanische Firma Daewoo hatte ein Problem mit ihrem Image – es stand nie für Experimente, sondern nur für einen solidenMarkterfolg mit Modellen, die auf Grundkonstruktionen anderer Firmen basierten. Um dieses Image zu ändern, wurde die italienische Firma Ital Design mit dem Entwurf eines Konzeptwagens für den Genfer Automobilsalon des Jahres 1995 beauftragt.

■ OBEN *Ital Design wurde mit dem Entwurf des Bucrane beauftragt. Er sollte für neue Glaubwürdigkeit von Daewoos Design sorgen. Der Bucrane war ein viersitziges Coupé.*

■ OBEN *Der Name „No.1“ deutet an, dass dies der erste von Daewoo produzierte Konzeptwagen war, ein offener Roadster, der 1995 in Frankfurt präsentiert wurde.*

■ UNTEN *„No.2“ war der ungewöhnliche Versuch eines kleinen, kastenförmigen Familienautos. Auffällig war die niedrige Fensterlinie.*

Der dabei entstandene Bucrane war ein viersitziges Coupé, aufgebaut auf der Mechanik von Daewoos Topmodell – einer unter Lizenz gebauten Version des Honda Legend. Er hatte einen 240 PS starken V-Sechs Motor und ein Automatikgetriebe.

Das Styling war weich und retrospektiv, ohne jede wirkliche Schönheit. Seine Hauptmerkmale waren tiefe Ausschnitte an den Flanken, die als Luftauslass für den Motor dienten, sowie eine massive hintere Dachsäule, die gleichzeitig den Dachspoiler formte. Das gläserne Dach und die hochgezogene Form der Heckscheibe gaben dem Wageninneren ein Gefühl von Offenheit.

Der Bucrane befreite Daewoo vom Image als Hersteller veralteter Designs, und es entwickelte sich eine fruchtbare Zusammenarbeit zwischen den Koreanern und Ital Design – die italienische Firma designte später auch die Lanos und die Leganza Reihen.

Vom Mya zum Joyster

1994 übernahm Daewoo die IAD Designbüros in Worthing und gründete ein neues Design Center in Bayern. Auf diese Weise verbesserten sie noch den Ruf ihrer Entwicklungen. Die erste Frucht dieser neuen Richtung war der 1994er Mya, der auf dem Chassis vorheriger Daewoos aufbaute. Er war teils realistisch, teils Traum. Die Flügeltüren des Viersitzers etwa wirkten absolut unbrauchbar, aber die sanften, sportlich ausgereiften Linien des Wagens erhöhten Daewoos Glaubwürdigkeit.

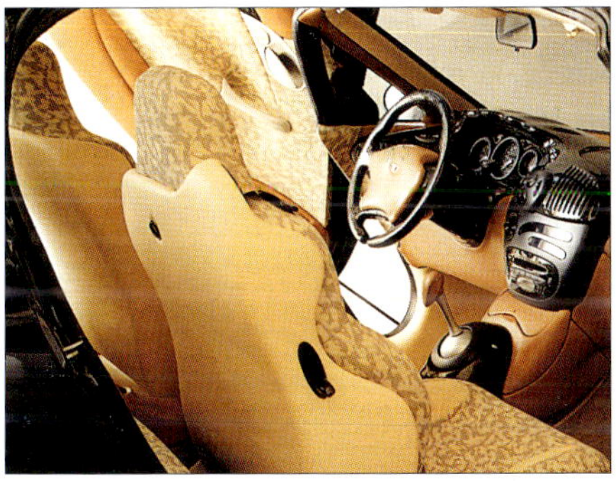

■ OBEN *Das Interieur des Mya zeugte von jugendlichem Design mit strukturierten Oberflächen und stilisierten Kontrollen.*

■ OBEN *Mit dem Mya betrat Daewoo eine neue Ebene der Reife: das Flügeltüren-Coupé war intelligent und ohne Ecken. Es entstand mit der Hilfe einer britischen Designfirma.*

■ RECHTS *Die Ambitionen des koreanischen Giganten Daewoo waren beim Shiraz offensichtlich. Er war ein eindrucksvoller Konzeptwagen, der gute Chancen auf einen zukünftigen Platz in der Mercedes/Jaguar Klasse hatte.*

1997 ging Daewoo mit der Vorstellung einer Reihe von Traumwagen noch einen Schritt weiter. Sie verkörperten nicht nur das Mondäne, wie das Lanos Cabriolet oder die kleinen Matiz und Mantica, sondern boten auch einen Blick auf die verlockenden Möglichkeiten der Zukunft.

Der Shiraz etwa war ein V-Acht Wagen, der Mercedes und Jaguar den Kampf ansagen sollte. Er wurde von britischen Designern entworfen und war höchst anspruchsvoll und elegant. Das Interieur beinhaltete silberne und hölzerne Laminate sowie Griffe auf dem Lenkrad, die zum Wechseln der Gänge verwendet wurden. Den Mitfahrern auf den hinteren Sitzen standen Ausklapptische mit Anschlüssen für PC Einheiten und Drucker/Faxgeräte zur Verfügung.

Eine andere neue Richtung war der Tacuma, ein mittelgroßer Personentransporter, sowie der DEV 5, ein kleiner Wagen mit Elektromotor, der eine Spitzengeschwindigkeit von 121 km/h hatte. Der aufregendste unter Daewoos Traumwagen war jedoch der Joyster, ein sehr charaktervoller und kompakter, nur 4 m langer zweisitziger Roadster, dessen Entwurf von Ital Design stammte. Seine Linien erinnerten an den Ghia Focus; er hatte senkrecht übereinander montierte Front- und Heckscheinwerfer sowie einen einzigartigen Grill, für den in eine silberfarbene Abdeckplatte Löcher verschiedener Größe gebohrt wurden.

■ RECHTS *Das beste aller Konzeptautos von Daewoo war zweifelsohne der Joyster, ein extrem schicker Sportzweisitzer mit einem Styling von Ital Design.*

DAIHATSU

■ UNTEN *Stadtauto, Buggy oder sportlicher Geländewagen? Daihatsu überließ dem Betrachter die Entscheidung beim 1987er Urbanbuggy.*

Angesichts einer Position am unteren Ende des japanischen Marktes hat Daihatsu wirklich eine beeindruckende Liste von Traum- und Showwagen vorzuweisen. Diese Studien gehen weit über die von Daihatsu für die serienmäßigen Modelle abgesteckten Grenzen hinaus.

Verrückte Träume

Daihatsu hielt sich nie an Konventionen – und bewies dies wieder und wieder durch so verrückte und witzige Konzepte wie dem 1987er Urbanbuggy (einer Kreuzung aus Pkw, Geländewagen und Buggy) oder dem 1985er Trek (einer einsitzigen „Kiste“ mit einem zeltartigen Verdeck, Telefon, TV, Spaten und Winde). Mit dem 1989er Sneaker, einem sonderbaren, kleinen Dreisitzer, vollführte Daihatsu ein bißchen Zauberei: der Sneaker hatte ein fünftes Rad, das abgesenkt werden konnte und einem so in die engsten Parklücken half.

1991 wurden Daihatsus Traumwagen erwachsen: der absolut ansprechende X-021, ein sanfter, retrospektiver Roadster im Stile des Mazda MX-5, wurde präsentiert. Er hatte einen 1.6- Liter 16V 140 PS Frontmotor, Hinterradantrieb sowie ein offenes, zweisitziges Cockpit. Der Rahmen war aus Aluminium, die Karosserie aus Kunststoff und die Radaufhängung stammte von Rennwagen – alle Teile waren extrem teuer, und so ist es kein Wunder, dass der sehr attraktive X-21 nie in Produktion genommen wurde.

Schräge Konzepte

Gleichfalls eindrucksvoll war das 1993er Personal Coupé, das, obwohl es auf dem einfachen Charade mit Frontantrieb aufbaute, gut aussah und Chancen auf eine zukünftige Produktion hatte. Das gleiche ließ sich vom Ultra Mini des selben Jahres nicht sagen: seine Hauptqualität lag darin, dass vier Personen in diesem nur 2.50 m langen Wagen Platz fanden. Sein 660 ccm Motor war unter den Rücksitzen angebracht. Auch der Multi Personal 4 war ein leichtherziges, aber letztendlich verrücktes Stadtauto, dessen Interieur angeblich voll waschbar war. Ein weiterer Konzeptwagen des Jahres 1993 war der Dash FX21, eine sehr interessante viertürige Limousine, die mit einer Mischung aus Benzin und Strom lief.

■ LINKS *Der Midget war ein einsitziger Pickup, beim Midget III wurden zwei Rücksitze hinzugefügt.*

■ RECHTS *Schade, dass der attraktive X-021 niemals über das Stadium des Traumwagens hinauskam: 140 PS sowie eine Konstruktion aus Alu und Kunststoff klangen verlockend.*

Daihatsus verrückter Midget III Showwagen des Jahres 1995 erfand den Citroën 2CV neu: er hatte die Scheinwerfer, die ihn wie ein Insekt aussehen ließen, die hohe Dachlinie, einen winzigen (659 ccm) Motor und jede Menge Charme. Er baute auf einem einsitzigen Pick-up auf, erhielt aber zwei zusätzliche Rücksitze. Noch verrückter war der Town Cube, wortwörtlich ein Würfel auf Rädern, der entworfen wurde, um sich über die in Japan zugelassenen Höchstmaße für Kleinstwagen lustig zu machen. 1997 präsentierte Daihatsu dann den NCX, einen geräumigen und angeblich extrem wirtschaftlichen 5-Sitzer.

■ OBEN *Der 1995er Town Cube war tatsächlich ein Insiderwitz: beim Entwurf hielt man sich streng an die Größenbegrenzungen für Kleinstwagen.*

■ LINKS *Intelligent, zurückhaltend und ansprechend: das 1993er Personal Coupé war eine neue Richtung für kompakte 1.0-Liter Coupés.*

FORD

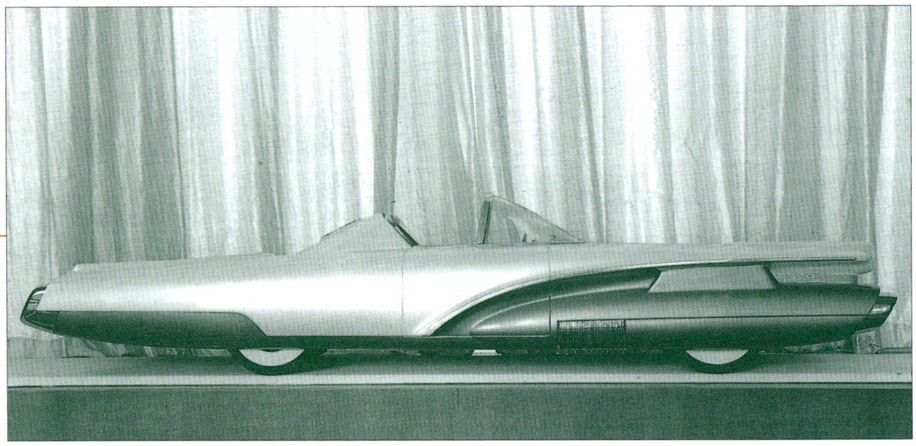

Vielleicht war es Henry Fords Image als Lieferant populärer Wagen, das zu einer Verzögerung von Fords Einzug in die Welt der Traumwagen führte. Was auch immer der Grund gewesen sein mag, Ford hinkte im Rummel der futuristischen Ideen hinter Chrysler und General Motors hinterher.

Fords erster Traumwagen

Der wahrscheinlich erste wirkliche Traumwagen Fords war der X-100 aus dem Jahre 1953, der die torpedoähnlichen Designthemen zukünftiger Fords, wie etwa dem Thunderbird, andeutete. Eine weitere Ankündigung der neuen Richtung Fords war der Mexico aus dem selben Jahr, der nur als im Maßstab verkleinertes Modell präsentiert wurde. Aber er war das Ergebnis von Windkanaltests und ein wichtiger Hinweis auf zukünftige Trends. Ford gab an, dass in diesem Modell 50 absolut innovative Techniken verwendet wurden, einschließlich einer feuchtigkeitsempfindlichen Zelle im Wagendach, die das Verdeck bei Regen automatisch schloß.

Extremer war der 1956er Mystere: extreme Verarbeitung von Chrom, Parallelscheinwerfer und starke Karosserieakzente tauchten in späteren serienmäßigen Fords erneut auf, während andere Ideen wieder vergessen wurden.

Einer der berühmtesten Traumwagen der 50er war der Lincoln Futura, wenn auch nur, weil er später in modifizierter Form zum Batmobil der populären Fernsehserie der 60er wurde.

Ford hat einen Kater

Ford ging durch viele verdrehte Schulen des Designs wie dem „Z-back" Dach beim 1957er La Galaxie. Die Ideen wurden zunehmend abgehobener – 1958 stellten sie einen nuklearbetriebenen Wagen namens Nucleon vor, ihm folgte 1961 ein gyroskopisch kontrolliertes Fahrzeug mit zwei Rädern, genannt Gyron und schließlich im selben Jahr der

■ LINKS *Aerodynamik war eine der Besessenheiten der 80er. Der Probe IV war zwar extrem windschlüpfrig, aber seine Schürzen und Fensteröffnungen waren in der wirklichen Welt ausgesprochen unzweckmäßig.*

■ OBEN *Erst in den 80ern gelang Ford mit einem aerodynamischen zweisitzigen Konzeptwagen namens Probe das Comeback in die Arena der Traumwagen.*

■ RECHTS *Es war zu der Zeit niemandem bewusst, aber diese merkwürdige Kreation aus dem Jahre 1981 – der aerodynamische Probe – war praktisch die Basis für den Ford Sierra.*

■ LINKS *Die Details dieses ³⁄₈ Modells aus dem Jahre 1965, genannt X-1000, waren extrem verschwommen, wie ein Traum, an den man sich nur vage erinnerte. Ford sagte, dass der Wagen möglicherweise auch fliegen könnte!*

■ RECHTS *Der Name Splash dieses 1988er Konzeptwagens deutete auf seine Fähigkeit hin, klitschnass werden zu können: das Interieur war wasserfest!*

■ LINKS *Der Probe V kennzeichnete die Rückkehr zur guten, alten Zeit der Spielereien. Die Motorabdeckung sowie Schiebetüren sind der Beweis.*

Volante, ein dreirädriges, fliegendes Auto, sowie ein enormes sechsrädriges Modell namens Seattle-ite.

Es war also nicht weiter verwunderlich, dass sowohl Fords Designer als auch die Öffentlichkeit nach dem Genuss so vieler Traumwagen sozusagen einen „dicken Kopf" hatten, und die Entwicklung neuer Ideen in den 60ern nachließ.

Erst als Ford die italienische Designfirma Ghia übernahm, wurde das Traumwagenprogramm während der 70er wieder aufgenommen. Ghias Kreationen für Ford (wie der Coins, Megastar und der Action) finden sich auf den der Firma Ghia gewidmeten Seiten.

Fords europäische Niederlassung begann währenddessen mit der Entwicklung von Designstudien, die zukünftige, serienmäßige Produktionswagen in Form des Probe III aus dem Jahre 1981 ankündigten. Er war fast identisch mit dem späteren Ford Sierra, unterschied sich nur anhand des aerodynamischen Zubehörs.

Probe und Splash

Spätere Ford Probe Showwagen waren wesentlich aufregender. Der 1983er Probe IV mit Schrägheck war äußerst aerodynamisch und funktionell. Sein Cw-Wert von 0.15 war spektakulär – er wurde durch spezielle Räder, genaueste Kontrolle des Luftstroms sowie einen unterhalb der Windschutzscheibe angebrachten Spoiler erreicht. Der ultimative Probe V entwickelte diese Aerodynamik sogar noch weiter.

Beim 1988er Splash kombinierte man Sportwagen und Pick-up; er sah wie ein Strandbuggy aus der Zukunft aus. Fenster und Dach des Zweisitzers waren abnehmbar, das Interieur wasserfest, und er war perfekt für einen jungen Markt.

■ LINKS *Lincolns Konzeptwagen für das Jahr 1988 war der Machete, dessen messerscharfe Kanten Fords Zukunft ankündigten. Beachten Sie die schmalen Scheinwerfer.*

■ OBEN *Im Inneren des Machete waren simple Linien mit digitaler Elektronik kombiniert.*

FORD

■ RECHTS *„Edge Design" war ein Begriff den Ford zur Beschreibung einer neuen Designidentität verwendete. Er stand für die Verarbeitung scharfkantiger Oberflächen, die gegeneinander zu stoßen schienen. Deutlich zu sehen war dies beim GT90.*

Der auf der 1991er Detroit Motor Show gezeigte Contour war in vieler Hinsicht revolutionär. Sein Motor war der erste 6-Zylinder seit Pontiacs im Jahre 1954 – und er war quer eingebaut, um Platz zu sparen. Der Umriss des Wagens war dramatisch: er hatte extrem steil angeschnittene Fenster und eine langgezogene Fahrgastkabine, das Chassis bestand aus Aluminium. Die Scheinwerfer waren saßen in 2.5 cm hohen, bogenförmigen Röhren, und es gab zwei spezielle Heckspoiler.

■ LINKS *Die dreieckigen Oberflächen des GT90 waren besonders von hinten gut erkennbar. Das große schwarze Dreieck ist der Auspuff.*

■ LINKS *Der GT90 erhielt seine Inspiration von den GT40 Rennwagen aus den 60ern. Er war extrem niedrig und schnittig.*

■ OBEN *Fords Designer verpassten ihr eckiges Design auch einem für die Straße geplanten Konzeptwagen namens IndiGo, der vom IndyCar inspiriert war.*

■ OBEN *Schwarzer Frontspoiler und Kotflügel gaben dem Äußeren ein Gefühl von Rennwagen, während unter der Karosserie die Hightech-Konstruktion und das Sechsganggetriebe dafür sorgten.*

„Edge Design“

Um eine frische Annäherung an neue Designmotive zu umschreiben, kreierte Ford den Begriff „Edge Design“. Bevor Wagen wie der Ka und der Puma auf die Straße kamen, präsentierte Ford auf Automobilausstellungen zahlreiche Konzeptwagen, die diese neue Philosophie auf dramatische Weise demonstrierten.

Edge Design erschien zum ersten Mal im Jahre 1995 in Gestalt des GT90 . Der Name deutet auf den Ursprung dieses Modells hin: er stammte ab von Fords äußerst erfolgreichem GT40 aus den 60ern, der gleichzeitig für die Straße wie auch für die Rennstrecke entwickelt worden war. Beim Format gab es Parallelen: beides waren sehr niedrig gebaute Zweisitzer mit Mittelmotor und fantastischer Leistung. Tatsächlich aber waren die beiden Wagen äußerst unterschiedlich.

Der GT90 erinnerte durch die Art, wie seine dreieckigen Flächen miteinander verbunden waren, an einen Stealth Bomber. Unter der Haut verbarg sich die überaus moderne Technologie eines Rennwagens: Aluminium-Chassis, Carbonfaser Karosserie und raketenähnlicher Auspuff. Angetrieben wurde der GT90 durch einen 720 PS V-Zwölf Motor mit vier Nockenwellen. Ursprünglich bestand der Plan, 100 dieser Wagen zu produzieren – was leider nicht in die Tat umgesetzt wurde.

IndiGo Renner

Nicht nur der Name des IndiGo war clever (eine Anspielung auf die IndyCar Rennen). Dies war nicht nur eine bloße Studie, sondern das Konzept für eine mögliche, zukünftige Produktion. Obwohl er von den meisten als zu radikal zum Verkauf angesehen wurde, war er ein fahrbereiter Wagen.

Ford sagte dazu, dass der IndiGo „die Essenz der Rennstrecke einfängt und sie in ein für die Straße realistisches Design transformiert“. Das Styling erinnerte stark an Rennwagen, von der mit Spoilern versehenen, schmalen Nase bis zu den „versteckten“ Kotflügeln. Auch seine Konstruktion mit Carbonfaser, Aluminium und Glasfaser nutzte Wettbewerbsmaterialien.

Der 441 PS 6.0-Liter V-Zwölf Motor bestand aus zwei zusammengefügten V-Sechs Einheiten; er lief geschätze 273 km/h Spitze und erreichte 100 km/h in unter 4 Sekunden. Das Sechsganggetriebe stammte von Rennwagen ab, Gänge wurden mittels Knopfdruck gewechselt.

■ LINKS *Der Mittelpunkt des Wagens war sein 6-Liter V-Zwölf Motor mit 441PS.*

FORD

Lincoln brachte währenddessen 1995 das L2K Projekt voran, das eine mögliche Konkurrenz für den Mercedes-Benz SLK werden sollte. Seine messerscharfe Gestalt wurde von einer Designfirma namens Concept Car Company entworfen, er verwendete eine 250 PS starken 3.4-Liter V-Acht Motor. Im Folgejahr

■ OBEN *Lincolns L2K Konzeptstudie war ein V-Acht Roadster mit Frontmotor, der Lincoln auf bis dahin unerforschtes Terrain brachte.*

■ LINKS *Ausgerüstet mit besonderen Rädern lief der L2K die Showrunden mit neuem Schwung.*

erschien der Sentinel, eine atemberaubende Umsetzung von Fords Edge Design: hohe Taille, wunderbar ausgeformte Scheinwerfer, äußerst klare Linien, flache Umrisse und elegante Proportionen. Der Sentinel war ein großer Wagen, was sich bei ihm aber „richtig" anfühlte,

■ OBEN *Eine hohe Taillenlinie, klare Umrisse und gute Proportionen machten den Sentinel zu einem der beeindruckensten Konzeptwagen des Jahres 1995.*

■ LINKS *Eine der extremsten Umsetzungen des Edge Designs, und womöglich die eleganteste, war der Lincoln Sentinel.*

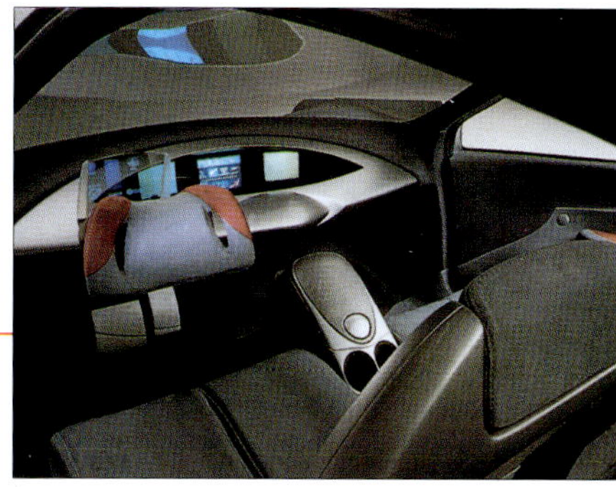

■ OBEN *Computeranimation und fortschrittliche stimmaktivierte Kontrollen unterschieden das Interieur des Synergy 2010 meilenweit von allen anderen Fahrzeugen der Gegenwart.*

■ OBEN *Synergy 2010 war ein starkes Statement im Design; er lieferte Ideen für das Familienauto des Jahres 2010.*

und durch die Verwendung eines verlängerten Jaguarchassis war er zudem schnell.

Der 1996 vorgestellte Synergy 2010 war Fords Vorstellung eines Familienautos für das Jahr 2010. Er verfügte über zwei Kraftquellen – einem 1.0-Liter Motor mit Direkt-Einspritzung, der einen Elektromotor antrieb – und bestand aus extrem leichtgewichtigen Materialien (er wog nur knapp eine Tonne). Außerdem verfügte er über sogenannte „air fences", die die fortschrittliche, aerodynamische Form des Wagens vorgaben, sowie stimmaktivierte Kontrollen und computeranimierte Instrumente.

So wie der Ghia Saetta den Weg für den neuen Ka bereitete, ebnete der 1996er Lynx den Pfad für das zukünftige Puma Coupé. Ein Element, auf das jedoch bei der Produktion verzichtet wurde, war der doppelte Überrollbügel, der gleichzeitig die Rahmen der Seitenfenster und die Halterung für das Faltdach bildete.

Mercurys 1997er MC4 übertrug das Edge Design auf einen Viersitzer der Mittelklasse. Er sah gut aus, beinhaltete aber immer noch Traumwagenthemen wie winzige hintere „Selbstmördertüren" und eine Kofferraumklappe nach Art der Flügeltür. Noch aufregender war das Konzept des MC2, der grundsätzlich ein neuer Ford Cougar war.

■ OBEN *Der extrem leichte und aerodynamische Synergy 2010 lief mit einem Benzin-Elektro Hybridsystem.*

■ UNTEN *Der auf der Frankfurter Automobilausstellung 1997 gezeigte Mercury MC2 zeigte das bisher eleganteste Edge Design.*

General Motors

■ UNTEN *Der erste „Traumwagen" der Welt war der Buick Y-Job aus dem Jahre 1939: ein rein für den Showeffekt kreiertes Design.*

Mehr als jeder andere Automobilhersteller der Welt hatte General Motors das Thema der Traumwagen für sich verinnerlicht. Sie waren der Hersteller des ersten Traumwagens der Welt, indem sie einen Wagen schufen, der einzig und allein zum Entwickeln von Ideen und nicht für die Realität der Produktion entstand: der Buick Y-Job aus dem Jahre 1939 war ein Pionier. Er hatte lange, schlanke Linien, verdeckte Scheinwerfer und ein elektrisches Dach, das nach dem Öffnen unter einer metallenen Abdeckung verschwand.

Harley Earl und Motorama

Der Designer dieses revolutionären Stils war Harley Earl, und es war sein 1951er Buick Le Sabre, der die Düsenjäger-Ära im amerikanischen Automobildesign einläutete. Er sah nicht nur fantastisch aus, sondern steckte auch voller innovativer Ideen: gegossene Magnesium Paneele, ein sich bei Regen automatisch schließendes Sensor-Verdeck sowie beheizte Sitze. Der Buick XP-300 des selben Jahres war auch seiner Zeit voraus; er hatte hydraulische Sitze und einen mit Methanol angetriebenen Motor.

Während der 50er trug GM durch gigantische, reisende Shows zum Trubel bei, die unter dem Namen Motorama stattfanden. Den Mittelpunkt dieser Extravaganzen bildeten die neuesten Kreationen von Designern, die von der futuristischen Vision einer leuchtendederen, schnelleren und größeren Ära besessen waren. 1956, im Hauptjahr der Motoramas, gab GM zehn Millionen Dollar für die Shows aus und zog damit zwei Millionen Zuschauer an.

Zu diesem Zeitpunkt war Harley Earl General Motors Chefdesigner. Er war derjenige, der den Gedanken von „Stil" auch auf alltägliche Fahrzeuge übertrug, und der den jährlichen Wechsel von Modellen einführte, der bis heute in Amerika stattfindet.

■ LINKS *Einer der Stars bei GMs Motorama Road Shows während der 50er war der Pontiac Club de Mer. Dieser blau eloxierte Aluminium Roadster war nur 96.5 cm hoch.*

■ UNTEN *Der 1954er Buick Wildcat II hatte eine GFK Karosserie. Beachten Sie die Kühlerfigur und die an der Windschutzscheibe angebrachten Scheinwerfer.*

Firebirds und der Bonneville Special

Die Masse liebte diese Modelle. Sie geriet beim Anblick von Wagen wie dem Buick Le Sabre und dem XP-300 in Verzückung. Der drastischste von allen war der XP-21 Firebird aus dem Jahr

■ UNTEN *Turbinen im Düsenjägerstil sowie die Verwendung echter Düsenjägerteile gaben dem Pontiac Bonneville Special einen Anflug von Science Fiction.*

■ OBEN *Der Golden Rocket hatte einen Dachabschnitt, der sich beim Öffnen der Tür nach oben faltete, während die Sitze sich drehten und das Lenkrad sich teilte, um den Einstieg zu erleichtern.*

■ UNTEN *Beim Firebird II wurde das Kampfflugzeug-Extrem des XP-21 etwas abgeschwächt. Er war ein Viersitzer mit Flossen, Turbinen, „Bubble“-Dach und Titaniumkarosserie.*

■ OBEN *Er wurde angekündigt als eine Studie, die die Einsetzbarkeit eines Turbinenantriebs belegen sollte; tatsächlich aber war der XP-21 Firebird darauf angelegt die Öffentlichkeit zu schockieren.*

1954; er war absolut futuristisch, sein kleiner Jet-Turbinenantrieb wurde durch eine Karosserie im Düsenjägerstil zum Extrem gebracht: wenn man die Räder wegnahm, sah er tatsächlich wie ein einsitziges Flugzeug aus.

Der Firebird entwickelte sich über weitere Generationen. Der Firebird II aus dem Jahr 1956 hatte angeblich die durch die Düsenjägerturbinen hervorgerufenen Probleme mit Hitze und Lärm überwunden. Seine etwas realistischere Karosserie war aus Titan, die Passagiere stiegen durch ein durchsichtiges Dach ein. Der 1958er Firebird III kehrte zu den Raumschiffeinflüssen zurück – er hatte mehrere Luftflossen, eine doppelte Glaskanzel (Bubble Top) sowie einen zentralen Hebel zur Kontrolle von Lenkung, Bremsen und Beschleunigung, einen Tempomat, Fernbedienung zur Öffnung der Türen und „elektrolumineszente“ Instrumente.

Einer der besten Traumwagen der 50er war der 1954er Pontiac Bonneville Special. Er war Earls Umsetzung eines traumhaften Sportwagens, mit Chromzierstreifen, Panoramascheiben, einem „Gullwing Bubble Top“ und Interieur im Flugzeugstil – das beste jedoch war die am Heck angebrachte turbinenförmige Halterung für den Reservereifen.

■ LINKS *Sci-fi und Hightech trafen sich im Firebird III. Unterhalb der riesigen Flossen lagen elektronische Kontrollen. Es gab sogar ein System, mit dessen Hilfe der Wagen per Kabel, die unter GMs Teststrecke verlegt waren, selbstständig fuhr.*

General Motors

General Motors waren ungeheuer produktiv: allein im Jahr 1954 wurden der Öffentlichkeit nicht weniger als 12 verschiedene Traumwagen vorgestellt. Sie verließen sich dabei mehr auf „Stil" und „Innovation" als auf außergewöhnliche Themen, wie man es bei anderen amerikanischen Automobilherstellern erlebte. Und nicht selten wurden die „Traum"-Autos Wirklichkeit.

■ LINKS *GMs Chefdesigner Bill Mitchell baute den Sting Ray bereits 1959 als seinen persönlichen Wagen. Er inspirierte zur späteren Produktion der Corvette Sting Ray.*

■ UNTEN *1962 entwickelte sich der Mako Shark aus dem Sting Ray. Er basierte auf der Corvette und erinnerte deutlich an die Gestalt eines Haifisches.*

Rocket, Shark und Stingray Roadster

Zu den Höhepunkten der 50er gehörten der Buick Centurion, der bemerkenswert pure Oldsmobile Golden Rocket, der 96.5 cm hohe Pontiac Club de Mer, die 1957er Chevrolet Corvette SS, die in mancher Hinsicht an Jaguars D-Type erinnerte, und der im Flugzeugstil gebaute Cadillac Cyclone.

General Motors blieb auch in den 60ern stark. Der Designer Bill Mitchell holte sich seine Inspiration für die 1962er Corvette Shark Studie beim Haifisch: Luftschlitze waren die Kiemen, Auspuffrohre die Flossen, die Front sah aus wie das Maul und der ganze Wagen war in blau gehalten. Das

■ OBEN *Die Krönung des Einkaufserlebnisses: die Vorderräder des Runabout ließen sich zum leichteren Einparken um 180 Grad drehen; das Heck beinhaltete zwei abnehmbare Einkaufswagen!*

■ OBEN *Um in den Astro I einsteigen zu können, musste ein Schalter gedrückt werden, was dazu führte, dass sich das Dach mitsamt der Sitze hob. Das sah zwar spektakulär aus, war aber eine total verrückte Idee.*

■ RECHTS *Mit den 70ern war das goldene Zeitalter der Traumwagen vorüber. 1973 kreierte Bill Mitchell diesen Pontiac Phantom Showwagen als Abgesang.*

Design folgte dem von Mitchells Privatwagen, dem Sting Ray Roadster, der auch bei Shows zu sehen gewesen war.

Ähnliche Themen waren bei den 1963er Corvair Monza Prototypen zu finden, die den geplagten, Heckmotor-Corvair in einen leichten Sportwagen transformierten, der zweifelsohne die Form der nächsten Sportwagengeneration beeinflusste.

■ LINKS *1985 kehrte General Motors mit einem großen Knall in die Arena der Traumwagen zurück: der Buick Wildcat verwendete einen berühmten Namen und katapultierte diesen in die Gegenwart.*

Vom Runabout zu Aerotech

GM verfolgte auch andere Ideen. Der Runabout war eine Vision des zukünftigen Einkaufsautos: ein dreirädriger Wagen, in dessen Heck sich zwei entnehmbare Einkaufswagen befanden. Der XP511 war ein Dreirad mit einem riesigen Muscheldach, und der Astro I stellte ein neues Einstiegssystem vor: das gesamte Hinterteil inklusive der zwei Sitze öffnete sich nach oben. Anders als andere Hersteller gab GM das Traumwagenprogramm nie auf und stellte auch noch in den 70ern Projekte wie den Chevrolet Aerovette und den Pontiac Phantom vor.

Ab Mitte der 80er startete GM das nächste große Projekt. Man konzentrierten sich jetzt auf außerordentliche Superwagen wie den Buick Wildcat aus dem Jahr 1985, die Corvette Indy, den Pontiac Pursuit und den Oldsmobile Aerotech, der eine überwältigende Höchstgeschwindigkeit von 400 km/h hatte.

Cadillac verfolgte das Thema schneller, luxuriöser Wagen. Nach dem 1988er Voyage war der Solitaire aus dem Folgejahr „einer der aerodynamischsten Wagen der Welt" mit einem Cw-Wert von 0.28. Er wurde durch einen 6.6-Liter V-Zwölf Motor angetrieben, der von GM in Zusammenarbeit mit Lotus entwickelt wurde.

■ OBEN *Der 1986er Corvette Indy Konzeptwagen richtete sich bis zur Perfektion nach dem Zeitgeschmack; er war ein Superwagen mit Mittelmotor und großartiger Leistung.*

■ RECHTS *In den Jahren 1986-87 brach der Oldsmobile Aerotech Geschwindigkeits-Weltrekorde: er erreichte 414 km/h in der Kurzheckvariante, das Modell mit dem längeren Heck kam sogar auf unglaubliche 447 km/h. Und das alles mit einem 2-Liter Motor…*

GENERAL MOTORS

■ UNTEN *Der Pontiac Banshee von 1988 erhielt seinen Namen von einer mysthischen, wilden Kreatur – und wurde ihm voll gerecht.*

Stinger, Sunfire und Camaro

1989 erschien der Pontiac Stinger, ein aggressiv gestyltes SUV (Sports Utility Vehicle). Verwandlungsfähigkeit war hier der Hauptbegriff: sämtliche Carbonfaserpaneele konnten, genau wie das Glasdach und die unteren Glastürpaneele, entfernt werden. Im Inneren boten sich vier auf sechs verschiedene Arten einstellbare Sitze, die Passagiere im hinteren Bereich konnten ihre Sitze zwecks besserer Sicht über den Überrollbügel um 38cm erhöhen. Außerdem wurden ein Kompass, ein Telefon, ein Staubsauger, Herd, Picknicktisch, Sonnenschirm sowie eine Schaufel geboten!

■ OBEN *Eindrucksvolle Aerodynamik und ein experimenteller V-Zwölf Motor machten den Cadillac Solitaire zu einer Limousine für Träumer. Vorn im Bild ist der Voyage.*

■ OBEN *Der Pontiac Sunfire war GMs überzeugende Umsetzung des von Chrysler eingeführten „cab forward“ Stils.*

■ UNTEN *Chevrolets California Camaro war eine schnittige Vision der zukünftigen Richtung von GMs erfolgreicher Camaro Baureihe.*

Pontiacs Konzept für den 1990er Sunfire mit 2-Liter Turbomotor übernahm Chryslers „cab forward“ Design in einem Zwei-plus-Zwei Coupé. Ungewöhnlich war die Verwendung von „Selbstmördertüren“ für die hinteren Passagiere – eine Idee, die zwanzig Jahre zuvor von allen Herstellern fallen gelassen worden war. Besonders interessant war die Anbringung der Instrumente: sie befanden sich mitten auf dem Lenkrad, waren aber so installiert, dass sie immer aufrecht standen, ganz egal, wie das Lenkrad gedreht wurde.

Der Camaro war stets ein Modell gewesen, das GM gern für Interpretationen der Zukunft verwendete. Der California Camaro war typisch: die üppige

■ LINKS *Impact war der Name, den GM dem ursprünglichen Prototypen für einen Elektro-Sportwagen gab. Er ging in nur leicht abgewandelter Form als EV1 in Produktion.*

■ UNTEN *Der Ultralite bewies, dass GM in viele verschieden Richtungen dachte. Dank seines extrem niedrigen Gewichts und geringem Luftwiderstand erreichte er eine Höchstgeschwindigkeit von 217 km/h.*

Verwendung von Glas, Flügeltüren und eine scharfe Nase fielen besonders auf, während Firlefanz wie ein eingebauter Staubsauger seine Ernsthaftigkeit untergrub.

Experimentell und „Rageous"

Chevrolets CERV (Corporate Experimental Research Vehicle) Projekte reichten vom zigarrenförmigen Einsitzer aus dem Jahre 1960 bis zum 1990er CERV III, der auf der 1986er Corvette Indy aufbaute. Der CERV III wurde gemeinsam mit Lotus erschaffen; bei ihm wurde eine stark modifizierte Version des Corvette ZR1 Motors mit nicht weniger als 650 PS verwendet. Er hatte ein automatisches Sechsganggetriebe sowie Allradantrieb; die Höchstgeschwindigkeit wurde mit 299 km/h angegeben, und er erreichte 100 km/h in 4.2 Sekunden. Außerdem beeindruckte er durch aktive Radaufhängung, Carbonfaserbremsen und einen Cw-Wert von 0.274.

Die Angaben für den 1992er Ultralite wiesen ihn als extrem wirtschaftliches Fahrzeug mit 217 km/h Spitzengeschwindigkeit aus. Aufgrund seiner Carbonfaserkarosserie wog er nur 190 kg, sein Cw-Wert lag bei 0.192. Trotzdem bot er Platz für vier Erwachsene.

Der gleichfalls aus dem Jahr 1992 stammende Sting Ray III wies auf die neue Corvette hin; einige empfanden den Konzeptwagen als überlegen im Vergleich zur 1997er C5 Corvette.

GM betrat Neuland mit der Entwicklung eines Elektroautos: der EV1 wurde 1996 vorgestellt. Er begann sein Dasein in Form der Konzeptstudie Impact, einem innovativen, schlanken Coupé. Anders als die zu dem Zeitpunkt bereits gesehenen Elektrowagen war der Impact leistungsstark; er erreichte 100 km/h aus dem Stand in unter neun Sekunden. Sein Aluminiumrahmen und die aus verschiedenen Materialien bestehende Karosserie sorgten für niedriges Gewicht.

Mit dem 1997er Konzeptwagen Rageous schuf die GM Abteilung Pontiac ein Fahrzeug im Batman-Stil, das sie als Sportcoupé mit den Qualitäten eines SUV beschrieben. Er war ganz offensichtlich eine Antwort auf Fords Edge Design – eine beeindruckende, wenn auch nicht ganz gelungene Mischung verschiedener Formen.

■ LINKS *GM baute den durch Sonnenenergie angetriebenen Sunraycer für die Teilnahme an einem Langstreckenwettbewerb.*

GHIA

Es ist eine traurige Tatsache, dass für die meisten Menschen der Name Ghia nur das Emblem ist, das sich auf ihrem Ford befindet. Ghia wurde 1973 von Ford übernommen, aber dahinter steckt die Geschichte eines der glanzvollsten Designhäuser Italiens. Sie reicht zurück bis in die frühen Jahre des 20sten Jahrhunderts. Ghias Hauptgeschäft war das Entwerfen von Karosserien für hochwertige italienische Chassis, und sie waren damit extrem erfolgreich. Es waren keine Schaustücke, sondern Traumwagen im eigentlichen Sinn des Wortes – Einzelstücke, gebaut für wohlhabende Privatkunden.

■ OBEN *Virgil Exner war verantwortlich für den außerordentlichen Selene II. Der Fahrer saß allein in zentraler Position, während die Passagiere mit dem Rücken zu ihm saßen und bei der Fahrt Fernsehen konnten!*

■ OBEN *Der Selene war ein schlanker, von Tom Tjaarda designter „People Carrier". Der nach vorn verlagerte Stil wurde von mehreren Designer verarbeitet, doch dynamische Nachteile führten zu seinem Ende.*

1950 schickte Chrysler ein Plymouth Chassis nach Turin, Ghia entwarf die Karosserie, und so entstand der XX-500. Obwohl er schwerfällig aussah, entfachte er eine Verbindung, die dazu führte, dass Ghia zahlreiche der Traumwagen Chryslers während der 50er Jahre designte. Daneben waren der 1953er Fiat 1100 Abarth sowie der Fiat 8V wahre Trendsetter.

Aerodynamik und Stil

Zweifelsohne war der 1955er Ghia Streamline (oder Gilda) einer der spektakulärsten Wagen der 50er. Er entstand im Windkanal des Turiner Polytechnikums und entwickelte sich über Generationen. Seine Nachkommen wurden auch bei Shows in den späten 60ern noch mit großem Erfolg präsentiert.

Aerodynamik war Ghias Spezialität, wie der rekordbrechende Nibbio bewies, der mit 350 ccm 161 km/h Spitze lief. Ghia machte sich auch das „Beach Car" Thema zu eigen: sie produzierten unter dem Namen Jolly eine Reihe von Fiats mit

■ LINKS *Auf der Genfer Automobilsalon 1961 wurde Tom Tjaardas IXG Dragster vorgestellt. Er stellte sich als zu stromlinienförmig heraus, um Platz für den für ihn vorgesehenen Innocenti Motor zu haben.*

■ LINKS *Bei der 1955er Show in Turin begeisterte Ghia die Welt mit dem unglaublichen Streamline/Gilda, der die wohl größten Heckflossen der Ära hatte.*

■ RECHTS *Der 1974er Coins war eine Vision des zukünftigen Ford Capri, obwohl sein voluminöses Design (von Tom Tjaarda), drei nebeneinander angeordnete Sitze und eine Hecktür für den Einstieg eher spaßig waren als fortschrittlich.*

geflochtenen Korbsitzen; außerdem stellten sie mit dem Dual-Ghia Firebomb, dem L6.4, 450/SS und dem 1500 eine eigene Reihe von Sportwagen her.

Der hochtalentierte Tom Tjaarda wurde Ghias Chefdesigner; er machte Eindruck mit dem 1959er Selene, einem sehr schlanken „People Carrier". Das Nachfolgemodell Selene II aus dem Jahr 1962 hatte einen zentral angeordneten Fahrersitz, die zwei hinteren Sitze waren in der dem Fahrersitz entgegen gesetzten Richtung angebracht.

Ein weiterer exzellenter Designer namens Giorgetto Giugiaro schloß sich Ghia an und entwarf zahlreiche, außerordentliche Produktionswagen. Aus seiner Feder stammten außerdem attraktive Ghia Schaustücke wie der Maserati Simun, der De Tomaso Pampero und der Oldsmobile Toronado Thor.

Nach der Übernahme durch Ford im Jahre 1973 wurde Ghia von Ford als europäische Abteilung für Design und Prototypen eingesetzt. Sofort entwickelte Ghia eine Reihe von Konzeptwagen, die unausweichlich alle auf Fordmodellen basierten. Frühe Beispiele sind der Mustela (eine Alternative zum Capri), der Tuareg (eine Fiesta Version) und der Microsport (ein auf dem Fiesta basierendes Sportcoupé).

Radikale Keile

Ghias beste Designs während der 70er waren auch die radikalsten. Der 1974er Coins war ein umwerfend kurviger Keil mit einer einzelnen, hinten angebrachten Tür. Die vorderen Türen des Megastar waren zu 80 Prozent aus Glas. Der Corrida war ein kleines, auf Sicherheit gerichtetes Sportcoupé und die extremste Keilform hatte der 1978er Action.

■ LINKS *Der Corrida war eine Studie mit Flügeltüren aus dem Jahr 1976.*

■ UNTEN *1977 zeigte Ghia den Megastar, einen Viersitzer mit gewölbter, tiefliegender gläserner Taille, der aus Granada-Teilen gebaut war.*

■ OBEN *Der Name des Wagens – Action – sagte alles. Sein Design stammte von Sapino, die kompromisslose Keilform und der Formel 1 Motor waren für 1978 extrem dramatisch.*

GHIA

■ LINKS *Der auf dem Ford Granada aufgebaute Altair war ein höchst erfolgreiches Design.*

■ OBEN *Einer von Ghias erfolgreichsten Konzeptwagen war der Brezza auf Basis des Escort XR3. Er hatte einen Mittelmotor.*

Während der 80er arbeitete Ghia als angesehene Designfirma weiter. Das Granada Altair Projekt wurde wegen seiner Einfachheit beachtet, während der Avant Garde und besonders der Brezza ansehnliche, kompakte Coupés waren. Ghia produzierte außerdem eine attraktive Karosserie für den AC ME3000.

Eine ganze Reihe von Kleinstwagen folgte: der fünfsitzige, aber kleine Pockar, der Shuttler, der dreirädrige Cockpit und der Trio. Für viele war es eine Schande, dass nicht mehr aus dem Barchetta gemacht wurde, einem Roadster, der auf dem Fiesta XR2 aufgebaut war und der die moderne Antwort auf den MG Midget hätte sein können. Weniger erfolgreich war der siebensitzige APV.

■ RECHTS *Ghia liebäugelte in Form des Cockpit auch mit der Idee eines Tandem-Zweisitzers auf drei Rädern. Zum Einsteigen hob sich das Glasdach.*

■ UNTEN *Die britische Sportwagenfirma AC hatte Verbindungen zu Ford; Ghia überarbeitete 1981 ACs ME3000, der ursprünglich in Produktion gehen sollte.*

Via, Zig/Zag und Connecta

Der 1988er Saguaro erhielt jede Menge Reaktionen: er sah in Form eines sportlichen Viertürers die sanfteren, runderen Umrisse der 90er voraus. Das Modell für den Genfer Autosalon 1989 war der Via, ein „Ford Sierra Cosworth für das nächste Jahrzehnt“. Er wurde von einem Team britischer Designer entworfen – den Brüdern Ian und Moray Callum, David Wilkie und Sally Wilson – und war eine intelligente und schlan-

■ OBEN *Der Barchetta repräsentierte wahrscheinlich eine verpasste Chance: er hätte der kompakte Ford Roadster der Zukunft sein können.*

■ OBEN *Zig und Zag waren zwei witzige, kompakte, am jungen Markt orientierte Studien. Zig war der Sportwagen, Zag der Van.*

ke viertürige Limousine mit einem Turbo V-Acht Motor und Sechsganggetriebe. Einer seiner Glanzpunkte war ein System, das das Navigieren bei Nebel übernehmen sollte. Dazu gab es ein abnehmbare Dach, mit spezieller, auf Licht reagierender Beschichtung. Ein interessantes Paar namens Zig und Zag wurde für den Genfer Automobilsalon 1990 entworfen. Beide basierten auf dem verkürzten Chassis des Fiesta. Der Zig war der unterhaltsamere der beiden, der Zag war ein Van. Der Zig hatte eine sehr kurze Haube mit winzigen Scheinwerfern, während das Interieur durch seine Farbenfreude beeindruckte: die Instrumente waren Blau, Grün und Orange gefärbt.

■ OBEN *Der 1989er Ghia Via – eine viertüriger Hochleistung-Limousine mit V-Acht Motor und superschlankem Design.*

■ OBEN *Ghia designte in den 80ern eine ganze Reihe von Kleinstautos für den Stadtgebrauch. Dieser trug aufgrund der Tatsache, dass er drei Leuten Platz bot, den Namen Trio.*

■ RECHTS *Saguaro war der Name dieses sportlichen Viertürers aus dem Jahr 1988, der Formen wie die des Renault Mégane bereits ein Jahrzehnt früher präsentierte.*

GHIA

■ OBEN *Der extrem leichtgewichtige Connecta kennzeichnete eine neue Richtung bei Ghia – elektrischen Antrieb.*

■ RECHTS *Ghia stylte diesen unter Lagonda Vignale Emblem präsentierten Wagen für Aston Martin. Ghia hatte 1969 den Karosseriebauer Vignale übernomen.*

Einen Escort Lieferwagen als Basis zu haben, klang nicht besonders aufregend, aber Ghias 1992er Connecta war eine wichtige Konzeptstudie: er war Fords erstes Elektroauto. Die Karosserie bestand aus leichtgewichtiger Carbonfaser und bot auf nur 4.21 m Länge Platz für sechs Personen.

■ OBEN *Der Alpe war Ghia's Vision eines Mitstreiters für den sich entwickelnden Markt der SUVs.*

Focus und Lagoda Vignale

Eines der radikalsten und abenteuerlichsten Traumautos aller Zeiten war Ghias Focus, der 1992 auf dem Turiner Autosalon vorgestellt wurde. Er war ein extrem schneller Sportwagen und wurde auf einem verkürzten Chassis des Ford Escort Cosworth gebaut. Aber es war Taru Lahtis Design, das den größten Eindruck machte. Zu den Neuheiten gehörten Walflossen-förmige Frontflügel, ein äußerst ungewöhnliches Scheinwerferdesign, charakteristische Belüftungsschlitze, seltsame Griffstangen an den Seiten des Wagens, gewellte Heckflossen, ein zentral angebrachter Auspuff und aufregende, wie Seifenblasen geformte Rückstrahler. Auch das Innere verbreitete dieses avantgardistische Gefühl – hier wurden organische Formen und natürliche Materialien mit unver-kleideter Sachlichkeit kombiniert. Der Focus hätte wohl bei Ford in Serien-Produktion gehen können, wurde aber als zu radikal und teuer abgelehnt.

Von dem 1993 in Genf gezeigten Lagonda Vignale wurde viel erzählt und noch mehr erwartet – er hätte der viertürige Aston Martin der Zukunft sein können (Ghia und Aston gehörten nun zu Ford). Moray Callum designte den Wagen, der mit Attributen wie „zukunftsweisend", „wunderbar" aber auch „häßlichstes Auto" überschüttet wurde – mit Sicherheit war das Design dieser Limousine nicht zurückhaltend.

Fords Design Dynamo

Ghia festigte seinen Ruf als Fords Denkfabrik durch zwei Konzeptwagen, die

■ OBEN *Einer der vom Design her radikalsten Showwagen Ghias war der 1992er Focus, der gute Aussichten hatte, als Serienmodell gebaut zu werden.*

■ RECHTS *Der Focus war auf dem Chassis des Cosworth aufgebaut; er zeigte ausgereifte Fahrleistungen. Achten Sie auf die Rückleuchten.*

1996 in Turin präsentiert wurden. Der Saetta war der klare Vorläufer für den folgenden Ford Ka: er hatte das exakt gleiche Vorderteil. In jeder anderer Hinsicht waren sie absolut verschieden. Fords „Edge Design"- Mentalität wurde hier auf die Spitze getrieben. Dominiert wurde der Wagen von einem zentralen Dachträger; die silber-blaue Karosserie bestand aus mutigen geometrischen Formen, die besonders bei den Heckscheinwerfern zum Ausdruck kamen. Der zweite Newcomer in Turin war der Alpe SUV, der auf einem Escort basierte – er hatte ein klotziges, solides Design und eine Andeutung von Geländewagen.

Heute ist Ghia weniger der Schöpfer von Traumwagen, sondern eher der sich mitten in Italien befindende Design-Dynamo für Fords weltweites Imperium. Das Chia Emblem befindet sich weiterhin auf Produkten von Ford und weist dort auf die höchste Ausstattungs-Variante hin. Wenn Ford doch nur den Mut hätte, so brilliante Kreationen wie den Focus in Produktion zu nehmen…

■ LINKS *Die Anzeigen spiegelten das vorwärts denkende und dennoch klassisch inspirierte Design des Focus wider. Organische Formen verschmolzen mit stilisierten Details.*

■ UNTEN *Der 1996er Saetta passte zu Fords „Edge Design" Mentalität und bereitete auf den radikalen Ka vor.*

HONDA

Die Firma Honda hat in ihrer Tradition stets vor der Herstellung von Konzeptstudien zurückgescheut – vermutlich, weil sie mit ihren als fortschrittlich angesehenen Fahrzeugen immer gut im Trend lag.

■ LINKS *Hondas allererster Konzeptwagen war der FS-X, eine sportliche Limousine mit fortschrittlicher Technik und schnittig designter Alukarosserie.*

In den sauren Apfel beissen...
1991 biss Honda schließlich doch in den sauren Apfel und stellte zwei Traumwagen her, die auf der Frankfurter Automobilausstellung gezeigt wurden.

Es handelte sich um die FS-X Limousine sowie um das EP-X Coupé. Der FS-X (Futuristic Sports Experimental) hatte ein mutiges, schlankes Design, das ganz klar auf den Markt der japanischen Luxusmarken Lexus und Infiniti abgerichtet war, die in Amerika ungeheueren Erfolg hatten. Der FS-X war absolut fortschrittlich in seiner technischen Entwicklung; er konnte einen 280 PS starken 3.5-Liter VTEC V-Sechs Motor vorweisen, seine Karosserie bestand aus Aluminium, er hatte Allradantrieb und vier Airbags, die Scheiben verdunkelten sich bei Sonnenschein.

Der kleine EP-X (Efficient Personal Experimental) war ein seltsames, schmales zweisitziges Tandemfahrzeug, das gleichfalls völlig aus Aluminium bestand. Sein Antrieb erfolgte durch einen 1.0-Liter 3-Zylinder Motor – es wurde als absolut aerodynamisch, effizient und sicher, aber nicht realisierbar beschrieben.

Elektrisch und neuartig
Auf der 1993er Show in Tokio enthüllte Honda zwei weitere Konzepte. Das erste, der kompakte EVX, kündigte die Serienproduktion des Honda EV Modells an, einem der ersten Elektroautos. Der zweite war der FSR, der auch als

■ OBEN *Geringes Gewicht, Sicherheit und Aerodynamik standen ganz oben bei der Konstruktion des EP-X.*

■ RECHTS *Der EP-X war extrem kompakt, besonders hinsichtlich der Breite: die beiden Passagiere saßen in Tandemposition.*

■ LINKS *Der Motor des zutreffend benannten Side-by-Side saß nur wenige Zentimeter entfernt rechts vom Fahrer.*

„ideale Limousine für das 21ste Jahrhundert“ bezeichnet wurde. Er war ein Technologie-Träger mit futuristischen Zugaben wie etwa aktiven Scheinwerfern, Radarbremsen, reflektierender Lackierung und einer vorne angebrachten Kamera, die zur besseren Orientierung bei schlechter Sicht diente. Auch die Gestaltung der vorderen und hinteren Kotflügel war eine Neuheit, während das Interieur herkömmlicher war.

SSM stand für Sports Study Model, und von dieser Studie aus dem Jahr 1995 wurde – zu Recht – erwartet, dass sie in modifizierter Form in Produktion gehen würde. Die Konstruktion aus Aluminium erfolgte im Stil des NSX, Frontmotor und Heckantrieb garantierten für schnittiges Handling. Honda gab eine perfekte 50/50 Gewichtsverteilung an. Neu war ein zentraler Träger, der Fahrer und Passagiere voneinander trennte und angeblich für extreme Stabilitätsverbesserung sorgte.

Eine weitere Neuheit des Jahres 1995 war der Side-by-Side, ein einsitziger Rennwagen, dessen 650 ccm Zweizylinder Motorradmotor seitlich des Fahrers angebracht war. Der Wagen wog nur 380 kg, er war schnell und ausbalanciert.

■ OBEN *Die in Aluminium geschaffenen eckigen Formen wiesen den Weg für das zukünftige Design von Honda. Fahrer und Passagiere waren durch Metallbügel getrennt.*

■ OBEN *SSM stand für Sports Study Model. Er erschien das erste mal im Jahre 1995, wurde aber auch in den beiden Folgejahren auf Shows gezeigt, was Spekulationen bezüglich einer möglichen Produktion anheizte.*

■ RECHTS *Coupés waren immer die Stärke von Honda, und dieser aggressiv designte Viersitzer weist schon auf den für den amerikanischen Markt produzierten Acura CL hin.*

IAD

■ UNTEN *Der spektakuläre Venus wirkte wie eine dramatische, keilförmige Skulptur, war aber gleichzeitig absolut funktionell. Er verwendete den Motor des Lotus Elite.*

International Automotive Design wurde während der 70er in Großbritannien gegründet – aber zu wahrem Ruhm kam die Firma erst in den der 80er Jahren. Sie eröffnete Zweigstellen in Kalifornien, Detroit, Tokio, Paris, Frankfurt und Turin und wurde zu einem unauffälligen Unternehmen, das hinter vielen erfolgreichen Produkten steckte.

Vom Alien zur Venus

Nach einigen harmlosen Designstudien stürmte IAD die Szene mit einem Versuch den Countach auszustechen – wie der Designer des Alien seine Arbeit bei der 1986er Turiner Show erklärte. Der Alien sollte das internationale Publikum auf die junge britische Designfirma aufmerksam zu machen. Mit Erfolg – während der gesamten Dauer der Ausstellung war der Wagen ständig von einer begeisterten Menge umgeben. Mit der Zeit zog IAD zahlreiche große Namen wie Fiat, Mazda und Volvo an, die den Weg für IADs eigenes Design ebneten.

Der Alien war ein überwältigender, wespenähnlicher Supersportwagen mit einer Glaskuppel im Stil des F16 Jagdflugzeugs. Ein Steuerknüppel und die Mittelkonsole verstärkten das Gefühl, sich in einem Flugzeug zu befinden.

Der Impact und der Interstate waren heraus ragende Entwicklungen im Bereich der sportlichen Geländewagen (SUV). Der waghalsige Venus erschien 1989 anlässlich der Tokio Motor Show, er wurde im Folgejahr in Turin nochmals als diesmal voll funktioneller Wagen präsentiert. Der kanarienvogel-gelbe Venus (designt von Michael Ani) verwendete das Lotus Elite Fahrwerk mit einer keilförmigen Karosserie – dominiert von einer tischähnlichen Plattform am Heck und genialen Radabdeckungen. Diese waren schwarz mit einem gelben Segment, und verbargen die Räder fast vollständig. IAD wurde nach der Tokioer Show von japanischen Aufträgen überflutet.

Eine weitere imposante Übung war der Royale – ein Luxusfahrzeug mit ausgereiften Linien, dessen Interieur mit seinen Hightech-Details und dem weißen Leder am meisten beeindruckte.

■ LINKS *Der 1989er in Tokio präsentierte Venus war ein großer Erfolg für die britische Firma International Automotive Design.*

■ RECHTS *IADs Hunter war ein Vehikel, das überall hinkam – er verzichtete völlig auf Glas oder Regenabdeckung.*

Auch der 1992er Prototyp Magia wurde begeistert aufgenommen. Eine erhoffte Produktion durch Lancia kam jedoch nicht zustande.

Das Ende der Tage

Zusätzlich zu Produktionsfahrzeugen hatte IAD auch beachtlichen Einfluss auf die Traumwagen anderer Hersteller. Sie kreierten zum Beispiel den 1989er SRD-1 für Subaru – eine Mischung aus fünftürigem Kombi und niedrig geschnittenem Sportwagen. Giorgio Giugiaro von Ital Design beschrieb ihn als „genau richtig für die Zukunft“. Als nächstes gelang IAD fast die reguläre Produktion ihres LA301, einem der ersten lebensfähigen Elektroautos der Welt. Leider wurde das Projekt dann doch nicht in Angriff genommen.

IAD gelangte schließlich in einen finanziellen Engpass. Die Hälfte der Organisation wurde von der britischen Firma Mayflower übernommen, während der Hauptsitz in Worthing unter die Kontrolle von Daewoo kam, die weiter von IADs Qualitäten Gebrauch machen.

■ UNTEN *Mit dem Royale präsentierte IAD eine erwachsene, viertürige Limousine der Spitzenklasse.*

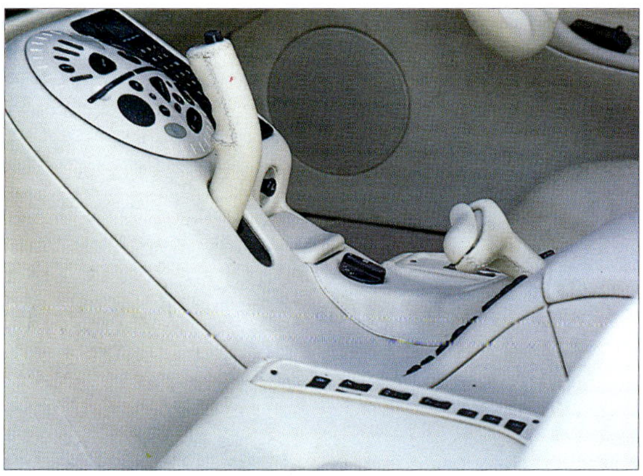

■ OBEN *Das attraktive weiße Interieur des Royale beinhaltete fortschrittliche Elektronik, einschließlich eines extrem leistungsstarken Hifi-Systems.*

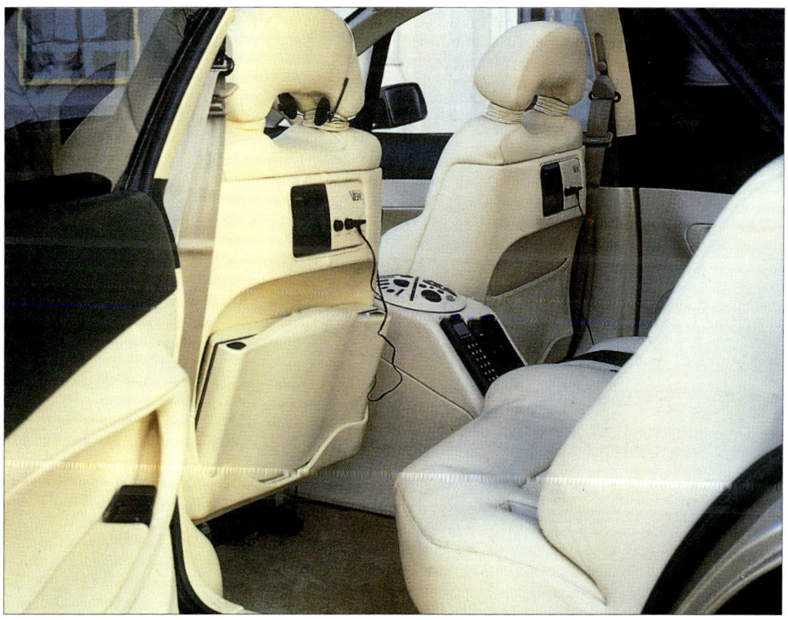

■ RECHTS *Die Passagiere auf den hinteren Sitzen wurden mit weichem Leder und neuester Technologie verwöhnt.*

ISDERA

Der deutsche Designer Eberhard Schulz machte sich während der 70er einen Namen mit b+b, einer berühmten und angesehenen Tuning- und Designfirma, die zahlreiche verbesserte Porsche produzierte. Der Höhepunkt der Arbeit von b+b war zweifellos der 1978er CW311 Prototyp, der ganz offensichtlich vom Mercedes-Benz C111 inspiriert war. Er verwendete einen von AMG getunten 6.3-Liter V-Acht Mittelmotor, und wurde als aussichtsreich eingeschätzt.

■ UNTEN ***Hinter den Insassen saßen massive Kopfstützen als Schutz. Der Antrieb erfolgte durch in der Mitte eingebaute Motoren von Mercedes-Benz.***

■ OBEN ***Isderas erstes Projekt war der Spyder 033, der aufgrund seines deutschen Designs und des Daches im Speedster-Stil für Aufregung sorgte.***

Der teutonische Spyder

Tatsächlich waren die Aussichten so gut, dass Schulz 1983 eine separate Firma gründete, die ausschließlich für die Vermarktung einer Reihe vergleichbarer Produkte zuständig war. Der erste Wagen, der produziert wurde, war der Isdera Spyder 033.

Dieser mit Mittelmotor ausgestattete Sportwagen war ein Wirklichkeit gewordener Traum. Sein Design war teutonisch: silberfarbene Lackierung, starke Formen, die zu einem muskulösen Ganzen verschmolzen sowie ein

■ OBEN ***Beim Interieur entwickelte Isdera typisch deutsche Qualitäten. Die Farbpalette entsprach dem Stil der 80er; sie war kaum der Ausdruck von gutem Geschmack.***

■ LINKS ***Isderas zweites Modell – und ihr beliebtestes – war der Imperator. Er wirkte im Grunde wie eine Weiterentwicklung der Konzeptstudie C111 von Mercedes-Benz.***

■ LINKS *Der Imperator war ein extrem schnelles Fahrzeug. In der Serienform lief er mit dem V-Acht Motor des Mercedes-Benz 560SEC.*

insgesamt fast industrielles Erscheinungsbild. An den Sitzen befanden sich massive Kopfstützen, ansonsten waren Fahrer und Beifahrer nur durch einen kleinen Winddeflektor vor den Elementen geschützt; Regenausrüstung gab es nicht. Die Türen öffneten sich für den Einstieg nach oben.

Der 033 wurde zunächst durch einen Mercedes-Benz 2.3-Liter Motor angetrieben. Ab 1989 wurde dieser wahlweise durch eine 16-Ventil 2.5-Liter Einheit mit 195 PS oder durch einen 3.0-Liter 6-Zylinder Motor ersetzt.

Wilde Träume

Isderas zweites Modell war der geschlossene Imperator 108i, der ganz eindeutig – bis hin zu Details wie dem Periskop statt eines Rückspiegels – vom b+b CW311 Prototypen abstammte. Der 108i hatte Flügeltüren, war insgesamt größer und bot dank des 5.6-Liter V-Acht Motors aus dem Mercedes-Benz 560SEC eine wesentlich höhere Leistung. Wollte man noch mehr, so konnte man sich für den AMG 32V 6.0-Liter Motor entscheiden, dessen 390 PS für eine Spitzengeschwindigkeit von 302 km/h sorgten.

Isderas wurden stets in geringer Auflage produziert: bis 1990 wurden nicht einmal 20 Spyder und nur zwei Dutzend Imperators hergestellt.

1993 wurde in Frankfurt der 112i Commendatore präsentiert, dessen Entwicklung relativ lange gedauert hatte. Es handelte sich wiederum um ein Fahrzeug, wie es Mercedes vielleicht produziert hätte, hätte man nicht auf die Reaktionen der Öffentlichkeit achten müssen. Der Commendatore hatte einen 400 PS star-ken Mercedes V-Zwölf Mittelmotor, was ihm eine Höchstgeschwindigkeit von 341 km/h und eine Zuverlässigkeit gab, wie man sie bei anderen Sportwagen selten erlebte.

■ LINKS *Das keilförmige Profil des Imperator entstand in den 70ern, blieb aber bis in die 90er in Produktion.*

■ UNTEN *Mit dem auf Wunsch erhältlichen AMG 6.0-Liter Motor erreichte der Imperator eine Spitzengeschwindigkeit von 302 km/h.*

ISUZU

Der Name der Firma Isuzu ist in der westlichen Welt hauptsächlich durch ihre erfolgreichen Geländewagen bekannt, und in Japan selbst zählt Isuzu zu den kleinsten und am wenigsten renommierten unter den einheimischen Autoherstellern. Um so interessanter ist es, dass diese Firma ein außerordentlich talentiertes Team von Designern beschäftigt, die über die Jahre eine beeindruckende Reihe von Konzeptstudien entworfen haben.

■ OBEN *Isuzu machte Eindruck mit den COA Serien. Dies ist der COA/III aus dem Jahr 1987, ein Sportcoupé mit der Bodenfreiheit eines Geländewagens.*
■ LINKS *Der 4200R stahl allen anderen 1989 in Tokio die Show. Entwickelt und designt wurde er vom Lotus Team.*

4200R – Tokios Star

Obwohl sich Isuzus Qualitäten in der Erschaffung von Traumwagen bereits während der 80er bei den COA Serien andeuteten, hat kein Modell sie besser zum Ausdruck gebracht als der 4200R, der der Star der 1989er Tokio Motor Show war. Durch die Verbindung zu General Motors stand Isuzu auch in engem Kontakt zu Lotus in Großbritannien, wo der 4200R in Zusammenarbeit mit Isuzus Brüsseler Niederlassung entworfen wurde.

Julian Thomson war der Designer einer der klarsten Formen dieser Periode: gut proportioniert, elegant, frei von überflüssigen Verzierungen und Spielereien. Der ex-Lotus Angestellte Simon Cox war beim Interieur wagemutiger: die Zwei-plus-Zwei Kabine hatte vier clever designte Schiebetüren, das Wageninnere bekam eine Metallverkleidung mit strukturierter Oberfläche.

Als Motor war eine von Lotus entwickelte Version des 350 PS starken Isuzu 4.2-Liter V-Acht Motors mit vier-Nockenwellen vorgesehen. Weitere technische Höhepunkte waren unter anderem Allradantrieb und Navigationssystem. Leider wurde der 4200R nie in Produktion genommen.

Zwei weitere bei der 1989er Show in Tokio vorgestellte Konzeptwagen waren der Costa und der Multi-Cross, die beide auf dem MU (Frontera) 4x4 Chassis aufgebaut waren. Der Multi-Cross war ein schlichter geschlossener Wagen mit austauschbaren Türen und Stoßfängern, während der Costa sich ein nautisches Thema zu eigen machte.

Como – der F1 Pick-up

Nichts hätte mehr mit der Seefahrt zu tun haben können als die 1991er Studie Nagisa, bei der es sich tatsächlich um

■ LINKS *Simon Cox erschuf den beeindruckenden Como, ein Fahrzeug, das die Stile von Supersportwagen und Pickups mit Lotus V-Zwölf Formel 1 Technik kombinierte.*

■ OBEN *Der XU-1 war ein großartiges Modell aus dem Jahre 1993, bei dem die rauhen Formen von Isuzu Geländewagen mit von Sportwagen her bekannten Türen kombiniert wurden.*

■ OBEN *Der Multi-Cross war ein Versuch aus dem Jahr 1989 einen Geländewagen mit auswechselbaren Teilen zu produzieren.*

■ OBEN *Boot oder Auto? Der Nagisa kombinierte beides in einer großartig verrückten Verpackung.*

■ UNTEN *Der VehiCross wurde weithin bewundert; sein Konzept war so überzeugend, dass Isuzu es wagte ihn in Serie zu bauen.*

ein Boot handelte. Genau genommen war er ein Amphibienfahrzeug, das sowohl in See stechen, als auch durch Tokios Feierabendverkehr fahren konnte – eine total verrückte Idee.

Kein Spott war beim Como zu erwarten – obwohl der Gedanke an einen mit Formel 1 Motor fahrenden Pick-up merkwürdig erscheinen mochte. Sein Design stammte von Simon Cox, er hatte den Lotus V-Zwölf F1 Mittelmotor, eine extrem kurze Nase, Flügeltüren und eine Pick-up-Ladefläche. Gleichfalls im Jahre 1991 stellte Isuzus kalifornisches Studio in Tokio den Terraza vor, ein Stadtauto, dass mittels Keramikmotor lief und über ein fünftes Hinterrad zum besseren Einparken verfügte.

Isuzus 1993er Modell VehiCross stammte aus der Feder von Simon Cox. Obwohl das Styling fast etwas Science-Fiction-haftes hatte, war es extrem gut ausgearbeitet und durchdacht. Seine klotzige Form beeindruckte so sehr, dass Isuzu eine Studie bezüglich der Durch führbarkeit beantragte. Und innerhalb von drei Jahren wurde der VehiCross nach einigen nur geringfügigen Änderungen in Produktion genommen.

ITAL DESIGN

■ UNTEN *Giorgetto Giugiaros allererstes Projekt nach der Gründung von Ital Design war der Manta, ein Coupé mit Mittelmotor, das auf Bizzarrini Teile aufgebaut war.*

Giorgetto Giugiaro stammte aus einer Künstlerfamilie, was ihm sicherlich bei seiner eigenen Karriere als Schöpfer von Autodesigns nicht schadete. Obwohl seine Arbeit über die Jahre auch Bereiche wie Herrenbekleidung, Armbanduhren und Nudeln beinhaltete, waren Autos doch stets seine größte Liebe.

Giugiaro, der junge Meister

Im zarten Alter von 17 Jahren trat Giugiaro Fiats Designabteilung unter der Leitung von Dante Giacosa bei. Zwei Jahre später akzeptierte er ein Angebot von Bertone und wurde dort der bis dahin jüngste Chef der Designabteilung.

1965 verließ er Bertone, um die Leitung bei Ghia zu übernehmen. Und innerhalb von drei Jahren hatte er genug Selbstvertrauen entwickelt, um gemeinsam mit Aldo Mantovani, einem ehemaligen Designer und Ingenieur von Fiat, eine eigene Designfirma zu gründen. Ihr Büro war zunächst in Turin, nach sechs Jahren wurde es jedoch nach Moncalieri verlegt. Ital Design lieferte nicht nur das Styling, sondern auch alle anderen Dienste, die benötigt wurden, um ein Design zur Produktion zu bringen – und es dauerte nicht lange, bis die Hersteller vor der Tür Schlange standen.

Als Mitinhaber von Ital Design entwarf Giugiaro dutzende von Formen für die Massenproduktion, wie etwa den VW Golf, Maserati Bora, Lotus Esprit und den BMW M1, die alle aufgrund der außerordentlichen Klarheit ihrer Form auffielen. Ital Design produzierte außerdem einige der bewundernswertesten Traumwagen. Die Firma hatte enormen Einfluss auf zukünftige Trends.

Ital Designs erstes Projekt war der 1968er Manta, ein dramatisches Coupé, das für den italienischen Automobilhersteller Bizzarrini entworfen wurde. Ihm folgten Sportwagendesigns für Alfa Romeo (der 1969er Iguana und der 1971er Caimano), Abarth und Volkswagen (der VW-Porsche Tapiro und der Karmann Cheetah).

Boomerang und Co.

1972, im selben Jahr, in dem Giugiaro den Esprit für Lotus designte, entwarf er

■ LINKS *Geometrische Formen dominierten beim Boomerang und bestimmten Ital Designs Tagesplan für die nächsten zwanzig Jahre.*

■ RECHTS *Giugiaro bezeichnete den Tapiro als eines seiner vom technischen Standpunkt her besten Designs.*

■ LINKS *Der Lancia Megagamma von 1978 war ein Pionier der Minivan-Form, die während der 80er ausreifte.*

■ OBEN *Tests im Windkanal wurden zu einem der wichtigsten Faktoren im Prozess der Entwicklung eines Designs. Hier wird ein Medusa geprüft.*

außerdem den Maserati Boomerang. Dieser Wagen sprengte die abgesteckten Grenzen des Automobildesigns. Mit nur 1.07 m Höhe war er so niedrig, dass die Passagiere für den Einstieg zu Akrobaten werden mussten. Der 15-Grad-Winkel der Windschutzscheibe war die steilste Neigung, die machbar war, wenn eine Sicht nach außen möglich bleiben sollte. Die Keilform begann ganz vorn, breitete sich zur Unterkante der Windschutzscheibe aus und lief weiter bis zum geometrischen Heck.

1976 entstand das New York Taxi, 1978 der Lancia Megagamma; sie waren fast prophetische Ideen kompakter Wagen mit hohem Dach und einem anpassungsfähigen Interieur. 1980 zeigte Giugiaros Medusa den zukünftigen Weg der Aerodynamik, indem er bewies, dass die Kreation eines klar umrissenen Viertürers möglich war. Der Medusa hatte einen Cw-Wert von nur 0.263, was ihn in jenem Jahr zum aerodynamischsten Wagen aller Zeiten machte.

1984 entwarf Ital Design den Etna für Lotus, der fast zur Produktion kam. Er war ein Supersportwagen, ausgestattet mit 360 PS starkem 4-Liter V-Acht Mittelmotor von Lotus. Der Kontrast zwischen oberer und unterer Hälfte wurde durch die Verwendung von schwarzen Säulen verstärkt, die die Illusion eines transparenten Daches erweckten.

■ OBEN *Der Medusa bewies, dass ein langgestrecktes, viertüriges Design außerordentlich aerodynamisch sein konnte.*

■ OBEN *Das vordere Ende des Maya war dem des Etna mehr als ähnlich; er kämpfte darum seine eigene Identität zu finden.*

■ RECHTS *Der Etna wurde 1984 für Lotus gebaut und sollte der erste V-Acht Sportwagen der Firma werden, was aber nicht geschah.*

Ital Design

■ OBEN *Das Hauptdesignmerkmal des Asgard war die intensive Verwendung von Glas.*

■ LINKS *Der Machimoto war fremdartig und anders; er verband den Spaß von Motorrad- und Autowelt. Die Passagiere saßen rittlings auf in Reihe arrangierten Sitzen.*

Giugiaro schlug mit dem beeindruckenden Machimoto aus dem Jahr 1986 einen eigenwilligen Kurs ein: eine Mischung aus Motorrad- und Autoelementen. Er sah wie ein Cabriolet aus, lief mit VW Golf GTI Mechanik, die Passagiere saßen wie bei einem Motorrad rittlings auf in zwei Doppelreihen angeordneten Sitzen. Das Layout erlaubte Platz für bis zu neun Personen. Gelenkt wurde mittels konventionellem Lenkrad, per Lenkstange oder mit vertikalen Handgriffen. Eine weitere Neuheit waren markante Radabdeckungen.

■ OBEN *Der Aztec war eine typisch abenteuerliche Idee für einen allradangetriebenen zweisitzigen Sportwagen.*

■ LINKS *Nicht weniger als drei ähnliche Konzepte basierten auf Audi Komponenten: der Aztec (vorn), Aspid (Mitte) und der Asgard (hinten).*

Ein ähnliches Motiv tauchte erneut in der Formula Serie des Jahres 1996 auf. Sie war ein Konzept für vielseitig verwendbare, auf dem selben Grundgerüst sitzende Karosserien. Giugiaro präsentierte zwei Ideen: den Formula 4 mit zerlegbarer Speedster-Karosserie und den Hammer mit offenen Seiten, geteilter Windschutzscheibe und konventionellen Sitzen. Keiner von beiden war besonders attraktiv, aber beide waren ein Beweis für Giugiaros Originalität.

Aztec, Aspid und Asgard

1988 erschienen Aztec, Aspid und Asgard. Drillinge, die das selbe Design-

■ LINKS *Ein Lieblingsthema von Designhäusern ist der Entwurf ihrer eigenen Interpretation berühmter Namen: hier Ital Designs Jaguar – der Kensington.*

■ OBEN *Im Nazca steckten mehr Anstrengungen als in irgendeiner der anderen Konzeptstudien von Ital Design; er lief mit BMW Motor.*

thema und ähnliche Audi Mechanik teilten, dabei aber sehr unterschiedliche Zielrichtungen hatten. Das auffälligste Designelement waren die so genannten „Service Center" auf der linken und rechten Flanke. Sie beinhalteten Anzeigeinstrumente, Abfragemöglichkeiten für Öl-oder Wasserstand sowie geschickt integrierte Fächer für Werkzeuge und Taschenlampe.

Der Aztec war ein allradangetriebener Zweisitzer mit symmetrischen, völlig getrennten Abteilungen. Zutritt hatte man durch Türen, die an einem zentralen Punkt eingehängt waren. Armaturenbrett von Fahrer und Beifahrer waren identisch, das Lenkrad war genaugenommen ein Griff, und statt Instrumenten gab es einen Bildschirm auf dem Informationen abgerufen werden konnten.

■ OBEN *Aus dem Nazca Design entwickelte Ital Design später den Spider, der ein offenes Dach erhielt.*

■ UNTEN *Der Nazca M20 verfügte über konventionelle Türen, deren Fenster sich in Flügel-Stil öffneten. Viele Beobachter erhofften sich eine Produktion dieses Modells.*

Der Aspid stellte die ansonsten fast identische Coupéversion des Aztec dar; der Asgard war ein kastenförmiger Achtsitzer, bei dem die Glaskonstruktion des Coupés noch mehr betont wurde.

Der 1990er Kensington war Ital Designs Vorschlag für die zukünftige Form der Jaguar Limousine. Verwendet wurde Jaguars V-Zwölf Motor, das Jaguar Chassis blieb unverändert – aber es wurde eine moderne und dennoch als Jaguar erkennbare Karosserie entworfen. Die Windschutzscheibe saß interessanterweise so weit vorn, dass sie entfernt werden musste, wenn man an den Motor wollte.

Nazca, Columbus und Firepoint

Der Nazca aus dem Jahre 1991 war wohl der Konzeptwagen Giugiaros, über den am meisten geredet wurde. Es wurde sogar spekuliert, dass er als BMW in

ITAL DESIGN

Produktion gehen würde. Man erinnerte sich noch gut an den von Giugiaro designten Sportwagen BMW M1, und der Nazca schien sein natürlicher Nachfolger zu sein.
Er lief mit BMW V-Zwölf Mittelmotor, sein Styling inspirierte dutzende von Magazinen zu Titelgeschichten. Der Einstieg erfolgte durch konventionelle Türen mit aufklappbaren Seitenfenstern. Trotz der Tatsache, dass der Nazca zwei weitere Entwicklungsstufen durchlief, blieb BMW unnachgiebig in der Weigerung ihn in Serie zu bauen.

BMW stellte jedoch einen weiteren V-Zwölf Motor für den 1992er Columbus zur Verfügung, der den 500sten Geburtstag der Entdeckung Amerikas feiern sollte. Er war 6 m lang, 2.20 m breit und 2.00 m hoch. Seine Spezifikationen waren ähnlich beeindruckend: Allradantrieb, Allradlenkung und ein 300 PS starker Mittelmotor. Das Interieur war in zwei Abteilungen getrennt: der Fahrer saß auf einer erhöhten Ebene und hatte acht auf drei Reihen verteilte Sitze „unter" sich.

1994 forderte Fiat alle großen Designhäuser Italiens dazu auf, eine spezielle Karosserie für den Punto zu entwerfen (den Giugiaro im Original designt hatte). Ital Designs Interpretation war der Firepoint, ein neuartiges Zwei-plus-Zwei Coupé mit von Luftfahrttechnik beeinflusster Aerodynamik – was am tropfenförmigen Dach und den seitlich angebrachten Säulen der Windschutzscheibe sichtbar wurde. Die seitlichen und hinteren Fenster ließen sich entfernen, wodurch der Wagen zum Roadster wurde.

■ RECHTS *Ein BMW V-Zwölf Motor war das Herz des immensen Columbus, der designt wurde, um große Gruppen von VIPs mit hohem Tempo durch die Gegend zu fahren.*

■ OBEN *Der mit Strom angetriebene Biga war eine winzige Schachtel, die Platz für fünf Personen bot.*

■ OBEN *Ital Design schloß sich für den Entwurf des Cala mit Lamborghini zusammen. Das Ergebnis war interessant und hätte sich durchaus für eine Produktion geeignet.*

■ UNTEN *Ein V-Zehn Motor saß in der Mitte des Zwei-plus-Zwei Prototypen Cala.*

Cala und Legram

Lamborghini bat Ital Design, einen neuen Zwei-plus-Zwei Targa Sportwagen zu kreieren, der seinen Platz als Einstiegsmodell unterhalb des Diablo einnehmen könnte. So entstand der Cala, der haarscharf an einer Produktion vorbeilief.

■ RECHTS *Firepoint war der Name, den der von Fiat gesponsorte Entwurf für den Punto erhielt.*

Der kompakte Zweisitzer bekam Lamborghinis V-Zehn Motor und zeigte phänomenale Leistungen. Seine stilistischen Anregungen erhielt er vom Miura, obwohl die Gesamtform eher keilförmig war. Seine fortschrittliche Konstruktion bestand aus einem Aluchassis, die Karosserie setzte sich aus Carbonpaneelen zusammen.

Der 1996er Legram war eine fast nicht wiederzuerkennende Weiterentwicklung des Formula „infinity" Projektes, das mit dem Formula 4 begonnen hatte. Auf dem ursprünglichen Chassis befand sich jetzt eine elegante, sportliche, viersitzige Karosserie mit dem außerordentlich niedrigen Cw-Wert von 0.25. Eine transparente Glaskuppel erstreckte sich von der Unterkante der Windschutzscheibe bis zum Heckfenster – die Glasfläche wurde nur durch zwei dezente Aluminiumquerträger unterbrochen. Auffällig waren auch die Heckscheinwerfer, die wie horizontale Schlitze aussahen.

■ OBEN *Die Idee hinter dem Formula Projekt war die Erschaffung einer Karosserie, die leicht austauschbar war. Hier der Formula 4 Sportwagen.*

■ OBEN *Der Legram bewies, dass das Formula Konzept ein ernstzunehmendes Produkt hervorbringen konnte. Achten Sie auf die beeindruckende Form der Glasflächen.*

■ RECHTS *Durch das einfache Verändern einiger Bleche erhielt man den Formula Hammer. Einige hielten diese Designidee für einen Kompromiss.*

MAZDA

■ OBEN LINKS *Für die Kreation des 1981er Showwagens MX-81 tat Mazda sich mit Bertone zusammen. Typisch klare Linien waren kombiniert mit großen Glasflächen.*

■ LINKS *Im MX-81 gab es kein eigentliches Lenkrad, sondern nur eine ovale „Spur", die den Monitor umrahmte.*

Von allen japanischen Automobilherstellern war Mazda stets der mit dem wagemutigsten Produktprogramm. Beispiele dafür sind der Cosmo mit Wankelmotor, die leichten RX-7 und MX-5 Sportwagen sowie das faszinierende AZ1 Micro-Coupé mit Flügeltüren.

Gemeinsam mit Nissan und Toyota war Mazda einer der ersten Hersteller japanischer Showwagen wie dem 1970er RX 500. Ein durchschlagender Erfolg wurde 1981 erzielt, als der MX-81 sein Debut hatte, dessen Design von Bertone stammte.

Die Firma Mazda skizzierte ihre Richtung mit Wagen wie dem MX-03 aus dem Jahr 1985. Mit dem interessanten 1987er MX-04 bewies Mazda Genialität: hier war ein allradangetriebenes Chassis mit austauschbarer Karosserie – Mazda bot Roadster, Coupé und Buggy Ausführungen.

Eine der drei Variationen des AZ550 Micro-Sportprototyps, die bei der 1989er Show in Tokio gezeigt wurden, führte zu einer serienmäßigen Produktion des AZ1 – einem sportlichen Geschoss, das innerhalb der Regeln für japanische Kleinstwagen designt wurde (Höchstlänge 3.20 m, Höchst-Hubraum 550 ccm).

■ OBEN *Mazdas niedlicher, kleiner AZ550 Sports Type A wurde tatsächlich als leicht modifizierter AZ1 in Produktion genommen.*

■ OBEN *Austauschbare Karosserieteile bot der 1987er MX-04; es gab die Wahl zwischen Buggy oder Sport, letzterer war ein Vorläufer des serienmäßigen MX-5.*

■ LINKS *Der AZ Typ B war eine witzige, kleine Kreation, die mit einem abnehmbaren Dach designt wurde.*

■ RECHTS *Obwohl er nur knapp über 3 m lang war, sah der Typ C AZ550 wie ein regulärer Rennwagen der Gruppe C aus.*

Typ A hatte eine beeindruckend schlichte Form, die von den gläsernen Flügeltüren dominiert wurde. Typ C stimmte nicht ganz mit den gesetzlichen Anforderungen an Mikrogrößen überein – war aber ein aufregendes Gebräu, das aussah wie die Spielzeugversion eines Gruppe C Rennwagens. Typ B war wahrscheinlich der hässlichste im Wurf mit seinen merkwürdig buckeligen Umrissen.

■ LINKS *Mazdas M2 Abteilung schuf eine Vielzahl spezieller Karosserien wie diese M2 1008 Coupé-Abwandlung für den MX-5. Die Scheinwerfer sitzen hinter Abdeckungen.*

Japans Jekyll und Hyde

Der 1989er Mazda TD-R war der erste Wagen, bei dem zwei blühende Zweige der Automobilindustrie in einem Produkt kombiniert wurden: der Zweig der Sportflitzer und der der Geländewagen. Aus der Sportwagenwelt übernahm er sein zweisitziges Layout, den turbogeladenen 1.8-Liter Mittelmotor und die belüfteten Scheibenbremsen. Sein geländegängiges Alter Ego drückte sich in Allradantrieb, minimalem vorderen und hinterem Überhang sowie tiefen Schwellern aus. Zu Jekyll und Hyde gesellte sich eine neuartige Radaufhängung, die die Bodenfreiheit des TD-R von 13 cm bis 23 cm variieren konnte.

Mazdas 1991er HR-X gewann zwar keine Preise, aber das war auch nicht die Absicht, die hinter ihm steckte. Der HR-X betrat Neuland mit der Erprobung einer mit Wasserstoff angetriebenen Variante von Mazdas Doppelrotor-Wankelmotor, die gleichzeitig einen Elektromotor antreiben konnte. Der sperrige Wasserstofftank saß unterhalb des Wagens, und was immer seine Vorteile gewesen sein mögen, Wasserstoff sah trotzdem nicht wie die Energiequelle der Zukunft aus. Der Mittelpunkt der 1995er Show in Tokio war der RX-01 Prototyp, die Vision eines leichteren und preiswerteren RX-7 Sportwagens. Der Wankelmotor wurde beibehalten, allerdings ohne den Turbolader des RX-7. Dafür verfügte er über Trockensumpfschmierung und verbesserte Atmung. Er hatte 220 PS, wog nur 1100 kg und verwendete eine Alu-Radaufhängung.

■ OBEN *Wankel-Kraft blieb eine der Stärken Mazdas, und der 1995er RX-01 war die Vision seiner möglichen Zukunft in Form eines Sportwagens.*

■ RECHTS *Der TD-R kombinierte erfolgreich Elemente von Sportwagen und Buggy Designs: Mittelmotor, Allradantrieb und einstellbare Bodenfreiheit.*

MERCEDES

Der C111 war nicht ein Projekt, sondern fünf. Der erste Entwurf dieses Supersportwagens wurde im Jahre 1969 gezeigt und lag weit ab von allem, was man von Mercedes-Benz gewohnt war.

Ein Labor auf Rädern
Mercedes-Benz beschrieb den C111 als ein „Labor auf Rädern“, und einige wurden tatsächlich auf der Straße benutzt. Die Ausstattung beinhaltete Flügel-Türen, Lederinterieur und Klimaanlage.

■ UNTEN LINKS ***Er brach 1978 in Nardo den Geschwindigkeitsrekord für Dieselfahrzeuge: der aerodynamische C111/112 erreichte eine mittlere Höchstgeschwindigkeit von 322 km/h.***

■ UNTEN RECHTS ***Mercedes Studien kündigten oft kommende Serienfahrzeuge an. Der F-200 war abgesehen von Türen und Joystick-Kontrollen ein Vorläufer der neuen S-Klasse.***

Das erste Modell hatte eine GFK Karosserie über einem Aluchassis und war ausgerüstet mit einem Dreischeiben-Wankelmotor (Mittelmotor) und Einspritzanlage. Beim C111 der zweiten Generation aus dem Jahr 1970 wurde das System auf vier Scheiben erweitert – dieser Wagen hatte angeblich 370 PS und lief eine Spitzengeschwindigkeit von 290 km/h. In der dritten Variante erhielt der C111 einen 3.0-Liter 5-Zylinder Turbodieselmotor, und brach unmittelbar alle existierenden Geschwindigkeits-Weltrekorde in der Dieselklasse.

Zusätzliche Veränderungen verhalfen ihm zu weiteren Rekorden: mehr als 322 km/h Spitze mit Dieselmotor (und 12 Stunden mit durchschnittlichen 316 km/h). Später erhielt er dann sogar noch einen 500 PS starken 4.8-Liter Doppelturbo V-Acht Motor!

Der Nachfolger des C111 hieß logischerweise C112. Er wurde 1991 als Attrappe bei der Automobilausstellung in Frankfurt präsentiert. Denn zu dieser Zeit war Mercedes-Benz bereits davon überzeugt, dass es für Supersportwagen keinen Markt mehr gab – womit sie wahrscheinlich Recht hatten, bedenkt man Jaguars Erfahrung mit dem XJ220.

Mercedes denkt im kleinen Rahmen
Als Mercedes-Benz begann, in verschie-

■ LINKS *Das vielleicht berühmteste aller Mercedes-Benz Konzepte war der C111, der zuerst im Jahre 1969 mit einem Dreischeiben-Wankelmotor erschien.*

■ OBEN *Auf der Frankfurter Automobilausstellung wurde 1997 der F-300 Life-Jet vorgestellt, ein aufregendes, dreirädriges Design, das sich wie ein Motorrad in die Kurve legen konnte.*

■ OBEN *Der AAV begeisterte Besucher der Autoshows, denn hier, so der Kommentar von Mercedes-Benz, war ein klarer Hinweis auf den Geländewagen der M-Klasse.*

■ RECHTS *Das stilvolle Interieur des AAV war voller Struktur und typisch für die Kühnheit von Designstudien.*

■ LINKS *Der C112 hätte ein serienmäßiger V12 Supersportwagen werden können, aber stattdessen präsentierte Mercedes-Benz ihn 1991 nur als Traumwagen.*

■ OBEN *Als sich die Situation für Superwagen Mitte der 90er besserte, bauten Mercedes-Benz und AMG diesen umwerfenden CLK GTR für Rennen – und für die Straße.*

denen Richtungen zu arbeiten, wurde eine Reihe von Konzeptwagen vorgestellt, um die Öffentlichkeit auf künftige Änderungen vorzubereiten. Ein Beispiel war die Studie F100 MPV von 1991, die den Weg für den Minivan der V-Klasse ebnete.

Den nächsten offensichtlichen Ausblick auf ein Modell der Zukunft gewährte der 1993 gezeigte Vision. Für Mercedes-Benz war das Konzept radikal – es war ihr erster Kleinwagen. Auch für den Rest der Welt war er ungewöhnlich: sein Motor war so konzipiert, dass er sich im Falle eines Frontalzusammenstoßes unter den Fußraum der Passagiere schob, was laut Mercedes die Sicherheit der Mitfahrenden erhöhte. Als 1997 die A-Klasse kam, unterschied sie sich nur wenig vom Vision.

Das gleiche passierte beim SLK (der 1994 in Konzeptform gezeigt und später etwas abgeschwächt wurde, vor allem im Design der Scheinwerfer), beim F200 (der das 1999er S-Klasse Coupé ankündigte) und besonders beim AAV, dem 4x4 Prototypen von Mercedes. Die Autos der letztendlich M-Klasse genannten Reihe waren im Vergleich zum Prototypen eher gesetzt. Das radikalste aller Designs war wahrscheinlich das F-300 Life-Jet Dreirad, das sich per Computerkontrolle in die Kurve legte.

Mitsubishi

■ UNTEN *Mitsubishi brach mit der HSR Serie in die Traumwagenszene ein. Dieser HSR-II hatte automatisch regulierte Klappen, die den Luftwiderstand so gering wie möglich hielten.*

Mitsubishi brach mit der HSR Serie, die ihren Ursprung im Jahr 1987 hat, in die Arena der Traumwagen ein. Aktive Fahrkontrolle, Allradantrieb sowie Allradlenkung waren zwar in der Welt der Konzeptwagen nichts neues mehr. Aber die Tatsache, dass 295 PS und 299 km/h Spitze mit einem 2.0-Liter Turbomotor zur Verfügung standen, war absolut neu.

Ein Wagen hält den Verkehr auf
Showbesucher waren beeindruckt von der dramatischen Form, der anspruchsvollen Elektronik und den neuartigen Sitzen des HSR, die beim Öffnen der

■ OBEN *Mitsubishis guter Ruf für hochtechnologische Lösungen erreichte mit dem 1995er HSR-V neue Höhen, dessen Dynamik angeblich von Delphinen abgeschaut wurden.*

Türen mit nach außen schwangen.

Der 1989 folgende HSR II war offiziell nur als rollendes Versuchslabor für neue Technologien und Ideen geplant, aber seine aufregende Form erhielt jede Menge Aufmerksamkeit – ein Ziel, das Mitsubishi sicherlich im Auge gehabt hatte. Mitsubishi nannte dieses Projekt ein „Control Configured Vehicle", mit anderen Worten: ein Wagen, der gefüllt war mit Computern und elektronischen Anzeigen. An verschiedenen Stellen der Karosserie waren Klappen und Flügel angebracht, deren Position per Computer korrigiert wurde,

■ OBEN *Biodynamische Radaufhängung und ein elastischer Heckspoiler waren zwei Hauptmerkmale des HSR-IV.*

■ RECHTS *Das Styling des HSR-III war umwerfend und zudem technisch ausgereift; er verfügte über elektronische Radaufhängung, Allradantrieb und Allradlenkung.*

■ OBEN *Einige Leute verglichen die merkwürdigen mS 1000 Limousine mit einem modernen Morris Minor. Auf alle Fälle repräsentierte sie den Trend zum „Retro“ Design.*

■ OBEN *Dieser winzige, „bebrillte“ Lynx Geländewagen hatte einen Motor mit nur 660 ccm.*

■ RECHTS *Bei der 1995er Show in Tokio bot der Gaus eine moderne Lösung für ein anpassungsfähiges, luxuriöses Mehrzwecktransport mittel. Die Flügeltüren waren eher skurril.*

so dass der Luftwiderstand zu jeder Zeit so niedrig wie möglich war.

Der RVR Freizeitwagen fand bei der 1989er Show in Tokio nicht viel Beachtung, war aber bedeutend. Seine neuartige, einklappbare Windschutzscheibe und das Targa-Dach waren beeindruckend. Das Dach wurde für die Produktion des RVR (Space Runner) übernommen, der 1991 erschien.

Der HSR entwickelte sich 1991 zur dritten Generation. Als HSR III war er kompakter, aber eindrucksvoll in seiner kraftvoll designten Präsenz. Er bot elektronisch kontrollierte Radaufhängung, Traktionskontrolle sowie einen neuen 177 PS starken 1.6-Liter V-Sechs Motor mit zwei Nockenwellen. Etwas weit hergeholt war der Einbau von Doppelhebeln am Lenkrad statt der herkömmlichen Kontrolle des Automatikgetriebes.

Von Delfinen inspiriert

Außergewöhnliche Debutanten bei der 1991er Auto Show in Tokio waren der mS 1000 und der mR 1000. Der mS 1000 lag genau richtig auf der Welle der Begeisterung der Japaner für den „Retro-Look“ – ein ausgesprochen bizarres, zweifarbiges Modell mit einem winzigen Chromgrill. Er hatte auf der linken Seite zwei Türen, rechts befand sich nur eine. Der stummelförmige Kofferraum brachte Mitsubishi dazu ihn „2.5 Box“ zu nennen. Der mR 1000 sah etwas realistischer aus – ein zweisitziger Flitzer mit Targa-Dach, der leider durch hintere Dachstützen und häßliche Rückleuchten verdorben wurde.

Noch kleiner waren die Proportionen des 1993 vorgestellten, nur 2.57 m langen, zweisitzigen Mum. Angetrieben wurde er von einem 500 ccm Motor mit 30 PS. Gleichzeitig erschien auch der Lynx, ein kleiner Geländewagen.

1993 trat die HSR Serie in ihre vierte Generation: das Styling war noch avantgardistischer. Beachtenswert war der elastische „aerotail“ Heckspoiler, und Bedeutend war auch die „biodynamische“ Radaufhängung, die beim Galant tatsächlich in Produktion ging.

■ LINKS *Auch nach dem japanischen Standard der Verkleinerung war der Mum ein wahrer Lilliputaner. Er hatte einen 500 ccm Motor.*

NISSAN

Wie die meisten japanischen Automobilhersteller brauchte auch Nissan zwei Jahrzehnte, bis die Design- und Konzept-Studien so ausgereift waren, dass sie für ein weltweites Publikum bedeutsam wurden. Das Merkmal früherer Anstrengungen, waren zweifelhafte Extreme – und ein Mangel an Ausgereiftheit. Nissan hatte jedoch einige interessante Ideen, experimentierte zum Beispiel schon 1971 mit Airbags.

Der Traumwagen, der Nissan auf ein ernst zu nehmendes Niveau brachte, war der MID-4 – eines ihrer Hauptprojekte. Man sah ihn bereits im Jahr 1985 als einen vage an Ferrari erinnernden Showwagen. Über die nächsten zwei Jahre reifte er jedoch, und 1987 hatte Nissan einen klaren Ferrari-Konkurrenten.

Er wurde um den 330 PS starken, längs eingebauten V-Sechs Doppelturbomotor herum entwickelt, verfügte über Allradantrieb und Allradlenkung. Es gab Gerüchte, dass Nissan ihn mit einem V-Zwölf Motor in Produktion nehmen würde, um den Kampf gegen Ferrari und Konsorten anzutreten. Der Plan wurde jedoch fallen gelassen, da der Zeitpunkt für den Absatz eines derartigen Superwagens nicht günstig erschien. 1989 ging Nissan allerdings mit dem 300ZX in Produktion.

Auch der elegante 1986er CUE-X und der 1987er ARC-X waren ausgereifte Modelle. Bei ihnen handelte es sich um zwei schlanke, hervorragend proportionierte, viertürige Limousinen mit ausgezeichneter Aerodynamik. Der ARC-X hatte Allradantrieb, Allradlenkung sowie eine beeindruckende Vielfalt an Elektronik.

■ LINKS *Der 330 PS starke V-Sechs Mittelmotor mit Doppelturbolader klang vielversprechend, aber das Styling des MID-4 war etwas fad.*

■ OBEN *Die Reinheit der Linien und Sensibilität der Proportionen des 1986 vorgestellten CUE-X fand zahlreiche Bewunderer.*

■ LINKS *Der ARC-X aus dem Jahr 1987 war der anspruchsvolle Vorfahre von Nissans luxuriösem Infiniti Programm.*

Der Traum von der Spitze

Die am meisten gefeierten Traumwagen von Nissan war die Pike Serie. Nissan

■ LINKS *Der MID-4 war einer der wichtigsten japanischen Traumwagen der 80er. Er stand kurz davor, als Konkurrent für Porsche und Ferrari gebaut zu werden.*

■ OBEN *Der erste der so genannten Pike Serie wahr der seltsame Be-1, ein kleiner Wagen im Retro-Look, der so begeistert aufgenommen wurde, dass er in einer kleinen Anzahl produziert wurde.*

■ OBEN *Während der Be-1 an die 60er erinnerte, griff der Pao zurück auf die zweckorientierte Aera der Nachkriegszeit mit sichtbaren Türangeln und nüchternen Linien. Auch er verkaufte sich in geringer Zahl.*

hatte eine spezielle Unterabteilung für die Herstellung von Spezialautos oder „Nischen"-Modellen eingerichtet. Als erstes Ergebnis wurde 1985 in Tokio der Be-1 gezeigt – und so begeistert empfangen, dass es acht Monate später in Produktion ging. Die an den Mini erinnernden runden Scheinwerfer und sein Retro-Styling halfen über die Tatsache hinweg, dass er auf dem uneleganten Micra aufgebaut war.

1987 folgten der Pao (ein Flitzer im Stil der 40er) und ein humorvollerweise S-Cargo genannter Van, der große Popularität erreichte. Ein weiteres Design dieser Serie (das nicht für eine Produktion bestimmt war) war der 1989er Chapeau, ein seltsames „Glashaus", das aussah wie eine Telefonzelle auf Rädern.

Der charmanteste aller Pike Wagen war der Figaro, der ursprünglich als Konzeptwagen gezeigt wurde, dann aber in Produktion ging. Er kündigte eine neue Aera des Retro-Designs im Stile der 40er Jahre an. Seine Ausstattung war gleichzeitig ansprechend und dubios: runde Chromscheinwerfer, elektrisches Segeltuchdach, verchromter CD-Player, ganz in weiß gehaltenes Interieur und antik wirkende Kippschalter. Er sah zwar aus wie ein Sportwagen – aber mit seinem 1.2-Liter Micra Motor und dem automatischen Getriebe verhielt er sich nicht so.

■ LINKS *Dieser mit Sinn für Humor auf den Namen S-Cargo getaufte Wagen war ein hervorragend designter Van mit hohem Dach.*

■ RECHTS *Beim Figaro verarbeitete Nissan nostalgische Sehnsüchte in einem Wagen der Gegenwart. Die Produktion war auf 20000 begrenzt, und konnte die Nachfrage absolut nicht befriedigen.*

NISSAN

■ RECHTS *Der Name Duad deutete auf das abgestufte Sitzarrangement der Passagiere hin, das sich aus der Position des Motors ergab, der neben dem Fahrer eingebaut war.*

■ OBEN *Dieses mutige, ultrasimple Armaturenbrett im Retrostil stammte von einem Chapeau genannten Konzept aus dem Jahre 1989. Das Interieur war bewundernswert, das Exterieur sah wie eine Telefonzelle aus.*

■ OBEN *Der Rasheen führte einen einzigartig kastenförmigen Stil in den Markt der SUVs ein. Sein Konzept traf zwar nicht den Geschmack der westlichen Welt, doch das Serienmodell war in Japan ein Bestseller.*

Vom Boga zum Duad

Der 1989er Boga stellte Nissans Idee eines neuen Stadtautos dar. Das Konzept war, eine viertürige Karosserie mit viel Platz auf ein äußerst kompaktes Fahrgestell zu setzen. Doch der Stil des 1.5-Liter Bogas kam nicht an – und er erhielt weniger Aufmerksamkeit, als er verdiente. Ein ähnliches Design verdarb 1991 den sechssitzigen Cocoon, dessen Glanznummer ein Aufwecksystem war: wenn es merkte, dass die Konzentration des Fahrers nachließ, versprühte es ein erfrischendes Aroma.

Nissans 1989er UV-X war ein realistischeres, sauberes Kastendesign, das von Yoshio Maezawa entworfen wurde, der auch für den 300ZX verantwortlich war. Eines der Hauptmerkmale des UV-X waren computerkontrollierte Pedale und Lenkung.

Das 1991er TRI-X Show Coupé erinnerte enttäuschend stark an die 80er und war eindeutig auf den amerikanischen Markt abgezielt. Das gleiche war beim 1993 von Marcello Gandini designten AP-X der Fall. Wesentlich ansprechender zeigte sich der nur 470 kg schwere Duad – eine moderne Interpretation des unsterblichen Lotus 7. Sein 1.0-Liter Motor befand sich neben dem Fahrersitz, was dazu führte, dass der Beifahrersitz 38cm zurück versetzt

■ LINKS *Er sah zwar wie ein unförmiger VW Käfer aus, doch der FEV II diente dem Experimentieren mit Stadtautos.*

■ RECHTS *Nissans AA-X kombinierte praktische Qualitäten mit denen eines Sportwagens.*

werden musste. Nissan hatte gehofft, den Duad als Teil ihrer Pike Serie zu produzieren, doch dies fand niemals statt.

Vom Rasheen zum Trailrunner

Den 1993 in Tokio präsentierten Rasheen erwartete ein anderes Schicksal. Dieses extrem kastenförmige Konzept – als „absolut neuer Typ des allradangetriebenen Wagens" beschrieben – wurde in Serie gebaut.

Seine kompakten Abmessungen, zweckmässige Mechanik und der charaktervolle Stil gefielen den japanischen Autofahrern und führte 1995 zur Präsentation eines viertürigen Pick-ups namens XIX.

Der 1995er AA-X war die Kombination eines aufregenden zweisitzigen Coupés mit der praktischen Anwendbarkeit eines Viersitzers. Doch auch wenn die Idee an sich nicht schlecht war, sahen die merkwürdig aufeinanderprallenden Formen eher unbequem aus.

Einen glücklicheren Weg verfolgte Nissan mit einem 1997er 4x4 Konzeptfahrzeug, dem Trailrunner. Sein sportliches Design schlug eine Brücke zwischen Coupé und Geländewagen. Ein auffälliges Merkmal war das am Heck angebrachte, zur Seite gleitende Reserverad. Der 190 PS 2.0-Liter Motor und ein Sechsganggetriebe waren außerdem Garanten für sportliches Temperament.

■ OBEN *Nissans Designer wurden aufgefordert das R390 GT1 Projekt in kürzester Zeit zu vollenden.*

■ UNTEN *Für die Zulassung zum 1997er Rennen in Le Mans wurde eine geringe Anzahl von R390 Modellen für Kunden gebaut.*

OGLE

David Ogle gründete seine Firma für Industriedesign im Jahre 1954 – und 1960 beschloß er, in den Bereich des Automobildesigns (und der Herstellung) einzusteigen. Er entwarf ein viersitziges GT Coupé, das auf Riley 1.5 Mechanik basierte. Es wurden jedoch nur acht dieser Modelle gebaut. Erfolgreicher war das schicke SX1000 Coupé aus den Jahren 1962–64 mit einer extrem kurvigen GFK Karosserie, die auf Mini-Teilen aufbaute.

Ogle designte außerdem die attraktive SX250 Karosserie auf dem Chassis des Daimler SP250. Dieses Modell wurde bei der 1962er Londoner Motor Show

■ LINKS ***Die Verwendung von hitzeabsorbierendem Glas war für die 60er absolut fortschrittlich. Ogle erfand den sportlichen Kombi.***

■ UNTEN LINKS ***Tom Karen war seit 1962 der Chef von Ogle Design. Der abgebildete Wagen gehörte einst dem britischen Prinzen Philip.***

■ UNTEN RECHTS ***Ogle Design war in den 60ern Großbritanniens führendes unabhängiges Designhaus. Hier ein Triplex GTS Kombi, der auf dem gleichfalls von Ogle designten Reliant Scimitar aufbaut.***

gezeigt, und beeindruckte die britische Firma Reliant so sehr, dass es in modifizierter Form zum Reliant Scimitar Coupé wurde. Ogle nahm dann den Scimitar und verwandelte ihn in den Triplex GTS Kombi, der ein spezielles Heck aus hitzeabsorbierendem Triplex Glas hatte.

Tragischerweise starb David Ogle 1962 am Steuer eines SX1000, was zum Ende des Produktionszweiges seiner Firma führte.

Tom Karen, ein innovativer Designer tchechischer Abstammung, übernahm daraufhin die Leitung der Designabteilung. Er war verantwortlich für zahlreiche Entwürfe; besonders wichtig war sein Reliant Scimitar GTE Sportkombi.

Der orangerote Käfer

Der Wagen, auf den Karen am stolzesten war, war der 1970er Bond Bug – ein absolut individuelles Dreirad, das auf dem Chassis des Reliant gebaut worden war. Er war in vieler Hinsicht innovativ: sein Dach ließ sich zum Einsteigen anheben, die gegossenen Sitze waren fest eingebaut. Der Bond Bug war als reines Spaßauto geplant gewesen, und es gab in in nur einer Farbe: knalliges orangerot! Nichtsdestotrotz fanden mehrere Tausend Modelle einen Abnehmer.

Ogles ehrgeizigstes Projekt war ein Sportwagen, der auf dem Aston Martin DBS basierte und der für die 1972er Show in Montreal geschaffen wurde. Dieses schnittig designte Coupé hatte getöntes Triplex Glas, ein dreisitziges Interieur, das ganz in grünem Kord und Leder gehalten war, und Karosserieteile aus poliertem Aluminium. Am auffälligsten war ein Paneel am Heck, das 22 kreisrunde Lampen beinhaltete. Einige von ihnen dienten als Blinkleuchten, andere signalisierten den Bremsvorgang – je heftiger gebremst wurde, desto mehr leuchteten auf.

Ogle Design entwarf auch weiterhin Einzelstücke wie den Princess 10-20 Glassback, den Mogul (der die originalgroße Version eines Kinderspielzeugs war, das Ogle früher entworfen hatte), einen modifizierten Vauxhall Astra und verschiedene Taxi Projekte.

Ogle Designs Arbeit im Bereich Autodesign schwand langsam dahin. Heute konzentriert man sich auf andere industrielle Bereiche.

■ OBEN *Der Bond Bug war der charaktervollste aller Wagen von Ogle Design. Er war ein vorderradangetriebenes Auto auf drei Rädern, und es gab ihn nur in knallorangerot.*

■ UNTEN *Ogles Aston Martin DBS Special war 1972 das neueste vom neuen; er wies große, getönte Glasflächen und poliertes Aluminium auf. Nur zwei Exemplare wurden gebaut.*

■ OBEN ***Zum Einstieg in den Bug wurde das Dach mitsamt der seitlichen Fenster angehoben.***

■ RECHTS ***Das Heck des Ogle Aston beherbergte nicht weniger als 22 Lampen für die Bremsleuchten, die Blinker und das Rücklicht.***

PEUGEOT

■ LINKS *Peugeots bekanntester Traumwagen ist der Oxia und dies nicht ohne Grund. Die niedrige, breite Front ist typisch Peugeot.*

Mit Paul Bracq an der Spitze nahm Peugeot glanzvollen Einfluss auf die Welt des Automobildesigns. Das eigentliche Traumwagenprogramm begann 1984 in Paris mit dem Quasar. Er war ein hervorragend kompakter Sportwagen mit Mittelmotor, Allradantrieb und 200 PS, der auf dem 205 Turbo 16 Rallyeauto basierte. Sein Design war leicht und vorwärtsstrebend, das Interieur dramatisch umfasst von einem roten Überrollkäfig.

Der spektakuläre Oxia

Peugeots zweifelsohne wichtigster Showwagen war der Oxia, der zuerst 1988 vorgestellt wurde. Anders als viele andere Traumwagen war der Oxia ein voll funktionstüchtiger Prototyp mit eindrucksvoller Leistung – was Peugeot anhand mehrerer dokumentierter Testfahrten unter Beweis stellte.

Auch das Aussehen des Oxia war absolut spektakulär. Es wurde von Peugeots Designer Gerard Welter entworfen und enthielt typische Peugeot-Elemente wie die schmalen Scheinwerfer, einen horizontalen Kühlergrill und das Emblem des aufgerichteten Löwen. Die extravagante und breite Karosserie bestand aus Carbonfaser und wurde durch einen einstellbaren Heckspoiler abgerundet, der für mehr Stabilität sorgen sollte. Die Allradlenkung verfügte über ein flexibles Servosystem, außerdem hatte der Oxia Allradantrieb, Sechsganggetriebe, ABS-System, elektronisch kontrollierte Achsdifferenziale und automatische Überwachung des

■ LINKS *Mit einem turbogeladenen, 680 PS starken Rennmotor war Peugeot in der Lage die Höchstgeschwindigkeit mit über 322 km/h anzugeben.*

■ UNTEN *Der Quasar basierte auf dem 205 T16 Rallye-Peugeot; er sah nicht nur zielstrebig aus, sondern hatte auch genügend Power und Druck, um dieses Ziel zu erreichen.*

■ OBEN *Der 1984er Quasar zeigte, was das firmeneigene Designbüro Peugeots so alles zu bieten hatte.*

■ LINKS *Der von der Form her ansprechende Proxima des Jahres 1986 war ein extrem leichtes und powervolles Sportwagenkonzept.*

■ OBEN *Der Proxima hatte ein kompromisslos scharlachrotes Cockpit.*

Reifendrucks. Im Interieur mischte sich traditionelles Leder mit einer solargetriebenen Klimaanlage, einem PC, einem als „intergalaktisch" beschriebenen Soundsystem sowie einem Navigationssystem.

Der Basis Motor war Peugeots bekannter 2.85-Liter V-Sechs, der aber nach Rennspezifikationen modifiziert worden war – und jetzt mit Doppelturbolader nicht weniger als 680 PS hatte. Peugeot gab die Höchstgeschwindigkeit des Oxia mit 330 km/h an.

Ion, Asphalte und Touareg

Beim Pariser Automobilsalon 1994 präsentierte Peugeot den Ion, die Studie eines mit Strom angetriebenen Stadtautos. Er war nur 3.30 m lang mit einer kompakten, modernen Kastenform und bot Platz für vier Erwachsene. Die größte Neuheit war das Fehlen von Türgriffen: zum Einsteigen berührte man ein druckempfindliches Feld am hinteren Kotflügel – zur Not mit der Hüfte, falls man die Hände voll hatte – und so wurde er entriegelt. Die Heckklappe funktionierte auf die selbe Art.

Der Asphalte war ein außerordentlicher Newcomer auf dem 1996er Salon in Paris – viele bezeichneten ihn als verrückt. Sein vorderes Ende orientierte sich an Peugeot-Themen – breite Schnauze, schmale Scheinwerfer – aber zum Heck hin wurde er seltsam. Die hintere Spur war extrem schmal, so dass er von der Seite wie ein Dreirad mit eingeklemmten Schwanz aussah. Das ultraglatte, dachlose Profil versprach aufregende Leistung. Aber merkwürdigerweise beschloss Peugeot, ihm nur einen 1.6-Liter Motor zu geben.

Der Touareg Geländebuggy stach aufgrund seiner an Science Fiction erinnernden, riesigen Räder hervor, die von vier Elektromotoren angetrieben wurden.

■ OBEN *Die volle Aufmerksamkeit lag bei Peugeots 1996er Touareg Konzeptwagen auf den Mondbuggy-Rädern und Reifen.*

■ LINKS *Er sah zwar wie ein Dreirad aus, hatte aber tatsächlich zwei extrem nah beieinander liegende Hinterräder.*

PININFARINA

■ UNTEN *Pininfarina war stets einer der Großen unter Italiens Karosseriebauern. Dies ist ein Design aus dem Jahr 1949.*

Er war nur 1.50 m groß, und so erhielt Battista Farina den Spitznamen Pinin – „Kleiner“. Das war so passend, dass der Name irgendwie hängen blieb und Farina ihn später offiziell seinem Nachnamen hinzufügte. Er gründete ein Designcenter, das von wahrer Genialität zeugte. Sein Sohn übernahm es später und leitet es auch heute noch von Turin aus, der Hauptstadt italienischen Automobildesigns.

Der Gipfel des Automobildesigns
Wenn man sich die lange Liste der großartigen Produktionen aus dem Hause Pininfarina anschaut, bestätigt sich der Ruf von gleichbleibender Qualität und Proportion, der seine Arbeit ausmachte. Vom revolutionären Cisitalia aus dem Jahre 1945, der heute im New Yorker Museum of Modern Art ausgestellt wird, bis hin zu heutigen Ferraris, die seit 1952 fast ausschließlich von Pininfarina designt wurden, ist das Emblem mit dem kleinen blauen „f“ und der Krone das Zeichen für Genialität. Dazwischen

■ OBEN *Farinas Vorliebe für Aerodynamik war bei diesem PFX Prototypen aus dem Jahr 1960 offensichtlich. Sogar die Reifen waren aus diesem Grund mit einem rautenförmigen Profil versehen.*

■ UNTEN *Der 1968er Ferrari P6 Berlinetta Speciale sah von allen Seiten gut aus und wurde der Ausgangspunkt für den Berlinetta Boxer.*

■ OBEN *Trotz seiner Faszination für fließenden Formen hatte Aggression ihren Platz in Farinas Gedanken, wie der 1968er Alfa Romeo P/33 beweist.*

■ OBEN *Der 1969er Alfa Romeo 33 hatte eine der großartigsten Formen der 60er und inspirierte eine ganze Generation von Superwagen.*

■ LINKS *Eine Skulptur auf Rädern: das ist wohl die beste Umschreibung des außerordentlichen Modulo aus dem Jahre 1970. Er basierte auf einem Ferrari 512S.*

liegen dutzende von Designs für Alfa Romeo, Fiat, Peugeot, Honda, Rolls-Royce und viele andere.

Pininfarinas Traumwagen hatten zwei Dinge gemein: fließende Linien und perfekte Proportionen. Während andere mit geometrischen Formen experimentierten, wurde Pininfarina davon inspiriert, wie der Wind den Schnee auf italienischen Bergen formte. Auch die windschlüpfrigen Linien seiner Modelle zeugten von diesem Einfluss. Manche behaupteten jedoch auch, dass Pininfarina seine Inspiration bei gut geformten Frauenkörpern fand.

Die Kunst der Aerodynamik

Pininfarina war 1972 eine der ersten Firmen mit eigenem Windkanal. Ein direktes Ergebnis der Tests in dieser Einrichtung war der bananenförmige PF-CNR Familienwagen, der mit einem Cw-Wert von 0.161 den Weltrekord erreichte. Pininfarina produzierte daraufhin eine Version mit Belüftungsschlitzen, Beleuchtung und Außenspiegeln, bei der sich der Cw-Wert auf 0.23 erhöhte.

Aerodynamik war allerdings keine neue Form der Kunst, wie der bereits 1960 designte PFX bewies. Dieser außerordentliche, eiförmige, mit Heckflossen versehene Wagen verwendete sogar Reifen mit rautenförmigem Profil, um die Windschlüpfrigkeit noch zu verbessern. Eine weitere aerodynamische Studie war der 1967er Dino 206SP, der auf einem Ferrari Rennwagen basierte. Er hatte einstellbare Front- und Heckspoiler sowie Flügelüren.

■ OBEN *Der Modulo hatte umschlossene Räder und ein Dach, das sich nach vorne hin anheben ließ, und so die Aufmerksamkeit auf eine an sich simple Form lenkte.*

■ RECHTS *Eines der am meisten bewunderten Produktionsdesigns Pininfarinas war das Fiat 130 Coupé. Hier der Maremma Kombi, eine der Entwicklungsstudien.*

PININFARINA

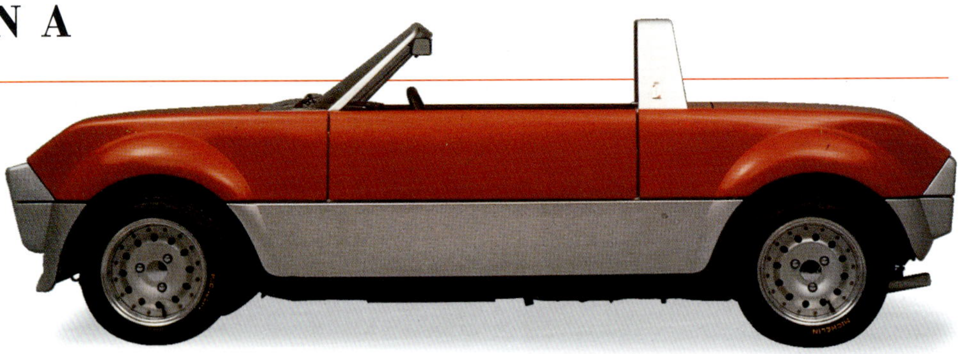

■ UNTEN *Die vordere und hintere Hälfte des extrem klargeschnittenen Peugette waren total symmetrisch.*

Farina Ferraris und Alfas

Pininfarina war stets Ferraris Lieblingsdesigner – was angesichts so brillianter Designs von Traumwagen wie dem 250/P5 Berlinetta und dem hervorragend schlichten P6 Berlinetta nicht weiter überraschte. Möglicherweise der Höhepunkt der Aera der Mittelmotor-Fantasien waren der Ferrari 512 Prototyp sowie der ähnliche Alfa Romeo 33 Prototyp. Ihre exquisit geformten Flanken, Flügeltüren und das ultraniedrige Profil beeinflussten eindeutig den Boxer und den Countach späterer Jahre.

■ LINKS *Der Cw-Wert für den CNR lag laut Windkanaltest bei nur 0.161 – das brachte ihm den Weltrekord.*

■ OBEN *Ohne Zweifel enttäuscht darüber, dass es Jaguar nicht gelungen war den E-Type zu ersetzen, entwarf Pininfarina 1978 diesen auf dem XJS basierenden Vorschlag.*

Beim 1968er Alfa Romeo P/33 Roadster wurde mit der Keilform gespielt. Er war gebaut, um zu beeindrucken – was anhand der Reihe von sechs Scheinwerfern, stabilisierenden Vorderflossen, Winddeflektor sowie auffälligem Heckspoiler offensichtlich war.

Bei dem 1970er Modulo, der auf dem absolut seltenen Ferrari 512S Rennwagen basierte, wurden die Extreme des Sportwagendesigns an ihre Grenzen getrieben. Seine absolut niedrige Karosserie formte einen flachen, fast symmetrischen Bogen. Hergestellt wurde sie, indem die obere und untere Hälfte einzeln zusammengefügt wurden. Der auffällige Seitenstreifen lief ununterbrochen um den gesamten Wagen herum, sogar über die Räder. Diese waren mit Schürzen abgedeckt, die an ihren Oberkanten mit Einschnitten versehen waren. Für den Einstieg schob sich das einteilige Dach freischwebend nach vorn.

Honda, Peugeot und Jaguar

Genauso dramatisch war der 1984er Studio HPX – ein Sportwagen, der einen 2.0-Liter Honda Formel 2 V-Acht Mittelmotor verwendete. Seine beeindruckende Form war absolut aerodynamisch, es wurde ein Cw-Wert von 0.25 angegeben.

Für seine Schlichtheit allgemein bewundert wurde der 1976er Peugette, ein

■ LINKS *Ferrari war immer besonders angetan von Pininfarinas Formen, und das Turiner Designhaus forcierte das mit eleganten Prototypen wie diesem Pinin aus dem Jahre 1980.*

■ OBEN *Honda gehört zu den Firmen mit einer langen Verbindung zu Pininfarina. Der Honda HPX hatte ein ausgestelltes Glasdach für besseren Luftstrom.*

■ RECHTS *Der 1985er Peugeot Griffe 4 war ein ausgezeichnetes Beispiel für Pininfarinas zurückhaltenden guten Geschmack – auch bei seinen Showwagen.*

Beispiel an symmetrischer Form. Tatsächlich waren Vorder- und Hinterteil der Karosserie absolut austauschbar und auf gleiche Art und Weise aufgehängt. Die Scheinwerfer befanden sich in den Kotflügeln, und das Interieur war wunderbar schlicht. Das mechanische Grundgerüst stammte vom Peugeot 104.

Der 1978er XJ Spider zeigte, was aus dem sagenhaften Jaguar E-Type hätte werden können. Auf der Basis eines Jaguar V-Zwölf Motors wurde eine zeitlos elegante Karosserie kreiert, die die Themen des E-Type aufgriff – wie etwa ovale, vordere Belüftungsschlitze und ein Profil, das sich über Vorder- und Hinterrädern wölbte. Jaguar-Chef Sir John Egan verliebte sich in den XJ Spider und spielte mit dem Gedanken, einen F-Type Jaguar herzustellen. Dieser Plan wurde zwar gebremst, aber es ist erfreulich zu sehen, wie viele Details des XJ Spider der gegenwärtige XK8 verwendet.

Möglicherweise noch eleganter als die Jaguar-Studie war Pinifarinas zwei Jahre später vorgestellter Entwurf für einen auf einem Ferrari basierenden Viertürer, der später einfach nur Pinin genannt wurde. Seine Proportionen waren absolut korrekt, und sein scharfes und dennoch an den Ecken abgerundetes Profil sah das Design zahlreicher Wagen der späten 80er voraus.

Mythos, Chronos und Ethos

Nach dem Entwurf einiger relativ „sensibler“ Konzeptwagen (wie dem 1988er, auf der Mechanik des Lancia Delta HF basierendem HIT) war es 1989 an der Zeit, etwas anspruchsvolleres zu versuchen. Das Ergebnis war der Mythos, für den Pininfarinas Designer den Testarossa als Basis benutzten.

■ OBEN *Der HPX war typisch klar, aber untypisch geometrisch mit seinem keilförmigen Profil.*

■ UNTEN *Die Herausforderung beim 1989er Mythos war es, die Fülle des Ferrari Testarossa zu verbergen.*

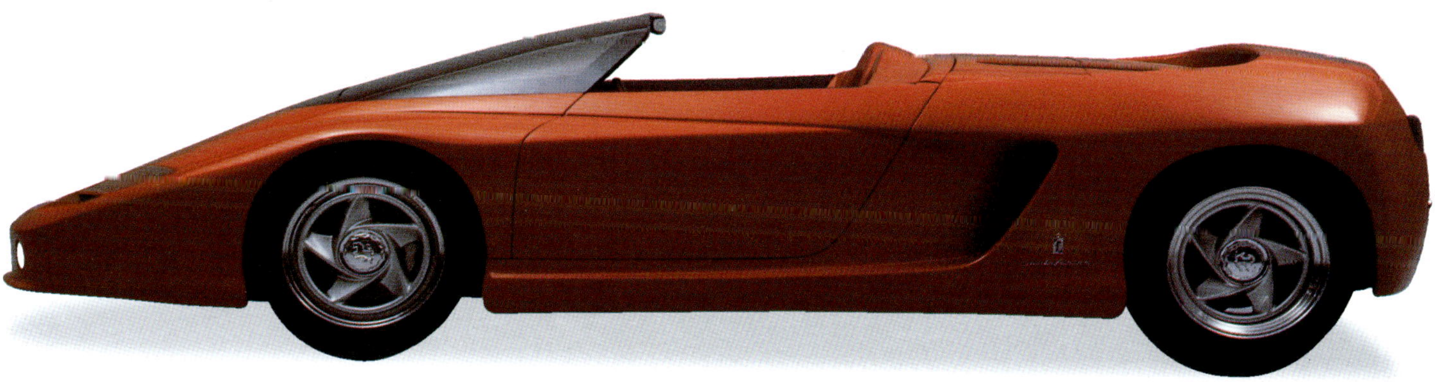

PININFARINA

■ OBEN *Der Ethos III bot auf zwei Reihen à drei Sitzen Platz für sechs Personen.*

■ RECHTS *Der Ethos Roadster zeigte viele originelle Gedanken. Das Beachtliche war, dass Honda zu einem Zeitpunkt daran dachte, ihn in Produktion zu nehmen.*

Der 1991er Chronos war der ernsthafte Versuch eines zweisitzigen Coupés, das auf dem Antrieb des Lotus Omega von Opel basierte. Pininfarina wollte General Motors davon überzeugen, den Chronos in Serie zu bauen. Allerdings erfolglos – wahrscheinlich, weil seine Form für ein Design aus Pinifarinas Werkstatt leicht enttäuschend war.

Das kann man vom 1992er Ethos nicht behaupten, der die Anlagen zu einem höchst erfolgreichen Serienwagen hatte. Er verwendete einen in Australien produzierten Orbital 1.2-Liter Zweitaktmotor und ein Fünfganggetriebe.

Die Karosserie des Ethos stammte aus der Feder von Stephane Schwarz: ein flach geschnittener Sportwagen mit tief eingekerbten Flanken, motorradähnlichen hinteren Kotflügeln, massiven Kopfstützen und einem mutigen, sparsamen Interieur, dessen Armaturenbrett aus zwei silbernen Stangen bestand. Für einige Zeit sah es so aus, als ob Honda den Ethos produzieren würde. Aber der Zweitaktmotor von Orbital hatte Verspätung und so platzt das Projekt, obwohl noch ein Ethos II Coupé vorgestellt wurde.

Der Ethos III von 1994 war ein Versuch, das Stadtauto neu zu erfinden. Pininfarina gelang es, sechs Sitze in einer Karosserie unterzubrigen, die kaum länger war als der Fiat Cinque-

■ OBEN *Der Ethos III war ein weiteres extrem cleveres Design. Die Karosserie war kleiner als jede andere auf dem Markt und bot trotzdem Platz für sechs Personen.*

■ UNTEN *„Argento Vivo“ ist italienisch für „Quecksilber“, und diese Studie auf Honda-Basis war mit Sicherheit von entsprechendem Charakter.*

■ LINKS *Auf Hochglanz polierte Aluminiumbleche gaben dem Argento Vivo den Namen. Beachten Sie das Hardtop.*

■ RECHTS *Der Argento Vivo war ein voll funktionstüchtiges Projekt, verwendete Teile vom Honda Vigor und vom NSX. Er wurde nie produziert, weil Honda „Eisen in anderen Feuern" hatte.*

cento. Unerlässlich für die kompakten Dimensionen war der winzige 1.2-Liter 3-Zylinder Orbital Zweitakter. Die Verwendung von leichtgewichtigem Aluminium hielt das Gewicht bei 780 kg und garantierte für extrem niedrigen Benzinverbrauch.

Honda and Fiat

Die 16jährige Zusammenarbeit mit Honda verfestigte sich 1995 mit dem Sportwagenkonzept für den Argento Vivo. Hierbei handelte es sich um einen Roadster mit atemberaubend schöner, in blau gehaltener Karosserie. Kofferraumklappe und Motorhaube waren aus poliertem Aluminium. Besonders auffällig war das faltbare, transparente Dach, das auch in einer Targa-Position gelassen werden konnte. Unglücklicherweise entwickelte Honda mit dem SSM bereits einen ähnlichen Wagen – und so blieb der Agento Vivio ein glänzender Prototyp.

Für die 1996er Show in Turin bat Fiat verschiedene Designer um Ideen für den Bravo/Brava. Pininfarinas Konzept war der Song, ein kompakter MPV mit veränderlichem Interieur und mehr als nur einer Spur von Geländewagen (Dachträger, kurze Überhänge, massive Räder). Im Rahmen der selben Show wurde auch der Eta Beta vorgestellt, der durch ein kombiniertes Benzin/Elektrosystem angetrieben wurde. Sein Heck konnte um 20 cm verlängert werden, um mehr Platz für Gepäck zu schaffen.

■ LINKS *Die cleverste Eigenschaft des Eta Beta Elektroautos war ein Heck, das ausgeklappt für mehr Stauraum sorgte.*

■ UNTEN *Farinas Konzeptwagen für das Jahr 1997 war der Nautilus, eine extrem schicke, viertürige Limousine, die auf Peugeot Komponenten basierte.*

RENAULT

Der größte französische Automobilhersteller Renault machte sein Glück mit bequemen, konventionellen und oft ziemlich langweiligen Familienautos. Mit außergewöhnlichen Designkonzepten oder Traumwagen hatte man sicher nicht viel am Hut. Eher verpassten die Franzosen ihren eindeutig für die breite Masse entworfenen Serienautos einen Hauch von Chic.

Diese alte Einstellung veränderte sich dramatisch mit dem Erscheinen Patrick Le Quéments, der 1987 der Leiter der

■ OBEN *Renault war einer der großen Aussteller von Showwagen. Hier eine eindrucksvolle Auswahl an Konzeptfahrzeugen – angefangen beim 1990er Laguna (vorn rechts) und endend beim 1995er Initiale (hinten zweiter von rechts).*

■ LINKS *Die Scheinwerfer des Zoom zeugen von Renaults Liebe zum Detail*

Designabteilung wurde. „Wir verkaufen an Leute, nicht an Massen" war seine Devise. Und Renaults Annäherung an das Design der Serienfahrzeuge änderte sich mit so innovativen Wagen wie dem Twingo und dem Mégane Scenic.

Zu Le Quéments Politik gehörte die Produktion von Designstudien – und Namen – die den Weg in Renaults Zukunft wiesen. Ein Trick, den er während seiner 17 Jahre bei Ford gelernt hatte. Auf diese Weise erhielten Renaults Showwagen jede Menge Publicity, und die Öffentlichkeit wurde auf revolutionäre Formen und Ideen der nächsten Generation vorbereitet.

■ OBEN *Der winzige Zoom wurde von der zu Renault gehörenden Firma Matra kreiert; er war die Vision eines elektrischen Stadtautos der Zukunft.*

■ RECHTS *Die Glanzleistung des Zoom war seine Fähigkeit die hinteren Kotflügel hinunterzuklappen, so dass sich seine Gesamtlänge um 55 cm verkürzte.*

■ LINKS *Der Moonbuggy Racoon war ein Fahrzeug, das im weitesten Sinne überall hinkam: er konnte auch schwimmen.*

■ OBEN *Der Konzeptwagen Scenic aus dem Jahr 1991 (links) führte direkt zur Produktion des Mégane Scenic (rechts).*

Das erste Projekt, das Le Quément leitete, war der 1988er Mégane – eine elegante Stufenhecklimousine mit für die 80er so wichtigen Details wie Allradlenkung, „intelligentem" Fahrwerk und Turbomotor. Der Mégane war absolut aerodynamisch, sein Cw-Wert lag bei eindrucksvollen 0.21.

Vom Twingo zum Zoom

Als herausragende Variante des vom Espace verkörperten „One Box" Designs baute Le Quements Team den Twingo – nachdem schon vorher auf der Automobilausstellung in Frankfurt 1991 die größere „One Box"-Studie Scenic vorgestellt worden war. Dies führte 1996 zur Produktion des Mégane Scenic, einem Wagen, von dem man getrost sagen kann, dass er einen Teil des Automobil-Designs revolutionierte.

1990 verwendete Renault den Namen Laguna zunächst für einen äußerst sportlichen, offenen zweisitzigen Traumwagen. Unter seiner geschwungenen Karosserie verbarg sich ein 2-Liter Mittelmotor mit 210 PS, das Cockpit ließ sich durch ein solides Dach abdecken. Das Konzept eines völlig offenen Sportwagens mit Mittelmotor kam bei Renault gut an. Und fünf Jahre später wurde der sehr ähnliche Sport Spider in Produkton genommen.

Renaults Tochtergesellschaft Matra entwickelte 1992 den Zoom Prototypen, einen aufregenden elektrischen Zweisitzer. Neben seiner eiförmigen Erscheinung und den seitlich nach oben öffnenden Türen beeindruckte der Zoom dadurch, dass er seine Hinterräder einziehen konnte. So dass sich die Länge von 2.65 m auf 2.10 m verkürzte – praktisch beim Einparken in engen Lücken.

Vom Racoon zum Initiale

Renaults 1993er Konzeptwagen Racoon war „ein Amphibienfahrzeug, das überall hingelangte". Er hatte Allradantrieb, eine Hydraulik um die Bodenfreiheit zu vergrößern, eine wasserdichte Karosserie – und er konnte schwimmen. Sein Motor konnte sich auch sehen lassen: ein 262 PS starker V-Sechs Doppelturbo mit Sechsganggetriebe.

■ RECHTS *Der Argos wurde bei der 1994er Automobilausstellung in Genf präsentiert. Sein umwerfendes Design stammte aus der Feder des Design-Chefs Patrick Le Quément.*

■ GANZ RECHTS *Argos Details: einklappbare Spiegel, offenliegende Nieten und ein einzelner Rücksitz mit individuellem Hifisystem.*

RENAULT

■ OBEN *Der 1995er Initiale sollte Renaults Limousine der Zukunft sein: hervorragende Eleganz und – dank eines abgeschwächten Formel 1 Motors – beeindruckende Leistung.*

Ähnlich beeindruckend war der an den Twingo angelehnte Argos Roadster aus dem Jahre 1994. Dieser Showwagen ließ Le Quéments Vision mit den „organischen" Formen der frühen 90er Jahre Schluss zu machen, freien Lauf. Der Argos steckte voll industrieller Details im Bauhausstil und bot jede Menge technologischer Tricks – dazu gehörten die durch die Zündung aktivierten, beweglichen Außenspiegel, eine wegklappbare Windschutzscheibe und eine Kofferraumklappe, die sich wie ein Klavierflügel öffnete. Die Oberflächen des Interieurs ware in Tönen von Grün, Kork und Silber gehalten.

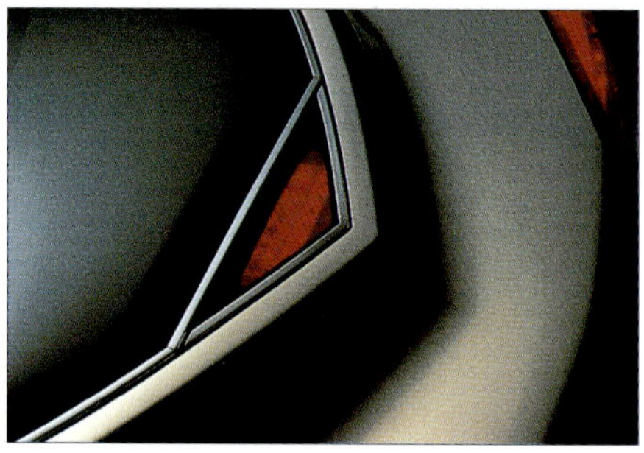

■ OBEN *Avantgardistische Details am hinteren Ende des Initiale.*

■ LINKS *Harte Kanten und sanfte Kurven waren beim Initiale harmonisch kombiniert.*

■ UNTEN *Der Modus und der Ludo waren Renaults 1994er Vision von elektrisch angetriebenen Stadtautos der Zukunft.*

Mit dem auf dem Pariser Automobilsalon im Jahre 1994 vorgestellten „Two Box" Ludo verwarf Renault den Gedanken, dass das kastige „One Box"-Design der einzige Weg in die Zukunft sei. Der Ludo hatte ein Stufenheck und ein anpassungsfähiges Interieur mit faltbaren und herausnehmbaren Sitzen sowie jede Menge Platz. Ähnliche Qualitäten erwartete man vom 1997er Renault Clio.

Mit dem eleganten 1995er Initiale signalisierte Renault die Richtung für Luxusfahrzeuge: er war eine viersitzige Hochleistungslimousine, die von einem gedrosselten Formel 1 Motor angetrieben wurde. Die Höchstgeschwindigkeit wurde mit 306 km/h angegeben. Das spitz zulaufende Vorder- und Hinterteil erinnerte an den Stil des 40CV, Renaults angesehenem Modell aus den 20ern.

■ OBEN *Neuartige Details im Interieur beinhalteten geflochtene Korbverkleidung und seltsame Regale seitlich des Armaturenbretts.*

■ RECHTS *Absolut moderne Einflüsse und etwas „Retro" trafen sich beim Fiftie.*

Fiftie and Pangea

Zum 50. Geburtstag des erfolgreichen Renault 4CV produzierte Renaults Designteam für den Genfer Automobilsalon 1996 den Fiftie. Dieser Konzeptwagen verließ die übliche Richtung. Einige Elemente des 4CV waren zu erkennen – die kurvige Dachlinie, die erhöhte Motorhaube, hintere Luftschlitze. Aber dies war definitiv kein Retrodesign.

Tatsächlich verwendete der Fiftie ein Sport Spider Chassis und war ein hochmoderner Zweisitzer. Bei ihm wurde zum ersten Mal Renaults neuer 1149 ccm Motor eingebaut, der später auch den überarbeiteten Twingo antrieb. Das Dach konnte zurück gekurbelt und dann hinuntergefaltet werden, so dass der Wagen zum Cabriolet wurde. Das Interieur war eine ansprechende Mischung natürlicher Oberflächen, links und rechts des Armaturenbretts befanden sich ungewöhnliche „Regale". Besonders beeindruckend war die Anordung der Front- und Rücklichter - laut Renault „im Wind bewegende Fahnen".

1997 stellte Renault in Genf den Konzeptwagen Pangea vor, einen Van, der die Form des kommenden Kangoo ankündigte. Er wurde als Wiedergeburt des Renault R4 gefeiert – seine Form erinnerte an Frankreichs meist verkauftes Auto. Doch wieder war sein Design kein Rück-, sondern ein Ausblick.

■ LINKS *Das Dach des Fiftie glitt zurück und dann nach unten auf das Heck. Achten Sie auf die Rücklichter – laut Renault erinnerten sie an im Wind wehende Fahnen.*

■ UNTEN *Der Konzeptwagen Pangea (komplett mit Anhänger) wurde als Hightech-Büro für die Wildnis vorgestellt.*

Rinspeed

■ LINKS *Die schweizer Spezialfirma Rinspeed baute ihren Erfolg auf Porsche 911 Umwandlungen auf wie diesem Wagen im Stil des Speedster.*

Die schweizer Firma Rinspeed hat ihren Sitz in Zürich. Ihr Hauptgeschäft war stets die Herstellung von außerordentlich schnellen und „wütenden" Abwandlungen regulärer Serienfahrzeuge. Am Anfang standen turbogeladene VW Golf, später folgten Porsche, mit denen die Schweizer sich einen Namen machten. Eine der meist gefeierten Umwandlungen war eine „droop-snoot" Front bei einem 911 – ein Stil, den Porsche später für das eigene Design übernahm.

Rinspeed veränderte die Aesthetik der Grundmodelle typischerweise durch größere Räder und Reifen, durch Installation von Klappscheinwerfern oder modernen Hightech-Leuchten sowie durch Leder und Holz im Innenraum – oder den Einbau einer gigantischen Hifi-Anlage.

Mit der Zeit wendete man sich noch exotischeren Projekten zu. Der Veleno etwa war ein mutierter, 550 PS starker, mit Stickstoffoxyd angetriebener Dodge Viper, aber auch der Bugatti EB110 wurde von Rinspeed sowohl visuell als auch mechanisch verändert.

Bei den Genfer Automobilsalons überraschte und schockierte Rinspeed die Welt mit avantgardistischen Traumautos. Ungewöhnlicherweise wurden diese extremen Designs auch serienmäßig zum Verkauf angeboten, natürlich zu enorm hohen Preisen. Und so erhielt Franco Sbarro, der in Lausanne ansässige König des Automobildesigns erster Klasse, schließlich Konkurrenz aus dem Heimatland.

Diese Leistung führte zu einer Zu-

■ LINKS *Dieser stark modifizierte Dodge Viper lief unter dem Namen Veleno. Er sah nicht nur anders aus, sondern fuhr sich auch anders – dank mit Stickstoffoxyd angetriebenen 550 PS.*

■ LINKS *Der Roadster war ein Sportwagen im traditionellen Sinne des Wortes. Achten Sie auf die ungewöhnlichen Scheinwerfer.*

■ OBEN *Der Roadster lief mit einem Ford Mustang V-Acht Motor; bis zu 305 PS machten ihn zu einer äußerst schnellen Maschine.*

■ OBEN *Der Yello Talbo wurde zwar von dem klassischen Talbot-Lago aus den 30ern inspiriert, kam aber grell und schreiend in die 90er.*

■ UNTEN *Die zeitlos anmutigen Linien der 30er wurden durch die Reifen und durch einen 320 PS starken V-Acht Motor betont.*

sammenarbeit mit den amerikanischen Firmen TLC und Panoz, die die Herstellung der Wagen übernahmen – während Rinspeed für die außergewöhnlichen Extras an der Karosserie verantwortlich blieb.

Stars der Genfer Salons

Der erste der Genfer Serie war der 1995er Roadster – eine Art auf den neuesten Stand gebrachter Mischung aus Lotus 7 und AC Cobra mit winzigen Türen, schmaler Windschutzscheibe und separaten Kotflügeln. Es war die Nase, die alle Aufmerksamkeit auf sich zog: außerordentliche Augenbrauen „wuchsen" links und rechts der vorwärts strebenden Schnauze. Sie beherbergten kompakte, untergebaute Doppelscheinwerfer sowie Blinker. Der wilde Gesichtsausdruck passte zur Farbe des Showwagens – Knallorange.

Angetrieben wurde der Roadster von einem 5-Liter Ford Mustang Motor, den es in zwei verschiedenen Tuningstufen gab. Die R Version bot 218 PS, während der wildere SC-R 305 PS zur Verfügung hatte. Rinspeed gab die Höchstgeschwindigkeit mit 258 km/h und für die schnellere SRC Version eine Beschleunigung von 0-100 in 4.4 Sekunden an.

Im folgenden Jahr 1996 präsentierte Rinspeed den Yello Talbo, dessen Name sich aus TLCs in den Staaten existierendem Talbo Modell und der einheimischen Elektro Pop Band Yello ergab, die Werbung für den Wagen machte. Inspiriert wurde der Yello Talbo durch einen Wagen aus dem Jahr 1938: den Talbot-Lago 150SS, der von Figoni & Falaschi designt worden war. Der Yello Talbo brachte diese Figur mit einem 320 PS starken V-Acht Motor entschlossen in die 90er.

1997 erschien der bisher merkwürdigste Rinspeed, der Mono Ego, der bei seinem Debut in Genf jede Menge Fragen aufkommen ließ.

■ RECHTS *Die unwahrscheinlich lange Haube verbarg den genauso unwahrscheinlichen V-Acht Motor der koreanischen Firma Hyundai.*

■ OBEN *Keiner wusste genau, was von dem Mono Ego zu halten war, einer bizarren Mischung von Haute Couture und amerikanischem „Hot Rod".*

SBARRO

Franco Sbarro ist ein Italiener, der in den 50ern in die Schweiz auswanderte – und dort zum berühmtesten Automobilhersteller des Landes und gleichzeitig zu einer der abenteuerlustigsten Figuren in der Welt des Designs wurde. Seine außerordentliche Arbeit reicht von winzigen Elektroautos über ausgezeichnete Nachbauten großer Klassiker bis hin zu Rennwagen, Einzelmodellen und innovativen Hochleistungsautos.

1969 kam er dadurch zu Ruhm, dass

■ LINKS *Franco Sbarros außerordentliche Dynastie hatte Erfolg mit hochwertigen Nachbauten wie diesem Bugatti Royale, bei dem zwei Rover V-Acht Motoren zu einem V-Sechzehn zusammengefügt worden waren.*

■ OBEN *Der Super Twelve sah zwar aus wie ein Kompakt-Auto mit Sonderlack – aber darunter verbargen sich zwei Kawasaki Motoren mit insgesamt 12 Zylindern.*

er einen Lola T70 Rennwagen in den schnellsten Straßenwagen der Welt umwandelte. Wirklich berühmt wurde sein Name durch eine Reihe von Nachbauten, einschließlich BMW 328, Bugatti Royale und Ferrari P4.

Seine „Super" Serie machte Schlagzeilen. Ihr am wenigsten spektakuläres Mitglied war der Super Eight, der wie ein VW Golf aussah, aber auf einem Ferrari 308 Chassis mit dazugehörigem Motor saß. Es gab auch einen Golf mit dem Motor des Porsche 928. Der erste der Serie, der 1982er Super Twelve, war einfach unglaublich: ein unscheinbares Schrägheckauto mit zwei Kawasaki Motorrad Motoren, die miteinander verbunden 240 PS lieferten.

Ein ähnliches Projekt war der Robur, ein sehr kompakter, 3.30 m langer Wagen mit einem 200 PS starken Turbo Mittelmotor von Audi und einem fünften Rad, das beim Einparken in enge Lücken half.

Der Challenge kam für Sbarros Verhältnisse dicht an eine serienmäßige

■ OBEN *Er sah aus wie ein Stück Schweizer Käse – doch der Challenge war ein extrem schnelles Sportcoupé, das mit Motoren von Mercedes oder Porsche angeboten wurde.*

■ UNTEN *Der Challenge war zwar nicht besonders attraktiv, aber er war in jeder Hinsicht dramatisch.*

■ RECHTS *Sbarros unkonventionelle Lösung für ein leichteres Erreichen des Motors ist beim Chrono deutlich sichtbar.*

Produktion heran: bis heute wurden sieben davon gebaut. Dieser kompromisslose, keilförmige Wagen, der das erste mal im Jahre 1985 vorgestellt wurde, hatte angeblich einen Cw-Wert von 0.25. Die Türen öffneten sich für den Einstieg nach vorne. Ursprünglich wurde der Challenge mit einem Doppelturbo V-Acht Motor von Mercedes angeboten, spätere Modelle hatten Heckmotoren von Porsche. Die Höchstgeschwindigkeit lag bei bis zu 290 km/h.

„Vergiss die Radnaben!“

1987 bewies Sbarro, dass Extreme nicht unbedingt nur mit Geschwindigkeit zu tun haben mussten: sein Monster G war eine phänomenale allradangetriebe Erfindung. Es war aber nicht der Allradantrieb, sondern die Räder selbst, die beeindruckten: sie stammten von einem Boeing Jet, machten den Monster 2.30 m hoch. Und der 350 PS starke Mercedes-Benz 6.9-Liter V-Acht Motor war notwendig, um diese Räder überhaupt in Bewegung zu brigen.

„Vergiss die Radnaben!“ tönte Franco Sbarro bei der 1989er Show in Genf, als er der Welt seine neueste Erfindung präsentierte: das Rad ohne Nabe. Das Konzept eines Rades ohne Mittelpunkt hatte

■ OBEN *Der Astro war für Sbarros Verhältnisse ziemlich angepasst. Er lief mit einem Ferrari Motor und unterhalb der Windschutzscheibe saßen seltsame, kleine Scheinwerfer.*

■ OBEN *Der Monster G fuhr auf Rädern, die von Flugzeugen der Firma Boeing stammten. Damit war er das ideale Gefährt für städtische Ödflächen oder für die Wüste.*

■ LINKS *Die nabenlosen Räder wurden von Franco Sbarro erfunden. Sie funktionierten, wie dieses Motorrad beweist.*

eine gesunde, theoretische Basis. Die Idee war, dass das Rad sich um Lager drehte, die sich im Rand befanden. Indem Antrieb und Bremse direkt am Rand wirkten, erhielt man größere Stabilität, weniger Gewicht, weniger Reaktion auf Beschleunigung, weniger axiale und radiale Belastung und perfekt belüftete Bremsen. Sbarro hatte bereits ein paar Jahre zuvor mit diesen Rädern experimentiert. Trotzdem war offensichtlich, dass Weiterentwicklung notwendig war – und so landete die Idee im Regal.

SBARRO

■ LINKS *Unter der langen Haube des Isatis saß ein BMW 5.0-Liter V-Zwölf Motor.*

■ OBEN *In seinem charakteristischen roten Overall sitzt Franco Sbarro in seinem Urbi Elektro-Auto.*

Chrono, Isatis und Oxalys
Der 1990er Chrono wies durch rund um seine Karosserie angebrachte Schweizer Uhren-Zeichen auf seinen Zweck hin. Dieser Wagen wurde gebaut, um in der kürzest möglichen Zeit von 0-100 km/h zu kommen. Er wog nur 650 kg, genauso viel wie ein 2CV, wurde jedoch von einem 500 PS starken BMW M1 Motor angetrieben – und schaffte den „Sprint" in 3.5 Sekunden. In typischer Sbarro Manier liftete sich der ganze Wagen von der Mitte aus, um Zugang zum Motor zu gewähren.

Anlässlich des Genfer Automobilsalons 1991 präsentierte Sbarro einen Sportwagen mit Doppelchassis. Der V-Zwölf Motor, das Getriebe sowie das Chassis und die Radaufhängung waren durch sechs hydraulische Verbinder an der Karosserie befestigt. Theoretisch hieß dies, dass die Karosserie vom Chassis isoliert war und so für hervorragenden Fahrkomfort garantierte, ohne die Festigkeit der Aufhängung zu beeinträchtigen. Die Karosserie konnte außerdem auf Wunsch angehoben werden.

Der 1993er Isatis war für Sbarros Verhältnisse eher zahm. Er basierte auf dem mit V-Zwölf Motor ausgestatteten BMW 750iL. Sein interessantestes Merkmal waren ein in der Mitte des Lenkrades angebrachter Tacho und Drehzahlmesser.

Im folgenden Jahr erschien der Oxalys, eine beeindruckende Mischung, die „von den Jungen für die Jungen" designt

■ LINKS *Wie jedes andere Design von Sbarro war auch der 1995er Alcador ein voll funktionstüchtiger Wagen.*

■ OBEN *Der Alcador hatte muskulöse Science Fiction- „Schultern", die die Passagiere schützten – und einen 400 PS starken Ferrari V-Acht Motor...*

■ RECHTS *Beim 1996er Issima wandte Sbarro seine Aufmerksamkeit einer Alfa Romeo Studie zu. Sie fand große Bewunderung in der Industrie.*

■ OBEN *Ein weiteres Beispiel radikaler Motoroperationen: zwei Alfa V-Sechs Motoren wurden verbunden, um für den Issima einen Alfa V-Zwölf zu schaffen.*

worden war. Unter dem raffinierten Exterieur – geformt von Espace Sbarro Studenten – verbarg sich ein 340 PS starker BMW M5 Motor und Hinterradaufhängung sowie Bremsen vom Porsche 911. Ein Neuheit dieses „zurück zu den Anfängen" Roadsters war die moderne Version eines Klappsitzes in Form von zwei wegklappbaren Rücksitzen.

■ LINKS *Das Interieur des Issima war typisch: klar und frei von überflüssigen Verzierungen.*

Issima und Ionos

Die Hauptattraktion des 1996er Issima lag unter seiner langen, mit dem Alfa Emblem versehenen Motorhaube. Dort verbarg sich ein Paar von Alfa Romeo 3.0-Liter 6-Zylinder Motoren, die verbunden worden waren, um so einen 500 PS Zwölfzylinder zu ergeben. Das Styling bewunderte selbst Alfas Chefdesigner Walter de Silva.

Franco Sbarros Studenten zufolge, die den 1997er Ionos designt hatten, war dieses Modell der Lancia Stratos der Gegenwart. Er hatte zwei zu, einem V-Zehn miteinander verbundene, Lancia Kappa 5-Zylinder Einheiten, dazwischen lag ein Porsche Getriebe. Das „Sturzhelm"-Profil der Fenster erinnerte an den originalen Stratos.

Gleichfalls 1997 vorgestellt wurden zwei Sportwagen namens Formule Rhin und Be Twin. Der 600 kg leichte Formule Rhin lief mit einem 200 PS Peugeot 3.0-Liter V-Sechs Heckmotor, während der sogar nur 450 kg wiegende Be Twin das Chassis des Lotus Elan und den 140 PS 1.6-Liter Motor aus dem Citroën Saxo Cup Rennwagen verwendete.

■ LINKS *Der 1997er Ionos war Sbarros Sicht eines späten Lancia Stratos.*

■ UNTEN *Sbarro gründete eine Schule für Design und Technik – und der Oxalys war nur eines der Projekte seiner Studenten.*

TOYOTA

Während sich die meisten japanischen Firmen für innovative Designs an europäische Studios wendeten, ging Toyota einen eigenen Weg. Der 1969er EX III war der Beweis: ein schlankes Coupé, das das Ideal des Traumwagens genauso gut umsetzte wie die Europäer. Die schlanke Karosserie und ein superglatter Unterboden machten ihn extrem aerodynamisch.

■ OBEN *Toyotas 1987er FXV-II Prototyp war eines der typisch gesichtslosen japanischen Konzepte der 80er.*

■ OBEN *Er war vielleicht keine große Schönheit, doch den 4500GT kennzeichnete eine mutige Anstrengung von Toyotas Design- und Entwicklungsteams.*

Fortschrittliche Technologie und erwachsenes Design

Wie die meisten japanischen Autohersteller kämpfte auch Toyota bis in die 80er darum, eine eigenen Identität für die Traumwagen zu finden. Dann führten fortschrittliche Technologien und ausgereifte Designs dazu, dass Konzeptwagen wie der 1984er FX-1 Eindruck machten.

1987 stellte Toyota in Tokio einen Traumwagen vor, der später tatsächlich in Produktion ging: der kleine Flügeltürer AVX-II erschien zwei Jahre später erneut unter dem Namen Sera. Unter der Oberfläche war er zwar nur ein Starlet, aber sein Charakter wurde durch ein ausgedehntes, gläsernes „Bubble Dach" geprägt – das Glas der Türen wölbte sich herum und formte so einen Teil des Daches.

Eine der größten Kraftanstrengungen aller Zeiten war der 4500GT Showwagen aus dem Jahre 1989. Seine auf dem Lexus basierende V-Acht Einheit hatte fünf Ventile pro Zylinder, ein Sechsganggetriebe, variable Radaufhängung sowie Reifen mit Drucksensoren. Zu den

■ OBEN *Der Sera entstand aus dem AXV-II Prototypen und war eines der seltenen Beispiele von Konzeptwagen, die in Serie gingen.*

■ UNTEN *Der Punkt beim AXV-IV war Reduzierng des Gewichts. Die fortschrittliche Bauart führte zu einem Gewicht von nur 450 kg.*

■ OBEN *Mit einem Cw-Wert von 0.20 hatte der AXV-V ein aerodynamisches Profil, das einem Flugzeug gleichkam.*

■ RECHTS *Die Radaufhängung war individuell einstellbar, außerdem gab es anstelle der Räder auch eine Raupenkette, und so wurden Berge für den Mogul zum Kinderspiel.*

Neuheiten gehörten LCD Abdeckungen an den vertikal übereinander angebrachten Scheinwerfern, Außenrückspiegel, die per Ultraschall von Regentropfen befreit wurden sowie ein „Noise Canceller", der Signale entgegengesetzter Phasen und Frequenzen ausstieß, um Fahrtgeräusche zu neutralisieren. Wenn der 4500GT vielleicht auch nicht besonders schick aussah, so waren doch alle fünf gebauten Modelle komplett fahrbereit ausgestattet.

Konzepte in allen Größen

Der Konzeptwagen AXV III bot einen Vorgeschmack auf den Carina, während der 1991er AXV-IV wesentlich interessanter war – hauptsächlich aufgrund seiner Konstruktion, die aus ultraleichtem Aluminium, Magnesium und Carbonfaser bestand. Sogar die Federung war aus Kunststoff. Das kleine Stadtcoupé war mit 450 kg extrem leicht und dennoch äußerst kräftig – es lief mit einem 64 PS starken 800 ccm 2-Zylinder Zweitaktmotor..

Der bei der 1993er Show in Tokio präsentierte Mega Cruiser war alles andere als ein dezenter Wagen. Er war ein monströses Geländefahrzeug, 5 m lang, mit einem 4.1-Liter Lkw-Motor. Er wurde gut aufgenommen und ging daher tatsächlich in Produktion – als einer der breitesten Wagen der Welt (2,17m).

Der 1993er AXV-V kombinierte Aerodynamik mit fortschrittlicher direkter Einspritztechnologie. Toyota gab einen Cw-Wert von nur 2.0 an – vergleichbar mit dem eines Flugzeuges. Was zu einem bemerkenswert sparsamen Benzinverbrauch führte. Andere technische Neuerungen beinhalteten Luftfederung, ein automatisches Anti-Kollisions-Bremssystem, Gangschaltung per Knopfdruck sowie LCD Monitore.

1995 wurde der MRJ Roadster Prototyp in Tokio vorgestellt. Es war ihr erster offener Wagen mit Mittelmotor. Das Dach war ein so genanntes „aerocabin" Hardtop, das sich bei Knopfdruck elektronisch öffnete.

■ OBEN *Der über 2.17 m breite Mega Cruiser hatte Allradantrieb und Allradlenkung und war mit 20 Millionen Yen das teuerste Fahrzeug auf dem japanischen Markt.*

■ OBEN *Der äußerst schicke MRJ war eine Designübung mit Mittelmotor und Toyotas allererster offener Wagen. Er ebnete den Weg für zukünftige Generationen von MR Sportcabrios.*

V W

Einer der gerühmtesten Konzeptwagen der 80er war Volkswagens Futura, der von Professor Ulrich Sieffert entworfen wurde. Ein kastenförmiger Wagen in der Größe eines Golf , der voller Ideen steckte – Jahre bevor der Mégane Scenic dieses Feld populär machte.

Der Wagen, der sich selbst parkte
Die Flügeltüren waren natürlich nur ein Showeffekt: die Idee von zweiteiligen Türen, deren obere Hälfte nach oben aufklappte und deren untere Hälfte in

■ RECHTS ***Die Flügeltüren des Futura und seine Fähigkeit, sich selbst per Monitor einzuparken, waren reine Spielerei.***

■ UNTEN ***der Gedanke hinter dem Vario war, dass verschiedene Karosserien auf dem selben Fahrgestell sitzen konnten. Hier der Vario I, ein offener, viersitziger Buggy.***

den Türschwellern verschwand, war hoffnungslos unzweckmäßig. Die fast hauptsächlich aus Glas bestehende Dachkuppel jedoch war eindrucksvoll.

Bedeutsamer war die Direkt-Einspritzung, die ihrer Zeit um Jahre voraus war. Der 1.7-Liter wurde von einem G40 Kompressor unterstützt, lief extrem wirtschaftlich und sauber.

Das Hauptmerkmal des Futura war jedoch sein Allrad-Lenksystem. Es basierte auf der um 180 Grad gedrehten Achse eines Golfs und sorgte für jede Menge Spass beim Einparken. Mit Hilfe von visuellen Sensoren sowie elektronischer Beschleunigung und Schaltung kam der Futura ohne fremde Hilfe in jede Parklücke.

Ein weiterer Neuvorschlag für ein Stadtauto war der dreirädrige Scooter aus dem Jahre 1986. Er basierte auf dem Fahrgestell des Polo, war extrem leicht und hatte eine Spitzengeschwindigkeit von 210 km/h. Das zweisitzige Interieur beinhaltete einen am Armaturenbrett befestigten Aktenkoffer.

Auf dem Genfer Automobilsalon 1991

■ UNTEN ***Der Vario II war ein Alternativvorschlag, der von Designstudenten für VW entworfen wurde.***

■ LINKS *VW erforschte mit dem Chico neue Gebiete; er war ein Stadtauto, das durch verschiedene Quellen angetrieben werden konnte.*

■ OBEN *Ein Nahverkehrsauto auf drei Rädern? Der mit Polo Motor fahrende Scooter war tatsächlich eine sehr sinnvolle Idee.*

■ LINKS *Volkswagen präsentierte den Concept 1 als die Wiedergeburt des Käfers. Er wurde in ihrem kalifornischen Studio designt.*

präsentierte VW ein neues Konzept mit dem Namen Vario. Es wurden zwei verschiedene Stile ausgestellt – um zu zeigen, wie unterschiedlich Karosserien sein können, die auf dem selben Chassis sitzen. Tatsächlich plante VW den Verkauf von Fahrgestellen (basierend auf einem verlängerten Golf Synchro 4x4), auf denen Spezialisten dann ihre eigenen Karosserien kreieren konnten. VWs Bemühung – zugegebenermaßen designt von Studenten – war allerdings wenig inspiriert und so hörte man nach der Ausstellung wenig von dieser neuen Idee.

Die Wiedergeburt des Käfers

In VWs Studio in Kalifornien wurde der Wagen kreiert, der allen Beifall bei der 1994er Show in Detroit erhalten sollte – er war die Wiedergeburt des legendären Käfers. Die Concept 1 genannte Studie nahm die runden Formen des 60 Jahre alten Käfers auf und übertrug sie durch mutige Kurven im Bauhausstil und durch riesige Räder auf die Mode der Gegenwart.

Die darunterliegende Technologie war modern – sie stammte vom Polo. Das hieß: Frontantrieb (oder sogar Allradantrieb) und Frontmotor. Die Reaktionen auf den Concept 1 (und das Cabrio, welches drei Monate später in Genf vorgestellt wurde) waren so überwältigend gut, dass VW die mutige Entscheidung traf, den Wagen 1998 als New Beetle in Serie zu bauen. Form und Dimension wurde hierfür abgeändert. Und die Mechanik wurde gegen die des Golf IV getauscht.

■ RECHTS *Eine schicke Cabriolet Version des Concept 1 wurde 1994 in Genf vorgestellt und war ein guter Kandidat für eine serienmäßige Produktion.*

ZAGATO

■ LINKS *Der Zeta 6 auf Alfa Romeo-Basis war ein Höhepunkt von Zagato: gut proportioniert, glatt und mit zielgerichtetem Erscheinungsbild.*

Zagato gehört zu der kleinen und feinen Gruppe italienischer Karosseriebauer-Dynastien. Sie ist eine der ältesten dieser Firmen, wurde 1919 von Ugo Zagato in Mailand gegründet und hat eine glorreiche Vergangenheit. Ihre glanzvollste Zeit hatte sie zweifelsohne in den 50ern und 60ern, als sie herausragende Karosserien für Ferrari, Alfa Romeo, Fiat, Maserati, Aston Martin, Bristol und Lancia entwarf.

Die Brüder Elio und Gianni Zagato errichteten 1962 ein neues Werk und weiteten sich langsam auch in andere Bereiche aus, wie etwa Elektroautos und Panzerwagen. Ein einzigartig charakteristisches Werk von Zagato ist das „Double Bubble“ Dach, das ursprünglich entwickelt wurde, um den Passagieren mehr Kopffreiheit in Zagatos niedrigen Karosserien zu gewähren. Es hat sich seitdem zu einem unverwechselbaren Markenzeichen entwickelt. In den 70ern verblasste Zagatos Einfluss, wurde aber 1986 durch das Aston Martin Zagato Projekt, den Alfa Romeo SZ, Lancia Hyena, Nissan Autech Stelvio und durch die serienmäßige Herstellung des Maserati Biturbo wiederbelebt.

■ OBEN *Versenkte Instrumente waren ein Zeichen der Hochachtung vor dem traditionellen Stil Alfa Romeos.*

■ LINKS *Die Schönheit des Zeta 6 beeindruckte Aston Martin so sehr, dass man Zagato für ein Projekte engagierte.*

Zagatos eigenfinanzierte Traumwagen waren relativ selten und unbeständig in ihrer Qualität. Neben so hochklassigen Stücken wie dem Zeta 6 gab es einige echte Katastrophen – wie den Stelvio und den Lagonda Rapide. Zagato war dazu gezwungen, sich in den 90ern neu zu organisieren. Es wurde die Firma SZ Design mit Andrea Zagato an der Spitze gegründet.

Vom Zeta 6 zum Raptor

Der 1983er Zeta 6 kann als Zagatos bestes Design der letzten Jahre bezeichnet werden. Das Zwei-plus-Zwei Coupé basierte auf einem 2.5-Liter Alfa Romeo GTV-Sechs Motor. Chefdesigner Giuseppe Mittino gab dem Projekt einen klassisch-eleganten Stil und fügte Zagatos Markenzeichen hinzu – das „Double Bubble“ Dach. Aston Martins Direktor Victor Gauntlett sah den Wagen 1983 auf dem Automobilsalon in Genf, und dies führte direkt zum Aston Martin

■ LINKS *Der extrem kompakte Hyena basierte auf Komponenten des Lancia Integrale, was seiner Leistung Glaubwürdigkeit verlieh. Dieses Modell wurde auf Sonderbestellung auch gebaut.*

Zagato Projekt. In den späten 80ern präsentierte Zagato die Vision eines zukünftigen Aston Martin Lagonda mit dem Namen Rapide. Die Studie war so mangelhaft, dass Victor Gauntlett den ungewöhnlichen Schritt unternahm und sich und seine Firma von diesem Projekt distanzierte.
Danach folgte mit dem Stelvio AZ1 ein Projekt für Autech, einer Unterabteilung von Nissan. Es wurde 1989 vorgestellt – Ergebnis war ein Zwei-plus-Zwei Coupé, das quasi von den Rückspiegeln ausgehend designt war. Unglaublicherweise kam es sogar zu einer serienmäßigen Produktion dieses Modells für den japanischen Markt. Zagato folgte dieser Übung mit den Gavia, Bambu und Seta Projekten, plus einem auf dem Testarossa basierenden Supersportwagen namens Z93.

Die Proportionen des 1996 in Genf gezeigten Raptor waren perfekt, sein Lamborghini Diablo V-Zwölf Motor sowie das nach vorn klappbare „Double Bubble" Dach angemessen exotisch.

■ OBEN *Obwohl er ein leistungsstarker Supersportwagen war, wirkte der Raptor leicht und zielstrebig.*

■ UNTEN *Der Raptor belebte Zagatos Tradition des „Double Bubble" Daches.*

■ OBEN *Zagato wurde in den 90ern wiedergeboren. Ihr vielversprechendstes Projekt war der Raptor, der für den Genfer Automobilsalon 1996 entwickelt wurde.*

■ RECHTS *Die gewölbten Kotflügel des Hyena gaben einen Hinweis auf seine Leistung.*

Index der Klassischen Automobile 1945-1975

XGX 726Y

BPB 147H

GTE

INDEX DER KLASSISCHEN AUTOMOBILE 1976-HEUTE

mS.1000